Microscopia de Alimentos

Exames microscópicos de alimentos *in natura*
e tecnologicamente processados

Microscopia de Alimentos

Exames microscópicos de alimentos *in natura* e tecnologicamente processados

Editores

Fernando de Oliveira

José Luiz Aiéllo Ritto

EDITORA ATHENEU

São Paulo — Rua Jesuíno Pascoal, 30
Tel.: (11) 2858-8750
Fax: (11) 2858-8766
E-mail: atheneu@atheneu.com.br

Rio de Janeiro — Rua Bambina, 74
Tel.: (21) 3094-1295
Fax: (21) 3094-1284
E-mail: atheneu@atheneu.com.br

Belo Horizonte — Rua Domingos Vieira, 319 – conj. 1.104

Produção Editorial: Et Cetera Editora/Kleber Kohn
Capa: Equipe Atheneu

Dados Internacionais de Catalogação na Publicação (CIP)
(Câmara Brasileira do Livro, SP, Brasil)

Microscopia de Alimentos : exames microscópicos de alimentos *in natura* e
tecnologicamente processados / editor Fernando de Oliveira. — São Paulo :
Editora Atheneu, 2015.

Vários autores.
Bibliografia.
ISBN 978-85-388-0654-7

1. Alimentos – Adulteração e inspeção 2. Alimentos – Análise
3. Microscópios e microscopia – Técnica I. Oliveira. Fernando. Título.

15-07217   CDD-664.07

Índices para catálogo sistemático:
1. Alimentos : Exames microscópicos :
Tecnologia de alimentos 664.07

OLIVEIRA, F.; RITTO J. L. A.
Microscopia de Alimentos – Exames Microscópicos de Alimentos *in natura* e Tecnologicamente Processados

Autores

Fernando de Oliveira

Farmacêutico, Mestre, Doutor e Livre-docente pela Universidade de São Paulo (USP). Professor-associado aposentado de Farmacognosia do Departamento de Farmácia da Faculdade de Ciências Farmacêuticas da USP. Ex-Professor Titular da Universidade São Francisco, campus de Bragança Paulista, e Ex-Professor Doutor da Fundação Municipal de Ensino Superior (FESBE), de Bragança Paulista (SP). Autor de livros nas áreas de Farmacobotânica, Farmacognosia e Cromatografia em Camada Delgada.

José Luiz Aiéllo Ritto

Farmacêutico Industrial, Mestre e Doutor em Fármaco e Medicamentos, pela Universidade de São Paulo. Atuou como professor em destacadas universidades. Pesquisador em Desenvolvimento de Novos Produtos, Avaliação de Segurança, Eficácia e Controle de Qualidade de Produtos Farmacêuticos, Cosméticos e Alimentos. Autor de livro e de trabalhos científicos. Especialista em Inovação Farmacêutica.

Luzia Ilza Ferreira Jorge

Farmacêutica, Mestre em Fármaco e Medicamentos pela Universidade de São Paulo (USP). Gerente de Fiscalização do Instituto Adolfo Lutz, em Santos (SP). Autora de livro e de diversos trabalhos científicos na área de alimentos.

Isabel Cristina Ercoline Barroso

Professora, Mestre em Ciências Biológicas pela Universidade Estadual Paulista "Júlio de Mesquita Filho" (Unesp), campus de Rio Claro (SP). Doutoranda em Anatomia Vegetal. Professora Adjunta da Fundação Municipal de Ensino Superior (FESBE), em Bragança Paulista (SP).

Bruno Westmann Prado

Biólogo, licenciado em Ciências Biológicas pela Fundação Municipal de Ensino Superior (FESBE), em Bragança Paulista (SP). Especialista em Plantas Medicinais pela Universidade Federal de Lavras – UFLA (MG).

Agradecimentos

In memoriam

O presente livro resgata e aprofunda as publicações do Farmacêutico J. B. Menezes Junior, do Instituto Adolfo Lutz, pioneiro no desenvolvimento da Microscopia Alimentar, uma ciência aplicada que cresce paralelamente ao desenvolvimento da Indústria de Alimentos.

Ao querido Professor Fernando de Oliveira

"Amar se aprende amando, viver se aprende vivendo,
Cansar se faz trabalhando, acreditar se aprende observando:
o Amor, a Vida e o Trabalho.
Estar aqui, enxergar ali, matéria, energia, elemento.
Há lamento, modo, há momento, tempo,
Há espaço para amar, viver e cansar.
Amar e odiar, viver e morrer,
Trabalho e ócio, sem tempo, sem momento, só lamento.
Transmutação.
Lata, chumbo, nada, até o ouro. Ouro de tolo.
Transmutação.
Consciência, compreensão, conversão, atitude.
A pedra, a estrela moldada a fogo.
O Homem, *humunculus* no ser, filosofal no querer,
Pura alquimia, sentencia sua existência.
Luz, caminho, domínio, a busca,
Energia, egrégora e fé.
– Credes?
– Pedes?
– Muda-te?
Então, ame, viva e trabalhe."

(*Transmutação* – José Luiz Aiéllo Ritto)

Prólogo

> *"Não se acende uma candeia para colocá-la sob o alqueire; mas se a coloca sobre um candeeiro, a fim de que ela clareie todos aqueles que estão na casa."*

Procuramos escrever um livro que não só sirva de base para os cursos que incluem a microscopia alimentar como parte do seu programa curricular, como também propicie ferramentas para o exercício dessa função dos profissionais farmacêuticos, nutricionistas, agrônomos, engenheiros de alimentos, biólogos e outros; e propicie o aprimoramento e a qualificação nessa importante área, que ainda carece de profissionais atuantes nas diversas etapas da cadeia do processamento de alimentos, para monitorar, avaliar e intervir responsavelmente.

Esperamos que este livro venha alavancar a busca constante de melhoria da qualidade dos alimentos, auxiliando na fiscalização e no combate a fraudes.

Para isso, procuramos fornecer detalhadas descrições metodológicas, minuciosas descrições e desenhos de estruturas de alimentos que possibilitem a comparação, com vistas a lograr a identificação e constatação de substituições, falsificações e adulterações nos alimentos.

Demos enfoque maior a uma série de classes de alimentos mais sujeitas aos tipos de procedimentos ilícitos já mencionados.

Com isso, procuramos alcançar nossos objetivos maiores – contribuir para a melhor qualidade dos alimentos, para aprimorar a capacitação profissional e para a edificação de uma sociedade provedora de justiça e crescimento sustentável.

AUTORES

Sumário

Microscopia de Alimentos – Exames Microscópicos de Alimentos in Natura e Tecnologicamente Processados

1.1 Introdução

A descoberta da célula em 1665, pelo físico inglês Robert Hook, foi o ponto de partida para uma série de trabalhos que nos fizeram conhecer, em seus delicados pormenores, a estrutura interna dos animais e das plantas.

O primeiro ensaio microscópico com a finalidade de relatar características de gêneros alimentícios parece ter sido feito por Leeuwenhoeck 11 anos depois, em abril de 1676. Naquela ocasião, Leeuwenhoeck buscou descobrir o elemento responsável pela pungência da pimenta. Para isso, colocou alguns grãos de pimenta em água, deixando-os permanecer ali por três a quatro semanas. A seguir, observou o infuso pútrido obtido com o auxílio de lentes polidas por ele próprio. Obviamente, essa experiência não permitiu a Leeuwenhoeck visualizar o agente de pungência, mas revelou a presença de bactérias pela primeira vez.

A microscopia de substâncias alimentares, visando finalidades fiscais, somente se iniciou no final do século passado, destacando-se, nesse mister, a escola francesa.

O livro de Bonnet (*Précis d'analyse microscopiques des denrées alimentaires*) e o livro de Macé (*Les substances alimentaires étudiées au microscope*) serviram de inspiração para uma série de trabalhos, por meio dos quais o método microscópico de análise de alimentos foi se aperfeiçoando.

Em 1932, surgiu o primeiro volume do livro *Structure and Compositions of Foods*, dos autores Andrew Winton e Kate Winton, obra considerada clássica no que se refere à estrutura microscópica de substâncias alimentícias.

O Instituto Adolfo Lutz, em São Paulo, publicou em 1967 as *Normas de Qualidades para Alimentos*, nas quais se inclui a análise de alimentos pelo método microscópico. Os métodos oficiais da AOAC, o *Codex Alimentarius* e as Normas Técnicas de Alimentos (NTA), do Estado de São Paulo, indicam procedimentos aplicados à microscopia de alimentos.

1.2 Microscopia de Alimentos e o Controle de Qualidade

A identificação microscópica de espécies vegetais empregadas *in natura* ou na elaboração de produtos alimentícios tecnologicamente processados apresenta importância relevante. Por ser rápido, de baixo custo e satisfatório nas identificações desejadas, o exame microscópico, quando aplicável, é imprescindível nas análises bromatológicas fiscais e de orientação. Por exemplo: o pó de café que contém milho é prontamente "condenado" através de procedimentos que requerem 15 minutos, no máximo, dispensando as lentas e dispendiosas determinações de cafeína (espectrofotometria no UV), extrato alcoólico (para quantificação de gorduras), teor de umidades etc. E o mesmo se pode dizer do mel que contém elementos anatômicos de cana-de-açúcar, da linguiça que contém trigo ou soja, das goiabadas que contêm elementos anatômicos de chuchu ou de banana.

A microscopia permite também algumas avaliações acerca da qualidade higiênica dos alimentos, tais como: observação de cabelo humano ou de fragmentos de insetos em doces de confeitaria ou em produtos de panificação (pães, farinha de rosca, massa de pão etc.); areia adicionada a condimentos em pó; presença de nematoides ou cisticercos incrustados em carnes; micélios ou hifas isolados de fungos filamentosos (bolor) em massas de tomate.

A literatura existente, em sua maioria em francês, inglês e alemão, é dirigida ao estudo das espécies *in natura*, através de cortes anatômicos. O processamento tecnológico envolve trituração e/ou aquecimento, o que dificulta ou mesmo impossibilita a realização de cortes. Na maioria das vezes, a observação é superficial, decorrendo disso a necessidade de habilidade do analista para interpretar essas estruturas comparativamente com aquelas executadas em estudos de anatomia vegetal pura. Frequentemente, os produtos apresentam várias espécies vegetais misturadas, não somente entre si, mas também com substâncias que precisam ser separadas porque mascaram a visualização dos elementos anatômicos (amido, óleos e gorduras, açúcar, corantes naturais etc.). A presença de pigmentos coloridos (clorofila, flavonoides, caroteno etc.) requer previa descoloração do material a ser analisado.

Técnicas especiais são adotadas em cada caso, a fim de preparar a amostra para o exame microscópico. Como a indústria alimentícia é extremamente variada e dinâmica, tornam-se indispensáveis ao analista de microscopia as características de criatividade, boa memória e dedicação, inovando marchas de operações conforme a necessidade, através de tentativas empíricas, com base em seu conhecimento e experiência profissional. A microscopia alimentar emprega conhecimentos de botânica, especialmente de morfologia, anatomia e taxonomia vegetal, ficologia e micologia de entomologia e de química analítica.

Atualmente, emprega-se a legislação da Agência Nacional de Vigilância Sanitária (Anvisa) e do Ministério da Agricultura na emissão de laudos de análises fisioquímicas e microscópicas em alimentos. Todavia, essa legislação é pouco rigorosa, atendo-se praticamente apenas aos ensaios de parâmetros que afetam a saúde. Por exemplo, o azeite fraudado com óleo de soja, como não afeta a saúde, não consta dessa legislação. Para contornar a questão empregam-se o Código de Defesa do Consumidor e as Boas Normas de Fabricação na condenação de produtos adulterados.

O Decreto Estadual nº 12.486, de 1978, continua ainda a prestar bons serviços, orientando na verificação da qualidade dos alimentos e denunciando as fraudes mais comuns. O Decreto apresenta satisfatoriamente as definições e características dos diversos grupos de alimentos, destacando inclusive a maioria das fraudes que podem ocorrer.

A Resolução RDC nº 12, de 2 de janeiro de 2001, aprova o regulamento técnico sobre padrões microbiológicos para alimentos.

1.2.1 Conceito de Microscopia Alimentar

A microscopia alimentar pode ser conceituada como um método analítico que, baseando-se na observação microscópica, identifica os alimentos e evidencia paralelamente a presença de fraudes e de sujidades. O exame microscópico de alimentos possui, como característica, a rapidez com que pode ser executado, aliada ao baixo custo da análise. Esse tipo de método permite reconhecer uma série de fraudes, as quais dificilmente poderiam ser evidenciadas por outros tipos de análise.

A microscopia alimentar, embora não necessite de equipamentos sofisticados nem de reativos caros para o seu exercício, exige, do analista, conhecimentos profundos de anatomia vegetal e grande iniciativa. Como método de análise fiscal, é aplicada pelos órgãos governamentais na evidenciação de alimentos fraudados e em mau estado de conservação sanitária.

Considerar a fraude como um problema do passado é cometer engano. A fraude foi, é e continuará sendo um procedimento trivial de todos aqueles que, sem pensar no bem-estar público, buscam o enriquecimento. A incidência maior ou menor da fraude está relacionada com uma série de fatores ligados ao mercado consumidor e à fiscalização.

A Tabela 1.1 ao evidenciar o que ocorreu em passado não muito distante, mostra os resultados de estudo sobre a incidência de fraudes em café torrado e moído durante o período entre 1969 e 1973. Acredita-se que essa situação não tenha mudado muito na atualidade.

Tabela 1.1 Estatística das amostras examinadas de café torrado e moído.

Ano	Amostras			% de amostras condenadas
	Condenadas	*Aprovadas*	*Total*	
1969	7	3.309	3.316	0,21
1970	74	2.311	2.385	3,1
1971	85	3.987	4.072	2,0
1972	120	3.102	3.222	3,7
1973	368	2.680	3.084	12,1

FONTE: Lopes FC. Determinação quantitativa das principais substâncias utilizadas para fraudar café torrado e moído. Revista do Instituto Adolfo Lutz. 1974;34:29-34.

O aumento do número de amostras condenadas parece estar relacionado com a redução do subsídio do Instituto Brasileiro do Café (IBC). Até dezembro de 1971, o IBC forneceu a totalidade do café consumido pelas torrefações a um preço aproximadamente 75% abaixo do preço normal. A partir daquela data, houve redução do subsídio, ocorrendo concomitantemente um aumento no número de amostras condenadas.

Recentemente, segundo a Associação Brasileira da Indústria de Café (ABIC), houve novo incremento na fraude do café no Brasil. Uma em cada quatro marcas de café comercializadas no país é fraudada com impurezas diversas.

Segundo Valenzuela *et al.*, essa tendência se iniciou em 2005, atingindo o seu auge em 2008-2009. O número total de amostras anuais analisadas e o número daquelas que apresentaram fraudes estão representados na Figura 1.1

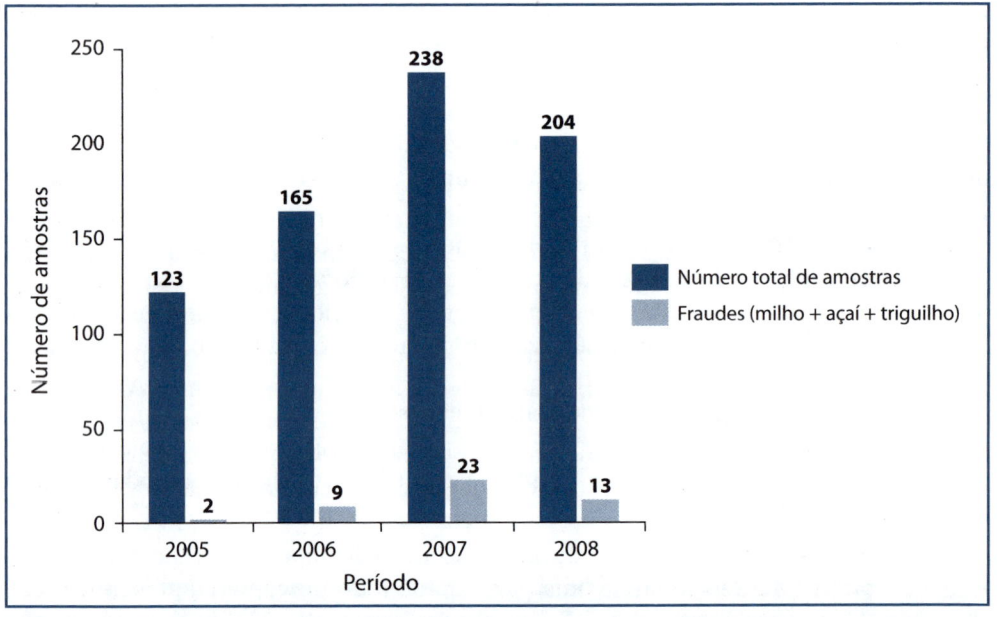

Fonte: Valenzuela *et al.* Congresso Latino-Americano de Análises de Alimentos. ENALL, 2009.

Figura 1.1 – Número de amostras anuais com fraude em relação ao número total de amostras analisadas.

O maior percentual de amostras fraudadas em 2007, provavelmente, se justifica pela intervenção do Procon, que iniciou suas atividades de fiscalização no decorrer daquele ano. O milho foi o mais utilizado como adulterante do café, pelo fato de ser um produto de baixo custo, por ser facilmente obtido em grandes quantidades e por mostrar-se, após torrado e moído, muito semelhante ao café.

Espécies vegetais como açaí (*Euterpe* sp) e triguilho (*Triticum*) foram encontradas em menor proporção, sendo um indício de introdução de novas fraudes. Na literatura, relatos de adulteração do café com essas espécies ainda são escassos. No Brasil, as características de identidade e de qualidade para o café, cevada, chá e erva-mate estão contidas na resolução RDC nº 277, de 22 de setembro de 2005.

As adulterações e fraudes encontradas com maior frequência no Brasil, em café torrado e moído, são feitas com: milho (*Zea mays* L.), casca de cacau (*Theobroma cacao* L.), cevada torrada (*Hordeum sativum* Jess.), arroz torrado (*Oryza sativa* L.), feijão torrado (*Phaseolus vulgaris* L.) e soja torrada (*Glycine soja* Sieb. e Zucc.) (Menezes Junior e Bicudo (1958); Lopes 1983; Zamboni *et al.* 1999).

1.2.2   Finalidade da Microscopia de Alimentos

Basicamente, as principais finalidades da microscopia de alimentos são as seguintes: identificação de produtos alimentícios, detecção de fraudes e pesquisa de sujidades.

Trata-se de técnica microanalítica relevante no controle de qualidade, fornecendo subsídios de alto valor para evidenciar irregularidades de processamento, estocagem e distribuição de alimentos. Fornece subsídios aos órgãos governamentais, o que possibilita a verificação da qualidade dos alimentos, colaborando para a proteção da saúde do consumidor.

1.2.2.1   Identificação de Produtos Alimentícios

A identificação de produtos alimentícios por microscopia de alimentos encerra sempre a ideia de comparação. Fundamentalmente, identificar um material alimentício é comparar as características morfológicas desse material com as monografias especializadas existentes na literatura científica sobre o assunto ou com um padrão adequado.

Os produtos alimentícios comercializados devem estar de acordo com as especificações constantes do licenciamento. Assim, se a fórmula de um tempero, constante do licenciamento, especifica a presença de alho, cebola, sal e óleo vegetal, e, durante a execução de uma análise fiscal desse produto, constatamos a presença de outros condimentos, como, por exemplo, salsa, ele pode ser condenado por estar em desacordo com a fórmula apresentada.

A fraude pode ser evidenciada durante a execução de uma análise, quando se constata a substituição intencional de uma parte ou de todo um material alimentício que deveria integrar o produto comercializável. Assim, um extrato de tomate que contenha certa porção de abóbora corresponde a uma fraude.

1.2.2.2   Pesquisa de Sujidades

A pesquisa de sujidades em alimentos reveste-se de grande importância, servindo de índice das condições higiênicas dos alimentos. Com efeito, pelos de roedores, fragmento de excremento de roedores, insetos inteiros, partes de insetos, excremento de insetos, larvas e ovos, terra, areia, detritos de animais e vegetais, e pelos humanos e outras substâncias, igualmente repugnantes, podem ser encontrados em alimentos.

Bactérias e fungos constituem outros dois grupos de contaminantes que podem ser evidenciados pela pesquisa microscópica.

A contagem de leveduras, cogumelos e bactérias fornece índices dos mais seguros sobre o estado da matéria-prima com a qual se industrializou certo alimento. Alimentos em estado de deterioração avançada podem se apresentar estéreis. A contagem de leveduras, através do método de Câmara de Thomas, e a contagem de bolores, pelo método de Howard, são meios dos quais podemos lançar mão para dificultar a concorrência desonesta daqueles que empregam matéria-prima alterada e que, por essa razão, podem vender suas mercadorias por menor preço.

1.2.2.3 Fraudes

Fraudar materiais alimentícios é procedimento trivial e as autoridades fiscais devem estar suficientemente preparadas para detectar esse procedimento e efetuar sua repressão, tanto como das más condições higiênicas sanitárias.

A adição de milho torrado e moído ao pó de café, a areia adicionada a condimentos, a banana adicionada a doce de goiaba e a abóbora adicionada a extrato de tomate são procedimentos deploráveis que devem ser combatidos.

O analista deve sempre ter em mente que a adulteração e a falsificação são procedimentos triviais daqueles que, sem pensar no bem público, buscam aumentar o seu lucro.

Capítulo 2

Métodos de Análise em Microscopia de Alimentos

2.1 Considerações Gerais

A microscopia alimentar, como método analítico empregado para fins fiscais, dificilmente pode dispensar uma série de tratamentos prévios, aos quais se deve submeter a matéria alimentícia a ser analisada. Em outras palavras, raríssimos são os casos nos quais a microscopia de alimentos pode dar sua opinião sobre a identidade do material alimentício e sobre a presença de sujidades, sem antes ter submetido o alimento a tratamentos prévios que permitam sua melhor visualização ao microscópio.

Certos tipos de substâncias alimentícias, como os amidos, farinhas e condimentos pulverizados, poderiam ser examinados através de montagem direta em água ou glicerina entre lâmina e lamínula. Embora a observação de montagens diretas, no caso das substâncias alimentícias citadas, forneça uma série de informações importantes, para os fins da microscopia de alimentos ela é insuficiente. No caso dos amidos, farinhas e condimentos pulverizados é aconselhável o uso da tamisação, método com o qual se pode conseguir a separação de várias frações de tamanhos diferentes da matéria em questão. A presença de fragmentos de insetos, excrementos de roedores e baratas, e grânulos umedecidos e mofados da substância alimentícia, dificilmente observada através da análise de montagens diretas, pode ser evidenciada por esse tratamento com relativa facilidade. Por outro lado, a maior parte dos condimentos exige um clareamento prévio que possibilite a posterior visualização das estruturas anatômicas.

Outra precaução importante é evitar a contaminação, no laboratório, do material a ser analisado. Para isso, os laboratórios destinados a esse fim devem ser construídos de maneira a evitar a penetração de poeiras, insetos e outros materiais estranhos que possam vir a contaminar os materiais alimentícios destinados à análise.

2.2 Métodos Gerais

2.2.1 Tamisação

Materiais de diferentes diâmetros e de graus de divisão podem ser separados com bastante facilidade, utilizando-se para esse fim um conjunto de tamises. Os tamises números 20, 60, 80 e 100 são os que mais frequentemente integram o conjunto referido, Tabela 2.1.

Tabela 2.1 Comparação entre abertura de malhas para classificação de pós.		
Abertura do tamis (mm)	**ASTM E.1139 e A.T.A**	**Neste segundo padrão Tyler Screen Scall**
0,80	20	20
0,25	60	60
0,180	80	80
0,145	100	100

Esse processo de separação permite evidenciar com mais facilidade a presença de insetos, larvas, ovos, excrementos de roedores e outras sujidades.

Auxilia também a evidenciação de certas fraudes, como, por exemplo, a mistura de farinhas. É frequente efetuarem-se misturas de farinhas de graus de divisão diferentes. Ao se submeter uma dessas misturas à tamisação, vamos obter como resultado uma concentração maior de grânulos de uma das farinhas num determinado tamis, o que facilita a constatação da mistura.

Após a tamisação, a fração que contém as partículas mais finas, isto é, aquelas que passam pelo tamis 100 ou que nele ficam retidas, pode evidenciar a presença de glândulas, tricomas, grãos de amido, pequenos ácaros e antenas, patas e fragmentos de pequenos coleópteros. Já os tamises de malhas maiores, como, por exemplo, o nº 20, podem reter excrementos de roedores, insetos maiores, fragmentos de insetos, grumos de material mofado etc.

Após a tamisação, devem ser analisadas todas as frações, observando-se primeiramente através da lupa e, depois, ao microscópio.

2.2.2 Métodos Baseados na Densidade

Em microscopias de alimentos, diversos métodos, baseados na flutuação, na sedimentação e na centrifugação em meios líquidos adequados, são frequentemente empregados na separação de substâncias alimentícias e na detecção de sujidades.

Sabemos, por exemplo, que uma solução aquosa de cloreto de sódio a 30% separa com facilidade uma mistura de café torrado e de chicória. Assim, o café torrado colocado na solução de cloreto de sódio a 30% flutua, ao passo que a chicória vai ao fundo.

2.2.2.1 Método de Flutuação para Substâncias Estranhas

Este método é conhecido também como "método do frasco armadilha de Wildman". É aplicado aos alimentos em geral, especialmente aos produtos de tomate, aos sucos e polpas de frutas e vegetais, e aos doces moles.

O frasco armadilha de Wildman consta de um Erlenmeyer de 2.000 ml e de uma vareta de metal, ou vidro, que possui presa a uma de suas extremidades uma rolha de borracha que veda perfeitamente o gargalo do frasco, Figura 2.1.

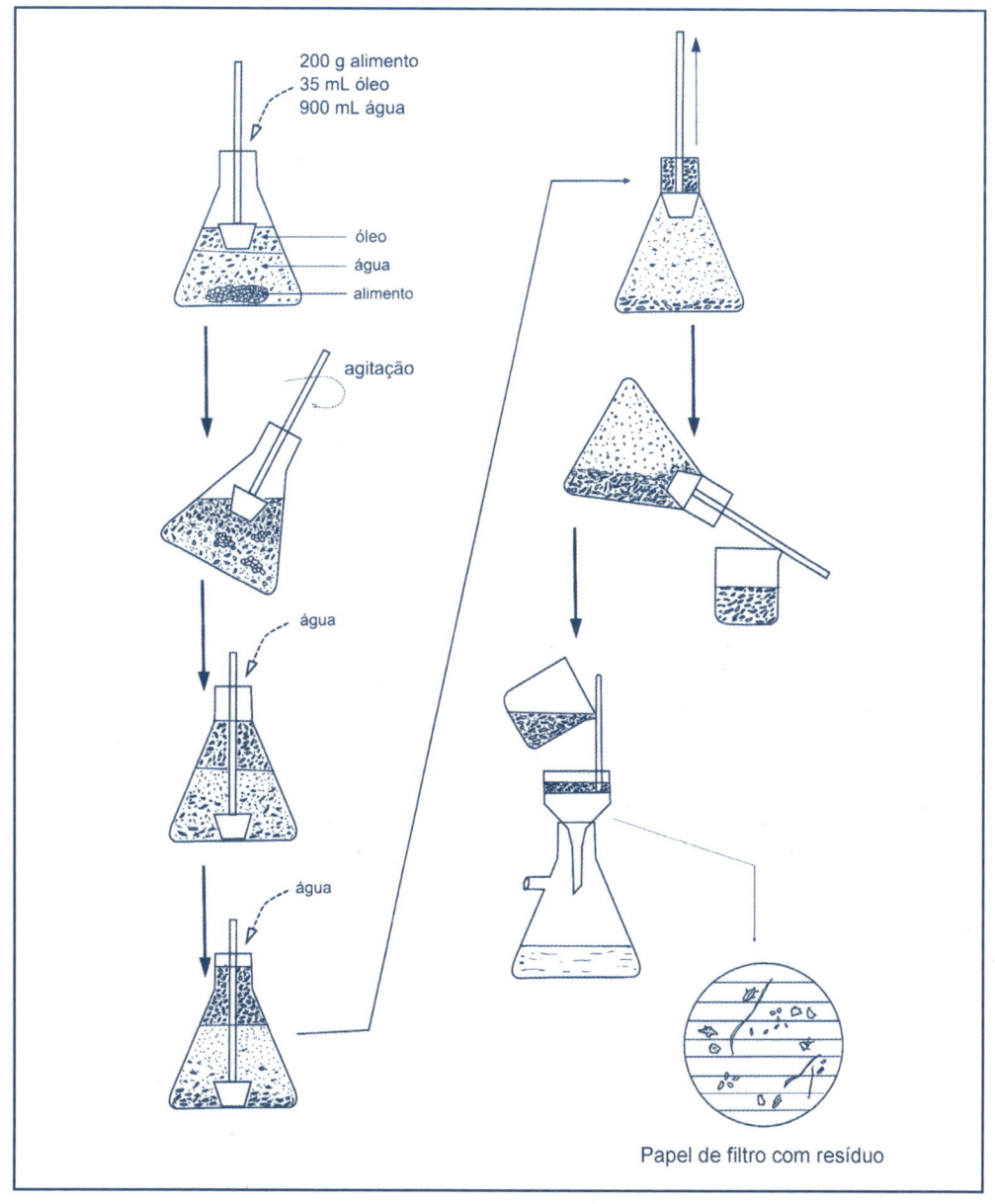

Figura 2.1 – Método de flutuação.

Modo de Procedimento segundo a Norma Técnica para Métodos de Análise Microscópica de Alimentos, do Instituto Adolfo Lutz.

- Colocar 200 g da amostra no interior do frasco;
- Adicionar ao frasco 900 ml de água e 35 ml de óleo;
- Inclinar o frasco a 45° e movimentar o êmbolo para baixo e para cima, misturando bem o óleo, a água e a substância alimentícia;
- Adicionar, ao conjunto, água tépida (± 50°C), até quase o gargalo;
- Agitar a mistura novamente;
- Deixar o conjunto em repouso, agitando ocasionalmente;
- Quando o óleo ascender, adicionar mais água quente ao conjunto, até o nível do óleo alcançar o topo do gargalo do frasco;
- Erguer a vareta até que a rolha colocada na outra ponta alcance o gargalo do frasco, separando na parte superior o óleo e certa quantidade de água;
- Despejar o óleo, a água e os resíduos de alimento separados no gargalo do frasco para um béquer;
- Lavar a boca do Erlenmeyer com um jato de água, recebendo essa água no mesmo béquer anteriormente citado;
- Colocar mais 35 ml de óleo no frasco, agitando, a seguir, o conjunto de maneira idêntica à anteriormente citada;
- Deixar o óleo ascender;
- Juntar mais água aquecida até que a superfície líquida alcance o topo do frasco;
- Levantar a vareta e verter o líquido separado para o mesmo béquer;
- Repetir mais duas vezes a operação, recolhendo os líquidos oleosos separados no mesmo béquer;
- Vedar um funil de Büchner com papel de filtro, no qual anteriormente se traçaram oito linhas paralelas equidistantes, dividindo o papel em oito faixas de idêntica largura;
- Colocar o funil sobre um frasco Kitasato, ligado a uma bomba de vácuo;
- Filtrar o líquido hidro-oleoso, que contém resíduos de alimento, pelo funil de Büchner, de maneira a reter o resíduo do alimento sobre o papel;
- Trocar o papel de filtro, se necessário;
- Colocar o papel de filtro que contém o resíduo alimentício em uma placa de Petri e observar através da lupa;
- Contar o número de sujidades presentes, identificando-as, em caso de dúvida, ao microscópio;
- Observar ao microscópio amostras do material retido no papel de filtro.

Tolerância: até 20 fragmentos de insetos e outras sujidades por 200 g de substância analisada.

2.2.2.2   Método de Sedimentação para Substâncias Pesadas

Uma série de sujidades e de matérias alimentícias possui densidade maior do que a da água. Graças a essa propriedade, tais substâncias podem ser separadas do produto alimentício com relativa facilidade. Areia, terra, ovos e larvas de insetos, e excrementos de roedores podem ser separados de alimentos por métodos de sedimentação e decantação.

Um método relativamente simples de se separar sujidades de cereais utiliza um recipiente cônico semelhante a um percolador e que possui uma abertura na extremidade inferior, vedada por uma rolha, Figura 2.2. Consta o referido aparelho, ainda, de uma vara de vidro provida de uma rolha em uma de suas extremidades. Utiliza-se como meio líquido o clorofórmio, o qual deve preencher uns dois terços do recipiente de sedimentação. Junta-se, a seguir, certa quantidade de cereal e agita-se vigorosamente a mistura com a vara. Os excrementos de roedores e outras impurezas mais densas que o clorofórmio vão ter ao fundo do recipiente. Com o auxílio da vara, aprisiona-se o material mais denso que o clorofórmio entre as duas rolhas. Retiram-se as impurezas para exame microscópico, removendo-se a rolha inferior.

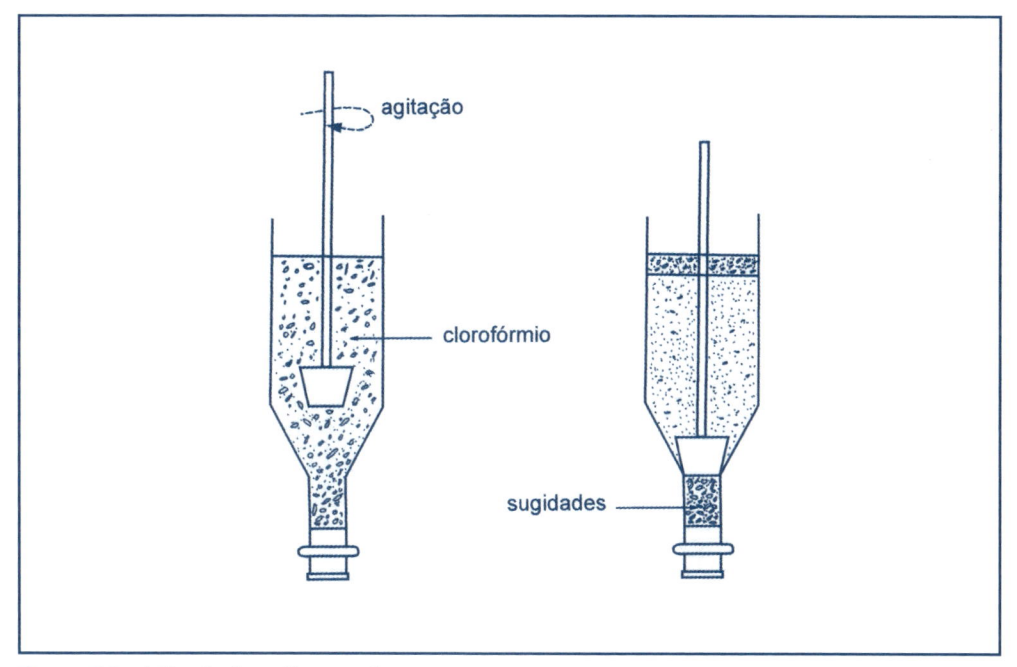

Figura 2.2 – Método de sedimentação.

2.2.2.3 Métodos de Decantação para Substâncias Pesadas

Parte Técnica: usar o resíduo do processo da armadilha de Wildman que permaneceu no frasco.

1. Transferir o material para um béquer de 2.000 ml;
2. Encher o béquer de água até quase a borda;
3. Agitar o conteúdo com movimentos rotatórios;
4. Decantar cerca de um oitavo do conteúdo do béquer;
5. Tornar a encher o béquer e repetir os itens 3 e 4;
6. Repetir a operação diversas vezes;
7. Filtrar o conteúdo do béquer por um funil de Büchner, vedado por papel de filtro Whatman nº 4, adaptado a um Kitasato ligado à bomba de vácuo;
8. Examinar o resíduo retido no papel de filtro com aumento de dez vezes, utilizando aumentos maiores para a confirmação da presença de sujidades, Figura 2.3.

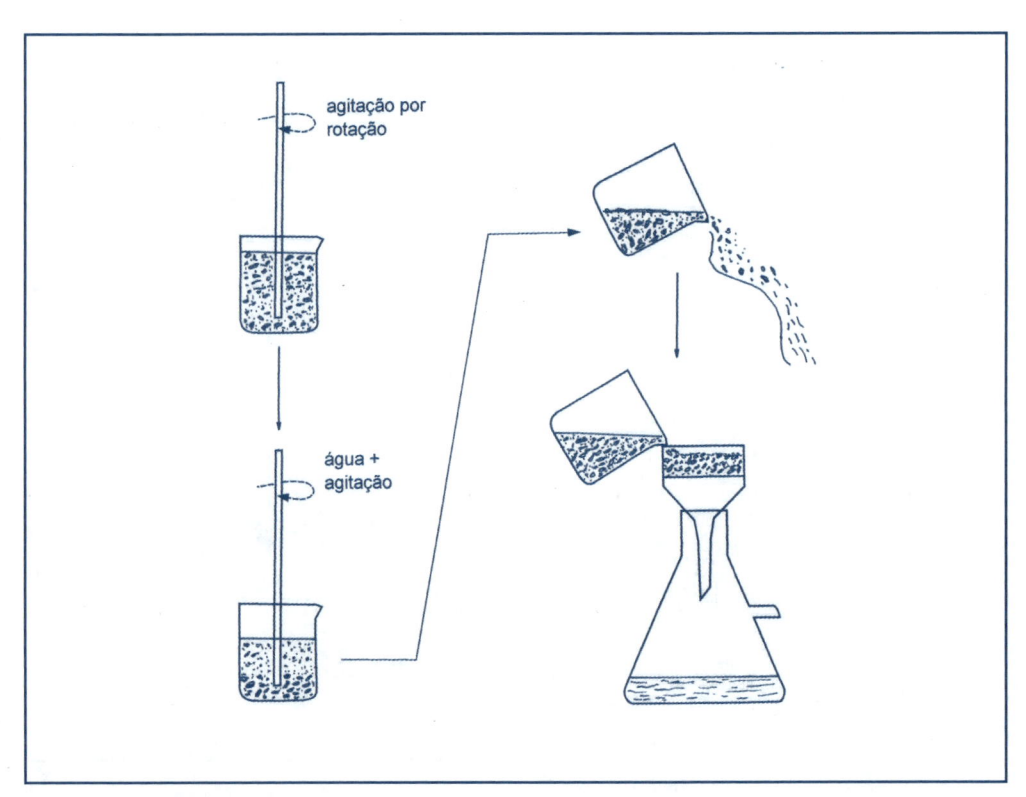

Figura 2.3 – Método de decantação para substâncias pesadas.

2.2.2.4 Método do Funil de Separação

- Colocar 100 g da amostra em um funil de separação de 2.000 ml;
- Adicionar 20 a 30 ml de gasolina, no caso de produtos de tomate, e 100 ml, nos demais casos;
- Agitar fortemente o conjunto;
- Encher o funil com água;
- Agitar novamente o conjunto, deixando-o repousar a seguir;
- Deixar escoar, a cada 15 minutos, 20 ml da mistura contida no funil de separação para um funil de Büchner, previamente obliterado por papel de filtro Whatman nº 4;
- Imprimir movimento rotatório ao funil após as retiradas;
- Coletar, segundo esse processo, oito frações.

Observação à lupa: de acordo com o problema a ser solucionado, inúmeras maneiras de procedimento podem ser assumidas. Assim, a decantação por transvasamento direto, a decantação por sifonagem e a decantação por aspiração com pipeta são procedimentos usuais em laboratórios de microscopia de alimentos, Figura 2.4.

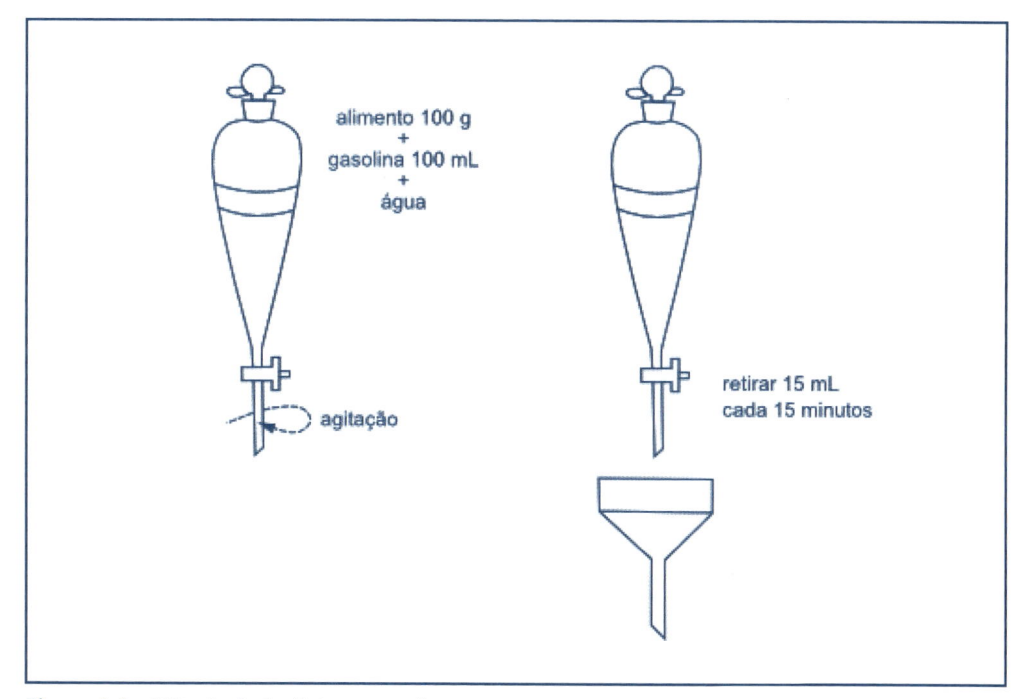

Figura 2.4 – Método de funil de separação.

2.3 Reconhecimento de "Sujidades"

O reconhecimento das sujidades assume papel relevante em microscopia de alimentos, sendo importante considerar:

1. Fungos e bactérias;
2. Substâncias estranhas, tais como pelos de roedores, excrementos de roedores, fragmentos de insetos, excrementos de insetos, ovos de insetos, pelos humanos, terra, areia etc.

2.3.1 Bactérias e Fungos

2.3.1.1 Bactérias

As bactérias esporuladas aeróbicas ou anaeróbicas desempenham um papel relevante como agentes causais da deterioração de produtos alimentícios. Nos alimentos enlatados, a estufagem das latas relaciona-se a esses tipos de organismos.

O controle das bactérias é feito nos laboratórios de microbiologia, entretanto os alimentos elaborados com matéria-prima bastante contaminada podem apresentar testes microbiológicos normais. Tal fato relaciona-se com a esterilização, efetuada principalmente nos enlatados.

Ao microscópio, esses microrganismos aparecem em forma de bastões curtos ou longos, finos ou grossos, isolados ou em cadeias, e em forma de cocos isolados ou agrupados. As bactérias coram-se bem pelo azul Löefler ou azul de metileno alcalino.

2.3.1.2 Leveduras ou Fermentos

São de grande importância como produtores de deterioração de produtos agrícolas. Produtos de tomate, sucos de frutas, picles e azeitonas costumam ser bastante atacados pelas leveduras.

Os fermentos ou levedos possuem forma arredondada e podem se apresentar em pequenas cadeias de duas a três células. Do ponto de vista da microscopia, suas colônias possuem aspecto cremoso. Elas se reproduzem principalmente por brotamento, embora as formas em cadeias sejam raras nos alimentos processados, em virtude da agitação que sofrem durante a elaboração.

As leveduras produzem amolecimento dos tecidos de tomate, formando uma camada branca sobre o substrato. Fábricas em condições precárias de higiene apresentam produtos de tomate portadores de alta quantidade de fungos (cogumelos) associados a leveduras.

Os levedos são os principais responsáveis pela deterioração da manteiga. As atividades lipolítica, caseolítica e proteolítica dos levedos invasores são fundamentais na alteração da qualidade da manteiga. O número elevado de levedos numa manteiga indica, via de regra, descuido no manejo e falta de higiene no processamento. Pode indicar ainda refrigeração deficiente, período de armazenamento do creme demasiadamente longo ou emprego de creme deteriorado.

Os levedos, quando tratados por solução de azul de metileno, coram-se em azul com bastante facilidade.

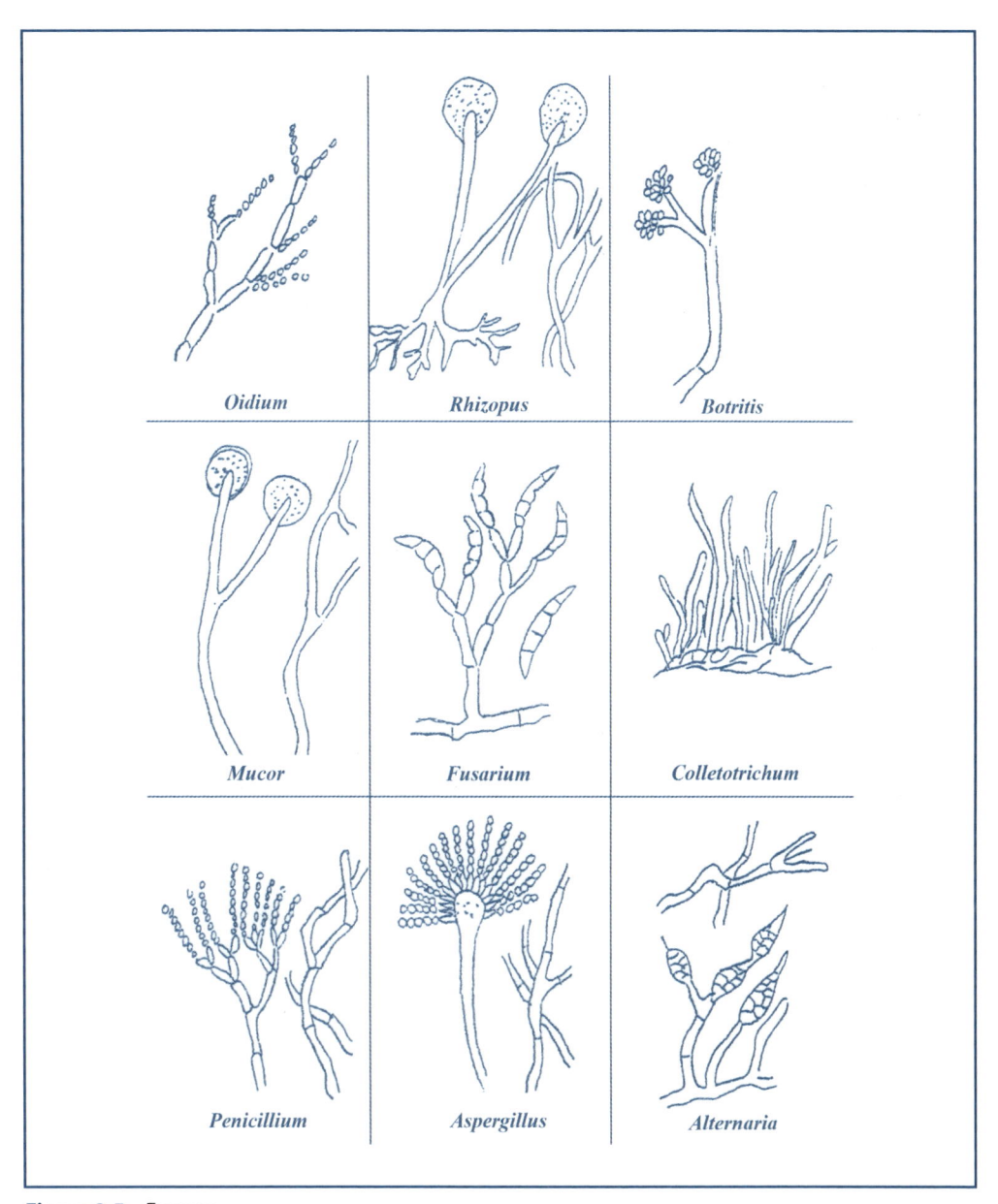

Figura 2.5 – Fungos.

2.3.1.3 Bolores ou Cogumelos

Os cogumelos ou bolores são altamente responsáveis pela deterioração das substâncias alimentícias. Pode-se afirmar que, para todo tipo de matéria orgânica, existe um cogumelo capaz de atacá-la e dissolvê-la.

Nos substratos alimentícios, os cogumelos são constituídos habitualmente por filamentos delgados denominados "hifas" e que, em conjunto, constituem o micélio.

Sobre o micélio se desenvolvem esporos de diferentes formas e colorações diversas. Esporos brancos, pretos, amarelos, verdes e castanhos são comuns.

Macroscopicamente, as colônias de cogumelos ou bolores costumam apresentar aspecto cotonoso ou pulverulento. Os cogumelos diferem uns dos outros, principalmente nos métodos de produção de esporos e conídios. A simples observação das hifas permite separar os fungos em dois grupos: o dos fungos de hifas septadas e o dos fungos de hifas não septadas.

A identificação de filamentos de fungos deve ser efetuada com o devido cuidado. Deve-se ajustar convenientemente a iluminação do microscópio.

Os filamentos de fungos apresentam, em geral, as seguintes características:

- Tubos longos e finos;
- Paredes duplas paralelas;
- Citoplasma, algumas vezes, granuloso, e muitas vezes separados em segmentos;
- Ramificações bem evidentes;
- Presença de septos separando a hifa em células;
- Presença de hifas férteis e de esporos típicos.

2.3.2 Substâncias Estranhas

Os pelos de roedores são identificados por sua forma típica. Aparecem no campo do microscópio como uma fita de coloração castanha, dividida internamente por tabiques, que dão ao conjunto um aspecto peculiar. Os álcalis fortes alteram os pelos dos roedores, razão pela qual se deve evitar ferver esse material com soluções de hidróxido de sódio e de fosfato de sódio. Embora tais pelos sejam mais resistentes aos ácidos, eles amolecem e perdem a coloração típica em presença de soluções desses tipos de substâncias. Via de regra, esse tipo de sujidade é separado dos alimentos através do método da flutuação e da tamisação.

Os excrementos de ratos geralmente são escuros, fusiformes e contêm pelos do animal no seu interior.

Os insetos e os seus fragmentos são mais resistentes aos ácidos e álcalis do que os pelos de rato, entretanto perdem sua coloração quando tratados por reativos que contenham essas substâncias.

Os fragmentos de insetos, separados quase sempre por flutuação, possuem as seguintes características:

1. São quebradiços e não liberam fios. As mandíbulas de insetos são difíceis de ser quebradas;
2. Não dobram com facilidade e exibem bordas nítidas;
3. São coloridos fortemente, geralmente marrons, e podem exibir pelos, característicamente;
4. Fragmentos de asas podem exibir nervação.

As partes de insetos separadas por decantação possuem as seguintes características:

1. Os ovos de moscas têm aparência delgada, são oblongo-ovalados, de coloração clara e aspecto hialino;
2. As larvas de moscas são cilíndricas, amarelas ou esbranquiçadas, exibindo aspecto um tanto anelado.

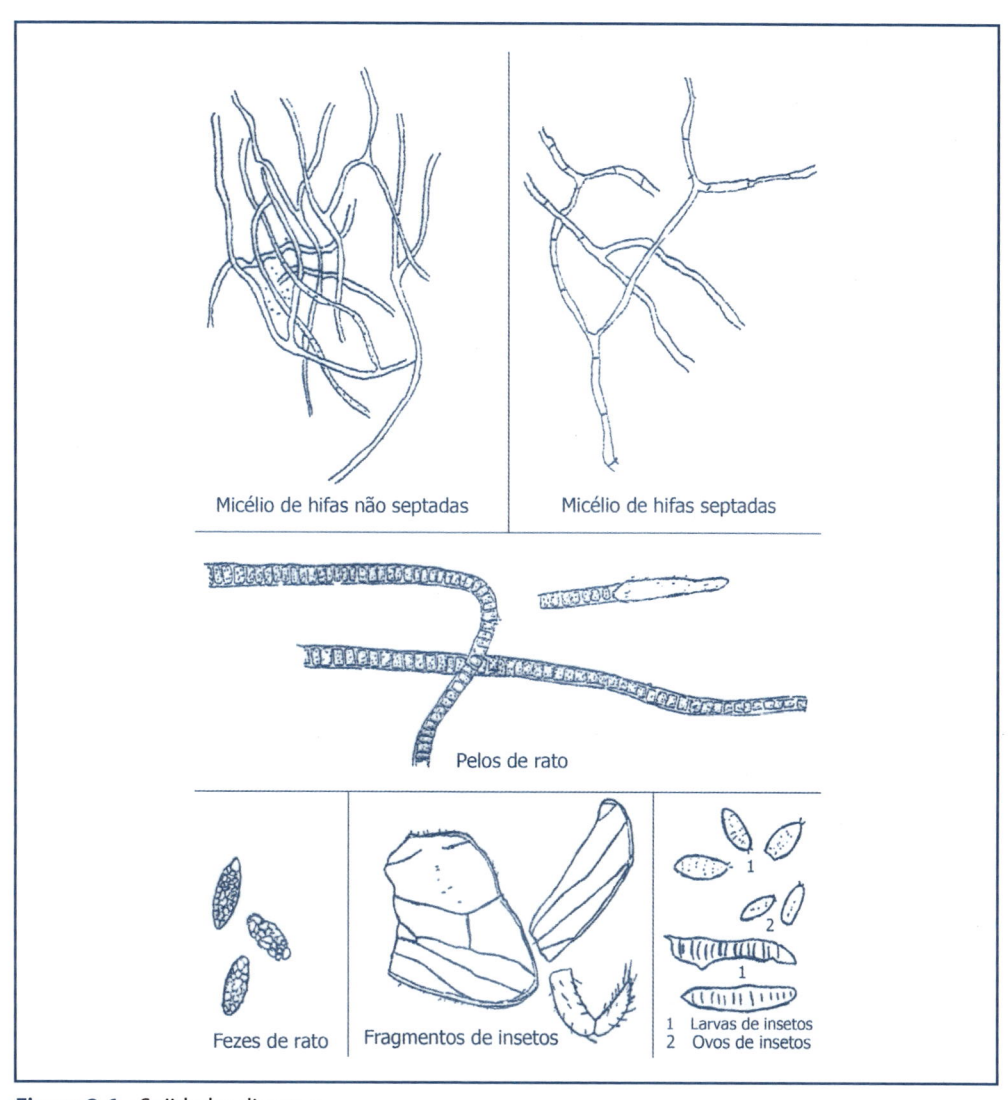

Figura 2.6 – Sujidades diversas.

2.4 Métodos Microscópicos Quantitativos

2.4.1 Contagem de Cogumelos pelo Método de Howard

A contagem dos cogumelos fornece índice dos mais seguros sobre o estado da matéria-prima utilizada na elaboração de produtos alimentícios. Embora as numerações baixas nem sempre correspondam aos alimentos elaborados com matéria-prima sã, as altas contagens de cogumelos, ao contrário, indicam invariavelmente que foram utilizadas matérias-primas alteradas, constituindo-se assim um índice de valor no controle sanitário. Possibilita uma análise retrospectiva sistemática da matéria-prima utilizada na manufatura de substâncias, permitindo evidenciar a desonestidade daqueles que empregam matérias-primas em precárias condições.

O método de Howard é especialmente aplicado nas contagens de cogumelos em produtos de tomate.

2.4.1.1 Contagem de Cogumelos em Produtos de Tomate

Os gêneros de cogumelos que mais frequentemente produzem a deterioração dos tomates são: *Alternaria*, *Colletotrichum*, *Fusarium*, *Mucor*, *Rhizopus*, *Oidium*, *Penicillium*, *Aspergillus* e *Botrytis*.

Os três primeiros gêneros citados ocorrem nos campos, parasitando ali os frutos do tomateiro; os outros seis contaminam o alimento após sua colheita.

2.4.1.2 Câmara de Howard

A câmara de Howard é constituída por uma lâmina espessa de vidro opaco. No seu centro, existe um retângulo polido de 15×20 mm; dois suportes ou cavaletes podem ser observados, dispostos paralelamente, e servem de assento à lamínula. Entre a lamínula e o retângulo polido existe uma distância de 0,1 mm. O retângulo, os suportes ou cavaletes e a lamínula têm superfícies oticamente planas. Para facilitar a focalização do microscópio, o retângulo possui, em um de seus lados, duas linhas paralelas e distantes uma da outra 1,382 mm.

Como acessório, há o disco micrométrico de Howard. Esse disco possui gravado um quadrado grande e de tal tamanho que se adapta exatamente ao diâmetro do campo. O referido quadrado está dividido em seis partes, em ambas as direções, formando 36 pequenos quadrados iguais.

Para a contagem de fungos, o microscópio precisa dar uma área de 1,5 mm^2 (círculo de 1,382 mm de diâmetro), com um aumento de 90 a 125, o que corresponde a uma capacidade de 0,15 mm^3 (= 0,00015 ml).

Em algumas câmaras de Howard, o retângulo polido é substituído por um disco polido de 19 mm de diâmetro, e as linhas paralelas de calibração, por um disco calibrador.

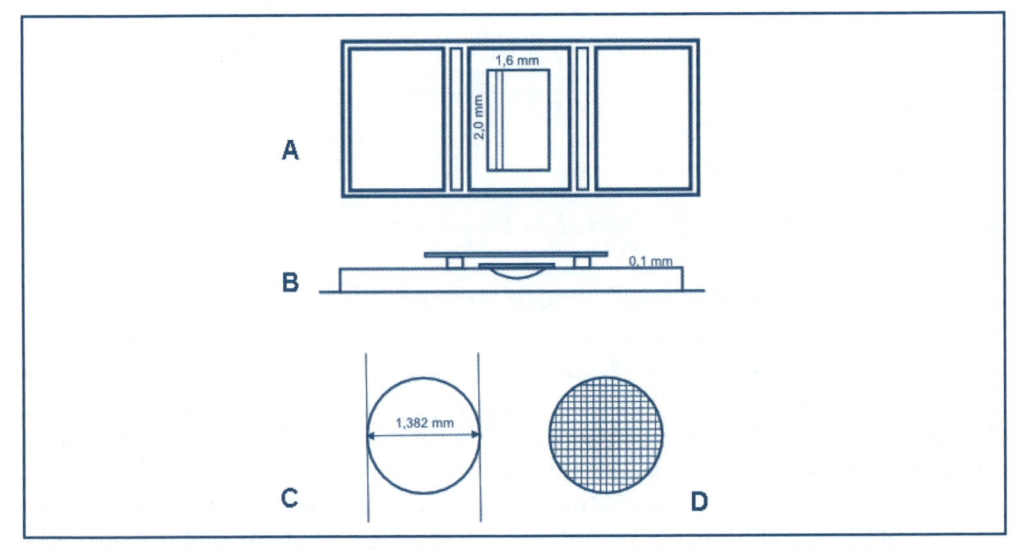

Figura 2.7 – Câmara de Howard: **(A)** vista frontal, **(B)** vista lateral, **(C)** linhas paralelas, **(D)** disco calibrador.

2.4.1.3 Método de Operação

Preparo da amostra e contagem de filamentos micelianos

1. Diluir a amostra, no caso extrato de tomate e massa de tomate, na proporção de 1:3. Para isso, toma-se um cálice graduado de 6 ml e mede-se, com o auxílio de um bastão de vidro, 2 ml de massa ou extrato de tomate, completando-se o volume de 6 ml com uma solução alcoólica de azul de algodão a 1% ou solução alcoólica de tionina a 1%. As amostras de suco de tomate *ketchup* não devem ser diluídas, podendo ser, entretanto, adicionadas de algumas gotas de corante, visando individualizar melhor os filamentos micelianos.
2. Homogeneizar bem a amostra, com o auxílio de um bastão de vidro, evitando a presença de grumos na diluição.
3. Estender, com o bastão de vidro, uma gota da diluição sobre a câmara de Howard e cobrir com a lamínula, de maneira a obter uma camada uniforme do material a ser examinado. A exatidão dos resultados está na dependência da homogeneidade da diluição, da quantidade adequada da suspensão depositada na câmara, a qual deve dar precisamente para encher o retângulo (sem faltar e sem extravasar). Os anéis de Newton deverão ser visíveis (formam-se quando se ajustam superfícies de cristais polidos, pela decomposição da luz).
4. Levar a câmara ao microscópio e observar com o aumento de cem vezes, 25 campos diferentes de 1,5 mm (círculo de 1,382 mm de diâmetro), considerando-se positivos ou negativos pela presença ou ausência de cogumelos. Para que um campo se considere positivo é necessário que o comprimento do cogumelo (comprimento da hifa) ultrapasse a 1/6 do diâmetro do campo, isto é, que ultrapasse o comprimento de um dos quadrinhos menores do "disco micrométrico de Howard". Após a contagem de 25 campos, descarregar a câmara, e depois lavar, enxugar e carregar novamente a câmara. Tomando os cuidados anteriormente citados, contar mais 25 campos. Somar o número de campos positivos das duas observações, multiplicando por dois os resultados, para referir o resultado em porcentagem.

Para evitar contar duas vezes o mesmo filamento miceliano, recomenda-se, após a leitura de um campo, deslocar a câmara até que se consiga um novo campo, cuja circunferência tangencie o campo anterior num ponto situado sobre a linha estabelecida pelo sentido do deslocamento. Para isso, podem-se utilizar artículas presentes na própria preparação. A Figura 2.8 mostra uma das maneiras de procedimento durante o deslocamento da câmara, visando a não contagem de um filamento miceliano duas vezes.

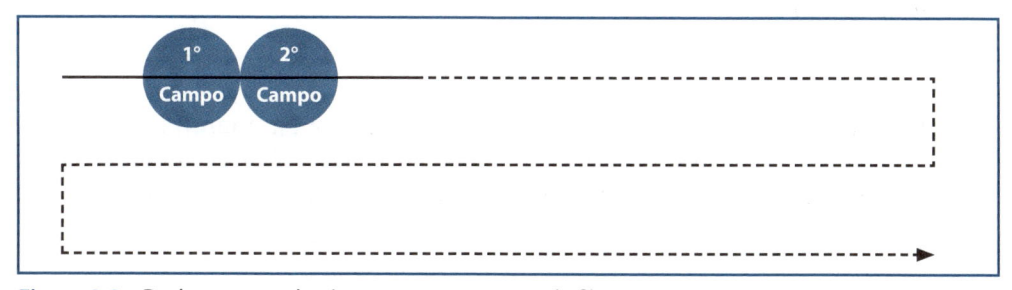

Figura 2.8 – Deslocamento da câmara para contagem de filamentos.

A Figura 2.9, a seguir, representa a contagem de elementos micelianos pelo método de Howard.

$$
\begin{array}{ccccc ccccc}
- & - & + & - & - & 11 + 9 & - & - & - & - & - \\
- & + & - & - & + & & - & - & - & + & - \\
- & - & + & - & + & & + & + & + & + & - \\
- & + & + & + & + & & - & - & - & + & + \\
+ & - & + & - & - & & + & - & - & - & + \\
\end{array}
$$

$$9 + 11 = 20$$
$$20 \times 2 = 40$$

40% de campos positivos

Figura 2.9 – Contagem de filamentos.

2.4.1.4 Críticas ao Método

Entre as diversas causas de críticas ao método, podemos citar as seguintes:
1. Exigir, de início, muita experiência e habilidade do analista;
2. Algumas estruturas do tomate assemelham-se com filamentos micelianos, podendo se transformar em causa de erro para os observadores menos experimentes;
3. Considerar positivo tanto o campo que apresenta um único micélio de cogumelo com o comprimento de um sexto do diâmetro do campo, como o que exibe um bloco constituído por entrelaçamento de hifas;
4. A sedimentação de detritos de tomates sobre hifas micelianas pode prejudicar a visualização, constituindo-se em motivo de erro.

2.5 Método para Análise de Pães e Similares

2.5.1 Material

Frasco de 2.000 ml, água destilada, hidróxido de sódio a 5%, ácido acético a 3%, glicerina a 20%, placas de Petri, lâminas e lamínulas, espátula, funil de Büchner, papel de filtro tipo xarope e microscópio estereoscópico.

2.5.2 Método

Homogeneíze a amostra a ser examinada, transfira 20 g para um frasco de 2.000 ml, junte 100 ml de água destilada e deixe em contato por 30 minutos. Junte 100 ml de hidróxido de sódio a 5% e 100 ml de água destilada, previamente aquecida a 100°C, e agite bem o conteúdo do frasco. Aqueça em banho-maria, durante 60 minutos, e junte 600 ml de água destilada, previamente aquecida a 100°C. Agite e deixe a mistura novamente em banho-maria por mais 60 minutos, agitando a cada 10 minutos. Deixe em repouso durante 24 horas, agitando de vez em quando: complete então o volume do frasco com água destilada, previamente aquecida a 100°C, e agite. Filtre todo o conteúdo do frasco a vácuo através de papel de filtro tipo xarope, em funil de Büchner. Desligue a bomba de vácuo e adicione ao funil de Büchner 40 ml de ácido acético a 3%. Deixe em contato por 15 minutos. Ligue a bomba de vácuo até a secura. Desligue a bomba e junte ao funil 20 ml de glicerina a 20%. Ligue novamente o vácuo e termine a filtração por sucção lenta. Retire do funil de Büchner o papel de filtro com o material retido e transfira-o para uma placa de Petri. Examine ao microscópio estereoscópico, pesquise e identifique os contaminantes presentes (ovos, larvas, insetos e sujidades).

Com o auxílio de uma pequena espátula, transfira do papel de filtro os fragmentos de cascas vegetais (súber, epicarpo etc.) para uma lâmina contendo uma gota de água destilada, cubra com uma lamínula, examine e identifique ao microscópio.

2.5.2.1   *Método Rápido (Farinhas)*

1. Coloque 2 g de farinha em um béquer de 1.000 ml;
2. Junte ao béquer 50 ml de água fria;
3. Deixe em repouso por 15 minutos;
4. Adicione 100 ml de NaOH a 5% e ferva por 30 minutos;
5. Adicione 350 ml de água fervente e agite;
6. Deixe decantar e filtre através do Büchner;
7. Observe ao microscópio o resíduo retido no papel de filtro.

2.5.3   **Considerações Gerais**

2.5.3.1   *Produtos de Panificação (Pão Francês, Farinha de Rosca)*

Pão é o produto obtido pela cocção, em condições técnicas adequadas, de massa preparada com farinha de trigo, fermento biológico, água e sal, podendo conter outras substâncias alimentícias (item 1 da NTA 47 do Decreto nº 12.486, de 20 de outubro de 1978).

O exame microscópico de pães inclui: identificação de amido de trigo, levedura (fermento biológico), substância amilífera alterada e pesquisa de sujidades (pelo de roedor e fragmentos de insetos vetores de doenças, tais como: barata e formiga). A pesquisa de sujidades requer extração segundo o método analítico preconizado pela AOAC, de 1990, aplicável à determinação de sujidades leves em pães, biscoitos, cookies, bolos, salgadinhos e outros.

Os fragmentos de insetos são acastanhados, com detalhes peculiares: pelos, articulações, olhos compostos, antenas etc. Os ácaros são quase esféricos, incolores e têm quatro pares de patas. O pelo de roedor tem medula estriada, detalhe que o distingue do cabelo humano, cuja medula é contínua.

2.5.3.2 Amidos e Féculas (Trigo, Milho, Centeio, Cevada, Aveia, Arroz, Sorgo, Mandioca, Araruta, Batata Inglesa)

A forma, as dimensões, o hilo e outros caracteres dos grãos de amido diferem muito nas diferentes espécies de vegetais, mas são notavelmente constantes em se tratando de um mesmo órgão de determinada espécie.

Frequentes vezes, o microscopista alimentar depende em grande parte ou totalmente das características dos grãos de amido na identificação de materiais desconhecidos (fraudes) ou constituintes de alimentos industrializados.

O hilo é o centro orgânico do grão de amido. É bem visível em alguns grãos e pouco evidente em outros.

Observando-se sob a luz polarizada, cruzando-se os nicóis, os grãos de amido apresentam-se brancos e brilhantes (com cruzes de polarização, em preto, que partem do hilo), contrastando fortemente com o campo escuro. Por causa desse fenômeno, a birrefringência, os grãos de amido são considerados esferocristais. Aveia, feijão, milho, batata e mandioca apresentam cruzes de polarização nítidas. O trigo apresenta-as indistintas.

Os grãos de amido pequenos, como os de arroz e de aveia, frequentemente formam agregados, bem como os grãos compostos (cacau).

Farinhas (de trigo, milho e mandioca), bem como os respectivos amidos extraídos, são identificadas pelo amido que possuem. As espécies apresentam grãos de amido relativamente grandes, com dimensões da ordem de 40 m; formatos peculiares (lenticulares, para o trigo; poliédricos, para o milho; e esféricos ou esferotruncados, para a mandioca); e hilos de formatos e localização característicos (puntiforme, central e pouco nítido, para o trigo; estrelados e/ou lineares, para o milho e a mandioca).

A levedura seca *(Saccharomyces cerevisiae)* é o fermento biológico empregado em pães e em outros produtos alimentícios. A identificação microscópica consiste na observação (exame direto) de células ovais ou esféricas, algumas com saliências (brotamento), pequenas e visíveis somente sob o aumento de 400 vezes do microscópio ótico.

Farinhas de trigo e seus derivados (pães, macarrão, biscoitos etc.) devem ser submetidos à pesquisa de sujidades, uma vez que as gramíneas são extremamente vulneráveis ao ataque de insetos *(Lepidoptera)* e roedores *(Rodentia)*. Os métodos empregados (frasco armadilha de Wildman ou percolador) consistem basicamente de hidrólise prévia do amido, seguida de extração dos fragmentos de insetos e dos pelos de roedores com solvente orgânico, filtração e observação do papel de filtro ao estereomicroscópio. Há várias publicações, entre as quais de Zamboni *et al.*, na *Revista do Instituto Adolfo Lutz*, estudando a qualidade higiênica de farinhas de trigo e derivados comercializados no Brasil.

A cevada é pouco utilizada na forma de farinha. Sua aplicação principal é na indústria de malte e cerveja, sendo também utilizada torrada, como sucedânea do café.

A farinha de centeio é um produto obtido pela moagem do grão de centeio beneficiado. O pão de centeio é um produto que contém, no mínimo, 50% de farinha de centeio.

Como os amidos de centeio e cevada são muito parecidos com os de trigo, a identificação dessas gramíneas baseia-se em outros elementos anatômicos das mesmas.

Diferentemente do trigo, a cevada e o centeio apresentam aderência das glumas florais ao pericarpo dos frutos, e é dessa característica que a microscopia alimentar se prevalece para identificar ambos os vegetais.

- Elemento anatômico característico do centeio: abaixo do epicarpo ocorre uma camada de células alongadas e retangulares de paredes porosas, porém lisas nas junções.
- Elemento anatômico característico da cevada: a epiderme externa das glumas (páleas) é constituída de tecido formado por células alongadas de paredes sinuosas. O aspecto geral desse tecido lembra o elemento equivalente do arroz, porém, no arroz, as sinuosidades são mais acentuadas.

O sorgo *(Sorghum vulgare)* é uma gramínea que entra na constituição de rações para animais. Seu amido é parecido com o do milho.

A araruta *(Maranta arundinaceae* L.), apesar de ser uma planta brasileira, é cultivada em pequena escala entre nós, atingindo, por esse motivo, preços relativamente altos. Sua fécula costuma ser substituída (total ou parcialmente), de modo fraudulento, pela da mandioca.

Estuda-se a araruta juntamente com batata-inglesa porque ambas apresentam grãos de fécula ovoides e grandes, com até 100 micras de comprimento. Todavia, na araruta, as estrias dos grãos de fécula são pouco nítidas e o hilo é marcante: "em asas de gaivota", "duplos", lineares, pontuados etc., e se localiza na parte mais larga do grão. Na batata-inglesa, o hilo é puntiforme, quase imperceptível, situando-se na extremidade mais estreita do grão, porém as estrias são marcantes.

Arroz e aveia são duas gramíneas que geralmente aparecem como sementes íntegras, dispensando o exame microscópico para sua identificação, exceção feita quando o arroz aparece como integrante de rações animais. Nesses casos, a identificação dá-se através da epiderme das páleas, tecido constituído de células acentuadamente sinuosas, de paredes grossas, que formam fileiras longitudinais, interceptadas por pelos unicelulares curtos. Esse tipo de tricoma é universal para as gramíneas.

A identificação por meio do amido não é adequada, pois, além de ambas as gramíneas terem grãos de amido parecidos, eles são miúdos, com dimensões da ordem de 8 micras, confundindo-se com os grãos amidos em desenvolvimento de outras gramíneas que geralmente entram na mesma fórmula, tais como: amido de trigo, amido de milho.

Capítulo 3

Rotina Utilizada em Microscopia de Alimentos

A análise microscópica de alimentos não depende de técnicas sofisticadas e muito elaboradas. Geralmente, o preparo de lâminas para a observação ao microscópio é muito simples. Sendo vasta a quantidade de substâncias alimentícias que podem ser analisadas, é natural que os métodos variem de conformidade com a natureza do produto alimentício a ser examinado.

A iniciativa do analista é de grande valor na orientação da marcha de análise, vencendo as dificuldades que, por ventura, apareçam.

As substâncias alimentícias que compõem o produto apresentam-se pulverizadas, o que impede a elaboração de cortes histológicos. Outras vezes, integram misturas complexas de substâncias, necessitando de separação prévia para serem identificadas.

De modo geral, as seguintes operações são utilizadas com frequência em microscopia alimentar:

1. Lavagem com água;
2. Desengorduramento;
3. Técnicas de corte à mão livre: cortes histológicos;
4. Clareamento;
5. Usos de corantes;
6. Reidratação e amolecimento (glicerina);
7. Filtração;
8. Observação à lupa;
9. Observação ao microscópio.

3.1 Lavagem com Água

Cerca de 200 g do alimento são colocados em um béquer de 2.000 ml, ao qual são adicionados cerca de 1.200 ml de água. A amostra é homogeneizada com o auxílio de um bastão de vidro e a mistura é filtrada sobre papel de filtro, em funil Büchner, tendo-se o cuidado de filtrar numa primeira etapa cerca de 600 ml, recolocando-se no béquer mais de 600 ml de água. Repete-se a operação por mais uma vez. Os fragmentos retidos no papel de filtro são submetidos à lavagem, com o auxílio de uma pisseta para separar os materiais retidos. Seca-se o material em estufa; seleciona-se os fragmentos com o auxílio de uma lupa esteroscópica; monta-se entre lâmina e lamínula; e observa-se ao microscópio.

3.2 Desengorduramento

Este procedimento é, em tudo, semelhante ao anterior, substituindo-se a água por éter de petróleo. Algumas vezes, o resíduo resultante do processo anterior, após a devida desidratação, é submetido à lavagem com éter de petróleo.

3.3 Técnicas de Corte à Mão Livre: Cortes Histológicos

Obtenção de cortes à mão livre. No estudo da anatomia vegetal, quer seja encarado sob o ponto de vista citológico, quer sob o histológico, quer sob o organográfico, deve-se fazer cortes do material. Tais cortes são efetuados à mão livre ou com o auxílio de micrótomos. No caso dos cortes à mão livre, utilizam-se, na maior parte das vezes, suportes em cujo interior se incluem as peças a serem cortadas. Esses suportes são geralmente confeccionados com medula do pecíolo da folha da embaúba (*Cecropia* sp), medula de sabugueiro (*Sambucus* sp) ou ainda, com menor frequência, medula do caule de girassol (*Helianthus* sp).

Seleciona-se a medula em pedaços cilíndricos de 3 a 4 cm de comprimento. Esses pequenos pedaços são divididos longitudinalmente em duas partes iguais. Efetua-se uma ranhura no suporte, de maneira a incluir, sem deixar folgas, a peça a ser cortada, Figura 3.1A. Em tal inclusão, tem-se forçosamente que levar em consideração o sentido do corte que se quer obter. Tais cortes são efetuados em um dos seguintes sentidos:

- corte transversal;
- corte longitudinal radial;
- corte longitudinal tangencial.

3.3.1 Emprego da Lâmina de Barbear

Na obtenção de cortes à mão livre é comum empregar-se navalha ou lâmina de barbear, Figuras 3.1B e 3.1C.

Os cortes são obtidos com dois movimentos rápidos e conjugados da lâmina sobre o material a ser cortado, incluídos na medula (um movimento para dentro e outro para a direita). Com o auxílio de um pincel, leva-se o corte para um recipiente contendo água destilada. Após serem obtidos diversos cortes, escolhem-se os melhores. Os cortes mais finos são os mais transparentes.

3.4 Clareamento

O clareamento dos fragmentos vegetais ou dos cortes histológicos é feito com o emprego da solução de hipoclorito de sódio, conhecida como "água de lavadeira" (água de lavadeira comercial 50 ml, em 50 ml de água destilada). O material escolhido, a ser diafanizado, é transportado para a solução de hipoclorito em que deve permanecer até a completa descoloração. Esse processo deve ser acompanhado empregando-se a visualização direta. Após o clareamento, o material deve ser lavado com água, podendo ser observado imediatamente ou após o processo de coloração escolhido.

Outro agente clarificador é a solução de cloral hidratado a 60%. Nessa técnica, utiliza-se o aquecimento do material montado entre a lâmina e lamínula, com o cuidado de evitar projeções da lamínula motivada pelo aquecimento. Essa última técnica, na maior parte das vezes, leva à visualização direta da estrutura, dispensando a coloração, Figuras 3.1D, 3.1E, 3.1F.

A solução de hidróxido de sódio a 5% é usada com menor frequência para esse fim. Nesse caso, deve-se tomar cuidado com o material a ser observado, pois ele torna-se bastante quebradiço.

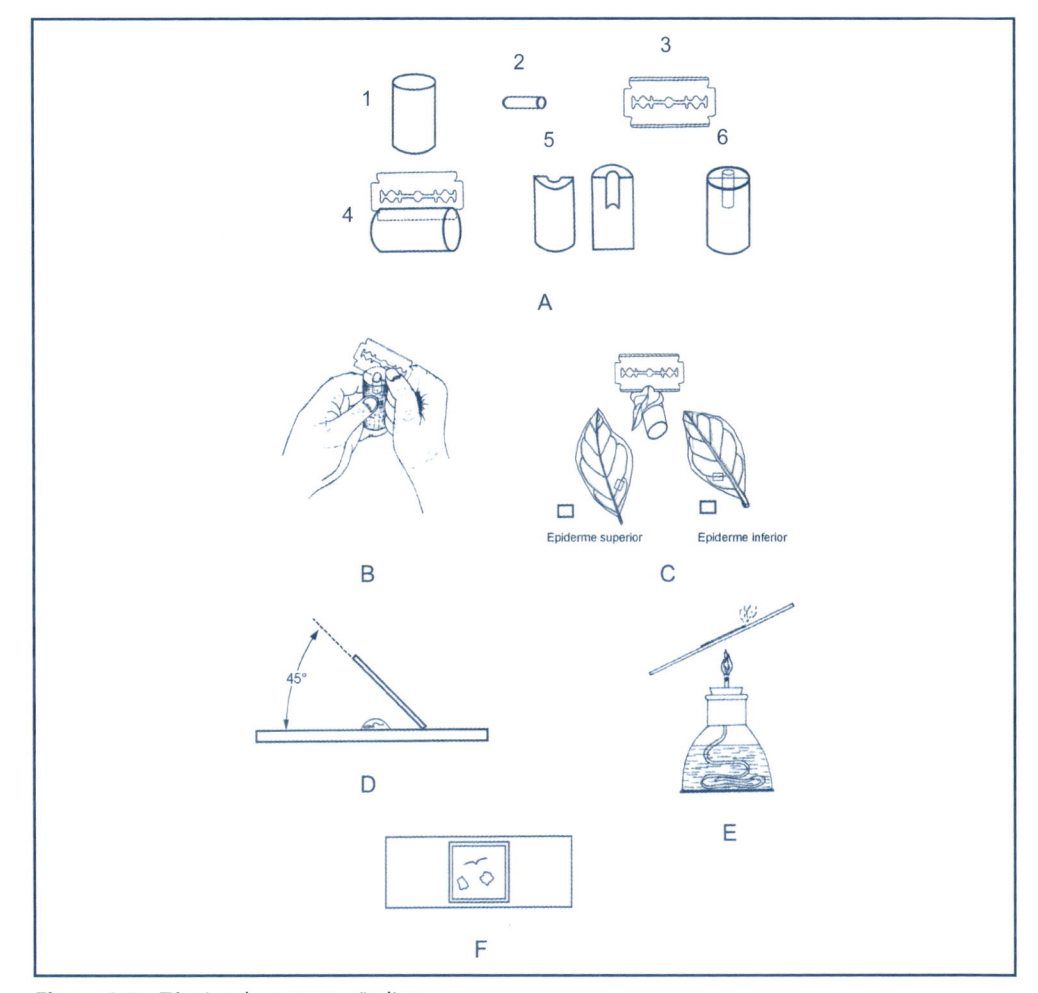

Figura 3.1 – Técnica de corte a mão livre.
(A) Desenho esquemático mostrando a maneira de incluir a peça a ser cortada na medula de embaúba: (1) medula de embaúba, (2) peça a ser cortada, (3) lâmina de barbear, (4) seccionamento da medula, (5) medula seccionada e preparada, (6) material incluído destinado ao corte.
(B) Execução do corte.
(C) Obtenção de cortes paradérmicos.
(D) Inclinação que se deve dar a lamínula na montagem da preparação.
(E) Inclinação correta que se deve dar ao preparado durante a fervura branda com cloral.
(F) Lâmina pronta.

3.5 Usos de Corantes

Os tipos de coloração seguintes são os mais usados:
- Coloração pela hematoxilina de Delafield.
  Colocam-se duas gotas de hematoxilina de Delafield em um pequeno vidro de relógio. Transportam-se, a seguir, os cortes para o corante, após a prévia descoloração e lavagem, permanecendo ali geralmente de dois a três minutos. Após esse tempo, os cortes são retirados do corante e lavados, efetuando-se a montagem, Figuras 3.1D e 3.1F.
- Coloração pelo azul de astra.
  Os cortes, após a descoloração e lavagem, são colocados em duas ou três gotas de corante, permanecendo em contato com o líquido por cerca de dois a três minutos. Lava-se com água destilada. Segue-se a montagem em glicerina.
- Coloração dupla pelo azul de astra e fucsina.
  Após a descoloração e lavagem, os cortes são colocados em duas a três gotas de azul de astra, permanecendo em contato com o líquido por dois a três minutos. Os cortes são lavados com água destilada e transferidos para a solução de fucsina onde devem permanecer por um a dois minutos. São lavados em água destilada, novamente. Segue-se a montagem em glicerina.
  Essa dupla coloração permite efetuar diferenciação entre paredes celulósicas e lignificadas.
- Coloração pelo azul de astra e safranina.
  Os cortes, após a descoloração e lavagem, são transferidos para uma solução de azul de astra a 1%, em solução de ácido tartárico a 2%, misturados a solução alcoólica de safranina a 1%, na proporção 95:5, por cerca de 15 segundos. Os cortes são lavados, a seguir, e montados em glicerina.
  O tempo de permanência indicado para os cortes no corante é aproximado. O controle desse tempo costuma ser efetuado visualmente, a fim de obter melhor qualidade dos preparados.

3.6 Reidratação e Amolecimento (Glicerina)

3.6.1 Montagem da Lâmina

O material a ser analisado é montado em água ou em glicerina. Para isso, limpa-se muito bem uma lâmina e uma lamínula. Nos dois casos, coloca-se uma gota de tamanho adequado do líquido sobre a lâmina. Transporta-se a seguir, com todo o cuidado, o fragmento do material ou o corte para o líquido, com o auxílio de um estilete, e recobre-se com a lamínula, tendo-se o cuidado de evitar a presença de bolhas, Figuras 3.1D e 3.1F.

A água ou a glicerina não deve extravasar; todavia, deve preencher totalmente o espaço sob a lamínula.

3.7 Filtração

Recorre-se muitas vezes à filtração para separar fragmentos sólidos de líquidos.

3.8 Observação à Lupa

Outro aparelho que ajuda muito na realização dos trabalhos de microscopia alimentar é a lupa, também denominada "microscópio simples". A lupa é um instrumento óptico de ampliação. Permite a obtenção de imagens ampliadas, possibilitando a observação mais detalhada das superfícies.

A lupa é composta por uma lente biconvexa, portanto, convergente, e de pequena distância focal.

Auxilia muito na análise prévia de materiais alimentares, favorecendo a separação de pequenas peças destinadas à análises mais detalhadas.

Em linhas gerais, qualquer lente de aumento pode ser considerada uma lupa. As lupas mais simples permitem aumentos de duas a cinco vezes. As lupas estereoscópicas modernas permitem aumento de até 40 vezes. Constam de um suporte, contendo a lente acoplada a um dispositivo portador das oculares, com possibilidade de ajustar a distância interpupilar e de um condensador. Todo esse conjunto acha-se fixado sobre uma haste ou eixo que permite o deslocamento, ajustando o foco com auxílio de um parafuso macrométrico. A haste, por sua vez, acha-se inserida sobre uma base, mesa ou platina provida de pinças que possibilitam fixar a lâmina a ser observada no porta--objeto. O aparelho consta ainda de um sistema de iluminação que permite iluminar o objeto por cima e por baixo.

3.9 Observação ao Microscópio

3.9.1 O Microscópio Óptico e Seu Uso

A palavra microscópio é de origem grega. Provém de *micros*, que significa "pequeno", e *scopein*, que significa "observar", "olhar com atenção". É um instrumento físico que serve para ampliar, à vista, objetos muito pequenos.

O estudo da natureza íntima dos vegetais e animais, ou seja, de suas células, seus tecidos e seus órgãos, com preferência à forma, só é possível de ser executado com o auxílio desse aparelho óptico.

Conhecer o microscópio, a fim de poder usá-lo em sua plenitude, é tarefa indispensável a todos que se dedicam ao conhecimento da microscopia de alimentos. Todo microscópio se compõe de partes mecânicas e partes ópticas.

As partes mecânicas do microscópio são as seguintes: base ou pé, estativo, mesa ou platina, tubos de encaixe ou canhão, parafusos macrométricos e micrométricos, e revólver ou mecanismo para troca de objetivas.

As partes ópticas, por sua vez, são as seguintes: oculares, objetivas, condensador com diafragma, e espelho para orientar o feixe luminoso ou luz embutida.

3.9.1.1 Partes Mecânicas

Base ou pé

A base, ou pé, é confeccionada com materiais pesados, visando dar estabilidade ao aparelho. A forma dessa parte do microscópio é variável. Pode se apresentar em forma de ferradura, em forma de V, ou ser arredondada ou retangular.

Estativo

O estativo, também denominado "braço", "haste" ou "suporte", é igualmente de construção sólida. Dependendo do tipo de microscópio, o estativo pode ser fixo ou ser provido de movimento basculante, favorecendo assim a observação. Nos microscópios mais modernos, ele é fixo e provido de braço recurvado para facilidade de uso pelo observador. O estativo suporta o canhão onde se localizam as oculares, a mesa ou platina, o porta-condensador e o espelho ou luz embutida. Em alguns modelos, a luz embutida localiza-se sobre o pé do microscópio.

Mesa

A mesa, ou platina, pode ser simplesmente fixa ou apresentar outra peça superior deslizante, movimentada por meio de botões e denominada "carro" ou *charriot*, destinada a movimentar a lâmina em que se localiza a peça a ser observada. Sobre a mesa, existem ainda pinças para prender a lâmina. No centro da mesa, há uma abertura para a passagem do feixe de raios luminosos.

Debaixo da platina, localiza-se a subplatina onde está fixado o condensador. A distância entre a platina e o condensador pode ser regulada por meio de um parafuso.

Tubos de encaixe ou canhão

O tubo ou canhão é geralmente uma peça cilíndrica que leva a ocular em sua parte superior. Existem tubos monoculares e bioculares.

Para baixar ou subir o tubo de encaixe, em relação à platina, empregam-se os parafusos macrométrico e micrométrico. A movimentação do tubo se faz através de cremalheira. Existem microscópios cujo tubo é fixo e os referidos parafusos movimentam a mesa ou platina para se obter a focalização.

Parafusos macrométricos e micrométricos

Consegue-se o movimento do canhão ou da mesa por meio dos parafusos macrométrico e micrométrico, acionados por botões localizados abaixo ou acima da platina. Esse deslocamento é obtido através de um sistema de precisão, constituído por mecanismo de pinhão e cremalheira de dentes diagonais. O deslocamento grosseiro se faz através do parafuso macrométrico e o ajuste através do parafuso micrométrico.

Revólver ou mecanismo para troca de objetiva

Este mecanismo localiza-se na base do tubo e acima da platina. Sobre o revólver e através de roscas, encaixam-se as objetivas, que podem ser três ou quatro. O revólver é provido de movimento circular, que permite mudar as objetivas.

3.9.1.2 *Parte Óptica*

Oculares

As oculares são lentes destinadas a ampliar a imagem formada nas objetivas. Tem seu funcionamento à maneira do da lupa, produzindo uma imagem não invertida. O aumento referente a essas lentes é geralmente de 4, 5, 6, 8, 10, 12, 15 e 20 vezes.

O aumento das oculares aparece gravado em sua parte superior.

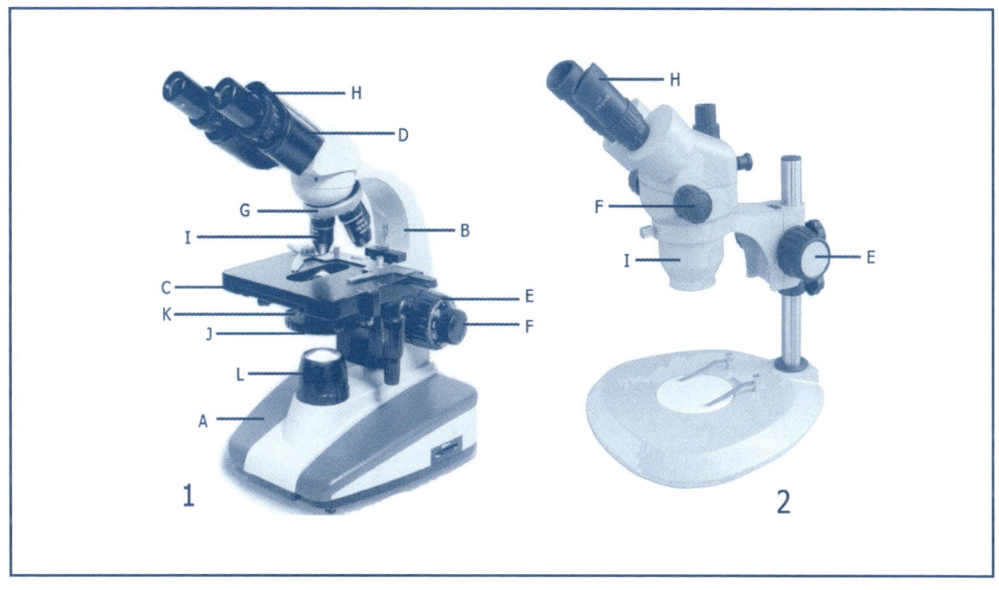

Figura 3.2 – (1) Microscópico óptico: (A) base, (B) estativo, (C) mesa platina, (D) tubo ou canhão, (E) parafuso macrométrico, (F) parafuso micrométrico, (G) revólver, (H) ocular, (I) objetivas, (J) condensador, (K) diafragma, (L) lâmpada.
(2) Lupa: (E) parafuso macrométrico, (F) parafuso micrométrico, (H) ocular, (I) objetivas.

Objetivas

As objetivas correspondem às lentes mais importantes do microscópio. Acham-se instaladas sobre o revólver. Existem diversos tipos de objetivas, que além de aumentarem a imagem, procuram corrigir defeitos cromáticos.

Os aumentos destas lentes são geralmente de quatro, dez, 40 e 100 vezes.

Condensador e diafragma

O condensador está localizado abaixo da platina, fixado ao porta-condensador. Sua finalidade, como o próprio nome diz, é condensar a luz. É dotado geralmente de duas lentes, mas existem outras três ou mais lentes.

Acompanhando o condensador, encontramos o diagrama, ou sistema de íris, cuja abertura é regulável. Destina-se a restringir o feixe de luz. Usa-se o diafragma pouco aberto com objetivas de pequeno aumento, abrindo-se um pouco mais com objetivas de maior aumento.

Espelho ou luz embutida

O espelho situa-se abaixo do condensador. Geralmente, há um espelho côncavo e um espelho plano, reunidos em uma mesma peça. A peça gira em torno de um eixo de maneira, para permitir o uso da face plana ou da face côncava. O espelho côncavo é utilizado com as objetivas comuns, ao passo que o espelho plano é empregado com duas objetivas de imersão.

Nos microscópios modernos, o espelho é substituído por uma luz fria embutida na base que posiciona a luz diretamente sobre o condensador.

3.9.1.3 Cuidados e Uso do Microscópio

Cuidados

O microscópio deve ser guardado adequadamente, de maneira a ficar protegido da poeira. Para isso, deve ser coberto com capa especial que o acompanha. O aparelho de preferência deve ser fixado sobre a mesa de trabalho, evitando-se ao máximo o transporte de um lado para o outro. Quando for necessário transportar o microscópio, ele deve ser seguro pelo braço do estativo e apoiado no pé, de forma a permanecer na posição vertical.

Com referência à limpeza, deve-se empregar flanela macia, para as partes mecânicas, e lenço de papel absorvente, para as lentes. Não utilizar, em caso algum, material que possa arranhar as lentes.

Uso

O primeiro item a ser cuidado é o da iluminação. Quando o microscópio possui luz embutida, acende-se a luz e ajusta-se o diafragma para a iluminação desejada. Caso contrário, coloca-se o aparelho frente à fonte luminosa e, com o auxílio do espelho, ajusta-se o feixe luminoso. Coloca-se, a seguir, a lâmina com a preparação sobre a platina, prendendo-a com o auxílio das pinças. Coloca-se o objeto a ser examinado na direção da lente do condensador, localizando-o aproximadamente no centro do orifício que existe na platina. Se necessário, posicionar a objetiva de menor aumento para a focalização. Olhando-se lateralmente, baixa-se o canhão até que a objetiva de menor aumento fique bem próxima do objeto a ser analisado. Observando-se através da ocular, sobe-se o canhão cuidadosamente até que a imagem apareça nitidamente. O ajuste fino deve ser feito através do parafuso micrométrico. A observação do objeto deve ser executada movimentando-se o parafuso micrométrico delicadamente para a frente e para trás, a fim de se observar as minúcias. Para passar para um aumento maior, colocar o detalhe a ser observado no meio do campo e, a seguir, girar o revólver, trocando a objetiva; finalmente, ajustar, se necessário, a iluminação.

3.9.1.4 Materiais, Equipamentos e Reagentes Usados na Análise Microscópica de Alimentos

A análise de produtos alimentícios comporta três tipos fundamentais de operações, a saber: a amostragem ou tomada de ensaio, a identificação e verificação da pureza, e trabalhos que envolvem quantificações.

A amostragem corresponde à primeira fase da análise do produto alimentício, dependendo dela o sucesso ou fracasso dos resultados da análise.

O processo de amostragem pode ocorrer numa das etapas que levam o produto alimentício da produção ao consumo. Ocorre na etapa de chegada da matéria-prima no estabelecimento produtor; ocorre em matérias-primas armazenadas, à espera da produção; ocorre durante e após o processo de produção e armazenamento; e ocorre ainda durante o processo de exposição e venda.

Na execução da amostragem devem-se observar as condições técnicas estabelecidas para esse procedimento em normas e regulamentos especiais.

A colheita adequada da amostra, cercada de precauções e cuidados, possibilita a realização adequada da análise e a obtenção de resultados confiáveis. Coletada a amostra, procede-se à embalagem e à devida rotulagem. Toda amostra deve ser representativa do lote, partida ou estoque.

A amostragem tem como finalidade atender necessidades da análise fiscal, da análise de controle e da análise de orientação. As amostras para análise fiscal devem ser colhidas em triplicatas. Uma delas é deixada em poder do estabelecimento depositário do produto, para eventual perícia de contraprova, e as outras duas são encaminhadas ao laboratório de análise, sendo uma para análise e perícia e a outra para perícia de desempate, caso necessário. A análise de controle é efetuada em alimentos registrados, visando verificar a qualidade e identidade por órgãos competentes da vigilância sanitária. Essa análise também é feita para alimentos dispensados de registro no Ministério da Saúde e para controle de alimentos importados em postos alfandegários. As análises de orientação são feitas a pedido de indústrias interessadas e têm por finalidade orientar esses estabelecimentos no sentido de ajustar o produto aos parâmetros das exigências fiscais.

As operações de identificação e de verificação da pureza correspondem à parte da análise que leva à aprovação ou reprovação das amostras e, portanto, dos lotes a que elas pertencem. O mesmo pode ser dito dos trabalhos que envolvem a quantificação.

A identificação de matéria alimentícia sempre encerra ideia de comparação. Compara-se o material da amostra com o material-padrão ou com as monografias especiais destinadas a esse fim.

Materiais

Béqueres, cálices de vidro, bastões de vidro, dessecador, Erlenmeyers, almofariz e pistilo de tamanho médio, lâminas de vidro (26×76 mm) e lamínulas de vidro (24×32 mm), papéis de filtro, placas de Petri, pincel de cerda dura, vidros de relógio (diâmetro de 8 cm), e tamises de aço inox ou equivalente, com tela de aço inox e diversas porosidades.

Equipamentos

Agitador mecânico e balança eletrônica de precisão, com sensibilidade de 0,01 g; capela de exaustão; chapa aquecedora; equipamento para filtração a vácuo (bomba de vácuo ou trompa de água, funil de Büchner de porcelana e dois Kitasatos); estufa de secagem; microscópio estereoscópico, com oculares que aumentam 10 vezes e objetivas com aumentos de 0,8 a seis vezes; microscópio ótico composto binocular, com oculares que aumentam 10 vezes e três objetivas acromáticas com aumentos de 10, 25 e 40 vezes, e acessórios para luz polarizada; e aparelho de destilação Retavapor.

Reagentes

- Água glicerinada a 2% (v/v);
- Álcool etílico p.a.;
- Clorofórmio p.a.;

- Éter etílico p.a.;
- Hipoclorito de sódio (solução comercial);
- Solução de cloreto férrico a 3% (P/v);
- Solução de hidróxido de sódio a 10% (P/v);
- Solução saturada de floroglucina clorídrica (floroglucinol em ácido clorídrico a 20% v/v);
- Solução de lugol (1 g de iodo p.a.; 2 g de iodeto de potássio p.a.; 200 ml de água destilada);
- Solução de cloreto de sódio a 30%;
- Óleo vegetal;
- Hexano;
- Solução de cloral hidratado a 60%;
- Reativo de floroglucina clorídrica.

Capítulo 4

Célula Vegetal, Parede Celular e Inclusão Celular

4.1 Generalidades

Os seres vivos, plantas e animais, apresentam o corpo formado por unidades fundamentais denominadas "células". Essas unidades fundamentais dos seres vivos costumam ser divididas em três regiões ou partes, a saber: membrana, citoplasma e núcleo. O citoplasma e o núcleo, em conjunto, são denominados "protoplasma".

Existem seres vivos constituídos por uma única célula e seres vivos multicelulares. Os seres vivos constituídos por uma única célula são denominados "protistas". Antigamente, esses seres vivos eram divididos em protozoários, quando relacionados com animais, e protófitos, quando relacionados com plantas. Os animais e plantas multicelulares chamam-se, respectivamente, "metazoários" e "metafitas".

As células vegetais diferenciam-se das células animais por apresentarem plastos, vacúolos e membrana celular dupla (membrana plasmática ou plasmalema, e parede celular), e por não possuírem lisossomos e centríolos, estruturas essas típicas dos animais.

O citoplasma corresponde a material viscoso, coacervado de natureza coloidal e provido de orgânulos – o hialoplasma –, no qual se encontram estruturas vivas, os grânulos. O exoplasma é mais gel que o endoplasma, que é mais sol. O citoplasma pode conter uma série de organelas, tais como plastos, condrioma, ribossomos, mitocôndrias, dictiossomas, retículo endoplasmático e lisossomos. Nas células vegetais ocorrem ainda os vacúolos, que, na célula adulta, ocupam quase todo o interior celular. Os vacúolos são cheios de um líquido, o suco vacuolar, que contém substâncias orgânicas e inorgânicas. A água é seu principal constituinte, na qual estão dissolvidos açúcares, proteínas, ácidos orgânicos diversos, pigmentos, taninos e produtos do metabolismo secundário das plantas, como alcaloides e glicosídeos.

Com referência à análise microscópica de alimentos, visando sua identificação e a detecção de fraudes, merece destaque especial no estudo das células vegetais a parede celular e as inclusões celulares ou substâncias ergásticas. Na observação do material em análise, a forma das células, a natureza da parede celular e sua espessura, e a presença de inclusões celulares, tanto orgânicas como inorgânicas, são de fundamental importância.

Identificar sempre encerra a ideia de comparação; comparar as estruturas do material-problema com o padrão autêntico ou a literatura especializada permite constatar a autenticidade do produto ou detectar a presença de fraudes. É possível valorizar a qualidade do material analisado verificando-se a presença de sujidades e de matérias estranhas.

As características da parede celular e a presença de inclusões celulares assumem papel relevante na análise microscópica de alimentos. Quando o objetivo a ser perseguido é a identificação de alimentos, a verificação da presença de sujidades ou a detecção de fraudes, observa-se no material em análise a forma de suas células, a natureza da parede celular e a presença ou ausência de inclusões celulares, tanto orgânicas como inorgânicas. A comparação da forma das células, do arranjo que elas mantêm entre si, da natureza da parede celular, das inclusões presentes, do material-problema em análise com o material-padrão ou com os dados da literatura especializada vai possibilitar a sua identificação, bem como permitir a verificação de fraudes, derivada da observação de materiais diferentes daqueles que são esperados.

4.2 Parede Celular/Parede Celulósica

A parede celular de natureza celulósica é uma estrutura que está presente tanto nos vegetais como em algas.

Nos vegetais, a membrana vegetal é dupla, isto é, uma membrana vegetal semipermeável, denominada "membrana plasmática", e outra, de natureza celulósica.

A membrana plasmática é comum tanto aos vegetais como aos animais. A celulósica é característica das células dos vegetais e das algas. Constitui verdadeira parede celular, sendo, por isso, preferível denominá-la "parede celulósica". Como constituintes da membrana, além da celulose, encontramos ainda matérias pépticas, tais como a pectose, ácido péptico, metapéptico e calose.

Denomina-se "lamela média", ou "cimento intercalar", as substâncias que ficam entre as paredes de células vizinhas. O cimento intercalar é constituído por substâncias pépticas.

A primeira parede que se forma nas células vegetais é denominada "parede primária", sendo de natureza celulósica. A parede primária ocorre nas células merismáticas e parenquimáticas.

Muitas células, como as do tecido parenquimático, somente formam a parede primária. Outras, entretanto, podem, sobre a parede celulósica, depositar outros tipos de substâncias, tais como lignina, suberina, cutina e ceras. Essas paredes celulares são então denominadas "secundárias".

A parede secundária surge após a célula atingir o crescimento máximo. As células com membranas secundárias, apesar de mortas, desempenham função mecânica, ou seja, de sustentação.

As paredes primárias e as paredes secundárias apresentam regiões deprimidas onde o espessamento sofre interrupção. Essas regiões recebem o nome de "pontuações" ou de "campos de pontuações primárias", respectivamente, conforme a parede seja secundária ou primária.

As pontuações podem ser de dois tipos, a saber: pontuações simples e pontuações areoladas. As pontuações simples possuem espessamento secundário justaposto à parede primária. Nas pontuações areoladas, ocorre o afastamento da parede secundária para formar o vestíbulo, Figura 4.1.

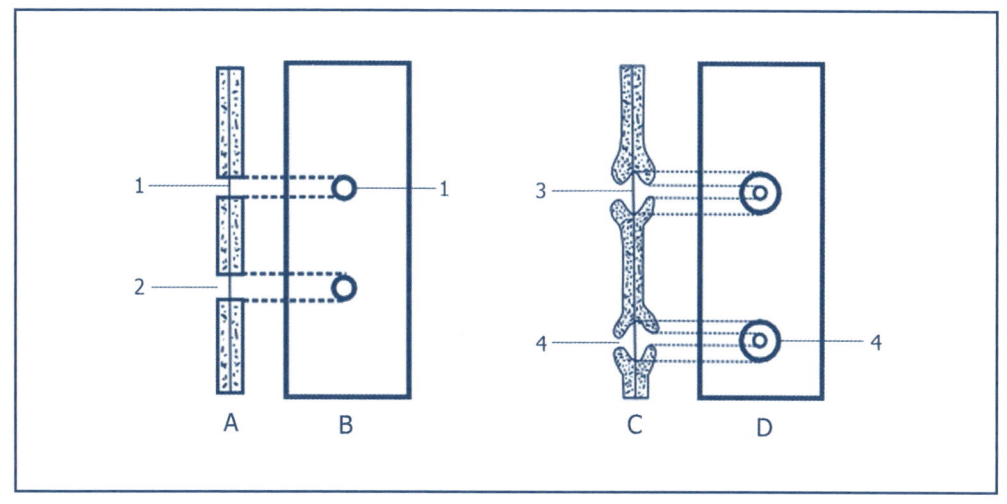

Figura 4.1 – Pares de pontuação.

Na maior parte das vezes, a pontuação de uma célula corresponde à pontuação da célula vizinha, originando um par de pontuações.

As membranas ditas celulósicas não são constituídas exclusivamente de celulose. A hemicelulose, certas pentosanas e inúmeros carboidratos entram em sua composição.

A celulose, por sua vez, é um polissacarídeo, um polímero de condensação da glicose de fórmula geral $(C_6H_{10}O_5)_n$.

É insolúvel em água, álcool, éter e clorofórmio. Pode sofrer hidrólise ácida, pelo ácido clorídrico, dando dextrinas, celobiose e glicose.

Em histologia, as seguintes reações coloridas são usadas com frequência para pôr em realce a parede celulósica. A solução de cloreto de zinco iodado cora a parede celulósica em azul.

Solução de cloreto de zinco iodado: é o corante específico da parede celulósica, corando-a em azul.

A seguir, três fórmulas usuais desses relativos:

- Fórmula nº 1
  Cloreto de zinco . . . . 20,0 g
  Iodeto de potássio . . . . 6,5 g
  Iodo . . . . 1,5 g
  Água destilada . . . . 12,0 ml

- Fórmula nº 2

  Solução A
  Iodo . . . . 1,0 g
  Iodeto de potássio . . . . 1,0 g
  Água destilada . . . . 100,0 ml

Solução B

Cloreto de zinco . . . . 2,0 g
Água destilada . . . . 1,0 ml

▪ Fórmula nº 3

Solução A

Cloreto de zinco . . . . 20,0 g
Água destilada . . . . 8,5 ml

Solução B

Iodeto de potássio . . . . 1,0 g
Iodo . . . . 0,5 g
Água destilada . . . . 20,0 ml

Misture antes de usar as soluções A e B das fórmulas nº 2 e nº 3. Submeta os cortes histológicos devidamente preparados à ação do corante.

Solução de iodo (lugol): a celulose, previamente tratada com ácido sulfúrico ou ácido fosfórico em presença de iodo, adquire coloração azul.

▪ Solução de lugol

Iodo . . . . 1 g
Iodeto de potássio . . . . 2 g
Água destilada . . . . 300 ml

Hematoxilina de Delafield: dependendo do pH, a hematoxilina de Delafield cora a celulose em roxo ou em azul.

▪ Solução hematoxilina de Delafield (solução estoque)

Hematoxilina . . . . 1 g
Álcool absoluto . . . . 6 ml
Solução saturada de alúmen de amônia . . . . 100 ml
Álcool metílico . . . . 25 ml
Glicerina . . . . 25 ml

Preparação: dissolve-se 1 g de hematoxilina em 6 ml de álcool absoluto, juntando-se aos poucos os 100 ml da solução saturada de alúmen de amônia. Expor a mistura ao ar e à luz durante uma semana. A seguir, a solução deve ser filtrada e adicionada, gota a gota, à mistura do álcool e da glicerina. Filtra-se. Dessa solução estoque, retira-se 1 ml e dilui-se em 150 ml de água potável.

4.3 Parede Lignificada

A lignina é uma mistura de compostos de natureza polimérica. Na realidade, uma mistura de polímeros cujas unidades fundamentais são de natureza fenilpropanoide. A presença de grupos fenólicos confere caráter ácido às ligninas. A parede lignificada é resultante da incrustação de lignina na face interna da parede celulósica. É, portanto, uma parede secundária que leva a célula plenamente desenvolvida à morte, por impedir o transporte de água e nutrientes.

A parede lignificada ocorre nas células do esclerênquima, em fibras e esclereides, e no xilema. A lignina é pouco permeável à água e pouco elástica, porém é bastante dura. As células com paredes lignificadas estão relacionadas com a função mecânica de sustentação. As estruturas lignificadas são importantes na identificação de materiais alimentícios, bem como na constatação de fraudes. Elas adquirem coloração vermelho-cereja quando tratadas pelo reativo de floroglucina clorídrica (solução de floroglucinol em ácido clorídrico a 20%), que as coloca em destaque.

Na identificação das sementes de amendoim (*Arachis hipogeae* L.), a parede das células do espermoderma cora-se em vermelho-cereja, pelo reativo de floroglucina clorídrica, devido à presença de lignina, ao passo que as células do parênquima cotiledonar adquirem coloração amarela devido à sua natureza celulósica. Nessas, são bem evidentes e características as pontuações, Figura 4.2.

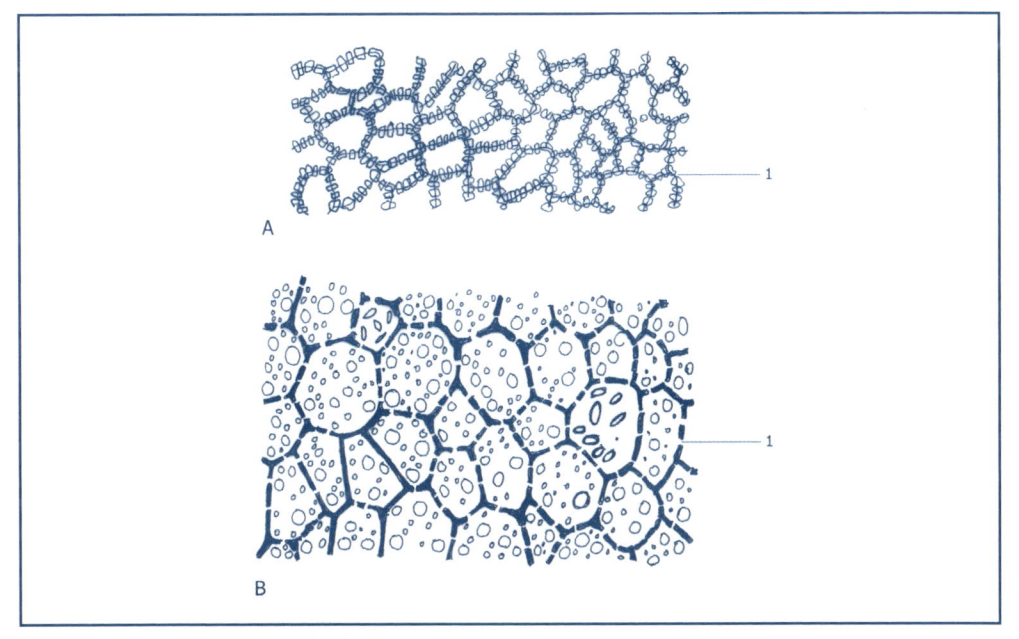

Figura 4.2 – Semente de *Arachis hipogaea* L.
(A) Espermoderma vista de face: (1) pontuações.
(B) Parênquima cotilenar em seção transversal: (1) pontuação.

É o que acontece também por ocasião da identificação do pó de guaraná vendido em supermercados e outros estabelecimentos. Uma pequena quantidade do pó é colocada sobre uma lâmina de microscopia, à qual se junta uma ou duas gotas de floroglucina clorídrica. Cobre-se a mistura com uma lamínula. Promove-se o aquecimento brando do conjunto, com auxílio de uma lamparina, evitando-se a fervura. Observa-se a seguir ao microscópio. Os elementos típicos do tegumento da semente de guaraná coram-se em vermelho-cereja, em função da natureza de suas paredes lignificadas, destacando-se no meio das outras estruturas, Figuras 4.3A e 4.3B. A solução de cloreto de zinco iodado origina com a lignina cor amarela. A parede lignificada pode ser corada pelo verde iodo, pela safranina e pela fucsina ácida, cujas fórmulas são as seguintes:

- Verde iodo
  Verde iodo . . . . 2,0 g
  Água destilada . . . . 100 ml

- Safranina
  Safranina . . . . 1 g
  Água destilada . . . . 20 ml
  Álcool 95% . . . . 50 ml

- Fucsina ácida
  Fucsina ácida . . . . 0,5 g
  Álcool 95% . . . . 50,0 ml
  Água destilada . . . . 50,0 ml

4.4   Parede Suberificada

A suberina é considerada, por uns, como oriunda de transformações da parede celulósica, e, por outros, como resultante da atividade protoplasmática. É um complexo de substâncias relacionadas com os lipídeos. Na sua composição, entram ácidos graxos saturados e insaturados, os quais podem aparecer polimerizados ou esterificados por alcoóis superiores ou por propanotriol. Em virtude de sua natureza química, a suberina cora-se em vermelho-alaranjado, pelo sudão III; em vermelho, pelo sudão IV; e em amarelo, pela solução lugol.

- Sudão III
  Sudão III . . . . 0,1 g
  Isopropanol . . . . 50 ml
  Glicerina . . . . 50 ml

Aquece-se a mistura de sudão III e isopropanol por uma hora e junta-se com cuidado 50 ml de glicerina.

A suberina, mistura de substâncias de caráter lipófilo, corresponde a componente majoritário das paredes das células do súber, o tecido que integra a periderme das cascas de caules e raízes.

Nas Figuras 4.3C e 4.3D, acham-se representada a seção transversal e paradérmica da casca de genciana (*Gentiana lutea* L.), usada como aromática, amarga, digestiva e aperiente. Nela, a região do súber é bem evidente e recebe destaque pelo corante sudão III.

4.5   Membrana Cutinizada

A cutina é constituída também de um complexo de substâncias relacionadas com os lipídeos. Sob o ponto de vista químico, não é fácil estabelecer o limite entre cutina e suberina. Para certos autores, a principal diferença reside no grau de polimerização de seus ácidos graxos, sendo maior a polimerização na cutina que na suberina. Outros, entretanto, consideram a ausência do ácido felônico na cutina e a sua presença na suberina como fator principal de distinção. Todavia, a localização topográfica constitui bom caráter prático na diferenciação entre a cutina e a suberina, porque a cutina, na maior parte dos casos, está relacionada com células epidérmicas.

A cutina, menos permeável aos líquidos e gases que a celulose, se solidifica em contato com o ar, originando uma película que recobre as células epidérmicas. Essa formação recebe o nome de cutícula e, devido à sua natureza química, cora-se pelo sudão III. As Figuras 4.3G e 4.3H representam transversais de folha.

4.6 Parede Cerificada

As ceras, encontradas no reino vegetal, exercem função protetora, são constituídas por ésteres de ácidos graxos de cadeias longas alifáticas, com alcoóis, igualmente de cadeias longas alifáticas e alicíclicas. Na composição química das ceras, entram ainda hidrocarbonetos parafínicos e alcoóis alifáticos de número elevado de átomos de carbono, combinados ou não a ácidos carboxílicos de cadeia longa. As ceras são misturas complexas de substâncias.

A parede cerificada, comum nos vegetais xerófitos, constitui uma proteção contra a transpiração excessiva. Ceras epicuticulares, ou seja, ceras que se depositam sobre a cutícula, são frequentes em angiospermas. As ceras epicuticulares ocorrem em forma de "cristaloides", que apresentam grande variedade de formas, características para cada espécie, o que possibilita o seu uso em sistemática. Entram na composição das ceras epicuticulares os fitosteroides, triterpenoides pentacíclicos e flavonoides, além dos componentes normais das ceras. Aparece sobre a cutícula e, ainda, sobre a membrana celulósica, depositando-se em forma de bastonetes, granulações e revestimentos contínuos. A parede cerificada cora-se pelo sudão III e pelo sudão IV.

A Figura 4.3E mostra a cera depositada em forma de bastonetes, em *Saccharum officinarum* L., e a Figura 4.3F, em forma de aglomerados granulosos, em *Brassica oleracea* L.

4.7 Parede Hemicelulósica

O nome "hemicelulose" foi proposto por Shulze, em 1891, para designar polissacarídeos extraídos das plantas por soluções alcalinas. Esses polissacarídeos, por hidrólise, originam xilose, arabinose, galactose, manose, glicose e os ácidos glicurônico e galacturônico.

As hemiceluloses são polímeros complexos, variáveis homo ou heteropolissacarídicos (arabino-xilanas, glactomananas, galactoglucomananas, galactanas ácidas, glucuronoarabino-galactanas). A hemicelulose é mais solúvel e mais hidrolisável que a celulose. É considerada uma substância de reserva, sendo desdobrada por enzimas especiais, elaboradas pelas plantas na ocasião de sua mobilização. Com certa frequência, é encontrada em sementes de *Palmae*.

As sementes de café (*Coffea arabica* L.) apresentam as regiões do endosperma formadas por células cujas paredes apresentam espessamento hemicelulósico, Figura 4.4.

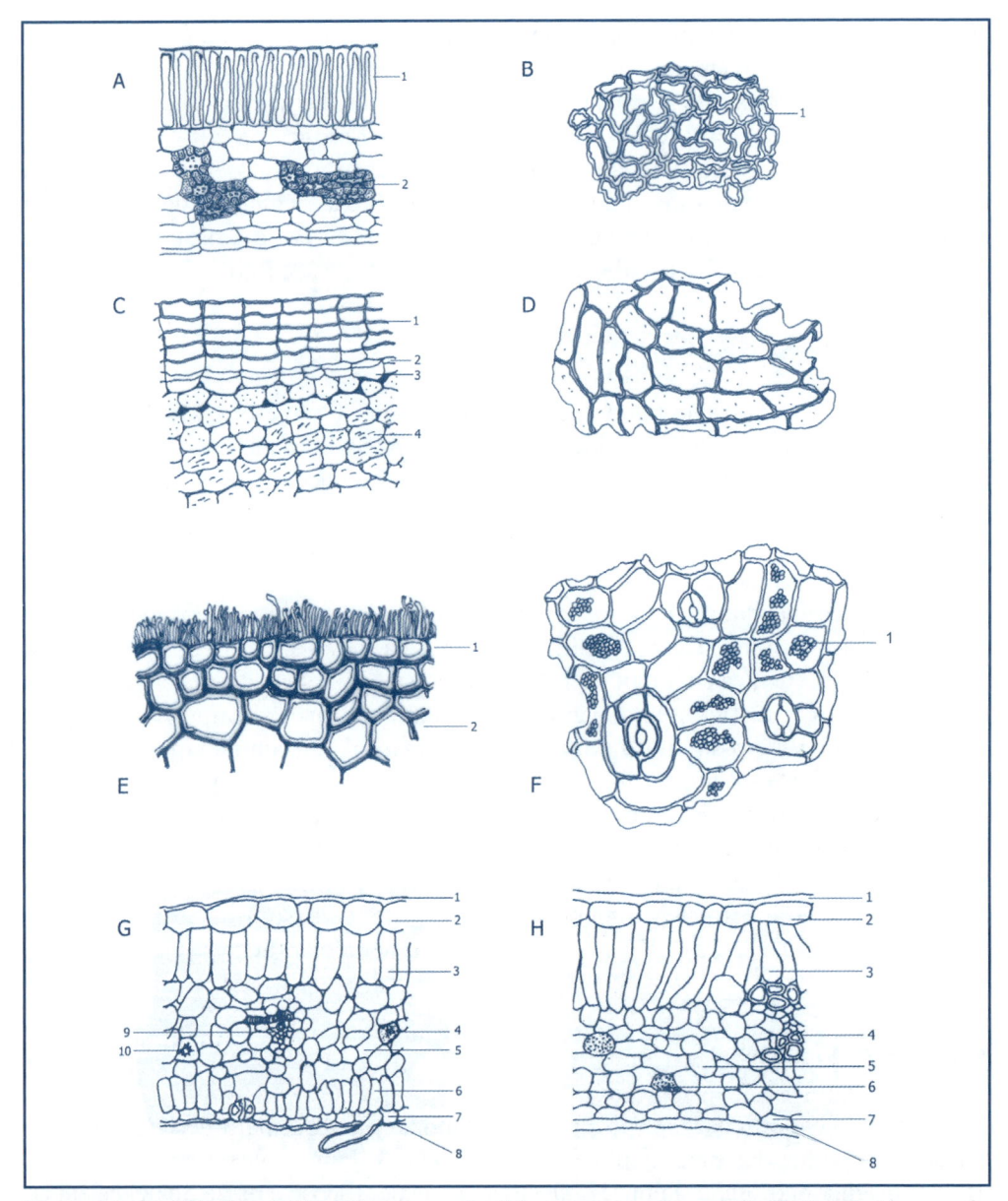

Figura 4.3 – (A e B) Guaraná (*Paullinia cupana* Kunth) – tegumento da semente. (A) Secção transversal: (1) macroesclereide, (2) braquiesclereide. (B) Secção paradérmica: (1) macroesclereide visto de face.
(C e D) Genciana (*Gentiana lútea* L.) – periderme da raiz. (C) Secção transversal: (1) súber, (2) felógeno, (3) feloderma, (4) córtex com cristais aciculados. (D) Secção paradérmica: súber visto de face.
(E) Cana – *Saccarum officinarum* L. – Colmo. (E): Epiderme mostrando cera depositada na forma de bastonetes.
(F) Repolho roxo – *Brassica oleracea* L. cera depositada sobre a cutícula epidérmica em forma de aglomerados granulosos: (1) cera.
(G e H) Secções transversais de folhas. (G): (1) cutícula, (2) epiderme, (3) parênquima paliçádico (4) célula com conteúdo lipófilo, (5) parênquima lacunoso, (6) parênquima paliçádico, (7) epiderme, (8) cutícula, (9) feixe vascular, (10) drusa. (H): (1) cutícula, (2) epiderme, (3) parênquima paliçádico, (4) feixe vascular, (5) parênquima lacunoso, (6) idioblasto contendo areia cristalina, (7) epiderme, (8) cutícula.

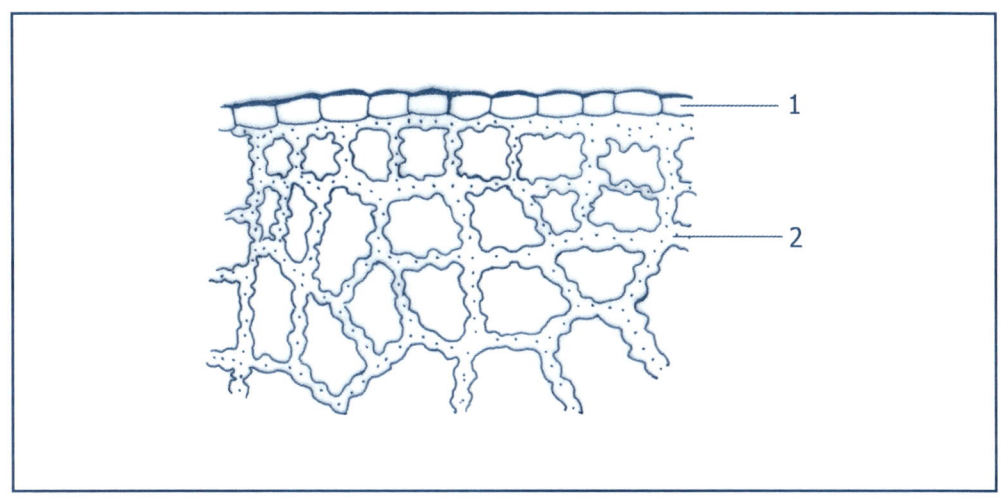

Figura 4.4 – Paredes de hemicelulose do endosperma da semente do *Coffe arabica* L.: (1) epiderme, (2) endosperma.

4.8 Paredes Silicificadas

São próprias de certas epidermes de plantas pertencentes às famílias *Gramineae* e *Cyperaceae.*

A silicificação, processo de impregnação da membrana por corpos silicosos, opera-se sob a forma de granulações microscópicas que ficam intactas quando se efetua a calcinação da planta. A forma desses corpos silicosos é constante para cada espécie vegetal, possibilitando a utilização desse caráter morfológico na sua diagnose.

As folhas de capim-limão *Cymbopogon citratus* (DC) Stapf e do sapé *Imperata brasiliensis* Trinius, duas plantas medicinais, possuem células epidérmicas com paredes silicificadas, Figura 4.5A.

4.9 Paredes Mucilaginosas: Mucilagens e Gomas

A transformação de membrana celular em mucilagens ou em gomas recebe o nome de "gelificação". Quimicamente, as mucilagens são substâncias macromoleculares polissacarídicas acídicas que, por hidrólise, dão oses e ácidos urônicos. Integrando as mucilagens, podemos encontrar também substâncias minerais, como cálcio, magnésio, ácido fosfórico e ácido sulfúrico. As mucilagens aparecem em plantas e em algas marinhas.

As mucilagens são encontradas com frequência em plantas das famílias *Malvacea, Bombacaceae* e *Plantaginaceae.*

As sementes de linho (*Linum usitatissimum* L.) possuem a região do tegumento rica em mucilagem, Figura 4.6.

As mucilagens coram-se pela solução aquosa de azul de metileno a 2% após o intumescimento das células que as contêm.

Coram-se ainda pelo vermelho de rutênio e pelo azul de anilina.

Os frutos de *Hibiscus subdariffa* L., usados na elaboração de geleias, possuem células com paredes mucilaginosas.

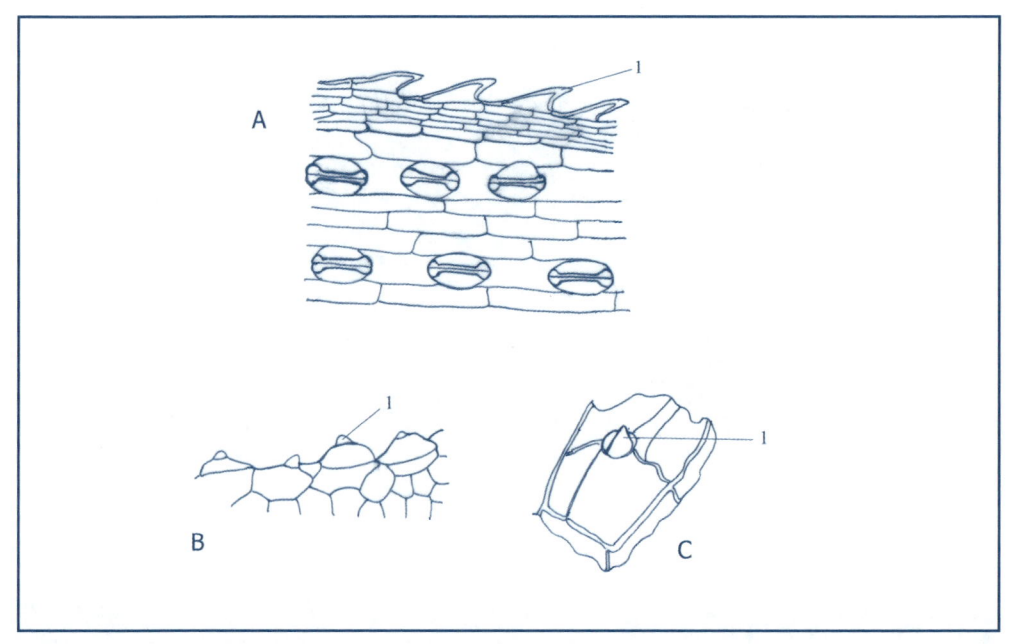

Figura 4.5 – (A) *Cymbopogon citratus* (D.C.) Stapf: (1) corpo silicoso.
(B e C) *Trilepis* sp. *(Cyperaceae)*, segundo Oliveira Arruda: (1) corpo silicoso.

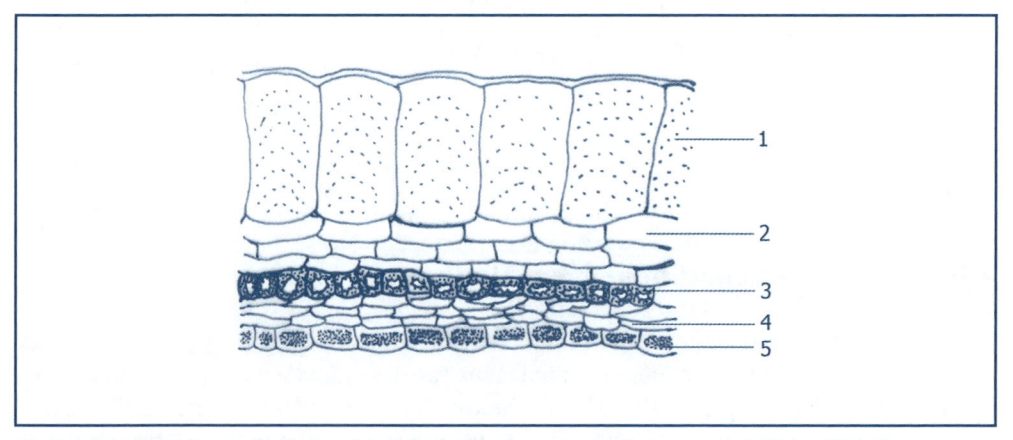

Figura 4.6 – Parede mucilaginosa da epiderme do tegumento da semente do linho (*Linum usitatissimum* L.): (1) epiderme mucilaginosa, (2) camada parenquimática, (3) camada esclerosada, (4) camada hialina, (5) camada pigmentar.

4.10 Inclusões Celulares

Atribui-se o nome de "inclusões celulares" a substâncias resultantes de atividades químicas do protoplasma, especialmente aquelas que possuem formas definidas. As inclusões celulares costumam apresentar formas constantes para cada espécie e, graças a esse fato, podem ser utilizadas na identificação de matérias alimentícias.

As inclusões celulares costumam ser divididas em dois grandes grupos, conforme possuam natureza química orgânica ou inorgânica.

Entre as inclusões celulares de natureza orgânica, temos os grãos de amilo, os grãos de aleurona, as gotículas de óleo (óleo fixo ou óleo essencial) e os esferocristais de inulina, Figura 4.7E. O oxalato de cálcio e o carbonato de cálcio constituem os dois principais tipos de inclusões celulares inorgânicas.

4.10.1 Inclusões Orgânicas

4.10.1.1 Amido e Féculas

Amilo, ou amido, ou ainda fécula, é um polímero de condensação da glicose, formado nas plantas em decorrência da fotossíntese. Basicamente, é constituído por uma mistura de dois polissacarídeos – a amilose e amilopectina. O polímero de amilose é constituído por 250 a 300 unidades de glicose, reunidas por ligações 1-4. A amilopectina, por sua vez, é constituída por 1.000 a 3.000 unidades de glicose, reunidas por ligações 1-4 e 1-6, Figura 4.8.

O amido corresponde à principal substância de reserva dos vegetais, tendo importância relevante na alimentação do homem e dos animais.

Os amidos têm sido empregados pelos homens desde a Antiguidade. Os chineses e os egípcios foram os dois povos que primeiro obtiveram o amido. Os gregos o separaram do trigo, denominando-o, a seguir, *amylum* – expressão de onde se originou a palavra "amido".

Atualmente, costuma-se reservar o nome "amido" para a substância amilífera, das partes aéreas principalmente dos frutos e das sementes, e o nome "fécula" para as provenientes de órgãos subterrâneos. Assim teríamos: amido de trigo, amido de arroz, amido de milho, fécula de mandioca, fécula de batata.

A palavra "amilo" serve para designar esse tipo de matéria, sem fazer alusão à sua origem, se partes aéreas ou órgãos subterrâneos.

Apesar de esse tipo de substância ser muito frequente no reino vegetal, são relativamente poucas as plantas utilizadas para a sua obtenção em grande escala.

Os amidos ou as féculas são sempre pós finos, de coloração brancacenta, constituídos por grânulos de tamanhos, formas e estratificações variáveis.

Suas características morfológicas podem ser utilizadas como meio microscópico para a identificação de sua origem, sendo importância na detecção de fraudes em alimentos.

Estrutura microscópica do grão

A observação microscópica de um grão de amido pode revelar a presença de um ponto, ou ranhura, simples ou cruzado, central excêntrico; formações essas denominadas "hilo".

Circundando o hilo, pode-se observar ou não uma sucessão de zonas claras e zonas escuras, as quais são denominadas "lamelas", "estrias" ou "capas".

A posição e a forma do hilo são importantes na identificação do grão de amido, bem como a centricidade ou não das lamelas (Figuras 4.7A1, 4.7A2 e 4.7A3).

Identificação de amido e fécula

São características importantes na identificação de amidos e féculas: a forma, a estrutura, o tipo de hilo e o estado de agregação.

Segundo essas características, os grãos de amido podem ser classificados:

- Quanto à forma – segundo esse critério, os grãos de amilo podem ser distribuídos nos seguintes grupos: esféricos, ovoides, discoides, poliédricos, piriformes, cupuliformes, reniformes e halteriformes.
- Quanto à estrutura – a estrutura dos grãos de amilo permite dividi-los em dois grupos: grãos de amilo homogêneos, ou desprovidos de lamelas de estratificação, e grãos de amilo heterogêneos ou estratificados, possuidores de lamelas, capas ou estrias.
- Quanto à forma do hilo ou tipo – o hilo pode assumir diversas formas ou tipos, a saber: puntiforme, linear, cruciforme, estrelado, circular e poliédrico.
- Quanto à posição – o hilo, de acordo com sua localização no grão, pode ser cêntrico ou excêntrico.
- Quanto ao estado de agregação – os grãos de amido podem aparecer nas células isoladamente ou agregados, formando grupos. No primeiro caso, eles são denominados "simples" ou "isolados". No segundo caso, denominam-se "compostos". Os grãos de amido compostos podem ser de dois tipos:
  – Agrupados, agregados ou compostos propriamente ditos;
  – Pseudocompostos.

O grão do amido é denominado "composto propriamente dito" quando originário de diversos hilos, porém seus grãos, embora justapostos, mantêm sua individualidade com hilos, portanto, lamelas exclusivas.

O grão de amido é pseudocomposto quando oriundo de diversos hilos que apresentam lamelas próprias e são envolvidas no conjunto por lamelas comuns.

Caracterização dos grãos de amido

1. Quando observados à luz polarizada (obtida por dois prismas de Nicol cruzados), são refringentes e apresentam a cruz negra de braços recurvos, ou cruz de malta. Tal fato indica sua natureza cristalina.
2. Adquirem a cor azul arroxeada característica quando tratados pelo lugol diluído. O iodo forma um complexo com a amilose, originando compostos de inclusão, nos quais a cor varia do azul ao arroxeado, de acordo com o tamanho da cadeia polissacarídica, Figura 4.9.
3. Quando tratados com água aquecida, intumescem e perdendo a estriação.
4. São solúveis na solução aquosa de cloral hidratado a 60%.
5. O aspecto microscópico que apresentam os grãos de amido tratados pela solução de hidróxido de potássio a 0,9% tem valor na distinção de grãos parecidos. Assim, por exemplo, o amido de araruta é inatacável por essa solução, ao passo que o amido de batata é rapidamente gelificado.
6. São insolúveis em água fria, acetona, éter e etanol.
7. Prova de identificação: o amido aquecido com 15 partes de água e arrefecido forma um líquido viscoso, translúcido e gelatinoso, que se cora intensamente de azul com solução de iodo (lugol).
8. Hidrólise do amilo.

O amilo tratado com ácido clorídrico a quente sofre uma sucessão de hidrólises até chegar à glicose, passando pelos seguintes graus de desintegração:

- Amilo: suspensão turva brancacenta que, com solução de iodo, adquire coloração azul-escuro, quase negro; a solubilização do amilo ocorre pela quebra do polímero em fragmentos menores de amilose e de amilopectina. Os fragmentos menores de amilose e amilopectina, por sua vez, são gradativamente quebrados e reduzidos em tamanho, originando as dextrinas, caracterizadas pela cor desenvolvida em presença de iodo. A enzima alfa-amilose também é capaz de catalisar a hidrólise da cadeia linear (amilose) e da cadeia ramificada (amilopectina) do amido. Rompendo as ligações (1-4), citadas anteriormente, para originar as dextrinas.
- Amilo solúvel: coloração azul, com solução de iodo (líquido límpido).
- Amilo dextrina: coloração roxa, com solução de iodo.
- Eritrodextrina: coloração vermelha, com solução de iodo.
- Acrodextrina: sem coloração, com solução de iodo.
- Maltose: reduz o reativo de Benedict.
- Glicose: reduz o reativo de Benedict.

Técnica de preparo de lâmina para observação microscópica

Colocar sobre a lâmina microscópica uma gota de glicerina iodada ou lugol diluído. Umedecer a ponta de um estilete na glicerina iodada ou lugol diluído e, a seguir, encostar a ponta do estilete no amido a ser analisado, de maneira a coletar uma pequena quantidade de grãos.

Misturar os grãos de amido com a glicerina iodada ou lugol iodado.

Cobrir com a lamínula e observar ao microscópio.

Os grãos de amido adquirem cor arroxeada e exibem a forma típica de cada espécie vegetal da qual são originados.

4.10.1.2 Grãos de Aleurona

Aleurona provém do grego *aleuron*, *aleur*(o) + ona, que significa "farinha".

A reserva proteica de inúmeras sementes é constituída pelos chamados "grãos de aleurona". Esses corpúsculos são formados no interior de vacúolos, em função do enriquecimento do suco vacuolar em protídios. Com a diminuição do teor de água durante a maturação das sementes, as massas proteicas se solidificam, originando os grãos de aleurona.

Esse tipo de inclusão celular pode apresentar estruturas homogêneas, como nas sementes do feijão e da ervilha. Nesse caso, o grão de aleurona é constituído por uma substância homogênea, a matriz ou substância fundamental. Essas substâncias de reserva, de natureza proteica, ficam armazenadas nas células de frutos e sementes, sob a forma de grânulos.

Em certas espécies, os grãos de aleurona possuem estrutura mais complicada, constando da membrana limitante da substância fundamental ou matriz, de um globoide e de um cristaloide. É o que ocorre com os grãos de aleurona da castanha-do-pará (*Bertholletia excelsa* Humb et Bonp), Figura 4.7D, presentes no parênquima de reserva do embrião.

Os globoides, corpúsculos arredondados, são constituídos de inosito-hexafosfato de cálcio e magnésio, substância conhecida pelo nome de "fitina". A fitina é encontrada em quantidades relevantes nos cereais.

Inúmeros materiais alimentícios constituídos de sementes e de frutos sementes possuem grãos de aleurona. Os frutos de funcho e erva-doce (Figura 4.7B) e as sementes de abóbora, linho e mostarda são exemplos dessa assertiva. Nas cariopses ou grãos de trigo, milho, cevada, aveia e arroz, encontramos sementes possuidoras de uma camada celular, localizada logo abaixo do tegumento, rica em grãos de aleurona. Essa camada celular, em função de seu conteúdo, é denominada "camada aleurônica", Figura 4.7C.

Para evidenciar histoquimicamente os grãos de aleurona, costuma-se proceder da seguinte maneira:

Os cortes devem ser colocados em álcool isento de água (álcool desidratado) durante cinco minutos. A seguir, são tratados pela solução a 1% de ácido pícrico, em álcool absoluto. Transferir os cortes para uma solução de eosina a 1%, em álcool 95%. Lavar em álcool puro e montar em glicerina. Os grãos de aleurona adquirem coloração alaranjada.

Outra técnica recomenda imergir os cortes durante vinte minutos em solução a 20% de cloreto de mercúrio, em álcool absoluto. Lavar convenientemente os cortes e efetuar coloração de contraste, com solução aquosa de eosina a 1%. Montar em glicerina e observar ao microscópio.

Os grãos de aleurona, quando tratados pelo lugol, adquirem coloração acastanhada.

Os cortes histológicos contendo grãos de aleurona, tratados com solução fraca de fucsina ácida (fucsina ácida 1,0: álcool diluído 200 ml), e, a seguir, com lugol diluído, exibem, quando observados ao microscópio, grãos de aleurona corados em vermelho e grãos de amido corados em azul, Figura 4.7.

4.10.1.3 Óleos

As gotículas de óleo podem ser de dois tipos, a saber: óleos fixos e óleos essenciais. Os óleos fixos devem ser considerados produtos de reserva e, do ponto de vista de sua composição química, são ésteres de ácidos graxos com glicerol. Exemplos importantes de óleos fixos são os óleos de amendoim, de algodão, de milho, de girassol, de soja e de oliva. Alguns óleos fixos são utilizados na alimentação humana.

A presença de células com gotículas de óleo em diversas sementes oleaginosas comestíveis deve ser levada em consideração na identificação dessas matérias. Assim, na noz europeia *Junglans regia* L., na noz americana *Carya pecan* Engler et Graebn, na avelã *Corylus avellana* L., no amendoim *Arachis hypogea* L. (Figura 4.7H) e no coco *Cocos nucifera* L. (Figura 4.7G), essas características estão presentes.

Os óleos essenciais, também chamados de "essências", relacionam-se com um grande número de funções orgânicas, sendo constituídos de uma mistura complexa de substância relacionadas com mono e sesquiterpenos ou terpenoides, e com fenilpropanoides. Os óleos essenciais podem ocorrer tanto no interior de células, como no interior de estruturas especializadas, como as glândulas e os canais secretores. A volatilidade e o notável odor que possuem correspondem às propriedades que mais os caracterizam.

Tanto as gotículas de óleos essenciais como as de óleos fixos adquirem coloração alaranjada em presença de sudão III, que é um corante de material lipófilo.

- Solução de Sudão III
  Sudão III . . . . 1 g
  Álcool . . . . 100 ml
  Glicerina . . . . 50 ml
  O sudão III deve ser dissolvido a quente no álcool, de preferência a refluxo. Filtra-se a solução e se junta, a seguir, a glicerina.

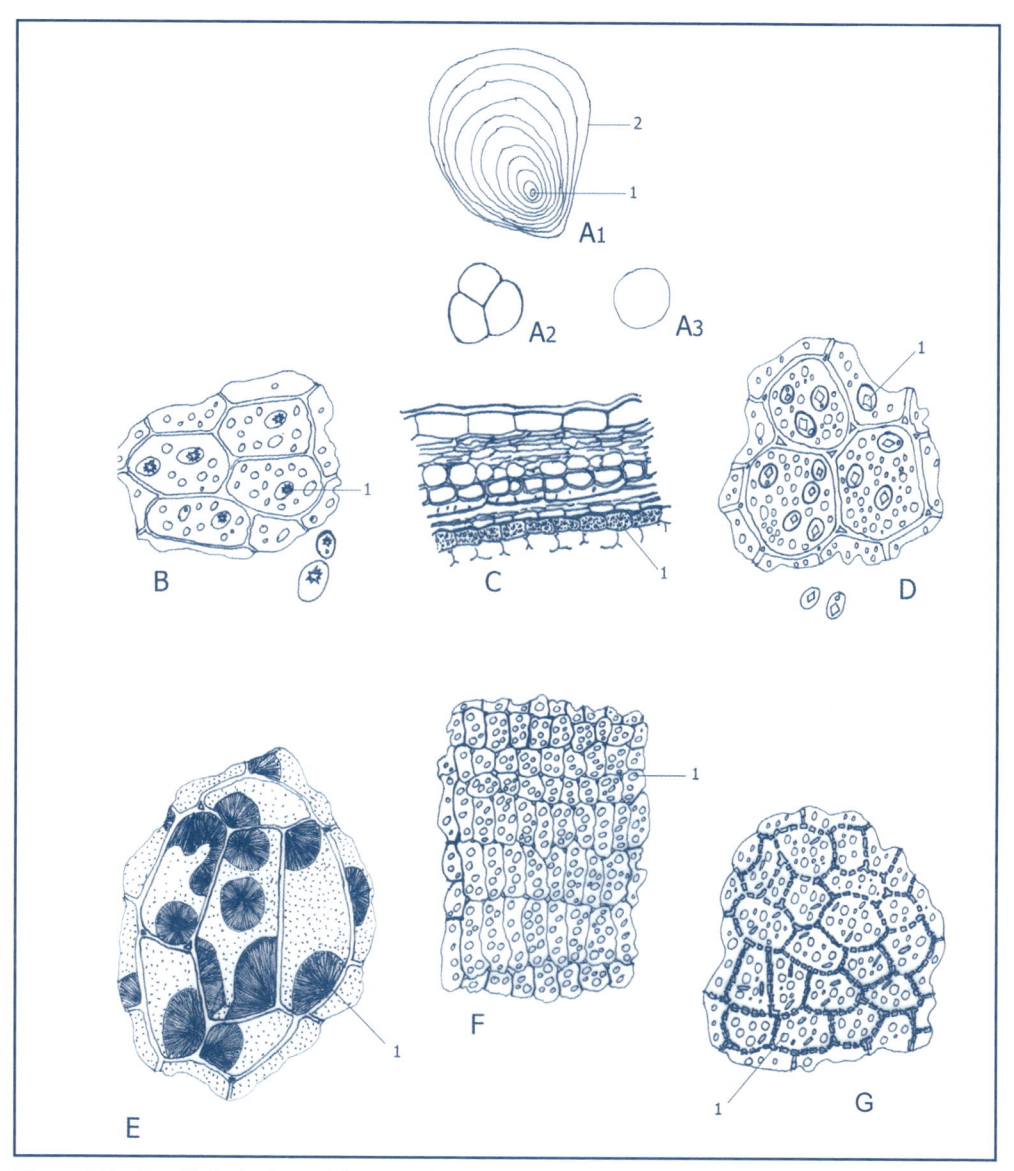

Figura 4.7 – (A e B) Inclusões celulares orgânicas.
(A1, A2, A3) Grãos de amilo. (A1) Grão de amilo simples estratificado, piriforme, de hilo circular e excêntrico. (A2) Grão de amilo composto, não estratificado. (A3) Grão de amilo simples e não estratificado.
(B, C e D) Grãos de aleurona. (B) Aniz (*Pimpinella anisum* L.): (1) parênquima do endosperma, contendo grãos de aleurona com cristais estelares de oxalato de cálcio. (C) Trigo (*Triticum aestivum* L.: (1) capa aleurônica do endosperma. (D) Castanha-do-pará (*Bertholletia excelsa* Humb. et Bomp.): (1) parênquima de reserva do embrião, contendo grãos de aleurona providos de minúsculos cristais prismáticos de oxalato de cálcio.
(E) Bardana (*Arctium lappa* L.), parênquima de reserva contendo inulina em forma de esferocristais, precipitados por desidratação em álcool absoluto.
(F) Coco (*Cocos nucifera* L.), gotículas de óleo fixo no parênquima endospermático.
(G) Amendoim (*Arachis hipogaea* L.): (1) gotículas de óleo no parênquima cotiledonar.

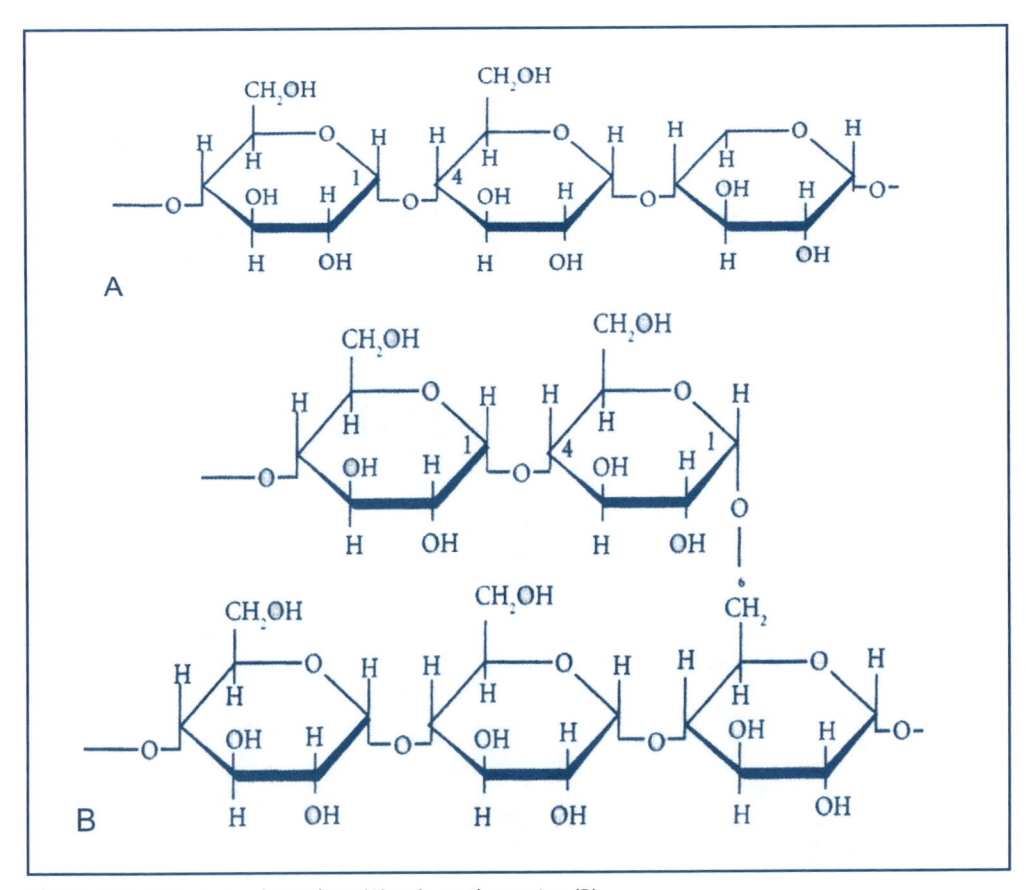

Figura 4.8 – Estruturas da amilose (A) e da amilopectina (B).

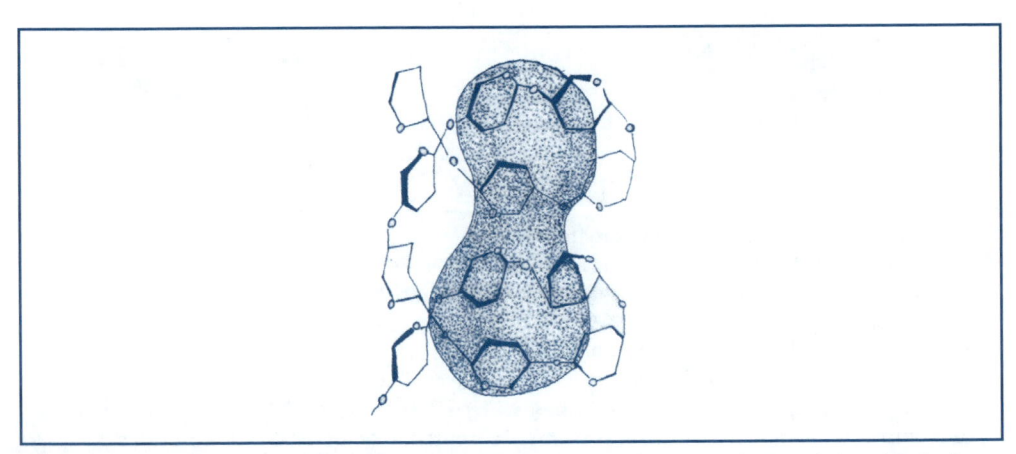

Figura 4.9 – Complexo amido-iodo. Amilose dispõe no espaço segundo um espiral. A molécula de iodo se dispõe no interior do espiral de tal forma que seis esqueletos de glicose se relacionam com o átomo de iodo. A coloração do complexo está relacionada com ciclos da hélice.

4.10.2 Inclusões Inorgânicas

4.10.2.1 Oxalato de Cálcio

Entre as inclusões celulares inorgânicas, a inclusão de oxalato de cálcio é a mais comum. Provém da combinação do ácido oxálico, resultante do metabolismo da planta, com sais de cálcio, extraídos do solo pelo vegetal. As inclusões de oxalato de cálcio são de grande importância na diagnose de materiais alimentícios. A forma dos cristais de oxalato de cálcio, sua localização e a frequência com que aparecem em certos órgãos vegetais constituem elementos de primeira ordem no reconhecimento da identidade do alimento.

A seguir, as diferentes formas cristalinas que o oxalato de cálcio pode assumir.

Rafídeos

Do grego *rhapis* = "agulha", *ideo* = "aparência", "forma".

São cristais aciculares, isto é, em forma de agulhas, geralmente formando feixes. Os rafídeos são encontrados principalmente entre as monocotiledôneas. Ocorrem, como exemplo, no mesocarpo da banana *Musa paradisíaca* L. e do abacaxi *Ananas sativa* Schultz, Figura 4.10G.

Drusas

Do alemão *druses* = "bolotas", forma arredondada com pontas.

São cristais em roseta, sendo formados por agregação de cristais menores, de forma piramidal. Constituem o tipo de cristal de oxalato de cálcio mais comum nas dicotiledôneas. Os cristais menores que integram as drusas podem variar um pouco em sua forma, em função da variação do ângulo de suas pontas. Assim, eles podem ser mais compridos e finos, como nos esferocristais ou ouriços, ou podem possuir pontas menos agudas, como nas formas em roseta.

Tanto os esferocristais ou ouriços, como as formas em rosetas ou drusas propriamente ditas, também costumam ser denominados "maclas".

Ocorrem nos botões florais do cravo-da-índia, no pseudofruto do figo (receptáculo) *Ficus carica* L., no mesocarpo do pêssego *Prunus persica* Sieb et Zuac e nas raízes de mandioca *Manihot utissima* Grantz, Figura 4.10B.

Areias cristalinas

São aglomerados de microcristais, geralmente de forma piramidal, encontrados no interior de células especiais, principalmente em plantas das famílias *Solanaceae, Boraginaceae* e *Rubiaceae*. As células especiais, que se diferenciam das vizinhas pela forma, conteúdo ou função, costumam ser chamadas de "idioblastos". Bolsas de areia cristalinas ocorrem no pimentão *Capsicum annuum* L., no chá-de-bugre *Cordia ecalyculata* Vell, Figura 4.10I e Figura 4.10J.

Cristais prismáticos

Outro tipo frequente de cristal de oxalato de cálcio é o cristal prismático. Esses cristais podem ocorrer isolados ou em grupos, no interior das células, ou ainda podem se localizar em bainhas cristalíferas, que envolvem grupos de fibras ou de células pétreas, ou ainda, em feixe vasculares. Cristais prismáticos ocorrem no mesocarpo da laranja *Citrus aurantium* L, Figura 4.10D.

Identificação química do oxalato de cálcio

A identificação dos diversos tipos de cristais de oxalato de cálcio costuma ser feita pela sua transformação em cristais de sulfato de cálcio, que apresenta forma de acículos ou de estiloides. Para esse mister, utilizam-se reativos à base de ácido sulfúrico. A reação química é a seguinte:

$$CaC_2O_4 + H_2SO \dots\dots\dots\dots\dots\dots\dots\dots\dots\dots\dots\dots\dots\dots CaSO_4 + H_2C_2O_4$$
cristal de oxalato de cálcio .... cristal
(drusa, cristal prismático) .... aciculado

Assim, em um primeiro instante, observa-se ao microscópio a forma cristalina de oxalato de cálcio, drusa, rafídeos, bolsa de areia cristalina, cristais prismáticos, no interior de estrutura vegetal incluída em água entre a lâmina e a lamínula. Após essa observação, com o microscópio focado na inclusão cristalina, substitui-se a água da montagem pelo reativo de oxalato de cálcio. Para isso, coloca-se, com o auxílio de um conta-gotas, o reativo de oxalato de cálcio ao lado de uma das margens da lamínula, ao mesmo tempo em que, com um pedaço de papel de filtro, retira-se a água da montagem pelo lado oposto. Observa-se ao microscópio a dissolução do cristal pelo reativo de oxalato de cálcio. Momentos depois, no lugar do cristal (drusa) aparecem cristais estiloides de sulfato de cálcio, Figura 4.11.

■ Reativo para cristais de oxalato de cálcio
Ácido sulfúrico a 25% ....3 partes
Cloral hidratado a 60% ....5 partes
Etanol ....2 partes

4.10.2.2 *Carbonato de Cálcio*

As inclusões de carbonato de cálcio são bem menos frequentes que as de oxalato de cálcio. Elas estão presentes especialmente em plantas pertencentes às famílias *Moraceae, Urticaceae, Boraginaceae* e *Acantaceae*. As inclusões de carbonato de cálcio ocorrem geralmente em formações especiais, chamadas de "cistólitos". Os cistólitos ocorrem em células do parênquima fundamental ou em células epidérmicas. Esse tipo de inclusão celular não tem grande importância em microscopia de alimentos, Figura 4.10J4.

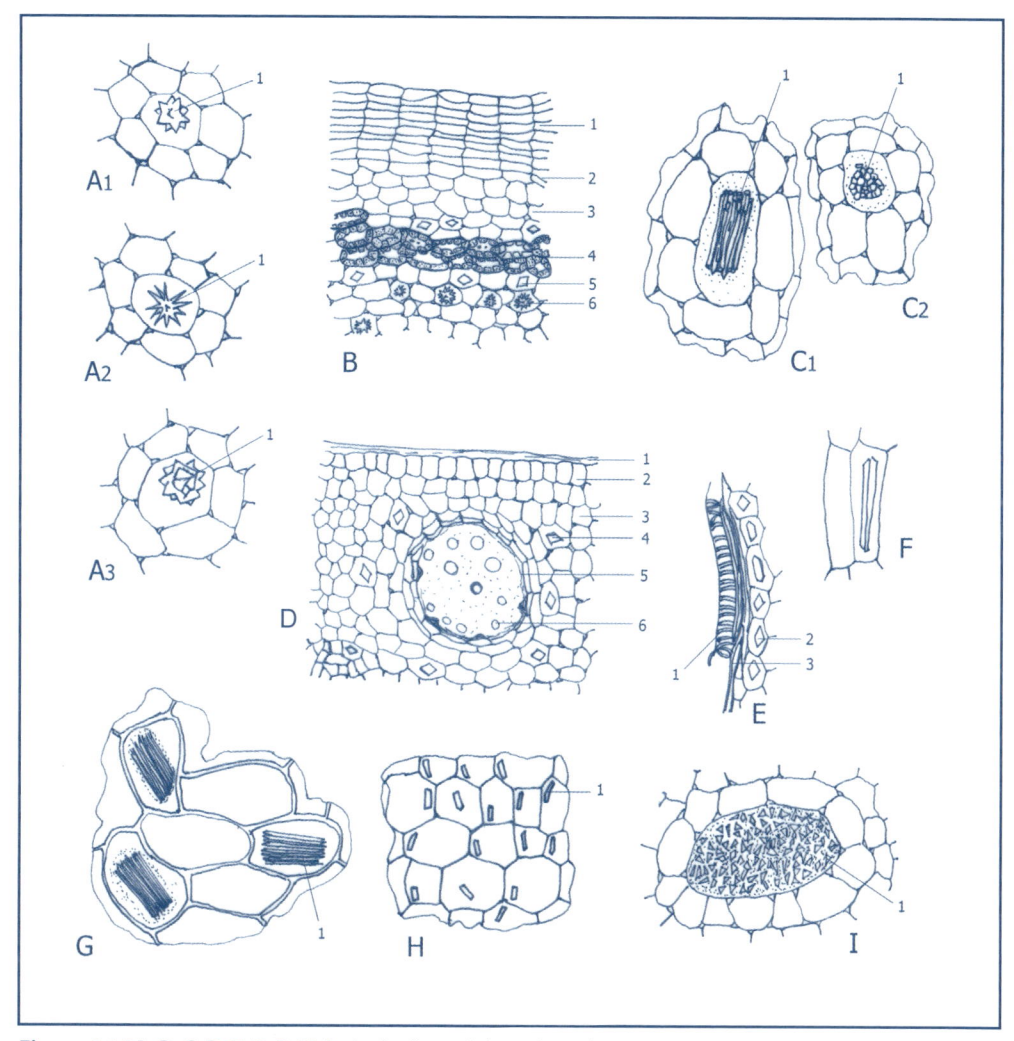

Figura 4.10A, B, C, D, E, F, G, H, I – Inclusões celulares inorgânicas.

(A1 , A2 e A3) Célula contendo drusa.

(B) Casca de raiz de mandioca (*Manihot utilíssima* Grantz): (1) súber, (2) felógeno, (3) parênquima cortical, (4) anel esclerenquimático, (5) cristal prismático, (6) drusa.

(C1 e C2) Fruto de baunilha (*Vanilla planifolia* Andrews). (C1) Idioblasto: (1) conjunto de cristais estiloides, em visão longitudinal. (C2) Idioblasto cortado transversalmente: (1) conjunto de cristais estiloides cortados transversalmente.

(D) Casca de laranja (*Citrus aurantium* L.): (1) cutícula, (2) epicarpo (epiderme), (3) mesocarpo, (4) cristal prismático, (5) glândula produtora de óleo essencial, (6) gotícula de óleo essencial.

(E) Fragmento do pericarpo de laranja (*Citrus aurantium* L.): (1) vaso espiralado, (2) cristal prismático, (3) fibra.

(F) Idioblasto contendo cristal estiloide.

(G) Fragmento do mesocarpo do abacaxi (infrutescência) [*Ananas comosus* (L.) Merr.]: (1) célula contendo feixe de rafídeos.

(H) Fragmento de bulbilho de alho (*Allium sativum* L.: (1) células subepidérmicas, com cristais prismáticos.

(I) Idioblasto: (1) bolsa de areia cristalina.

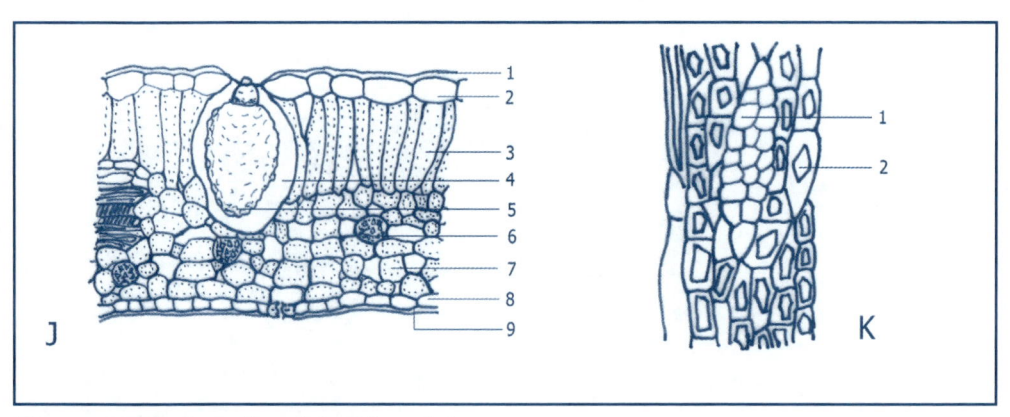

Figura 4.10J, K – Inclusões celulares inorgânicas.
(J) Secção transversal da folha de chá-de-bugre (*Cordia ecalyculata* Vell.): (1) cutícula, (2) epiderme,
(3) parênquima paliçádico, (4) litocisto, (5) cistólito, (6) bolsa contendo areia cristalina,
(7) parênquima lacunoso, (8) epiderme, (9) cutícula.
(K) Fragmento da entrecasca de ipê-roxo (casca floemática) (*Tabebuia avellanedae* Lor. ex Griseb) –
visão longitudinal tangencial: (1) raio vascular, (2) cristal prismático.

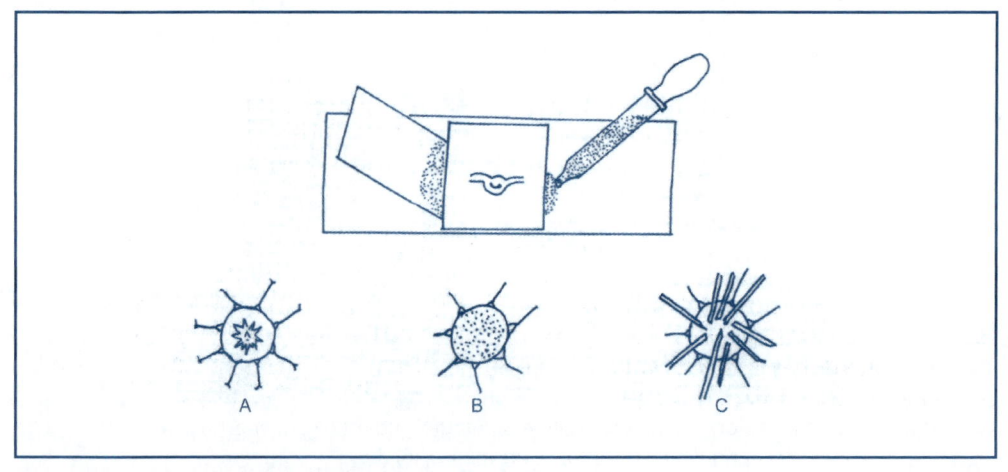

Figura 4.11 – Identificação de oxalato de cálcio.
(A) 1º instante – observação da drusa.
(B) 2º instante – dissolução da drusa.
(C) 3º instante – aparecimento de cristais do sulfato de cálcio.

Capítulo 5

Histologia Vegetal

5.1 Generalidades sobre Tecidos Vegetais

Histologia vegetal (de *histo* = "tecido" + *logia* = "estudo") é o capítulo da Botânica que estuda os tecidos vegetais. A palavra "tecido", por sua vez, corresponde ao particípio passado do verbo "tecer", que encerra a ideia de entrelaçar fios regularmente. Contém a ideia de reunião de elementos para formar uma peça. Tecido vegetal é um conjunto de células de origem comum, igualmente diferenciadas para o desempenho de funções fisiológicas. As células vegetais apresentam formas variadas, tendendo geralmente para formas poliédricas. Suas membranas formam faces levemente curvas ou planas.

Os tecidos podem ser divididos em tecidos verdadeiros e tecidos falsos, também denominados "plectênquimas". Os tecidos verdadeiros típicos dos vegetais caracterizam-se pela presença dos plasmodesmos, que interligam os conteúdos de células vizinhas. Essas células formam blocos tridimensionais, relacionando-se entre si em diversas direções. Os plectênquimas, ou falsos tecidos, frequentemente encontrados entre os fungos (reino *Fungi*), são constituídos de hifas entrelaçadas, e os plasmodesmos ligam apenas as células de uma mesma hifa. As hifas são filamentos ramificados, constituídos de células dispostas em uma série. Denomina-se "micélio" o conjunto de hifas entrelaçadas que formam o plectênquima.

Os *shitakes*, *shimejis* e *champignons* possuem o corpo formado por esse tipo de estrutura. Os cogumelos ou fungos apresentam o corpo formado por hifas entrelaçadas, que originam um micélio ou plectênquima. Inúmeros cogumelos são comestíveis, apresentando em seu aspecto externo características que lembram o tecido verdadeiro. O *Agaricus blazei* Murill, o *Gonoderma eucidum* (Curtis) P. Korst e o *Agaricus bisporus* (JE Lange) Imbach são exemplos desses seres. A grande maioria dos materiais alimentícios proveniente de plantas pertence ao grupo das fanerógamas (gimnospermas e angiospermas), sendo formada por tecidos verdadeiros.

Os materiais alimentícios podem ainda ser provenientes de algas (reino Protista), nos quais se observam somente células parenquimáticas. A *nori*, um tipo de alga vermelha (*Porphyra yezoensis* Ueda e *Porphyra tenera Kjellman*), a *kombu* (*Laminaria japônica* Aresch) e a *wakame* [Undaria *pinnatifida* (Harvey) Suringar] são exemplos desses tipos de materiais.

Os tecidos vegetais diferem bastante entre si. Sua classificação é feita levando-se em conta as características anatômicas e fisiológicas das células que os integram. Sob o ponto de vista didático, é hábito serem classificados em dois grupos: tecidos meristemáticos ou meristemas, e tecidos permanentes ou tecidos adultos.

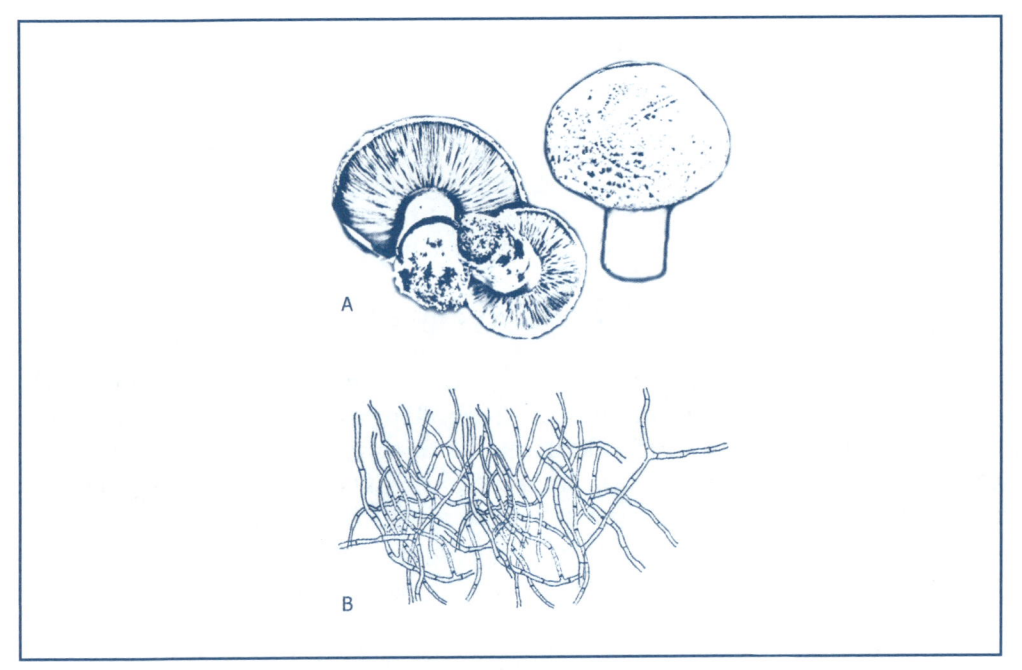

Figura 5.1 – Hifas, septadas, e corpo de frutificação de *Agaricus*.
(A) Corpo de frutificação de *Agaricus* sp.
(B) Hifas septadas.

5.2 Classificação de Sachs

A classificação de Sachs usa, como critério de divisão, a função do tecido exercida no organismo. De acordo com essa classificação, os tecidos podem ser divididos em três categorias: tecidos dérmicos, tecidos vasculares e tecidos fundamentais.

Os tecidos dérmicos, ou tecidos que envolvem o corpo da planta, podem ser de dois tipos: epiderme e periderme. A epiderme tem por função recobrir o corpo primário do vegetal, ao passo que a periderme recobre o corpo secundário.

Os tecidos vasculares são responsáveis pelo transporte das seivas. O xilema transporta a seiva bruta e o floema, a seiva elaborada.

Os tecidos fundamentais – parênquima, colênquima e esclerênquima –desempenham funções diversas. O parênquima corresponde a um tecido que se caracteriza por ser simples na forma, porém bastante complexo em suas funções. No seu interior ocorrem inúmeras reações bioquímicas imprescindíveis à vida do vegetal; ocorre, inclusive, a reação mais importante do mundo, sem a qual a vida animal seria impossível: a fotossíntese. O colênquima e o esclerênquima são caracteristicamente tecidos de sustentação.

Alguns autores modificaram a classificação de Sachs, incluindo nela os meristemas caracterizados por apresentarem células indiferenciadas e em constante divisão. Para esses autores, existiria uma quarta categoria de tecidos: os tecidos de formação ou tecidos formadores.

5.3 Meristemas

A palavra "meristema" provém do grego *meristos*, que significa "divisível". Meristemas são tecidos caracterizados por apresentarem células indiferenciadas e constantemente em divisão. Deles se originam todos os outros tecidos da planta. A capacidade de formar novas células é constante durante a vida vegetal, sendo exercida na maioria das vezes através de meristemas.

As células meristemáticas possuem paredes celulósicas finas, citoplasma denso, núcleos volumosos e precursores de plastos, os proplastídeos. Nelas, os vacúolos são ausentes ou possuem tamanho reduzido (microvacúolos), os espaços intercelulares não existem e as substâncias ergásticas ou inclusões celulares não são observadas.

Os meristemas são classificados de acordo com diversos critérios. Assim, conforme o tipo de células iniciais, eles podem ser denominados "promeristemas" ou "meristemas primitivos"; "meristemas primários"; e "meristemas secundários".

5.3.1 Promeristemas

Esses meristemas também são chamados de "protomeristemas" e "meristemas primitivos", e são constituídos a partir das células geratrizes, localizadas nos ápices de caules e de raízes. Fazendo-se cortes longitudinais de pontas de caules e de raízes, é possível observar esse meristema constituído pelas células iniciais e suas mais recentes derivadas.

5.3.2 Meristemas Primários

São meristemas derivados diretamente dos promeristemas, nos quais já se observa certa diferenciação. As células dos meristemas primários são mais volumosas do que as dos promeristemas, deixando observar em seu citoplasma, com frequência, a presença de microvacúolos. Os meristemas primários localizam-se nas pontas de caules e raízes e nos primórdios foliares. Os meristemas primários apicais são representados por dermatógeno ou protoderme, procâmbio e meristema fundamental. O câmbio fascicular e o meristema intercalar são meristemas primários.

Os tecidos provenientes da diferenciação de células originadas de meristemas primários são considerados primários e integram a estrutura primária do vegetal. O dermatógeno ou protoderme origina a epiderme, o procâmbio origina o floema primário e o xilema primário, podendo ou não originar o câmbio e o meristema fundamental, o parênquima, o colênquima e o esclerênquima.

5.3.3 Meristemas Secundários

São derivados de tecidos adultos que readquirem o poder de divisão e, por conseguinte, a faculdade de formar novos tecidos. Esse tipo de meristema acrescenta, ao corpo vegetal, novos tecidos, os quais substituem ou reforçam funcionalmente os tecidos já existentes. O felogênio, o câmbio interfascicular e os meristemas de cicatrização pertencem a essa categoria de meristemas.

5.4 Tecidos Permanentes

Os tecidos permanentes podem ser divididos em duas categorias: tecidos permanentes simples e tecidos permanentes complexos. Os tecidos permanentes simples são constituídos por células de natureza semelhante, ao passo que, nos tecidos permanentes complexos, as células possuem natureza diversa, podendo eles ser considerados uma associação de tecidos simples.

5.4.1 Tecidos Permanentes Simples

Os tecidos permanentes simples podem ser divididos em quatro tipos: parênquima, colênquima, esclerênquima e súber.

5.4.1.1 Parênquima

O termo "parênquima" provém do grego *parencheo,* que significa "encher ao lado". O termo relaciona-se com o antigo conceito de substância fundamental, pouco diferenciada e semifluida, e que preencheria o espaço localizado entre os tecidos mais sólidos de um ser e os tecidos de revestimento. As células parenquimáticas são primitivas e pouco diferenciadas, sendo filogeneticamente mais primitivas que os demais tipos de células. O parênquima ocorre em algas, hoje pertencentes ao reino Protista, como também em plantas criptogâmicas e fanerógamas.

Os parênquimas são tecidos permanentes simples cujas células são dotadas de vitalidade e possuem paredes finas e celulósicas. As células parenquimáticas são quase sempre aproximadamente isodiamétricas, podendo assumir ainda um aspecto alongado, como em parênquimas paliçádicos, ou lobados, e em parênquimas lacunosos.

As células parenquimáticas são células vivas que podem voltar ao estado meristemático. Elas são capazes de sintetizar e armazenar substâncias de naturezas diversas, mobilizando-as quando necessário.

Amido, gotículas de óleo e grãos de aleurona são exemplos de inclusões celulares orgânicas, usadas como nutrientes para o vegetal. Os cristais de oxalato de cálcio representam substâncias que permanecem depositadas no interior das células, sem indício de utilidade.

Mencione-se aqui que a presença dessas substâncias com formas bem definidas são de importância na identificação de materiais alimentares.

Algumas vezes, as células de parênquima armazenam substâncias sem formas definidas, mas que são passíveis de visualização através de reações histoquímicas. No mesocarpo da banana, ladeando os feixes vasculares, ocorrem células providas de conteúdo amorfo que adquirem tonalidade escura com solução de cloreto férrico e que auxiliam na identificação microscópica dessa fruta.

Embora a maioria das células parenquimáticas possua paredes celulósicas finas, algumas podem se apresentar relativamente espessadas, como no caso das células parenquimáticas do endosperma das sementes do café, *Coffea arábica* L. Nesse caso, o espessamento das paredes celulares é constituído por hemicelulose ou celulose de reserva.

Outras vezes, células parenquimáticas da região cortical de caules e raízes podem sofrer espessamento de celulose. O parênquima pode ainda sofrer impregnação por lignina, denominando-se, nesse caso, "parênquima esclerótico".

As células parenquimáticas deixam entre si espaços celulares, os quais podem ser classificados em:

- Meatos – quando possuem tamanhos reduzidos, menores do que os das células que os contornam. Esses tipos de espaços intercelulares ocorrem com frequência em parênquimas medulares, parênquimas corticais e parênquimas fundamentais.
- Lacunas – espaços mais ou menos do mesmo tamanho das células que os ladeiam. Ocorrem com frequência no mesofilo das folhas.
- Câmaras – espaços relativamente grandes, maiores do que as células que os contornam. Ocorrem em aerênquimas, como, por exemplo, no cálamo-aromático, *Acorus calamus* L., especiaria constituída de rizomas.

Os parênquimas podem ser classificados quanto às células das quais se originam. Parênquima primário quando proveniente do meristema fundamental. Parênquima secundário quando proveniente de meristemas secundários, como, por exemplo, o feloderma oriundo do felógeno.

Os parênquimas, sob o ponto de vista didático (Figura 5.2), costumam ser classificados em:

- Parênquimas comuns – constituídos de células poliédricas, delimitando espaços celulares do tipo meato. Esse tipo de parênquima também é conhecido pelo nome de "parênquima regular". São exemplos desse tipo os parênquimas corticais, medulares e fundamentais.
- Parênquimas de reserva – são parênquimas do tipo comum que passam a acumular reservas, principalmente amilo. Quando o parênquima comum acumula água, recebe o nome de "parênquima aquífero"; quando acumula ar, de "aerênquima".Fala-se ainda em parênquimas oleífero, amilífero, inulínico e aleurônico.
- Parênquimas clorofilianos – são parênquimas responsáveis pela realização da fotossíntese. Como o próprio nome indica, são ricos em clorofila, localizada no interior de cloroplastos. O parênquima paliçádico, formado por células cilíndricas, e o parênquima lacunoso, formado por células aproximadamente isodiamétricas, são exemplos de parênquimas clorofilianos. Os parênquimas clorofilianos também são conhecidos pelo nome de "clorênquima".
- Parênquimas do sistema de condução. Células parenquimáticas que integram o xilema e o floema. Xilema e floema são tecidos vegetais complexos cujas funções se relacionam com a condução da seiva bruta e da seiva elaborada. As células parenquimáticas, em função de suas paredes celulósicas, coram-se pelo cloreto de zinco iodado, pela hematoxilina de Delafield e pelo azul de astra. Algumas células parenquimáticas podem sofrer espessamento secundário da lignina. Isso acontece em células do parênquima xilemático e em certas células parenquimáticas de plantas xeromorfas, localizadas em região medular ou cortical, constituindo o parênquima esclerótico.

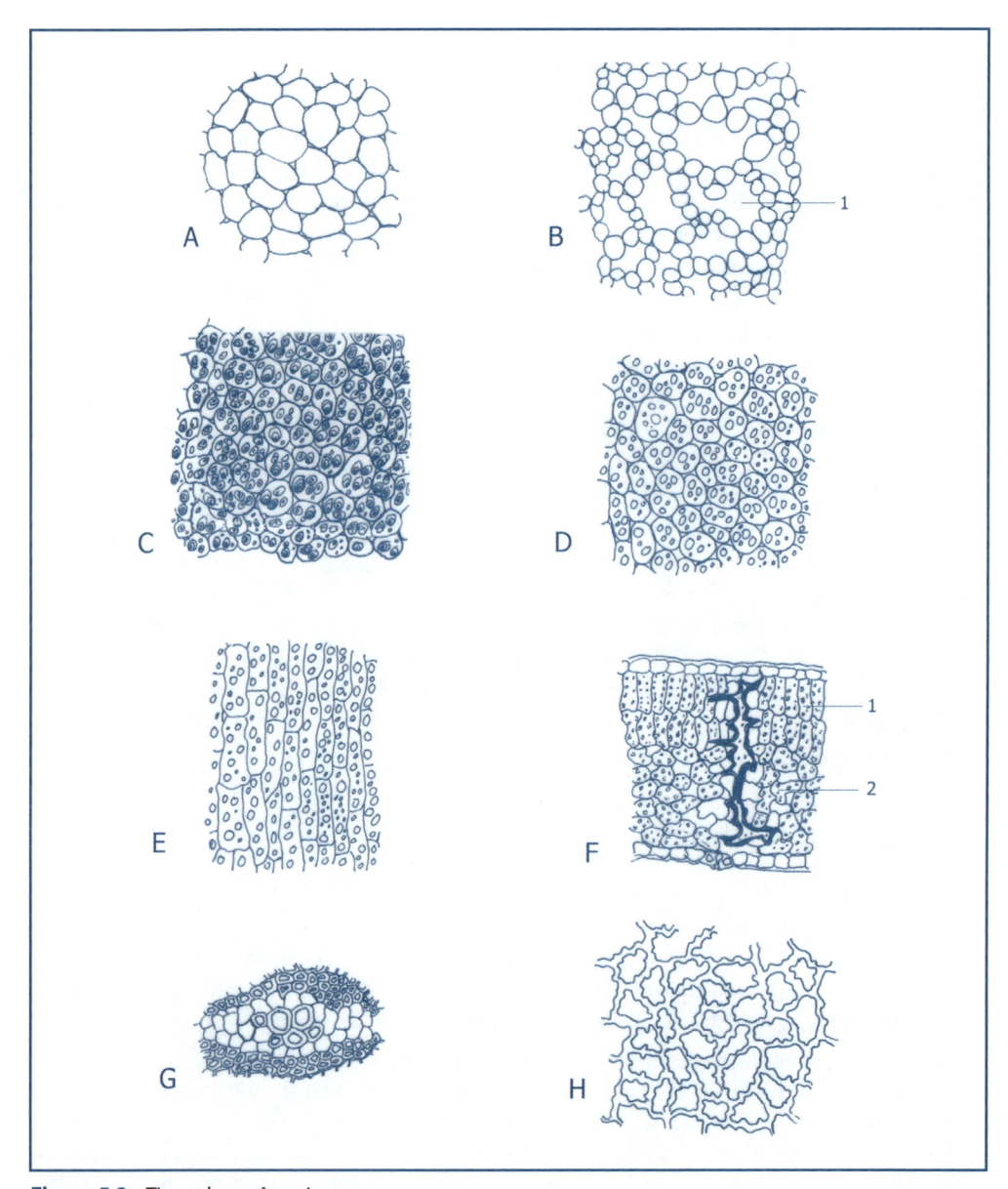

Figura 5.2 – Tipos de parênquima.
(A) Parênquima comum ou parênquima fundamental.
(B) Parênquima com câmaras de *Acorus calamus* L.: (1) câmara.
(C) Parênquima de reserva de *Solanum tuberosum* L.
(D e E) Parênquima de reserva oleífero de *Cocos nucifera* L.
(F) Parênquima clorofiliano de *Camellia sinensis* (L.) Kuntz: (1) parênquima paliçádico, (2) parênquima lacunoso.
(G) Parênquima do xilema.
(H) Parênquima hemicelulósico de *Coffea arabica* L.

5.4.1.2 Colênquima

A palavra "colênquima" provém do grego *kolla,* que significa "cola", "reforço", "espessamento", e *encheo*, que significa "encher".

Colênquima é um tecido simples, de células dotadas de vitalidade, geralmente alongadas e possuindo paredes celulósicas espessadas.

Alguns autores consideram que o colênquima é um tipo especial de parênquima, adaptado à função de sustentação.

Colênquima e parênquima diferem especialmente em duas características: o comprimento das células e a espessura das paredes. Quando esses dois tipos de tecidos ocorrem em áreas contíguas, é comum observar-se uma região de transição entre eles.

As células colenquimáticas apresentam-se poligonais, em cortes histológicos transversais, e alongadas, com extremidades afiladas, em cortes longitudinais.

O colênquima é considerado um tecido mecânico de sustentação de partes aéreas das dicotiledôneas herbáceas e das partes flexíveis das dicotiledôneas arbóreas, principalmente nos órgãos em crescimento. As paredes das células colenquimáticas constituem exemplo de paredes primárias espessas. A celulose é acompanhada de quantidade relativamente grande de substâncias pépticas na constituição das paredes colenquimáticas, e os espaços intercelulares podem ocorrer ou não.

Os órgãos aéreos de plantas dicotiledôneas em crescimento possuem esse tipo de tecido. Nas folhas, caules jovens, pedúnculos florais e eixos de inflorescências, o colênquima ocorre logo abaixo da epiderme. Há casos nos quais células de localização bem mais profunda apresentam-se com paredes celulósicas espessadas. Isso ocorre com frequência em células que se localizam próximas aos feixes vasculares, as quais são designadas por alguns autores como "células de parênquima colenquimatoso".

Como exemplo de colênquima de localização diferente da subepidérmica, denominado algumas vezes de "parênquima colenquimatoso", podemos citar o caso do cravo-da-índia *Syzygium aromaticum* (L.) Merril et Perry. Esse condimento, constituído de botões florais, possui uma região colenquimatosa bem desenvolvida e de localização profunda. Um corte transversal, passando acima dos lóculos ovarianos, deixa ver, de fora para dentro: a epiderme; a região parenquimática, rica em glândulas secretoras de óleo essencial; a região colenquimatosa; a região de parênquima frouxo (lacunoso); e a região central, com a presença de feixes. A região citada do cravo-da-índia corresponde à do hipanto, caracterizada pela concrescência do receptáculo floral com a parede ovariana.

De acordo com o tipo de espessamento das paredes celulares, o colênquima pode pertencer a um dos seguintes tipos, Figura 5.3:

■ Colênquima angular. Quando o espessamento ocorre principalmente nos cantos das paredes celulares.

■ Colênquima lamelar. Quando o espessamento ocorre principalmente nas paredes tangenciais internas e externas.

■ Colênquima lacunar. Quando ocorrem espaços intercelulares e os espessamentos se formam nas paredes que delimitam esses espaços.

■ Colênquima anular. Quando o espessamento é regular em toda a extensão da parede celular. Para alguns autores, este tipo de colênquima nada mais é do que uma variação do colênquima angular, isto é, existe uma tendência do colênquima angular passar a anular com o envelhecimento.

As células do colênquima, em função da natureza celulósica de suas paredes, coram-se pelos corantes usados para tingir os parênquimas.

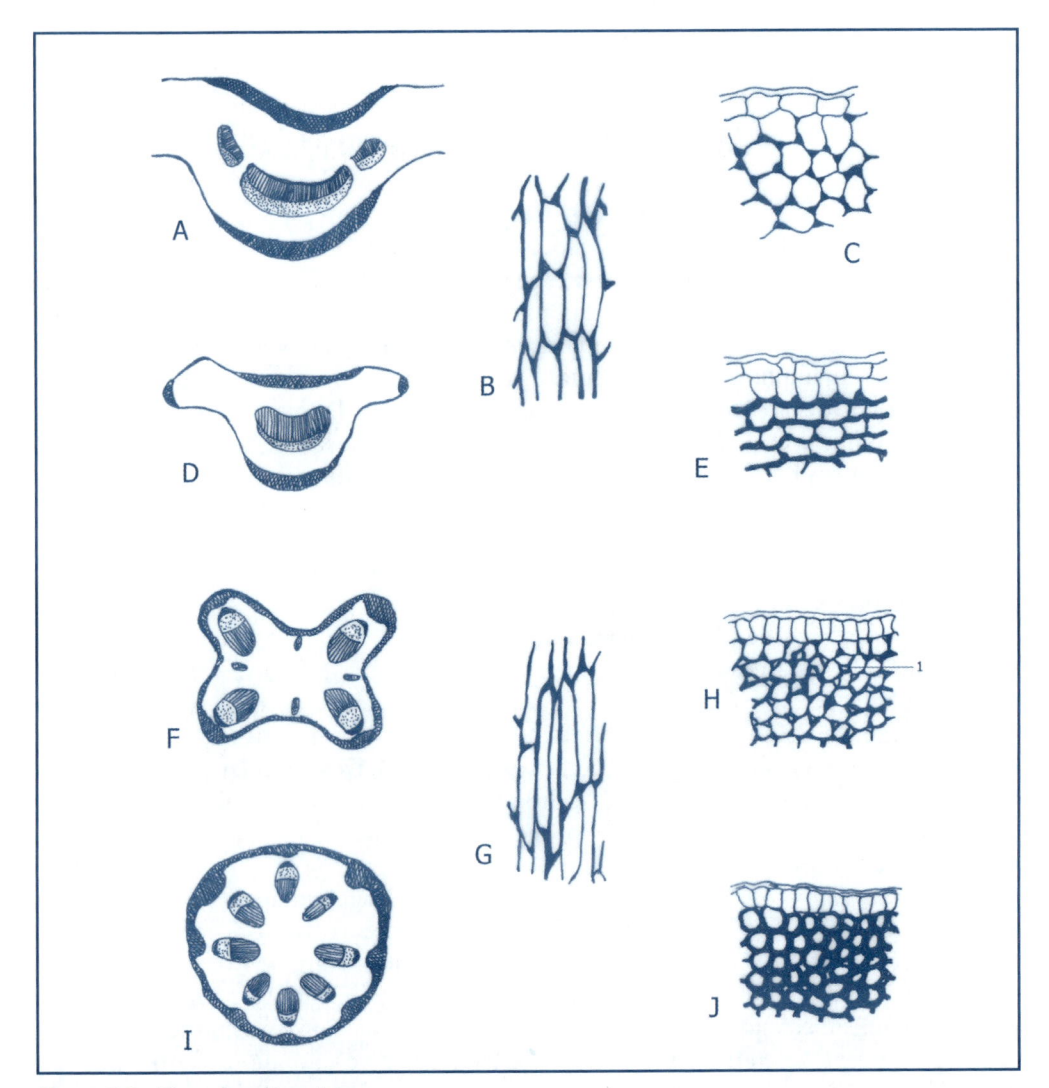

Figura 5.3 – Tipos de colênquima.
Quanto ao órgão vegetal: **(A)** nervura mediana de folha de dicotiledônea, **(D)** pecíolo de dicotiledônea, **(F e I)** caules de dicotiledônea.
Tipos de colênquima: **(B e G)** colênquima em corte longitudinal, **(C)** colênquima angular, **(E)** colênquima lamelar, **(H)** colênquima lacunoso: (1) espaços. **(J)** colênquima anelar.

5.4.1.3 Esclerênquima

A palavra "esclerênquima" provém do grego *sklerós,* que significa "duro", e *encheo,* "encher".

O esclerênquima é um tecido permanente simples, constituído de células portadoras de membrana com espessamento secundário de lignina, adaptadas à função mecânica de sustentação. As células do esclerênquima podem ou não reter o protoplasma na sua maturidade, ocasião em que, via de regra, não possuem vitalidade. O esclerênquima é formado por células que já alcançaram o estado pleno de diferenciação e, portanto, não podem retomar o poder meristemático. Essas células são duras e elásticas e podem ser distribuídas em dois tipos: as esclereides, ou células pétreas, e as fibras.

As células pétreas ou esclereides possuem formas diversas; na maioria dos casos são isodiamétricas. As fibras sempre são alongadas e terminam em pontas.

Esclereides ou células pétreas

As esclereides ou células pétreas são células dotadas de paredes bem espessadas por lignina. A forma dessas células pode variar e sua distribuição no corpo vegetal é ampla.

As esclereides podem aparecer em grupos ou isoladamente. Nesse último caso, elas costumam ser chamadas de "idioblastos". As pontuações desse tipo de célula são geralmente bem visíveis e do tipo simples.

As esclereides podem ser classificadas, de acordo com sua forma, em: braquiesclereides, macroesclereides, osteoesclereides e astroesclereides. Esses são os tipos relativamente mais frequentes de esclereides.

- Tricosclereides e esclereides filiformes constituem outros tipos de esclereides de ocorrência menor que os anteriores.
- Braquiesclereides (de *braqui* ou *brachy*, proveniente do grego *brakhus,* que encerra a ideia de breve ou curto) são células curtas, aproximadamente isodiamétricas. Constituem o tipo de esclereide mais frequente, ocorrendo nas regiões parenquimáticas do córtex primário e secundário, no parênquima fundamental, na região floemática e no parênquima medular.
- Macroesclereides (de "macro", proveniente do grego *makros,* designativo de grande, comprido) são células pétreas alongadas, aproximadamente cilíndricas, frequentes no tegumento de sementes da família *Leguminosae* onde constituem a camada denominada "paliçada". A camada mais externa do tegumento da semente de guaraná, *Paullinia cupana* Kunth, é constituída por esse tipo de esclereide.
- Osteosclereides: (de "ósteo", proveniente do grego *osteon,* termo de composição que encerra a ideia de osso) são células pétreas em forma de osso, como o fêmur, que ocorrem com frequência em sementes da família *Leguminosae,* logo abaixo da camada em paliçada, como nas sementes da soja *Glycina soja* Sieb. et Zucc.
- Astroesclereides (do grego *ástron* e do latim *astrum)* é o nome genérico com que se designam os corpos celestes, estrelas. São células pétreas ramificadas em forma de estrela, como as que ocorrem na folha de chá *Thea sinensis* L. ou na região da columela do anis-estrelado *Illicium verum* Hooker.

Fibras

Constituídas por células alongadas e fusiformes, de paredes espessadas secundariamente, e lignificadas ou não. As fibras podem ocorrer em várias partes do corpo vegetal. Nas monocotiledôneas, as fibras podem ocorrer envolvendo os feixes vasculares ou, ainda, formando cordões relacionados com os referidos feixes. Ocorrem ainda algumas vezes logo abaixo da epiderme, em folhas e caules. Nas dicotiledôneas, as fibras são frequentes em tecidos vasculares, tanto do floema como do xilema. Elas ocorrem também, com frequência, na região da casca. De conformidade com a localização na estrutura vegetal, as fibras recebem nomes especiais. Assim, fala-se em fibras pericíclicas, corticais, perivasculares, subepidérmicas, floemáticas e xilemáticas.

Fibras chamadas "gelatinosas" podem ocorrer em certas plantas, caracterizando-se pela sua grande capacidade de absorver água. Outras vezes, as fibras podem se apresentar tabicadas e conter amido no seu interior.

Esclereides e fibras coram-se pelos corantes de lignina, especialmente safranina, e verde iodo, e pelo reativo floroglucina clorídrica. As fibras celulósicas diferem do caso geral e podem ser tingidas pelos corantes de paredes celulósicas. A Figura 5.4 ilustra os diversos tipos de fibras e esclereides.

5.4.1.4 Súber

O súber é um tecido permanente simples, que tem origem a partir de um meristema secundário, o felógeno. Trata-se, portanto, de um tecido secundário. O termo "súber" provém da palavra latina *suber,* que quer dizer "cortiça". O súber, com menor frequência, é denominado "felema". O felema pode ser constituído de células suberizadas e de células não suberizadas, denominadas "feloides", que podem ter paredes finas ou paredes espessadas. Essas últimas podem sofrer lignificação. O felógeno ou felogênio é um meristema secundário. Pode ser originado a partir de células epidérmicas, de células da região do colênquima, de células do parênquima cortical (Figura 5.5B1), de células do periciclo e de células do floema. Da atividade do felógeno origina-se o súber, externamente, e o parênquima cortical secundário ou feloderma, internamente. Súber, felógeno e feloderma, em conjunto, constituem a periderme.

O súber é formado por células prismáticas alongadas, no sentido do eixo do vegetal, sem espaços intercelulares, e que se dispõem ordenadas em fileiras radiais, Figuras 5.5C, D, E, G – suber em seção transversal e D, F, H, I – seção paradérmica.

As células do súber sofrem um espessamento secundário de suberina e tornam-se impermeáveis à água e ao ar, impedindo assim a nutrição dos tecidos que se encontram externamente a elas, os quais terminam morrendo e destacando-se da estrutura.

Com certa frequência, as células suberosas sofrem também deposição de lignina.

As células do súber exibem caracteristicamente coloração parda ou amarelada e, quando alcançam o pleno desenvolvimento, morrem. No interior das células suberosas mortas, encontra-se quase sempre ar, que, aliado à natureza impermeável da parede, dá ao tecido suberoso características especiais de tecido mecânico de proteção. O súber protege as plantas contra o excesso de calor e frio, choques e queimadas.

Trocas gasosas no nível do súber podem ser executadas graças à presença das chamadas "lenticelas", que se caracterizam pelo arranjo frouxo das células que as compõem.

Existem plantas que só desenvolvem uma periderme. Existem plantas que desenvolvem mais de uma periderme; nesse caso, de localização mais profunda. Os tecidos localizados externamente às peridermes morrem por não mais receberem nutrientes. Chama-se "ritidoma" ao conjunto de peridermes e de tecidos externos a elas, sem vitalidade, e que dão proteção aos caules e às raízes que envolvem.

As paredes suberosas, em função de sua natureza, tingem-se pelos corantes lipófilos, tais como o sudão III e o sudão IV.

A suberina, produzida pelas células suberosas quando elas ainda estão vivas, é uma substância de caráter lipófilo. Essa substância deposita-se nas paredes das células suberosas, conferindo-lhes propriedades de impermeabilidade aos gases e aos líquidos, levando-as à morte.

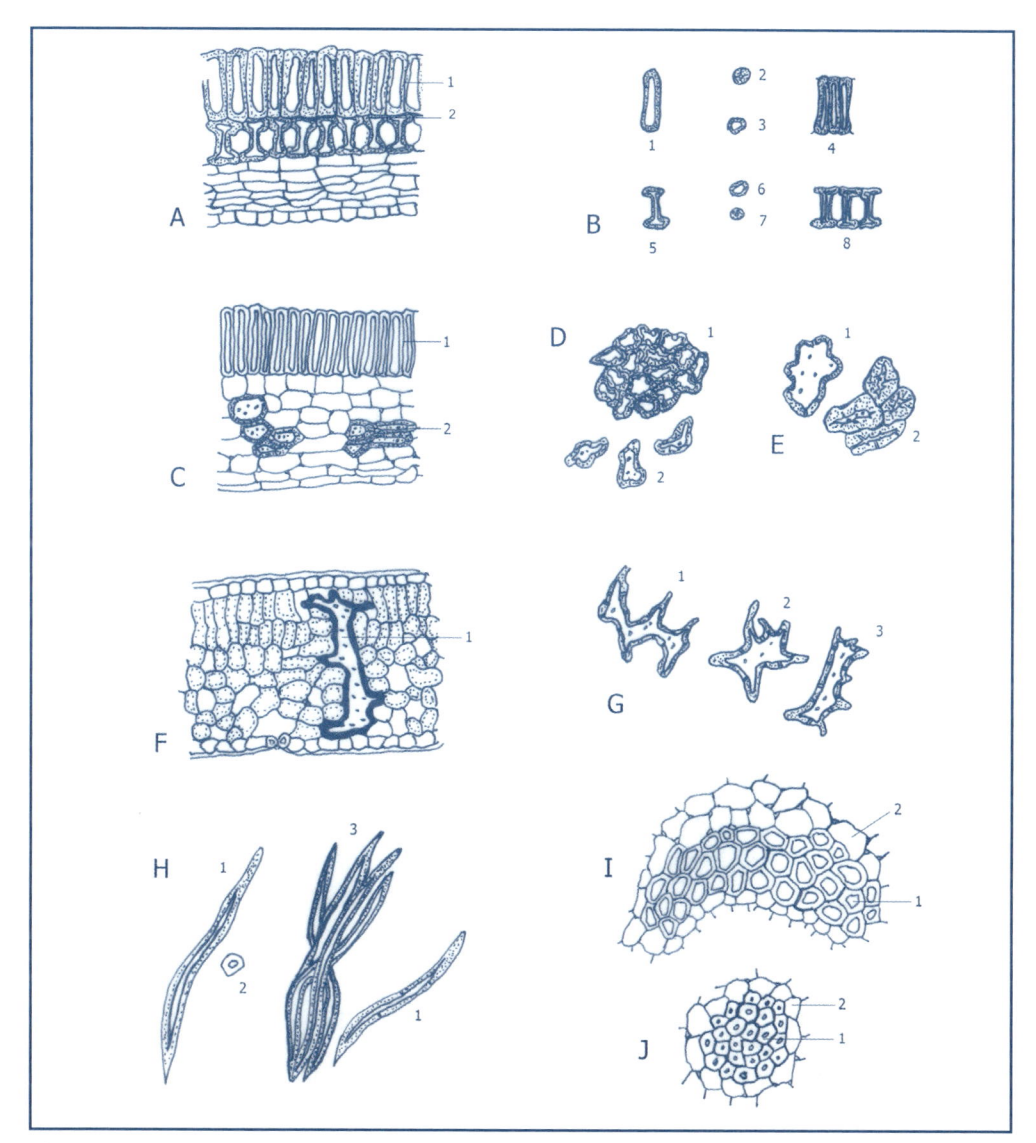

Figura 5.4 – Tipos de esclerênquima.

(A) Secção transversal da semente de *Phaseolus vulgaris* L.: (1) macroesclerito, (2) osteoescleritos.

(B) Escleritos isolados de *Phaseolus vulgaris* L.: (1) macroesclerito disposto longitudinalmente, (2) seção transversal apical do macroesclerito, (3) seção basal do macroesclerito, (4) grupo de macroescleritos, (5) osteoesclerito disposto longitudinalmente, (6) seção ao nível apical do osteoesclerito, (7) seção mediana do osteoesclerito, (8) grupo de osteoesclerito.

(C) Seca transversal da semente de *Paullinia cupana* Kunth: (1) macroesclereides, (2) braquiesclereides.

(D) Visão paradérmica do tegumento da semente de *Paullinia cupana* Kunth: (1 e 2) macroesclereides, vistos de face.

(E) (1) Braquiesclereide, (2) grupo de esclereide.

(F) Astroesclereide em folha de *Camellia sinensis* (L.) Kuntz.

(G) (1, 2 e 3) Astroesclereides.

(H) Fibras: (1) fibra isolada, vista longitudinalmente, (2) fibra cortada transversalmente, (3) grupo de fibras vistas longitudinalmente.

(I e J) Grupo de fibras cortadas transversalmente: (1) fibras, (2) parênquima.

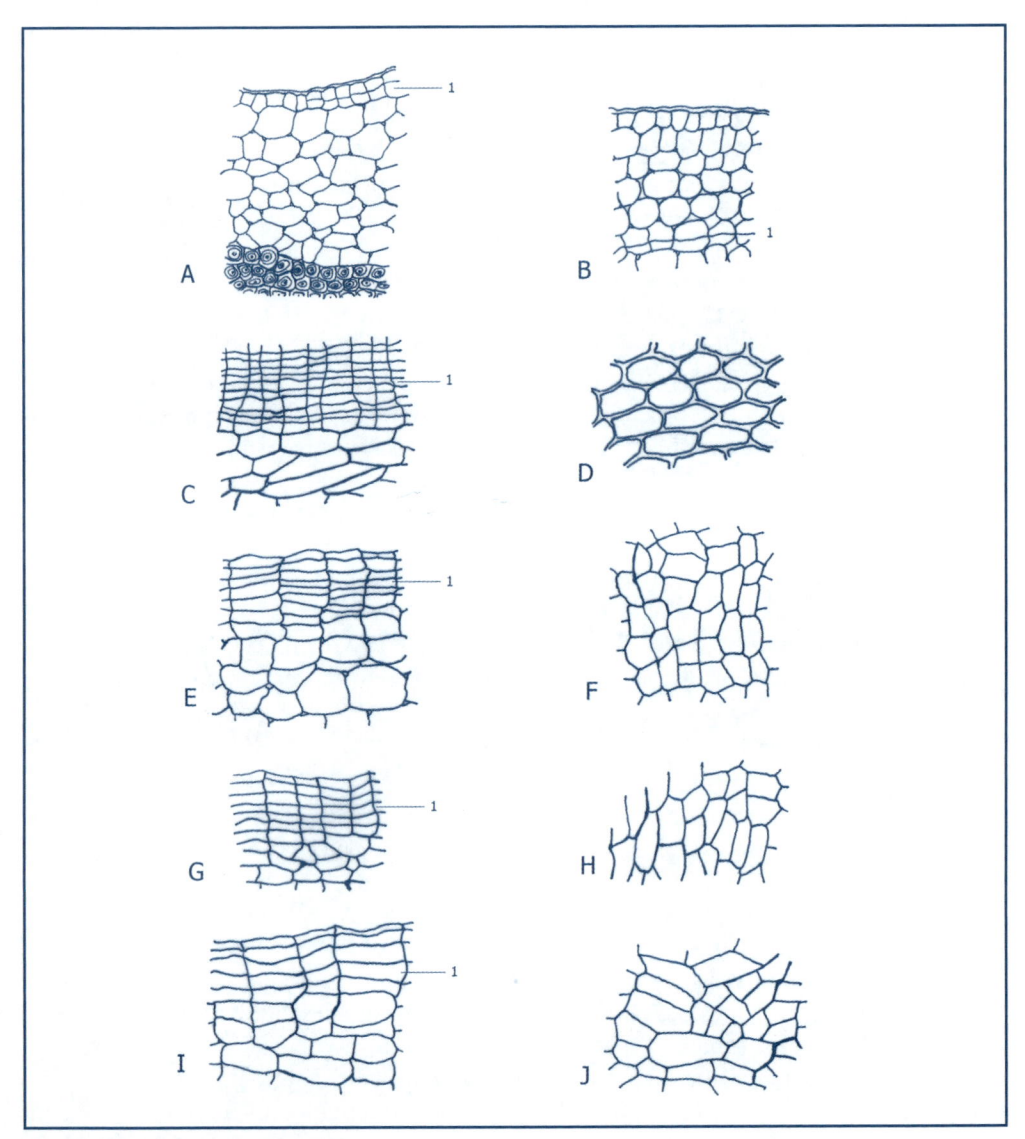

Figura 5.5 – Tecidos simples: súber.
(A) (1) Início do felógeno em epiderme de caule.
(B) Início de felógeno em região cortical de caule.
(C, E, G e I) (1) Seção transversal de súber.
(D, F, H e J) Visão paradérmica de súber.

5.4.2 Tecidos Permanentes Complexos

São tecidos formados por mais de um tipo de célula. Existem três tipos de tecidos permanentes complexos, a saber: epiderme, floema e xilema.

Algumas vezes, a periderme – isto é, o súber, o felogênio e a feloderme –, é considerada um tecido complexo quando esses três últimos tecidos são considerados em conjunto.

5.4.2.1 Epiderme

O termo "epiderme" deriva de duas palavras gregas: *epi*, que significa "sobre", e *derma*, que significa "pele".

A epiderme é um tecido permanente complexo, geralmente constituído por uma camada celular integrada por células vivas, sem espaços intercelulares, a não ser entre as células guardas dos estômatos. A epiderme reveste o corpo primário das plantas. Por estar localizada externamente, envolve os órgãos vegetais primários. A epiderme engloba células epidérmicas e anexos epidérmicos, representados por tricomas e estômatos.

As células epidérmicas, via de regra, encontram-se recobertas por uma camada de cutina, que é uma mistura de substâncias de caráter lipófilo. A cutina forma uma camada protetora na parte externa da parede celular, designada "cutícula".

A cutícula, que recobre as células epidérmicas, pode assumir aspectos diversos. Assim, ela pode ser estriada, pulverulenta, granulosa lisa ou provida de protuberâncias. A sua espessura varia de uma planta para outra. As características da cutícula correspondem a detalhe importante na diagnose de materiais alimentícios, como frutas, condimentos e especiarias.

Com frequência, sobre a camada de cutina, em algumas plantas, pode ocorrer um revestimento de ceras, denominadas "ceras epicuticulares", de espessura diversa. Muitas dessas ceras, quando observadas ao microscópio, assumem forma peculiar. Muitas delas são utilizadas industrialmente. A cutícula cora com sudão III em amarelo alaranjado.

Células epidérmicas

As células epidérmicas apresentam geralmente forma tabular. Na grande maioria dos casos, não são clorofiladas. Algumas vezes, acumulam pigmento em seus vacúolos, bem como outros metabólitos secundários que dão cor ao órgão que envolvem. Em certos órgãos vegetais, as células epidérmicas podem ser cilíndricas, como, por exemplo, nas sementes de leguminosos, na semente de guaraná e na semente de urucum.

As células epidérmicas, como células vivas, elaboram substâncias diversas, tais como glicídios, lipídios e protídios. De importância na identificação de matérias alimentícias, são as mucilagens, os taninos, os pigmentos antociânicos e o oxalato de cálcio em formas cristalinas.

Na diagnose ou identificação de materiais alimentícios de origem vegetal, o tecido epidérmico tem papel muito importante, pois é o tecido mais externo dos órgãos com estrutura primária. Quando o material alimentício está em pó ou com a estrutura desorganizada, limitada a pequenos fragmentos, por diversas razões (como, por exemplo, decocção), a epiderme, caso esteja presente, fornece-nos uma série de dados que auxiliam bastante na identificação.

As células epidérmicas podem apresentar formas diversas quando observadas de face. Assim, elas podem assumir formas alongadas ou aproximadamente isodiamétricas. Suas paredes podem se apresentar retas ou sinuosas. A sinuosidade das paredes pode ser acentuada ou levemente sinuosa.

Anexos epidérmicos

■ Estômatos – as epidermes das partes aéreas das plantas não são contínuas. Estômatos, ou seja, aberturas microscópicas, interrompem a continuidade das células epidérmicas. Essas aberturas, denominadas "ostíolos", localizam-se entre duas células epidérmicas clorofiladas, denominadas células "estomáticas", "oclusivas" ou "guardas". A palavra "estômato" é derivada do grego *stoma*, que significa "boca", da mesma forma que "ostíolo" deriva do latim *ostium*, que significa igualmente "boca".

As células oclusivas ou guardas possuem paredes espessadas irregularmente. Esse espessamento relaciona-se com o mecanismo de abertura e fechamento do estômato. Quando cortados transversalmente, os estômatos podem apresentar saliências, constituídas pelo reforço das paredes das células oclusivas, denominadas "cristas" ou "cornos". Esses cristais delimitam pequenas cavidades, denominadas "átrios". Existem cristas externas e cristas internas, átrios externos e átrios internos.

As células estomáticas ou oclusivas ocorrem associadas funcionalmente a duas ou mais células, denominadas "células paraestomatais".

Segundo Metcalfe e Chalk, existem quatro tipos básicos de estômatos de dicotiledôneas, decorrentes do relacionamento das células guardas com as células paraestomatais. O número de células paraestomatais e sua disposição definem os tipos de estômatos. Os quatro tipos básicos de estômatos, segundo esses autores, são: anomocítico, diacítico, paracítico e anisocítico. Mais recentemente, incluíram-se dois outros tipos: actinocítico e ciclocítico. A Figura 5.6 mostra todos esses tipos de estômatos.

Os tipos de estômato são característicos para cada espécie vegetal. Assim, os estômatos do café, *Coffea arabica* L. (*Rubiaceae*), são sempre do tipo paracítico. Daí a importância do tipo de estômato na identificação de matérias alimentícias vegetais.

▪ Tricomas – os tricomas são anexos epidérmicos de grande importância na identificação de matérias alimentícias. As formas e funções dos tricomas variam e, de acordo com essas variações, eles recebem denominações diferentes. Existem cinco tipos principais de tricomas: glandulares (pelos glandulares), não glandulares (pelos tectores), escamas, papilas e acúleos.

Os tricomas glandulares caracterizam-se pela presença de glândulas secretoras de óleo essencial. Os tricomas glandulares, ou pelos glandulares, constam geralmente de pedículo, ou pedicelo, e glândula. Na identificação de materiais alimentícios vegetais, são importantes as características tanto do pedicelo como da glândula. O arranjo, o número de células e a forma da glândula apresentam importância relevante.

Os tricomas não glandulares (pelos tectores) caracterizam-se por não apresentarem glândulas e por terminarem em ponta. Da mesma maneira que os tricomas glandulares, eles podem ser unicelulares (pelos simples) ou pluricelulares, podendo suas células estar arranjadas em uma ou mais séries. Os pelos tectores ou tricomas não glandulares costumam, com frequência, ser designados pela forma que apresentam. Assim, temos pelos tectores em forma de estrela ou estelares; pelos em candelabro, em pedra de amolar, em chicote; pelos filiformes e em outras formas. Na análise microscópica de alimentos, é importante ainda levar-se em consideração o espessamento das paredes celulares dos tricomas, bem como a natureza química dessas paredes. Muitas vezes, as paredes celulares de tricomas não glandulares apresentam-se espessadas por lignina.

As escamas, por sua vez, são tricomas não glandulares planos. Apresentam seu corpo dividido, quase sempre em duas partes: o pedicelo, ou células de inserção, e a parte plana expandida. As papilas são tricomas simples, unicelulares e delicados, encontrados principalmente nas epidermes de pétalas ou em estigma. Os acúleos, por sua vez, são anexos epidérmicos rígidos e pontiagudos; apresentam células lignificadas.

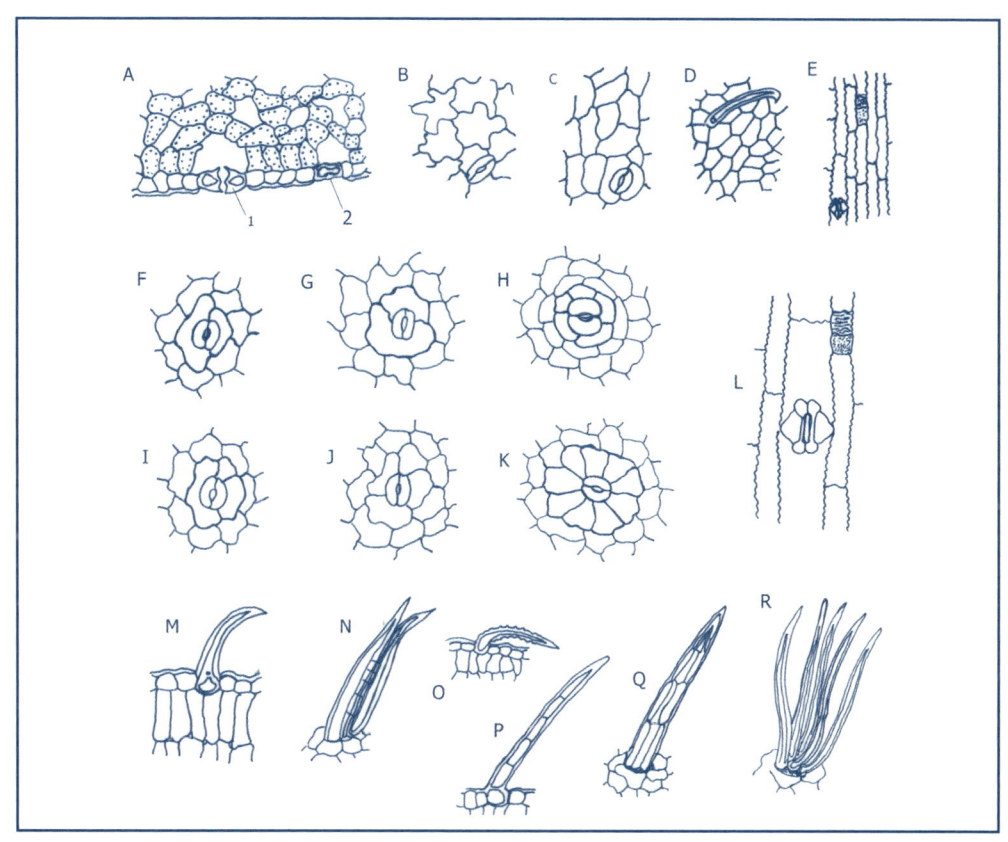

Figura 5.6A, B, C, D, E, F, G, H, I, J, L, M, N, O, P, Q, R – Tecido permanente complexo: epiderme e anexos.

(A) Seca transversal de folha, mostrando estômatos em corte transversal: (1) corte transversal passando pela região mediana, (2) corte transversal passando pela região do comprimento da célula guarda.

(B) Epiderme com células de parede sinuosa.

(C) Epiderme com células de paredes quase retas.

(D) Epiderme com células de contorno poligonal e paredes retas, contendo pelo tector simples em forma de gancho.

(E) Epiderme de monocotiledôneas, mostrando estômatos, célula suberosa e célula silicosa.

(F) Estômato paracítico.

(G) Estômato diacítico.

(H) Estômato ciclocítico.

(I) Estômato anisocítico.

(J) Estômato anomocítico.

(K) Estômato actinocítico.

(L) Estômato de gramínea.

(M) Tricoma não glandular.

(N) Tricoma não glandular bicelular geminado.

(O) Tricoma não glandular simples, com cutícula verrucosa.

(P) Tricoma não glandular pluricelular unisseriado.

(Q) Tricoma não glandular pluricelular plurisseriado.

(R) Conjunto de tricomas não glandulares simples, dispostos em tufo.

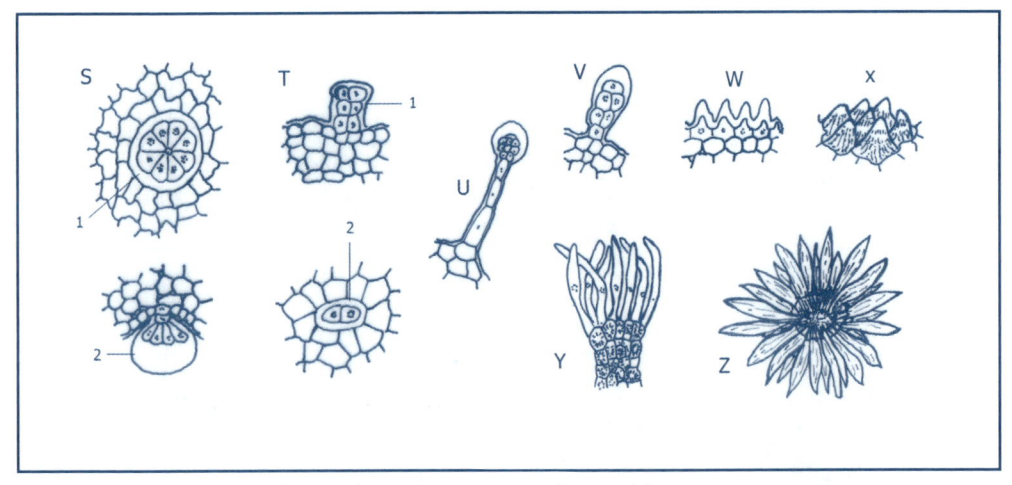

Figura 5.6S, T, U, V, W, X, Y, Z – Tecido permanente complexo: epiderme e anexos.

(S) Tricoma glandular provido de glândula octacelular (tricoma glandular de labiada): (1) visto de face, (2) visto de lado.

(T) Tricoma glandular hexacelular, provido de glândula com células dispostas em duas séries: (1) visto de lado, (2) visto de face.

(U) Tricoma glandular, com pedicelo tricelular unisseriado e glândula capitada pluricelular.

(V) Tricoma glandular claviforme.

(W, X e Y) Papilas.

(Z) Escama.

5.4.2.2 Floema

O termo "floema" é originário do grego *phloios*, que significa "casca". O floema é também designado como líber (do latim *liber*, que significa "livro") e por leptoma (do grego *leptos*, que significa "delicado").

Prefere-se o termo floema para designar esse tecido. O floema corresponde ao tecido responsável pela condução da seiva elaborada, isto é, pelo transporte de carboidratos, vitaminas, hormônios e aminoácidos entre outras substâncias.

O floema é um tecido permanente, complexo e formado por elementos histológicos de naturezas diversas, tais como elementos crivados (célula crivada e tubos crivados, com ou sem células companheiras), parênquima do floema e esclerênquima (fibras e esclereides). As células crivadas ocorrem preferencialmente nas gimnospermas, ao passo que os tubos crivados, com células companheiras, são característicos das angiospermas, Figura 5.7.

O floema pode ser classificado como floema primário e floema secundário, de acordo com sua origem.

O floema primário tem origem na diferenciação de células do procâmbio, ao passo que o floema secundário é resultante de diferenciação de células de câmbio.

Nos alimentos de origem vegetal, alvos da microscopia de alimentos, na maioria das vezes o floema a ser considerado e o floema primário presente nos feixes vasculares das hortaliças, como exemplo, e nas frutas na maioria dos casos. O floema secundário ocorre em cascas usadas como condimento ou como especiaria. Exemplo típico é a canela do ceilão (*Cinnamomum zeylanicum* Ness), representada pela casca mondada, ou seja, destituída das partes externas, representada em sua maior parte por floema secundário. A canela-da-china, *Cinnamomum cassia* (Ness) Blume, e o condurango, *Marsdenia condurango* (Triana) Reichenbach, constituem dois outros exemplos de materiais botânicos do tipo casca, usados na alimentação, nos quais a região floemática é predominante.

Os tubos crivados, presentes nas angiospermas, são formados por células alongadas – elementos do tubo crivado – que se associam longitudinalmente a fim de conduzir a seiva elaborada. As paredes transversais dos elementos do tubo crivado sofrem um espessamento celulósico parcial, deixando soluções de continuidade que permitem a comunicação entre os elementos adjacentes. O conjunto dessas soluções de continuidade é denominado "área crivada".

A parte da parede de um elemento crivado, que possui áreas crivadas associadas, chama-se "placa crivada".

As células crivadas são filogeneticamente menos evoluídas e aparecem nos criptogramas vasculares e nos gimnospermas com mais frequência. São células alongadas que se associam longitudinalmente e são providas de áreas crivadas simples. Essas células aparecem associadas a células parenquimáticas providas de citoplasma denso, denominadas "células albuminosas".

O parênquima do floema caracteriza-se por um desenvolvimento que permite auxiliar no transporte da seiva no sentido horizontal.

Essas células parenquimáticas podem incluir substâncias ergásticas diversas, tais como amidos, mucilagens e cristais de oxalato de cálcio, que auxiliam bastante na identificação do material alimentício.

As fibras e as esclereides podem ocorrer tanto no floema primário como no floema secundário, sendo mais frequentes nesse último. A forma e o arranjo dessas estruturas têm, igualmente, importância na identificação de alimentos vegetais.

A casca de canela do ceilão (*Cinnamomum zeylanicum* Nees) apresenta, caracteristicamente, fibras isoladas, grupos de braquiesclereides e células mucilaginosas; elementos esses de grande importância na identificação desse tipo de canela. Os raios medulares secundários, especialmente quando são vistos em cortes longitudinais tangenciais, são fusiformes e apresentam duas a três fileiras de células de largura, nas quais se observam pequenos cristais em forma de agulhas.

As cascas de condurango, *Marsdenia condurango* (Triana) Reichenbach, caracterizam-se por apresentarem grande quantidade de drusas no parênquima floemático e por apresentarem laticíferos.

A parede celular das células que integram o floema é de natureza celulósica, predominantemente, corando-se pela hematoxilina de Delafield, pelo lugol e pelo cloreto de zinco iodado. As fibras e esclereides, em função da natureza de sua parede celular, coram-se pela floroglucina clorídrica.

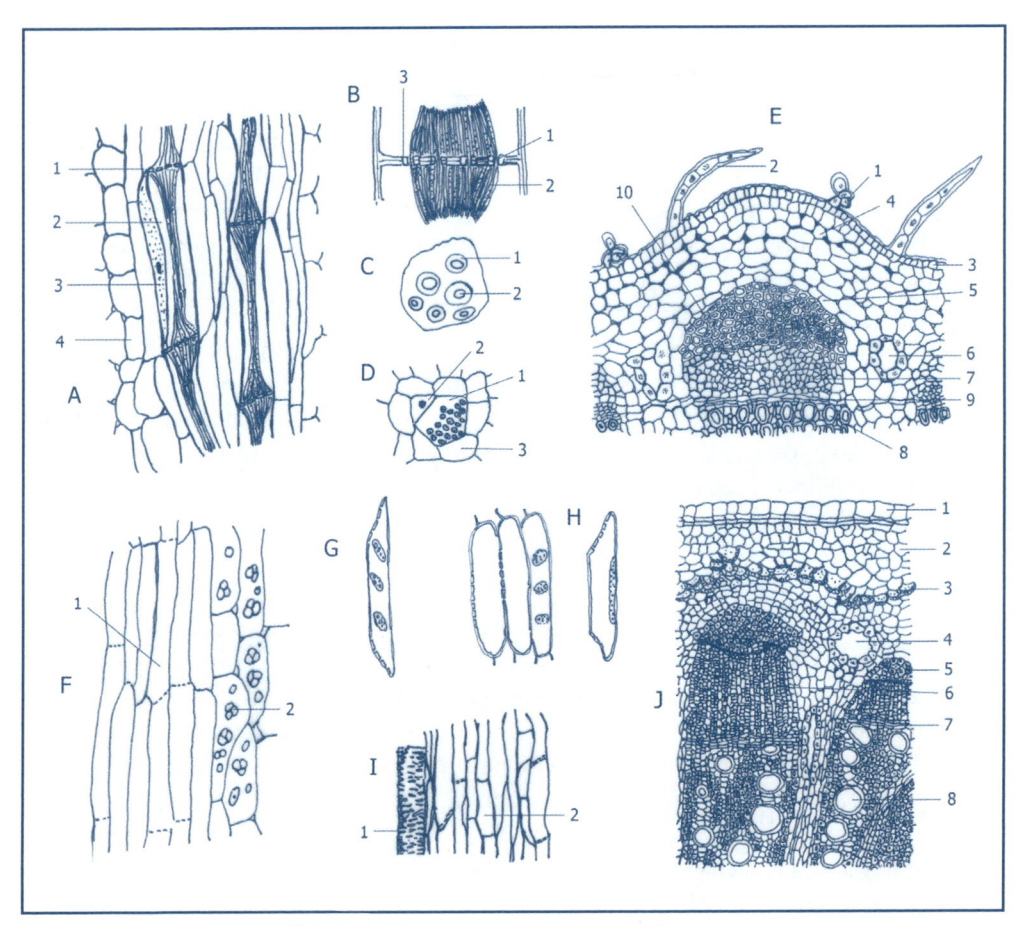

Figura 5.7A, B, C, D, E, F, G, H, I, J – Tecido permanente complexo: floema.

(A) Floema em seção longitudinal: (1) placa crivada, (2) tubo crivado, (3) célula companheira, (4) parênquima do floema.

(B) Placa crivada, em seção longitudinal: (1) placa crivada, (2) cordões de conexão, (3) cilindro de celulose.

(C) Área de placa crivada: (1) cilindro de celulose, (2) cordão de conexão.

(D) Placa crivada, vista de face: (1) placa crivada, (2) célula companheira, (3) parênquima do floema.

(E) Seção transversal do caule de *Mikania hirsutissima* DC.: (1) tricoma glandular torcido, (2) tricoma não glandular unisseriado pluricelular, (3) epiderme, (4) colênquima, (5) parênquima cortical, (6) canal secretor, (7) floema, (8) xilema, (9) região cambial, (10) fibras.

(F) Seção longitudinal do floema: (1) tubos crivados, (2) parênquima do floema contendo amilo.

(G e H) Elementos de tubo crivado.

(I) Fragmento de feixe vascular: (1) xilema (vaso escalariforme), (2) floema (tubos crivados, células companheiras, parênquima do floema).

(J) Seção transversal de caule de *Mikania hirsutissima* D.C., em estrutura secundária: (1) súber, (2) parênquima cortical, (3) anel esclerenquimático, (4) canal secretor, (5) fibras, (6) floema, (7) região cambial, (8) xilema.

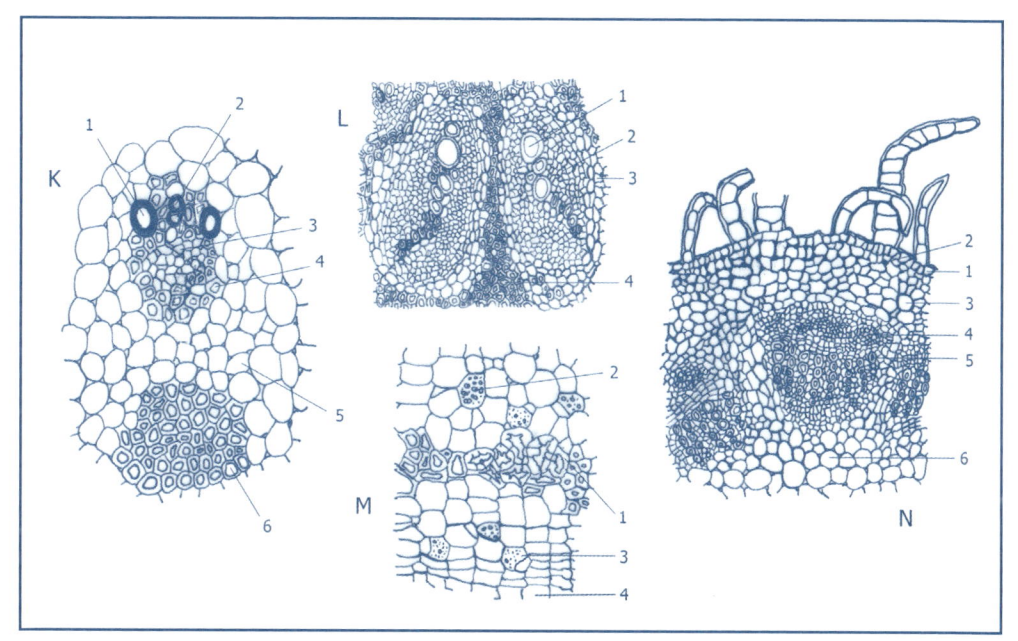

Figura 5.7K, L, M, N – Tecido permanente complexo: floema.
(K) Feixe vascular colateral de gramínea: (1) metaxilema, (2) protoxilema, (3) floema,
(4) bainha fibrosa, (5) parênquima fundamental, (6) grupo de fibras.
(L) Feixe vascular de pteridófita: (1) xilema, (2) floema, (3) parênquima, (4) fibras.
(M) Floema secundário de casca de caule: (1) faixa constituída de fibras e braquiescleritos,
(2) célula oleífera, (3) floema contendo tubos crivados, (4) parênquima do floema.
(N) Seção transversal de caule de *Stevia ribaudiana* Bertoni: (1) epiderme, (2) colênquima,
(3) parênquima cortical, (4) floema, (5) xilema, (6) parênquima medular.

5.4.2.3 *Xilema*

Xilema é uma palavra de origem grega. Deriva de *xilos*, que significa "madeira". Esse tecido costuma ainda ser conhecido pelo nome de "lenho" (do latim *lignum*), "tecido lenhoso" e, menos frequentemente, por "hadroma" (do grego *hadros*, que significa "rijo"). Prefere-se o termo "xilema" para representar esse tecido.

Xilema é um tecido verdadeiro permanente, complexo e formado por elementos traqueais (traqueias e traqueídes), parênquima do xilema e fibras do xilema, Figura 5.8.

Por elementos traqueais, compreende-se as traqueídes e os elementos de vasos (que formam os vasos ou traqueias). São células alongadas, desprovidas de protoplasma e possuidoras de parede secundária lignificada.

As traqueídes são consideradas elementos traqueais mais primitivos. São células que se alinham longitudinalmente, mantendo suas paredes imperfuradas. A seiva que circula através desses elementos precisa atravessar ativamente as paredes, ao nível dos pares de pontuação.

Os elementos de vasos, por sua vez, são perfurados em suas paredes transversais e associam-se entre si em séries longitudinais, formando os vasos ou traqueias.

Os vasos ou traqueias, bem como as traqueídes, as fibras e o parênquima de xilema, caracterizam-se por apresentarem as paredes celulares lignificadas, corando-se em vermelho-cereja pela floroglucina clorídrica.

O xilema, da mesma forma que o floema, pode ser classificado em xilema primário e xilema secundário, de conformidade com sua origem.

O xilema primário deriva da diferenciação de células do procâmbio, sendo encontrado no corpo primário das plantas. O procâmbio consta das células meristemáticas alongadas no sentido longitudinal que ocorrem em caules, raízes e folhas, especialmente. Essas células, no caso do xilema, vão se transformando à medida que se distanciam das pontas, originando inicialmente vasos anelados e espiralados, com espiras bem espaçadas.

O xilema secundário tem origem na atividade meristemática do câmbio. O xilema encontrado em materiais alimentícios é geralmente de natureza primária. Os lenhos bem desenvolvidos, como os existentes nas árvores, não são utilizados como alimento.

Os elementos traqueais podem ser classificados de acordo com o tipo de espessamento secundário de lignina. Assim, os elementos traqueais podem ser: anelados, espiralados, escalariformes e reticulados pontuados.

As fibras do xilema são morfologicamente heterogêneas, apresentando formas de transição com as traqueídes e as células parenquimáticas de xilema. As fibras confundem-se principalmente com as traqueídes. Elas são longas, terminam em ponta e o lúmen é reduzido. No xilema, podem aparecer fibras septadas, que são vivas com septos e paredes delgadas. Podem ocorrer também fibras mucilaginosas cujas paredes espessas são higroscópicas.

O parênquima do xilema consta inicialmente de células vivas, geralmente curtas, podendo ser também alongadas. Inicialmente, a parede é fina e celulósica, podendo, entretanto, sofrer espessamento secundário de lignina. O parênquima do xilema acompanha os elementos traqueais sem conduzir a seiva, pois sua função principal é acumular substâncias diversas, tais como: amilo, óleos, taninos e cristais de oxalato de cálcio.

O parênquima xilemático acha-se distribuído em dois sistemas estreitamente relacionados: o parênquima xilemático, do sistema axial ou vertical, e o parênquima xilemático, do sistema horizontal ou radial.

Nas plantas que apresentam somente estrutura primária, o parênquima xilemático pertence somente ao sistema axial, visto que nessas plantas não ocorre crescimento secundário ou horizontal.

Já nas plantas providas de estrutura secundária, além do sistema axial, comum aos dois sistemas, ocorre caracteristicamente o sistema radial, no qual o parênquima xilemático acha-se representado pelos raios medulares secundários ou, simplesmente, pelos raios vasculares.

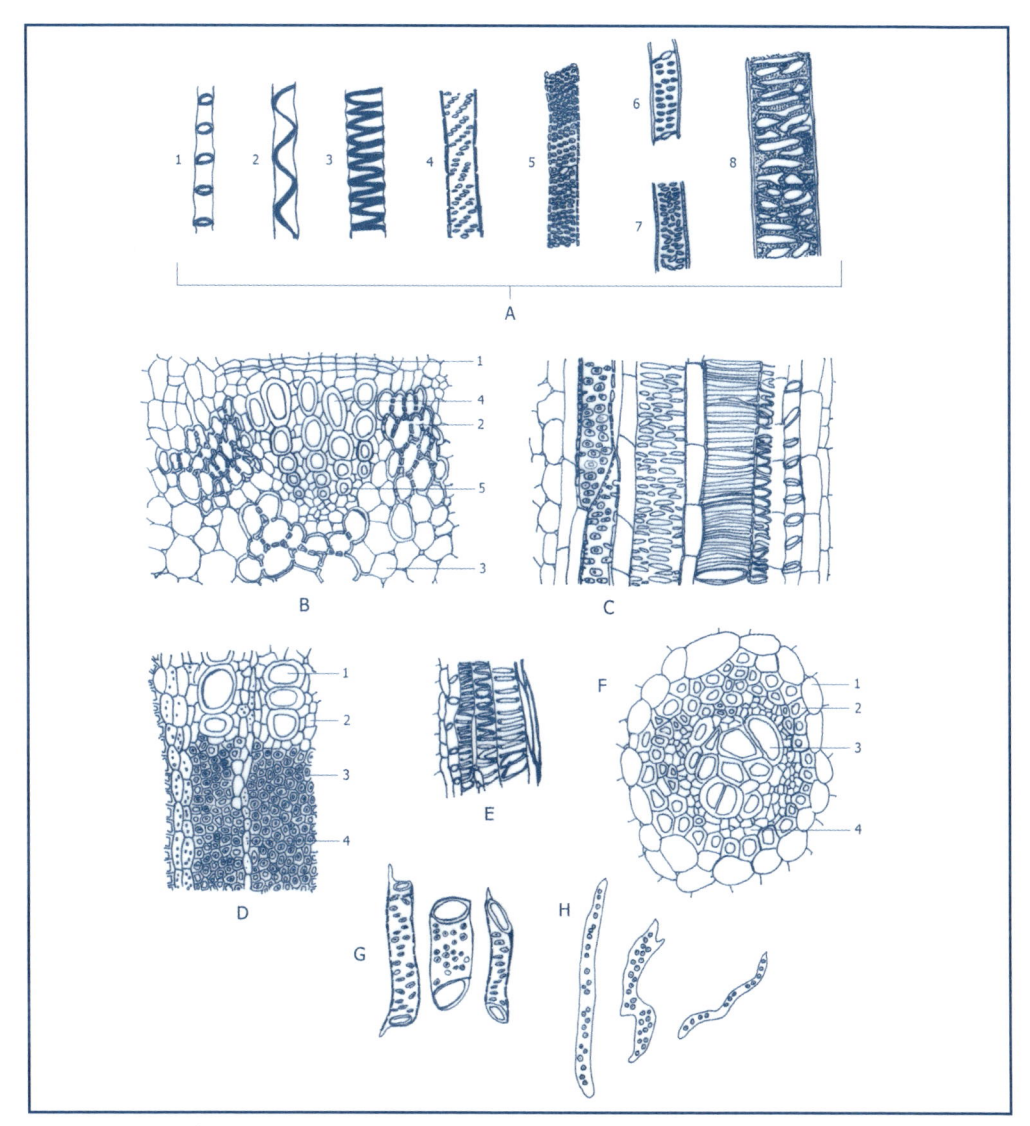

Figura 5.8 – Tecido permanente complexo: xilema.
(A) Tipo de espessamento de vaso: (1) anelado, (2 e 3) espiralado, (4) escalariforme, (5, 6 e 7) pontuado (8) reticulado.
(B) Seção transversal de parte de feixe vascular, com xilema primário: (1) região cambial, (2) esclerênquima, (3) parênquima, (4) metaxilema, (5) protoxilema.
(C) Seção longitudinal de xilema, mostrando diversos tipos de vasos.
(D) Xilema secundário, em seção transversal: (1) vasos xilemáticos, (2) parênquima do xilema, (3) fibras do xilema, (4) raio vascular.
(E) Fragmento de xilema, mostrando vasos e fibra.
(F) Feixe vascular de galanga (Alpinia officinarum Hance) (monocotiledônea): (1) bainha parenquimática, (2) bainha fibrosa, (3) xilema, (4) floema.
(G) Elementos de vasos.
(H) Traqueídes.

5.4.3 Estruturas Secretoras

São estruturas capazes de elaborar substâncias que se separam do protoplasma, podendo ser depositadas no interior da própria célula ou em cavidades ou canais. Essas estruturas podem ser decorrentes de células secretoras isoladas ou mesmo de um conjunto de células, formando regiões especializadas no corpo da planta, Figura 5.9.

A secreção implica a liberação de substâncias produzidas pela célula. Essas substâncias, secretadas pelas plantas, apresentam importância relevante nos alimentos, pois lhes conferem odor e sabor. São utilizadas como substâncias aromáticas, em condimentos e especiarias. Os óleos essenciais merecem consideração especial nesse mister. Por outro lado, essas estruturas secretoras, células ou tecidos secretores, graças à sua morfologia diferenciada, facilitam muito a identificação de matérias alimentares, via microscopia de alimentos.

As estruturas secretoras podem ser externas ou internas ao corpo das plantas. Os tricomas glandulares, ou pelos glandulares, são estruturas que aparecem sobre o tecido epidérmico (anexos epidérmicos) na superfície do corpo das plantas. Sobre essas estruturas, considerações foram feitas no estudo de epidermes.

As secreções em regiões internas das plantas podem ser realizadas por células únicas, por pequeno grupo de células ou, mesmo, por um tecido.

As células secretoras são de natureza parenquimática, apresentando certo grau de diferenciação, e possuem capacidade de produzir e conter substâncias diversas, tais como alcaloides, compostos fenólicos, óleos essenciais, resinas, taninos e mucilagens.

Em *Arachis hypogea* L., as células secretoras do óleo fixo integram os cotilédones das sementes. A palmeira, *Elaeis guineensis* Jacq., produz óleo fixo a partir de células parenquimáticas do mesocarpo.

Nos rizomas de cálamo aromático, *Acorus calamus* L., a camada mais interna da região cortical apresenta um aerênquima, no qual pode ser notada a presença de células secretoras do óleo essencial, que aparecem isoladas entre si.

Os rizomas de *Zingiber officinale* Roscoi apresentam células de óleo resina no tecido fundamental, ao passo que as cascas de canela, *Cinnamomum zeylanicum* Nees, possuem células produtoras de óleo essencial na região floemática.

Já as células secretoras aparecem formando uma camada em *Elettaria cardamomum* (Roxburgh) Maton, logo abaixo da testa na semente.

Nos grãos de cereais, a capa aleurônica, que recobre o endosperma das sementes, apresenta importância por secretar a enzima alfa-amilase. Essa camada celular – a capa aleurônica – apresenta importância morfológica na identificação dos grãos.

As células secretoras, com frequência, são maiores que suas vizinhas e podem apresentar estruturas diferenciadas. Nas folhas do abacateiro, *Persea americana* Miller, essas células diferem das vizinhas na forma e na função, merecendo, por isso, a denominação de "idioblastos". Essas células apresentam paredes ligeiramente espessadas. Na maior parte das vezes, as substâncias secretadas pelas células são de caráter lipófilo, razão pela qual podem ser evidenciadas pelo sudão III.

5.4.3.1 Glândulas Endógenas

As glândulas endógenas assumem a forma de vesículas, limitadas por um número variável de células secretoras, produtoras de substâncias tais como óleos essenciais, go-

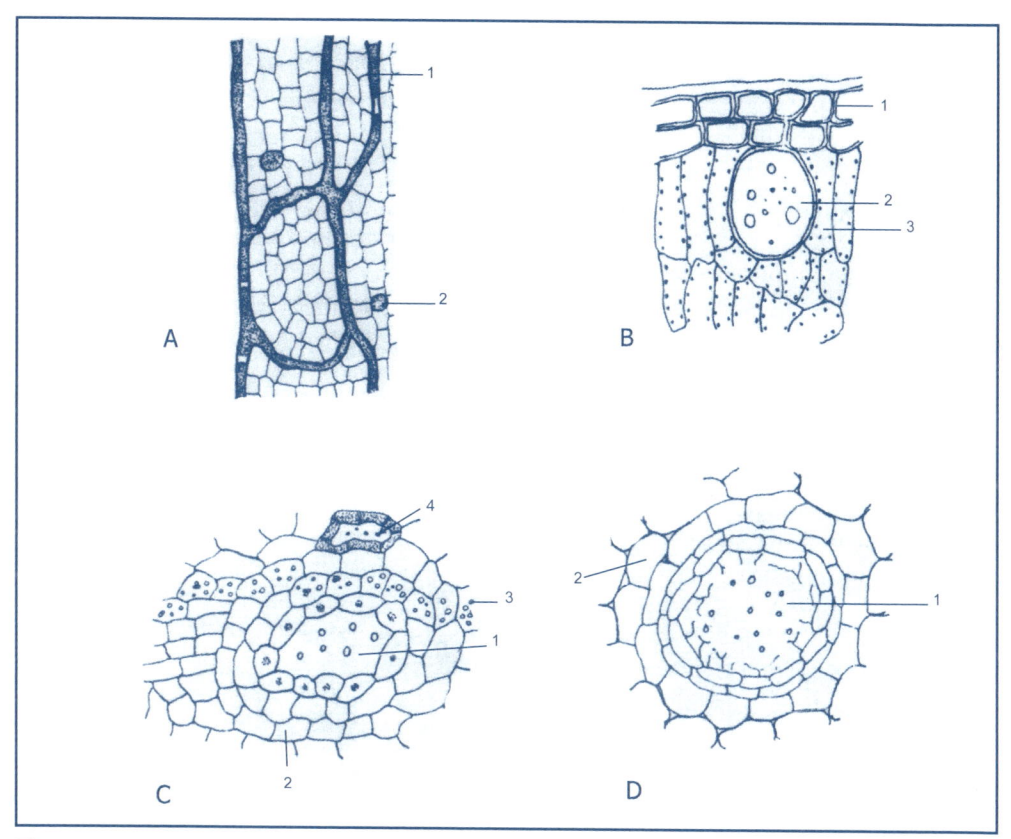

Figura 5.9 – Estruturas secretoras.
(A) Tubos laticíferos: (1) cortado longitudinalmente, (2) cortado transversalmente.
(B) Fragmento da folha de boldo, *Peumus boldus* Molina: (1) epiderme, (2) glândula esquizógena, com parede suberificada, (3) parênquima paliçádico.
(C) Fragmento de caule de *Mikania hirsotissima* D.C.: (1) canal secretor, (2) parênquima, (3) células contendo amido, (4) braquiesclerito.
(D) Glândula esquizolisígena da laranjeira *Citrus aurantium* L.: (1) glândula, (2) parênquima.

mas, mucilagens e resina. Após a elaboração de tais substâncias, elas são depositadas no interior da cavidade. De acordo com a maneira pela qual se origina a cavidade ou vesícula, as glândulas podem ser classificadas em: esquizógenas, lisígenas e esquizolisígenas. Os espaços esquizógenos (do grego *schizein*, que significa "fender", "separar", e *genesis*, que significa "origem") são provenientes do afastamento de paredes celulares vizinhas, formando inicialmente um meato, que aumenta de tamanho para constituir a vesícula. Essa vesícula é constituída por um epitélio secretor. Os espaços lisígenos (do grego *lysis*, que significa "dissolução", "destruição", e *genesis*, que significa "origem") são originados pela lise de células.

As células elaboram as substâncias antes de sofrerem lise. A desintegração começa em poucas células, estendendo-se depois pelas vizinhas. Os espaços lisígenos são delimitados por células mais ou menos desintegradas.

Os espaços esquizolisígenos são originados pela combinação dos fenômenos citados nos dois casos anteriores.

As glândulas existentes no mesocarpo da laranja, *Citrus aurantium* L, são de origem esquizolisígena. Os botões florais do cravo-da-índia, *Syzygium aromaticum* (L.) Merril ET Perry, possuem logo abaixo da epiderme uma região rica em glândulas produtoras de óleo essencial, de origem esquizógena.

5.4.3.2 Canais Secretores

Os canais secretores são estruturas alongadas, em forma de tubo, no interior das quais são depositadas as substâncias secretadas. A maioria dos canais secretores é de origem esquizógena. Os canais secretores de frutos de *Umbelliferae* (*Apiaceae*), tais como anis (*Pimpinella anisum* L.) e funcho (*Foeniculum vulgare* Miller), são de origem esquizógenas.

A camomila vulgar (*Matricaria chamomilla* L.) apresenta canais secretores esquizógenos no receptáculo do capítulo, bem como no pedúnculo.

As inflorescências de tília, constituintes do chá de tília, caracterizam-se pela presença de ductos de mucilagem.

Tanto a camomila vulgar como a tília são empregadas na elaboração de bebidas de gozo, denominadas "chás", constituindo medicamentos-alimentos.

Em secção transversal, muitas vezes torna-se difícil diferenciar uma glândula de um canal secretor; dificuldade essa que desaparece quando efetuamos cortes longitudinais, nos quais os canais secretores, ou ductos, apresentam-se como formações alongadas, enquanto as glândulas apresentam-se com forma arredondada, semelhante ao aspecto da secção transversal.

A morfologia dos canais secretores e ductos são importantes na diagnose do material alimentício.

5.4.3.3 Laticíferos

Os tubos laticíferos são estruturas tubulares que contêm em seu interior um fluido secretado por uma célula especializada ou por um grupo dessas células unidas entre si. Esse fluido, denominado "látex", talvez seja a mais importante de todas as secreções. Quando uma planta que produz látex é ferida, o látex é exsudado. Possui, na maioria das vezes, coloração esbranquiçada, quase sempre leitosa; todavia, existe látex de cor amarela, alaranjada, rósea e, mesmo, vermelha.

Diversas plantas alimentícias produzem látex em partes comestíveis, sendo importante a observação dessas estruturas na identificação desses materiais.

Os frutos de *Carica papaya* L, o mamão, são ricos em látex brancacento, especialmente visíveis quando o fruto está verde. Esse látex é rico em uma enzima proteolítica, a papaína.

O látex de uma espécie de *Sapotaceae*, mais precisamente de *Achras sapota* L. [= *Manilcakara sapota* (L.) V Royen], é utilizado na elaboração de goma de mascar (chiclete).

Quimicamente, o látex é uma suspensão ou, em certos casos, uma emulsão de composição complexa. Sua composição varia de planta para planta, sendo comum, na maioria dos casos, a presença de partículas de borracha, ceras, resinas, açúcares, proteínas, amido, gotícula de óleo, terpenoides, ácidos orgânicos e alcaloides, entre outras substâncias.

Morfologicamente, os laticíferos são constituídos de células, ou série de células associadas em fileiras, com a finalidade de conduzir o látex. Os núcleos das células quase sempre são evidentes, ocorrendo com frequência mais de um núcleo por célula. Organelas, como mitocôndrias, são observadas.

Os laticíferos podem ser classificados em simples, ou não articulados, e em compostos, ou articulados. Os laticíferos simples ou não articulados são formados a partir de uma única célula, que cresce insinuando-se entre as outras células, originando a estrutura de um tubo bastante ramificado.

Os laticíferos compostos ou articulados são formados por uma série de células que se unem no sentido longitudinal para transportar o látex. Os laticíferos articulados podem se anastomosar ou não.

Capítulo 6

Anatomia de Órgãos Vegetais

Os tecidos vegetais aparecem nas plantas, reunidos e arranjados na constituição dos órgãos vegetais, os quais adquirem formas diversas e se especializam no desempenho de diversas funções. Raízes, caules, folhas, frutos e sementes são órgãos vegetais que apresentam importância na alimentação humana e dos quais depende a vida animal.

6.1 Raízes

Inúmeras raízes são utilizadas na alimentação humana. Muitas são utilizadas *in natura*, outras passam por processos de industrialização. O aipo (*Apium graveolens* L.), o alcaçuz (*Glycirrhiza glabra* L.), a bardana (*Artium lappa* L.), a calumba [*Jatrorrhiza palmata* (L.) Miers], a genciana (*Genciana lutea* L.), o ruibarbo (*Rheum palmatum* L.) e a valeriana (*Valeriana officinalis* L.) constituem exemplos da assertiva acima. A batata-doce [*Ipomoea batatas* (L.) Lam.], a beterraba (*Beta vulgaris* L.), a cenoura (*Daucus carota* L.), a mandioca (*Manihot esculenta* Crantz), a mandioquinha (*Arracacia xanthorrhiza* Bancr), o nabo (*Brassica nappus*) e o rabanete (*Raphanus sativus* L.) são exemplos de raízes tuberosas usadas na alimentação. Umas são usadas como fonte de calorias, de minerais e de vitaminas; outras, simplesmente como condimento. Inúmeras raízes tuberosas aumentam essa lista.

A anatomia desses órgãos apresenta grande importância na microscopia de alimentos.

6.1.1 Anatomia da Raiz

Raiz é órgão vegetal adaptado à função de sustentação e à absorção de água e minerais. Corresponde ao eixo do vegetal desprovido de folhas e suas modificações, sendo geralmente aclorofilado. As raízes também executam a função de acumular substâncias de reserva, decorrendo, com frequência, dessa qualidade o seu valor alimentício. A cenoura (*Daucus carota*), o nabo (*Brassica nappus*) e a batata-doce [*Ipomoea batatas* (L.) Lam.] são exemplos de raízes que acumulam reservas.

As raízes, quanto à origem, podem ser distribuídas em dois grupos: raízes normais e raízes adventícias. As raízes normais se desenvolvem a partir da radícula do embrião. As adventícias são raízes que se desenvolvem a partir de caules ou de folhas.

O estudo anatômico da raiz ou o estudo de sua morfologia interna costuma ser efetuado observando-se secções transversais e longitudinais ao microscópio. A identificação de raízes pulverizadas, nas quais a estrutura original acha-se desintegrada, é feita através de montagem de lâmina é observação direta do pó. A identificação de raízes condimentares pulverizadas é feita desta maneira: comparando-se as estruturas observadas com descrições especializadas ou com pós dessas raízes, empregados como padrão.

As raízes podem apresentar estrutura primária e estrutura secundária.

6.1.1.1 Estrutura Primária de Raiz

Este tipo de estrutura é decorrente da diferenciação dos meristemas primários apicais. Cortes transversais de raízes, ao nível da região onde ocorrem os pelos absorventes, deixam ver três regiões distintas: externamente, a epiderme, com seus anexos; abaixo da epiderme, a região cortical, a qual envolve o cilindro central onde se situam as estruturas responsáveis pela condução da seiva. As pteridófitas e as monocotiledôneas apresentam somente estrutura primária. As dicotiledôneas e as gimnospermas também apresentam frequentemente estrutura secundária.

- Região epidérmica – a epiderme, na grande maioria dos casos, é formada por uma única camada celular. Essa camada celular pode conter pelos absorventes, os quais, após algum tempo, podem cair. Após a queda dos pelos absorventes, as células epidérmicas podem sofrer espessamento das paredes externas, por cutinização, por suberificação e, às vezes, por lignificação.
- Região cortical – a região cortical costuma ser bem desenvolvida. É constituída por células parenquimáticas providas de paredes celulósicas finas e de espaço intercelulares, do tipo meato na maioria das vezes, mas que podem ser dos tipos lacuna e câmara. A região cortical costuma ser dividida em duas partes: região cortical externa, ou irregular, e região cortical interna, ou regular, cuja última camada celular é denominada "endoderma". Nas monocotiledôneas, plantas que não apresentam estruturas secundárias, o córtex é conservado e, logo abaixo da epiderme, pode ocorrer lignificação em uma ou duas camadas celulares.
  Nas raízes de dicotiledônea, a camada mais interna da região cortical é denominada "endoderme"; quanto vistas em secção transversal, mostram a região mediana das paredes radiais providas de espessamentos, conhecidos por "estrias de Caspary". Nas monocotiledôneas e nas pteridófitas, a endoderme é igualmente constituída por uma fileira de células que, quando vistas em seção transversal, apresentam caracteristicamente um espessamento em U. Células de paredes não espessadas aparecem de espaço em espaço, sendo denominadas "células de passagem".
- Região de cilindro central – esta região, externamente, é delimitada pelo periciclo e envolve os tecidos condutores da seiva (xilema e floema), podendo ou não ocorrer região parenquimática.
- Região periciclica – o periciclo nas dicotiledôneas é formado por uma única camada de células, ao passo que, nas monocotiledôneas, o periciclo é multisseriado. Nas gimnospermas, ele geralmente é multisseriado, podendo mais raramente ser unisseriado; e, nas pteridófitas, é unisseriado ou bisseriado, podendo mesmo estar ausente.
  O periciclo, nas dicotiledôneas, monocotiledôneas e gimnospermas, está relacionado com a atividade meristemática. Dele, originam-se as raízes secundárias.
- Tecidos vasculares – as raízes, segundo a teoria estelar, apresentam estrutura protostélica ou protostélica radiada, também denominada "actinostélica", Figura 6.1.

A teoria estelar foi introduzida por Van Tieghem e Douliot, em 1886, tendo grande importância nos estudos comparativos e filogenéticos de plantas vasculares. Em microscopia alimentar, eles têm grande importância, pois sua aplicação auxilia na identificação de inúmeras matérias alimentícias. Atendendo à variação do sistema vascular primário dos caules e das raízes, foram estabelecidos diferentes tipos de células. O xilema apresenta-se em forma de um cilindro envolto pelo floema na estrutura protostélica. Outras vezes, o xilema forma um conjunto maciço, disposto em arcos, com os extremos adjacentes ao periciclo, e o floema formando cordões que se alternam com os arcos. Essas estruturas, denominadas "actinostélicas", permitem classificar as raízes de acordo com o número de arcos do xilema. Assim, temos raízes diarcas, triarcas, tetrarcas e poliarcas.

As raízes de dicotiledôneas e de gimnospermas possuem geralmente um número pequeno de arcos de xilema, ao passo que as raízes de monocotiledôneas apresentam um número grande de arcos de xilema, sendo, portanto, poliarcas. À medida que o número de arcos de xilema aumenta nas raízes, a presença de parênquima medular torna-se mais frequente.

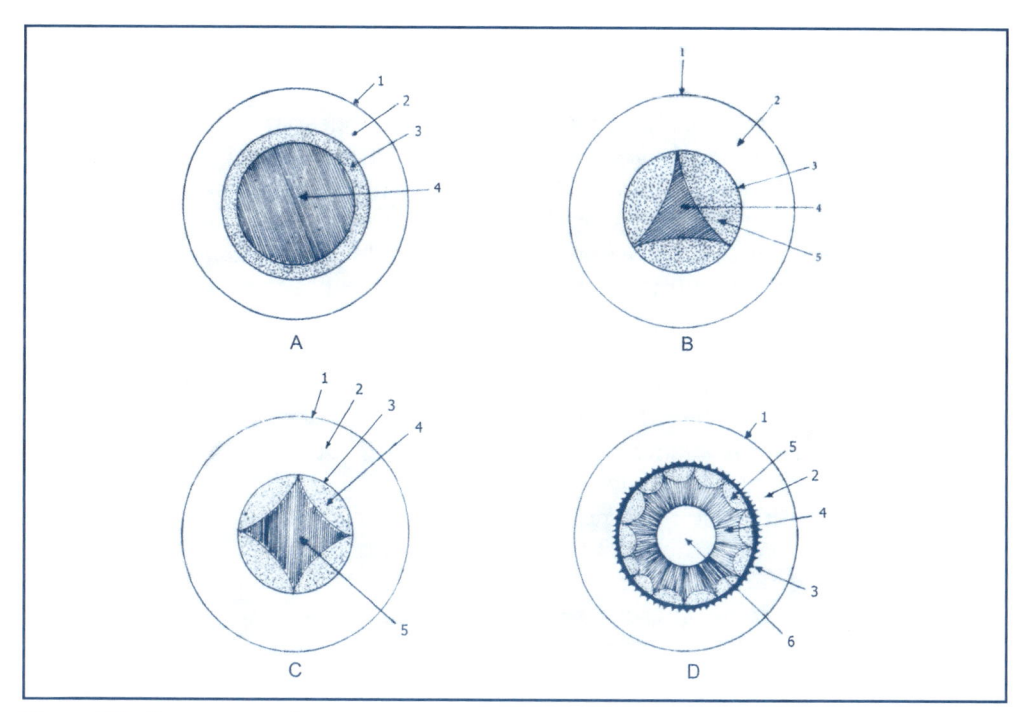

Figura 6.1 – Estruturas estelares.
(A) Estrutura protostélica: (1) epiderme, (2) região cortical, (3) floema, (4) xilema.
(B) Raiz – desenho esquemático de estrutura triaca protostélica radiada: (1) epiderme, (2) região cortical, (3) periciclo, (4) xilema, (5) floema.
(C) Estrutura tetrarca protostélica radiada (actinostelo): (1) epiderme, (2) região cortical, (3) periciclo, (4) floema, (5) xilema.
(D) Estrutura actinostélica radiada medulada (poliarca): (1) epiderme, (2) região cortical, (3) endoderme, (4) xilema, (5) floema, (6) parênquima medular.

6.1.1.2 Estrutura Secundária de Raiz

As dicotiledôneas e as gimnospermas apresentam crescimento secundário na maior parte dos casos. Já as monocotiledôneas, geralmente não.

O crescimento secundário das raízes é decorrente do funcionamento de dois meristemas: o câmbio, na região interna ao periciclo, e o felogênio, externamente.

O crescimento secundário das raízes inicia-se pelo funcionamento cambial. O câmbio deriva de células remanescentes do procâmbio e forma o xilema secundário, para o lado de dentro da estrutura, e floema secundário, para o lado de fora. A atividade cambial é mais intensa na região adjacente ao centro do arco xilemático, o que leva o câmbio a se tornar circular, uma vez que se completa com células do periciclo.

A partir de certo momento, o felógeno se diferencia. Ele pode surgir de qualquer camada da região cortical, do periciclo e, algumas vezes, mesmo a partir do floema. O felógeno é responsável pela formação da periderme.

6.2 Caules

O caule é o órgão da planta portador das folhas e de suas possíveis modificações, inclusive flores e frutos. Os caules são geralmente aéreos, mas podem ser aquáticos ou subterrâneos, ocorrendo exemplos de sua utilidade na alimentação em todos esses tipos. Entre as inúmeras funções que o caule pode exercer – como condução de nutrientes, síntese de substâncias e propagação vegetativa da espécie –, merece destaque especial, em virtude do seu emprego na alimentação, a função de armazenamento de reservas, de ocorrência frequente em caules do tipo tubérculo e rizoma. A batatinha (*Solanum tuberosum* L.) é um tipo de caule tuberoso (tubérculo); o cálamo aromático (*Acorus calamus* L.) é um rizoma empregado como especiaria; e o gengibre (*Zinziber officinale* Roscoe), a cúrcuma (*Cúrcuma longa* L.) e a zedoária [*Curcuma zedoaria* (Bergias) Roscoe] constituem outros exemplos. Inúmeras hortaliças apresentam caule que fazem parte de sua constituição.

No estudo anatômico dos caules, dois tipos de estrutura costumam ser considerados: a estrutura primária e a estrutura secundária. As estruturas caulinares secundárias apresentam importância reduzida em microscopia de alimentos. A grande maioria dos caules consumidos na alimentação apresenta-se em estrutura primária.

A canela do ceilão (*Cinnamomum zeylanicum* Ness), a canela-da-china [*Cinnamomum cássia* (Ness) Blume], o condurango [*Marsdenia condurango* (Triana) Reichenback filius] são caules (cascas de caules) em estrutura secundária, utilizadas como especiaria.

Em função da pouca ocorrência, no uso como alimento, de caules com estrutura secundária, vamos apresentar exclusivamente estruturas caulinares primárias.

6.2.1 Estruturas Primárias de Caules

Secções transversais de caules em estruturas primárias mostram as seguintes regiões: epiderme, região cortical, cilindro central onde se localizam as estruturas vasculares e medula, Figura 6.2. Os caules usados na alimentação, de maneira geral, apresentam estruturas primárias que podem ser enquadradas, segundo a teoria estelar, dentro dos seguintes tipos de estelos: sifonostelo contínuo, sifonostelo descontínuo (também denominado "eustelo"), atactostelo e polistelo.

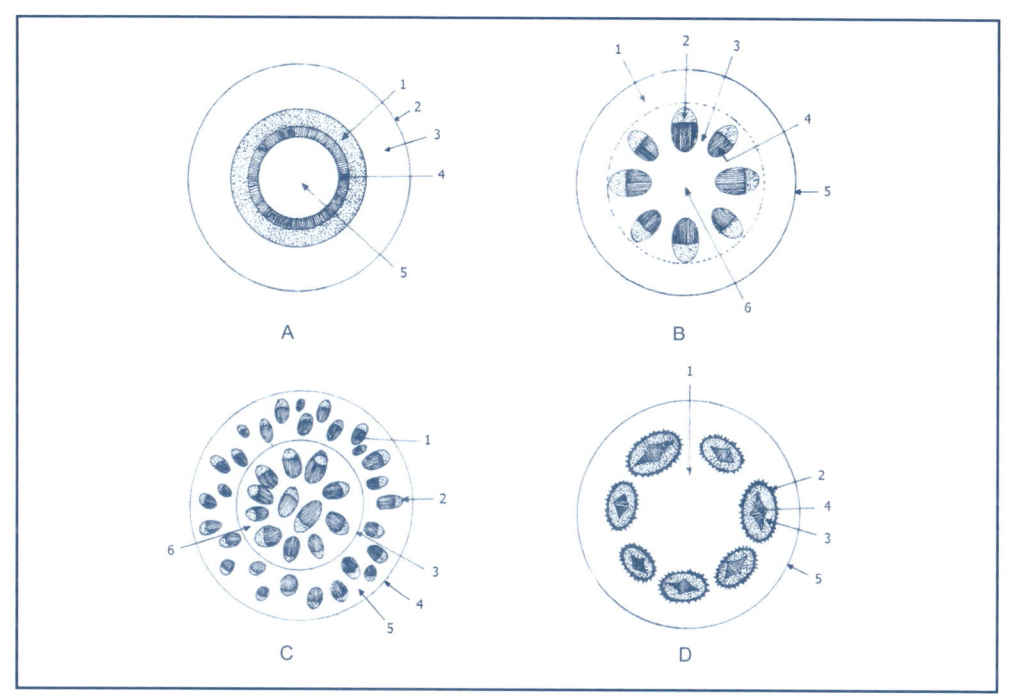

Figura 6.2 – Estrutura estelar (caule).
(A) Estrutura sifonostélica contínua ectofloica: (1) floema, (2) epiderme, (3) parênquima cortical, (4) xilema, (5) parênquima medular.
(B) Estrutura sifonostélica descontínua anfifloica (eustelo anfifloica): (1) região cortical, (2) floema, (3) raio medular, (4) xilema, (5) epiderme, (6) região medular.
(C) Estrutura atactostélica: (1) xilema, (2) floema, (3) periciclo, (4) epiderme, (5) região cortical, (6) parênquima fundamental.
(D) Estrutura polistélica: (1) parênquima fundamental, (2) endoderme – periciclo, (3) floema, (4) xilema, (5) epiderme.

Os sifonostelos contínuos caracterizam-se por seus elementos vasculares formarem anéis adjacentes; o floema, voltado para o lado de fora, e o xilema, situado mais internamente. O câmbio pode ocorrer entre esses dois tecidos vasculares.

Casos há em que outro anel floemático pode ocorrer internamente, recebendo a estrutura correspondente o nome de "solenostélica".

Os sifonostelos descontínuos diferem dos contínuos por seus anéis vasculares serem interrompidos por faixas parenquimáticas que ligam a região cortical à região medular, denominados "raios medulares". Os sifonostelos ocorrem nas dicotiledôneas.

O caule do tipo atactostélico é típico das monocotiledôneas. Nesse tipo de estrutura, cordões de xilema e floema encontram-se dispersos nas regiões parenquimáticas (corticais e medulares). A distribuição dos cordões vasculares ou feixes vasculares é dita "difusa" ou "caótica" (do grego *atactos*, que significa "sem ordem").

A estrutura primária dos caules das dicotiledôneas apresenta as seguintes regiões:

- Epiderme – apresenta-se com as características normais desse tecido. Assim, tricomas glandulares e não glandulares podem ocorrer nessa região. Estômatos podem ocorrer, com distribuição em fila ao longo do eixo caulinar. A cutícula que recobre a epiderme pode assumir aspectos diversos, já citados no estudo das epidermes.

- Região cortical – nos caules, de maneira geral, esta região é pouco desenvolvida. Logo abaixo da epiderme ocorre com frequência a presença de região colenquimática. O parênquima cortical pode apresentar células cuja forma e tamanho permitem diferenciar a região cortical externa da região cortical interna. A endoderme, última camada celular do córtex, geralmente não é típica nesse órgão. Frequentemente, essa região contém grãos de amido.
- Cilindro central – o periciclo, definido como a região externa limitante do cilindro central, também não é característico nesse tipo de órgão. Algumas vezes, a região limitante do cilindro central pode ser apresentada pelas porções mais externas do floema, que assume aspecto fibroso. O sistema vascular pode se apresentar contínuo ou descontínuo (sifonostelo contínuo e sifonostelo descontínuo). Nas estruturas descontínuas, ocorre a presença de feixes vasculares, que são cordões onde o floema se dispõe ao lado do xilema. Nas dicotiledôneas, na maioria dos casos, entre o xilema e o floema ocorre a presença do câmbio fascicular. Os feixes vasculares são de dois tipos: colaterais, floema de um lado e o xilema do outro: bicolaterais onde o floema ocorre tanto do lado de fora da estrutura como do lado de dentro, localizando-se o xilema entre as duas porções do floema.

A região medular é basicamente constituída de tecido parenquimático.

Toda região parenquimática do caule pode conter inclusões celulares orgânicas ou inorgânicas.

A estrutura primária dos caules de monocotiledôneas é denominada "atactostélica". A maioria das monocotiledôneas possui porte herbáceo e, frequentemente, é rizomatosa. Nas monocotiledôneas, os caules podem se apresentar divididos em três regiões:

1. A epiderme, geralmente constituída por uma única camada celular. Frequentemente, suas células apresentam paredes espessadas, podendo sofrer lignificação.
2. A região cortical é formada por células parenquimáticas e, logo abaixo da epiderme, pode organizar-se uma camada celular diferente morfologicamente da região parenquimática mais profunda. Essa região costuma ser denominada "hipoderme". A região cortical costuma ser pouco desenvolvida e pode conter feixes vasculares pequenos, denominados "traços foliares". A camada mais interna do córtex, a endoderme, pode apresentar espessamento característico em U.
3. O cilindro central é delimitado pelo periciclo, que envolve para o lado de dentro da estrutura parênquima medular bem desenvolvida e feixes vasculares típicos colaterais fechados ou anfivasais.

6.3 Folha

A folha pode ser conceituada como uma expansão laminar do caule de crescimento limitado, frequentemente provida de simetria bilateral, e, na grande maioria das vezes, realizadora da função de fotossíntese. Numa folha completa, é possível divisar uma peça quase sempre laminar, denominada "limbo"; uma parte estreita, frequentemente cilíndrica, denominada "pecíolo", e pode se ligar ao caule por uma parte basal ligeiramente inflada ou por meio de bainha, podendo ou não ser provida de estípula. A bainha corresponde à base foliar alargada que envolve parcial ou totalmente o caule; e as estípulas são formações geralmente laminares que aparecem na base foliar.

As folhas de vegetais são usadas como alimentos *in natura* ou em produtos industrializados, como fonte nutricional ou como tempero. Em todos esses casos, podem aparecer inteiras ou subdivididas, ou mesmo pulverizadas. Podem ser frescas ou terem sido submetidas à secagem, ou podem, ainda, terem sido submetidas a processos térmicos.

A análise microscópica de alimentos constituídos de folhas leva em consideração todas essas transformações sofridas pelo órgão vegetal. Leva em consideração ainda que a estrutura do órgão é tridimensional e que a forma observada ao microscópio depende do ângulo que a estrutura é vista, exigindo, do observador, conhecimento e capacidade de interpretação.

Quando possível, a análise microscópica de alimentos constituídos de folhas deve ser precedida da efetuação de cortes, que são de dois tipos: transversais e paradérmicos. Caso isso não seja possível, efetua-se a montagem direta de fragmentos ou do pó das folhas. Em todos os casos, tratamentos prévios são efetuados, visando uma melhor visualização (descoramento, coloração), Figura 6.3.

6.3.1 Anatomia da Folha

No estudo anatômico da folha, considera-se a lâmina foliar, na qual se levam em consideração a região do limbo, propriamente dito, e a região das nervuras. Consideram-se ainda as regiões do pecíolo e da bainha, quando elas existem.

De modo geral, todas as regiões ou partes foliares são recobertas pelo tecido epidérmico. Esse tecido já foi considerado anteriormente. Ocorrem ainda, nas folhas, os tecidos fundamentais parênquima, colênquima e esclerênquima, e os tecidos vasculares xilema e floema. As células do tecido de revestimento, ou epiderme, aparecem justapostas, sem deixar espaços intercelulares, a não ser nos estômatos, como já mencionado. Nos alimentos industrializados, esse tecido fornece maiores informações quando vistos de face. Tricomas e certos tipos de estômatos costumam ser relevantes no processo de identificação e constatação de materiais estranhos.

Entre as epidermes na região do limbo, propriamente dito, ocorre a região denominada "mesofilo". Essa região é formada por tecidos parenquimáticos que envolvem estruturas vasculares. O parênquima que ocorre nessa região é do tipo clorofiliano na sua maior parte. Esse tipo de parênquima, especialmente nas dicotiledôneas, pode ser subdividido em: parênquima paliçádico, parênquima lacunoso e parênquima fundamental.

Dependendo do arranjo dos parênquimas no mesofilo, essa região foliar pode ser classificada em dois tipos principais, a saber:

- Mesofilo homogêneo ou uniforme, no qual só ocorre um tipo de células. O mesofilo homogêneo pode ser constituído por células em paliçada, exclusivamente, ou por células aproximadamente isodiamétricas. O mesofilo homogêneo é mais frequente nas monocotiledôneas.
- Mesofilo heterogêneo, constituído por parênquimas diferenciados, isto é, parênquima paliçádico e parênquima lacunoso. O mesofilo heterogêneo pode ser de dois tipos: mesofilo heterogêneo e assimétrico, ou bifacial, ou ainda dorsiventral, no qual ocorre parênquima paliçádico, de um lado, e parênquima lacunoso, do outro; mesofilo heterogêneo simétrico isofacial, ou isolateral, constituído de parênquima paliçádico de ambos os lados e, entre eles, o parênquima lacunoso.

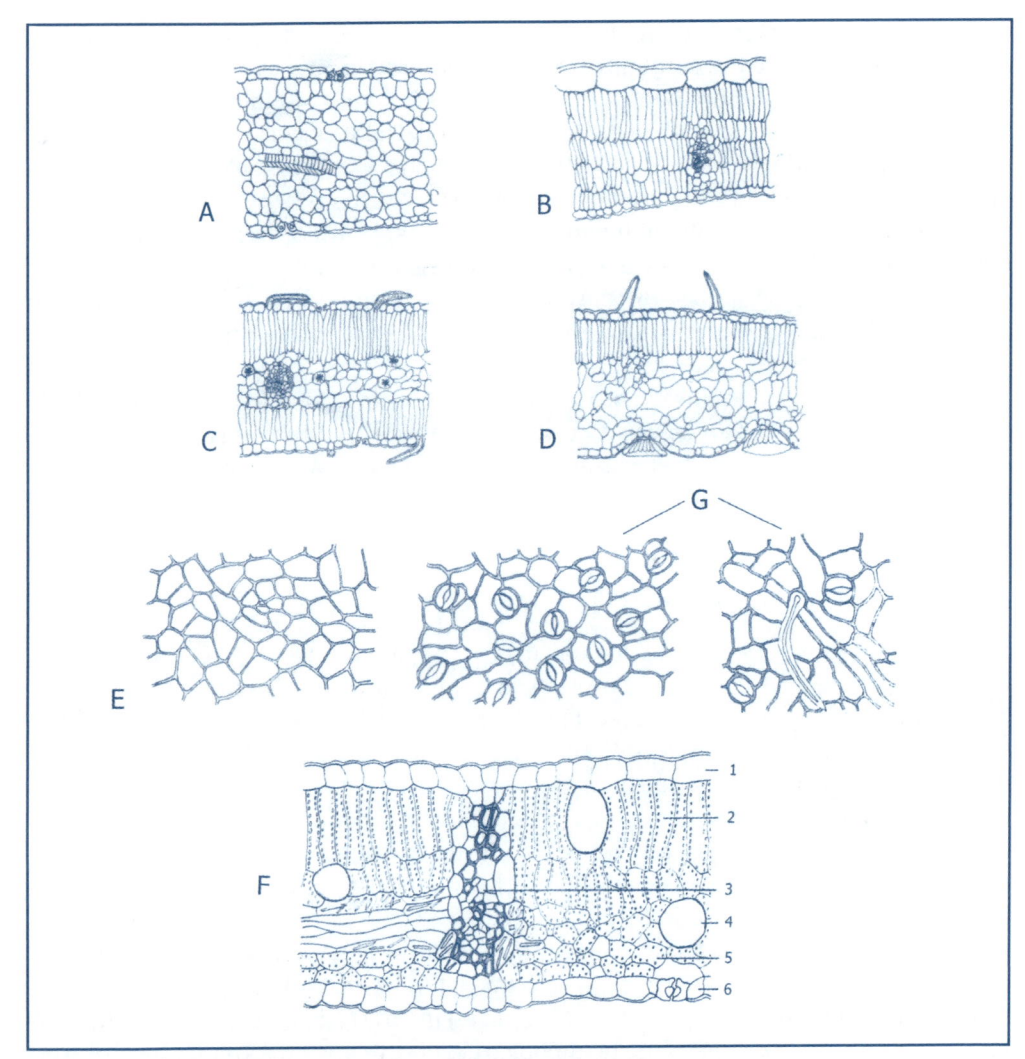

Figura 6.3 – Seções transversais de folhas e epidermes vistas de face.
(A e B) Seções transversais de folhas com mesofilo homogêneo. (A) Provido de células
aproximadamente isodiamétricas. (B) Provido de células em paliçadas.
(C e D) Seções transversais de folhas com mesofilo heterogêneo. (C) Simétrico. (D) Assimétrico
(E) Epiderme superior vista de face.
(F) Limbo foliar do abacate (Persea americana Miller) em seção transversal: (1) epiderme superior,
(2) parênquima paliçádico, (3) feixe vascular, (4) célula mucilaginosa e oleífera, (5) parênquima
lacunosos, (6) epiderme inferior.
(G) Epiderme inferior vista de face.

O sistema vascular é formado por xilema e floema. Diversos tipos de arranjo entre
o floema e o xilema podem ocorrer, sendo esses arranjos denominados "feixes vasculares". Na região da nervura mediana da folha, os feixes vasculares podem ser envolvidos por um parênquima denominado "parênquima fundamental", geralmente aclorofilado. Abaixo da epiderme, nessa região, ocorre o colênquima, especialmente nas

dicotiledôneas, e o esclerênquima (fibras), nas monocotiledôneas; células epidérmicas podem sofrer lignificação em monocotiledôneas, especialmente em regiões relacionadas com os feixes vasculares.

O diferencial, em estrutura de folhas diversas, relaciona-se com o tipo de mesofilo, com a epiderme e seus anexos, com a compactação dos tecidos – parênquimas –, com a presença de inclusões celulares, e com a presença e o tipo de escleritos que podem ocorrer no mesofilo ou no parênquima fundamental que envolve os feixes vasculares na nervura mediana.

A anatomia do pecíolo foliar é semelhante à do caule.

6.4 Flor

As flores nada mais são que ramos modificados, adaptados à reprodução do vegetal. Correspondem ao aparelho reprodutor das fanerógamas. Na constituição das flores, entram peças de natureza foliar e peças de natureza caulinar. Cálice, corola, androceu e gineceu, basicamente, são constituídos por folhas modificadas. Certas brácteas que acompanham as inflorescências em nada diferem das folhas normais, a não ser pela localização.

As flores são constituídas por verticilos florais, que, por sua função, pertencem a dois tipos: verticilos protetores e verticilos reprodutivos. Além dos verticilos, apresentam receptáculo floral e pedúnculo floral. Portanto, uma flor completa é formada pelas seguintes partes:

1. Verticilos florais (natureza foliar):
   – Protetores: cálice (sépalas) e corola (pétalas);
   – Reprodutivos: androceu (estames) e gineceu (carpelos);
2. Receptáculo floral (natureza caulinar);
3. Pedúnculo floral (natureza caulinar).

Anatomicamente, as sépalas que, em conjunto, formam o cálice e as pétalas, que integram a corola, em nada diferem em estrutura de folhas normais. O androceu é formado por estames, os quais apresentam uma parte globosa, produtora de grãos de pólen, denominada "antera"; e outra filamentosa, o filete, o qual se prende à antera por meio de uma região denominada "conectivo".

Os grãos de pólen são muito característicos e permitem identificar a espécie vegetal. As anteras, na qual são produzidos os grãos de pólen, apresentam estrutura em que constam a epiderme (epitécio), o mesotécio (mesofilo da folha) e endotécio. O mesotécio é integrado pela camada mecânica, a qual apresenta espessamentos que podem assumir formas típicas importantes na identificação do material alimentar.

O gineceu é formado por folhas carpelares. É constituído por uma região dilatada, de localização basal, no interior da qual se formam os óvulos cujo destino é se transformarem em sementes. A parte dilatada denomina-se "ovário", que, após a fecundação e o desenvolvimento, origina o fruto. Existe ainda uma região filamentosa, denominada "estilete", com uma porção terminal que assume diversas formas e se denomina "estigma". Formando o carpelo, tem-se a epiderme externa, a epiderme interna e a região do mesofilo, que é parenquimática e envolve os feixes vasculares.

As regiões do pedúnculo floral e do receptáculo floral são de natureza caulinar e, portanto, apresentam a estrutura desse órgão.

6.5 Fruto

Os frutos correspondem ao ovário fecundado e desenvolvido, acompanhado ou não de outras partes florais. Como vimos, os ovários são formados por folhas especiais, os carpelos, e os frutos nada mais são do que essas folhas após algumas modificações.

Como as folhas, de modo geral, os frutos são integrados por epiderme, parênquima e tecidos vasculares. Esses tecidos estão distribuídos por três regiões: o epicarpo, o mesocarpo e o endocarpo.

O epicarpo dos frutos deriva da epiderme da folha carpelar. Essa região, como epiderme que é, apresenta todas as características desse tecido, já discutidas anteriormente. Ela, algumas vezes, é denominada "ectocarpo", sozinha ou em conjunto com camadas celulares anexas a ela.

O mesocarpo é formado por tecidos fundamentais. Nessa região, o colênquima, o parênquima e o esclerênquima, com frequência, estão presentes. Inclusões orgânicas e inorgânicas, e estruturas secretoras em alguns frutos, podem ser observadas. O mesocarpo corresponde ao mesofilo da folha carpelar.

A epiderme interna da folha carpelar, localizada dentro do fruto, transforma-se no endocarpo. Essa região pode sofrer inúmeras transformações, inclusive sofrer lignificação e tornar-se pétrea.

Epicarpo, mesocarpo e endocarpo, em conjunto, costumam ser denominados "pericarpo".

Quando o fruto apresenta-se inteiro para a observação microscópica, é hábito efetuar-se cortes paradérmicos e transversais. Nem sempre, entretanto, isso é possível quando o material alimentar apresenta-se desintegrado, fragmentado ou pulverizado; ao tornar-se impossível esse procedimento, lança-se mão de montagens diretas ou de outros procedimentos.

6.6 Sementes

As sementes correspondem ao óvulo fecundado e desenvolvido. Basicamente, são constituídas por tegumento e amêndoa.

O tegumento das sementes origina-se dos integumentos dos óvulos. Essa região apresenta importância relevante na identificação de sementes usadas na alimentação, podendo variar bastante a sua organização, bem como a natureza da parede de suas células.

A amêndoa, em alguns casos, pode ser constituída exclusivamente pelo embrião: é chamada de "semente exalbuminada". Ela pode ser constituída por perisperma e embrião, quando é chamada de "semente perispermada"; ou por endosperma, ou albúmen, e embrião, chamada então de "semente albuminada"; ou, finalmente, por perisperma, endosperma e embrião, quando é chamada de "semente albúmem-perispermada".

Quando as sementes estão inteiras, é habito se efetuar dois tipos de cortes, a saber: corte paradérmico e corte transversal.

O número de camadas celulares que constituem o tegumento pode variar. Pode ser constituído de uma única camada celular ou de muitas.

Não existe um padrão único de estrutura de semente. Cada material alimentício constituído por semente é um caso especial.

Em algumas famílias vegetais, o tegumento pode ser constituído por células ricas em mucilagem, como, por exemplo, na mostarda [*Brassica nigra* (L.) Koch]. Outras vezes, o tegumento da semente é regido, como os da semente de abóbora [*Cucurbita pepo* (L.) Duchesne] e de guaraná (*Paullinia cupana* Kunth).

O arranjo, a forma e o espessamento da parede das células que formam o tegumento correspondem a elementos de grande valia na identificação de materiais alimentícios.

A amêndoa de qualquer tipo de semente é constituída em sua maior parte por tecidos de reserva. A natureza dessas reservas e a forma e tipo das inclusões apresentam grande importância na identificação. Assim, o parênquima oleifero (endosperma) do coco-da-baía (*Cocos nucifera* L.); o endosperma da semente do café (*Coffea arábica* L.), provido de paredes espessadas por hemicelulose; e a capa aleurônica das sementes contidas em grãos, como o trigo (*Triticum aestivum* L.) constituem bom exemplo dessa assertiva.

De grande relevância na identificação das sementes, é a observação macroscópica quando ela é possível. A forma, as cicatrizes do tegumento e os apêndices existentes sobre o tegumento são características de grande valia na identificação desse órgão.

Capítulo 7

Corantes Naturais Biológicos de Alimentos

7.1 Introdução

A cor, o olfato e o paladar são percepções do ser humano ligadas diretamente ao estímulo para a alimentação. A aceitação do alimento depende, na grande maioria das vezes, dessas características sensoriais que agem em conjunto, motivando a ingestão ou não. Neste capítulo, dedicado aos corantes de alimentos, será dado destaque a algumas matérias de origem biológica – animal ou vegetal.

Corantes são substâncias que transmitem cor aos alimentos. Servem para exaltar as cores já existentes, bem como para lhes transmitir novas cores. Os corantes são aditivos alimentares. Como tal, correspondem a ingredientes que adicionados intencionalmente aos alimentos promovem modificações em suas características físicas, químicas e biológicas durante as etapas de fabricação, acarretando melhorias sensoriais ao produto alimentício acabado ou final, sem o propósito de nutrir.

Os corantes alimentícios podem ser classificados em: corantes orgânicos naturais, corantes orgânicos artificiais e corantes inorgânicos.

Embora possam ser apregoadas inúmeras vantagens tecnológicas dos corantes orgânicos artificiais, as desvantagens, do ponto de vista de interferir na saúde, têm levado à sua substituição gradativa por corantes naturais de origem biológica.

O interesse deste livro recai sobre os corantes naturais biológicos. Os corantes artificiais, embora apresentem alta estabilidade à luz, à oxidação, ao calor e ao pH, e forneçam uma grande variedade de cores, eles apresentam um uso cada vez mais restrito em alimentos e bebidas. A literatura científica tem apontado a periculosidade do uso de certos corantes de síntese. O *Codex Alimentarius* fundamentou a banição de alguns desses corantes.

Os corantes naturais podem ser divididos em três grupos principais. Os compostos heterocíclicos com estrutura tetrapirrólica, que compreendem as clorofilas presentes em vegetais; o hemo e as bilinas, encontradas em animais.

Os compostos de estrutura isoprenoide, representados pelos carotenoides, encontrados em vegetais e animais, e os compostos heterocíclicos contendo oxigênio, como os flavonoides, que são encontrados exclusivamente em vegetais.

Comercialmente, os tipos de corantes mais largamente empregados pelas indústrias alimentícias e farmacêuticas tem sido os extratos de urucum, carmim cochonilha, curcumina, antocianinas e compostos nitrogenados.

Os corantes naturais substituem os corantes oficiais cada vez mais. O uso de corantes em alimentos é de grande importância; uma bebida com sabor laranja despida de coloração, com certeza, teria menor aceitação do que outra devidamente colorida.

Os tons acastanhados e avermelhados são muito apreciados nos alimentos. Os corantes artificiais, apesar de serem frequentemente prejudiciais à saúde, são empregados industrialmente por serem mais baratos; por exemplo: na groselha, a indústria adiciona o corante artificial amaranto; e na cereja em calda, agrega-se eritrosina. O uso de corantes não permitidos é menos frequente; quando são usados, o alimento é condenado.

Na manipulação artesanal dos alimentos, contudo, o consumidor dispõe de ampla variedade de corantes naturais, de que pode lançar mão para conferir as apetitosas tonalidades aos seus pratos, com absoluta segurança.

Quimicamente, os tons avermelhados são devidos a princípios ativos naturais, tais como: isoprenoides do tipo carotenoides, heterocíclicos oxigenados (flavonoides), heterocíclicos nitrogenados (betalaínas), taninos e quinonas. O tom amarelo é devido à curcumina, à luteína e ao caroteno. O tom laranja provém do urucum, da páprica e do açafrão. O tom verde provém da clorofila; e o carmim, da cochonilha.

Essas substâncias apresentam propriedades medicinais e, por estarem presentes em produtos alimentícios, são modernamente denominadas "nutracêuticos" ou "fitoquímicos"; por exemplo, a berinjela e a uva são ricas em antocianinas; a beterraba contém betalaínas; o mamão, a cenoura e o tomate possuem carotenoides; a goiaba, o chá e o mate contêm taninos; e assim por diante. Os carotenoides são anticarcinogênicos por serem antioxidantes, os flavonoides são anti-inflamatórios e anticarcinogênicos, os taninos são antidiarreicos e as antocianinas (um tipo de flavonoide) protegem o sistema cardiovascular.

Os corantes naturais biológicos de alimentos mais comumente empregados são os seguintes:

1. Açafrão (estigmas) – *Crocus sativus* L.
2. Beterraba (raízes) – *Beta vulgaris* L.
3. Cochonilha (inseto fêmeo) – *Dactylopus coccus* Costa.
4. Cúrcuma – *Curcuma longa* L.
5. Cúrcuma zedoária – *Curcuma zedoaria* Roscor.
6. Páprica – *Capsicum annuum* L.
7. Repolho-roxo – *Brassica oleracea* L.
8. Tomate – *Lycopersicon esculentun* (Mill) Karsten (= *Solanum lycopersicum* L.).
9. Urucum – *Bixa orellana* L.
10. Uva – *Vitis vinifera* L.

7.2 Açafrão

- *Crocus sativus* L.
- Família *Iridaceae*
- Parte usada: estigma

Os estigmas de açafrão correspondem a uma das especiarias cujo uso no mundo é um dos mais antigos. No Egito, há menção de seu uso em 1500 a.C.; China, Egito, Judeia, Grécia e Roma são localidades onde esse material botânico foi, na Antiguidade, usado para diversos fins. Hoje, ainda, o açafrão continua a ser usado e caracteriza-se por ser a especiaria mais cara do mundo.

A palavra "açafrão" é proveniente do latim *safranum*, que, por sua vez, deriva do árabe *az-za-afrão*, que significa "amarelo".

O odor agradabilíssimo, aliado à cor, de beleza ímpar, fizeram com que o açafrão fosse conhecido no mundo inteiro. Atribui-se a ele, além dos usos citados, propriedades eupépticas afrodisíacas, antiespasmódicas e antissépticas.

Empregam-se estigmas da espécie no preparo de corante alimentar amarelo dourado, de cheiro forte e agradável, e um específico sabor acre, aromático e ligeiramente picante, que colore a saliva de um amarelo dourado muito valorizado e apreciado. A especiaria apresenta também interesse farmacológico, sendo digestiva, aperitiva, carminativa, antiespasmódica e emenagoga. O açafrão é untuoso ao tato, elástico e flexível, Figura 7.1.

7.2.1 Caracterização Macroscópica

Macroscopicamente, o açafrão comercializado é constituído de filamentos compridos, achatados e isolados, de cor vermelho parda, misturados com filamentos finos amarelos, compostos pelos estiletes e estigmas florais. Na porção terminal, os filamentos dividem-se em três ramificações estigmáticas de de 25 a 35 mm de comprimento. Essas ramificações são afiladas na base, que mede 1 mm de largura, e alongadas no ápice, em forma de funil estreito, fendido lateralmente e regularmente crenulado nas bordas superiores. Nesse local, o estigma mede cerca de 3 mm de largura.

O estigma é atravessado no meio por um feixe vascular, que, na parte superior, se ramifica.

O açafrão pode aparecer no comércio em forma de pó homogêneo de cor pardo-avermelhada.

7.2.2 Caracterização Microscópica

A epiderme que reveste o estigma, vista em corte transversal, é constituída por células de contorno aproximadamente retangular e alongadas no sentido periclinal. Essas células são recobertas por cutículas pouco espessas, e muitas delas apresentam no meio de sua parede externa uma pequena saliência verrucosa. Abaixo da epiderme, localiza-se o parênquima fundamental, formado por células arredondadas ou ligeiramente poligonais, de ângulos arredondados, providas de parede celulósica fina e de conteúdo de matéria corante vermelha alaranjada.

Esse parênquima é limitado internamente pela epiderme cuja células são semelhantes às já descritas para a outra face. Cada estigma é percorrido por um feixe vascular liberolenhoso, oriundo do estilete e que se divide em numerosas ramificações na parte superior. O vértice do estigma é provido de numerosas papilas liguliformes. Grãos de pólen arredondados, providos de exina espessa, podem ser observados nessa região.

Figura 7.1 – Açafrão (*Crocus sativus* L.).
(A) Estigma de açafrão (*Crocus sativus* L.): (1) estilete, (2) ramificação estigmática, (3) superfície estigmática.
(B) Superfície estigmática apical: (1) fenda longitudinal, (2) papilas.
(C) Superfície estigmática, próxima ao ápice, vista de face por transparência: (1) região do feixe vascular, mostrando o vaso xilemático – visto por transparência, (2) epiderme, (3) papila.
(D) Detalhe das papilas estigmáticas.
(E) Superfície estigmática, vista de face por transparência – montagem direta diafanizada.
(F) Epiderme da superfície estigmática, vista de face.
(G) Grãos de pólen.

7.3 Beterraba

- *Beta vulgaris* L.
- Família *Amarantaceae (Quenopodiaceae)*
- Parte usada: raiz tuberosa

A beterraba, *Beta vulgaris* L., é uma planta de porte herbáceo, originária da Europa e pertencente à família das quenopodiáceaes, segundo Cronquist, mas recentemente, segundo o APG, foi transferida para a família das amarantáceas. A parte da planta mais frequentemente usada são suas raízes tuberosas, empregadas como alimento e como matéria corante vermelha, e, ainda, para produção de álcool e açúcar.

Saponósidos, fitosterol, betalaína, leucina, tirosina, sacarose betacianina, beta caroteno e minerais, como potássio, sódio, cálcio, fósforo, zinco e ferro, fazem parte de sua constituição. A vitaminas A, o complexo vitamínico B e a vitamina C também estão presentes.

A beterraba apresenta propriedades digestiva, diurética, emoliente, rejuvenescedora, hepatoprotetora e tônico-cardíaca.

7.3.1 Caracterização Macroscópica

As "raízes" (hipocótilo e raiz) apresentam forma globosa, possuindo no ápice uma roseta formada por cicatrizes ou resíduos deixados pela base de folhas. São tuberosas ricas em reservas de coloração roxa ou avermelhada. Em sua parte basal, sofre um estreitamento que termina em uma haste em forma de cone invertido pivotante, da qual partem inúmeras raízes secundárias de pequeno calibre.

A superfície da raiz é aproximadamente lisa, de coloração castanha avermelhada, ligeiramente estriada no sentido longitudinal no início do processo de secagem. Linhas horizontais também podem ser observadas nessa fase, ao lado de pequenas cicatrizes esparsas hipocrateriformes, deixadas pela queda de raízes secundárias.

7.3.2 Caracterização Microscópica

A periderme das raízes tuberosas de *Beta vulgaris* L. é pouco desenvolvida, sendo formada por células suberosas que se alinham radialmente, de coloração acastanhada. O parênquima cortical, localizado logo abaixo, é pouco desenvolvido, sendo formado por células isodiamétricas com espaços intercelulares do tipo meato. O crescimento da raiz é anômalo. Sua região central é formada por xilema primário e pela primeira capa de xilema secundário. O restante da raiz consta de anéis de crescimento anômalos, constituídos de parênquima de reserva, xilema, câmbio e floema. Os vasos xilemáticos acham-se reunidos em pequenos grupos, geralmente de três a cinco, e, algumas vezes, podem aparecer isolados. Esses vasos são geralmente espiralados, com espiras bem próximas uma das outras, Figura 7.2.

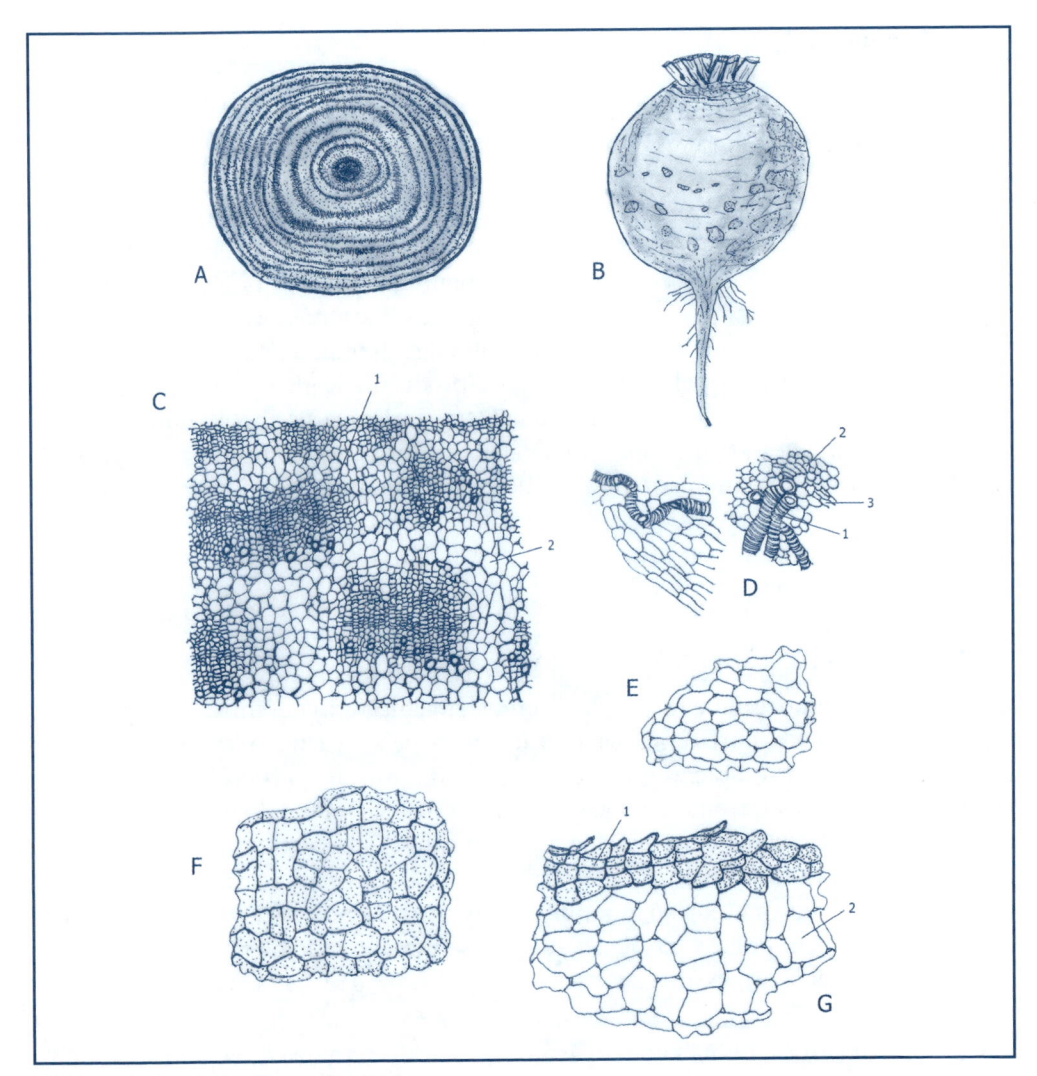

Figura 7.2 – Beterraba (*Beta vulgaris* L.).
(A) Secção transversal da raiz tuberosa, mostrando a estrutura anelada.
(B) Raiz tuberosa.
(C) (1) anéis de crescimento anômalo, constituídos de xilema, floema, câmbio e parênquima, (2) parênquima.
(D) Região vascular: (1) xilema, (2) floema, (3) câmbio.
(E) Parênquima.
(F) Periderme, vista de face.
(G) Periderme e parênquima cortical: (1) células suberosas, (2) parênquima.

7.4   Cochonilha

- *Dactylopius coccus* Costa (= *Coccus cacti* L.)
- Família *Dactilopidae*
- Parte usada: fêmeas do inseto, incluindo larvas

A cochonilha corresponde ao corante de cor vermelha escura ou carmim, utilizado como aditivo alimentar e obtido a partir do inseto *Dactylopius coccus* Costa. Tanto o inseto como o corante são igualmente conhecidos como "cochonilha". O inseto é originário do México, onde é criado para a fabricação do corante, sendo amassado e transformado em pó para essa finalidade.

O corante é utilizado desde a Antiguidade, pelas civilizações asteca e maia. As fêmeas dos insetos vivem sobre as partes aéreas de diversos membros da família *Cactaceae*. Elas não são aladas e permanecem sobre essas plantas.

7.4.1   Descrição Macroscópica

O inseto fêmea tem forma ovalada e convexa, apresentando cerca de nove a 12 segmentos côncavos em sua face ventral. Mede de 4 a 6 mm de comprimento.

A coloração varia de negra à púrpura grisácea, ou mesmo arroxeada. Duas antenas retas, com sete articulações, podem ser vistas na superfície ventral. Há três pares de patas curtas, cada uma terminando por uma pinça simples. A boca é provida de probocita e há quatro estiletes quitinosos, representativos da mandíbula e maxilas. A superfície do inseto é quitinosa e apresenta numerosas glândulas ceríferas. O abdômen quitinoso da fêmea recobre numerosas larvas, as quais são visualizadas através de processo de descolorização, Figura 7.3.

O sabor é amargo e confere cor roxa à saliva.

7.4.1.1   Inseto Pulverizado

O inseto transformado em pó apresenta cor púrpura ou roxa escura intensa. Numerosos fragmentos de fibras musculares e do exoesqueleto quitinoso, com glândulas ceríferas, podem ser observados. Larvas, com probocites tubulares, e fragmentos de antenas, mandíbulas e patas podem ser igualmente vistos.

A cochonilha apresenta cerca de 10% de ácido carmínico, um corante roxo solúvel em água e em álcool.

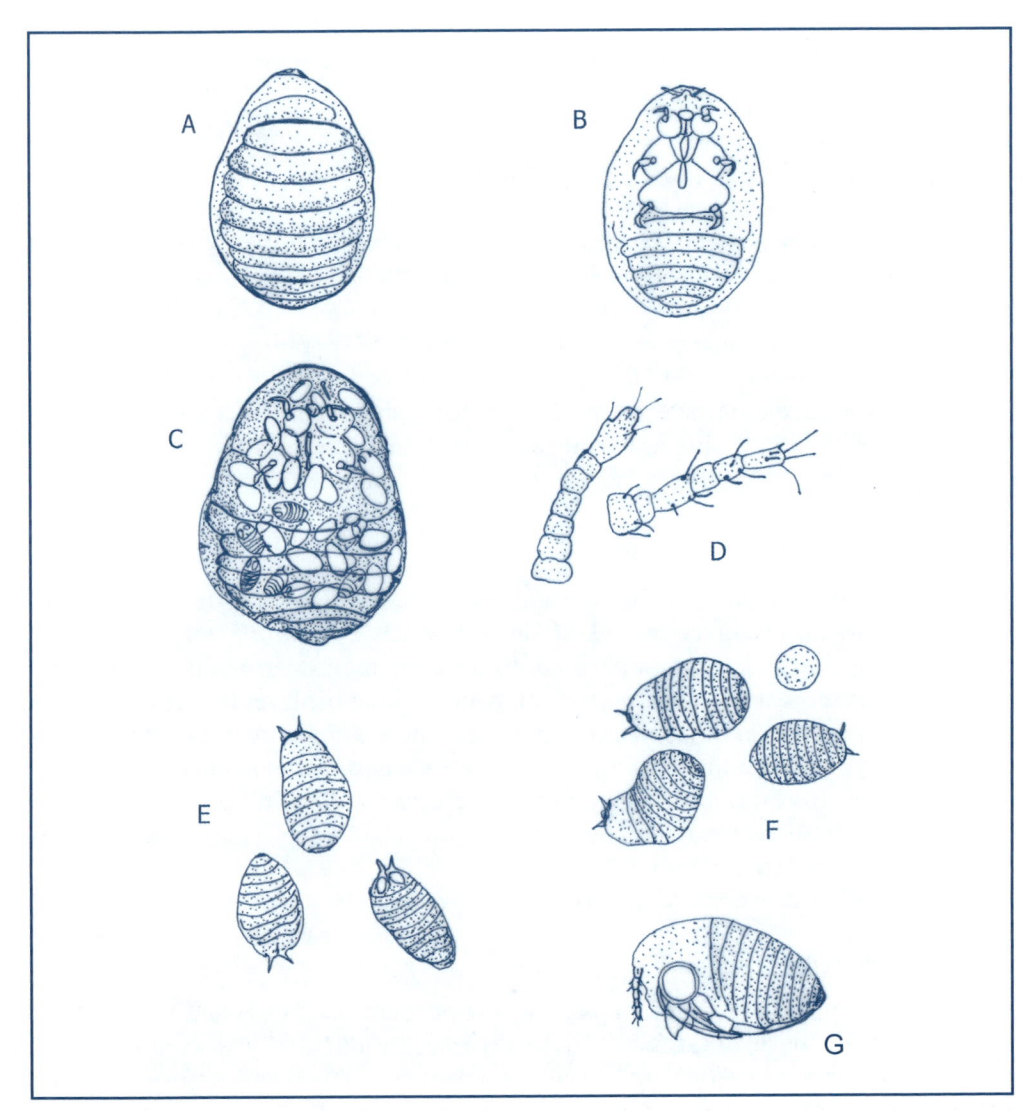

Figura 7.3 – *Cocus cacti* (*Dactylopius cocus* Costa).
(A) Superfície dorsal do inseto.
(B) Superfície ventral.
(C) Inseto com larvas inclusas.
(D) Antenas.
(E, F e G) Larvas em diversas posições.

7.5 Cúrcuma

- *Curcuma longa* L.
- Família *Zingiberaceae*
- Parte usada: rizomas

As espécies do gênero *Curcuma* são orientais e várias delas produzem rizomas amiláceos comestíveis (*Indian arrowroot*), porém sem matéria corante, tais como: *Curcuma leucorhiza* Roxb., *Curcuma angustifolia* Roxb. e *Curcuma rubescens* Roxb.

Os rizomas de *Curcuma longa* L. e de *Curcuma zedoriaria* (Bergius) Roscoe são ricos em óleo essencial e curcumina, um corante amarelo, ambos com propriedades medicinais em estudo, tais como: anti-inflamatória, hepatoprotetora, antifúngica e antitumoral. A curcumina é utilizada como condimento e como corante alimentar. A caracterização taxonôrnica das espécies de *Curcuma* já conta com subsídios da biologia molecular, uma vez que a sequência gênica foi estabelecida em 2001, por CAO, H. *et al*.

Curcuma longa L. e *Curcuma zedoaria* (Bergius) Roscoe são espécies condimentares, sendo também chamadas de açafrão-da-terra, açafroa e gengibre amarelo. O sabor é picante, aromático e amargo. O odor é forte e agradável, lembrando o da noz-moscada. As espécies entram na constituição do *curry* e são digestivas.

A cúrcuma, ou açafrão-da-índia, conhecida internacionalmente como *turmeric*, é uma planta de porte herbáceo, originária da Ásia, especialmente da Índia e Indonésia. As partes utilizadas são os rizomas, que externamente são acinzentados e internamente apresentam coloração amarela. Os rizomas plenamente desenvolvidos contêm amido, óleo essencial, resinas, substâncias amargas, saponinas, turmeronona e matérias corantes, entre as quais a curcumina.

A carvona, o cineol e o felantreno fazem parte do óleo essencial.

A curcumina – substância de cor amarela alaranjada – é a responsável pelo uso da especiaria como corante. Essa substância é utilizada para colorir molhos e aromatizar temperos, e dar cor a laticínios, bebidas, cozidos, sopas, maioneses e peixes, entre outros alimentos.

A Índia é a maior produtora e consumidora da cúrcuma. No Brasil, essa especiaria tem uma pequena expressão econômica, sendo o Estado de Goiás o seu maior produtor.

7.5.1 Caracterização Macroscópica

O corpo rizomatoso da cúrcuma é integrado por um rizoma principal, de forma que varia de ovoide a piriforme, do qual partem ramificações digitiformes laterais e compridas. Ambas as partes são tuberizadas.

O rizoma central costuma ser denominado "pião" e os rizomas laterais, mais finos e digitiformes, são denominados "dedos", Figura 7.4A.

O rizoma principal mede em geral, quando plenamente desenvolvido, de 10 a 15 cm de comprimento, por até 6 cm de diâmetro. Os rizomas laterais são um pouco mais compridos e finos, podendo alcançar 17 cm de comprimento, por 4 a 5 cm de diâmetro.

Tanto o rizoma principal como os laterais são recobertos ou por epiderme ou por súber cuja coloração varia da castanha acinzentada à amarela avermelhada. Em toda a estrutura, é bem visível a presença de nós e entrenós, que proporciona ao conjunto um aspecto anelado.

A região de nó, local de inserção da base das bainhas foliares, é caracterizada pelas cicatrizes deixadas pela queda dessas partes e, algumas vezes, pela presença de pequenas lâminas vestigiais. Raízes adventícias partem lateralmente dos rizomas.

Secções transversais do rizoma, observadas com o auxílio de lupa, exibem três regiões bem nítidas, a saber: região externa fina e anelar, que recobre o órgão de coloração castanha amarelada, mas algumas vezes ligeiramente amarelo rosado; região média cortical, de coloração amarela alaranjada clara; e região central medular, de coloração alaranjada mais intensa, Figura 7.4B.

7.5.2 Caracterização Microscópica

Secções transversais do rizoma deixam ver estrutura do tipo atactostélica.

A epiderme é constituída por células irregulares na forma e no tamanho. Essas células apresentam contorno que varia do sub-retangular ao quase elíptico. São alongadas no sentido periclinal. A cutícula que recobre essas células é fina e lisa. Estômatos podem ser observados nessa camada celular, no mesmo nível que as demais células ou em um nível um pouco mais elevado. Tricomas não glandulares simples podem ser observados nessa região, Figura 7.4G e H.

O parênquima cortical é bem desenvolvido, sendo formado por células aproximadamente isodiamétricas e que deixam entre si espaços intercelulares do tipo meato. Essa região caracteriza-se por apresentar idioblastos produtores de óleo essencial. Esses idioblastos são constituídos por uma célula na qual, no protoplasma, pode-se observar a presença de gotículas de óleo. Essas células encontram-se ladeadas por cinco a oito outras células parenquimáticas. As células do parênquima cortical armazenam grãos de amido simples, ovoides, ligeiramente alongados de hilo excêntrico e providos de lamelas. As células do parênquima cortical envolvem certo número de feixes vasculares, dispostos em círculos. A endoderme é parenquimática e constituída por células pequenas, achatadas e de paredes finas, Figura 7.4.

O cilindro central é delimitado externamente pelo periciclo. O parênquima medular é bem desenvolvido e envolve um número elevado de feixes vasculares e células oleíferas, bem como de grãos de amido, com características semelhantes às já descritas.

Rizomas mais desenvolvidos são revestidos externamente por um súber, constituído de células de contorno aproximadamente retangular e alinhadas radialmente de forma característica. Muitas vezes, pode ser observada a epiderme, externamente a esse tecido.

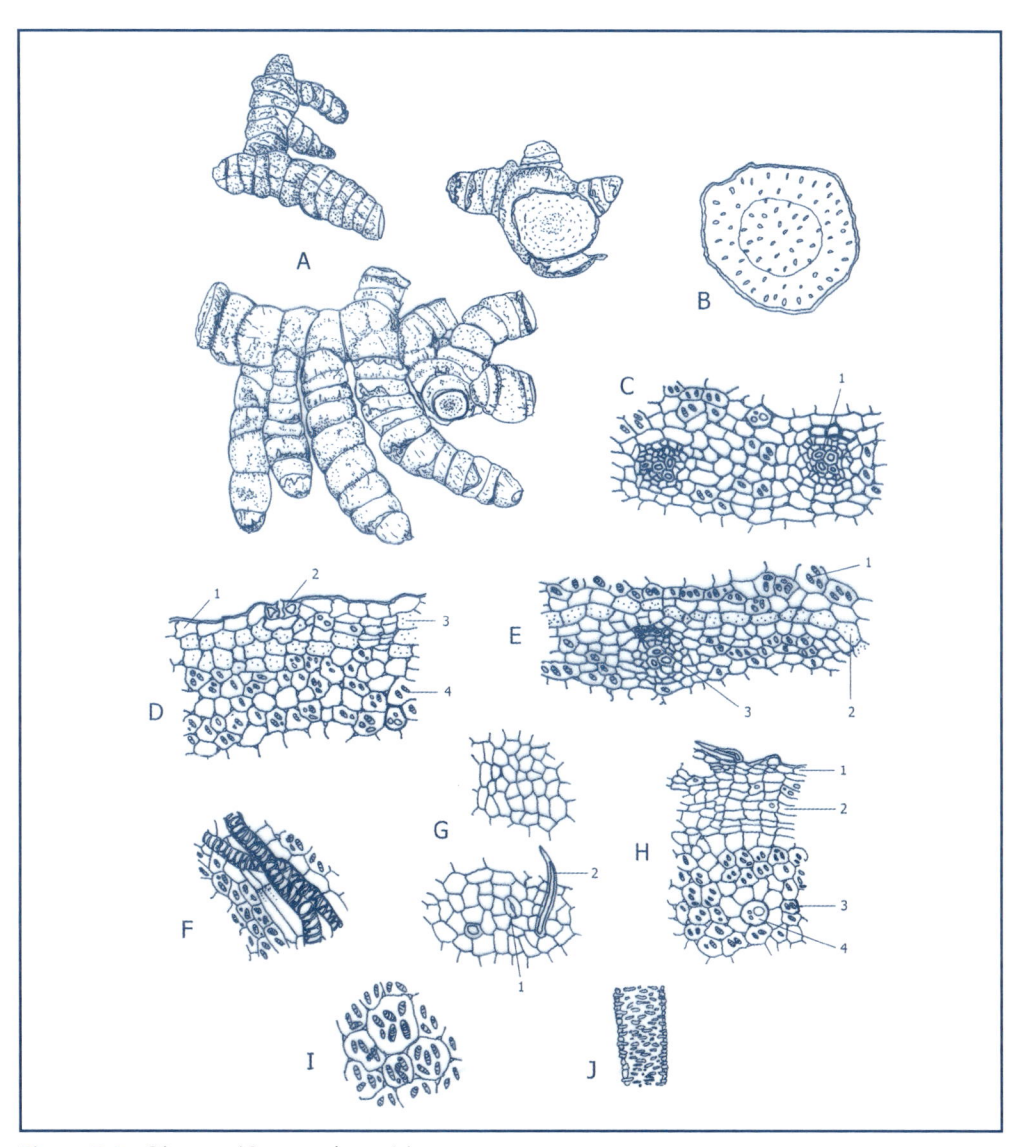

Figura 7.4 – Cúrcuma (*Curcuma longa* L.).
(A) Fragmentos do rizoma.
(B) Seção transversal do rizoma.
(C) Seção transversal da região cortical, mostrando feixes vasculares: (1) feixe vascular.
(D) Seção transversal da região externa do rizoma, mostrando epiderme com estômato, hipoderme e parênquima cortical amilífero: (1) epiderme, (2) estômato, (3) hipoderme, (4) parênquima amilífero.
(E) Seção transversal da região cortical: (1) célula amilífera, (2) célula oleifera, (3) feixe vascular.
(F) Seção da região cortical, mostrando feixe vascular disposto longitudinalmente.
(G) Fragmentos de epiderme: (1) estômato, (2) tricoma não glandular.
(H) Fragmento de porção externa do rizoma: (1) restos de epiderme, (2) células suberosas, (3) parênquima amilífero, (4) célula oleifera.
(I) Parênquima amilífero.
(J) Fragmento de vaso.

7.6 Cúrcuma Zedoária

- *Curcuma zedoaria* (Bergius) Roscoe
- Família *Zingiberaceae*
- Parte usada: rizoma

A zedoária é uma especiaria de origem árabe. É cultivada na Índia, Indonésia, Indochina, Ceilão e Vietnã. Foi introduzida na Europa pelos árabes. É cultivada, especialmente, na China. No Brasil, existe algum cultivo nos Estados de São Paulo e de Goiás.

Possui sabor parecido com o do gengibre, sendo um dos componentes do *curry* e da pasta de mostarda. Seu uso maior é na indústria alimentícia e na culinária. É empregado para dar cor ao arroz, às sopa e às massas. É utilizado como condimento e aromatizante. Constitui um corante natural amarelo, sendo comercializado na forma de pó e de extrato.

Os rizomas apresentam 1% a 1,5% de óleo essencial na sua composição, caracterizado pela presença de alfapineno, cineol, cânfora e borneol. Fazem, ainda, parte da composição do rizoma alcoóis sesquiterpenos, zingibereno, mucilagens, alcaloides, guaieno, zedoarialactonas, curcumenona, espirolatonas e pigmento curcumina, Figura 7.5.

7.6.1 Caracterização Macroscópica

Os rizomas de zedoária são tuberosos e, após terem sido submetidos à secagem, aparecem no comércio inteiros, cortados em rodelas ou cortados longitudinalmente, e em pedaços alongados; aparecem também na forma de pó.

Os rizomas, Figura 7.5A, são piriformes, de coloração amarela acinzentada, apresentando regiões de nós e entrenós bem evidentes, de forma a exibirem, em conjunto, um aspecto anelado. Do corpo principal podem partir ramificações, também de aspecto anelado. Cicatrizes deixadas pela queda de raízes adventícias podem ser observadas.

Algumas vezes, em materiais, pode ser observada a presença de raízes que, em suas extremidades, tornam-se tuberosas.

As rodelas, de 1 a 4 cm de diâmetro e 0,5 a 1 cm de espessura, apresentam contorno circular. Externamente, são pardas acinzentadas e ásperas ao tato, e apresentam fragmentos de raízes ou suas cicatrizes. Estrias circulares são aparentes e resultantes do aspecto anelado do rizoma. Sua superfície transversal varia de amarelo-claro a amarelo alaranjado, algumas vezes com tons azulados.

Na secção transversal, é evidente a presença de um anel fino, de tonalidade acastanhada, delimitando a peça. A região cortical, pouco desenvolvida, é delimitada internamente pela endoderme, de aspecto anelado, que deixa para dentro o cilindro central. Apresenta tonalidade mais intensa que a região cortical, o que permite a distinção entre essas duas regiões.

A fratura é nítida, córnea e compacta. O cheiro é aromático, canforáceo, sendo o sabor fracamente amargo.

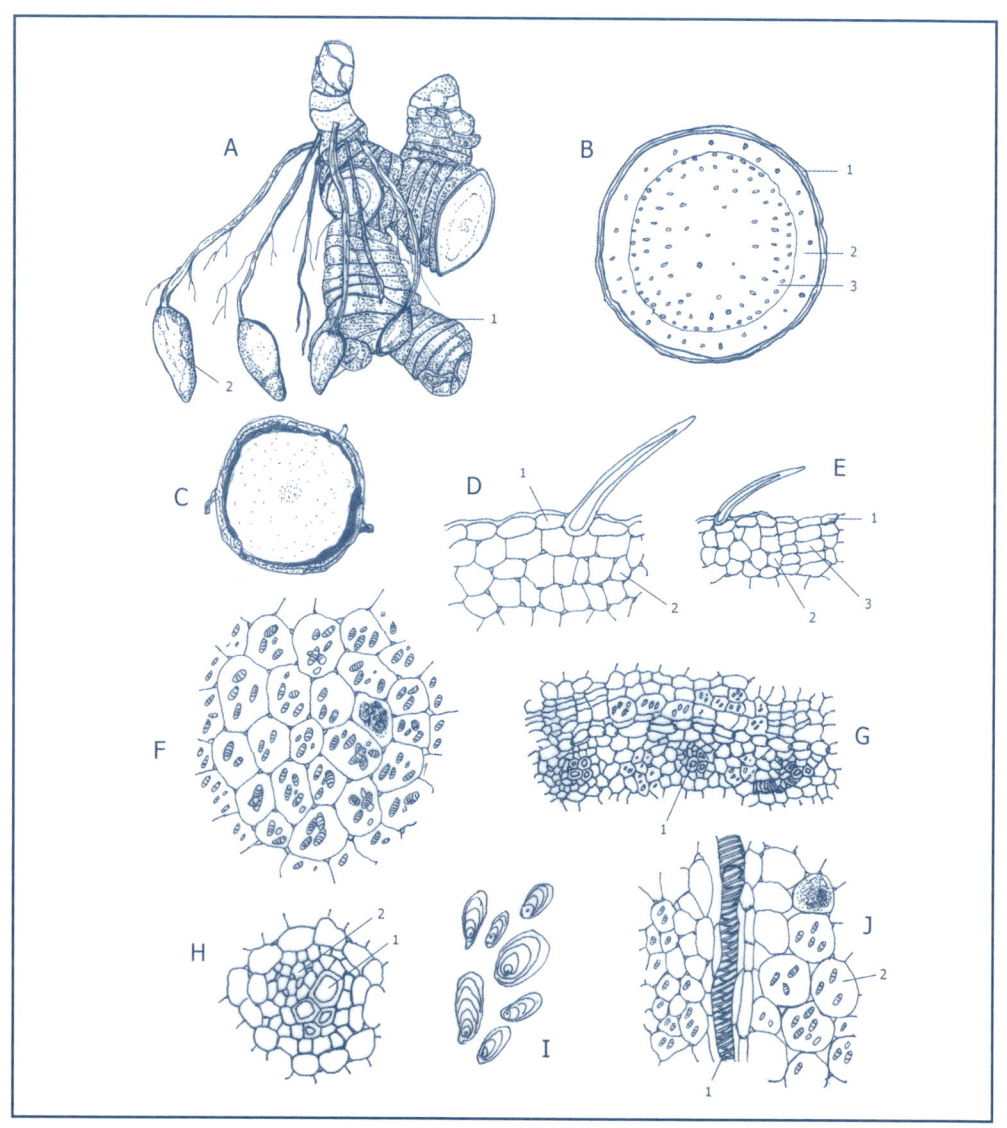

Figura 7.5 – Cúrcuma zedoária [*Curcuma zedoaria* (Bergius) Roscoe].
(A) Rizoma de aspecto anelado: (1) rizoma, (2) raiz tuberosa.
(B) Seção transversal do rizoma: (1) epiderme, (2) região cortical, (3) cilindro central.
(C) Seção transversal da raiz tuberosa.
(D e E) Seção transversal da região externa do rizoma: (1) epiderme com tricoma não glandular simples, (2) região cortical, (3) células suberosas.
(F) Parênquima amilífero.
(G) Região da endoderme e periciclo, mostrando feixes vasculares novos: (1) feixe vascular.
(H) Feixe vascular em seção transversal: (1) xilema, (2) floema.
(I) Grãos de amilo.
(J) Região de feixe vascular em seção longitudinal: (1) xilema espiralado, (2) parênquima amilífero.

7.6.2 Descrição Microscópica

O rizoma apresenta estrutura atactostélica; a epiderme apresenta pelos tectores uni a tricelulares, unisseriados e cônicos. Com frequência maior, esses pelos apresentam de uma a duas células, e são mais grossos na região mediana que nas pontas.

As células epidérmicas apresentam contorno sub-retangular, alongado no sentido periclinal. Células suberosas, de origem superficial, aos poucos substituem a epiderme, dispondo-se em várias camadas. O parênquima cortical e o parênquima medular são ricos em grãos de amilo ovoides ou claviformes, de hilo excêntrico e lamelas pouco visíveis. Esses parênquimas incluem também células secretoras isodiamétricas, de paredes suberosas e de conteúdo resinoso incolor ou tenuemente amarelo.

A endoderme é formada por uma fileira de células de contorno aproximadamente retangular, e de paredes pouco espessas, providas de estria de Caspary.

Os feixes vasculares são do tipo colateral e acham-se distribuídos por todas as regiões parenquimáticas, sendo mais numerosos na região medular. São geralmente espiralados, podendo ser escalariformes e reticulados.

7.7 Páprica ou Pimentão

- *Capsicum annuum* L.
- Família *Solanaceae*
- Parte usada: frutos

A páprica ou pimentão é a especiaria derivada do pimentão-doce, depois de ele seco e moído. É muito usada na culinária, sendo obtida de uma variedade do pimentão-doce. O pimentão é de origem latino-americana, mais precisamente do México. A palavra "páprica" é derivada do húngaro *paprika*, que significa "pimenta".

O país que mais produz e consome a páprica é a Hungria. A Espanha e Portugal são grandes consumidores. No Brasil, essa especiaria não é muito usada.

O ardor presente na páprica depende de um princípio picante denominado "capsaicina", um alcaloide amídico. Essa substância ocorre nos pimentões em porcentagens que variam de 0,005% a 0,1%.

A páprica é um pigmento de cor vermelha, devido principalmente à presença do betacaroteno e da capsantina. Essas duas substâncias, responsáveis pela cor, são facilmente oxidadas, decorrendo disso prejuízos de qualidade. O processamento e o armazenamento da páprica exigem cuidados especiais contra certos fatores, como oxigênio, luz e umidade.

A palavra "páprica" tem sido empregada tanto para designar o pimentão como o pó derivado dele, quando moído e seco, e como a oleorresina, obtida desse material.

O fruto apresenta odor característico e sabor ligeiramente adocicado, às vezes, um tanto ardido. O sabor ardido acha-se armazenados mais nos tecidos placentários e nas sementes. A remoção das sementes, placentas e alas de separação dos lóculos resulta em produto menos picante e colorido.

Consulte "pimentão" no Capítulo 10, "Ervas Aromáticas, Condimentos e Especiarias".

7.7.1 Descrição Macroscópica

Os frutos são bagas subcônicas que medem geralmente de 8 a 12 cm de comprimento, por 4 a 6 cm de largura, na parte mais larga. Apresentam, aderidos à sua parte basal, remanescentes do cálice. Esses frutos apresentam-se internamente ocos e são providos de placentação central livre. Sua coloração varia entre amarela e vermelha; os pimentões de cor verde não são empregados para esse fim e são providos de pedúnculo curto, geralmente encurvado, de coloração verde pardacenta. A parte basal do fruto costuma apresentar-se dividida em dois, três ou quatro lóculos. A parte superior não é provida de divisão, mostrando a presença de saliências dispostas longitudinalmente. A placenta possui forma globosa e de coloração esbranquiçada e apresenta inúmeras sementes achatadas, alvinitentes e de forma discoide e reniforme.

A semente, quando cortada longitudinalmente, apresenta tegumento estreito, endosperma e embrião curvo. A região do hilo apresenta saliência evidente.

7.7.2 Descrição Microscópica

O epicarpo, quando visto de face, apresenta-se constituído por células de paredes pouco sinuosas e providas de espessamento, onde são bem visíveis as pontuações. A secção transversal do pericarpo mostra um epicarpo constituído por células de contorno retangular, alongadas no sentido tangencial e recobertas por cutícula lisa. A região do mesocarpo apresenta-se dividida em três partes, a saber: a região externa, formada por quatro a cinco camadas de células relativamente pequenas e por paredes espessadas; a região mediana, provida de células parenquimáticas maiores que as anteriores, com paredes pontuadas e envolvendo pequenos feixes vasculares e idioblastos que contêm areia cristalina; a região interna, provida de grandes câmaras. O endocarpo é constituído por células pequenas e de paredes espessadas, Figura 7.6.

A seção transversal da sépala mostra epiderme constituída por células de contorno retangular, alongadas no sentido tangencial.

A epiderme externa apresenta pelos glandulares claviformes, típicos das solanáceas, e o mesofilo é frouxo, podendo conter bolsas com areia cristalina.

O tegumento da semente, quando visto em corte transversal, é formado por três camadas celulares: a mais externa, apresentando parede espessada em forma de U; a mediana, constituída de células parenquimáticas; e a interna, formada por células obliteradas.

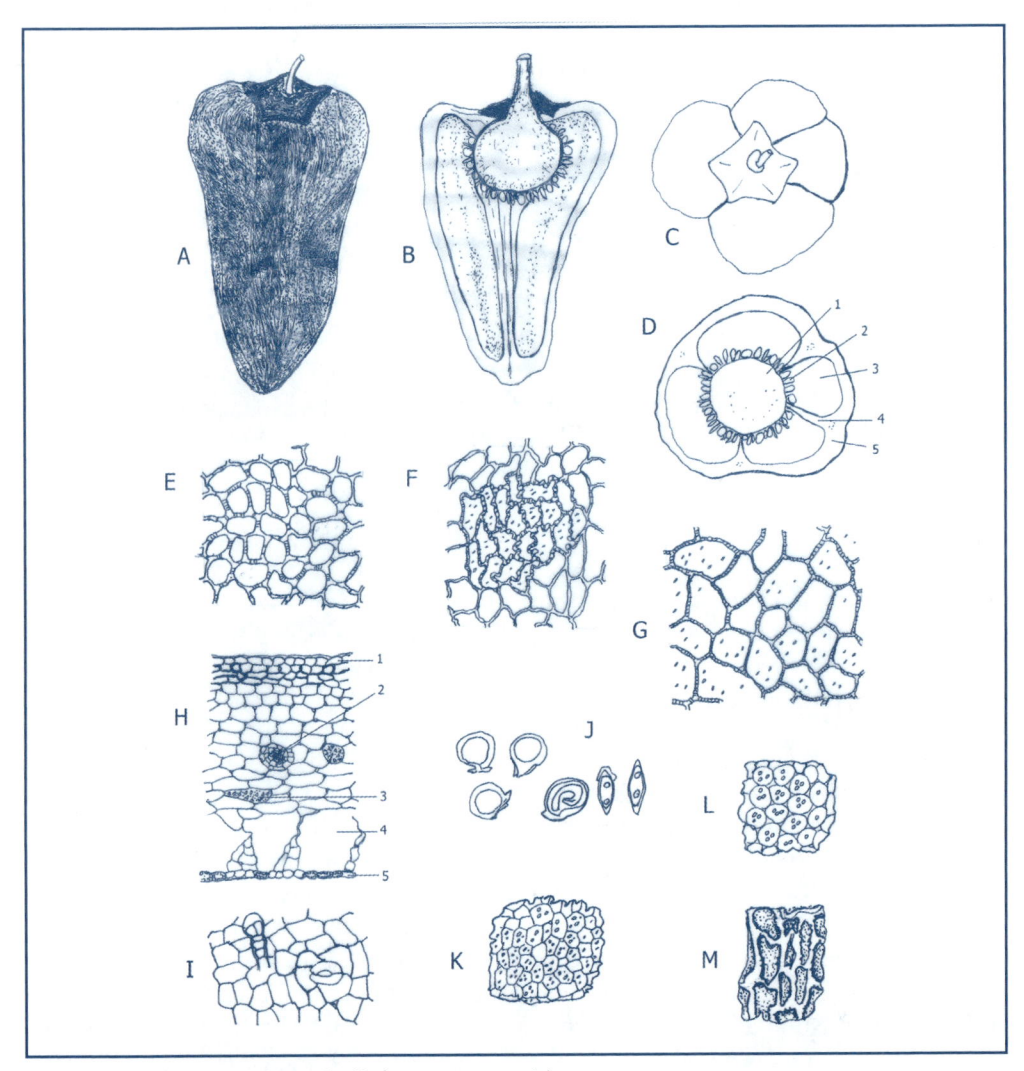

Figura 7.6 – Páprica ou pimentão (*Solanum annuum* L.).
(A) Fruto inteiro.
(B) Fruto seccionado longitudinalmente.
(C) Região apical do fruto, mostrando cálice persistente.
(D) Seção transversal da região basal: (1) placenta, (2) sementes, (3) loja, (4) trabécula, (5) parede.
(E) Fragmento do epicarpo visto de face, mostrando o espessamento celular típico.
(F) Fragmento de epicarpo visto de face, mostrando células espessadas em grupo.
(G) Fragmento de mesocarpo.
(H) Seção transversal do pericarpo: (1) pericarpo, (2) feixe vascular, (3) idioblasto, (4) câmara, (5) endocarpo.
(I) Fragmento da epiderme da sépala do cálice visto de face, mostrando epiderme e tricoma glandular típico.
(J) Vistas diversas de sementes.
(K) Endosperma amilífero.
(L) Fragmento do embrião.
(M) Tegumento da semente visto de face.

7.8 Repolho Roxo

- *Brassica oleracea* L., variedade *capitata*, tipo rubra
- Família *Brassicaceae* (= *Cruciferae*)
- Parte usada: folhas

O repolho roxo é um dos vegetais com múltiplas aplicações na culinária, sendo empregado no estado fresco ou processado. Quando empregado como corante, apresenta-se geralmente em forma de pó, que pode ser de dois tipos, a saber: pó obtido a partir das folhas secas, submetidas à moagem; pó obtido pela extração do pigmento das folhas, com água, seguida de filtração e evaporação. No repolho roxo ocorrem cerca de 35 antocianinas, substâncias essas responsáveis pela cor. As antocianinas são solúveis em água e a tonalidade que exibem depende do pH do meio.

As folhas, a parte usada do repolho roxo, crescem muito próximas uma das outras, originando um corpo de forma quase esférica, denominado "cabeça". O repolho costuma ser comercializado em peças em forma quase esférica ou cortado em tiras, Figura 7.7.

7.8.1 Caracterização Macroscópica

As folhas são sésseis de contorno suborbicular ou arredondado. Apresentam nervação peninérvea, com oito a dez pares de nervuras secundárias, que se inserem na nervura principal em lados opostos. A base da nervura mediana é dilatada e pode alcançar 5 cm de largura, por 1 cm de espessura. Tanto a nervura principal como as nervuras secundárias são salientes em ambas as faces da folha. As nervuras secundárias são bem evidentes e alcançam 0,5 cm de largura. A margem foliar é lisa, o ápice é obtuso e a base é simétrica. As folhas apresentam-se carnosas, e são lisas e cerosas em ambas as faces. Apresentam coloração roxa, cheiro característico e sabor ligeiramente adocicado.

7.8.2 Caracterização Microscópica

As folhas são anfiestomáticas e apresentam mesofilo homogêneo. A seguir, a estrutura da secção transversal das folhas na região do limbo propriamente dito, Figura 7.7.

A epiderme adaxial é constituída por células de contorno aproximadamente retangular e alongadas no sentido periclinal quando observadas em secção transversal. A epiderme abaxial é semelhante à anterior, diferindo desta por suas células terem tamanho um pouco menor e por serem alongadas, ora no sentido anticlinal, ora no sentido periclinal. A cutícula que recobre ambas as epidermes é espessa e cerosa. A cera fica reunida em aglomerados granulosos (cera epicuticular).

As células epidérmicas, quando vistas paradermicamente, apresentam-se providas de contorno quase poligonal. Os estômatos são anisocíticos. Algumas vezes, na região mediana, entre nervuras mais calibrosas, ocorrem áreas onde os estômatos são pouco numerosos ou que praticamente estão ausentes. Nessa área notam-se algumas vezes estrias cuticulares esparsas e bem evidentes. É possível também evidenciar a observação de cera epicuticular com as características já descritas.

O mesofilo é homogêneo, sendo constituído por 15 a 20 camadas celulares de contorno aproximadamente isodiamétrico.

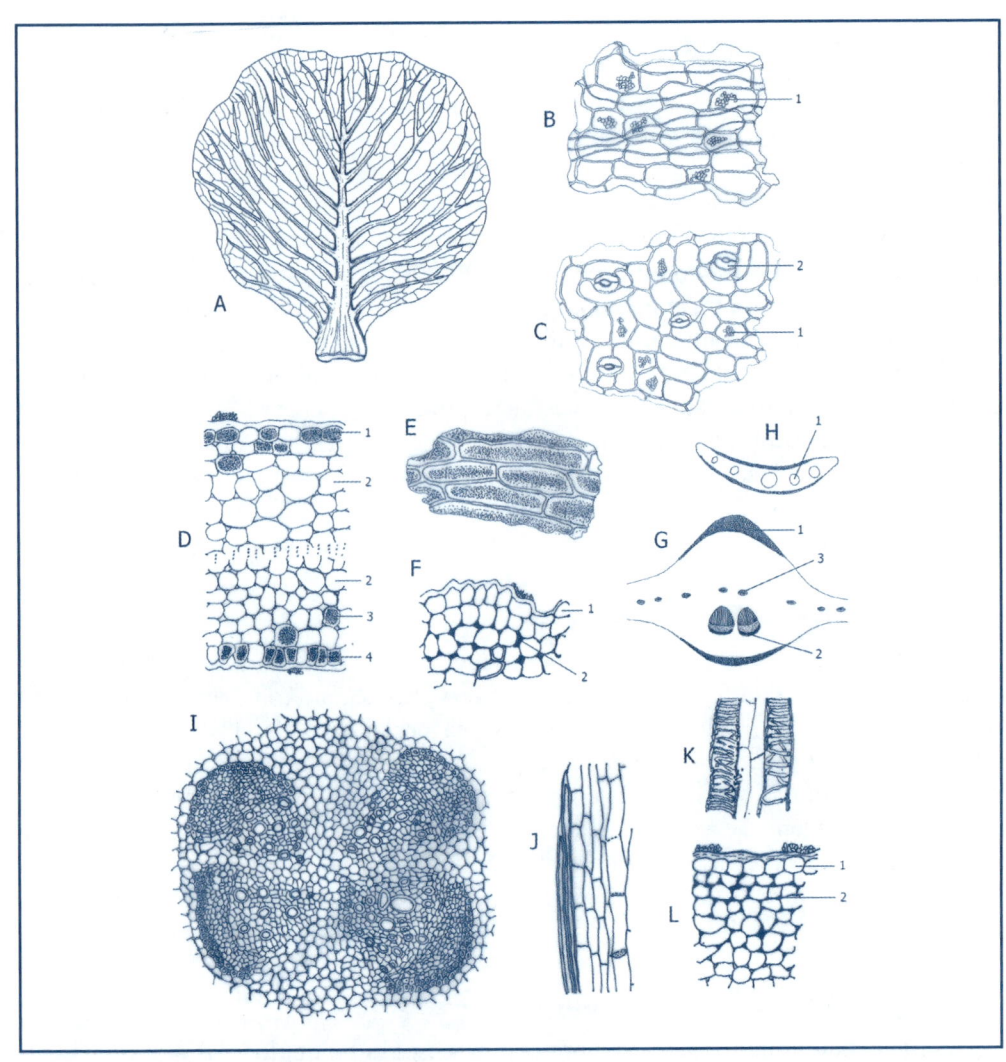

Figura 7.7 – Repolho roxo (*Brassica oleracea* L. var. capitata).
(A) Folha.
(B) Epiderme adaxial: (1) grânulos de cera epicuticular.
(C) Epiderme abaxial: (1) grânulos de cera epicuticular, (2) estômatos anisocíticos.
(D) (1) epiderme adaxial com cera epicuticular e células com pigmento roxo, (2) mesofilo homogêneo – o pontilhado significa que existe inúmeras camadas de células parenquimáticas não representadas, (3) célula com pigmento roxo, (4) epiderme abaxial.
(E) Células da epiderme adaxial repletas de pigmento roxo.
(F) Seção transversal da folha – região da nervura: (1) epiderme com cera epicuticular, (2) colênquima.
(G) Desenho esquemático da região da nervura: (1) localização do colênquima, (2) feixes vasculares, (3) feixes vasculares de menor calibre.
(H) Desenho esquemático da região da nervura próximo a base da folha: (1) feixe vascular.
(I) Conjunto de feixes vasculares.
(J e K) Fragmentos de feixe vascular em vista longitudinal.
(L) Seção transversal ao nível de nervura: (1) epiderme com cera epicuticular, (2) colênquima.

Outra característica importante refere-se à presença de hidatódios nas margens da folha. A região da nervura mediana é biconvexa e larga. Junto à base foliar ocorre a presença de, pelo menos, cinco conjuntos de feixes vasculares colaterais, oriundos da zona de inserção da folha no caule.

As células epidérmicas acham-se repletas de pigmento roxo de antocianinas, que conferem a elas características especiais. Logo abaixo da epiderme, nota-se a presença de região colenquimática com células com espessamento nos cantos. Algumas dessas células colenquimáticas podem conter pigmentos antociânicos.

O parênquima fundamental é bem desenvolvido e inclui os grupos de feixes fibro-vasculares acima citados.

7.9 Tomate

- *Licopersicum esculentum* (Mill) Karsten
- Família *Solanaceae*
- Parte usada: fruto

O tomate é originário da América do Sul e da América Central. Peru e México costumam ser referidos como a origem da espécie. O fruto do tomateiro é do tipo baga (bacoide). Fruto simples, carnoso e de forma globosa ou elipsoide, é caracterizado por apresentar epicarpo fino e membranáceo, e mesocarpo e endocarpo carnosos. Boa parte da polpa origina-se pela multiplicação das células do tecido placentário. O fruto é polispérmico e as sementes localizam-se no interior de lojas cheias de substâncias sucosas, Figura 7.8.

Os tomates, quando maduros, exibem coloração vermelha graças à presença de carotenoides, especialmente o licopeno.

Os carotenoides são pigmentos naturais que apresentam coloração que varia da amarela à vermelha. Esses pigmentos têm sido empregados como corantes de alimentos, bebidas e rações de animais.

O tomate, além de ser boa fonte de vitamina C, é rico em licopeno, substância essa que, na atualidade, cada vez mais tem o seu prestígio aumentado como substância antioxidante e que ajuda a reparar os danos causados pelos radicais livres.

Recentemente, a atenção tem estado voltada para a possibilidade de se extrair licopeno a partir de descartes de tomates, que atingem muitas toneladas por ano.

Estudo mais detalhado do tomate pode ser encontrado no Capítulo 13, "Hortaliças". Os tomates costumam ser divididos em diversos grupos, tais como: santa cruz, saladete, italiano e cereja, entre outros. O tipo cereja apresenta tamanho reduzido, com cerca de 2,5 a 3 cm de diâmetro.

Outra espécie vegetal cujos frutos são igualmente denominados de tomate é a *Cyphomandra betacea* (Cav.) Sendt. Essa planta pertencente à família *Solanaceae*, é conhecida pelos nomes de "tomate-de-árvore", tomate-francês e *tomarillo*. Os frutos apresentam também coloração vermelha graças à presença, em sua composição, de antocianinas e carotenoides. É utilizada bem menos frequentemente que o *Licopersicon esculentum* (Mill) Karsten no preparo de sucos, geleias, compotas e molhos.

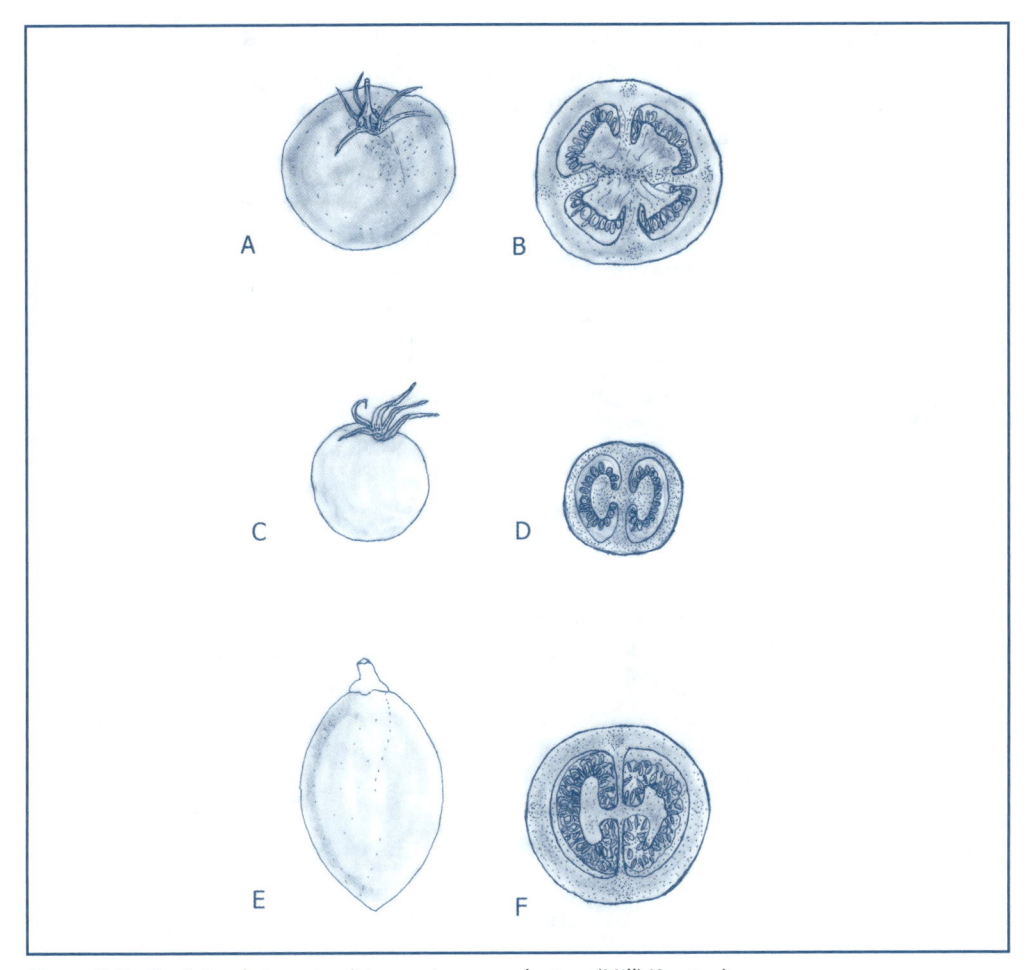

Figura 7.8 – Espécies de tomates (*Licopersicum esculentum* (Mill) Karsten).
(A e C) Frutos inteiros.
(B e D) Seções transversais *Cyphomandra betacea* (Cav.) Sendt.
(E) Fruto inteiro.
(F) Seção transversal.

7.10 Urucum

- *Bixa orellana* L.
- Família *Bixaceae*
- Parte usada: as sementes

A palavra "urucum" corresponde a uma transliteração do tupi-guarani *uru-cu,* que significa "vermelho", numa alusão à cor vermelha que recobre o tegumento da semente, coloração essa bem conhecida dos índios que habitavam e habitam a hileia Amazônica, Figura 7.9.

O urucum, urucu, achiote, anato ou annatto é uma especiaria cujo uso tende a crescer. Esses nomes citados são empregados tanto para as especiarias como para produtos delas derivados, tais como os extratos e pós. O colorífico, ou urucum corresponde ao pó, oriundo da semente moída, ou ao óleo de urucum disperso em amido de milho. Esse material é usado em culinária para conferir cor a diversos alimentos.

Os carotenoides são os responsáveis pela cor da *Bixa orellana* L.; entre eles, a bixina é o carotenoide majoritário, correspondendo a cerca de 80% dos carotenoides totais. Na bixina, apocarotenoides e diapocaroteides são outros componentes presentes.

7.10.1 Caracterização Macroscópica

As sementes possuem formas que variam da piramidal à quase cônica, sendo providas de depressão em suas faces. Medem de 0,3 a 0,5 cm de comprimento, por 0,2 a 0,3 cm de diâmetro em suas regiões mais dilatadas. Suas superfícies são quase lisas e de coloração avermelhada, sendo percorridas longitudinalmente por um sulco pouco profundo.

Na extremidade oposta, existe uma região circular, algumas vezes localizada em uma pequena depressão e provida de um ponto escuro no centro. Essa região, identificada como a "chalaza", costuma ser denominada "região da coroa".

Em secção longitudinal, a semente deixa observar o embrião, constituído pelo eixo radículo-caulicular e pelas folhas cotiledonares cordiformes. A seção transversal, por sua vez, mostra um tegumento relativamente fino, um endosperma volumoso e um embrião provido de dois cotilédones, em forma de lâminas mais ou menos finas. O tegumento é recoberto por camada celular repleta de conteúdo vermelho.

7.10.2 Caracterização Microscópica

A seção transversal da semente, no nível da região mediana, mostra as seguintes camadas celulares.

A camada celular externa, constituída por células de secção aproximadamente retangular, alongadas no sentido periclinal e repletas de conteúdo avermelhado. Essas células, vistas em secção paradérmica, apresentam-se com contorno arredondado, exibindo plenamente seu conteúdo.

A camada paliçádica é integrada por macroesclereides de parede espessas e de contorno quase retangular, alongados no sentido anticlinal quando vistos em secção transversal. Essas células, quando vistas de face, possuem contorno hexagonal e lúmen relativamente pequeno. As pontuações representadas por canalículos partem do lúmen em direção aos ângulos das células, dando ao conjunto um aspecto característico.

A camada obliterada é constituída por uma ou duas fileiras celulares, amassadas e dispostas tangencialmente.

A camada colunar-osteoesclereide é constituída por células em forma de osso, dispostas à maneira de colunas.

A camada tegumentar mais interna é constituída por células com espessamento nas paredes radiais e basais, lembrando a forma de U.

A amêndoa, constituída de endosperma e embrião, apresenta endosperma envolvido por uma camada celular de contorno aproximadamente retangular, ligeiramente alongada no sentido tangencial e de tamanho menor do que as outras células do endosperma.

Estas apresentam contorno que varia de ligeiramente poligonal a quase isodiamétrico, e são providas de conteúdo amilífero e oleoso. As folhas cotiledonares, vistas de face, deixam ver por transparência glândulas produtoras de óleo essencial.

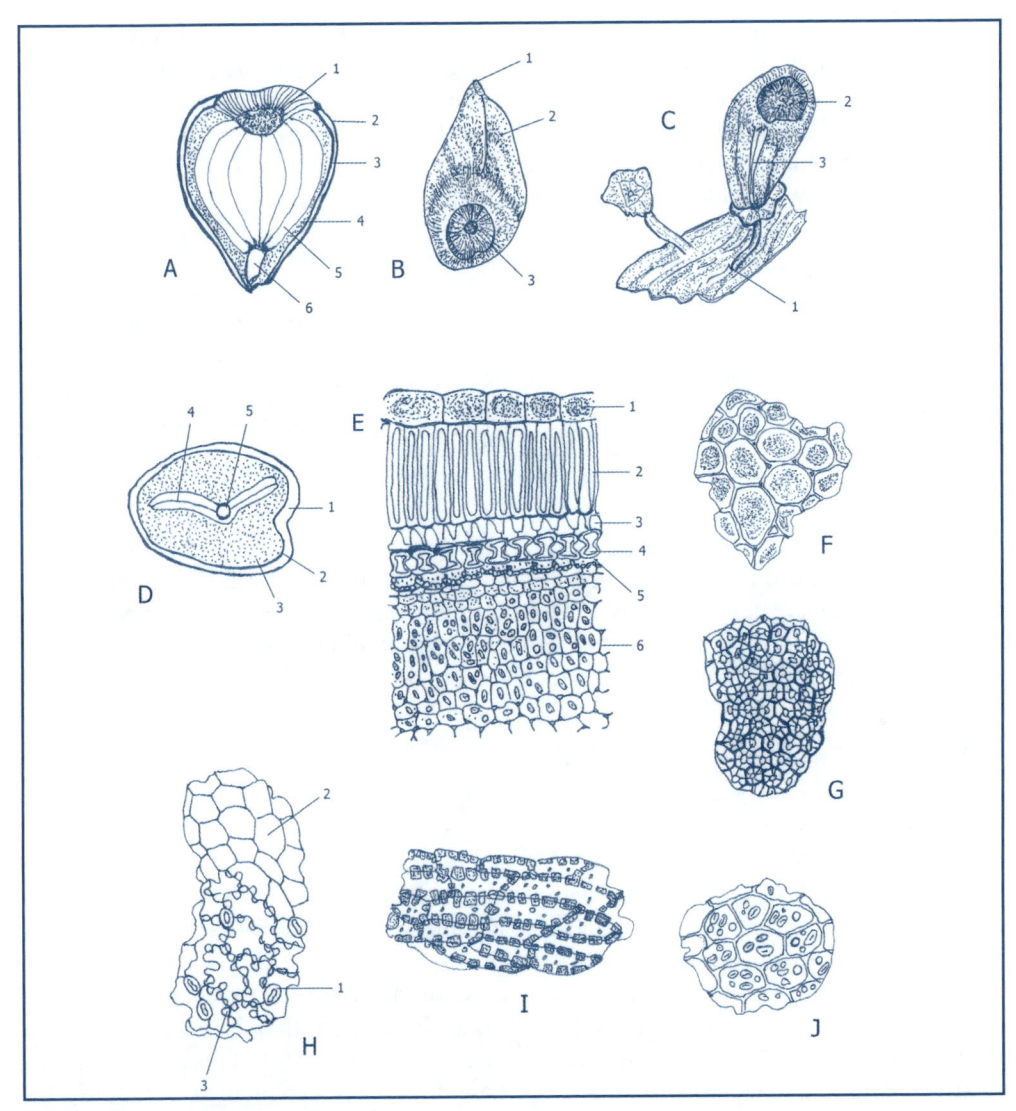

Figura 7.9 – Urucum (*Bixa orellana* L.).
(A) Semente cortada longitudinalmente: (1) região da coroa, (2) arilo, (3) tegumento, (4) endosperma, (5) cotilédone, (6) radícula.
(B) Semente inteira: (1) região do hilo, (2) região da coroa, (3) sulco longitudinal semente.
(C) Semente inteira, detalhe da inserção: (1) tecido placentário, (2) região da coroa, (3) sulco longitudinal.
(D) Semente cortada transversalmente: (1) arilo, (2) tegumento, (3) endosperma, (4) cotilédones, (5) eixo radículo-calicular.
(E) (1) arilo, (2) camada paliçádica, (3) camada mamilonar, (4) camada colunar, (5) camada com espessamento em U, (6) endosperma.
(F) Arilo visto de face.
(G) Camada paliçádica vista de face.
(H) Fragmento: (1) camada colunar, (2) epiderme do endosperma, (3) células da camada, com espessamento em U.
(I) Camada celular, com espessamento em U, vista de face.
(J) Endosperma visto de face.

7.11 Uva Roxa

- *Vitis vinifera* L.
- Família *Vitaceae* (= *Ampelidaceae*)
- Parte usada: fruto

A uva roxa, cultivada pelo homem desde épocas remotas, graças principalmente aos seus frutos edulos e ao emprego na produção de vinho e sucos, e, mais recentemente, como corante de alimentos, tem a atenção cada vez mais voltada para si, sendo hoje uma das plantas mais cultivadas no mundo.

A *Vitis vinifera* L. cultivar, a *Carbenet sauvignon* e a *Vitis labrusca* L. cultivar *Isabel* são ricas em antocianinas, constituindo-se uma das poucas fontes comercias dessa substância. Esse pigmento é muito usado na alimentação, sendo designado pelo nome de "enocianina". No Brasil, as indústrias que processam vinho e suco consideram o bagaço e as sementes da uva subprodutos, passíveis de reaproveitamento, o que leva a um estado cada vez maior de atenção para com esses materiais.

As uvas roxas, os vinhos e os sucos são importantes fontes de resveratrol, substância essa cuja atividade farmacológica tem sido associada à prevenção de doenças cardiovasculares, à inibição de carcinogênese e ao fato de ser anticolesterêmica.

A aplicação de técnicas recentes na obtenção do pó de antocianinas, em especial a técnica de encapsulação, tem aumentado a estabilidade do corante, permitindo o seu uso em doces, geleias, iogurtes, sucos, sorvetes e musses. Emprega-se ainda o farelo e a farinha de uva, Figura 7.10.

7.11.1 Caracterização Macroscópica

O fruto da uva é uma baga ou basídio (nome proposto por Hertel, em 1959). Corresponde a um fruto carnoso ou sucoso, com epicarpo delgado, geralmente membranáceo, e mesocarpo e endocarpo carnosos.

As bagas são esféricas ou ovaladas e medem de 1,0 a 2,5 cm de diâmetro. A coloração, quando maduras, varia entre rosada, vermelha ou azulada.

O pericarpo apresenta-se dividido em epicarpo, mesocarpo e endocarpo.

O epicarpo é membranoso e com epiderme cutinizada e elástica.

Na sua parte externa, aparece uma capa cerosa e pulverulenta, denominada "pruína", que apresenta função protetora. Essa camada é a principal responsável pela cor das bagas, já que o pigmento antocianínico encontra-se dissolvido dos vacúolos de suas células. O material corante encontra-se também na polpa da fruta.

O mesocarpo, também chamado de "polpa", representa a maior parte do fruto. Contém células providas de corante, que são suculentas.

O endocarpo é fino e envolve as sementes cujo número pode variar de zero a quatro, distribuídas por lojas que podem, cada uma delas, conter no máximo duas sementes. As sementes apresentam forma periforme, com uma extremidade afilada e outra arredondada. Medem cerca de 0,8 cm de comprimento.

Na parte basal da semente, nota-se a presença de restos do cálice, originando uma peça arredondada provida de ponta. Na outra extremidade, observa-se a presença de um ponto correspondente ao resíduo estilar.

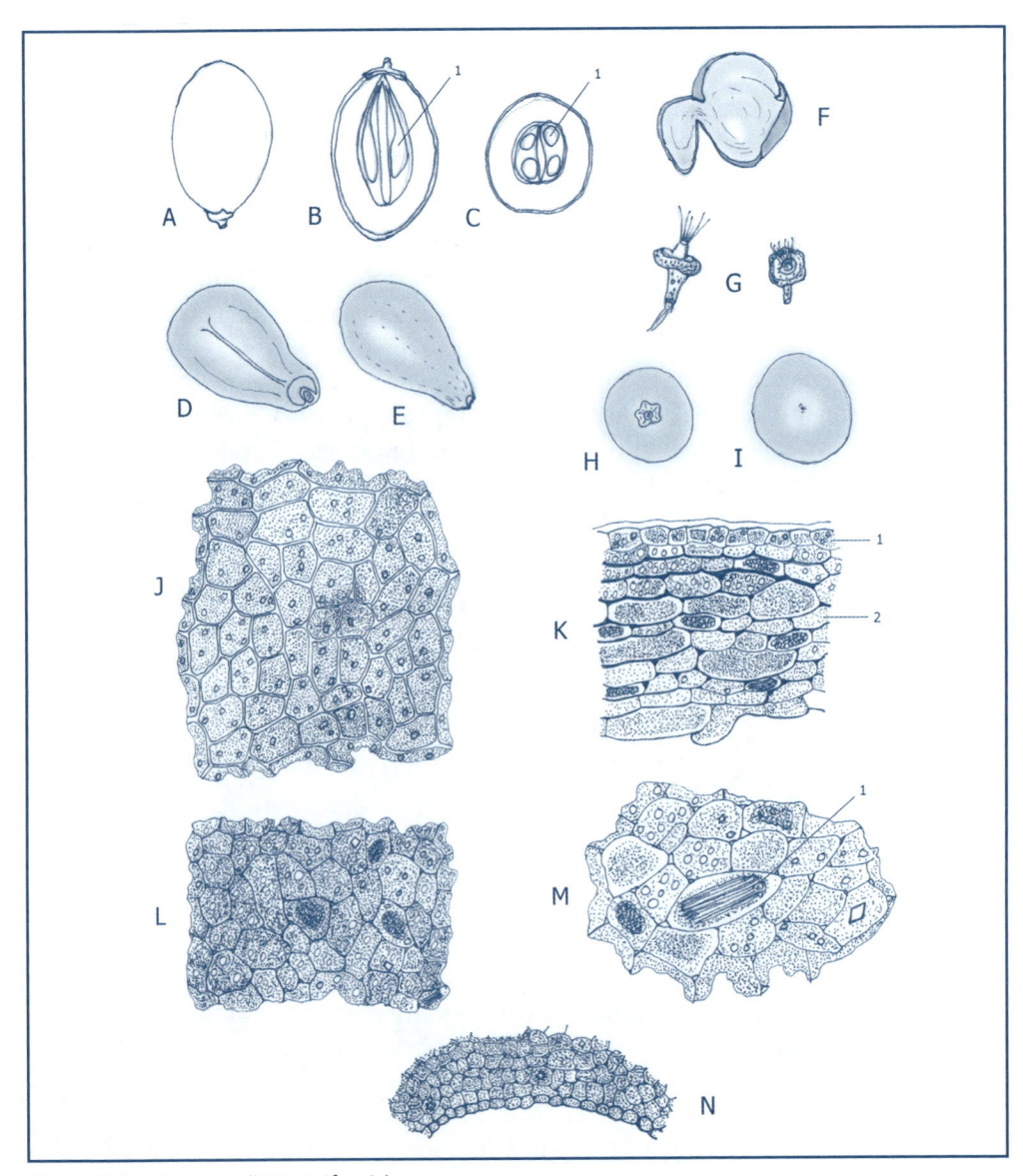

Figura 7.10 –Uva roxa (*Vitis vinifera* L.).
(A) Fruto inteiro.
(B) Fruto cortado longitudinalmente: (1) semente.
(C) Fruto cortado transversalmente: (1) semente.
(D e E) Sementes.
(F) Epicarpo e células subjacentes.
(G) Pedúnculos.
(H) Baga vista pela base.
(I) Baga vista pelo topo.
(J) Epicarpo visto de face.
(K) Seção transversal da casca – epicarpo, mais células subjacentes: (1) epicarpo,
(2) células subjacentes – hipoderme.
(L e M) Mesocarpo: (1) idioblasto contendo rafídeos.
(N) Endocarpo.

7.11.2 Caracterização Microscópica

O epicarpo é formado por células em seção transversal, de contorno aproximadamente retangular e alongadas no sentido periclinal. Essas células apresentam tamanho variado e são recobertas por cutícula. A cera epicuticular é do tipo pruinoso. As células epidérmicas são de dois tipos: as células epidérmicas providas de conteúdo colorido e as células não coradas. A hipoderme é formada geralmente por seis a 16 camadas celulares colenquimatosas, quase todas alongadas no sentido periclinal ou tangencial. Essas células variam no conteúdo, existindo células que contêm gotículas translúcidas, células providas de conteúdo denso amorfo, células com precipitados granulares finos e células que contêm massas periféricas. Idioblastos, contendo rafídeos, podem ser observados nessa região, bem como células que contêm cristal prismático.

O mesocarpo ou polpa é constituído de 20 a 30 camadas celulares, aproximadamente isodiamétricas, e que deixam espaços intercelulares entre si. Idioblastos contendo rafídeos podem ser observados nessa região. Células que contêm antocianina podem ser observadas nessa região, com frequência, nas variedades de cultivares roxos.

O endocarpo tem de uma a três camadas celulares; o tamanho de suas células é menor que o das células do endocarpo, sendo as paredes um pouco mais grossas.

Drusas de oxalato de cálcio e cristais prismáticos podem ser observados nessa região.

Capítulo 8

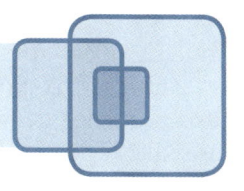

Amidos, Féculas, Farinhas e Farelos

8.1 Introdução

Amidos, ou féculas, são produtos amiláceos extraídos de partes comestíveis de cereais e de alguns tubérculos, raízes e rizomas.

Cereais são plantas pertencentes à família das gramíneas, cultivadas por seus frutos comestíveis, denominados "cariopses" ou "grãos". Esses frutos são produtores de amido e, por moagem, podem ser transformados em farinha, servindo de alimentos para os seres humanos e animais. Eles são produzidos no mundo inteiro desde a mais remota Antiguidade.

Os cereais costumam ser divididos em dois grupos:
- Cereais verdadeiros ou simplesmente cereais;
- Pseudocereais ou cereais falsos.

Entre os cereais verdadeiros, 11 espécies merecem destaque especial, as quais podem ser divididas em dois grupos, segundo a relevância de seu uso:
1. Primeiro grupo: arroz: *Oryza sativa* L.; aveia: *Avena sativa* L.; centeio: *Secale cereale* L.; cevada: *Hordeum sativum* Jess; milho: *Zea mays* L.; e trigo: *Triticum aestivum* L.
2. Segundo grupo: alpiste*: Phalaris canariensis* L.; arroz selvagem: *Zizania aquática* L., *Zizania palustris* L.; espelta ou trigo-vermelho: *Triticum spelta* L.; painço: *Panicum meliaceum* L.; e sorgo: *Sorgum bicolor* L.

Os pseudocereais ou falsos cereais não pertencem à família *Gramineae*, embora sejam igualmente produtores de amido. As partes usadas dessas matérias não correspondem a cariopses ou grãos. No Brasil, os pseudocereais mais em moda são os seguintes:
- Quinoa, *Chenopodium quinoa* Willd., da família *Amarantaceae*. Parte usada: sementes;
- Trigo sarraceno, *Fagopyrum esculentum* Moench., da família *Polygonaceae*. Parte usada: fruto (aquênio);
- Amaranto, *Amaranthus caudatus* L., *Amaranthus cruentus* L.; *Amaranthus hypochondriacus* L. da família *Amarantaceae*. Parte usada: sementes.

A palavra "grão" vem do latim *granu*, que significa "fruto das gramíneas", sendo hoje mais convenientemente designado por "cariopse". A palavra "grão" passou a ser atribuída também a sementes e outros frutos pequenos de forma arredondada, utilizados na alimentação. Em particular, várias sementes da família das leguminosas tem essa designação: feijão, grão-de-bico, ervilha, lentilha, soja e amendoim são exemplos dessa assertiva. Todos os cereais têm fruto que pode ser classificado como grão, entretanto nem todos os grãos pertencem aos cereais.

Os grãos podem ser divididos, pelo menos, em duas categorias: os grãos de gramíneas ou dos cereais verdadeiros, que são caracterizados pela presença de amidos; e os grãos de plantas da família *Leguminosae*, caracterizados por uma maior presença de proteínas. São exemplos desse tipo de grão: a ervilha (*Pisum sativum* L.), o feijão (*Phaseolus vulgaris* L.), feijão guandu [*Cajanus cajan* (L.) Millspaugh], grão-de-bico (*Cicer arietinum* L.), lentilha (*Lens esculenta* Moench), soja (*Glycine Max* L.), tremoço (*Lupinus albus* L., *Lupinus luteus* L., *Lupinus angustifolius* L.).

Os pseudocereais costumam ser incluídos entre esses dois grupos. Também são denominados "grãos".

As farinhas são produtos obtidos pela secagem e pulverização de materiais alimentícios diversos, de origem vegetal ou mesmo de origem animal. Entre os vegetais, destacam-se as farinhas de cereais de pseudocereais, de leguminosas, de frutos, de sementes, de tubérculos e de rizomas. As farinhas de origem animal são representadas pelas farinhas de carne, de ossos e de peixe, principalmente.

Farelos são produtos resultantes do processamento de grãos de cereais ou leguminosas, sendo constituídos de partes desse material: casca, casca e germe, casca e parte do endocarpo, e casca e parte dos cotilédones podem integrar os farelos. Geralmente, são resíduos resultantes das farinhas peneiradas.

Os farelos podem ser constituídos por uma só espécie vegetal ou por uma mistura de espécies vegetais. A designação das farinhas, farelos, amidos e féculas deve ser de acordo com o nome comum das espécies utilizadas, havendo também a conveniência da citação dos nomes científicos.

8.2 Amidos e Féculas

Amidos e féculas representam os principais produtos de reserva das plantas. São formados a partir da polimerização da glicose, obtida através da fotossíntese, considerada a reação química mais importante do mundo, Figura 8.1.

A união do gás carbônico com a água no interior dos cloroplastos, com o subsequente armazenamento da energia solar na molécula de glicose assim formada, é tarefa específica das plantas, das quais os animais dependem.

Os amilos não são usados como reserva exclusiva das plantas. Eles são também fundamentais para os animais que deles não podem prescindir como fonte de energia e de alimentos.

Armazenados como substâncias de reserva em raízes, rizomas, tubérculos, frutos, sementes e, menos frequentemente, em cascas, os amilos funcionam como alimento ou como matéria-prima industrial.

Os dois polímeros que, em mistura, originam os amilos ocorrem em proporção variável nas diversas espécies em que são encontradas. Essa diferença de proporção faz com que possuam características diferentes, embora semelhantes, e, portanto, possibilitem um uso diferenciado.

Por outro lado, cada espécie possui certo padrão morfológico de amilo, o qual varia em forma, tamanho, estratificação, tipo e posição do hilo, e estado de agregação; isso faz com que os amilos possam ser empregados como elementos diferenciais na identificação das espécies. O padrão morfológico do amilo é mais ou menos constante para cada espécie.

A utilização do amilo pela indústria, tanto na sua forma natural quanto na modificada, como as dextrinas e ciclodextrinas, é muito grande e tende ainda a aumentar.

Os amilos podem ser utilizados como aglutinantes, desintegrantes, espessantes, umectantes, estabilizantes (em enlatados, molhos, pudins, alimentos infantis, sopas, geleias, gelatinas) e nutracêuticos. Podem ainda ser empregados como ingrediente principal em pães, bolos, biscoitos, cereais processados, macarrões, bolachas, farinhas e farelos.

O controle de qualidade em todos os casos é fundamental.

Os amidos e féculas devem ser fabricados a partir de matérias-primas sãs, limpas e isentas de matéria terrosa e de parasitas. Não podem estar úmidos, fermentados e rançosos.

Os amilos são frequentes em certas famílias de plantas cujas espécies, por isso, são muito empregadas como alimento. Constituem exemplos:

- Gramíneas: arroz: *Oryza sativa* L.; aveia: *Avena sativa* L.; centeio: *Secale cereale* L.; cevada: *Hordeum sativum* Jess; milho: *Zea mays* L.; e trigo: *Triticum aestivum L.*
- Leguminosas: ervilha: *Pisum sativum* L.; feijão: *Phaseolus vulgaris* L.; grão-de-bico: *Cicer arietinum* L.; lentilha: *Lens esculente* Moench.
- Solanáceas: batata: *Solanum tuberosum* L.
- Convolvuláceas: batata-doce: *Ipomoea batatas* Lam.
- Euforbiáceas: mandioca: *Manihot utilissima* Grantz.
- Marantáceas: araruta: *Maranta ruiziana* Koern L.

Por ocasião da comercialização de amilos, essas substâncias deverão ser designadas pela palavra "amido" ou "fécula", seguida do nome do vegetal de origem. Fala-se, pois, em amido de milho, amido de arroz, fécula de batata e fécula de mandioca; expressões essas que devem figurar nos rótulos.

8.2.1 Descrições dos Amidos e Féculas mais Comuns

8.2.1.1 *Amido de Trigo (*Triticum Aestivum *L.)*

Os grãos de amido de trigo são lenticulares, quando vistos de frente, ou biconvexos, quando vistos de lado. Possuem estrias concêntricas muito pouco visíveis e hilo pontuado em raros grãos. Os grãos menores têm forma globular ou ligeiramente poligonal. Em média, medem de 20 a 30 *micra* de diâmetro, podendo atingir 40 *micra*. A luz polarizada apresenta uma cruz pouco nítida. O amido de trigo não é preparado para fins alimentares, mas, sim, a farinha correspondente.

8.2.1.2 Amido de Cevada (Hordeum Sativum *Jess*)

O amido de cevada é discoide (lenticular), semelhante ao do trigo, e de contorno menos regular. Tem hilo bem visível e linear, e algumas vezes pontuado. As estrias, concêntricas, são mais visíveis que as do trigo. Seu diâmetro mede, em média, 30 *micra*. É bem aparente a cruz que lhe oferece o campo escuro da luz polarizada.

8.2.1.3 Amido de Centeio (Secale Cereale *L.*)

Grãos lenticulares, menos arredondados que os da cevada e de contorno irregular, alguns quase piriformes. As estrias concêntricas são distintamente visíveis. O hilo é estrelado, apresentando três, quatro e cinco sulcos bem marcados. São maiores que os do trigo e os da cevada, alcançando comumente 50 *micra*, aparecendo alguns com diâmetros menores. A cruz é bem visível em campo escuro de luz polarizada.

8.2.1.4 Amido de Milho (Zea Mays *L.*)

É um dos amidos mais utilizados na confecção de doces, cremes, bolos etc.; por esse motivo, é fabricado industrialmente, em larga escala. Sensivelmente poliédricos, quando provenientes da parte externa da semente, os grãos apresentam os lados ligeiramente abaulados. Os da zona central branca são quase esféricos e bem menores. O hilo é pontuado, emitindo prolongamentos curtos em forma de estrela. As estrias são raramente visíveis. Não se apresentam agrupadas em grãos compostos. Medem geralmente 30 *micra*. À luz polarizada, apresentam cruz bem visível, tanto no campo escuro como no campo claro.

8.2.1.5 Amido de Aveia (Avena Sativa *L.*)

São grãos nitidamente poligonais e se apresentam agregados, formando grandes grãos compostos, típicos e arredondados. O hilo é pontuado e pouco perceptível. Os grãos não apresentam estrias. Têm, em média, 5 *micra*, podendo atingir 10 *micra*. Os grãos compostos variam de 40 a 70 *micra*. A polarização distinta.

8.2.1.6 Amido de Arroz (Oryza Sativa *L.*)

Grãos semelhantes ao da aveia, poligonais, menores e com hilo central pontuado; não apresentam estrias. Variam em tamanho de 2 a 8 *micra*, podendo chegar a 10 *micra*. Os grãos compostos, que se notam nas células amilíferas, raramente são encontrados no produto manufaturado. No campo microscópico, são vistos em pequenos blocos ou agregados irregulares que não devem ser confundidos com os grãos compostos. A cruz é bem visível.

8.2.1.7 Fécula de Batata (Solanum Tuberosum *L.*)

A fécula é constituída por grãos elipsoides, ovais, piriformes, arredondados, denteados e truncados. O hilo é pontuado e se implanta na extremidade mais estreita do grão. O sistema estriado é excêntrico, sendo notadas, alternadamente, câmaras mais e menos profundas. Os grãos arredondados são menores, de 6 a 15 *micra*, e aparecem algumas vezes agrupados em dois ou mais elementos. Os grãos ovoides são maiores, variam de 40 a 70 *micra*, podendo alcançar até 100 *micra*. À luz polarizada, mostram uma cruz negra muito distinta.

8.2.1.8   Fécula de Batata-doce (Ipomoea Batata *Lam.*)

É considerada erroneamente a "araruta do Brasil". Consta de grãos semelhantes aos da mandioca. Alguns são esféricos e irregulares; outros, quase poliédricos, redondos, truncados uma ou várias vezes, e apresentando um maior número de formas do que os da mandioca. O hilo é pontuado ou estrelado, e está implantado quase na extremidade do grão. As estrias não são muito acentuadas. Os grãos menores, redondos, agrupam-se às vezes em três ou quatro elementos. Medem de 2 a 30 *micra*, atingindo até 50 *micra*, raramente. Polarização bem visível.

8.2.1.9   Fécula de Mandioca (Manihot Utilissima *Grantz)*

É também considerada a "araruta do Brasil". Os grãos de fécula são esféricos ou irregularmente arredondados, em forma de dedal, de esferas truncadas em uma ou mais facetas, e variam de 25 a 35 *micra* no diâmetro. O hilo é pontuado, linear ou estrelado, ocupando geralmente o centro do grão. Tanto os grãos pequenos como os grandes formam agregados de dois a três elementos. As estrias são vagamente observadas. A cruz-de-malta é perfeitamente notada.

8.2.1.10   Fécula de Araruta (Maranta Arundinacea *L.)*

Os grãos de fécula são ovoides, elipsoides, fusiformes, redondo-triangulares e raramente esféricos, apresentando algumas protuberâncias laterais. O hilo está situado quase sempre na extremidade mais larga do grão; é único, mas, às vezes, é duplo, pontuado, linear ou com dois sulcos pequenos, imitando a asa de um pássaro. As estrias são excêntricas, não muito acentuadas. Mostra uma cruz perfeita à luz polarizada.

8.2.1.11   Fécula de Falsa Araruta (Maranta Ruiziana *Koern)*

Os grãos de fécula muito se aproximam dos da mandioca. Porém são menores, arredondados, esféricos, truncados, triangulares, trapezoides e de contorno geométrico bem marcado, como cristas – o que falta nos grãos da mandioca. As estrias não são muito acentuadas e o hilo é pontuado, ocupando a parte central do grão. Os grãos medem de 10 a 25 *micra*, chegando alguns a atingir 30 *micra*. À luz polarizada, mostram uma cruz bem perceptível.

8.2.1.12   Amido de Feijão (Phaseolus Vulgaris *L.)*

O amido apresenta-se ao microscópio sob a forma de grandes grãos, riniformes, ovoides e irregularmente cilíndricos ou quase esféricos. O hilo é bem marcado e linear, ocupando quase todo o comprimento do grão e emitindo, de um lado, pequenos prolongamentos. As estrias são bem visíveis e, à luz polarizada, a cruz é bastante acentuada.

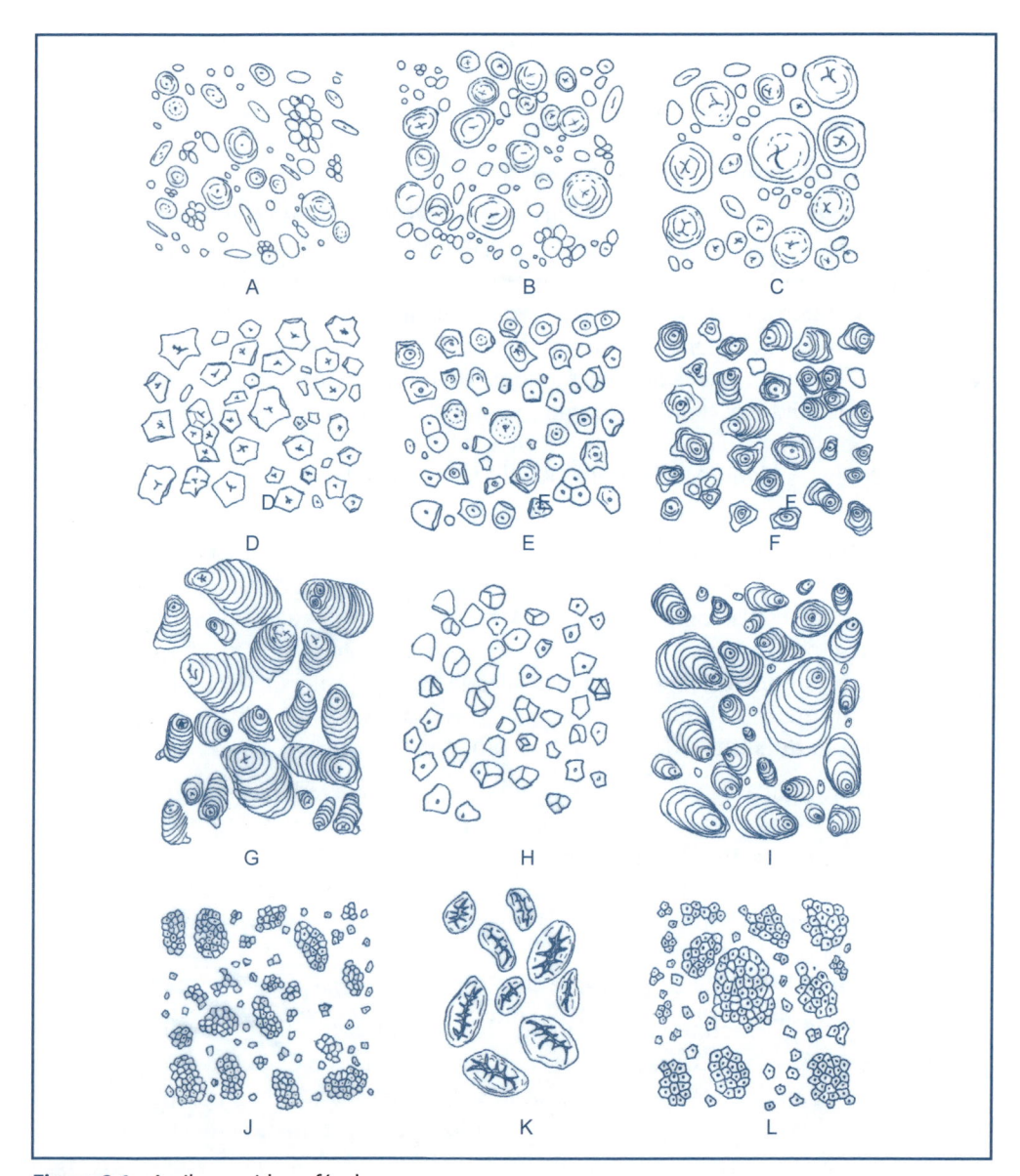

Figura 8.1 – Amilos: amidos e féculas.
(A) Trigo.
(B) Cevada.
(C) Centeio.
(D) Milho.
(E) Mandioca.
(F) Batata doce.
(G) Araruta.
(H) Falsa araruta.
(I) Batata.
(J) Arroz.
(K) Feijão.
(L) Aveia.

8.3 Farinhas

A palavra "farinha" é derivada do latim *farina*, que significa "pó" a que se reduzem os cereais moídos. A maior parte das farinhas, ou melhor, das farinhas clássicas, corresponde a pós desidratados, ricos em amido.

A composição da farinha varia de acordo com a origem do grão ou do órgão vegetal, ou ainda da parte animal, e com os processos tecnológicos de sua fabricação. Especialmente, as farinhas são identificadas pelo exame microscópico.

As farinhas de origem vegetal, basicamente, são de dois tipos: farinhas integrais e farinhas refinadas. As farinhas integrais empregam, na sua elaboração, o órgão inteiro. No caso dos cereais, empregam o grão inteiro, ou seja, as cascas do grão (farelo), a parte interna (o endosperma) e o germe (o embrião). As farinhas refinadas de cereais são constituídas do grão desprovido de casca.

Ao lado das farinhas clássicas ou tradicionais, obtidas de grãos de cereais, nos últimos tempos, tem ocorrido um aumento significativo de outros tipos de farinha. Materiais alimentícios diversos são submetidos à desidratação, moagem e peneiração, originando tipos diversos de farinhas. Com referência aos vegetais, fala-se em farinhas derivadas de órgãos diversos, tais como: sementes, tubérculos, raízes e, mais recentemente, frutas.

As farinhas de vegetais podem ser classificadas ainda conforme a família da planta fornecedora do órgão utilizado na moagem. Assim, temos:

- Farinha de gramíneas ou de cereais (grãos ou cariopses):
  - trigo: *Triticum aestivum* L.; arroz: *Oryza sativa* L.; aveia: *Avena sativa* L.; centeio: *Secale cereale* L.; cevada: *Hordeum sativum* Jess; milho: *Zea mays* L.
- Farinha de leguminosas (sementes de leguminosas):
  - ervilha: *Pisum sativum* L.; feijão: *Phaseolus vulgaris* L.; grão-de-bico: *Cicer arietinum* L.; lentilha: *Lens esculenta* Moench; soja: *Glycine max* L.; feijão guandu: *Cajanus cajan* (L.) Millspaugh; tremoço: *Lupinus albus* L.
- Farinha de solanáceas:
  - batata: *Solanum tuberosum* L. (tubérculo).
- Farinha de convolvuláceas (raiz):
  - batata-doce: *Ipomoea batatas* Lam.
- Farinhas de euforbiáceas:
  - mandioca: *Manihot utilíssima* Grantz (raiz).
- Farinha de marantáceas:
  - falsa araruta: *Maranta ruiziana* Koern (raízes); araruta: *Maranta arundinaceae* L. (raízes).

O Brasil é considerado o terceiro maior produtor de frutas do mundo. Por fruta, entende-se a designação comum aos frutos, pseudofrutos, infrutescências édulas ou comestíveis *in natura*. As frutas, de modo geral, são rapidamente perecíveis. Sua transformação em farinha é uma das maneiras de se evitar o desperdício.

As 15 principais frutas, das quais já se obtêm farinha, mesmo que em escala diminuta, são as seguintes:

▪ Farinha de frutas

1. Abacate: *Persea americana* Miller – *Lauraceae;*
2. Abacaxi: *Ananas comosus* (L.) Merr. – *Bromeliaceae;*
3. Acerola: *Malpighia emarginata* DC. – *Malpighiaceae;*
4. Banana: *Musa acuminata* Colla – *Musaceae;*
5. Caqui: *Diospyrus kaki* L. – *Ebenaceae;*
6. Goiaba: *Psidium guajava* L. – *Myrtaceae;*
7. Jaca: *Artocarpus heterophyllus* L.f – *Moraceae;*
8. Kiwi: *Actinidia deliciosa Liang* Et. Fergunson – *Actinidiaceae;*
9. Maça: *Pyrus malus* L. – *Rosaceae;*
10. Mamão: *Carica papaya* L. – *Caricaceae;*
11. Manga: *Manguifera indica* L. – *Anacardiaceae;*
12. Maracujá: *Passiflora edulis* Sims – *Passifloraceae;*
13. Morango: *Fragarea vesca* L. – *Rosaceae;*
14. Pêssego: *Prunus persica* (L.) Batsch – *Rosaceae;*
15. Uva: *Vitis vinifera* L. – *Vitaceae.*

As farinhas de animais não são empregadas na alimentação humana, sendo destinadas à elaboração de rações para animais. As farinhas de animais mais produzidas são: farinha de carne, farinha de osso, farinha de sangue, farinha de aves, farinha de peixes e farinha de penas.

8.4 Cereais

8.4.1 Arroz

▪ *Oryza sativa* L.
▪ Família *Poaceae* (*Gramineae*)
▪ Parte usada: cariopse ou grão

O grão de arroz, no senso amplo da palavra, é constituído pela cariopse e pela casca. A casca, que envolve a cariopse, é representada por duas glumas (brácteas): a lema e a pálea. A raquila, o eixo de inserção do grão na espiguilha e as lemas estéreis podem estar presentes ou não. A cariopse, na sua maior parte, é formada pelo endosperma e pelo seu embrião. Essas duas partes aparecem envoltas pelo pericarpo, pelo tegumento da semente e pela capa aleurônica, Figura 8.2.

A moagem do grão origina a farinha.

A farinha de arroz pode ser obtida a partir do grão integral, obtendo-se então a farinha de arroz integral. Ela pode ser obtida ainda a partir do grão polido ou brunido, ou seja, do grão isento da casca ou do farelo. Sendo então denominada "farinha refinada".

A farinha de arroz, obtida a partir do grão polido, é branca, fina e sedosa. É conhecida pela fácil digestão, o que a torna indicada para produtos infantis, de idosos e de pessoas com necessidades especiais. Apresenta de 6% a 7% de proteínas, porém não contém glúten.

A farinha obtida a partir do grão integral é um pouco mais escura, passando pelos processos de moagem, classificação granulométrica e tratamento térmico, com o intuito de inativar enzimas.

A farinha de arroz deve ser preservada da mistura com outros cereais, visando à inviabilização de fraudes, já que ela não contém glúten, o que é altamente desejável. O glúten, além de ser não tolerado por pessoas portadoras da doença celíaca, vem sendo associado a sintomas desagradáveis ligados à digestão.

O farelo de arroz, ou fibra, corresponde à película externa da parte comestível do grão. O farelo de arroz tem sido visto como um rejeito, especialmente por se atribuir a ácidos, nele contidos, a propriedade de quelar importantes minerais, privando o organismo humano dessas substâncias. Estudos recentes, entretanto, têm posto em realce uma série de propriedades que colocam essa matéria-prima em evidência na área da nutrição e da saúde. Pode ser empregada no preparo de inúmeros alimentos industrializados, tendo sido apregoada como integrante da "multimistura na Merenda Escolar" (Pnae).

8.4.1.1 Anatomia do Grão ou Cariopse

A cariopse em corte transversal apresenta a seguinte estrutura. O pericarpo apresenta três regiões bem distintas:

- O epicarpo é formado por células alongadas transversalmente, de paredes radiais providas de certa sinuosidade. O mesocarpo é formado igualmente por células alongadas no sentido periclinal e por camada de células cruzadas, integradas por células vermiformes. Há camadas de células tubulares dispostas perpendicularmente à camada anterior.
- O perisperma é formado por células de contorno retangular, alongadas no sentido periclinal. O perisperma é pouco desenvolvido e formado por células de contorno retangular e alongadas no sentido periclinal. O endosperma é recoberto externamente por uma capa aleurônica de células de contorno retangular, quase quadrado.
- O endosperma é amiláceo e constituído por células de paredes celulósicas finas, repletas de grãos de amido de forma característica.
- As glumas (lemas e pálea) apresentam estruturas semelhantes. A epiderme externa apresenta células providas de paredes sinuosas e espessadas, impregnadas de sílica. Pelos tectores unicelulares cônicos podem ser observados nessa região. Abaixo da epiderme externa, o mesofilo é representado por duas regiões. A mais externa é formada por duas a três fileiras de fibras. Seguem-se, em direção à epiderme interna, duas ou três fileiras de parênquima lacunar. Feixes vasculares delicados, típicos das gramíneas, podem ser observados no mesofilo. A epiderme interna é constituída por células de contorno retangular e alongadas no sentido periclinal, e inclui estômatos em sua estrutura.

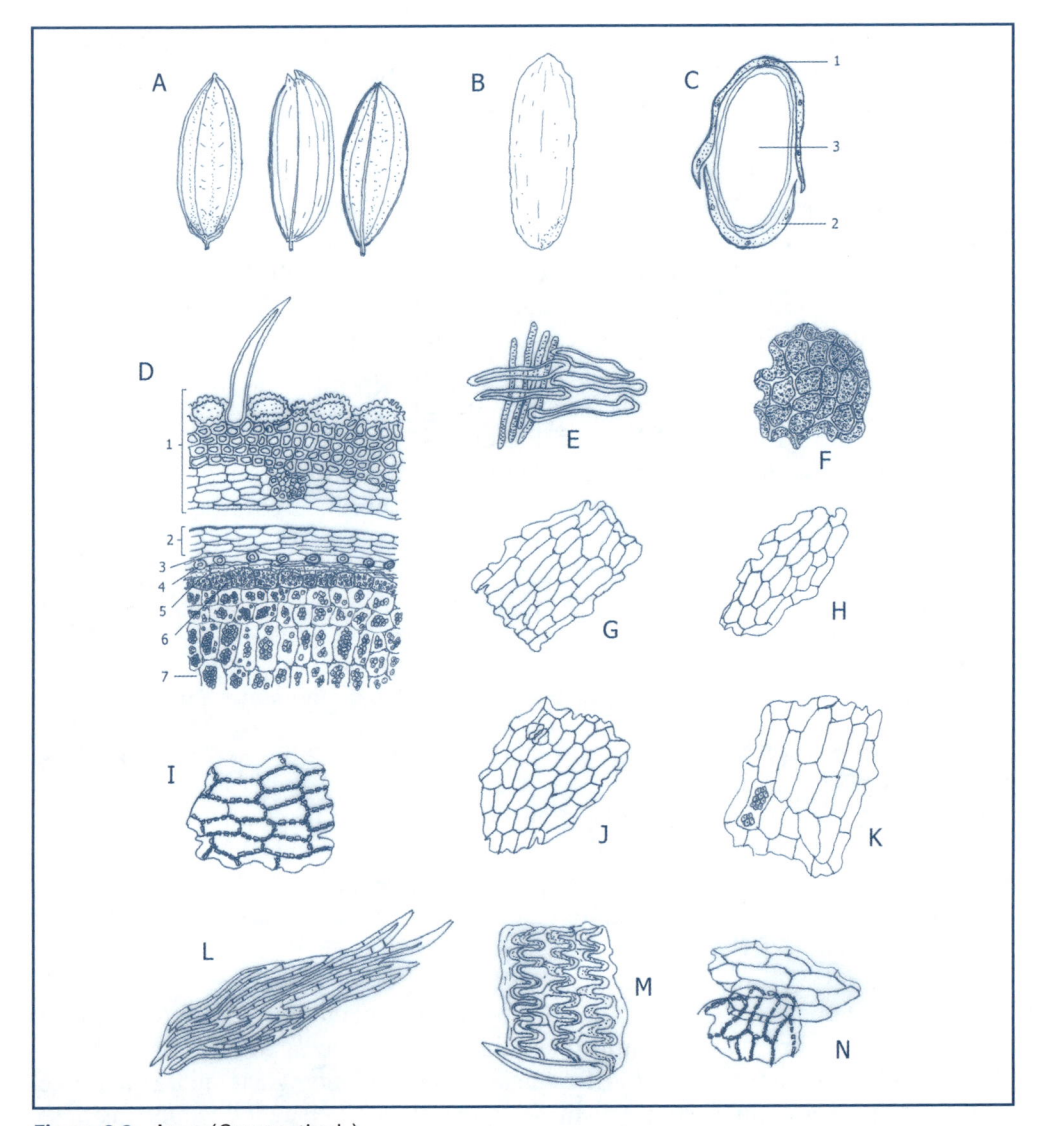

Figura 8.2 – Arroz (*Oryza sativa* L.).
(A) Frutos (cariopse ou grão).
(B) Grão de arroz despido dos envoltórios protetores (grão brunido).
(C) Seção transversal: (1) gluma, (2) pálea, (3) endosperma.
(D) Seção transversal do fruto: (1) pálea, (2) pericarpo, (3) células cruzadas, (4) células tubuliformes, (5) episperma, (6) camada aleurônica, (7) endosperma.
(E) Células cruzadas e tubuliformes.
(F) Camada aleurônica.
(G) Hipoderme.
(H) Episperma.
(I) Perisperma.
(J) Epiderme inferior da pálea.
(K) Células do endosperma.
(L) Fibras da pálea.
(M) Epiderme superior da pálea.
(N) Fragmentos de perisperma.

8.4.2 Aveia

- *Avena sativa* L.
- Família *Poaceae* (= *Gramineae*)
- Parte usada: cariopse ou grão

A aveia é um cereal cujo uso como alimento vem aumentando constantemente na atualidade. No Brasil, a aveia é pouco cultivada. Em função de suas exigências referentes à temperatura, seu cultivo ocorre principalmente no sul dos Estados do Rio Grande do Sul, Santa Catarina e Paraná. A maior parte da aveia consumida no Brasil é proveniente da Argentina, Figura 8.3.

Frequentemente, a aveia aparece constituída por cariopses ou grão envoltos por duas brácteas ou glumelas, denominadas especificamente "lema" e "pálea". Outras vezes, os envoltórios faltam. O grão de aveia, envolto por brácteas, lema e pálea, são denominados "grãos vestidos". Já quando os envoltórios faltam, são denominados "grãos nus" ou "descascados".

A cariopse apresenta forma fusiforme e sua superfície é pilosa, sendo algumas vezes essa pilosidade mais evidente na base. A lema é aristada e dobrada no sentido do eixo longitudinal, à maneira de uma calha, e contém no seu interior a pálea, que é delgada e igualmente dobrada. A aveia é mais frequentemente encontrada no comércio na forma de farinha, farelo e flocos. Entra ainda na confecção de inúmeros alimentos, como pães, papas, sopas, massas (como as de pastelaria), barra de cereais e adicionada ao mel.

Para que a aveia possa ser empregada, ela passa por diversas etapas de processamento que redundam na transformação do grão em farinha, farelo ou flocos. A farinha é obtida pela moagem do grão, seguida da padronização por granulometria. O farelo, por sua vez, corresponde principalmente à casca que envolve o grão, acrescida, algumas vezes, do resíduo de peneiração da farinha. É um alimento saudável e rico em fibras solúveis (betaglucano).

Os flocos de aveia são obtidos a partir de grãos do cereal livres de seus envoltórios e submetidos à decocção; a seguir, à secagem e laminação, e, finalmente, à tostagem.

Os flocos inteiros são empregados como ingrediente de inúmeros alimentos, especialmente de granola. São utilizados também na panificação e na elaboração de barras de cereais. Os flocos médios e de tamanho pequeno são denominados "instantâneos", sendo empregados na elaboração de mingaus e sopas, e para o consumo *in natura*, misturados à fruta.

A granola é uma mistura de cinco cereais: aveia, arroz, trigo, milho e centeio.

8.4.2.1 Anatomia do Grão

Os grãos de aveia apresentam-se envoltos pelas brácteas ou pelas glumas lema e pálea. As brácteas são portadoras de pelos largos, flexíveis, curtos, fortes e rígidos. Os pelos são unicelulares cônicos, de base dilatada, e o lúmen é mais largo que as paredes. A gluma externa, ou lema, tem epiderme portadora de células de paredes ondeadas e providas de pontuação, com depósito de sílica e de lignina. Células semilunares e circulares podem ser vistas entre as células já descritas, e as células circulares aparecem encaixadas nas células semilunares.

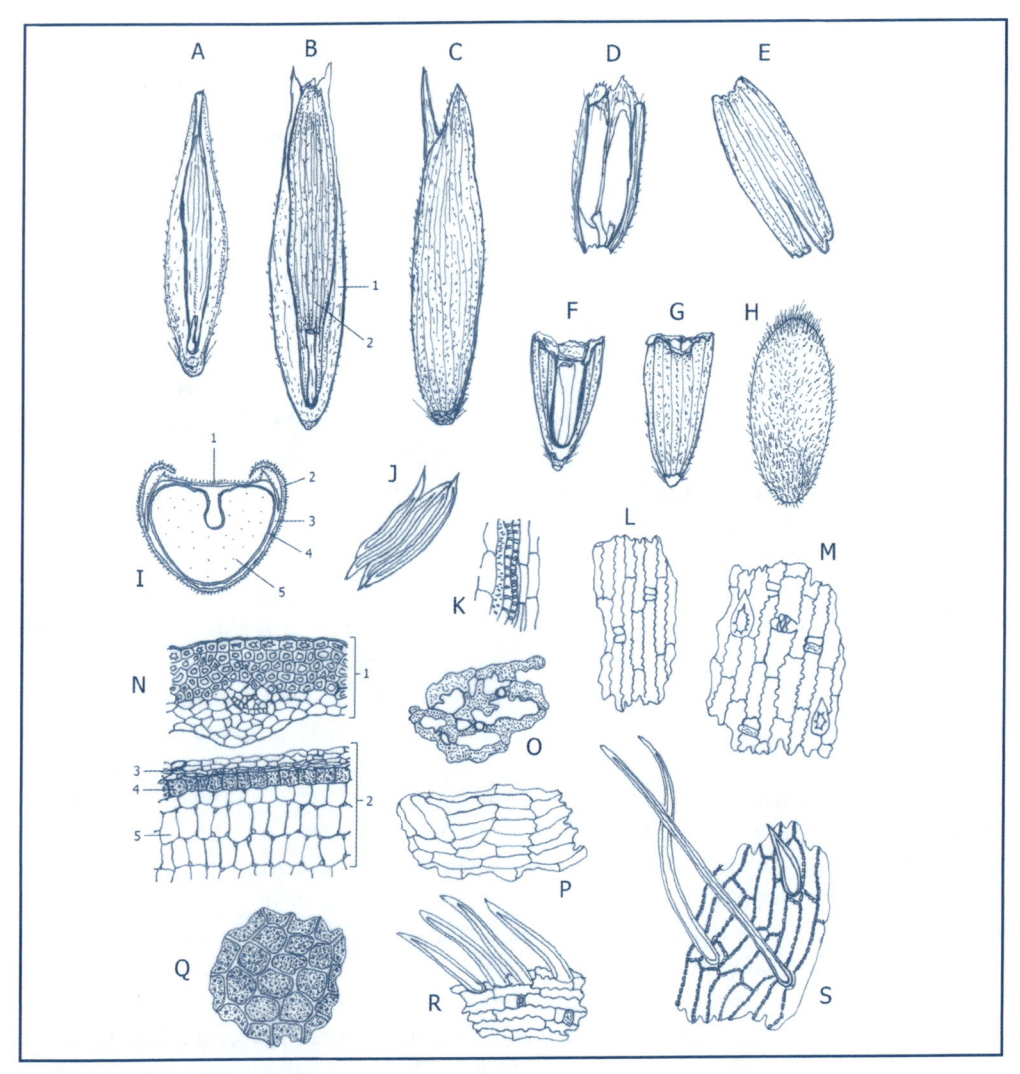

Figura 8.3 – Aveia (*Avena sativa* L.).
(A) Grão, ou cariopse, envolto em glumas.
(B) Cariopse, envolta pelas glumas: (1) gluma externa, (2) gluma interna.
(C) Gluma externa.
(D, E, F e G) Fragmentos de glumas.
(H) Grão, ou cariopse.
(I) Seção transversal de cariopse, ou grão: (1) gluma interna, (2) gluma externa, (3) pericarpo, (4) tegumento da semente, (5) endosperma.
(J) Fibras dos envoltórios.
(K) Fragmento de feixe vascular.
(L e M) Epiderme das glumas.
(N) Seção transversal da cariopse: (1) gluma interna – fibras, feixe vascular e parênquima, (2) grão, (3) tegumento, (4) camada aleurônica, (5) endosperma.
(O) Parênquima esponjoso do mesocarpo.
(P) Espermoderma.
(Q) Camada aleurônica.
(R) Epiderme do envoltório.
(S) Epicarpo.

Abaixo da epiderme, ocorre uma hipoderme representada por quatro a dez camadas de fibras esclerenquimatosas, de paredes lignificadas. O parênquima esponjoso é constituído por um conjunto de células braciformes que, algumas vezes, assumem o aspecto estrelado e que deixam entre si grandes espaços intercelulares. A epiderme interna apresenta características semelhantes à da externa, sendo provida de estômatos típicos das gramíneas. A gluma interna, ou pálea, é em tudo semelhante a gluma externa. A cariopse, ou grão, é externamente formada pelo epicarpo, constituído por uma fileira de células de contorno retangular e alongadas no sentido periclinal. Possui pelos tectores simples com paredes mais grossas que o lúmen. Os pelos podem ser mais compridos ou mais curtos. O mesocarpo, logo abaixo do epicarpo, é constituído por uma camada de células de paredes finas, seguida de uma camada intermediária de células, células cruzadas e células tubulares. A semente cujo tegumento é firmemente aderido ao endocarpo do fruto, é constituída externamente pela camada da testa, pela camada hialina, pelo germe e pelo endosperma. A camada mais externa do endosperma é constituída pela capa aleurônica, seguida do parênquima amilífero, portador de grãos de amido típicos.

8.4.3 Centeio

- *Secale cereale* L.
- Família *Poaceae* (= *Gramineae*)
- Parte usada: cariopse ou grão

O centeio é um cereal originário, provavelmente, da Rússia; cresce ainda em estado silvestre em países da Ásia Central. Sua forma lembra o grão de trigo, sendo um pouco mais comprido e fino. Sua cor varia do amarelo acastanhado ao verde amarelado ou verde acastanhado. É encontrado no comércio na forma de grão inteiro ou de grão quebrado. Farinha, farelo e flocos de centeio são encontrados igualmente no comércio, Figura 8.4.

O centeio é utilizado tanto na alimentação humana como na animal. A farinha de centeio é usada na fabricação de pães e biscoitos, e em misturas de cereais. Os grãos de centeio contêm glúten em sua composição, não sendo recomendados para pessoas celíacas, ou seja, pessoas com intolerância ao glúten. O centeio é bastante usado na fabricação de bebidas alcoólicas.

O grão de centeio não é acompanhado de suas glumelas (lema e pálea). A cariopse, recoberta por pericarpo fino, apresenta forma fusiforme e, algumas vezes, um pouco mais alargada na base, sendo o ápice provido de pilosidade. A secção transversal da cariopse mostra quatro regiões distintas: pericarpo, tegumento da semente, endosperma e germe.

É difícil separar o farelo e o germe do endosperma. A camada aleurônica é constituída por uma única fileira celular, exibindo coloração azulada. O endosperma é caracterizado pela presença de grãos de amilo típicos e apresenta algumas vezes coloração idêntica à da capa aleurônica.

A farinha de centeio é obtida a partir da cariopse inteira. O centeio pode ser encontrado nas formas de grãos inteiros (cariopses), de farinha, de flocos ou de centeio laminado.

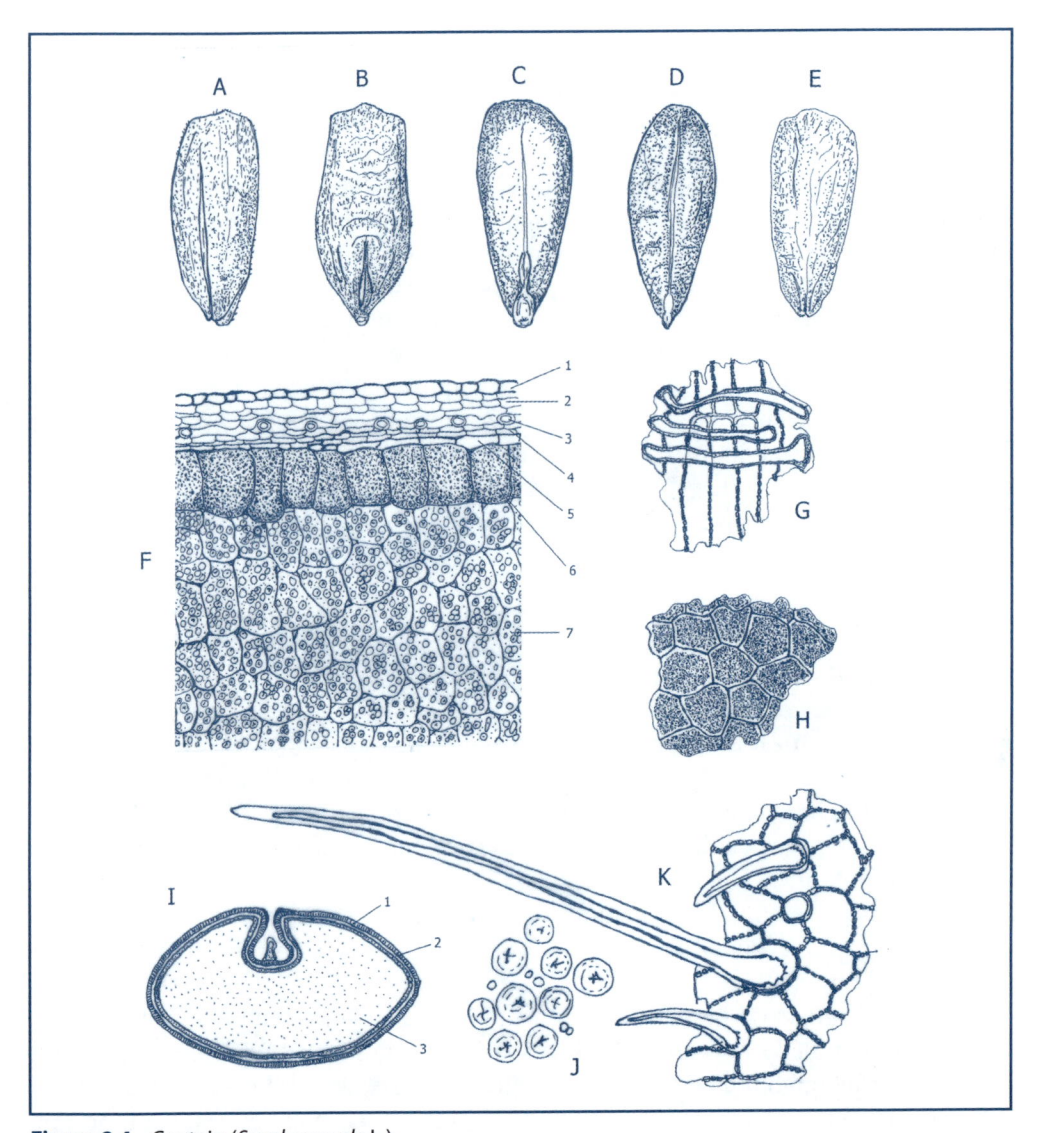

Figura 8.4 – Centeio (*Secale cereale* L.).

(A, B, C, D e E) Cariopses, ou grãos, em diferentes ângulos de visão.

(F) Seção transversal do grão: (1) epicarpo, (2) hipoderma, (3) células tubulosas, (4) células transversais, (5) camada envoltória, (6) capa aleurônica, (7) endosperma.

(G) Células transversais de paredes grossas e células tubulosas.

(H) Camada aleurônica.

(I) Seção transversal do grão: (1) pericarpo, (2) tegumento da semente, (3) endosperma.

(J) Grão de amido.

(K) Fragmento do epicarpo, com células de paredes porosas e pelos tectores típicos.

8.4.3.1 Anatomia do Grão

As células do epicarpo apresentam contorno retangular e são alongadas no sentido periclinal. Essa região possui pelos tectores simples cônicos, com base um pouco dilatada. As paredes do pelo são mais finas que seu lúmen. O mesocarpo é pouco desenvolvido e provido de células parenquimáticas. As células cruzadas apresentam paredes finas e deixam entre si espaços celulares grandes. O endocarpo aparece aderido ao espermoderma. O endosperma acha-se dividido em duas regiões. A mais externa representa a camada aleurônica. A mais interna corresponde ao parênquima amilífero, portador dos grãos de amido típico.

8.4.4 Cevada

- *Hordeum sativum* Jess
- Família *Poaceae* (= *Gramineae*)
- Parte usada: cariopse ou grão

Chama-se cevada o grão ou cariopse das variedades de *Hordeum* vulgare L. (= *Hordeum sativum* Juss.). Provavelmente, ela é oriunda da Ásia Ocidental; foi encontrada nas tumbas antigas do Egito. No Cáucaso, Pérsia e Palestina, pode ainda ser encontrada em estado silvestre. É considerado o cereal mais antigo panificável, Figura 8.5.

A cariopse, ou grão, da cevada é "vestido", ou seja, a gluma e a pálea envolvem intimamente o grão, que tem forma de fuso. As nervuras dessas brácteas são bem visíveis. Um vestígio da arista, do lado apical, pode ser observado às vezes. Possui coloração que varia da brancacenta amarelada à amarela bem escura.

A cevada é rica em fibras solúveis, agindo como reguladora do apetite e no controle da hiperglicemia, por ocasionar sensação de saciedade. Pode ser adicionada a sopas, cremes, iogurtes e grãos, ou transformada em farinha. A cevada torrada é empregada como sucedâneo do café.

Na observação anatômica da cariopse, considera-se a cobertura representada pela lema e pela pálea, que aparecem aderidas a ela. Essas duas brácteas, denominadas "glumas", são semelhantes entre si. Quando vistas em corte transversal, são constituídas de epiderme interna e epiderme externa, que incluem, entre si, a hipoderme e o parênquima esponjoso.

Pelos tectores unicelulares longos podem ser observados sobre a epiderme.

O fruto, ou pericarpo, contém a semente. O pericarpo é constituído por epicarpo; mesocarpo, externamente provido de duas camadas de células cruzadas; e endocarpo, com células tubulares. A camada mais externa da semente é o espermoderma. Logo abaixo, temos o perisperma rudimentar e o endosperma. Esse último tecido apresenta duas regiões: região aleurônica, constituída por quatro camadas celulares, e região amilácea, constituída por diversas camadas celulares. Em um dos lados, localiza-se o embrião.

A cevada é utilizada principalmente, em grãos, para a fabricação de cerveja.

O farelo de cevada é obtido a partir da cariopse separada do seu envoltório protetor. Consiste em forma grosseiramente moída de cevada.

A farinha é obtida da cariopse sem seus envoltórios protetores, porém finamente moída. A farinha de cevada é muito nutritiva e bem digerível.

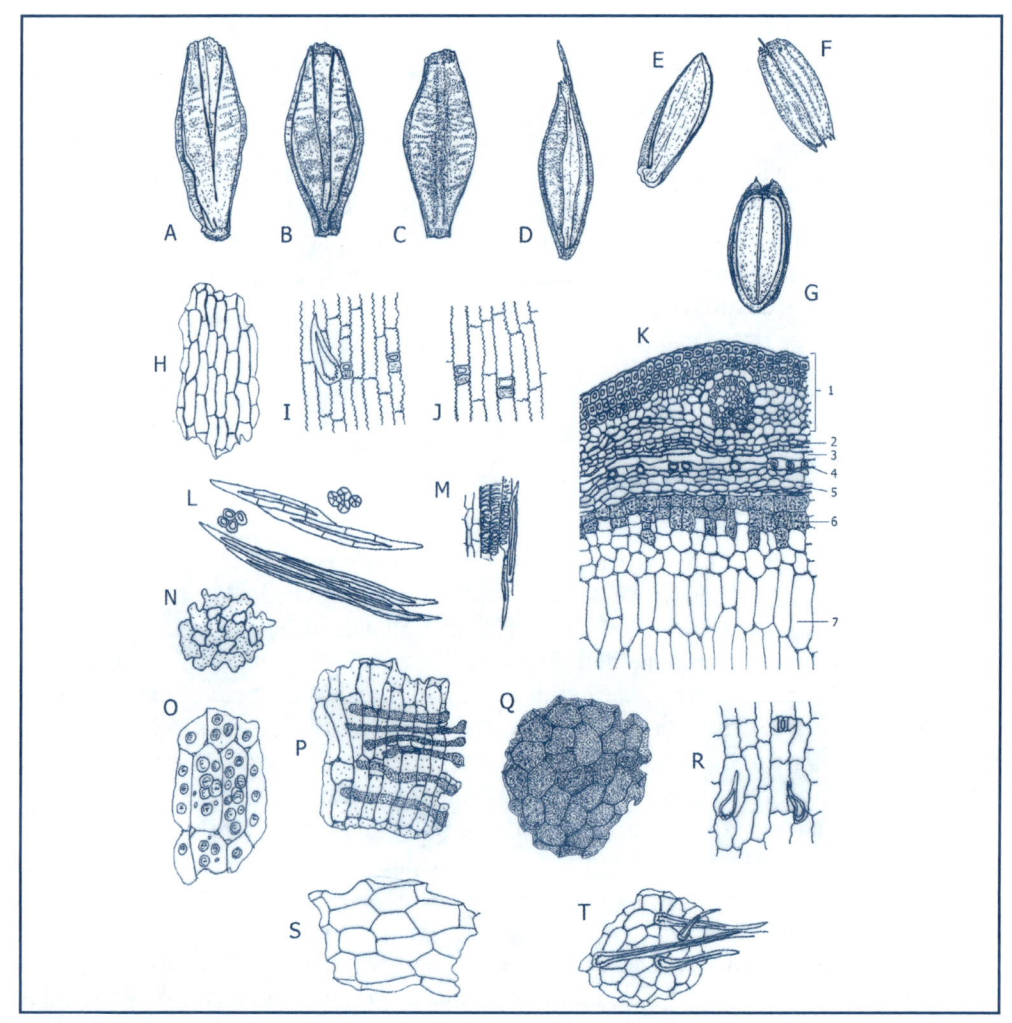

Figura 8.5 – Cevada (*Hordeum sativum* Jess.).
(A e B) Cariopse envolta pelas glumas.
(C) Cariopse.
(D, E e F) Glumas: (1) arista.
(E e F) Glumas separadas do grão.
(G) Grão.
(H) Hipoderme.
(I) Epiderme externa da gluma.
(J) Epiderme interna da gluma.
(K) Seção transversal da gluma e do grão: (1) fibras, feixe vascular e região do parênquima, (2) epicarpo, (3) células transversais, (4) células tubulosas, (5) episperma, (6) camada aleurônica, (7) endosperma.
(L) Fibras.
(M) Fragmento de feixe vascular.
(N) Parênquima esponjoso.
(O) Endosperma.
(P) Células cruzadas e células tubulosas.
(Q) Camada aleurônica.
(R) Epiderme da gluma.
(S) Células transversais.
(T) Epicarpo com pelos tectores.

O malte correspondente à cevada germinada. A cevada é posta para germinar e, finda essa operação, é submetida à secagem e à moagem. O extrato de malte deriva da cevada germinada, seca e moída, extraída com água, contendo, portanto, os componentes hidrossolúveis. O extrato de cevada tem alto valor nutritivo, pois contém açúcares, proteínas, vitaminas e minerais. Apresenta propriedades amilolíticas. A cevada é empregada na elaboração da granola.

8.4.5 Milho

- *Zea mays* L.
- Família *Poaceae* (= *Gramineae*)
- Parte usada: cariopse ou grão

O milho é um cereal nativo das Américas e acredita-se que venha sendo consumido pelo homem desde 5.000 a.C. Já era cultivado pelos ameríndios desde épocas anteriores à chegada dos colonizadores europeus, Figura 8.6.

Hoje, a cultura do milho corresponde a uma das maiores do mundo, sendo os Estados Unidos, a China e o Brasil os maiores produtores.

A cariopse ou grão nu possui a forma de cunha ou é subprismático, apresentando o lado apical plano ou subobtuso, e o lado basal afilado cuneiforme. O pericarpo é rígido e aparece aderido ao tegumento da semente. Apresenta três regiões principais: o pericarpo soldado ao tegumento da semente, o embrião e o endosperma. A região externa do endosperma aparece recoberta pela capa aleurônica. O endosperma é amilífero, apresentando suas células repletas de grãos de amidos típicos.

A cor do grão é, com mais frequência, amarela. Existem, entretanto, grãos vermelhos, pretos, cor-de-rosa e azuis. São pobres em aminoácidos essenciais e ricos em glicídios e lipídios. Contêm vitaminas do complexo B, minerais, como sódio, potássio, cálcio, magnésio, ferro e zinco, além de elementos químicos, como enxofre, fósforo e nitrogênio.

O milho é utilizado na forma de grão, farinha, farelo, fubá e amido; sendo seu maior consumo na alimentação animal, em especial de suínos e aves.

Na alimentação humana, empregam-se produtos derivados da farinha de fubá e do amido, industrializados ou não.

A farinha pode ser integral ou refinada. A farinha de milho é integral quando obtida a partir do grão íntegro ou inteiro. A farinha de milho refinada é obtida do grão cujos pericarpo, tegumento da semente e embrião foram removidos. A farinha de milho é obtida através da torração do grão de milho, previamente macerado, socado e peneirado, seguido ou não de prensagem. Aparece geralmente em forma de flocos. A farinha de milho pode ainda apresentar-se pré-cozida.

O fubá é a farinha de milho obtida a partir da moagem do grão de milho. Diz-se que o fubá é mimoso quando passa por padronização do tamanho das partículas por peneiração.

A sêmola é o nome dado à moagem incompleta do grão de milho. Apresenta-se formada por partículas mais ou menos graduadas do cereal. As partículas são maiores do que as da farinha. A semolina apresenta partículas de tamanho intermediário, entre as da sêmola e as da farinha.

O farelo de milho corresponde ao pericarpo, ao tegumento da semente e ao embrião moídos grosseiramente. Corresponde a um descarte de farinha refinada. O farelo de milho desengordurado é algumas vezes denominado "fubá grosso".

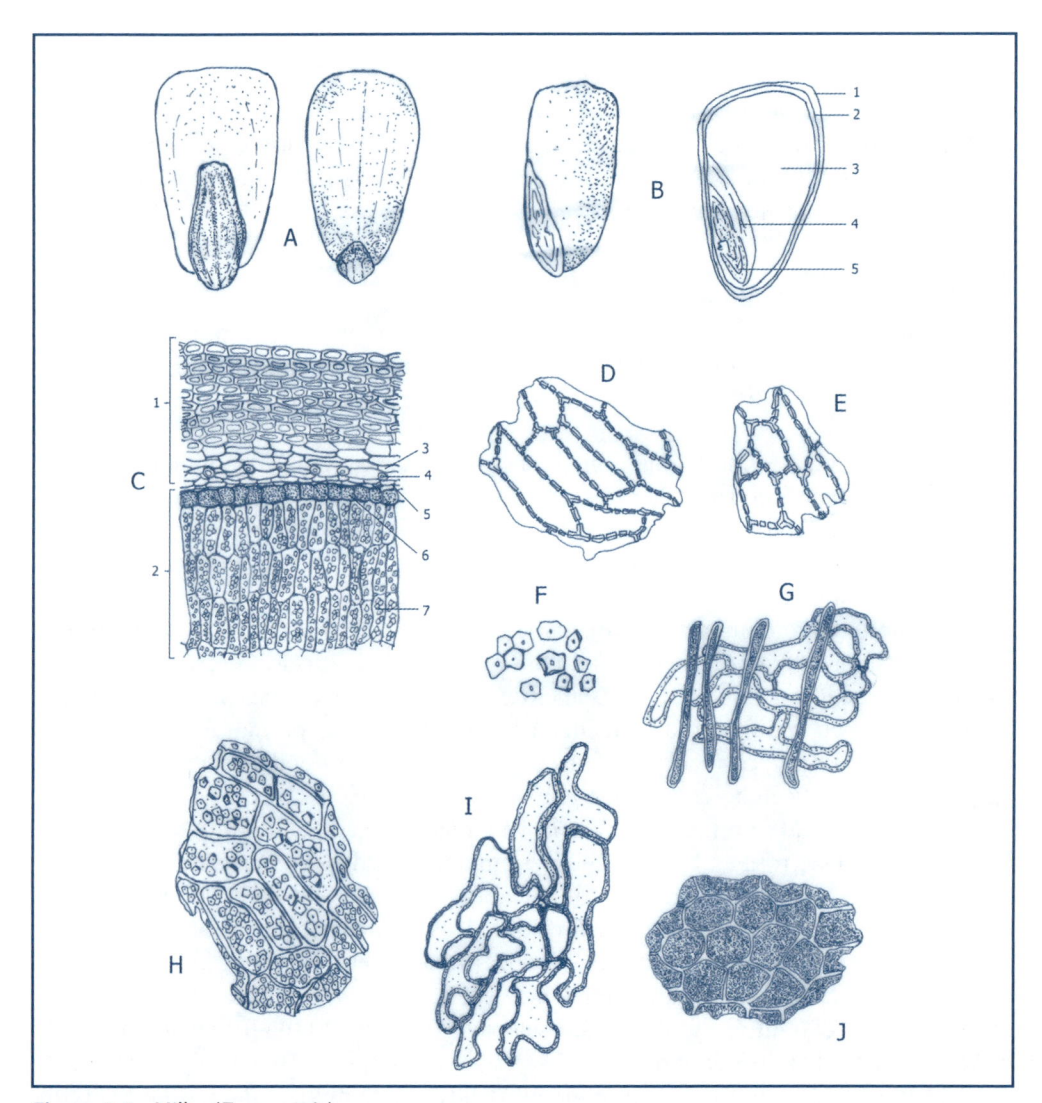

Figura 8.6 – Milho (*Zea mays* L.).
(A) Cariopse inteira.
(B) Cariopse em seção longitudinal: (1) pericarpo, (2) tegumento, (3) endosperma, (4) escutelo, (5) radícula.
(C) Seção transversal da cariopse: (1) pericarpo, (2) semente, (3) células cruzadas, (4) células tubuliformes, (5) tegumento, (6) camada aleurônica, (7) endosperma.
(D) Fragmento de epicarpo.
(E) Fragmento de hipoderme.
(F) Grãos de amido.
(G) Fragmento com células transversais e tubuliformes.
(H) Endosperma.
(I) Células transversais entrelaçadas, deixando espaço intercelular entre si.
(J) Camada aleurônica.

8.4.5.1 Anatomia do grão

O epicarpo, camada mais externa do pericarpo, é formado por células de contorno aproximadamente retangular quando vistas em corte transversal. Essas células apresentam paredes espessadas e aspecto fibroso.

Quase todo o mesocarpo mostra-se fibroso, apresentando, em suas partes mais internas, células cruzadas e ramificadas, que se anastomosam entre si e mostram amplos espaços intercelulares. Células tubulares apresentam-se mais internamente. O endocarpo mostra-se firmemente aderido ao espermoderma, uma camada de células delgadas e alargadas. O perisperma localiza-se, a seguir, sendo representado por uma ou duas fileiras de células não diferenciadas e de aspecto hialino. O endosperma é constituído por uma fileira de células repleta de grãos de aleurona, a capa aleurônica, e pelo parênquima amilífero, bem desenvolvido e caracterizado pela presença de grãos de amido simples, de contorno poligonal e hilo circular, algumas vezes acompanhado de ranhura. O parênquima amilífero, localizado mais internamente, pode apresentar, em algumas variedades de milho, grãos de amido arredondados.

8.4.6 Trigo

- *Triticum aestivum* L.
- Família *Poaceae* (= *Gramineae*)
- Parte usada: cariopse, ou grão

O trigo é originário do Oriente Médio, mais precisamente da Ásia. Foi de grande importância para os povos babilônicos e egípcios desde a mais remota Antiguidade. Já em tempos pré-históricos, o trigo era alimento dos homens. É provável que tenha sido cultivado inicialmente na Mesopotâmia, entre os rios Tigre e Eufrates, e, no Egito, às margens do rio Nilo, Figura 8.7.

As cariopses de trigo são ricas em nutrientes. Os alimentos derivados do trigo contêm carboidratos, vitaminas do complexo B, vitaminas E, ferro, zinco, magnésio e manganês. Além disso, são ricos em fibras, que ajudam no peristaltismo intestinal. O glúten corresponde à proteína que apresenta propriedades especiais, importantes na panificação.

Basicamente, os alimentos derivados do trigo têm como matéria-prima inicial as farinhas, o farelo, a sêmola e a semolina. As farinhas são obtidas pela moagem da cariopse ou grão.

A farinha de trigo integral é proveniente da moagem do grão integral, isto é, onde o pericarpo e o germe estão presentes. Possui tonalidade mais escura. A farinha de trigo especial é obtida do grão limpo, desgerminado e desprovido do pericarpo. Quanto mais branca a farinha, menos pericarpo e germe ela contém. Os germes e o tegumento correspondem à região do grão em que ocorre maior teor de vitaminas, sais minerais e proteínas. A farinha integral, entretanto, é mais difícil de ser conservada. O farelo corresponde ao pericarpo e ao germe moído, acompanhados de pequena parte do endosperma.

A sêmola, por sua vez, é o produto obtido pela trituração do grão limpo e desgerminado, compreendendo partículas que passam pela peneira 20 e ficam retidas na peneira 40. As partículas de sêmola são maiores que as da farinha. A semolina é intermediária em tamanho, entre a sêmola e a farinha. Suas partículas devem passar pela peneira 40 e ficar retidas na 60.

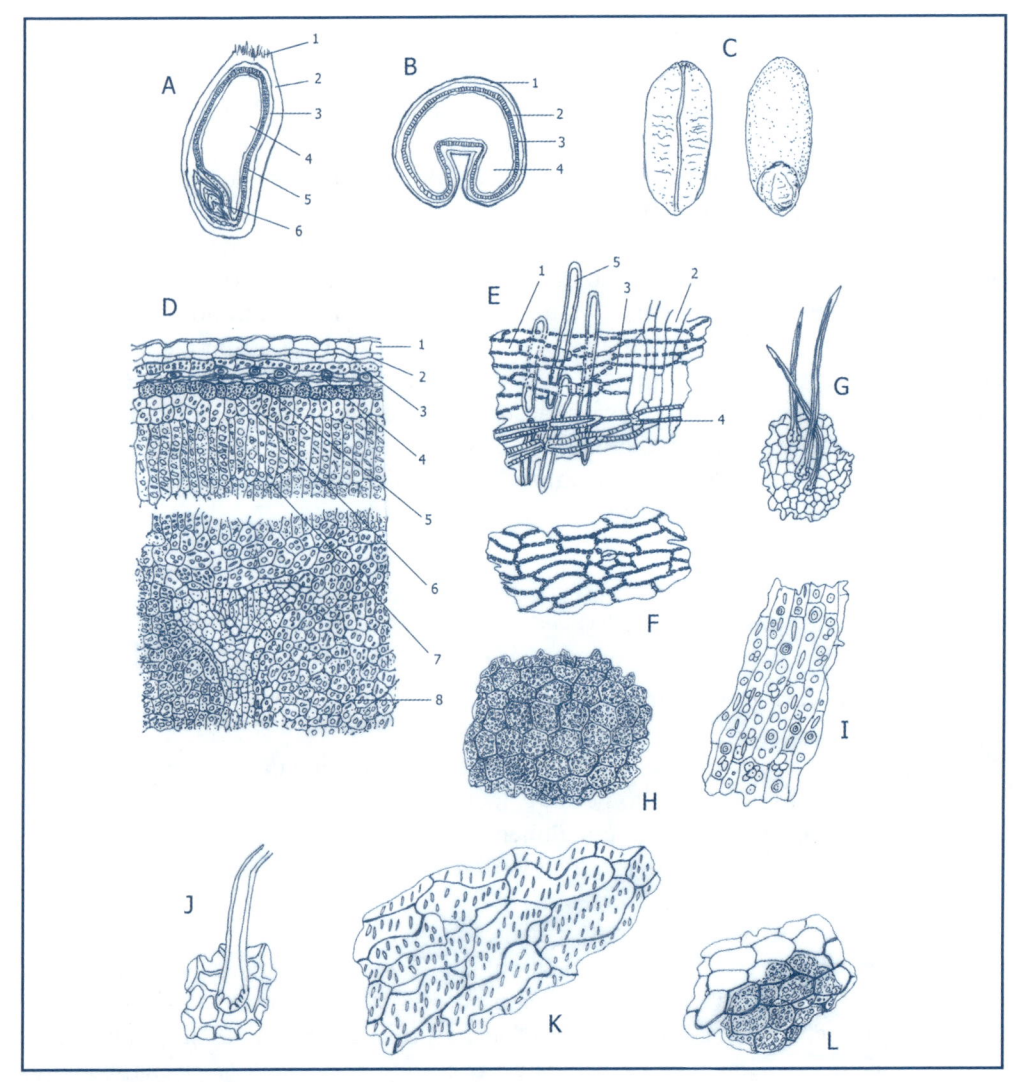

Figura 8.7 – Trigo (*Triticum aestivum* L.).
(A) Seção transversal da cariopse: (1) pincel de pelos, (2) pericarpo, (3) espermoderma, (4) endosperma, (5) camada aleurônica, (6) embrião.
(B) Seção transversal do fruto: (1) pericarpo, (2) espermoderma, (3) camada aleurônica, (4) endosperma.
(C) Cariopse, ou grão.
(D) Seção transversal da cariopse: (1) epicarpo, (2) hipoderme, (3) células cruzadas, (4) células tubulares, (5) espermoderma, (6) camada aleurônica, (7) endosperma, (8) feixe vascular.
(E) Fragmento de tecido, mostrando: (1) epicarpo, (2) tegumento, (3) hipoderme, (4) células cruzadas, (5) células tubuliformes.
(F) Epicarpo com estômato.
(G) Epicarpo com pelos.
(H) Camada aleurônica.
(I) Parênquima amilífero do endosperma.
(J) Fragmento de epicarpo com pelo.
(K) Células cruzadas.
(L) Fragmento mostrando camada aleurônica.

8.4.6.1 Caracterização Macroscópica

O grão de trigo ou cariopse de trigo apresenta formato ovaliforme ou fusiforme, com extremidades arredondadas. O germe acha-se localizado junto a uma das extremidades. A outra extremidade é provida de pilosidade. A região mediana ventral do grão é percorrida por um sulco (sulco longitudinal), que confere ao grão uma forma característica. O lado dorsal apresenta uma quilea pouco evidente e uma depressão junto à base.

8.4.6.2 Caracterização Microscópica

O epicarpo é formado por células de contorno poligonal, possuidoras de paredes grossas, nodosas e pontuadas. Tem pelos curtos e longos, cônicos, providos de paredes mais grossas que o lúmen e providos de região basal, com cavidade onde as pontuações são bem visíveis e características. O mesocarpo apresenta duas regiões visíveis. A mais externa com duas a três fileiras celulares parenquimáticas. A mais interna é formada de células de paredes mais grossas e alongadas e dispostas entre si de forma cruzada.

O endocarpo está formado por células tubulares. O espermoderma é formado por duas camadas celulares de disposição cruzada.

O perisperma é insipiente e envolve o endosperma, que apresenta externamente uma capa aleurônica que recobre um parênquima amilífero possuidor de grãos de amido isolados de forma discoide, isto é, circular quando visto de face e lenticular quando visto de perfil. São eles possuidores de lamelas concêntricas pouco visíveis e de hilo puntiforme central.

8.5 Pseudocerais

8.5.1 Quinoa

- *Chenopodium quinoa* Willd.
- Família *Chenopodiaceae*
- Parte usada: semente

A quinoa é planta nativa da América do Sul, especialmente do altiplano andino. Bolívia, Chile, Colômbia e Peru são países produtores desse grão considerado um dos melhores alimentos de origem vegetal, Figura 8.8.

A quinoa é considerada um pseudocereal, já que somente as cariopses ou grãos das gramíneas são vistos como cereais verdadeiros. Contém uma variedade de aminoácidos em sua composição, inclusive metionina e lisina; aminoácidos essenciais e indispensáveis ao organismo humano. Possui de 11% a 15% de proteínas vegetais. O principal componente da quinoa é o amido cujo teor varia de 50% a 60%.

A quinoa tem sido cultivada na América do Sul desde épocas pré-colombianas. Considerada uma planta símbolo, fazia parte de rituais místicos dos incas, sendo vista como semente milagrosa. É considerada pela FAO como um alimento completo.

A quinoa pode ser consumida na forma de grãos, que devem ser lavados antes do uso para remover as saponinas, que conferem um sabor amargo, prejudicando a palatabilidade. Os grãos lavados podem ser cozidos, amassados, passados por peneira e secos. Esse material pode ser adicionado a sopas, transformado em pasta e incluído em biscoitos, pães e macarrões. O grão pode ser transformado em farinha integral. Nesse caso, ele é primeiramente lavado, depois seco e torrado, sendo, a seguir, submetido à torragem e peneiração, visando padronizar o tamanho das partículas. O grão pode ainda ser transformado em flocos.

8.5.1.1 Caracterização Morfológica do Grão

A semente tem forma arredondada e achatada, de maneira a lembrar um minúsculo botão. Mede cerca de 2 mm de diâmetro, por 0,6 mm de espessura. É quase lisa, apresentando textura suave e sabor agradável, pouco amargo e adocicado. A face da semente é branca (variedade branca) e quase lisa, com estrias finas. A margem da semente é pouco mais escura que a face, sendo igualmente lisa. Junto à margem, possui uma saliência bem característica, que corresponde a uma reminiscência do funículo. A micrópila ou cicatrícula é pouco evidente e localiza-se perto do funículo.

8.5.1.2 Caracterização Microscópica

A semente é derivada de óvulo campilótropo e é do tipo endospermo-perisperma-do. O perisperma é pouco desenvolvido, estando presente exclusivamente na região próxima à micrópila. O embrião localiza-se perifericamente, junto à margem da semente, e é curvo, de maneira a assumir no conjunto uma forma de círculo onde a ápice da radícula fica próxima ao ápice das folhas cotiledonares. É constituído pelo eixo hipocótilo-radicular, encimado pelos dois cotilédones. As células do embrião possuem parede celulósica fina e secção transversal aproximadamente isodiamétrica. Os grãos de aleurona e os grãos de amido podem ocorrer nessa região.

A região central da semente é ocupada pelo endosperma, representado pelo parênquima amilífero, contendo grãos de amido isolados e grãos de amido agregados.

A semente é recoberta por duas fileiras de células remanescentes do pericarpo. A camada mais externa apresenta células que lembram o contorno de um grão de feijão, com a curvatura maior voltada para o lado de fora. A camada mais interna é constituída de células de contorno retangular, bastante alongadas no sentido periclinal.

O tegumento da semente é reduzido e constituído por duas camadas celulares. As células da camada mais externa têm contorno retangular e apresentam cristais prismáticos de oxalato de cálcio e grãos de amido. As células da camada mais interna são menores do que as da camada anterior e apresentam contorno retangular e são alongadas no sentido periclinal.

As células de epicarpo, quando vistas de face, apresentam contorno poligonal. As localizadas mais externamente são retangulares e alongadas radialmente de formas ao comprimento medir de quatro a cinco vezes a largura. À medida que essa camada aproxima-se do centro da estrutura, suas células adquirem contorno poligonal. A epiderme, quando vista de face, apresenta células retangulares, de contorno sinuoso.

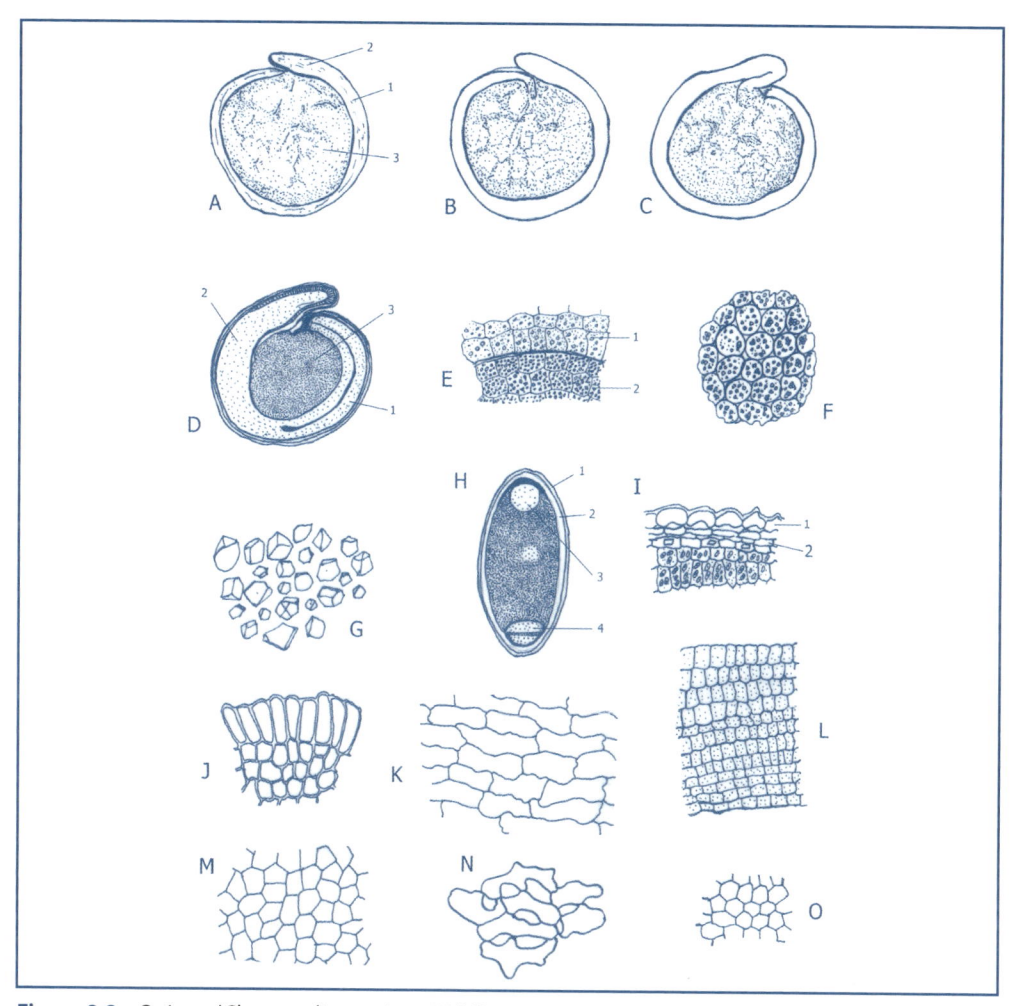

Figura 8.8 – Quinoa (*Chenopodium quinoa* Willd.).
(A) Semente: (1) margem saliente, (2) reminiscência do funículo, (3) face semiplana.
(B e C) Semente vista de face.
(D) Seção paradérmica da semente, mostrando o embrião curvo, de disposição marginal:
(1) cotilédones, (2) eixo radículo-caulicular, (3) região do endosperma.
(E) Fragmento: (1) células perispérmicas, (2) endosperma.
(F) Parênquima do endosperma.
(G) Grão de amido.
(H) Seção transversal da semente: (1) remanescentes do pericarpo, (2) tegumento da semente,
(3) eixo radículo-caulicular, (4) cotilédones.
(I) Parte externa, que recobre a semente, formada por células remanescente do pericarpo: (1) células
da camada externa cuja forma lembra a de um grão de feijão, camada mais interna, constituída
por células de contorno retangular, (2) tegumento da semente, com células que contêm cristais
prismáticos de oxalato de cálcio.
(J) Células do pericarpo.
(K) Células da cobertura da semente, vistas de face (remanescentes do epicarpo).
(L) Parênquima amilífero do endosperma, contendo amido.
(M) Células do episperma, vistas de face.
(N) Células do parênquima esponjoso.
(O) Células epidérmicas.

8.5.2 Amaranto

- *Amaranthus hipocondriacus* L., *Amaranthus cruentus* L., *Amaranthus caudatus* L.
- Família *Amaranthaceae*
- Parte usada: semente

Três são as principais espécies de amaranto consideradas pseudocereais e usadas na alimentação, mais precisamente as três espécies acima referidas. O cultivo dessas espécies data, segundo estimativas de diversos pesquisadores, de cerca de 700 anos atrás. Acredita-se que os maias foram os primeiros cultivadores dessas espécies, seguidos dos incas e dos astecas. As espécies *Amaranthus hipocondriacus* L. e *Amaranthus cruentus* L. são originárias do México e da Guatemala. Já a *Amaranthus caudatus* L. é originária da América do Sul, da região andina, Figura 8.9.

As sementes das três espécies de amaranto caracterizam-se por seu elevado teor de proteínas, entre 14% a 18%, bem mais que o dos cereais verdadeiros. Possuem, além disso, cerca de 60% do seu peso em amido e cerca de 10% em lipídios.

Os amarantos são usados em sua forma natural ou transformados em farinha integral. Bem menos frequente é o uso da farinha refinada. Também é usado integral ou em forma de farinha na elaboração de sopas, macarrões, barras energéticas, biscoitos e saladas.

8.5.2.1 Caracterização Macroscópica

São sementes de tamanho reduzido, de forma arredondada e medindo de 2 a 3 mm de diâmetro. Apresentam forma que lembra a da ervilha e possuem coloração que varia do amarelo-claro ao bege. As sementes de *Amaranthus hipocondriacus* L. possuem coloração creme claro ou amarela dourada, e medem aproximadamente 1,5 mm de diâmetro e possuem forma lenticular. O embrião é periférico, disposto em círculo e margeando a borda de semente; tem o ápice dos cotilédones, próximo ao ápice da radícula. O tegumento da semente é pouco saliente e junto à margem da semente, originando um halo. A superfície central é lisa e, algumas vezes, transparente. Existe diferença de tonalidade entre o halo periférico, relacionado com o embrião, e a parte central, que é mais clara. A região da micrópila e do hilo não é facilmente observada, correspondendo a micrópila a uma pequena depressão arredondada.

8.5.2.2 Caracterização Microscópica

O tegumento da semente do amaranto é fino, formado por poucas fileiras de células. Quando a semente é submetida à moagem, o episperma, visto de face, é constituído por uma camada de células de contorno aproximadamente poligonal e de paredes um pouco espessada. As células localizadas abaixo dessa camada celular apresentam paredes finas e, quando vistas de face, mostram contorno poligonal e tamanho um pouco maior do que as da camada anteriormente descrita, e são finamente estriadas.

A região do endosperma é reduzida e contém inclusões de proteínas e grãos de aleurona, formados por matriz proteica e globoide de fitina.

Os grãos de amido estão estocados na região do perisperma, que ocupa a parte central da semente, envolvida pelo embrião. O endosperma não é amiláceo. As células do perisperma que contêm os grãos de amido apresentam paredes finas e são aproximadamente isodiamétricas.

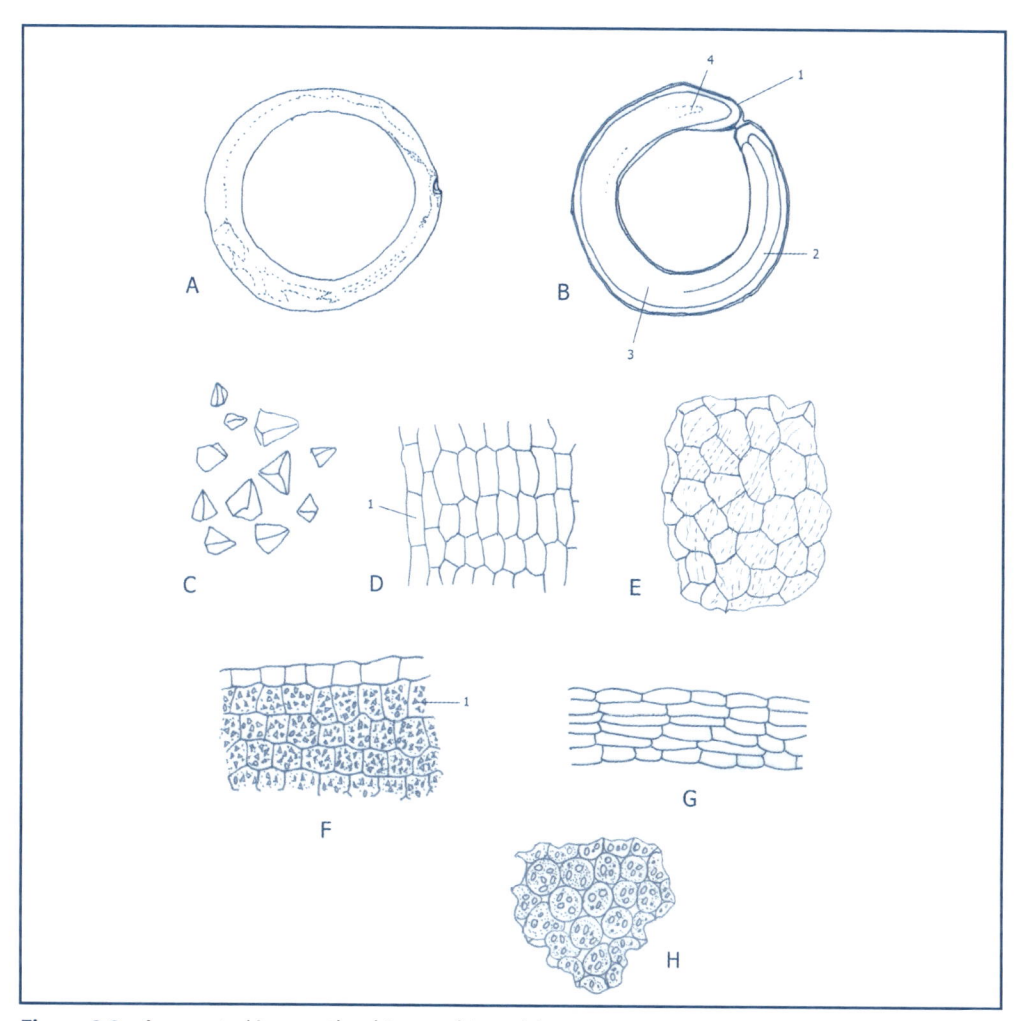

Figura 8.9 – Amaranto (*Amaranthus hipocondriacus* L.).
(A) Semente, vista de face.
(B) Seção paradérmica da semente, mostrando embrião curvo: (1) micrópila, (2) cotilédones, (3) eixo radículo-caulicular, (4) radícula.
(C) Grãos de amido.
(D) Tegumento da semente: (1) visto de face.
(E) Hipoderme, vista de face, provida de estrias.
(F) Perisperma amilífero: (1) células contendo amido de forma piramidal e grãos de aleurona.
(G) Epiderme dos cotilédones.
(H) Parênquima do embrião, contendo reservas.

As células do embrião apresentam forma variada, quase sempre com contorno arredondado ou retangular, ora alongado no sentido anticlinal, ora no sentido periclinal. Apresentam corpúsculos proteicos e gotículas de óleo. Cordões procambiais podem ser percebidos no eixo hipocótilo-radicular e nos cotilédones.

Os grãos de amido de *Amaranthus hypochondriacus* L. são de tamanho reduzido e forma poligonal.

8.5.3 Trigo-Sarraceno

- *Fagopyrum esculentum* Moech.
- Família *Polygonaceae*
- Parte usada: fruto do tipo aquênio

Originários provavelmente da Ásia Central, os frutos do trigo-sarraceno, também conhecido como trigo-mourisco ou *buckwheat*, são do tipo aquênio e não do tipo cariopse ou grão característico dos cereais. Eles, entretanto, são igualmente ricos em amido, cujo teor alcança cerca de 70% do peso do fruto, e rico em proteínas, que, por sua vez, alcançam cerca de 13%. Graças a isso, o aquênio de *Fagopyrum esculentum* Moech, de tamanho diminuto e forma que lembra a de uma semente, é classificado como um pseudocereal. De sua composição, fazem parte ainda vitaminas B_1, B_2, B_6, E e P (bioflavonoides, como a rutina) e minerais, como potássio, magnésio, cálcio e ferro; também a presença de fósforo e de flúor também foi constatada. Por outro lado, seus frutos não contêm glúten, como a maioria dos cereais verdadeiros, sendo seu uso indicado como alimento para pessoas portadoras de doença celíaca. Em função do seu conteúdo em fibras, cerca de 3% de seu peso, e da digestibilidade do amido, seu uso é igualmente recomendado para pessoas diabéticas, Figura 8.10.

O trigo-sarraceno é encontrado no comércio sob a forma de farinha integral ou refinada. É encontrado também na forma de "grão" inteiro ou grosseiramente fragmentado – quirera de trigo-sarraceno – e, ainda, como semolina. Com esses materiais são elaborados pães, crepes, papas, macarrões, pastéis, tortas e outras especialidades.

8.5.3.1 *Caracterização Macroscópica*

O fruto de *Fagopyrum esculentum* Moench mede, na maioria das vezes, de 3 a 65 mm de comprimento. Apresenta forma subpiramidal e apresenta-se provido de três alas. Cada uma das faces laterais da pirâmide, quando o frutículo está com a base voltada para cima, lembra o contorno simbólico de um coração. A região basal, quando observada com auxílio de lupa, mostra-se obtusa e triangular, e, no centro, com restos remanescentes do cálice, de coloração amarelo amarronzado, mais escuros que o restante do frutículo. As faces apresentam-se amareladas e pergamináceas, e providas de estrias finas, esparsas e dispostas transversalmente. O aquênio, quando cortado transversalmente, ao nível mediano, apresenta contorno obtuso triangular. O pericarpo do aquênio é representado por uma linha escura que envolve a região mais clara, interiormente. A semente é proveniente do óvulo ortótropo. O embrião é foliáceo e encontra-se com os cotilédones, enrolados uns sobre os outros, e com parte das margens, dispostas de forma a lembrar uma hélice.

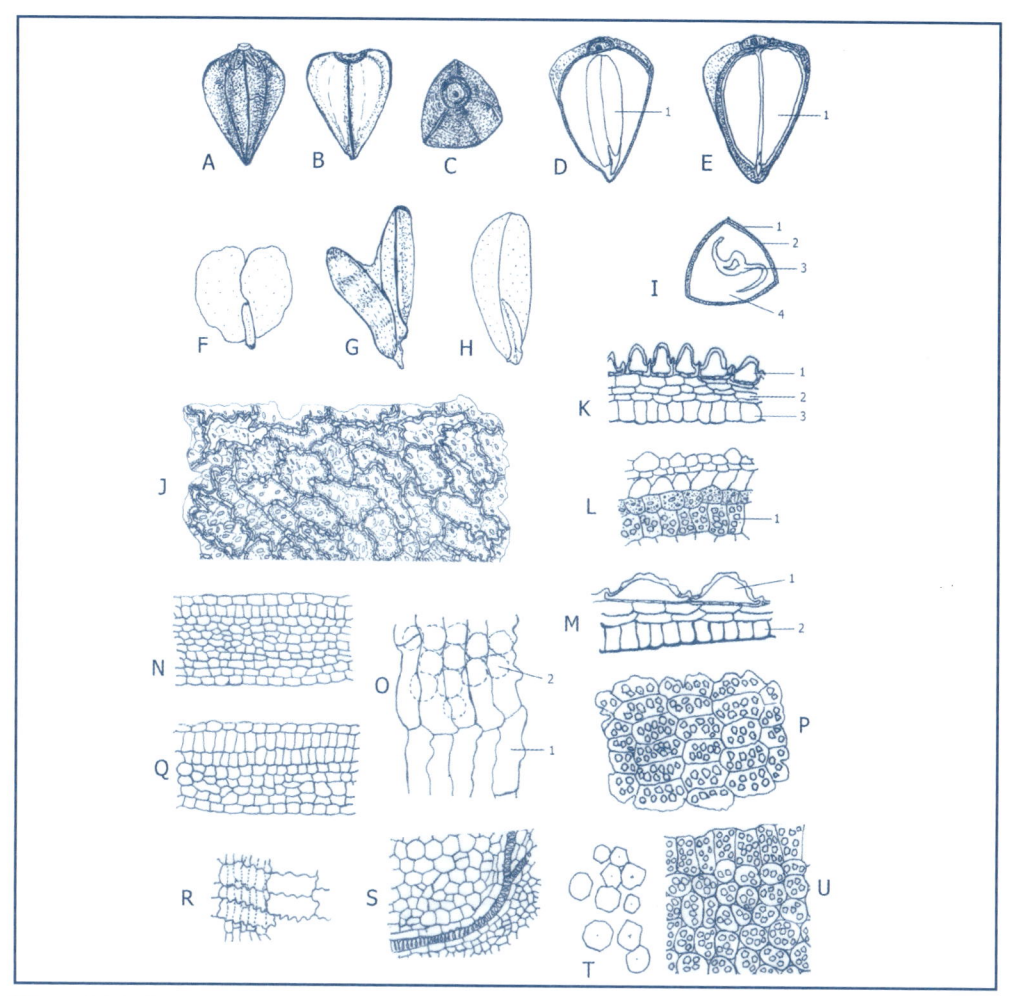

Figura 8.10 – Trigo-sarraceno (*Fagopyrum esculentum* Moech).
(A e B) Frutos de forma piramidal.
(C) Região basal, vista de face.
(D e E) Seções longitudinais do fruto: (1) embrião.
(F) Embrião.
(G) Pericarpo e tegumento da semente.
(H) Embrião.
(I) Seção transversal do aquênio: (1) pericarpo, (2) tegumento da semente, (3) embrião, (4) endosperma.
(J) Episperma.
(K) Corte transversal do aquênio: (1) epicarpo, (2) mesocarpo, (3) endocarpo.
(L) Tegumento da semente: (1) parênquima amilífero.
(M) Tegumento da semente: (1) episperma, (2) camada em paliçada.
(N) Cotilédone cortado transversalmente.
(O) Epiderme cotiledonar, vista de face, mostrando em segundo plano, a camada paliçádica, por transparência: (1) epiderme, (2) paliçada.
(P) Parênquima amilífero.
(Q) Cotilédone cortado transversalmente.
(R) Epiderme dos cotilédones.
(S) Seção longitudinal de feixe vascular do cotilédone.
(T) Grãos de amido.
(U) Parênquima amilífero.

8.5.3.2   Caracterização Microscópica

O pericarpo é bastante fino e desprende-se com facilidade. À epiderme, vista em corte transversal, mostra-se formada por células de aspecto mamelonado. Essas células são mais largas na região central da semente. Quando observado paradermicamente, o episperma se apresenta constituído por células de contorno sinuoso e de paredes um tanto espessas, exibindo pontuações evidentes.

O tegumento da semente, além da camada descrita, inclui três a quatro camadas celulares alongadas no sentido periclinal, exceto a camada mais interna, que lembra uma curta paliçada.

O embrião é formado pelo eixo hipocótilo-radicular e pelas folhas cotiledonares. Apresenta localização central e seus cotilédones mostram-se parcialmente enrolados, com margens livres que dão ao conjunto, quando cortado transversalmente, o aspecto de hélice. As folhas cotiledonares, quando vistas em cortes transversais, apresentam-se com epiderme (protoderme) formada por células de contorno retangular, alongadas no sentido periclinal. Essa fileira celular, quando vista paradermicamente, apresenta células sinuosas e alongadas no sentido do eixo maior da folha cotiledonar. O mesofilo é constituído de seis a oito camadas celulares, sendo, geralmente, as duas camadas mais externas dispostas em paliçadas. O endosperma é amilífero, sendo suas células aproximadamente isodiamétricas. Essas células apresentam-se repletas de grão de amido de forma poligonal ou arredondada.

8.6   Órgãos Subterrâneos

8.6.1   Batata

- *Solanum tuberosum* L.
- Família *Solanaceae*
- Parte usada: tubérculo

A batata, um caule subterrâneo tuberoso denominado "tubérculo", é um órgão de planta de origem sul-americana. É originária do Nordeste e do Norte do Brasil e da região andina, especialmente Peru e Bolívia, Figura 8.11.

Graças à sua composição, palatabilidade e grande capacidade de adaptação, logrou atualmente ser o quarto alimento mais consumido no mundo e uma das culturas em expansão. China, Rússia, Índia e Estados Unidos são os maiores produtores mundiais. No Brasil, os maiores Estados produtores são Minas Gerais, São Paulo e Paraná.

A batata é um alimento energético. Seu peso seco corresponde a 25% do peso do tubérculo, distribuído da seguinte maneira: 25% de glicídios, 1,2% de cinzas e 73,8%

de água. Além dessas classes de substâncias, a batata contém vitamina A, vitamina C, vitamina B_1 (tiamina), vitamina B_2 (riboflavina), niacina, vitamina B_6 (piridoxina) e ácidos fólicos. Possui ainda cálcio, magnésio, sódio, potássio, ferro, zinco, manganês, alumínio, lítio e cobalto, além de bromo, iodo, cloro, enxofre e boro. Destaca-se ainda o fato de, na batata, não ocorrer glúten nem colesterol.

As batatas podem ser utilizadas cozidas, assadas e fritas, na forma de tiras ou rodelas. Podem ainda ser usadas após o processo de industrialização, na forma: de farinha integral e refinada, torrada ou crua; de flocos (destinados à obtenção de purês); de fécula de produtos extrusados, como amido pré-gelatinizado; farinha instantânea; *snacks* (refeições rápidas); sopas, macarrões, biscoitos, *chips*, pães de batata e batata palha.

8.6.1.1 Caracterização Macroscópica

A batata é um tubérculo ovaloide ou oval alongado, achatado no sentido do eixo menor. A casca pode se apresentar amarela ou avermelhada, dependendo da variedade ou do cultivar considerado. A preferência dos consumidores recai sobre as variedades amarelas.

A casca fina é constituída por poucas camadas celulares. A superfície é ligeiramente pulverulenta, livre geralmente de terra e sujidades. Sobre a superfície, nota-se a presença de inúmeras depressões bem visíveis a olho nu, nas quais, na região central, notam-se cicatrizes ou fragmentos de gemas, removidos durante o processo de escovação ou lavagem. Recomenda-se que o armazenamento seja feito em lugares ao abrigo da luz, para evitar a coloração esverdeada decorrente do desenvolvimento de cloroplastos. Lenticelas de tamanho diminuto e coloração escura, em pequenas saliências, também podem ser observadas.

As batatas medem, com frequência, cerca de 10 cm de comprimento, por cerca de 7 cm de largura e 3 a 4 cm de altura.

8.6.1.2 Caracterização Microscópica

Seções transversais da túbera, umedecidas com floroglucina clorídrica ou pela solução de safranina, põem em evidência quatro tipos de estrutura, a saber: casca, formada por algumas células epidérmicas e por células suberosas (três a cinco camadas celulares), entre as quais células frouxas correspondentes às lenticelas; parênquima cortical bem desenvolvido, constituído por células de contorno retangular que aumentam de tamanho em direção ao centro da estrutura tornam aproximadamente isométricas. Essas células estão em continuidade com as células do parênquima medular e são plenas de grãos de fécula, possuidores de forma característica.

Na região cortical, envoltos pelo parênquima, nota-se a presença de feixes fibrovasculares.

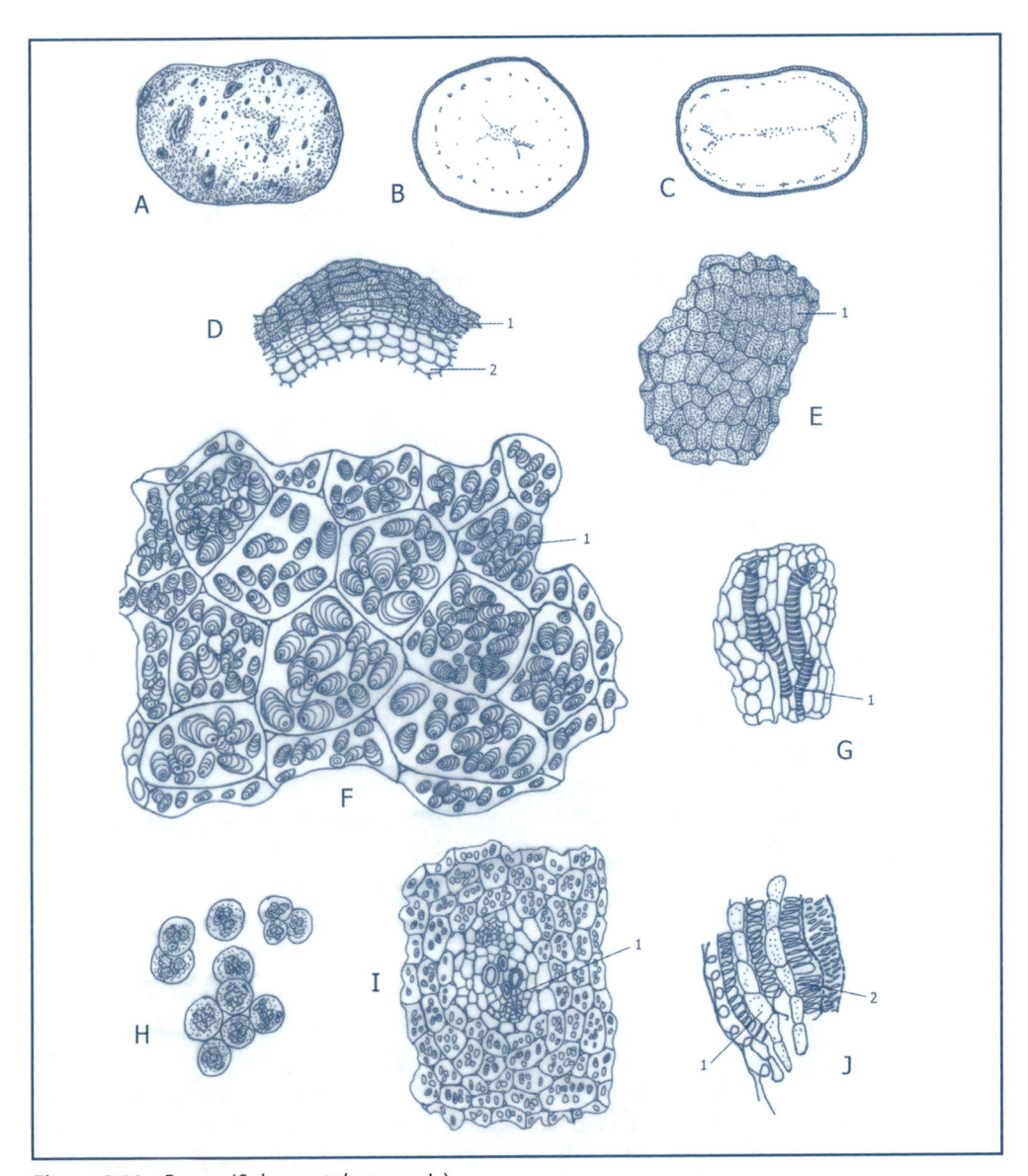

Figura 8.11 – Batata (*Solanum tuberosum* L.).
(A) Tubérculo inteiro.
(B) Seção transversal do tubérculo.
(C) Seção longitudinal do tubérculo.
(D) Seção transversal da parte externa do tubérculo, mostrando: (1) súber, (2) parênquima.
(E) Seção paradérmica do súber: (1) súber, visto de face.
(F) Parênquima amilífero: (1) grão de amido.
(G) Corte longitudinal de região de feixe vascular: (1) xilema.
(H) Células do parênquima amilífero, dissociadas por cocção.
(I) Parênquima amilífero, envolvendo o feixe vascular: (1) feixe vascular bicolateral.
(J) Feixe vascular cortado longitudinalmente: (1) floema, (2) xilema.

8.6.2 Batata-doce

Ipomoea batatas (L.) Lam.
Família *Convolvulaceae*
Parte usada: raiz tuberosa (tubérculo misto de caule e raiz)

A *Ipomoea batatas* (L.) Lam., denominada, no Brasil, pelos nomes vulgares "batata-doce" e "batata-da-terra", é uma planta de caule sarmentoso, prostado ou rastejante e, raramente, trepador volúvel. Originária da América do Sul, provavelmente da região Andina, difundiu-se da Colômbia para a América Central, especialmente para o México, e para o Norte e Nordeste do Brasil, e daí para o resto do mundo. Alguns estudiosos, entretanto, acreditam que a origem da batata-doce seja africana, tendo daí migrado para as Américas, Figura 8.12.

Seu uso data de mais de 10.000 anos. Sua presença foi constatada na península de Yucatán e na caverna Vale Chilka Canyon, através de fósseis. Tanto a raiz tuberosa da batata-doce como suas folhas ganharam importância quanto ao uso. Existem diversas maneiras de uso dessas partes vegetais. Japão e Estados Unidos, atualmente, correspondem aos dois maiores produtores mundiais, segundo dados do IBGE; o Brasil ocupa o décimo primeiro lugar na classificação de produtores mundiais. Bahia, Rio Grande do Sul e Santa Catarina são os Estados que mais produzem essa raiz tuberosa no Brasil, apesar de ser cultivada em todos os Estados do Brasil.

Corresponde a uma ótima fonte de nutrientes. É rica em açúcares e amido, sendo, em decorrência disso, altamente energética. Contém sais minerais e vitaminas A e C, e vitaminas do complexo B. É boa produtora do aminoácido essencial metionina. São consumidas após o cozimento, diretamente ou transformada em purê, ou ainda cortadas em fatias ou palitos, seguidos de fritura. As batatas-doces são ainda utilizadas na confecção de doces e salgados, tais como doces em massa, doces em pasta, doces glaceados, pudins, tortas, amidos, farinhas, farelos, pães, bolos, biscoitos e biscoitos crocantes.

As batatas-doces, além de serem usadas na alimentação humana, são empregadas também em rações animais.

8.6.2.1 *Caracterização Macroscópica*

A batata-doce é uma raiz tuberosa, com forma que varia da fusiforme à subglobosa, prevalecendo a primeira. Trata-se, na verdade, de um órgão misto, já que o extremo apical é de natureza caulinar. Mede, quando bem desenvolvida, de 15 a 20 cm de comprimento, por 5 a 10 cm de grossura. Sua superfície é recoberta por uma casca quase lisa, na qual se observam alguns sulcos transversais e cicatrizes crateriformes, arredondadas ou lenticulares, resultantes da queda de raízes secundárias. A tonalidade da casca varia entre branca, rosada, roxa e alaranjada, em decorrência da variedade considerada.

A seção transversal do órgão, ao nível mediano, mostra uma superfície arredondada, quase circular, e delimitada externamente por uma linha mais escura, representativa do súber. A casca, essa película envolvente, possui cerca de 2 mm de espessura. Umedecendo-se a superfície com floroglucina clorídrica, nota-se externamente a presença de linhas pontilhadas, distribuídas radialmente, e, na região central, uma série de pontos rosados dispostos de forma condensada.

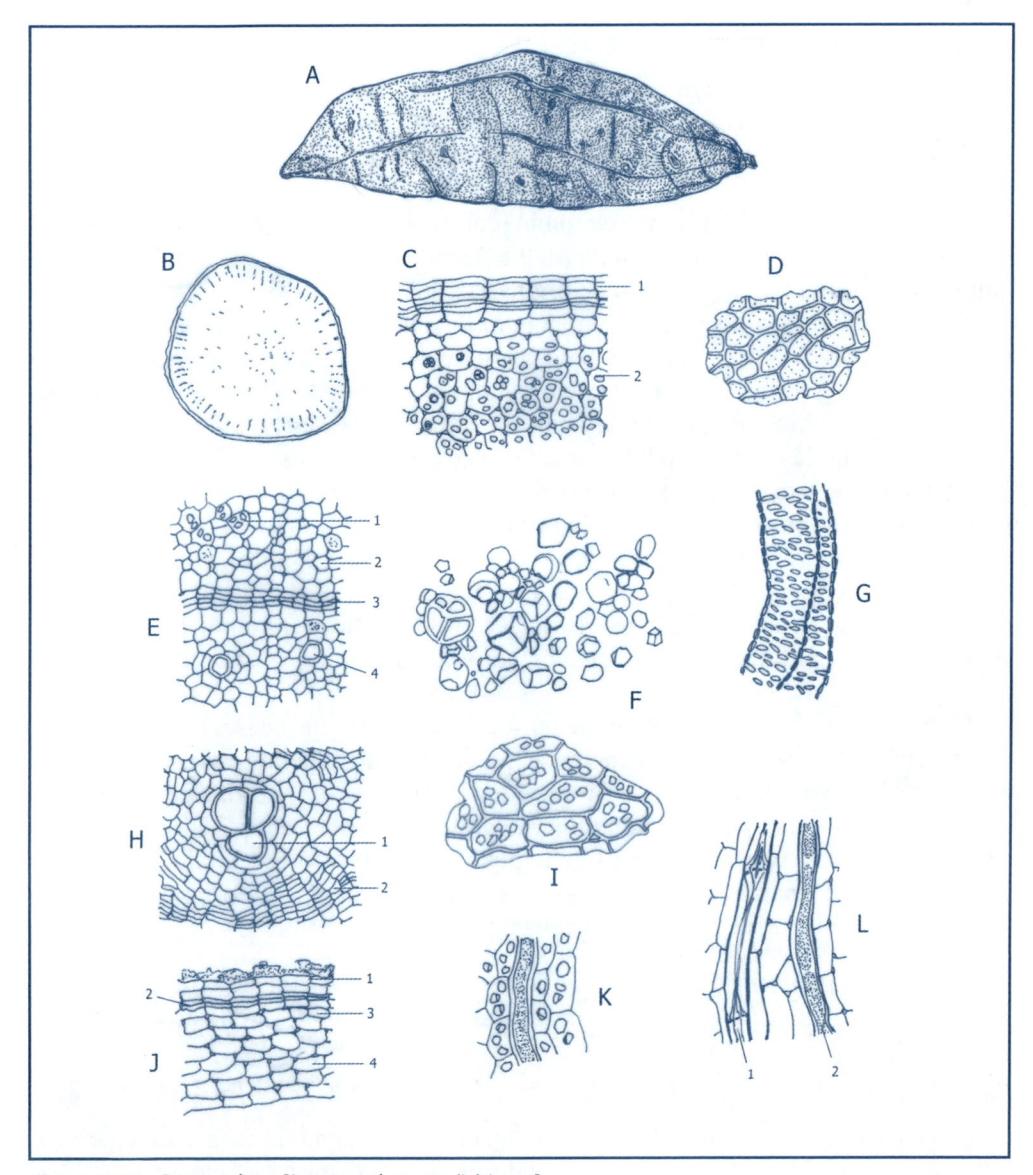

Figura 8.12 – Batata-doce [*Ipomoea batatas* (L.) Lam.].
(A) Órgão subterrâneo misto (raiz e caule) inteiro.
(B) Seção transversal do órgão.
(C) Seção transversal da parte externa do órgão: (1) súber, (2) parênquima amilífero.
(D) Súber, visto de face.
(E) Seção transversal, passando por região cambial: (1) parênquima, (2) floema, (3) região cambial, (4) xilema.
(F) Grãos de fécula.
(G) Vaso xilemático, visto longitudinalmente.
(H) Região cambial: (1) xilema, (2) região cambial.
(I) Parênquima amilífero.
(J) Região externa do órgão: (1) súber, (2) região do felogênio, (3) feloderma, (4) parênquima.
(K) Laticífero e parênquima amilífero.
(L) Região floemática: (1) tubo crivado, (2) laticífero.

8.6.2.2   Caracterização Microscópica

Externamente, o órgão é recoberto por uma periderme estreita, constituída de quatro a seis camadas de súber, formado por células de contorno retangular, estreitas e alongadas no sentido tangencial. O súber, quando visto de face, apresenta células de contorno quase poligonal

A região do felogênio e da feloderme é pouco desenvolvida. As células parenquimáticas, predominantes, são isodiamétricas, um tanto achatadas periclinalmente e se apresentam repletas de grãos de fécula, de forma poliédrica, tendendo a arredondada.

A região cambial é bem evidente, deixando para o lado de fora o floema, predominante e parenquimático, no qual canais laticíferos podem ser vistos. Para o lado de dentro, situa-se o xilema, igualmente parenquimático. Toda a região parenquimática, tanto do floema como do xilema, caracteriza-se pela abundância de fécula. Câmbios adicionais podem ser observados, com cada um deles produzindo e envolvendo dois ou três grandes vasos e o abundante parênquima do xilema. Corpúsculos proteicos também podem ser observados.

A região central da raiz é ocupada pelo xilema primário e concentra, ao seu redor, conglomerados de vasos. Esses são do tipo espiralado e pontuado.

8.6.3   Mandioca

- *Manihot esculenta* Crantz
- Família *Euphorbiaceae*
- Parte usada: raiz tuberosa

A mandioca é uma raiz tuberosa de grande importância para a alimentação e na culinária brasileira, Figura 8.13.

Acredita-se que a mandioca tenha, como origem, o Brasil, mais especificamente o sudeste da Amazônia; inicialmente, a espécie se difundiu pelo continente sul--americano e pela América Central, sendo consumida pelos indígenas muito antes da chegada dos colonizadores. Diversos nomes a ela são atribuídos no Brasil, tais como: aipi, aipim, castelinha, macaxera, mandioca-doce, mandioca-amarga, manivo, maniveira e pão-de-pobre. É conhecida também pelos nomes de *yuca*, *casava* e *casabe*. *Manihot utilíssima* Pohl é considerada sinônimo de *Manihot esculenta* Crantz. Mandioca-doce e mandioca-amarga são expressões que se referem a variedades de mandioca com teores mais baixos ou mais elevados de glicosídeos cianogénicos presentes, respectivamente.

São conhecidos inúmeros derivados básicos na mandioca, os quais possuem um variado uso culinário. Assim temos: féculas de mandioca, polvilho doce, polvilho azedo, tapioca, farinha de mandioca crua, farinha de mandioca torrada, farinha de pave.

Polvilho e fécula correspondem à mesma coisa. Polvilho doce e polvilho azedo diferem praticamente pela acidez. O polvilho doce é o produto obtido da mandioca, em pequena escala e em unidades menos automatizadas, e secado ao sol. O polvilho azedo é obtido de forma semelhante, sofrendo um processo de fermentação antes da decantação e secagem, e disso deriva a acidez que permite um uso diferenciado do produto.

A Portaria 554, de 30 de agosto de 1995, do Ministério da Agricultura, aprovou uma norma técnica sobre a farinha de mandioca. Entende-se por "farinha de mandioca" o produto obtido das raízes de mandioca sadia, devidamente limpas, maceradas, descascadas, trituradas (moídas), prensadas, desmembradas e peneiradas secas, à temperatura adequada, podendo ainda ser outra vez peneirada ou não, bem como submetida à torrefação. Dependendo do processo de peneiração, a farinha pode ser: grossa, fina, extrafina ou beneficiada. A farinha recebe ainda nomes diferentes, de acordo com a cor da variedade da mandioca envolvida. Assim temos: farinha branca, farinha amarela e farinha de outras cores. A tapioca corresponde a outro tipo de farinha, contendo cerca de 85% de hidratos de carbono, e é mais pobre em proteínas e gorduras.

8.6.3.1 Caracterização Macroscópica

As raízes de mandioca são envolvidas por películas de tecido peridérmico, constituído de poucas camadas celulares; por uma região cortical reduzida; e pelo cilindro central bem desenvolvido, predominantemente parenquimático. O centro da estrutura apresenta uma pequena mancha de tonalidade amarelada, de aspecto estelar. Partindo dessa mancha, na secção transversal, percebem-se diversas linhas que dão ao conjunto um aspecto raiado; sobre elas se observam figuras arredondadas diminutas, representativas de grupos de vasos cortados transversalmente, e que adquirem coloração avermelhada quando umedecidas com floroglucina clorídrica. A superfície externa, quando observada de face, apresenta estrias dispostas segundo o eixo longitudinal. Essas estrias ou rugas são curtas e apresentam-se dispostas, formando sinuosidades. Lenticelas quase lineares, medindo de 0,5 a 1 cm, dispostas perpendicularmente às estrias, no sentido do eixo transversal, são possuidoras de cor amarelo esbranquiçada. O súber é pouco rugoso, quase liso.

8.6.3.2 Descrição Microscópica

A secção transversal do súber é constituída de dez a 15 camadas celulares, as quais têm contorno aproximadamente retangular, são alinhadas radialmente e alongadas no sentido periclinal, e cujo comprimento mede aproximadamente cinco vezes a largura.

O feloderma é pouco desenvolvido, sendo representado por poucas camadas celulares. Abaixo dessa região, pode-se notar a presença do anel esclerenquimático, constituído por uma a três fileiras de braquiescleritos. As células que envolvem essa região apresentam cristais prismáticos de oxalato de cálcio. Diversas camadas parenquimáticas podem ser observadas, contendo drusas de oxalato de cálcio e cristais prismáticos. As drusas localizam-se mais internamente.

A região floemática apresenta alguns tubos crivados e células companheiras, envoltas por abundante parênquima amilífero.

O xilema apresenta vasos dispostos em pequenos grupos, distribuídos radialmente, e abundante parênquima, formado por células cujo contorno varia de arredondado a retangular, dispostas radialmente.

O centro da estrutura é constituído por um grupo de vasos e de fibras de contorno arredondado, emitindo pontas que lembram uma forma estelar. Todo o parênquima inclui grãos de amido.

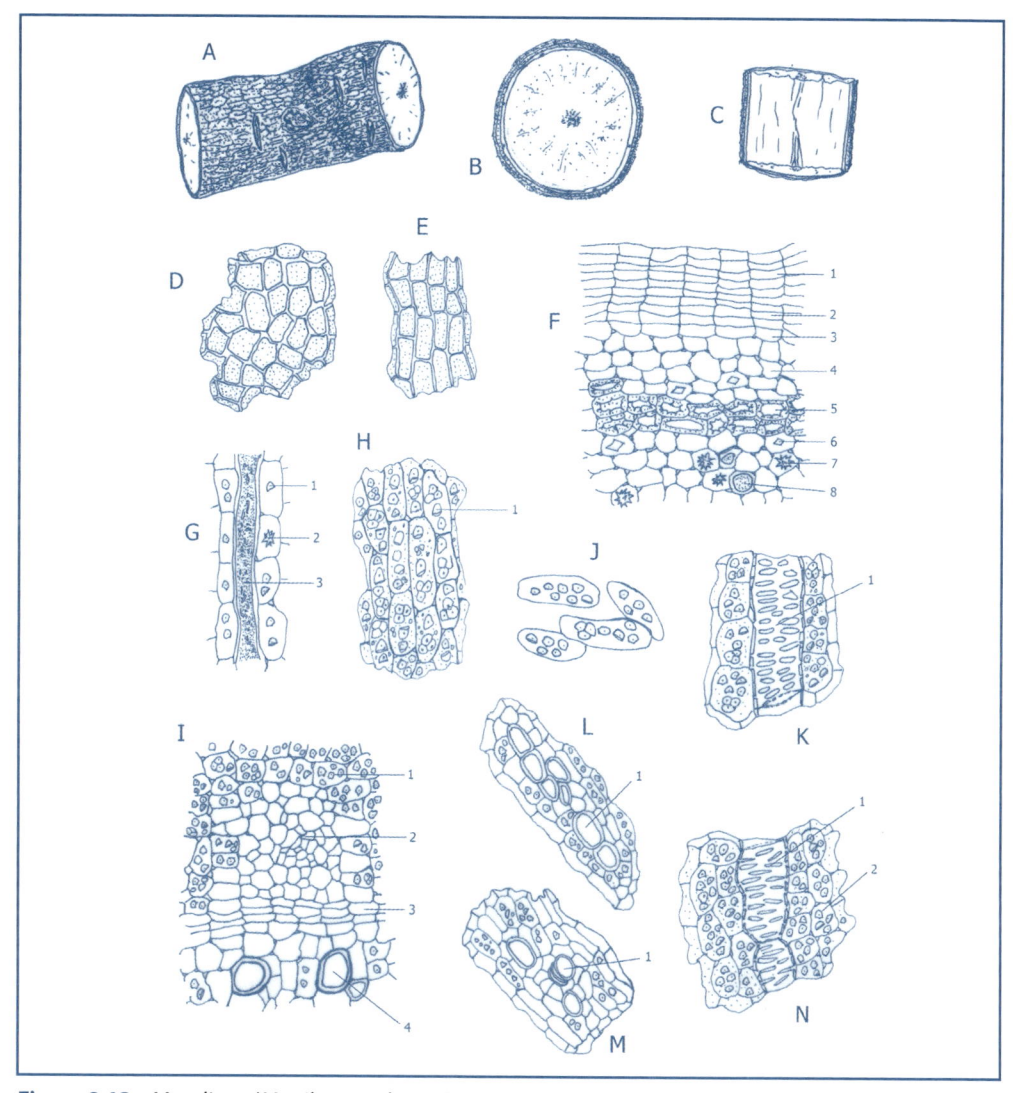

Figura 8.13 – Mandioca (*Manihot esculenta* Crantz).
(A) Fragmento da raiz.
(B) Seção transversal da raiz.
(C) Seção longitudinal.
(D) Súber, visto de face.
(E) Súber, visto de face.
(F) Seção transversal da região externa da raiz: (1) súber, (2) região do felogênio, (3) feloderme, (4) parênquima, (5) anel esclerenquimático, (6) cristal prismático de oxalato de cálcio, (7) drusa, (8) tubo laticífero.
(G) Tubo laticífero, cortado longitudinalmente: (1) amido, (2) drusa, (3) tubo laticífero.
(H) Parênquima amilífero: (1) amido.
(I) Seção transversal da raiz: (1) parênquima amilífero, (2) região floemática, (3) região cambial, (4) vaso xilemático.
(J) Células amilíferas.
(K) Vaso xilemático envolto por parênquima amilífero: (1) vaso xilemático.
(L e M) Região xilemática, mostrando vasos cortados transversalmente: (1) vaso.
(N) Região xilemática, cortada longitudinalmente: (1) vaso, (2) parênquima amilífero.

8.6.4 Soja

- *Glycine Max* (L.) Merril
- Família *Fabaceae* (= *Legumnosae*)
- Parte usada: semente

A soja – *Glycine Max* L. – é uma espécie vegetal pertencente à família *Fabaceae* e originária da China e do Japão. Seu uso é muito antigo. Estima-se que essa semente já fosse conhecida e usada há 5.000 anos. Sua descoberta é creditada ao imperador Shen--nung, autor da primeira *Farmacopeia Chinesa*, que experimentava as plantas visando conhecer suas propriedades e indicar o seu uso. A essa personagem mitológica atribui--se o início do uso de inúmeras plantas medicinais e alimentares. Aos poucos, o uso da soja espalhou-se pela Ásia, chegando às Américas no século XX, Figura 8.14.

Atualmente, o maior produtor mundial de soja é os Estados Unidos, seguido de perto pelo Brasil. A Argentina, China e Índia figuram também como grandes produtores. A maioria das variedades de soja apresenta cerca de 20% de lipídios, 35% de carboidratos e 40% de proteínas, além de aproximadamente 5% de cinzas. A soja é usada de diversas formas. Usa-se a semente inteira e seus derivados. O óleo é o derivado obtido em maior quantidade. Cerca de 70% da soja produzida são destinados a esse fim, sendo empregado em maior parte na alimentação humana, e empregado também na produção de biodiesel. Os resíduos da extração do óleo: a torta, no caso da prensagem das sementes, e o farelo, oriundo da moagem e extração com solventes, são empregados na preparação de rações animais. O farelo de soja é rico em proteínas, alcançando seu teor, nesse tipo de componente, 45% do peso. A farinha de soja chega a alcançar 50% de proteína em seu peso bruto. A casca de soja, resultante principalmente da produção de farinha, é usada como forração e também como produtora de fibras destinadas ao uso humano. O tofu, o leite de soja, o missoshiro, o natô, o shoyu e o queijo de soja são algumas das formas em que essa semente singular pode ser transformada.

A soja correspondente a uma notável fonte de proteínas, contendo quantidades significativas da maioria dos aminoácidos essenciais.

A variedade de produtos derivados da soja é grande, sendo importante para a microscopia alimentar sua caracterização tanto macroscópica como microscópica.

8.6.4.1 Caracterização Macroscópica

A maioria das sementes de soja tem forma globosa e tonalidade achocolatada, e mede geralmente de 6 a 12 mm de diâmetro. A cor da casca da semente pode variar do quase negro ao marrom ou amarelo. A literatura menciona ainda um tegumento de cor azulada ou esverdeada. A soja brasileira apresenta cor amarelada. A superfície da semente é finamente porosa, quase lisa. As margens da semente podem ser ligeiramente sinuosas. O hilo, cicatriz bem evidente na semente, tem forma elíptica, com o eixo maior medindo cerca de três vezes o eixo menor. O centro da elipse possui saliência em forma de linha, disposta longitudinalmente, quase do tamanho do eixo maior da elipse. A cicatriz possui cor negra ou castanha escura. A micrópila, em forma de pequena abertura, pode ser vista junto à região do hilo. A secção transversal da semente mostra um contorno quase circular. O tegumento, bastante fino, envolve a semente e tem cor amarelo-clara. O embrião, constituído por dois cotilédones convexos-planos, ocupa toda a parte restante do interior. O eixo radículo-caulicular não é visto nesse corte.

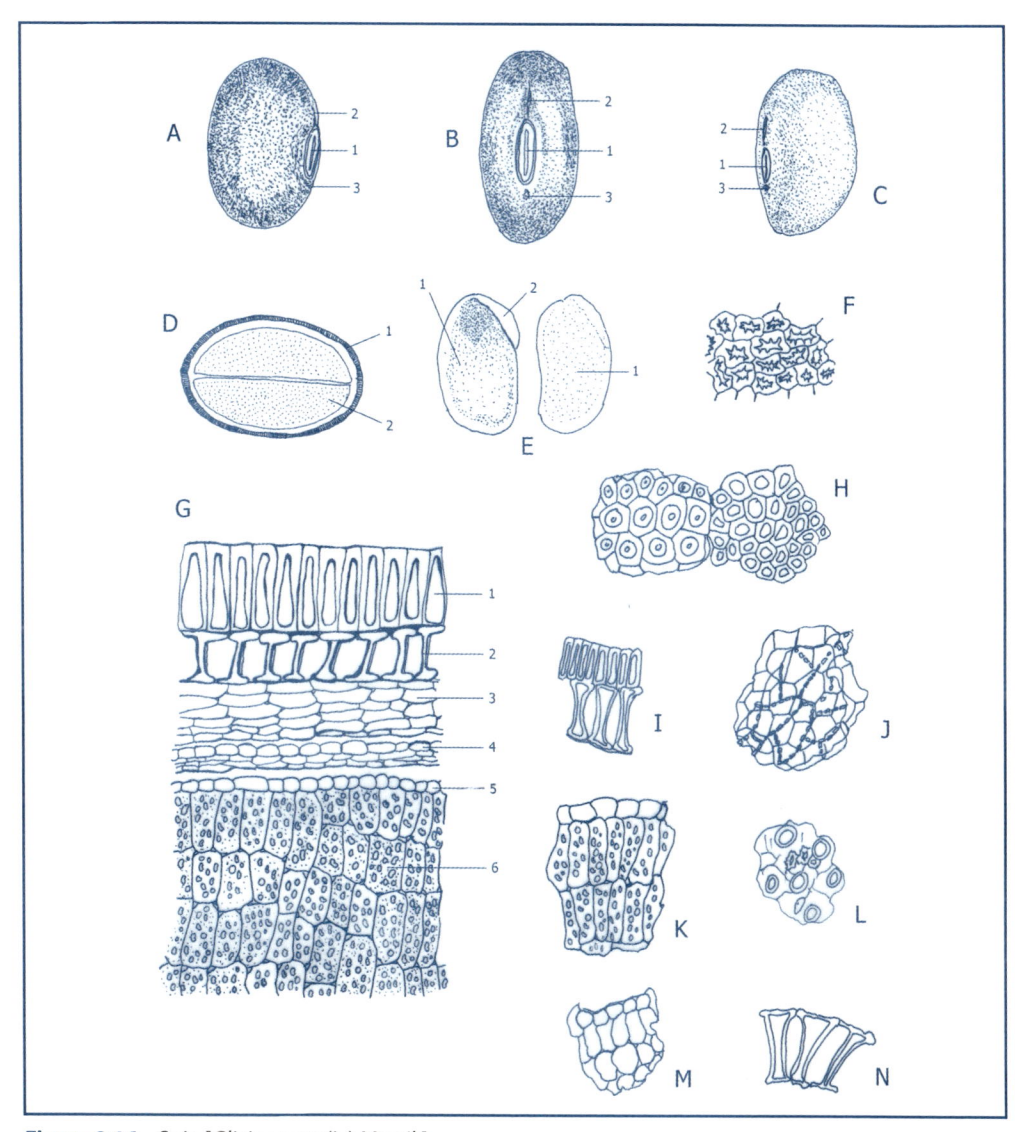

Figura 8.14 – Soja [*Glicine max* (L.) Merril.].
(A, B e C) Diferentes ângulos de visão da semente inteira: (1) hilo, (2) rafe, (3) micrópila.
(D) Seção transversal da semente: (1) tegumento, (2) cotilédone.
(E) Embrião: (1) cotilédone, (2) eixo radículo-caulicular.
(F) Camada paliçádica, vista de face.
(G) Seção transversal da semente: (1) camada paliçádica, (2) camada de osteosclereides, (3) camada interna parenquimática do tegumento, (4) remanescente de endosperma, (5) epiderme do cotilédone, (6) parênquima de reserva cotiledonar.
(H) Fragmento do tegumento da semente, mostrando, de face, camada de osteosclereides e camada paliçádica.
(I) Fragmento do tegumento, mostrando, de face, camada paliçádica e camada de osteosclereides.
(J) Fragmento da camada parenquimática do tegumento da semente.
(K) Fragmento do cotilédone do embrião.
(L) Fragmento do tegumento da semente, mostrando, de face, células da camada paliçádica e de osteosclereides.
(M) Fragmento do embrião.
(N) Osteosclereides.

8.6.4.2 Caracterização Microscópica

O corte transversal da semente mostra uma testa constituída por quatro regiões: cutícula; epiderme, constituída por células em paliçada; macroesclereides; e hipoderme, representada por células em ampulheta ou pilares, ou ainda osteoesclereides e seis a oito camadas de células parenquimáticas. Os cotilédones são revestidos por uma camada epidérmica, seguindo-se o parênquima de reservas.

8.6.5 Feijão

- *Phaseolus vulgaris* L.
- Família *Fabaceae* (= *Leguminosae*)
- Parte usada: semente

O feijão comum, *Phaseolus vulgaris* L., representa uma das culturas de sementes alimentícias mais importantes do mundo. É a leguminosa mais difundida nas Américas e na Europa. É originário das Américas, especialmente da região andina, do Peru e do Chile. Os habitantes primitivos da América do Sul lograram que a espécie chegasse ao México, Estados Unidos e Brasil. Quando os portugueses chegaram ao Brasil, já encontraram o feijão sendo usados pelos brasilíndios, Figura 8.15.

O feijão comum constitui fonte importante de proteína cujo teor aproxima-se de 25%. O teor de carboidrato alcança por volta de 60% e os lipídios giram em torno de 2%. Possui diversos aminoácidos essenciais, porém é deficiente em metionina.

O feijão é utilizado de diversas formas, sendo as sementes cozidas a forma de uso mais frequente. Pode ainda ser transformado em farinha e farelo e, com esses materiais, podem ser produzidos pães, biscoitos, macarrões e pastéis, entre outros tipos de especialidade. Fato digno de nota é que as sementes de feijão devem ser submetidas a processo térmico antes do consumo para a desativação de fatores antinutricionais, especialmente a antitripsina e a fito-hemaglutinina denominada "lectina".

8.6.5.1 Caracterização Macroscópica

As sementes de feijão possuem forma reniforme e medem de 0,6 cm a 1 cm de comprimento, por aproximadamente 0,5 cm de largura e 0,3 cm de espessura. A cor da semente é variável, podendo ser preta, roxa e castanha amarronzada, entre outras.

A superfície da semente é quase lisa, apresentando uma fina porosidade quando observada à lupa. A região do hilo é bem visível e situa-se ao lado da curvatura menor; apresenta forma elíptica alongada e mede de 0,1 a 0,15 cm de comprimento, sendo um tanto deprimida. A micrópila localiza-se junto ao hilo e tem forma arredondada. Do outro lado do hilo, em relação à micrópila, ocorre a rafe, que é relativamente curta; a secção transversal mediana da semente mostra um tegumento fino, de coloração acastanhada, recobrindo os dois cotilédones plano convexo unidos pela face plana.

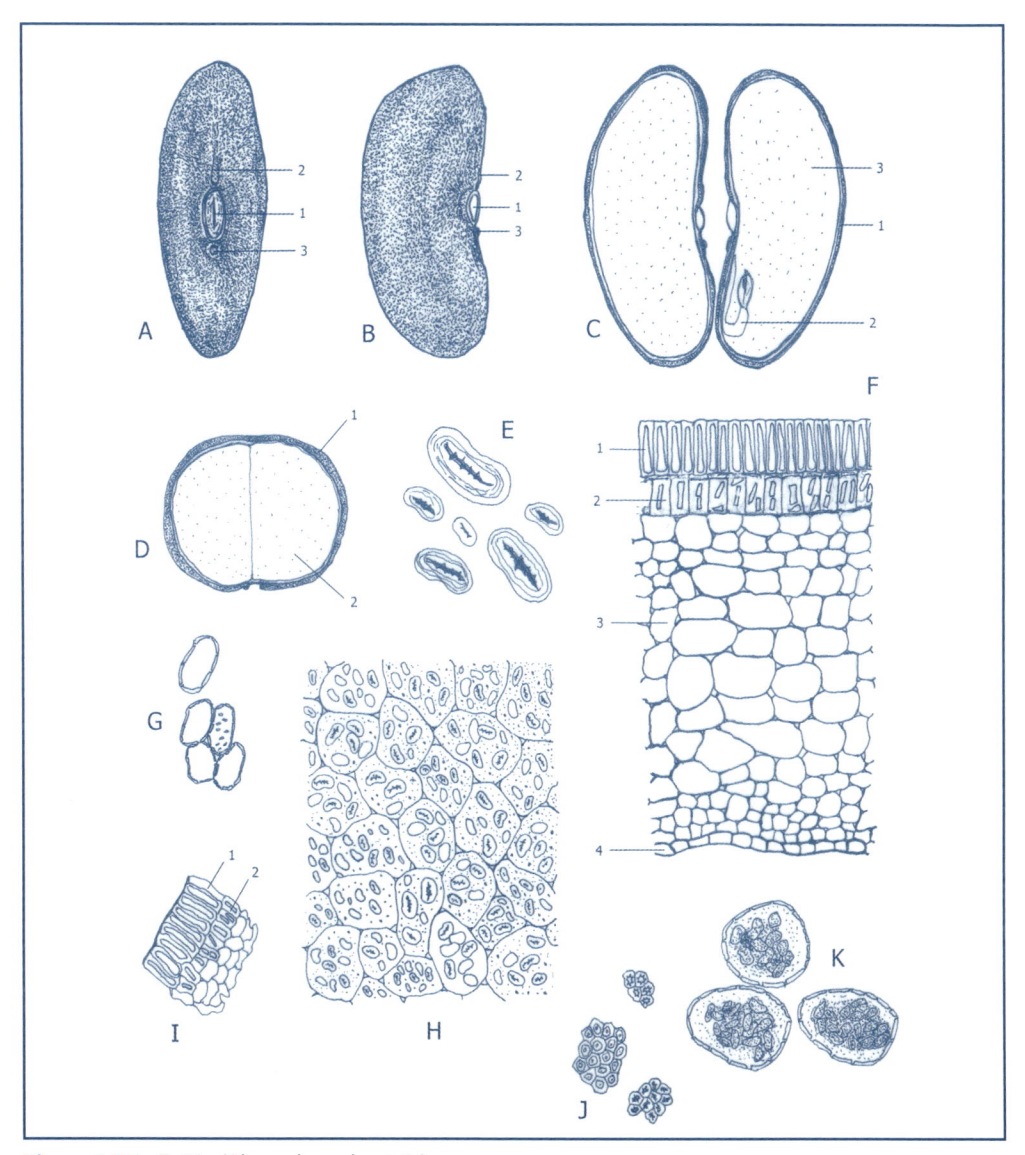

Figura 8.15 – Feijão (*Phaseolus vulgaris* L.).
(A e B) Visão frontal e lateral das sementes: (1) hilo, (2) rafe, 3) micrópila.
(C) Semente cortada longitudinalmente: (1) tegumento, (2) eixo radículo-caulicular do embrião, (3) cotilédones.
(D) Semente cortada transversalmente: (1) tegumento, (2) cotilédones.
(E) Grãos de amido.
(F) Seção transversal do tegumento da semente: (1) camada em paliçada, (2) camada cristalífera, (3) parênquima do tegumento, (4) camada interna do tegumento.
(G) Células com paredes espessadas.
(H) Células com parênquima de reserva do cotilédone.
(I) Fragmento do tegumento da semente, visto de face: (1) camada paliçádica, (2) camada cristalífera.
(J) Fragmento da camada paliçádica do tegumento, visto de face.
(K) Células do parênquima cotiledonar, com a forma do grão de amido degenerada.

8.6.5.2   *Caracterização Microscópica*

O tegumento da semente, ou espermoderma, apresenta as seguintes características: camada paliçádica, constituída por células alongadas radialmente cujo comprimento corresponde aproximadamente a quatro vezes a largura. Essas células apresentam paredes espessadas e lignificadas, e o seu lúmen apresenta-se mais estreito externamente, alargando-se mais internamente; elas são denominadas "macroesclereides". A camada subcolunar, constituída por células mais curtas que as da camada anterior e denominadas "osteosclereides". Essas células apresentam-se igualmente lignificadas, assumindo uma forma que lembra um osso. A camada parenquimática é constituída por parênquima frouxo de células maiores, providas de paredes um tanto espessadas, localizadas mais externamente, e de células menores, com paredes delgadas mais internamente. A epiderme interna é constituída de células de contorno retangular, alongado no sentido periclinal.

As folhas cotiledonares são recobertas por epiderme constituída por células de contorno retangular, alongadas no sentido periclinal. O mesofilo é constituído por células de contorno isodiamétrico, de paredes celulares finas, e rico em amido, de forma característica. Grãos de aleurona também podem ser observados. A epiderme interior é constituída por células de contorno retangular, ora alongadas no sentido periclinal, ora no sentido anticlinal. Essas células possuem tamanho menor do que as da epiderme descrita.

8.6.6   Lentilha

- *Lens culinaris* Medikus
- Família *Fabaceae* (= *Leguminosae*)
- Parte usada: sementes

A lentilha corresponde à planta de origem asiática cujo cultivo vem sendo processado desde a mais longínqua Antiguidade. Pertencente à família *Leguminosae*, suas sementes já eram conhecidas há 7.000 anos antes da Era Cristã. Foi conhecida pelos egípcios, persas e hebreus, sendo cultivada na Europa desde a época do Império Romano. No Brasil, na atualidade, é cultivada principalmente nos Estados do sul. Índia, Canadá, Turquia, Síria e Estados Unidos são os países que mais produzem essa semente. A lentilha corresponde a uma semente de alto valor alimentício pela presença de cerca de 25% de proteínas e 60% de glicídios. A fração proteica, entretanto, é pobre em metionina e em cistina. Ela contém diversos minerais e, em especial, o ferro, além de vitaminas do complexo B, Figura 8.16.

Existem diversas variedades e cultivares de lentilha. O tamanho das sementes permite separar dois tipos, que são denominados respectivamente "macrosperma" e de "microsperma".

As sementes de lentilha destinam-se a usos diversos, assim as sementes inteiras podem ser consumidas cozidas. São empregadas ainda de diversas formas, tais como farinha e farelo de lentilha. A farinha é obtida geralmente da semente descorticada ou da semente integral. Para a obtenção do farelo, empregam-se sementes defeituosas quebradas, tegumento da semente e resíduo da peneiração da farinha. Pode ser usada como prato principal e prato complementar. A farinha, o farelo e a quirera são empregados em diversos tipos de alimento industrializado.

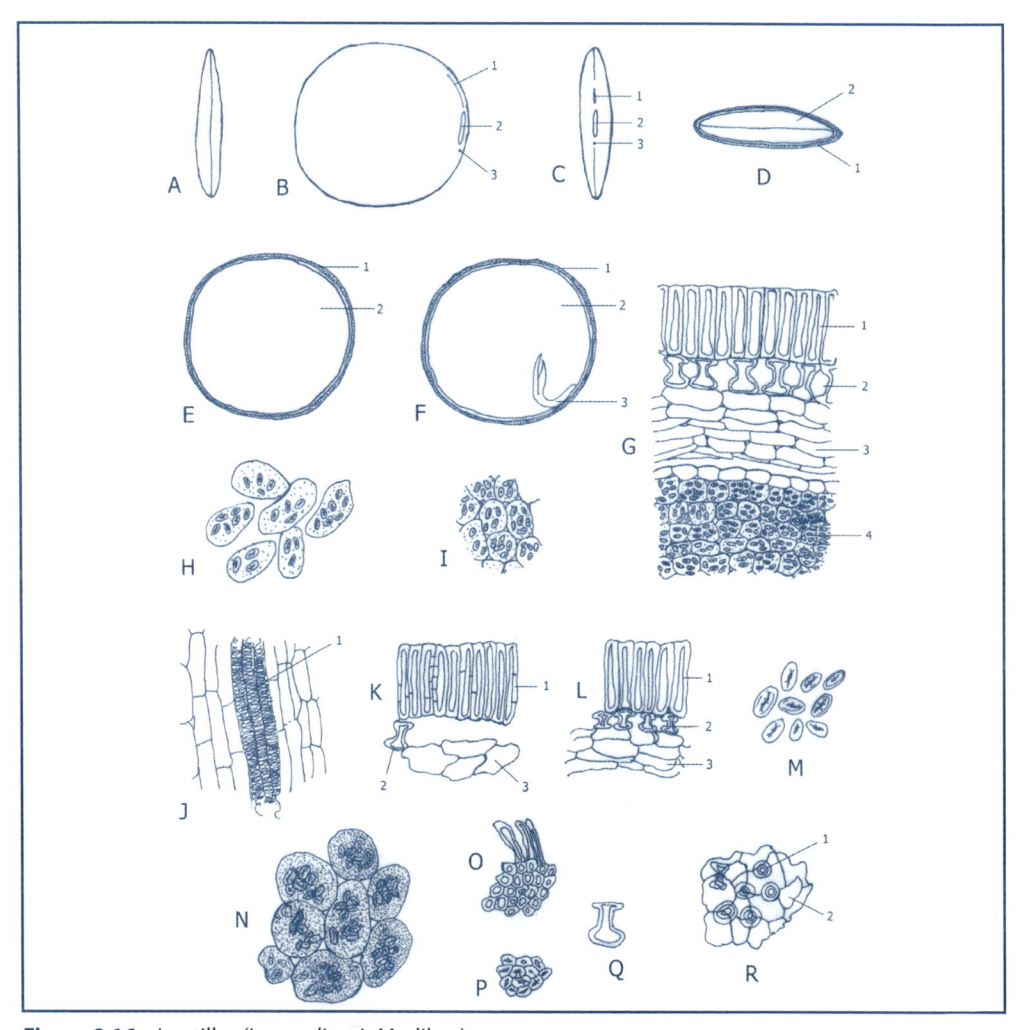

Figura 8.16 – Lentilha *(Lens culinaris* Medikuz).
(A) Vista dorsal da semente.
(B) Semente de lentilha, vista de face: (1) rafe, (2) hilo, (3) micrópila.
(C) Visão ventral da semente: (1) rafe, (2) hilo, (3) micrópila.
(D) Seção transversal da semente: (1) tegumento, (2) cotilédones.
(E) Seção longitudinal da semente: (1) tegumento, (2) cotilédones.
(F) Seção longitudinal: (1) tegumento, (2) cotilédone, (3) eixo radículo-caulicular.
(G) Seção transversal da semente: (1) camada paliçádica, (2) camada de osteoscleréides,
    (3) camada parenquimática, (4) parênquima de reserva do cotilédone.
(H) Células do parênquima de reserva dissociadas.
(I) Parênquima de reserva.
(J) Seção longitudinal de feixe vascular: (1) xilema.
(K e L) Fragmentos do tegumento da lentilha: (1) camada paliçádica, (2) camada de osteosclereide,
    (3) parênquima do tegumento.
(M) Grãos de amido.
(N) Parênquima de reserva cotiledonar.
(O e P) Fragmento de camada paliçádica, visto de face.
(Q) Osteosclereide.
(R) Fragmento do tegumento da semente, visto de face: (1) osteosclereide, (2) parênquima.

8.6.6.1 Caracterização Macroscópica

As sementes apresentam forma lenticular e o tamanho varia de acordo com o tipo de semente. O tipo de macrosperma frequente na região Mediterrânea e nas Américas possui exemplares que medem de 6 a 9 mm de diâmetro. Já o tipo microsperma, frequente na Índia e no leste da África, apresenta exemplares que medem de 2 a 6 mm de diâmetro. A cor das sementes também é variável. Elas podem ser amarelas, verdes, castanhas e marrons, principalmente. O tegumento, visto de face, é quase liso, podendo-se observar a presença de poros diminutos.

A margem da semente é lisa, e as sementes castanhas ou amareladas possuem cor um pouco mais intensa, diferenciando-se como uma linha ou face estreita. O hilo situa-se na margem, numa ligeira depressão; apresenta-se alongado, de largura quase igual à margem, de coloração esbranquiçada. No centro da cicatriz ocorre uma linha um pouco mais escura.

De um lado do hilo e junto a ele, nota-se a presença da micrópila, que possui forma arredondada e tamanho reduzido. Do outro lado da micrópila, nota-se a presença da rafe, que apresenta forma de linha, provida de pequena saliência junto ao hilo. A secção transversal da semente apresenta forma elíptica afilada, mostrando uma linha escura externa, correspondente ao tegumento, e uma região interna branca, provida de uma linha escura no centro, que representa os dois cotilédones planos convexos, unidos pela face plana.

8.6.6.2 Caracterização Microscópica

A testa da semente é constituída externamente por uma camada celular esclerificada, disposta em paliçada e constituída de macroesclereides. A essa camada, segue-se a camada colunar, constituída de osteosclereides, providas de fina projeção.

A seguir, temos a presença de algumas camadas celulares de natureza parenquimática e de contorno provido de pequenos braços. A epiderme cotiledonar é fina e provida de células de contorno retangular, alongadas no sentido peridinal. O parênquima cotiledonar é constituído por células de contorno isodiamétrico e de paredes celulósicas finas, que deixam entre si espaços do tipo meato. O parênquima cotiledonar possui grãos de aleurona e é rico em grãos de amido de forma típica.

Capítulo 9

Frutas Tecnologicamente Processadas

9.1 Introdução

Os termos "fruto" e "fruta" são utilizados, com frequência, como sinônimos, embora seja possível estabelecer certa diferença entre eles. Botanicamente, denomina-se "fruto" ao ovário das angiospermas fecundado e desenvolvido, acompanhado ou não de outras partes florais. Todas as frutas, nesse sentido, são frutos, embora o recíproco não seja verdadeiro. Chama-se "fruta" ao fruto de uma planta caracterizado por ser édulo, ou comestível, e apresentar sabor e odor agradável, sendo polposo ou suculento, adocicado ou, algumas vezes, ligeiramente ácido. Às vezes, a parte comestível não é derivada da parede ovariana da flor. Costuma-se designar por "pseudofruto" ou "falso fruto" as outras partes da flor, exceto o ovário, que se tornam suculentas, assemelhando-se, na forma, às frutas verdadeiras. O caju, nesse mister, é o exemplo mais referido. Nessa fruta, é o pedúnculo da flor que se desenvolve e se torna suculento e doce e ligeiramente adstringente. A maçã e o figo constituem outros dois bons exemplos. Na maçã, o receptáculo floral ou hipanto se desenvolve e torna-se comestível; e no figo, que é uma infrutescência, o receptáculo da inflorescência é a parte édula. "Infrutescência" é o fruto composto, resultante do desenvolvimento e união dos ovários das flores da inflorescência. O que costumamos chamar de "sementes" no figo são, na realidade, frutículos que ficam no interior do receptáculo desenvolvido e édulo.

As frutas correspondem a importantes componentes da dieta alimentar humana, sendo o Brasil um dos seus maiores produtores mundiais. São alimentos considerados altamente perecíveis, o que leva a grandes desperdícios. Estima-se que cerca de 30% da produção de frutas do Brasil sejam desperdiçados.

Com o intuito de evitar desperdício, tem-se estimulado atividades que visem o desenvolvimento de tecnologias que aumentem a vida útil das frutas. Métodos de conservação têm sido ensaiados, motivando o processamento de excedentes de produção e o reaproveitamento de partes de frutas atualmente descartáveis.

Compotas, cremes, doces em massa, doces em pasta, farinhas, frutas liofilizadas, geleias, néctares, polpas de frutas, pós e sucos são formas alimentícias que ajudam a diminuir o desperdício e que estão cada vez mais em moda no Brasil e no mundo.

As frutas destinadas ao picos adequados.

Outras formas alimentícias obtidas a partir de frutas costumam ser mencionadas na literatura. Assim, fala-se de "polme" de frutas, referindo-se ao produto fermentescível, mas não fermentado, obtido a partir de frutas por peneiração da parte comestível, sem a eliminação do suco.

As frutas usadas nessas preparações podem ou não ser previamente descascadas. "Suco tropical", por sua vez, é o produto obtido pela dissolução em água potável da polpa da fruta de origem tropical, por meio de processo tecnológico adequado, não fermentado, de cor e aroma característico, bem como com o sabor da fruta. O tratamento a que se submete a polpa deve assegurar sua conservação até o momento do consumo.

Os exames microscópicos das formas alimentícias, oriundas de frutas tecnologicamente processadas, requerem, via de regra, prévia homogeneização. Os doces em massa ou em pasta, as geleias, os cremes e as polpas são homogeneizados, com emprego de água quente para dissolver os açúcares e eventuais conservantes, seguido de filtração, na qual se emprega papel de filtro. O mesmo é feito com formas líquidas, para as quais se dispensa a água quente. As farinhas, pós e farelos permitem observação direta, precedida de observação na lupa para detectar substâncias estranhas, separando-se materiais para uma observação mais apurada. Suspendem-se também essas formas alimentícias em água, com agitação, seguida de filtragem em papel de filtro para verificação da presença de sujidades.

Cada material requer tratamento diferenciado, diretamente ligado à iniciativa do analista.

Lâminas são preparadas com materiais retidos no filtro e selecionadas para fins analíticos. Outras são preparadas com o material diretamente obtido.

Emprega-se água destilada, água glicerina e solução de lugol diluída para a montagem de lâminas do material a ser analisado. A solução de lugol tem como objetivo detectar a presença de amido. Assim, por exemplo, se numa goiabada, foi constatada a presença de amido, evidenciada pela coloração azul com lugol, sabe-se que, no doce, ocorre a presença de material estranho, pois a goiaba madura não contém amido.

A seguir, será reunida uma série de dados e informações, sobre uma série de frutas frequentemente processadas, utilizados em microscopia alimentar, visando o controle de qualidade e possibilitando a detecção de fraudes e a verificação da presença de matérias estranhas, ao lado de sujidades. Abacaxi, açaí, banana, caju, cidra, cupuaçu, figo, goiaba, jabuticaba, laranja, maçã, mamão, manga, maracujá, marmelo, morango, pera e pêssego fazem parte dessa reunião.

Abacate, acerola, ameixa, amora, caqui, carambola, cherimoia, framboesa, jenipapo, jaca, kiwi e pitanga correspondem a outras frutas cuja identificação das respectivas estruturas é importante, mais elas foram excluídas deste trabalho.

9.2   Abacaxi

- *Ananas comosus* (L.) Merr.
- Família *Bromeliaceae*

O abacaxi, também conhecido como "ananás", é uma planta pertencente à família *Bromeliaceae*, incluída entre as monocotiledôneas. De origem sul-americana, especialmente do Brasil, ganhou prestígio graças às características de seus frutos, Figura 9.1.

O fruto, quando maduro, tem odor intenso, agradável, agridoce e, algumas vezes, bastante ácido. Tanto o termo "abacaxi" como "ananás" têm origem tupi-guarani; o primeiro tem origem na palavra *ibacati*, composta de *iba*, que significa "fruta", e *cati*, "que exala cheiro intenso". Já o termo "ananás" tem origem em *ana'ná*, que significa "cheiro flagrante", "cheiro intenso". Antes do descobrimento do Brasil, o fruto era cultivado pelos indígenas em extensas regiões.

O fruto é rico em vitaminas C, A, B_1 e B_6, e contém razoáveis quantidades de cálcio, ferro e fósforo. Contém, ainda, uma enzima proteolítica, a bromelina, empregada em culinária para o amolecimento de carnes.

A fruta pode ser consumida em estado natural ou após a industrialização.

Em estado natural, é consumida em fatias ou cubos isoladamente, ou em mistura de frutas, na forma de salada. Quando industrializada, aparece em múltiplas formas, tais como: sucos, cremes, xaropes, geleias, picles, vinhos, vinagres, aguardente, bolos e doces diversos. Com o suco ou xarope, podem ser elaborados sorvetes, cremes, balas e bolos.

O abacaxizeiro é uma planta perene que mede aproximadamente 1 m de altura. Quando alcança o pleno desenvolvimento, é constituído de raízes adventícias, dispostas em cabeleira; caule em forma de clava, relativamente curto; e folhas dispostas em roseta, podendo apresentar ou não margens providas de espinhos.

A inflorescência é do tipo espiga, formada por flores completas, localizadas na axila da bráctea protetora. O fruto é do tipo composto.

9.2.1   Característica Morfológica

O fruto é uma infrutescência do tipo sorose, resultante da coalescência de um grande número de frutos simples, do tipo baga. Esses frutículos se inserem no eixo da infrutescência, resultante do eixo da inflorescência que se dilata e intumesce. Os frutículos se dispõem em torno desse eixo, algumas vezes denominado "miolo" ou "coração", de maneira a formar uma espiral, e encontram-se soldados um ao outro.

A parte mais externa da infrutescência é recoberta por um conjunto de brácteas e sépalas, formando aquilo que chamamos de "casca de abacaxi". A bráctea protetora do frutículo é aproximadamente pentagonal. A parte de sua lâmina correspondente à região mediana e prolonga-se mais que as outras, assumindo um aspecto ligulado.

Logo abaixo da casca, em cada frutículo ou baga, nota-se a presença de uma cavidade, no interior da qual observamos a presença do estilete, transformado numa espécie de espinho inserido no ápice do ovário, o qual, quando cortado transversalmente, apresenta três lojas. Os frutículos apresentam forma piramidal e são coalescentes entre si e com o eixo da infrutescência. São bastante suculentos. O eixo da infrutescência também é bastante suculento.

Figura 9.1 – Abacaxi [*Ananas comosus* (L.) Merr.].
(A, B₁ e B₂) Infrutescências (soroses): (1) roseta de folhas (coroa).
(C) Seção transversal da sorose: (1) casca (brácteas e sépalas), (2) frutículo, (3) eixo da infrutescência
(D) Corte longitudinal da sorose: (1) casca, bráctea protetora do frutículo, (2) frutículo, (3) eixo da infrutescência.
(E) Frutículo: (1) bráctea protetora do frutículo, (2) sépala, (3) estilete, (4) região ovariana.
(F) Seção transversal do frutículo: (1) pericarpo, (2) loja ovariana.
(G) Topo de frutículo: (1) bráctea protetora do frutículo, (2) sépala.
(H) Fragmento da casca, mostrando: (1) epiderme da bráctea protetora do frutículo, (2) epiderme da sépala.
(I) Fragmento de epiderme de sépala.
(J) Fragmento do frutículo, mostrando: (1) células do epicarpo, (2) epiderme da sépala, (3) mesocarpo parenquimático, com células contendo rafídeos.
(K) Fragmento de feixe vascular em seção longitudinal, mostrando: (1) vaso xilemático, (2) fibras, (3) região floemática.
(L) Fragmento da hipoderme.
(M) Fragmento do epicarpo.
(N) Fragmento do epicarpo.

9.2.2 Características Microscópicas

A seção paradérmica da bráctea é formada por células de contorno sinuoso e um tanto espessadas. Nessa região, observa-se a presença de estômatos anomocíticos. As células epidérmicas da sépala, igualmente vistas de face ou em seção paradérmica, apresentam tamanho menor que as células da bráctea e características morfológicas semelhantes.

O epicarpo, visto de face, apresenta paredes pontuadas, bem como a hipoderme localizada logo abaixo. O mesocarpo e o endocarpo, caracteristicamente, são parenquimáticos. Rafídeos de oxalato de cálcio, reunidos em grupos, são observados nessa região.

Esses rafídeos integram idioblastos de contorno arredondados, um tanto alongados.

Feixes vasculares colaterais são observados na região do mesocarpo, bem como na região do áxis da infrutescência. Esses feixes vasculares são acompanhados de fibras e os vasos xilemáticos são do tipo espiralado.

As células do mesocarpo, que contêm grandes quantidades de rafídeos de oxalato de cálcio, são facilmente observadas, em especial quando se filtram suspensões de sucos, doces e geleias de abacaxi através de papel de filtro e, com o resíduo, montam-se lâminas.

Esses elementos histológicos auxiliam muito na identificação da fruta em alimentos industrializados.

9.3 Açaí

- *Euterpes oleracea* Martins
- Família *Areacaceae* (= *Palmae*)

O açaí é uma palmeira de porte médio típica da "Hileia Amazônica". Os frutos ocorrem durante todo o ano e, com eles, se prepara o afamado vinho de açaí. Os frutos são pequenos, atingindo no máximo 2 cm de diâmetro. Apresentam cor negra e vinhosa, graças à presença de antocianinas. Possui aspecto globoso e sua superfície é lisa e brilhante, Figura 9.2.

Atribui-se ao açaí propriedades antioxidantes, decorrentes principalmente da presença de antocianidinas, entre elas a cianidina 3-glicosídeo.

Os frutos são consumidos principalmente *in natura*. De seu pericarpo, prepara-se o suco de açaí ou o vinho de açaí, portador de alto teor calórico. Tal material é consumido como hábito frequente em toda a região amazônica; hábito, esse, que agora se estende por todo o Brasil.

Com o suco de açaí ou com a polpa de açaí, preparam-se doces, sorvetes, cremes, iogurtes e licores. O pó de açaí costuma também ser preparado, podendo ser encontrado no comércio. As frutas são ainda descaroçadas e liofilizadas. O vinho de açaí é tradicionalmente servido em cuias, misturado com tapioca, açúcar e mel.

Os frutos do açaizeiro são drupas globosas e pequenas, medindo geralmente de 1,5 a 2 cm de diâmetro, de coloração negro-vinhosa e superfície lisa e luzidia. Na sua extremidade basal, nota-se às vezes a presença de resíduo de cálice folhoso. Sobre a superfície do fruto, observa-se algumas vezes a presença de espinhos pequenos.

O pericarpo é fino, medindo de 1 a 2 mm de espessura, e destaca-se facilmente do caroço. Ao ser removido, deixa-se acompanhar de fibras e parte do tegumento.

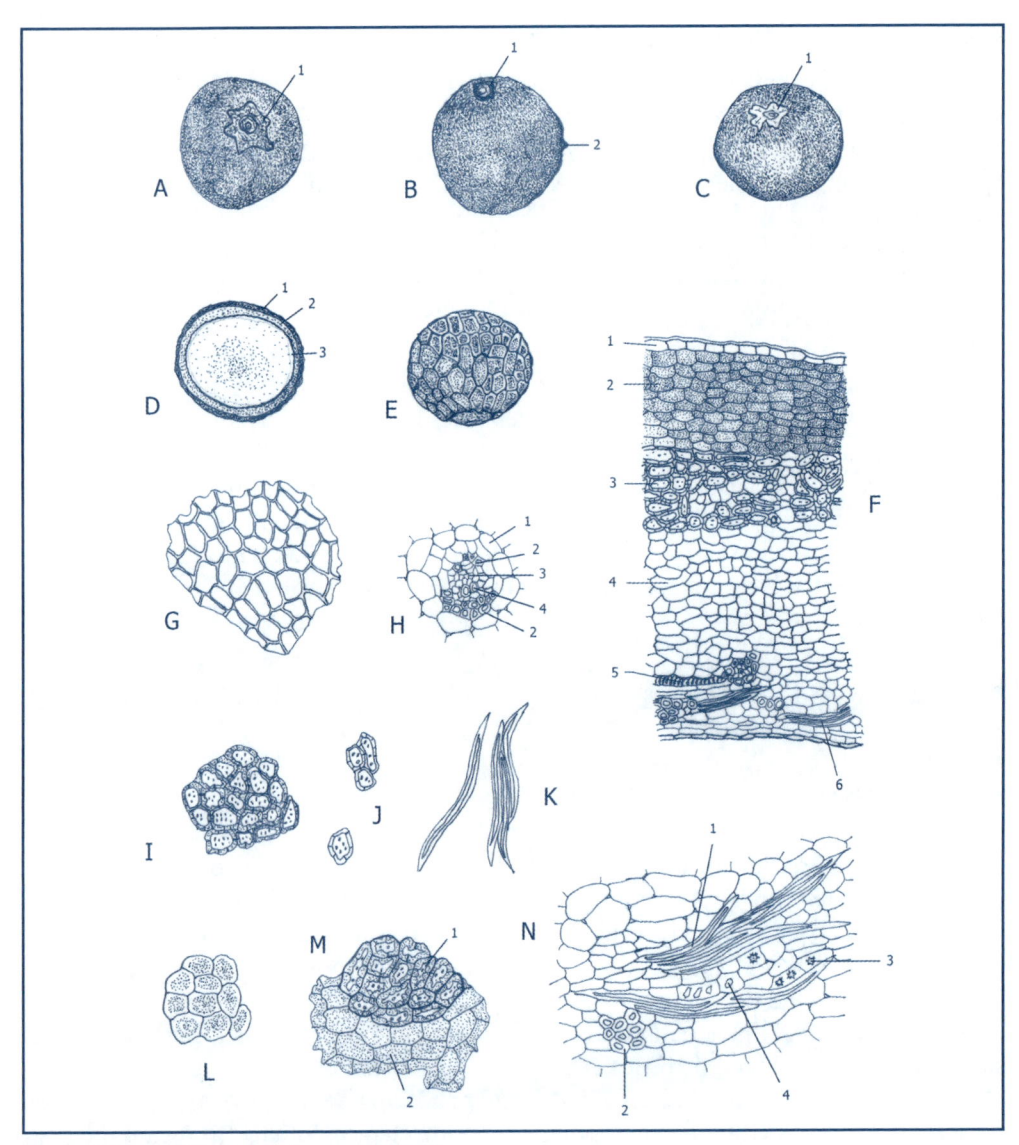

Figura 9.2 – Açaí (*Euterpes oleracea* Martins).
(A, B e C) Frutos inteiros: (1) cálice, (2) espinho.
(D) Fruto cortado transversalmente: (1) epicarpo, (2) mesocarpo, (3) endocarpo.
(E) Caroço (endocarpo e semente).
(F) Seção transversal do epicarpo e mesocarpo: (1) epicarpo, (2) mesocarpo, com células repletas de antocianina, (3) camada esclerenquimática, (4) camada interna parenquimática, (5) feixe vascular, (6) fibras.
(G) Epicarpo, visto de face.
(H) Feixe vascular: (1) bainha parenquimática, (2) fibras, (3) floema, (4) xilema.
(I e J) Células esclerosas.
(K) Fibras.
(L) Parênquima, com células contendo antocianinas.
(M) Fragmento de mesocarpo: (1) região esclerosada, (2) região antocianínica.
(N) Região do mesocarpo interno: (1) grupo de fibras, em visão longitudinal, (2) grupo de fibras cortadas transversalmente, (3) drusas de oxalato de cálcio, (4) cristais prismáticos.

9.3.1 Caracterização Microscópica

O epicarpo cortado transversalmente é constituído de células de contorno retangular, as quais se apresentam alongadas no sentido periclinal. Essa camada celular, quando observada paradermicamente, apresenta células de contorno poligonal.

O mesocarpo está dividido em três regiões:

A região localizada logo abaixo do epicarpo é formada por células parenquimáticas repletas de antocianinas, num total de nove a 12 camadas celulares. A camada mediana do mesocarpo é de natureza esclerenquimática, sendo formada por cinco a sete camadas de braquiescleritos. A camada mais interior é de natureza parenquimática e menos rica em antocianinas, sendo constituída de 20 a 25 camadas celulares.

Nessa região, ocorre a presença de feixes vasculares colaterais e fibras. Cristais de oxalato de cálcio, do tipo drusa e do tipo prismático, aparecem nessa região, bem como fibras isoladas ou agrupadas em continuidade com o endocarpo, soldado ao caroço.

Os resíduos do açaí costumam ser encarados como um problema para o ambiente. O seu aproveitamento industrial tem sido tentado de diversas formas.

Um aproveitamento menos nobre e considerado fraudulento é seu uso para fraudar alimentos. O café tem sido frequentemente objeto dessa fraude.

9.4 Acerola

- *Malpighia emarginata* DC
- Família *Malpighiaceae*

A acerola, oriunda da América Central e do norte da América do Sul, é igualmente denominada "cerejeira-das-antilhas" e "cerejeira-de-barbados". A *Malpighia emarginata* DC apresenta, como sinonímia científica, os nomes *Malpighia punicifolia* L. e *Malpighia glabra* L., Figura 9.3.

A fruta corresponde a uma drupa tripirenoide. Possui forma que varia de globosa a ovoide, um tanto achatada nos polos. É dotada de cor que vai do vermelho ao vinhoso e ao amarelado, existindo preferência para as frutas vermelhas, nas quais ocorrem antocianinas, especialmente, a pelargonina e a malvidina. Graças à presença dessas substâncias, a acerola possui propriedades antioxidantes. A fruta possui numerosas variedades, graças às quais apresenta diversidade de forma, tamanho e peso. O diâmetro da fruta varia geralmente de 1,5 a 2,5 cm, e o peso frequentemente varia de 8 a 12 g.

A fruta é riquíssima em vitamina C, chegando seu teor a cerca de 2%, especialmente nas frutas verdes. As acerolas apresentam alta perecibilidade, demandando trabalhos especiais. Possuem ainda como componentes as vitaminas A, B_1, B_2 e B_3, além de elementos químicos como cálcio, ferro e fósforo, importantes na alimentação. Seu aroma é agradável, lembrando o da maçã, e seu sabor é azedo ou ácido. Quanto ao sabor, elas podem ser classificadas em doces ou azedas.

O epicarpo das frutas é fino e membranáceo. O mesocarpo é carnoso e suculento, ao passo que o endocarpo é lignificado, formando três lóculos que envolvem três sementes. No conjunto lóculo, semente e endocarpo, a semente assume o aspecto de caroço ou pirênio, daí o fato de a fruta ser uma drupa tripirenoide. O caroço, ou pirênio, é reticulado e tribolado. A fruta é consumida *in natura* ou especialmente na forma de suco ou de polpa. Preparam-se, ainda, sorvetes, geleias, doces e compotas com a fruta isolada ou em mistura com outras frutas.

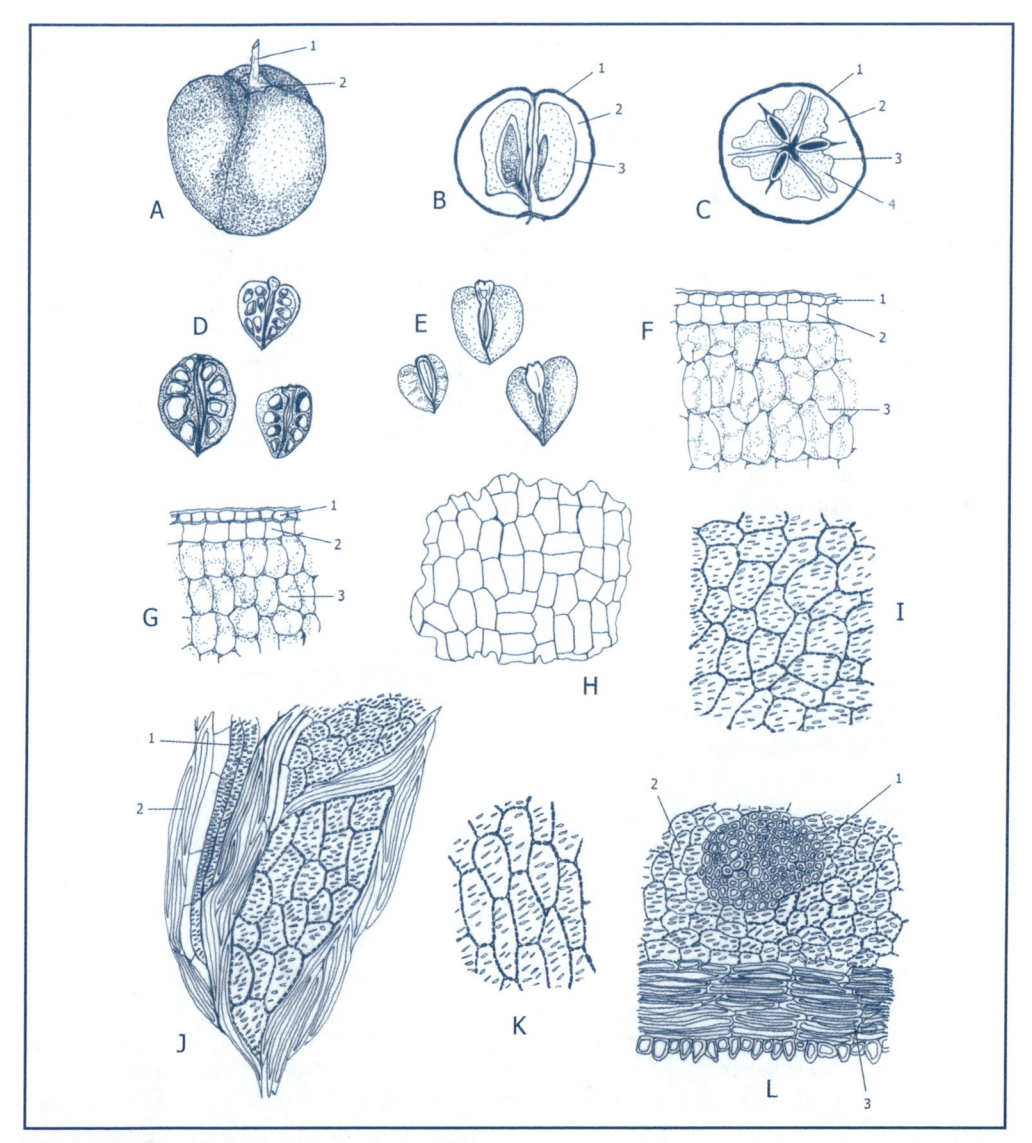

Figura 9.3 – Acerola (*Malpighia emarginata* D.C.).
(A) Fruto inteiro: (1) pedúnculo, (2) restos de cálice.
(B) Seção longitudinal do fruto: (1) epicarpo, (2) mesocarpo, (3) endocarpo.
(C) Seção transversal do fruto: (1) epicarpo, (2) mesocarpo, (3) endocarpo, (4) loja.
(D) Pirênios.
(E) Sementes.
(F e G) Seção transversal do fruto: (1) epicarpo, (2) hipoderme, (3) mesocarpo com células parenquimáticas pigmentadas.
(H) Epicarpo, visto de face.
(I) Mesocarpo interno, com células espessadas e providas de pontuação.
(J) Seção longitudinal do mesocarpo interno: (1) feixe vascular, (2) fibras, (3) células parenquimáticas do mesocarpo interno.
(K) Células pontuadas e de paredes espessadas do mesocarpo interno.
(L) Seção transversal do mesocarpo interno: (1) grupo de fibras, (2) parênquima, (3) fibras.

9.4.1 Caracterização Microscópica

O epicarpo é constituído por uma fileira de células de contorno aproximadamente retangular, quando vistas em seção transversal. Logo abaixo dessa camada celular, ocorre outra, provida de forma semelhante e de tamanho maior, a hipoderme. O epicarpo, quando visto de face, é constituído por células de contorno poligonal, alongadas num determinado sentido e lembrando a figura de tacos em um assoalho.

O mesocarpo é parenquimático, provido de células de contorno quase isodiamétrico em sua porção mais externa.

Sua porção interna é provida de células com paredes um tanto espessadas que exibem pontuações bem visíveis. O endocarpo é fibroso, com fibras dispostas em direções diversas. Junto do endocarpo, aparece um grupo de fibras.

Na região do mesocarpo, podem ser vistos feixes fibrovasculares delicados.

9.5 Ameixa

- *Prunus domestica* L.
- Família *Rosaceae*

A ameixa, também conhecida como "ameixa europeia", é produzida pela espécie *Prunus domestica* L., originária da região do Cáucaso, ou seja, da Ásia Ocidental e Sudeste Europeu. Existe uma grande variedade dentro dessa espécie, motivo pelo qual varia bastante na forma, tamanho e cor de seus frutos, Figura 9.4.

O fruto é uma drupa carnosa cuja forma varia de globoide a oblonga, e cuja cor varia entre vermelha, púrpura e amarela. Mede de 5 a 7 cm de diâmetro na maioria dos casos. Apresenta uma depressão aproximadamente circular onde o pedúnculo se insere e, de onde, parte geralmente um sulco que percorre o fruto até o ápice. Algumas vezes, na região da depressão, notam-se vestígios do cálice.

Sobre o epicarpo, que é luzidio, nota-se a presença de um grande número de manchas minúsculas e mais claras, dando ao conjunto o aspecto pontilhado. O odor é *sui generis* e agradável.

O epicarpo é membranáceo e colorido. O mesocarpo é carnoso e suculento, e o endocarpo é esclerificado e fortemente aderido à semente, formando o caroço ou pirênio.

A ameixa possui antocianinas, bem como ácido clorogênico e ácido neoclorogenico, substâncias essas que conferem à fruta uma atividade antioxidante. Além disso, cita-se ainda a presença das vitaminas C, A e B_2, além dos elementos químicos potássio, fósforo, magnésio e ferro, importantes na alimentação humana. Menciona-se ainda a presença de ácido oxálico, o que pode não ser muito conveniente para as pessoas com calculose renal.

A ameixa, na maioria dos casos, é consumida *in natura*. Visando aumentar sua vida útil, bem como valorizá-la como alimento, ela pode sofrer uma série de processos. Assim, temos ameixa seca, geleias de ameixa, sopas, purês, ameixa em calda, pudins, musses, bolos, tortas, refrescos, licores e sorvetes.

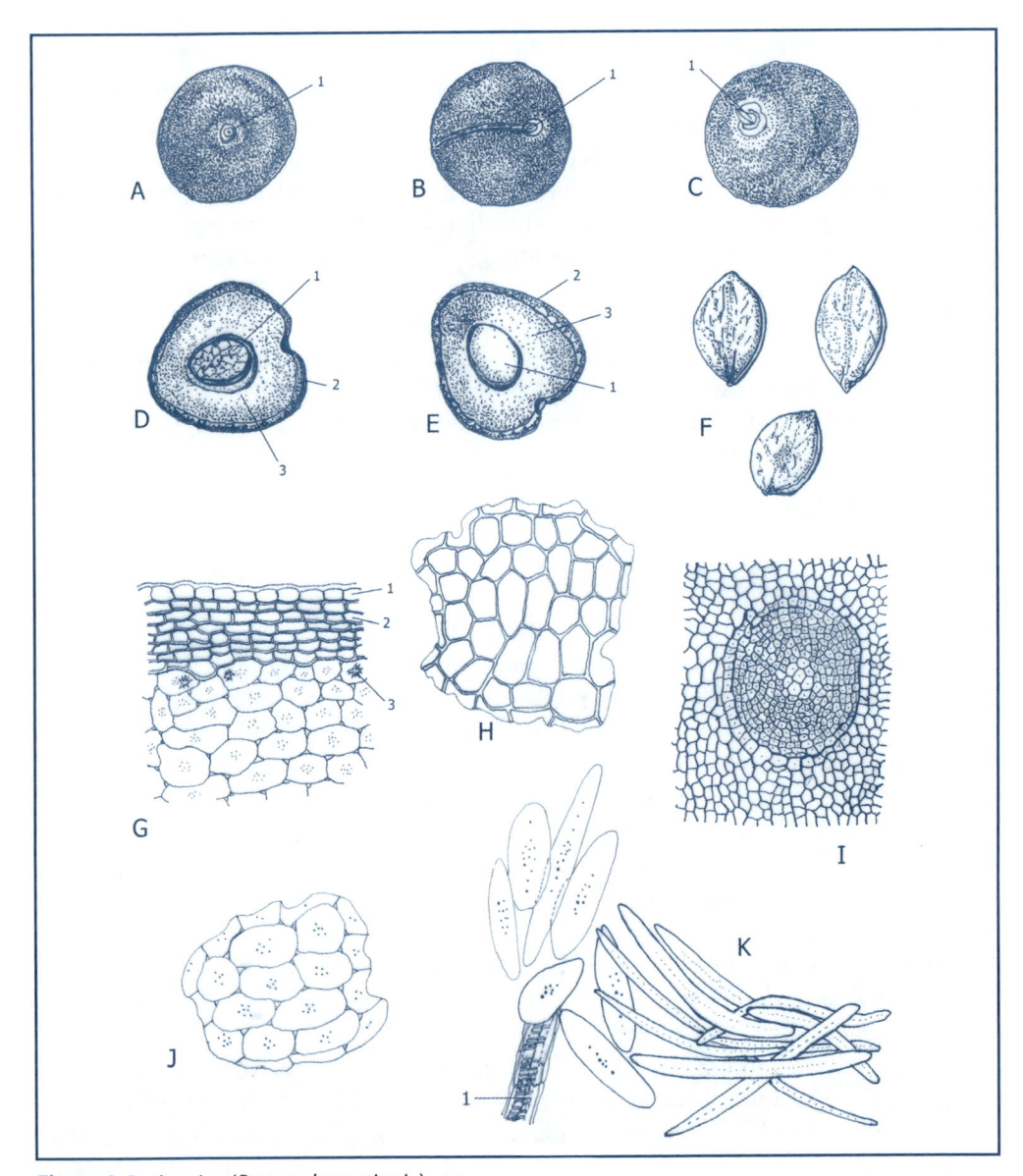

Figura 9.4 – Ameixa (*Prunus domestica* L.).

(A, B e C) Frutas inteiras: (1) depressão indicativa do local de inserção do pedúnculo e vestígios de resto de cálice.

(D e E) Seção transversal da fruta: (1) caroço, (2) epicarpo, (3) mesocarpo.

(F) Caroços.

(G) Seção transversal da região externa do pericarpo: (1) epicarpo, (2) células de paredes espessadas, (3) drusas.

(H) Epicarpo, visto de face.

(I) Epicarpo, mostrando mancha suberosa.

(J) Parênquima do endocarpo.

(K) Elementos dissociados do fruto: (1) vaso xilemático.

9.5.1 Caracterização Microscópica

A seção transversal do fruto mostra um epicarpo formado por células de contorno retangular, recobertas por cutícula. Essa camada celular, quando vista em seção paradérmica, mostra-se constituída de células de contorno poligonal. Lenticelas circulares podem ser observadas. O mesocarpo, localizado logo abaixo do epicarpo, é constituído por células de paredes espessadas, um tanto lignificadas. Essa região pode conter de cinco a sete camadas celulares. Segue-se a região do mesocarpo, localizada mais internamente, que é de natureza parenquimática. Na região limítrofe com a região de paredes espessadas, observa-se frequentemente a presença de drusas. Na região próxima ao endocarpo, o parênquima é mais frouxo e suculento. Pequenos feixes fibrovasculares podem ser vistos. O endocarpo é lignificado e fica aderido à semente, formando o caroço. O macerado de células da região do mesocarpo, junto ao endocarpo, mostra células alongadas, características.

9.6 Banana

- *Musa balbisiana* Colla × *Musa acuminata* Colla
  Musa × *paradisíaca* L. (híbridos e cultivares diversos)
  Evoluíram do cruzamento de espécies selvagens
- Família *Musaceae*

A origem da banana não é bem conhecida. Acredita-se que seja oriunda do Oriente. O sul da Ásia, a Índia, a Indonésia, a Malásia e as Filipinas são lugares onde ela existe desde épocas muito remotas. Evoluiu através do cruzamento de espécies selvagens. *Musa paradisiaca* L., *Musa Cavendish* Lamb, *Musa sapientum* L. e *Musa corniculata* Lour correspondem a nomes ligados à banana, Figura 9.5.

A cultura da banana é uma das culturas mais antigas do mundo, talvez mesmo a mais antiga. Têm-se indícios de seu cultivo desde há 4.000 anos. Existem bananas que podem alcançar até 50 cm de comprimento, por cerca de 10 cm de diâmetro.

A banana nanica comum mede geralmente de 15 a 20 cm de comprimento, por 2,5 a 3,5 cm de diâmetro. Contém, em média, 73,8 de água, 1,4 de proteínas, 23,8 de carboidratos, 1,9 de fibra alimentar e 0,1 de lipídios. Contém ainda vitaminas B_1, B_2, B_6 e C, além de potássio, fósforo, cálcio e ferro.

A banana nanica é uma baga encurvada, de seção transversal arredondada. O epicarpo é fino; inicialmente verde, passa a amarelo no amadurecimento. O mesocarpo é estreito, variando de 2 a 3 mm de espessura. Juntamente com o epicarpo, representa o que denominamos "casca da banana". O endocarpo corresponde à polpa comestível, doce, macia e de aroma agradável. Envolve, no seu interior, o ovário trilocular, que pode conter óvulos abortados que originam sementes estéreis que aparecem envoltas em mucilagens.

A banana costuma ser consumida com mais frequência *in natura*. É consumida ainda em forma de purê, torta, sorvete e com merengue. A banana pode sofrer processamentos diversos, originando banana em pó liofilizada, banana desidratada, farinha de banana, doce de banana, banana em calda, geleias e bolos.

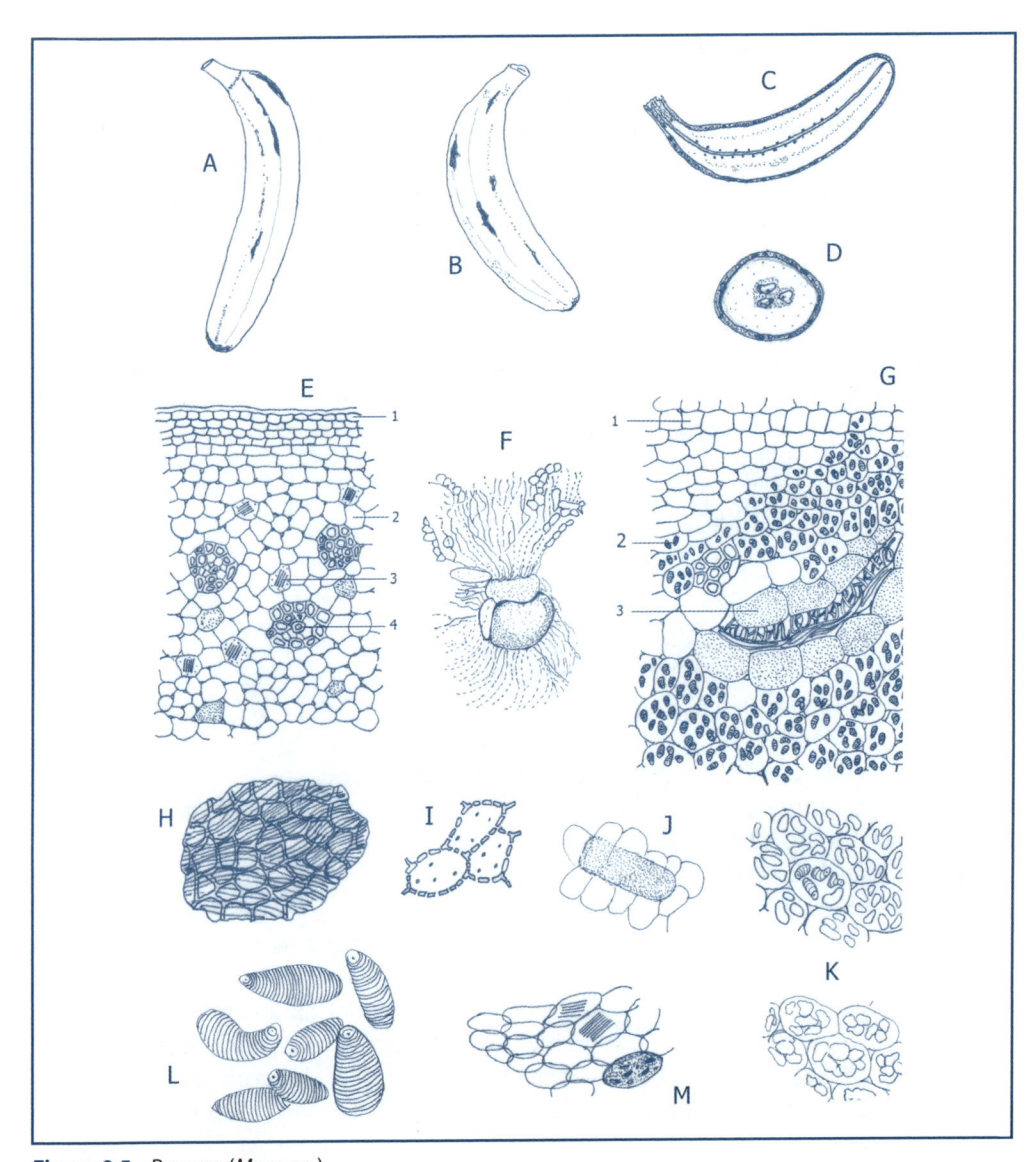

Figura 9.5 – Banana (*Musa* sp.).
(A e B) Fruta inteira.
(C) Corte longitudinal da fruta.
(D) Corte transversal da fruta.
(E) Seção transversal do epicarpo e mesocarpo: (1) epicarpo, (2) parênquima do mesocarpo, (3) idioblasto contendo rafídeos, (4) feixe vascular.
(F) Semente abortada.
(G) Endocarpo: (1) parênquima do endocarpo, (2) parênquima do endocarpo, com células amilíferas, (3) feixe vascular envolto em bainha tanífera.
(H) Epicarpo, visto de face.
(I) Células espessadas da hipoderme (exocarpo).
(J) Células envolvendo a célula tanífera.
(K) Parênquima amilífero do endocarpo.
(L) Grãos de amido.
(M) Células parenquimáticas contendo rafídeos.

9.6.1 Caracterização Microscópica

O epicarpo é constituído por células que apresentam, quando vistas em corte transversal, contorno aproximadamente retangular. Quando vistas paradermicamente, essas células apresentam contorno poligonal e exibem cutícula finamente estriada. A região localizada abaixo da epiderme é constituída por três a quatro camadas celulares que, em seção transversal, apresentam contorno retangular. Essas camadas celulares apresentam paredes um tanto espessadas e, juntamente com a epiderme, formam a exocarpo. O mesocarpo é constituído por células parenquimáticas, que envolvem idioblastos contendo rafídeos. Inúmeros feixes vasculares são observados nessa região.

O endocarpo é igualmente parenquimático amilífero, com grãos de amido aproximadamente periformes providos de hilo excêntrico e estrias. Feixes vasculares delicados ocorrem nessa região, envolta por bainha parenquimática provida de células contendo tanino. Essa estrutura corresponde ao conjunto anatômico que mais é pesquisado para a identificação da banana em produtos industrializados. As células de bainha tanífera, quando tratadas pela solução de cloreto férrico, coram-se caracteristicamente em negro ou azul-escuro.

9.7 Caju

- *Anacardium occidentale* L.
- Família *Anacardiaceae*

O cajueiro, árvore típica do Norte e Nordeste brasileiro, produz um fruto e um pseudofruto comestíveis; são hoje portadores de prestígio mundial como alimento.

A fruta, ou melhor, a pseudofruta – constituída pelo pedúnculo floral, que se desenvolve, tornando-se suculento – é também conhecida pelos nomes de "acaju", "acajaiba", "acajuiba", "caju manso" e "ocaju", Figura 9.6.

Esse pseudofruto, quando maduro, torna-se macio, aromático, suculento e de sabor muito agradável. O caju, quando ainda verde, contém quantidades apreciáveis de tanino, motivo pelo qual trava na boca, ou melhor, é bastante adstringente.

O fruto verdadeiro, a castanha-de-caju, é um aquênio reniforme, hoje transformado em uma iguaria consumida mundialmente.

A epiderme do pecíolo é fina, membranosa e de coloração que varia do amarelo ao vermelho. O parênquima fundamental é bem desenvolvido.

O caju, ou seja, o pseudofruto é muito rico em vitamina C, possuindo aproximadamente 220 mg%. Possui ainda as vitaminas A, B_1, B_2 e B_3, além dos elementos químicos fósforos, cálcio, ferro e potássio.

O pseudofruto mede de 5 a 11 cm de comprimento, por 4 a 6 cm de diâmetro, na maioria dos casos. O caju é consumido em estado natural e na forma de alimento processado. Assim, com ele, são elaborados: xarope, sucos, licores, vinhos, aguardentes, doces em pasta, doces em massa, doces cristalizados, doces em caldas, geleias, pós e liofilizados.

A seção transversal do fruto apresenta uma epiderme representada por células geralmente alongadas no sentido radial e recobertas por cutículas quase sempre lisas. Tais células, quando vistas de face, possuem contorno poligonal e paredes quase retas.

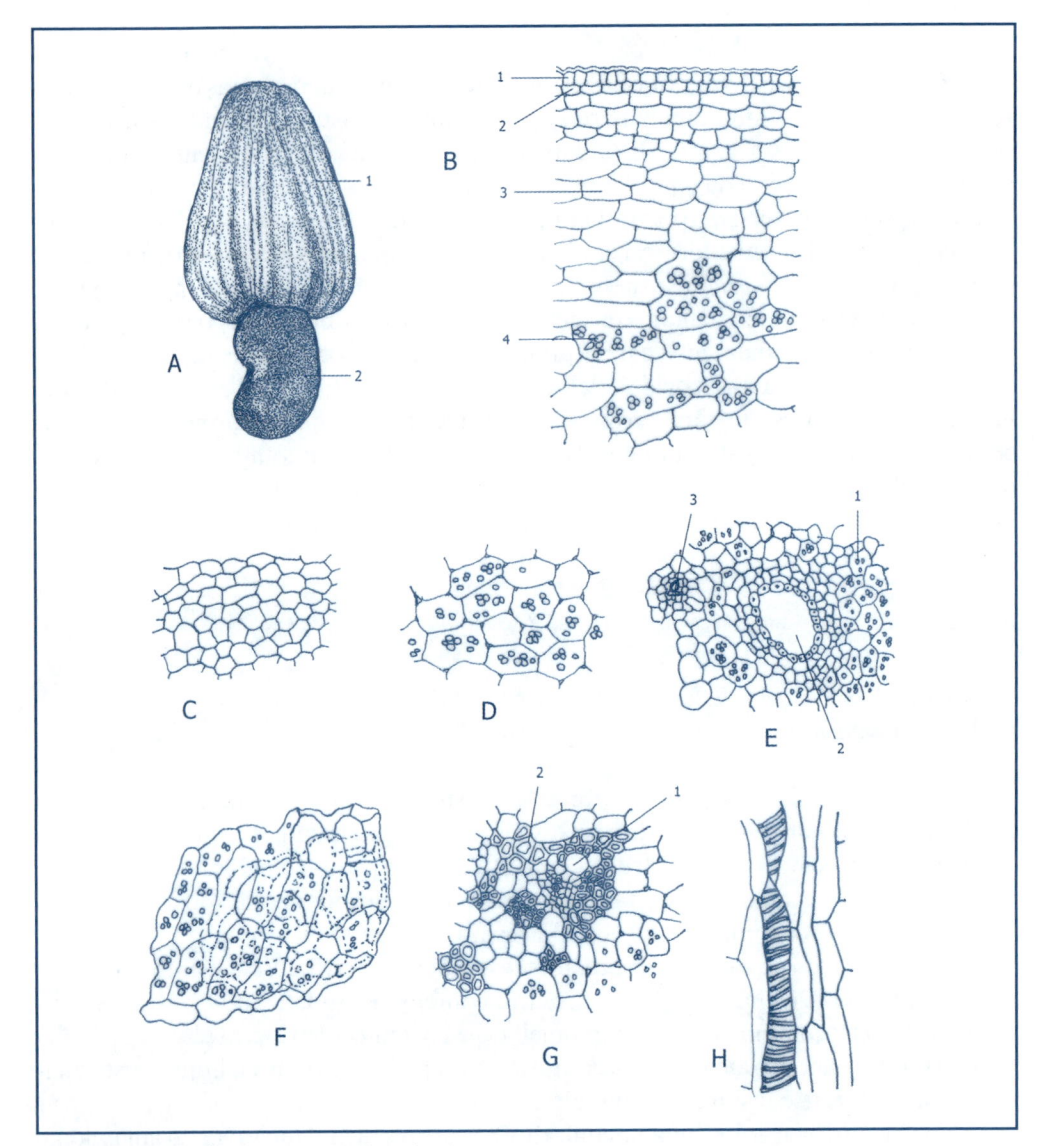

Figura 9.6 – Caju (*Anacardium ocidentale* L.).
(A) Pseudofruto e fruto: (1) pseudofruto, (2) fruto verdadeiro.
(B) Seção transversal do pseudofruto: (1) epiderme, (2) hipoderme, (3) parênquima fundamental, (4) células do parênquima de reserva.
(C) Epiderme, vista paradermicamente.
(D) Parênquima de reserva.
(E) Parênquima de reserva, contendo grãos de amido, glândula produtora de óleo, resina e feixe vascular: (1) célula amilífera, (2) glândula, (3) feixe vascular.
(F) Parênquima amilífero.
(G) Parênquima amilífero, contendo feixe vascular: (1) feixe vascular, (2) fibras.
(H) Fragmento de feixe vascular.

A hipoderme é constituída de células um pouco maiores que as epidérmicas, sendo alongadas no sentido tangencial. A epiderme, vista paradermicamente, é constituída por células de contorno retangular. O parênquima de reserva é bem desenvolvido. Suas células são quase sempre isodiamétricas, ou um tanto alongadas no sentido tangencial. Encerram grãos de amido simples e compostos; estes, na maioria das vezes, formados por três a quatro unidades.

O parênquima de reserva envolve ainda glândulas com diversas células delimitando o lúmen e feixes vasculares delicados, nos quais os elementos de vaso do xilema são do tipo espiralado.

As pequenas brácteas localizadas próximas à cicatriz, correspondente à zona de fixação do pseudofruto ao eixo caulinar, possuem grande quantidade de pelos tectores, além de drusas de oxalato de cálcio.

Para elucidar a estrutura microscópica do pseudofruto do caju, com vistas à sua identificação em alimentos processados, comparamos a estrutura microscópica, observada em cortes histológicos da fruta, segundo planos previamente estabelecidos, com a estrutura que aparece em alimentos industrializados feitos à base desse órgão vegetal. Assim, a epiderme é constituída de células de contorno poligonal, quando vista de face, e glândulas produtoras de óleo resina, parênquima amilífero (rico em grãos de amilo) e feixes vasculares (contendo vasos de xilema do tipo espiralado) são elementos histológicos de grande valor na identificação do caju.

9.8 Carambola

- *Averrhoa carambola* L.
- Família *Oxalidaceae*

A caramboleira, árvore produtora da carambola, é originária da Índia, tendo sido introduzida no Brasil no ano de 1817, através da França. O Estado que primeiro a recebeu foi o de Pernambuco, espalhando-se depois por todo o Brasil. É frequente no litoral paulista, Figura 9.7.

O fruto da caramboleira, a carambola, é uma baga oblonga e alada, adquirindo, graças a essas alas, uma forma característica. Sua seção é pentagonal, que lhe confere o formato de estrela, daí seu nome em inglês, *star fruit*. Os frutos medem de 7 a 10 cm de comprimento, por 5 a 6 cm de diâmetro. O pericarpo é fino, membranáceo, liso e de coloração amarelo esverdeado ou amarelo, quando maduro. O mesocarpo é parenquimatoso, suculento, igualmente amarelado, de odor característico e agradável, e de sabor agridoce. O endocarpo envolve cinco lojas, nas quais as sementes achavam-se abrigadas.

A fruta é rica em vitamina C, além de conter as vitaminas A e do complexo B. É rica, também, em sais minerais de cálcio, ferro e fósforo. Devido à grande quantidade de ácido oxálico que tem, é estimulante do apetite, embora a substância seja inconveniente para pessoas que sofrem de problemas renais. A ela também são atribuídas propriedades antidiabéticas. A presença de glicosil flavonoides foi descrita para a planta.

A fruta é usada *in natura*, sendo ainda empregada no preparo de doces, geleias, sucos, sorvetes e compotas.

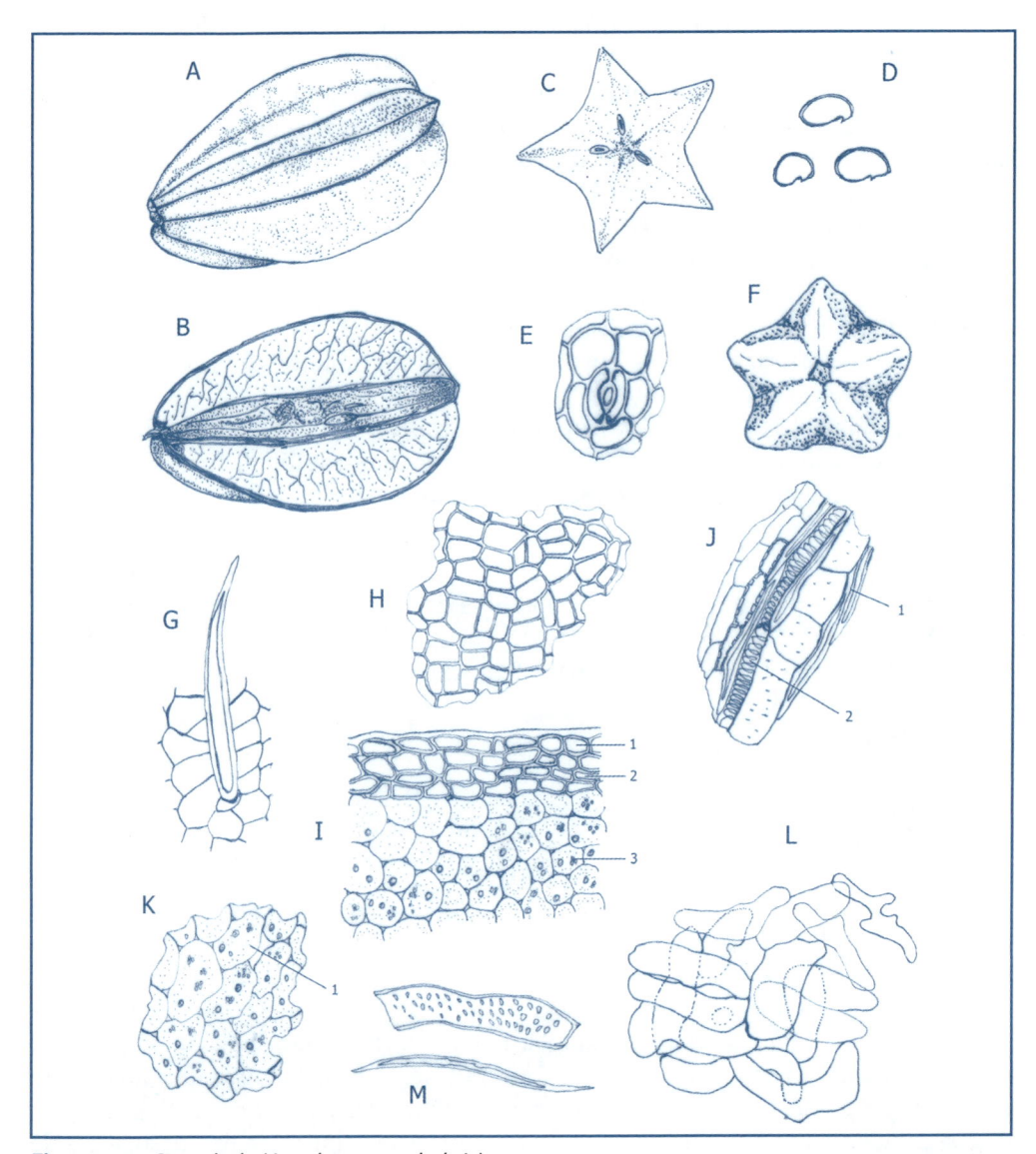

Figura 9.7 – Carambola (*Averrhoa carambola* L.).
(A) Fruta inteira.
(B) Fruta cortada longitudinalmente.
(C) Fruta cortada transversalmente.
(D) (Sementes.
(E) Estômatos do epicarpo.
(F) Fruto visto de topo.
(G) Epicarpo, visto de face, mostrando tricoma não glandular.
(H) Epicarpo, visto de face.
(I) Seção transversal do fruto: (1) epicarpo, (2) hipoderme – exocarpo, (3) mesocarpo.
(J) Fragmento do mesocarpo, mostrando a região de feixe vascular, vista longitudinalmente: (1) fibras, (2) xilema.
(K) Mesocarpo: (1) parênquima de reserva.
(L) Células do mesocarpo interno.
(M) Fibra e vaso xilemático.

9.8.1 Caracterização Microscópica

O epicarpo, quando observado em secção transversal, é constituído por células de contorno irregular na forma e no tamanho, providas de parede um tanto espessadas. Em conjunto com três ou quatro camadas celulares, localizadas mais abaixo e com características morfológicas semelhantes, formam o exocarpo. Raros pelos tectores cônicos e alongados podem ser observados sobre o epicarpo.

O mesocarpo é constituído mais externamente por células parenquimáticas arredondadas e de paredes finas; e, mais internamente, por células volumosas e saculiformes, de paredes delgadas.

Nessas células, observam-se corpúsculos portadores de pigmentos carotenoides e grãos de amido minúsculos, além de substância amilífera amorfa, dispersa no protoplasma e evidenciada através da coloração azul intensa em contato com a solução de lugol; feixes vasculares delicados podem ser observados nessa região, providos de vasos xilemáticos, calibrosos, espiralados e, com menos frequência, pontuados. O mesocarpo é parenquimático, fibras isoladas e anexadas ao xilema podem ser observadas.

O epicarpo, quando visto de face, é constituído por células poliédricas dispostas em diversas direções e que lembram tacos em um assoalho. Os estômatos raros são do tipo anomocítico.

9.9 Cidra

- *Citrus medica* Gall
- Família *Rutaceae*

Originária do Golfo Pérsico, da Índia e do sul da China, a cidra é uma fruta cítrica, conhecida desde a Antiguidade. Em 150 a.C., era usada pelos judeus em festas religiosas. Chegou ao Brasil, através de Portugal, logo depois do descobrimento, Figura 9.8.

O fruto é um hesperídio, ou seja, um tipo de baga de forma ovoide quase globosa, que mede até 20 cm de comprimento, por até 15 cm de largura. Às vezes, a cidra apresenta forma irregular. Quando madura, apresenta cor que varia do amarelo pálido ao amarelo-ouro. Sua casca é muito áspera, espessa, rugosa e bastante aromática. Apresenta-se mamilosa no ápice.

O epicarpo é bem evidente, diferindo do mesocarpo, que é largo e brancacento, e o endocarpo é membranáceo, fino, quase transparente, e envolve as sementes, a placenta e um grande número de vesículas contendo líquido. É constituído de sete a nove lóculos ovarianos.

A casca da cidra, epicarpo e mesocarpo, corresponde à casca cítrica mais comercializada no mundo.

A cidra é rica em vitamina C, o ácido ascórbico, além de conter ácido cítrico, óleo essencial, sacarose, glicose e boa quantidade de fibras.

Costuma ser empregada no tratamento de ansiedade, gastralgia e inapetência, e na cefaleia.

A cidra é utilizada principalmente quando transformada em doces, tais como: em caldas, em compota, em pasta, em massa e doce cristalizado.

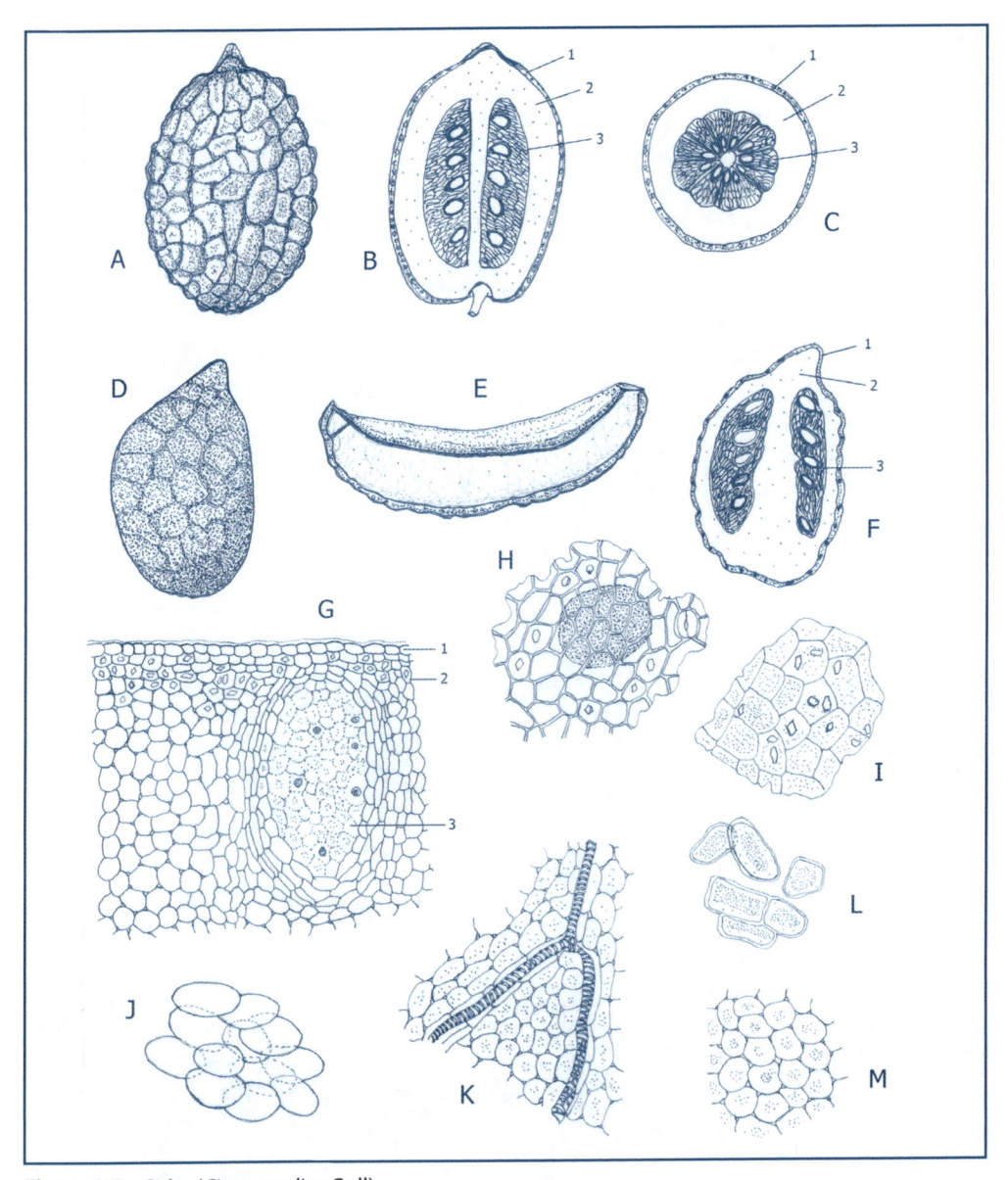

Figura 9.8 – Cidra (*Citrus medica* Gull).
(A e D) Fruta inteira.
(B e F) Corte longitudinal da fruta: (1) epicarpo, (2) mesocarpo, (3) endocarpo.
(C) Seção transversal da fruta: (1) epicarpo, (2) mesocarpo, (3) endocarpo.
(E) Casca do fruto (epicarpo e parte do mesocarpo).
(G) Seção transversal da parte externa do fruto: (1) epicarpo, (2) parte externa do mesocarpo, com células contendo cristais prismáticos, (3) glândula.
(H) Epicarpo, visto de face, mostrando glândulas e cristais prismáticos, por transparência.
(I) Fragmento do mesocarpo externo, mostrando células com cristais prismáticos.
(J) Parênquima do mesocarpo.
(K) Fragmento mostrando região de feixe vascular, visto por transparência.
(L) Células do mesocarpo dissociadas.
(M) Fragmento do mesocarpo.

9.9.1   Caracterização Microscópica

As seções transversais do pericarpo mostram as seguintes estruturas:

Epicarpo, formado por células de contorno aproximadamente retangular, um tanto variáveis no tamanho. Hipoderme, constituída de duas a três fileiras celulares, semelhantes às já descritas. As duas regiões são constituídas por células de paredes um tanto espessadas. Cristais prismáticos de oxalato de cálcio são frequentes nessa região.

O mesocarpo é formado por células parenquimáticas, de contorno arredondado e de paredes relativamente finas. Nessa região, nota-se a presença de grandes e numerosas glândulas produtoras de óleo essencial. Essas glândulas se alinham horizontalmente e são semelhantes às que ocorrem na laranja e no limão, sendo de tamanho maior.

O endocarpo, que recobre os lóculos do fruto, é membranáceo e fino.

Feixes vasculares delicados podem ser observados na região do mesocarpo.

Fragmentos do epicarpo, quando vistos de face, apresentam-se formados por células de contorno poligonal. Estômatos do tipo anomocítico podem ser observados. Nota-se ainda, por transparência, a presença de glândulas e de cristais prismáticos.

9.10   Figo

- *Ficus carica* L.
- Família *Moraceae*

A figueira, a árvore produtora do figo, é conhecida desde os primórdios da humanidade. Mencionada na Bíblia, no livro do Gênesis, parece ser oriunda da região do Mediterrâneo. Era conhecida pelos egípcios, gregos, judeus e romanos, sendo considerada uma fruta sagrada por diversos povos, Figura 9.9.

O figo é um pseudofruto denominado "sicônio". A parte comestível é o receptáculo da inflorescência, que se torna carnudo, suculento, aromático e agradável ao paladar. Essa parte edula desenvolve-se por partenocarpia. A fruta possui formato piriforme, mede de 4 a 8 cm de comprimento, por 3 a 4 cm de largura na parte mais dilatada; apresenta cor que varia entre roxo, vermelho e verde. Com frequência, sua tonalidade é mesclada.

Os glicídios alcançam 50% de seu peso; as proteínas, cerca de 1,5%; e os lipídios quase não estão presentes nele. Apresenta minerais como cálcio, ferro, fósforo, sódio e potássio, bem como as vitaminas C e A. As fibras ocorrem entre 6% a 7%.

Os sicônios apresentam forma que lembra uma pera. São estriados longitudinalmente, com alternância de nuances de vermelho, roxo e verde. No lado mais fino da fruta, observa-se a presença do pedúnculo e, do outro lado, o ostíolo pequeno, de forma arredondada, acompanhado de restos foliares. A epiderme do receptáculo é fina e pilosa, e a parede do parênquima fundamental, de tonalidade clara, mede de 1 a 1,5 cm. A parte interior contém as sementes abortadas, circulares em cortes transversais e cordiformes em cortes longitudinais.

Os figos são consumidos preferencialmente *in natura*, entretanto é muito comum sua utilização em formas processadas, como doces cristalizados, doces em massa ou em pasta, geleias e doces em calda.

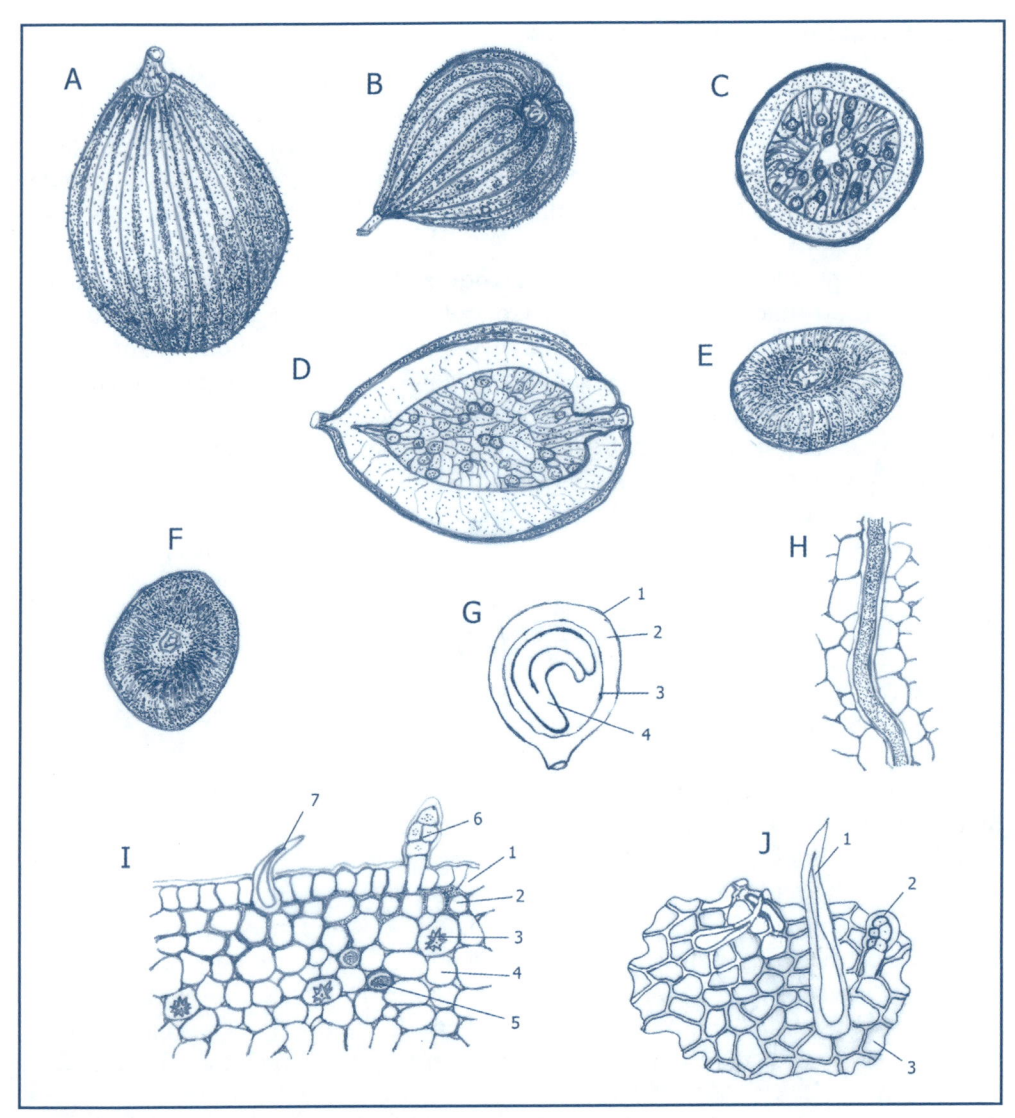

Figura 9.9A, B, C, D, E, F, G, H, I, J – Figo (*Ficus carica* L.).
(A e B) Infrutescência.
(C) Infrutescência cortada transversalmente.
(D) Infrutescência cortada longitudinalmente.
(E e F) Infrutescência seca, vista de topo (figo seco).
(G) Frutículo cortado longitudinalmente: (1) epicarpo, (2) mesocarpo, (3) endocarpo – tegumento da
semente, (4) embrião.
(H) Canal laticífero da parede do sicônio.
(I) Seção transversal do receptáculo (sicônio): (1) epiderme, (2) hipoderme, (3) drusa, (4) parênquima
comum, (5) laticífero, (6) pelo glandular, (7) pelo tector.
(J) Epiderme do receptáculo: (1) pelo tector, (2) pelo glandular, (3) células epidérmicas.

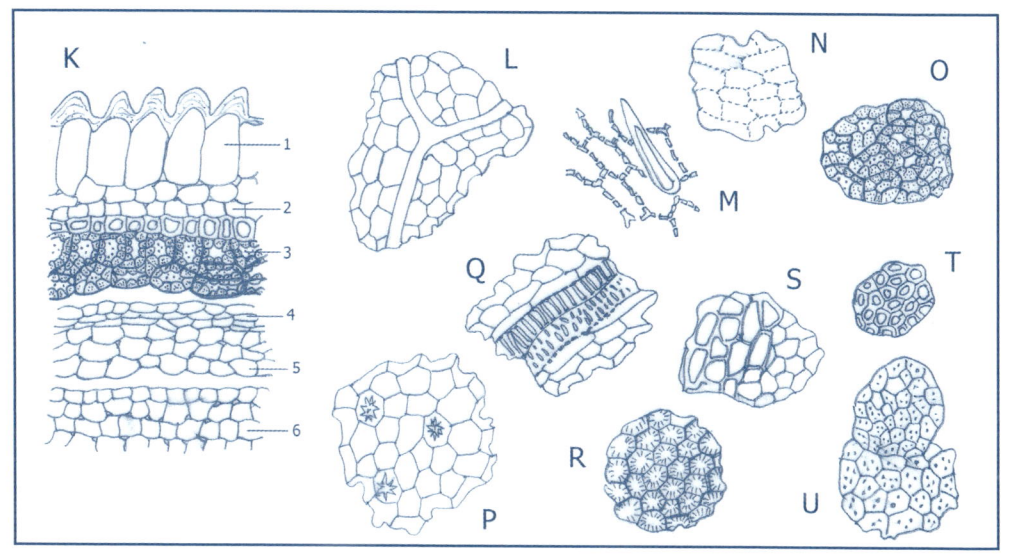

Figura 9.9K, L, M, N, O, P, Q, R, S, T, U – Figo (*Ficus carica* L.).
(K) Seção transversal do fruto: (1) epicarpo, (2) mesocarpo, (3) endocarpo, (4) tegumento, (5) endosperma, (6) cotilédone.
(L) Tubo laticífero.
(M) Epiderme.
(N) Mesocarpo.
(O e T) Endocarpo.
(P) Hipoderme.
(Q) Fragmento de feixe vascular.
(R) Epicarpo.
(S) Tegumento, visto de face.
(U) Fragmento de cotilédone.

9.10.1 Caracterização Microscópica

A epiderme do sicônio é constituída por células de contorno quase retangular, alongadas no sentido anticlinal, quando observadas em cortes transversais. Tricomas tectores e glandulares podem ser observados nessa região. Os tricomas tectores são mais numerosos; são unicelulares e cônicos, mais longos ou mais curtos. Os tricomas glandulares são claviformes e providos de quatro ou cinco células dispostas de forma característica.

As células epidérmicas, quando vistas de face, são poligonais, de paredes quase retas e grossas em alguns pontos, exibindo pontuações. A hipoderme, localizada logo abaixo da epiderme, é constituída por uma ou duas fileiras de células, com paredes espessadas. O parênquima fundamental é constituído por células isodiamétricas que deixam entre si espaços celulares do tipo meato. Drusas de oxalato de cálcio, canais laticíferos e feixes vasculares delicados podem ser observados nessa região. Essa região não contém grãos de amido. A epiderme interna é semelhante à externa, só que não recoberta por cutícula.

Os frutos do tipo aquênio ficam contidos no receptáculo. A seção transversal do fruto mostra epicarpo mamelonado. O mesocarpo é reduzido, constituído por duas ou três camadas celulares. O endocarpo é pétreo e constituído por duas ou três camadas de células pétreas. O tegumento da semente é delicado, bem como o endosperma, que contém grãos de amido. Os cotilédones são igualmente delicados.

9.11 Goiaba

Psidium guajava L.
Família *Myrtaceae*

A goiabeira é uma espécie tipicamente sul-americana, especialmente do Brasil. Seu uso como alimento era conhecido pelos ameríndios antes do descobrimento das Américas. Ocorre também no México e no sul dos Estados Unidos, Figura 9.10.

O fruto da goiabeira é globoso, de tonalidade amarela ou amarela esverdeada quando maduro. A coloração interna da fruta varia de vermelha a rosada e branca. Mede por volta de 7 cm de diâmetro e sua superfície é rugosa. A polpa é macia, suculenta, ácida e adocicada, tendo intenso odor agradável e característico.

O epicarpo é relativamente fino e em forma de película bastante aderente. O mesocarpo é suculento e alcança mais de 1 cm de espessura. O endocarpo envolve as lojas ovarianas, geralmente em número de cinco. A parte central do fruto é ocupada por massa branca ou rosada, derivada do eixo ovariano e das margens das folhas carpelares.

A goiaba tem grande valor nutritivo, sendo pobre em glicídios e em gordura. Possui quantidade razoável de fibras e é rica em vitamina C, podendo, nesse mister, alcançar teores de 8,5 mg / 100 g. Contém ainda as vitaminas A, B_1, B_2 e B_3, além de cálcio, fósforo e ferro. Outro fato digno de nota é seu teor de fenólicos, relacionado com o ácido hidroxibenzoico, flavonoides e antocianinas, o que lhe confere considerável poder antioxidante.

A goiaba é bastante utilizada *in natura*. É usada ainda em forma de doces, como em doces em pasta e massa, geleias, sucos, sorvetes e cremes.

9.11.1 Caracterização Microscópica

O epicarpo, quando observado em corte transversal, é constituído por uma fileira de células de contorno retangular, alongadas no sentido periclinal e caracterizadas por apresentarem paredes um tanto espessadas. Essa mesma camada celular, em visão paradérmica, apresenta-se constituída por células de paredes quase retas, algumas vezes ligeiramente onduladas, que, na maioria das vezes, assumem contorno poliédrico. Abaixo do epicarpo, observam-se duas a três camadas celulares, de contorno parecido com o das células do epicarpo, providas igualmente de paredes espessadas. Nessa região, nota-se a presença de glândulas com dez ou 12 células envolvendo a cavidade quando vistas em corte. O epicarpo, quando visto em corte paradérmico, mostra, por transparência, essas glândulas. O mesocarpo é bem desenvolvido. Nele, pode-se observar a presença de escleritos isolados ou em pequenos grupos. Esses escleritos apresentam paredes espessadas e deixam ver bem suas pontuações. Feixes vasculares delicados também podem ser observados nessa região. Fragmentos do mesocarpo submetidos a processamentos exibem formas que são características. A presença de feixe vascular bicolateral, escleritos isolados, grupo de escleritos, com restos de células parenquimáticas dispostos em cabeleira, e células parenquimáticas são importantes na identificação dessa matéria-prima.

Os elementos que mais contribuem para a identificação da goiaba em produtos processados são as células do epicarpo vistas de face, mostrando glândulas por transparência, e os blocos de células pétreas do mesocarpo, envoltos por células desfeitas pela trituração, envolvendo os escleritos como uma cabeleira.

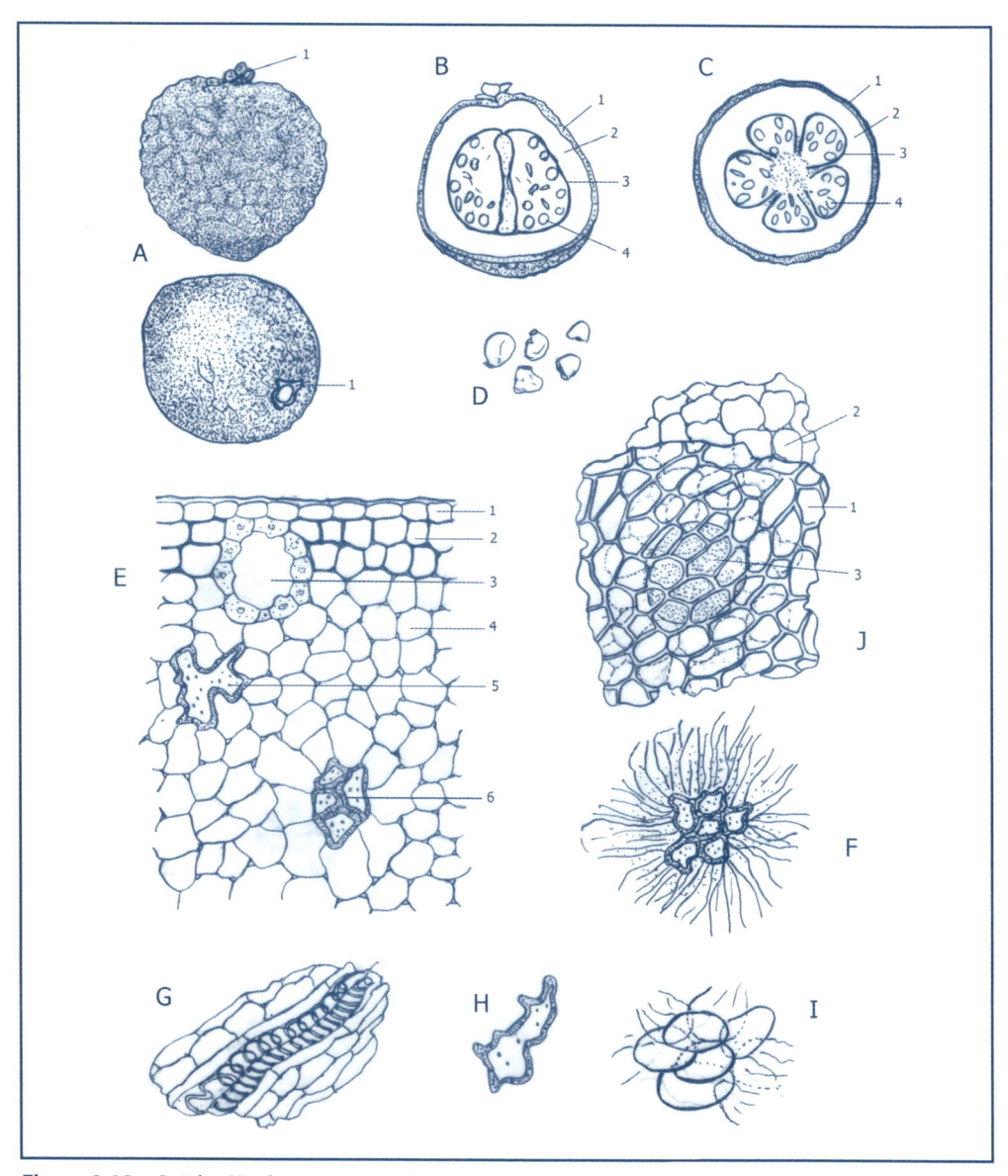

Figura 9.10 – Goiaba (*Psidium guajava* L.).
(A) Fruto: (1) vestígio de cálice.
(B) Fruto cortado longitudinalmente: (1) epicarpo, (2) mesocarpo, (3) endocarpo, (4) semente.
(C) Fruto cortado transversalmente: (1) epicarpo, (2) mesocarpo, (3) endocarpo, (4) semente.
(D) Sementes.
(E) Seção transversal do fruto: (1) epicarpo, (2) hipoderme, (3) glândula secretora, (4) mesocarpo, (5) esclerito isolado, (6) grupo de escleritos.
(F) Fragmento do fruto dissociado, mostrando grupo de escleritos envolto por fiapos oriundos de parede celular (grupo de esclerito "em cabeleira").
(G) Fragmento de feixe vascular.
(H) Esclerito.
(I) Fragmento contendo resíduos de células do mesocarpo.
(J) Fragmento da parte externa do fruto: (1) epicarpo, (2) hipoderme, (3) glândula vista por transparência.

9.12 Jabuticaba

- *Myrciaria cauliflora* (Martius) Berg
- Família *Myrtaceae*

A jabuticabeira é espontânea em todo o Brasil, sendo mais frequente nos Estados de São Paulo, Minas Gerais, Espírito Santo, Rio de Janeiro e Paraná, Figura 9.11.

Além da espécie citada, mencionam-se ainda duas outras, pelo uso frequente e pela semelhança entre os frutos: *Myrciaria trunciflora* Berg e *Myrciaria jaboticaba* (Vell) Berg.

O fruto dessas árvores é do tipo baga. Apresenta coloração avermelhada e é agrido-ce, de sabor agradável. Mede de 2 a 3 cm de diâmetro e apresenta casca quase coriácea, polpa branca e de uma a quatro sementes. No ápice do fruto, existe uma cicatriz deixa-da pela queda da flor, na qual se observam vestígios do cálice.

Do lado oposto, ocorre uma cicatriz motivada pela separação do fruto do caule. A casca do fruto é rica em antocianina, sendo usada como corante vegetal. A jabuticaba tem ainda bastante pectina, importante como alimento, além de cerca 13% de carboi-dratos. A vitamina C está presente na proporção de cerca de 31 mg por 100 g da fruta, além de certa quantidade de niacina.

As jabuticabas são consumidas preferencialmente *in natura*. A vida útil dos frutos é curta. É possível preparar com eles doces, geleias, sucos, licores, vinhos e vinagres. Desses produtos industrializados, é possível obter-se um resíduo em que se constata a presença de elementos histológicos característicos que facilitam a identificação da fru-ta, como as glândulas. Caracteristicamente, encontram-se, ao lado de células parenquimá-ticas, algumas células compridas e bastante pigmentadas. Células parenquimáticas de coloração violeta ou arroxeadas estão sempre presentes.

9.12.1 Caracterização Microscópica

Cortes transversais do pericarpo apresentam as seguintes características: o epicar-po é constituído por células de contorno retangular, alongadas no sentido tangencial. Essas células, quando vistas de face, deixam ver um contorno quase poligonal. As paredes das células apresentam-se nodosas e o conteúdo celular tem, caracteristica-mente, a cor vinhosa. Estômatos do tipo anomocítico podem ser observados, bem como, em fragmentos mais grossos, podem-se observar glândulas por transparência. A hipoderme, situada logo após o epicarpo, é constituída de células de contorno po-ligonal, quando vistas de face, e de contorno irregular, quando em seção transversal. O mesocarpo é constituído por diversas camadas de células, que vão aumentando de tamanho à medida que se aproximam do centro da estrutura. Feixes vasculares delica-dos podem ser observados na região mediana do mesocarpo, contendo tubos crivados, tecidos parenquimáticos, e vasos do xilema do tipo espiralado. Inúmeras glândulas podem ser observadas junto à hipoderme.

Mais internamente, no mesocarpo, observa-se a presença de células compridas, ri-cas em conteúdo granuloso e de coloração vinhosa. O endocarpo possui aspecto seme-lhante ao mesocarpo. Todo o pericarpo possui coloração vinhosa.

Os tecidos que envolvem as sementes (arilos) são constituídos por células longas, ricas em conteúdo granuloso e de coloração vinhosa. Pequenos cristais prismáticos podem ser observados nessa região.

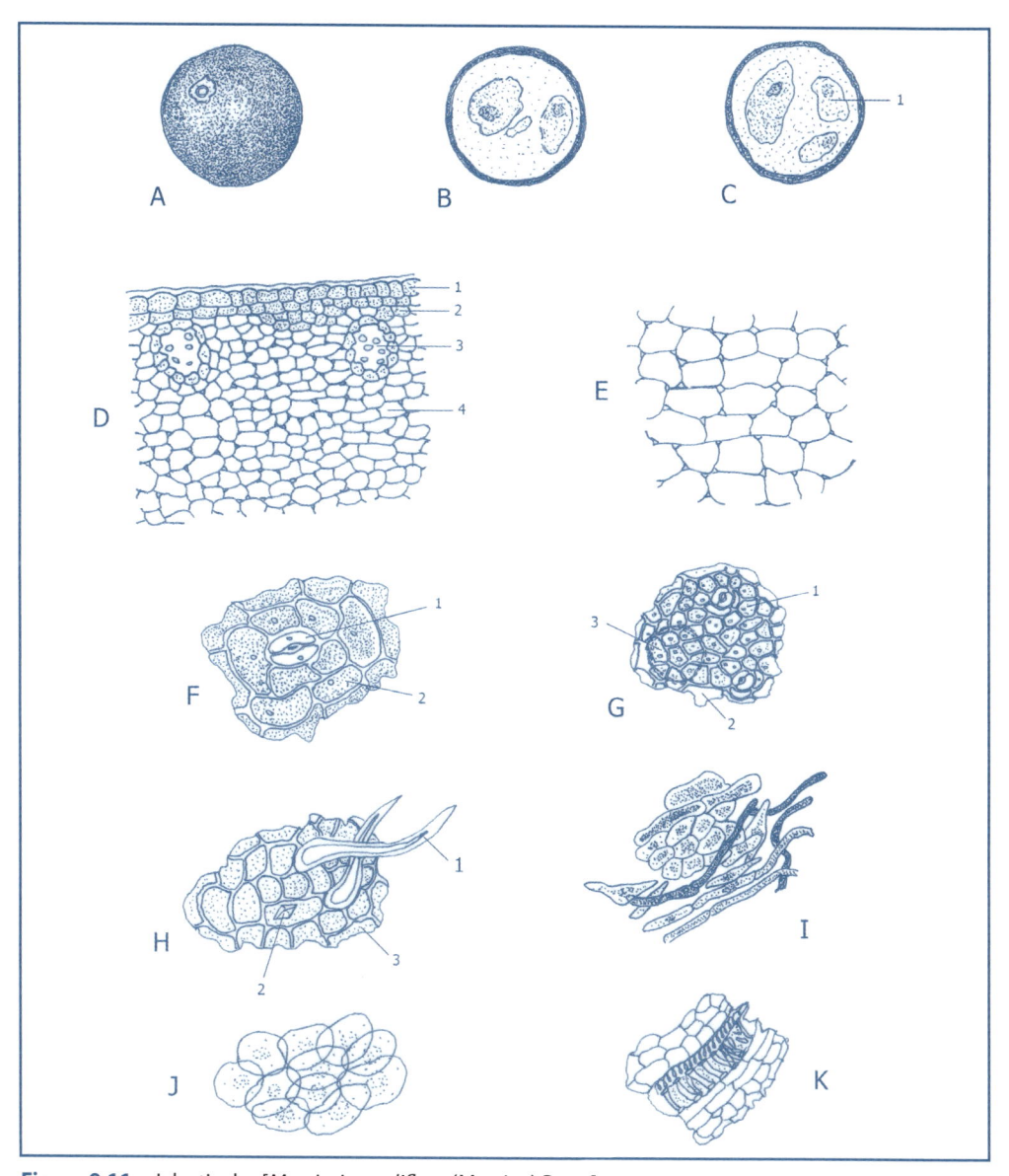

Figura 9.11 – Jabuticaba [*Myrciaria cauliflora* (Martius) Berg.].
(A) Fruto inteiro.
(B e C) Frutos cortados transversalmente: (1) semente com arilo.
(D) Seção transversal do fruto: (1) epicarpo, (2) hipoderme, (3) glândula, (4) mesocarpo.
(E) Fragmento de mesocarpo.
(F) Epicarpo, visto de face: (1) estômato anomocítico, (2) células epidérmicas pigmentadas.
(G) Fragmento mostrado de face: (1) epicarpo, (2) hipoderme, (3) glândula, vista por transparência.
(H) Fragmento do epicarpo: (1) pelos não glandulares, (2) cristal prismático, (3) células do epicarpo.
(I) Células que envolvem a semente (arilo).
(J) Células do mesocarpo.
(K) Fragmento de feixe vascular.

9.13 Laranja

- *Citrus sinensis* (L.) Osbeck
- Família *Rutaceae*

As laranjas são originárias da Ásia, especialmente da China, sendo hoje consumidas em todo o mundo; são produzidas principalmente no Brasil e nos Estados Unidos, Figura 9.12.

O fruto possui forma globosa e mede geralmente de 10 a 12 cm de comprimento, por 6 a 8 cm de largura. Sua superfície externa, ou casca, apresenta coloração amarelada e um tanto rugosa, em função da presença de um grande número de pequenas depressões semelhantes a furos de alfinete.

Na chamada "casca de laranja", há duas regiões bem distintas. A mais externa, caracterizada pela cor amarela, é, por isso, denominada "flavedo". Nessa região, em corte transversal, pode-se ver um grande número de pontos translúcidos em toda a extensão da casca, que são as glândulas produtoras do óleo essencial. Internamente a essa camada, ocorre outra de coloração brancacenta, denominada "albedo". Internamente, temos a região do endocarpo, representada pelos gomos da laranja e suas vesículas suculentas. Corresponde a cerca de dez lojas ovarianas. No centro da estrutura, no lugar onde as margens das folhas carpelares se encontram, existe uma massa parenquimática disposta longitudinalmente, no seio do qual ocorrem feixes vasculares.

A laranja apresenta grande importância nutricional. O teor de carboidratos é baixo. Cerca de 9 a 9,5 g por 100 g; o teor de proteínas é de cerca de 0,5 g / 10 g por %; e o de gordura é de 1 g%. É uma das melhores fontes de vitamina C, chegando esse teor a 50 mg em 100 g do fruto. Possui ainda minerais como potássio, cálcio, fósforo, magnésio e ferro. É usada na forma de suco ou *in natura*. Com ela, entretanto, fazem-se doces e geleias.

9.13.1 Caracterização Microscópica

O epicarpo, quando visto em corte transversal, é formado por células pequenas de contorno aproximadamente retangular, providas de paredes um pouco espessadas. Essas células, quando observadas paradermicamente, apresentam contorno poligonal.

O mesocarpo é constituído por células parenquimáticas. Nele, junto à epiderme, nota-se a presença de glândulas secretoras de óleo essencial. Nota-se também a presença de células contendo cristais prismáticos de oxalato de cálcio. Essa camada mais externa do mesocarpo é formada por células parenquimáticas de contorno arredondado. Mais internamente, no mesocarpo, os espaços intercelulares vão se tornando maiores e a forma das células vai se modificando, originando um parênquima esponjoso típico, importante na identificação da fruta. Feixes vasculares delicados também são identificados com os elementos de xilema, ladeados por células parenquimáticas com cristais prismáticos de oxalato de cálcio e tubos crivados com células companheiras.

O endocarpo, constituído pelos gomos da laranja, é constituído por uma película delicada, uma epiderme interna que recobre as vesículas formadas por células parenquimáticas repletas de líquido.

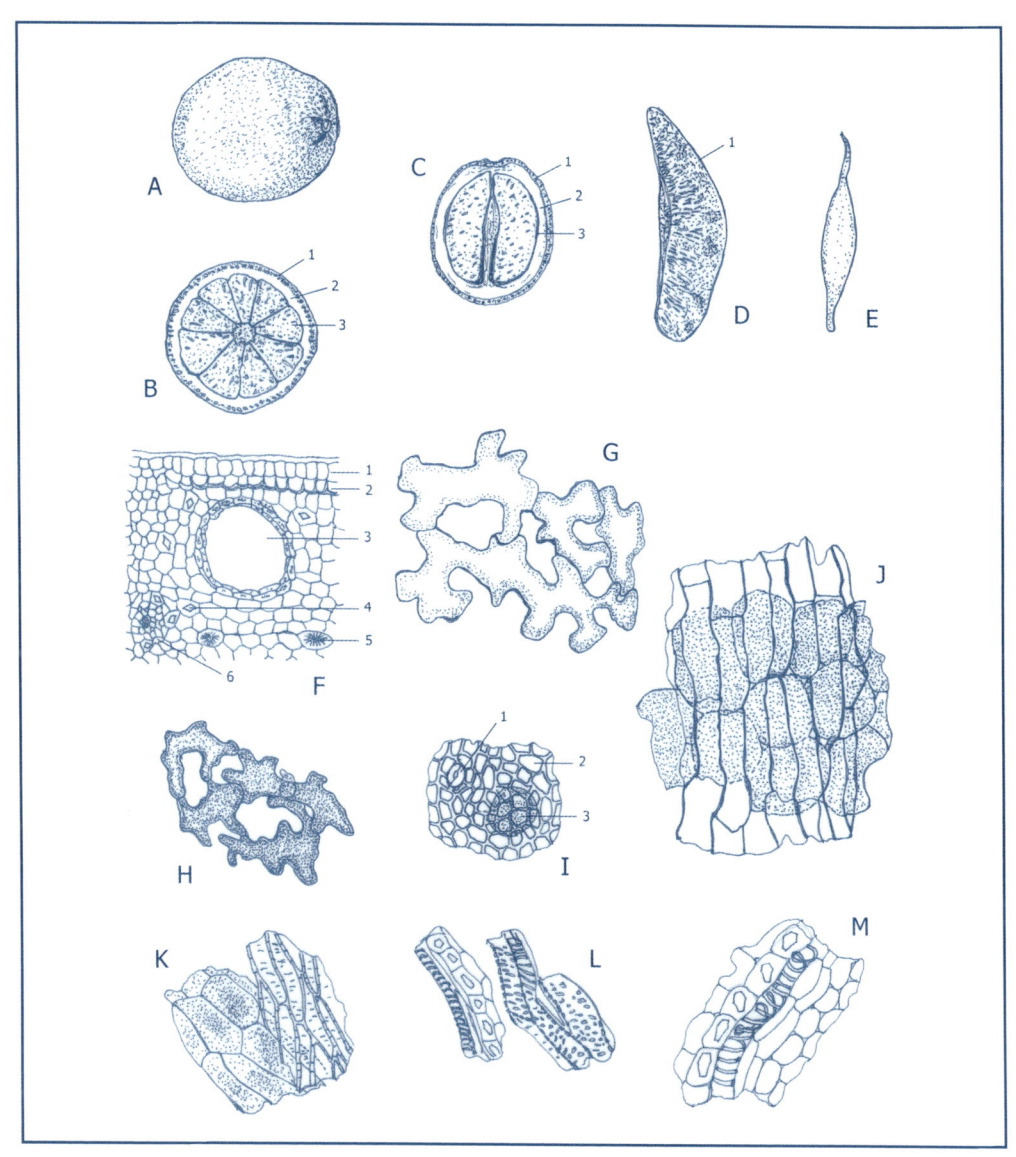

Figura 9.12 – Laranja (*Citrus aurantium* Risso).
(A) Fruta inteira.
(B) Fruta cortada transversalmente: (1) epicarpo, (2) mesocarpo, (3) endocarpo.
(C) Fruta cortada longitudinalmente: (1) endocarpo, (2) mesocarpo, (3) endocarpo.
(D) Gomo de laranja: (1) endocarpo.
(E) Vesícula.
(F) Seção transversal: (1) epicarpo, (2) hipoderme, (3) glândula, (4) cristal prismático, (5) esferocristal de hesperidina, feixe vascular.
(G e H) Parênquima esponjoso (mesocarpo interno).
(I) Fragmento do epicarpo: (1) estômato anomocítico, (2) célula do epicarpo, (3) glândula vista por transparência.
(J) Endocarpo, visto de face, mostrando vesículas por transparência.
(K) Elementos histológicos da vesícula.
(L) Bainha cristalífera e vasos xilemáticos.
(M) Bainha cristalífera, vaso xilemático espiralado.

9.14 Maçã

Malus × *domestica* Borkh
Malus domestica Borkh × *Malus sylvestris* (L.) Miller
Família *Rosaceae*

Oriunda da Ásia Central, a macieira, árvore produtora da maçã, é conhecida desde a mais remota Antiguidade. Os egípcios a conheciam bem e cultivavam-na às margens do rio Nilo há cerca de 3.000 anos, Figura 9.13.

Do seu cultivo primitivo, de sua domesticação, resultou o aparecimento de híbridos; hoje existem cerca de mil cultivares desenvolvidos principalmente a partir de *Malus domestica* Borkh e *Malus sivestris* (L.) Miller.

A maçã é um pseudofruto. A parte édula corresponde ao receptáculo da flor desenvolvida. Esse pseudofruto é denominado "pomo". Trata-se de uma fruta de forma globosa e de coloração vermelha, rosa, amarela ou verde quando plenamente desenvolvida.

Seu sabor é agridoce e seu odor é característico. Apresenta caracteristicamente em sua extremidade basal uma depressão circular, da qual, do fundo, parte um pedúnculo; o mesmo acontece do lado oposto onde a depressão é menor e o pedúnculo não existe.

O fruto cortado transversalmente apresenta a epiderme subcoriácea, acompanhada de colênquima. O parênquima da região do hipanto é bem desenvolvido, suculento e adocicado e envolve, em sua região central, o fruto verdadeiro, que apresenta forma fusiforme e contém as sementes. Esse mesmo fruto, cortado transversalmente, apresenta forma circular. A epiderme e a hipoderme, localizadas externamente, aparecem como uma linha colorida. O hipanto é circular e envolve, no centro, o fruto provido de cinco lojas ovarianas, nas quais se pode observar a presença de sementes. O consumo frequente da maçã apresenta valor nutricional e ajuda no controle de uma série de problemas de saúde. A maçã possui, em média, 13% de carboidratos, 4% de gorduras e 5% de proteínas.

Possui considerável teor de pectina, 2,4% integrante da fração fibra vegetal. Possui quantidades significativas de vitamina C, além de vitamina E. O potássio e o ferro estão entre os elementos químicos presentes. Ácidos orgânicos, como, por exemplo, ácido málico, flavonoides (como a quercetina) e taninos entram na sua composição. A maçã, na maioria das vezes, é consumida *in natura*. Com ela, produzem-se ainda geleias, doces diversos, tortas, bolos, sucos normais e sucos fermentados com teor alcoólico de 2% a 8%, conhaque de maçã e vinagre de maçã.

9.14.1 Caracterização Microscópica

A seção transversal do pomo apresenta a seguinte estrutura: epiderme constituída por células de contorno arredondado e irregulares no tamanho, providas de paredes anticlinais e periclinais externas espessadas, lembrando um "U" invertido. Essa camada celular é recoberta por uma cutícula um tanto espessa. Essa camada celular, quando vista de face, é constituída por células de contorno arredondado e um tanto achados em ambos os sentidos. O colênquima é representado por três a quatro fileiras celulares, com alongamento no sentido transversal.

O parênquima do hipanto é bem desenvolvido, sendo formado por células arredondadas, de paredes finas mais externamente, e por células parenquimáticas saculiformes; nas regiões mais internas, feixes vasculares delicados podem ser observados nessa região.

O epicarpo do fruto, propriamente dito é parenquimático. O mesocarpo é parenquimatoso e o endocarpo é fibroso e cartilaginoso.

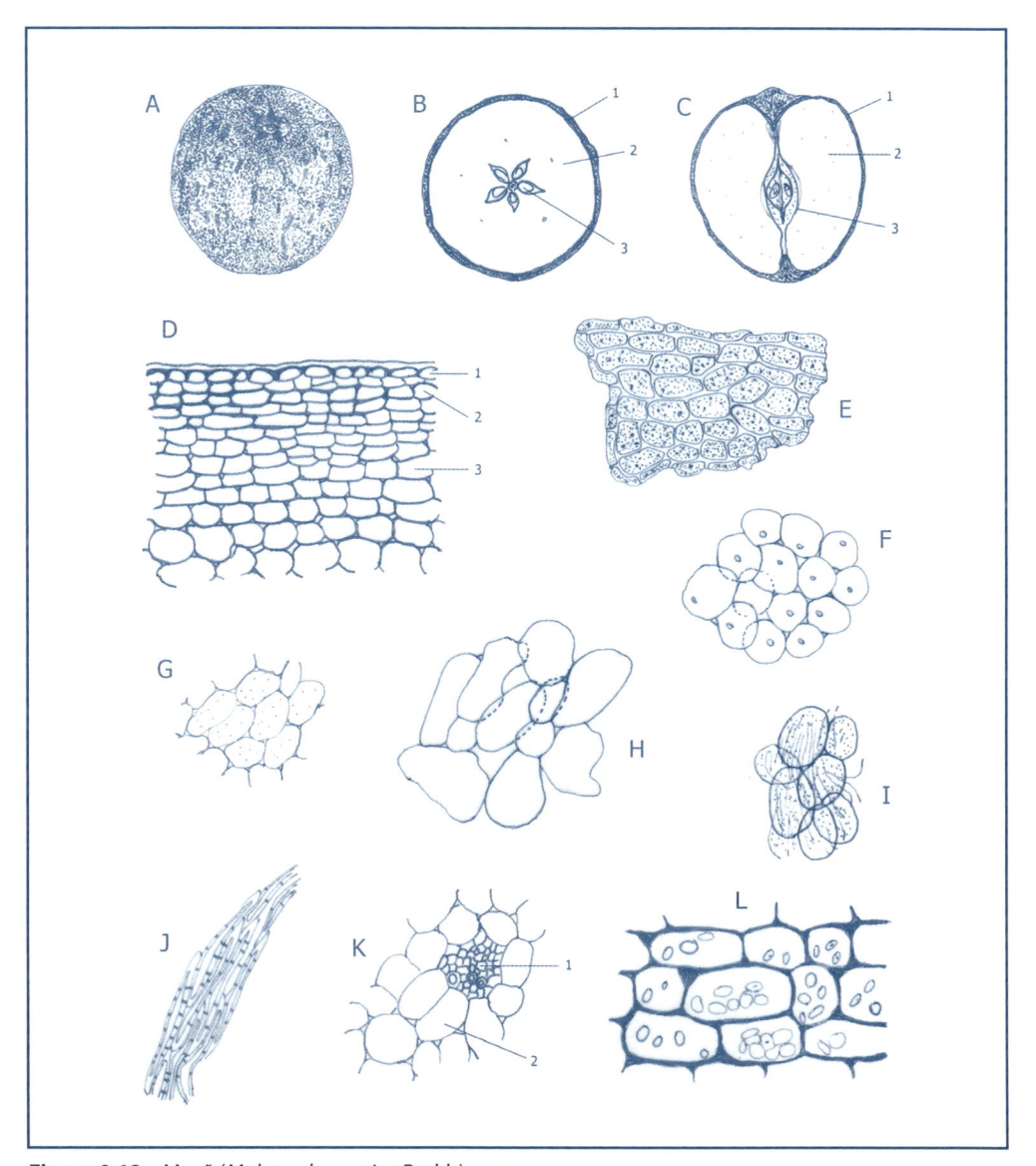

Figura 9.13 – Maçã (*Malus x domestica* Barkh).
(A) Fruta inteira.
(B) Corte transversal: (1) epiderme do hipanto, (2) parênquima do hipanto, (3) semente.
(C) Corte longitudinal: (1) epiderme do hipanto, (2) parênquima do hipanto, (3) fruto.
(D) Seção transversal do hipanto: (1) epiderme do hipanto, (2) colênquima, (3) parênquima do hipanto.
(E) Epiderme do hipanto, visto de face.
(F, G, H e I) Fragmento de parênquima do hipanto.
(J) Fibras.
(K) Feixe vascular cortado transversalmente: (1) feixe vascular, (2) parênquima.
(L) Hipoderme contendo amido.

9.15 Mamão

- *Carica papaya* L.
- Família *Caricaceae*

O mamão é uma fruta tropical das Américas. Existem notícias de que os astecas e os maias, em épocas muito remotas, já faziam uso de seus frutos. México, Panamá e Colômbia são seus países de origem, Figura 9.14.

O fruto do mamoeiro é uma baga de casca fina e de polpa macia e aromática, de sabor agradável adocicado. A casca possui cor verde-escura, que passa a amarela com o amadurecimento. A polpa apresenta cor que varia do amarelo pálido ao vermelho. O tamanho da fruta é variável e pode chegar a pesar 5 kg. Numa de suas extremidades, nota-se a presença de restos do pedúnculo.

O epicarpo é fino semicoriáceo e ligeiramente rugoso. O mesocarpo é grosso, carnoso, suculento e de cor amarela. O endocarpo é fino e delimita uma cavidade relativamente grande, geralmente pentagular, revestida por um tecido de coloração mais clara, provido de fiapos de natureza placentária que contêm grande quantidade de sementes envoltas em membrana hialina suculenta.

O mamão é um alimento de grande valor nutricional. Contém cerca de 8% de carboidrato, 0,61% de proteínas e 0,14% de lípides ou gorduras, sendo recomendado para pessoas com problemas digestivos e que buscam controlar a obesidade. Contém 89% de água, além de 10,3 mg / 100 g de vitamina C, 1,8 mg / 100 g de vitamina A e vitaminas do complexo B, além de cálcio, magnésio, fósforo e ferro. Possui ainda 3,40 mg / 100 g de licopeno, ocorrendo ainda em sua composição a pectina, que é fibra alimentar, e a papaína, que é uma enzima proteolítica.

O mamão é usado preferencialmente *in natura*. Confeccionam-se ainda, com ele, sucos, saladas, cremes, compotas, doces diversos, néctares e purês.

9.15.1 Caracterização Microscópica

O epicarpo é constituído por células alongadas no sentido tangencial e recobertas por cutículas relativamente finas. Essa camada celular, quando vista de face, é constituída por células de contorno poligonal. Podem ser observados estômatos do tipo anomocítico.

A hipoderme, localizada logo abaixo da epiderme, é constituída por uma ou duas fileiras de células um pouco maiores que as da camada anterior. Nessa região, encontramos drusa de oxalato de cálcio, bem como a presença de canais laticíferos ramificados. Feixes vasculares e delicados percorrem essa região. Os vasos do xilema são do tipo espiralado, pontuado e, com menor frequência, escalariforme.

O endocarpo é constituído por células semelhantes às do mesocarpo e está relacionado, em toda a sua extensão, a tecido placentário, representado por parênquima esponjoso.

O fruto do mamoeiro é utilizado no preparo de diversos tipos de doces e ainda em alimentos infantis. Diversos autores tratam da estrutura desse fruto, sem, todavia, realçar uma série de pormenores que auxiliam sua identificação. Procuramos tratar com detalhes a estrutura dessa fruta tropical. O epicarpo e a hipoderme, vistos de face; a presença de laticíferos em todo o mesocarpo; e o tecido esponjoso localizado junto ao endocarpo constituem elementos histológicos significantes na identificação dessa fruta.

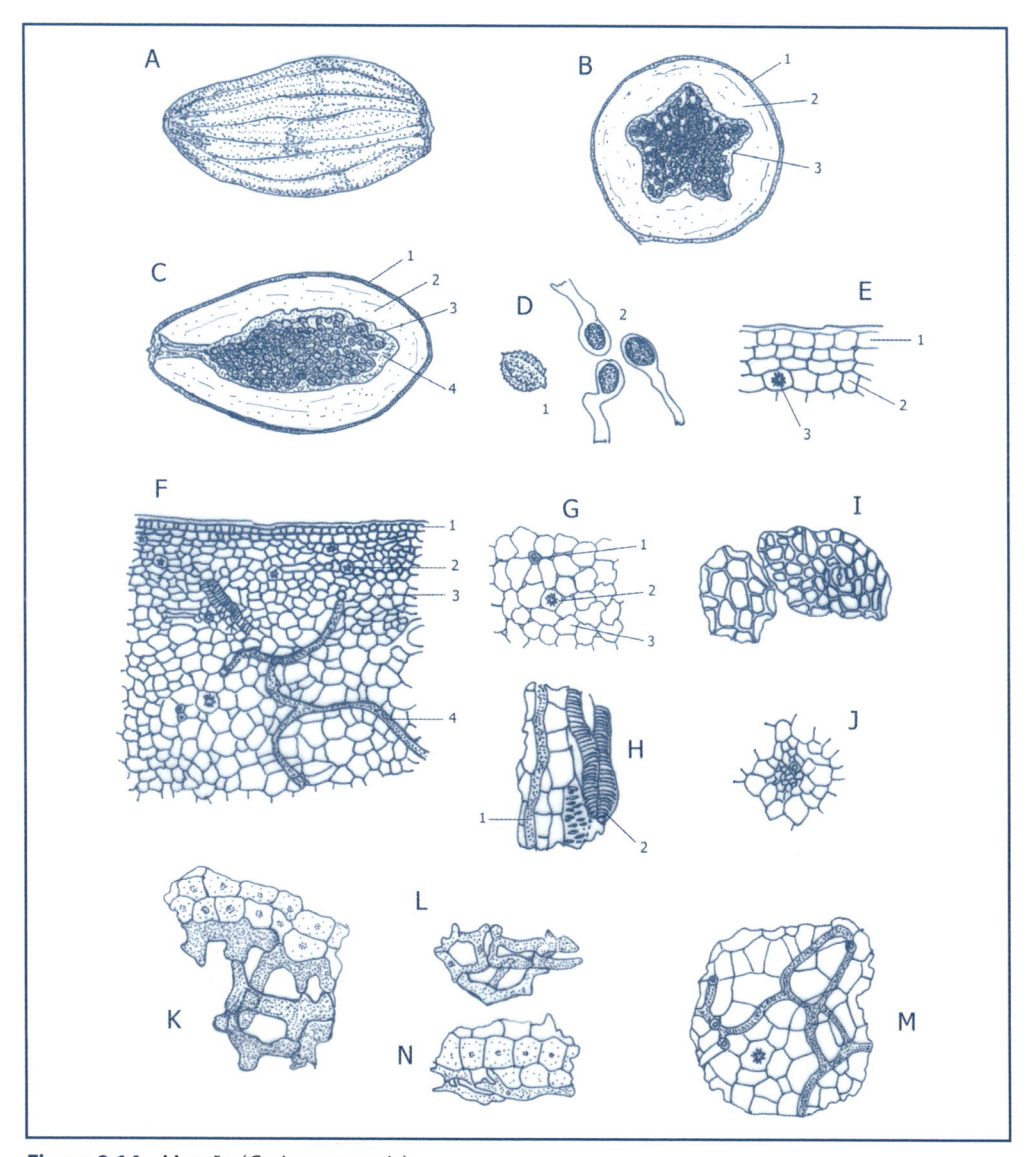

Figura 9.14 – Mamão (*Carica papaya* L.).
(A) Fruto inteiro.
(B) Fruto cortado transversalmente: (1) epicarpo, (2) mesocarpo, (3) endocarpo.
(C) Fruto cortado longitudinalmente: (1) epicarpo, 2) mesocarpo, (3) endocarpo, (4) tecido placentário.
(D) Sementes: (1) semente, (2) semente envolta por arilo.
(E) Seção transversal da parte mais externa do fruto: (1) epicarpo, (2) hipoderme, (3) drusa.
(F) Seção transversal: (1) epicarpo, (2) hipoderme contendo drusas, (3) mesocarpo, (4) laticífero.
(G) Mesocarpo (parênquima do mesocarpo): (1) laticífero, (2) drusa, (3) célula parenquimática.
(H) Fragmento do mesocarpo: (1) laticífero, (2) feixe vascular.
(I) Fragmentos do epicarpo, visto de face.
(J) Feixe vascular do mesocarpo.
(K, L e N) Fragmentos do endocarpo, associado a tecido placentário.
(M) Fragmento de mesocarpo, mostrando laticíferos.

9.16 Manga

- *Manguifera indica* L.
- Família *Anacardiaceae*

A manga é uma fruta originária da Índia; hoje é cultivada em diversos países e é conhecida no mundo inteiro. No Brasil, é extensamente cultivada, especialmente nos Estados do Nordeste, no vale do rio São Francisco. Na Bahia, Petrolina e Juazeiro merecem destaque, assim como Monte Alto e Taquaritinga, em São Paulo, na região Sudeste. Existe mais de uma centena de cultivares, Figura 9.15.

A manga é um fruto do tipo drupa, de forma variada provavelmente ovoide, arredondada ou oblonga. Sua casca apresenta coloração variada, podendo ser verde, amarelo-clara, amarelo-ouro, rosada, avermelhada ou mesmo roxa. Apresenta consistência coriácea.

A manga é bastante aromática e sua polpa é amarela alaranjada, macia, fibrosa e de sabor adocicado.

O caroço é fibroso e lenhoso. Inclui uma semente provida de embrião, com cotilédones grandes.

A manga contém cerca de 80% de água, 19% de carboidratos, 5% de proteínas e 3% de gorduras. Além disso, possui 43 mg / 100 g de vitamina C e 1,8 m / 100 g de vitamina. Possui ainda óleo essencial, carotenoides e outros minerais.

É habitualmente consumida *in natura*, todavia pode ser utilizada depois de processamentos em cremes, purês, doces diversos, sorvetes, sucos e geleias.

9.16.1 Caracterização Microscópica

O epicarpo é constituído por células que, quando vistas em seção transversal, apresentam contorno retangular e são alongadas no sentido anticlinal. As paredes celulares são espessadas, principalmente as anticlinais e as periclinais externas, assumindo o espessamento a forma de "U" invertido.

A hipoderme é constituída por células de tamanho um pouco maior que as da camada anterior, sendo suas células de paredes espessadas e agrupadas em três a quatro camadas celulares. A epiderme e a hipoderme, em conjunto, formam a casca da manga.

Na região da hipoderme, é vista a presença de canais produtores de óleo resina.

O epicarpo, quando visto de face, mostra células de contorno poligonal, providas de paredes espessadas. A hipoderme mostra células de paredes pontuadas e espessadas. Fragmentos desses tecidos mostram, por transparência, a presença dos canais sectores.

O mesocarpo é parenquimático e possui cromatóforos e grãos de amido. O endocarpo é fibroso e característico.

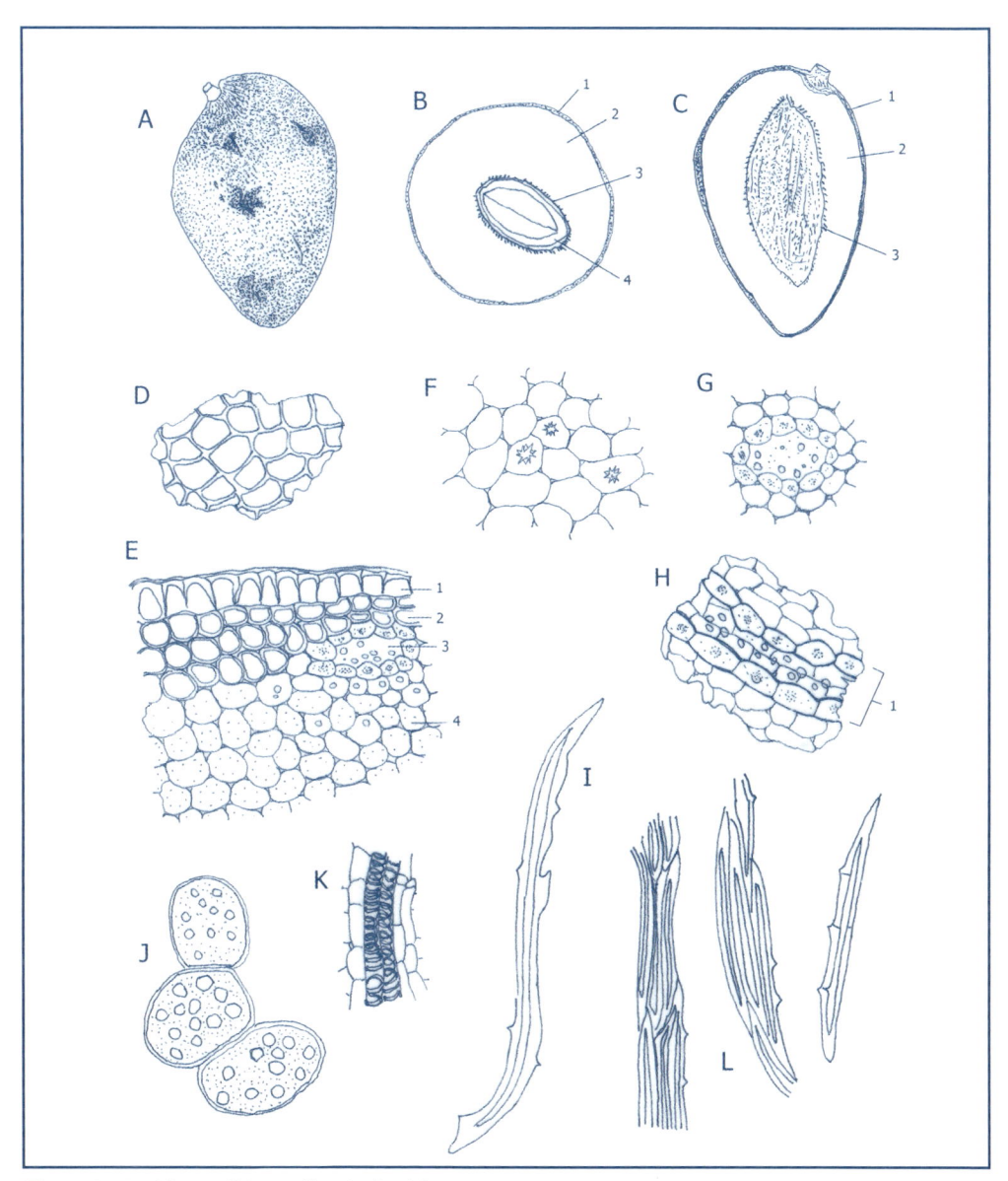

Figura 9.15 – Manga (*Manguifera indica* L.).
(A) Fruta inteira.
(B) Fruto: seção transversal: (1) epicarpo, (2) mesocarpo, (3) endocarpo, (4) semente.
(C) Fruto cortado longitudinalmente: (1) epicarpo, (2) mesocarpo, (3) caroço.
(D) Epicarpo, visto de face.
(E) Seção transversal do fruto: (1) epicarpo, (2) hipoderme, (3) canal secretor, (4) mesocarpo.
(F) Fragmento de fruto, mostrando parênquima do mesocarpo que contém drusa.
(G) Canal secretor.
(H) Fragmento do mesocarpo, mostrando canal secretor: (1) canal secretor.
(I) Fibra do endocarpo.
(J) Parênquima amilífero.
(K) Feixe vascular.
(L) Fibras do endocarpo.

9.17 Marmelo

- *Cydonia oblonga* Mill
- Família *Rosaceae*

Originário da Ásia Menor e do sudeste da Europa, o marmelo é hoje cultivado na Europa, nos Estados Unidos e na América do Sul, especialmente na Argentina e Uruguai. Muitas são as variedades e os cultivos conhecidos, Figura 9.16.

Os frutos do marmeleiro são de cor verde acinzentada quando não maduros, passando a amarela dourada, e apresentam forma periforme.

A epiderme, que cobre a região do hipanto, que integra o pomo juntamente com a hipoderme, forma a casca, que tem consistência subcoriácea e coloração amarelo dourado.

O parênquima fundamental é bem desenvolvido e de coloração brancacenta, existindo certa continuidade entre esse tecido e os tecidos do fruto propriamente dito. Este ocupa o centro da estrutura e tem forma fusiforme, mostrando pequena cavidade, no interior da qual estão as sementes.

O marmelo possui cerca de 84% de água, 15,3% de carboidratos, 0,10% de gorduras e 0,4% de proteínas. Possui ainda em cada 100 g do fruto cerca de 40 U.I. de vitamina A, 15 mg de vitamina C, 0,2 mg de niacina ou vitamina B_3. Cálcio, ferro, magnésio, fósforo, potássio e sódio também estão presentes.

O marmelo é consumido principalmente depois de processado. Com ele, fabricam-se doces, especialmente marmeladas, geleias, compotas e vinhos.

9.17.1 Caracterização Microscópica

A epiderme do hipanto, quando vista de face, apresenta células de paredes mais ou menos espessadas. Sobre essa camada celular, pode-se observar a presença de pelos tectores.

Abaixo dessa camada celular, ocorre a presença da hipoderme, que apresenta paredes espessadas e providas de nodosidade. O parênquima fundamental é constituído por células parenquimáticas de paredes finas e células parenquimáticas saculiformes. Grupos de células pétreas ocorrem nessa região, as quais, quando observadas ao microscópico em preparações feitas com produtos industrializados, tais como geleias e doces em massa, aparecem aderidas às células parenquimáticas originando conjuntos que lembram a forma de cabeleira. Essas células são um pouco mais alongadas que outras e, nelas, nota-se a presença de grãos de amido. Feixes vasculares delicados também podem ser observados, além de parênquimas esponjosos.

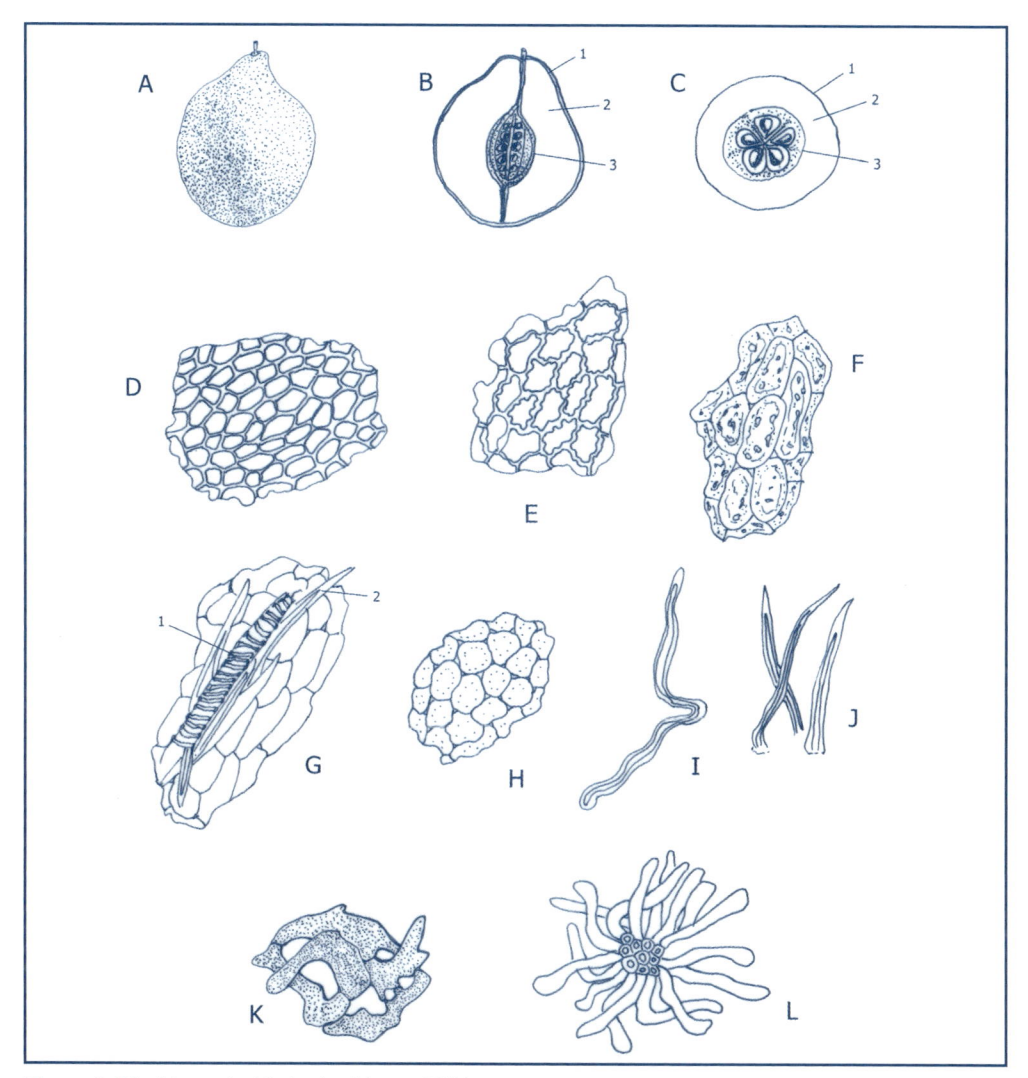

Figura 9.16 – Marmelo (*Cydonia oblonga* Mill.).
(A) Fruta inteira.
(B) Fruto em seção longitudinal: (1) epiderme do hipanto, (2) parênquima do hipanto, (3) fruto verdadeiro.
(C) Fruto em seção transversal: (1) epiderme do hipanto, (2) parênquima do hipanto, (3) fruto verdadeiro.
(D) Epiderme do hipanto.
(E) Hipoderme do hipanto.
(F) Parênquima de reserva, com conteúdo celular alterado pelo calor.
(G) Fragmento de feixe vascular, em vista longitudinal: (1) vaso espiralado, (2) fibra.
(H) Parênquima do hipanto.
(I) Fibra.
(J) Pelos tectores.
(K) Parênquima esponjoso.
(L) Células pétreas envoltas por células de parede celulósica alongada.

9.18 Maracujá

- *Passiflora adulis* Sims
- Família *Passifloracea*

A *Passiflora edulis* Sims – maracujá-mirim, maracujá-roxo, maracujá-amarelo, maracujá azedo – é uma fruta de origem brasileira, hoje conhecida no mundo inteiro, Figura 9.17.

Graças ao sabor muito agradável e ao apreciável aroma, seu consumo domiciliar vem aumentando muito desde 1999, segundo informações do IBGE. O Brasil é o maior produtor mundial de maracujá.

Os frutos apresentam forma globosa e cor amarela (forma flavicarpa) ou roxa (forma típica ou forma roxa), medem de 8 a 10 cm de diâmetro, geralmente. Sua superfície é quase lisa, algumas vezes brilhante, exibindo manchas correspondentes a lenticelas.

Sua seção transversal exibe uma casca composta de duas partes. A mais externa, relativamente fina, tem cor amarela, sendo, por isso, denominada "flavedo". A mais interna, mais larga e branca constitui o "albedo".

Revestindo a casca mais internamente, temos o endocarpo e o tecido placentário, que envolvem um grande lóculo tricarpelar. O tecido placentário se dispõe em três faixas triangulares, mais largas na região mediana do fruto, repleto de filamentos de forma típica. Mais internamente, há um grande número de sementes cordiformes de tegumento verrucoso, recobertas por um arilo gelatinoso, transparente e amarelo.

A casca do maracujá, epicarpo e mesocarpo, é rica em pectina, niacina (vitamina B_3), ferro, cálcio e fósforo, nutrientes importantes no consumo humano. É rico ainda em flavonoides.

O suco de maracujá contém 14,5% de carboidratos, 0,6% de proteínas e 0,2% de lipídios, além das vitaminas A, B_2, B_3 e C; possui ainda ferro, magnésio, fósforo, potássio e sódio.

A forma mais usada do maracujá é em sucos. Utilizam-se também frutos para confeccionar doces diversos, tais como doces cristalizados, doces de casca de maracujá, geleias, bolos, musses, sorvetes, licores, vinhos, iogurtes e néctares. A polpa e a farinha de maracujá vêm ganhando fama como produtos básicos para o desenvolvimento de outras formas alimentícias.

9.18.1 Caracterização Microscópica

A seção transversal do fruto possui a seguinte estrutura: epicarpo constituído por células de contorno retangular, alongadas no sentido periclinal e de paredes espessadas. O exocarpo é constituído pelo epicarpo, mais uma camada celular subjacente. A primeira camada do exocarpo, o epicarpo, quando vista de face, é constituída por células de contorno poligonal. As demais camadas do exocarpo, excluindo o epicarpo, são representadas por cinco a seis fileiras celulares, com característica semelhante ao epicarpo.

O mesocarpo é parenquimático, formado por células mais ou menos isodiamétricas em sua parte mais externa, com espaços celulares do tipo meato.

Feixes vasculares delicados podem ser observados nessa região. As camadas internas apresentam tamanho maior e espaços celulares maiores entre si, assumindo algumas vezes formas saculiformes.

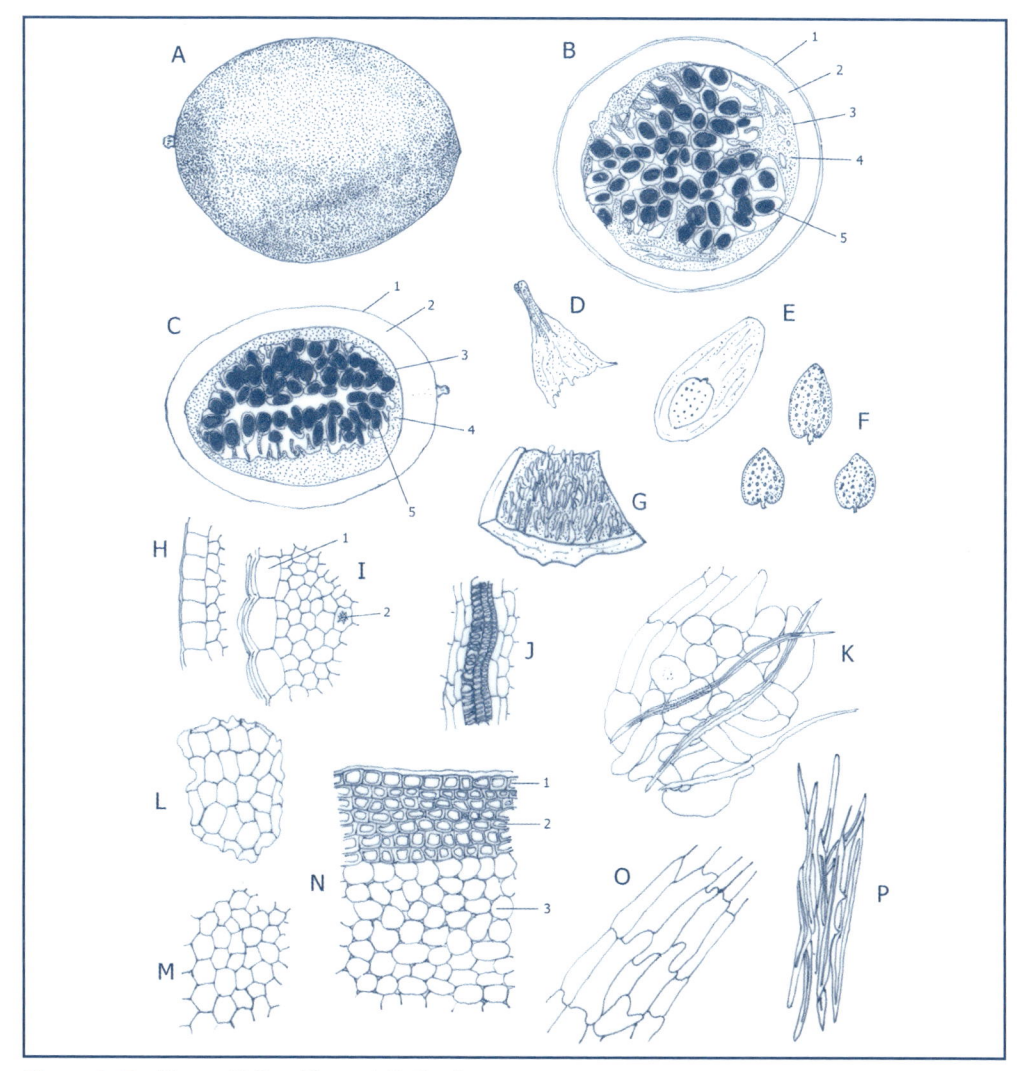

Figura 9.17 – Maracujá (*Passiflora edulis* Sims).
(A) Fruto inteiro.
(B) Seção transversal do fruto: (1) epicarpo; (2) mesocarpo; (3) endocarpo; (4) placenta; (5) semente com arilo.
(C) Seção longitudinal do fruto: (1) epicarpo; (2) mesocarpo; (3) endocarpo; (4) placenta; (5) semente com arilo.
(D) Pedúnculo placentário.
(E) Semente envolta no arilo.
(F) Sementes livres.
(G) Fragmento de pericarpo, mostrando tecido placentário e filamento (pedúnculo).
(H e I) Seção transversal do fruto, parte externa: (1) epicarpo, (2) drusa.
(J) Seção transversal de feixe vascular.
(K) Fragmento de tecido placentário.
(L e M) Células do arilo, vistas de face.
(N) Seção transversal do fruto: (1) epicarpo, (2) exocarpo, (3) mesocarpo.
(O) Células do arilo.
(P) Fibras.

O endocarpo, quando observado em material desintegrado (resíduo de suco), apresenta-se formado por células parenquimáticas, em associação a um grupo de fibras.

O tecido placentário é constituído por células que apresentam encaixes umas nas outras.

O arilo é formado por uma película de células alongadas, providas de encaixe uma nas outras, e de células parenquimáticas arredondadas ou saculiformes, repletas de líquido. Fibras esclerenquimáticas também podem ser observadas.

9.19 Morango

- *Fragaria* × *ananassa* ex Rozier Duchesne
- *Fragaria chiloensis* var. ananassa Weston
- Família *Rosaceae*

O morangueiro, a planta do morango, é um híbrido resultante do cruzamento entre a *Fragaria chiloensis* Duche ex Weston var. ananassa Weston e a *Fragaria virginiana*, Figura 9.18.

O morango é um pseudofruto composto, agregado do tipo poliaquênio. É o receptáculo da inflorescência que cresce e se transforma numa massa suculenta, aromática e de sabor agradável. O morango é globoso ou ovoide, de coloração vermelha, vesiculoso e provido, na base, de vestígio de brácteas protetoras da inflorescência e de pedúnculo.

Cortado transversalmente, mostra, nas margens internas, a presença de frutículos, corpúsculos minúsculos de tonalidade escura, acompanhados de uma minúscula bractéola em forma de haste. O receptáculo inflado apresenta duas regiões bem visíveis. A mais externa, mais intensamente corada, acompanha a margem da fruta e corresponde aproximadamente a metade da sua espessura. Essa região é atravessada por linhas curvas mais claras que partem do frutículo em direção ao centro da estrutura. A região mais interna, de forma fusiforme, caracteriza-se por apresentar cor mais ou menos clara ou mesmo por ser brancacenta.

O morango é uma fruta com características nutricionais importantes. Possui cerca de 90% de água, 0,61% proteína, 4,72% de carboidratos, 0,37% de gorduras e 2,3% de fibras. Contém ainda vitaminas, especialmente a vitamina C cujo teor alcança 57 mg:100 g; além da vitamina C, contém as vitaminas A, B_1, B_2, B_6 e niacina, e também cálcio, potássio, sódio e fósforo. Ferro e cloro também estão presentes.

A sua coloração avermelhada deve-se às antocianinas, que lhe conferem atividade antioxidante.

Os morangos são utilizados principalmente *in natura*, porém são apreciados também em forma de geleias e doces. O morango é utilizado para a elaboração de diversas formas alimentícias, tais como sucos, polpas, geleias, concentrados, doces, doces em pasta, bombons, iogurte, sorvetes, tortas e gelatinas.

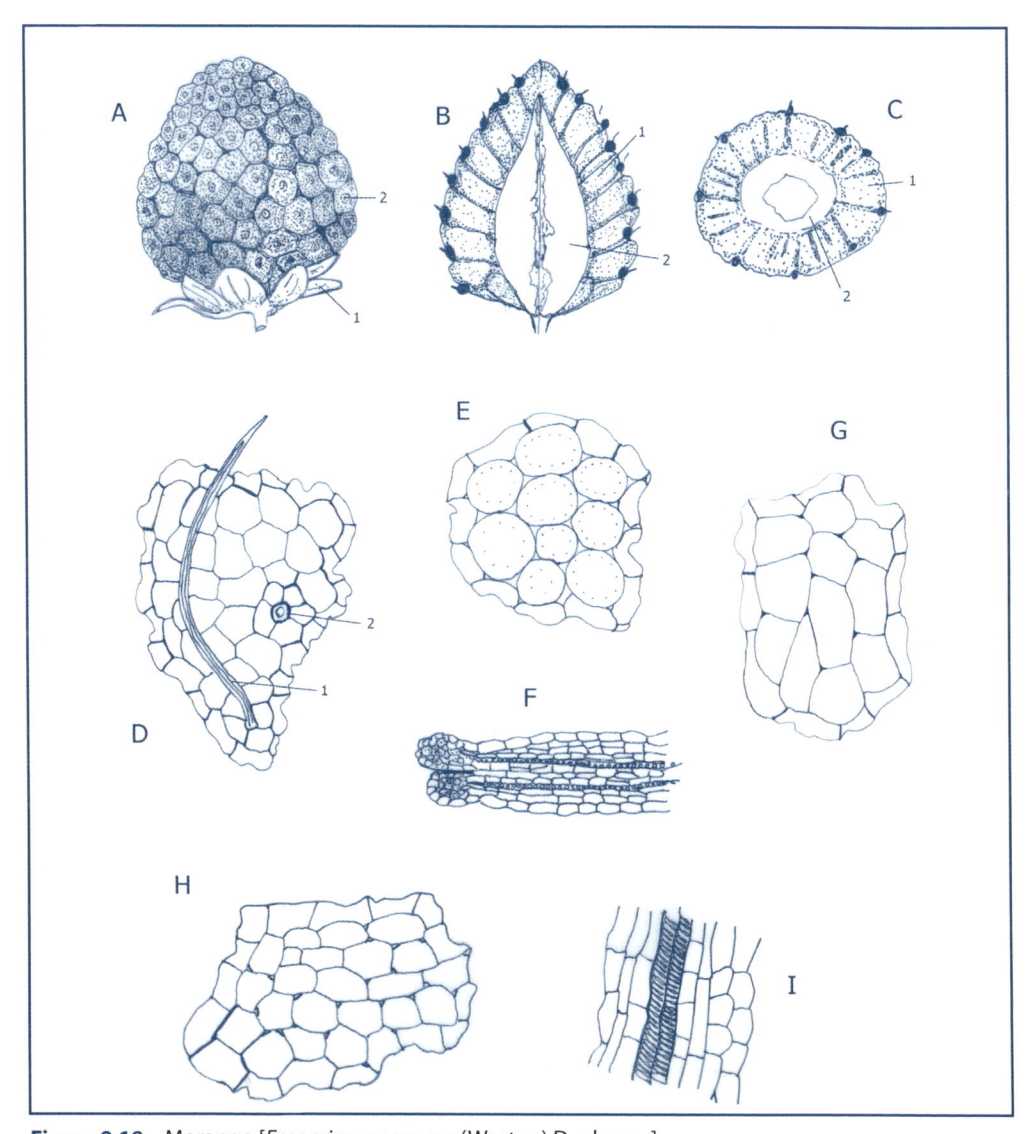

Figura 9.18 – Morango [*Fragaria x ananassa* (Weston) Duchesne].
(A) Pseudofruto inteiro: (1) bráctea, (2) frutículo.
(B) Pseudofruto cortado longitudinalmente: (1) frutículo, (2) eixo da infrutescência.
(C) Pseudofruto cortado transversalmente: (1) frutículo, (2) eixo da infrutescência.
(D) Epicarpo do frutículo, visto de face: (1) pelo tector, (2) base de pelo tector.
(E) Parênquima do frutículo (célula do mesocarpo).
(F) Ápice da bráctea que acompanha o funículo.
(G e H) Fragmento do eixo da infrutescência (receptáculo).
(I) Fragmento de feixe vascular.

9.19.1   Caracterização Microscópica

O epicarpo do frutículo, quando visto de face, caracteriza-se pela presença de células de contorno aproximadamente poliédrico e de paredes finas. Pelos tectores longos e finos podem ser observados sobre essa região. Alguns desses pelos caem, deixando uma cicatriz de forma característica.

A bractéola, que acompanham o pequeno aquênio, tem forma característica. O ápice é dividido em dois lados. As células epidérmicas são alongadas e deixam ver, por transparência e quando observadas paradermicamente, a presença de dois feixes vasculares delicados, providos de xilema espiralado.

O parênquima do receptáculo é constituído externamente por células isodiamétricas, com espaços intercelulares do tipo meato, visíveis internamente essas células são menores e tendem à forma poliédrica.

9.20   Pera

- *Pyrus communis* L.
- Família *Rosaceae*

A pera é originária da Europa e do oeste da Ásia. Há indícios da existência da pera na Idade do Bronze. A pereira é uma planta originária especialmente da Europa, desenvolvendo-se bem em climas temperados. É amplamente cultivada no Brasil, Figura 9.19.

O fruto da pera é do tipo pomo. Corresponde ao receptáculo floral desenvolvido, o qual se torna suculento, quase pastoso e adocicado. Algumas vezes granuloso, porém agradável ao paladar. As formas e as cores são variadas. Podem ter forma arredondada. Mas frequentemente é dilatada na base, com o diâmetro diminuindo para o ápice, o que dá origem à forma alongada. A cor da casca varia de verde a amarelo esverdeado, amarelo e mesmo vermelho em alguns cultivares.

A casca da pera, integrada pela epiderme do hipanto e pelas camadas celulares adjacentes, é fina e subcoriácea. O parênquima fundamental é bem desenvolvido, suculento, brancacento e corresponde à maior parte da fruta. Sua parte interior se continua com fruto fusiforme quando visto em seção longitudinal da fruta, mostrando frequentemente as lojas com sementes.

A pera contém cerca de 90% de água, 12,7% de carboidratos, 0,39% de proteínas, 0,4% de gorduras e 2,4% de fibras. Contém ainda pequenas quantidades de vitaminas, tais como C, E e as do complexo B. Contém cálcio, fósforo, magnésio, ferro, potássio e zinco. É consumida *in natura* ou em forma de compotas ou geleias.

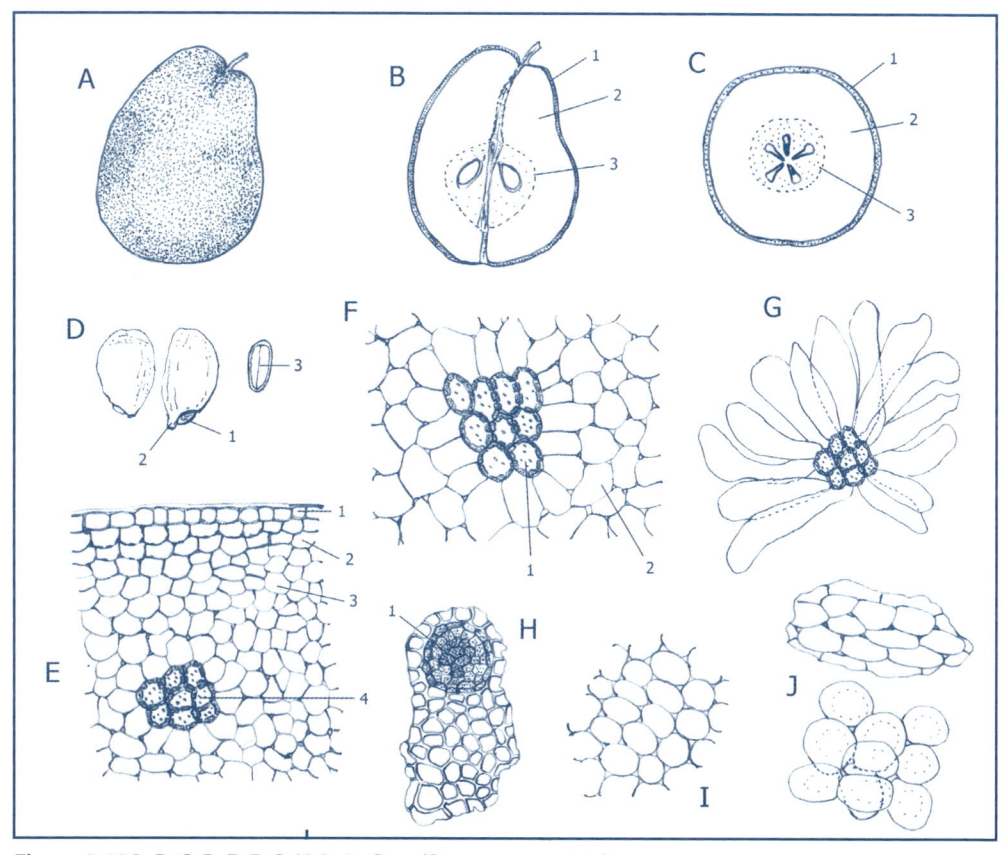

Figura 9.19A, B, C, D, E, F, G, H, I , J – Pera (*Pyrus communis* L.).
(A) Fruta inteira.
(B) Fruta cortada longitudinalmente: (1) epiderme do hipanto, (2) parênquima do hipanto, (3) fruto verdadeiro.
(C) Fruta cortada transversalmente: (1) epiderme do hipanto, (2) parênquima do hipanto, (3) fruto verdadeiro.
(D) Semente inteira e cortada transversalmente: (1) hilo, (2) micrópila.
(E) (E) Seção transversal do hipanto: (1) epiderme do hipanto, (2) hipoderme, (3) parênquima do hipanto, (4) grupo de células pétreas.
(F) Região do hipanto: (1) células pétreas, (2) células parenquimáticas.
(G) Grupo de células pétreas, envoltas por células dispostas em cabeleira.
(H) Fragmento da epiderme do hipanto, visto de face, mostrando por transparência um grupo de células pétreas (1).
(I e J) Parênquima do hipanto.

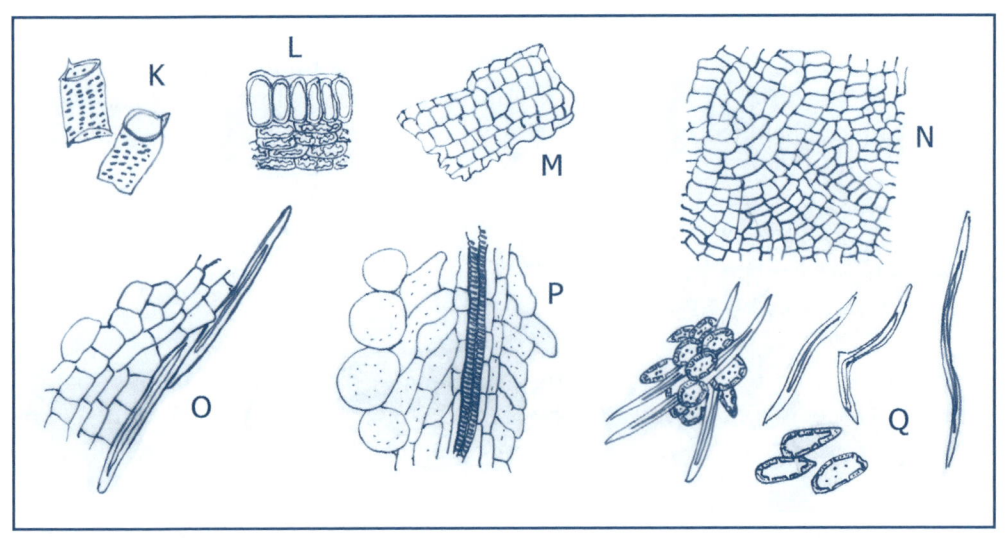

Figura 9.19K, L, M, N, O, P , Q – Pera (*Pyrus communis* L.).
(K) Elementos de vaso.
(L) Fragmento da semente, mostrando células do tegumento de parede lignificado.
(M) Células do parênquima cotiledonar.
(N) Células do epicarpo do fruto vistas de face.
(O) Parênquima do mesocarpo com fibras.
(P) Fragmento de feixe vascular do fruto.
(Q) Fibras e células pétreas do fruto.

9.20.1 Caracterização Microscópica

A seção transversal do fruto tem a seguinte estrutura: epiderme do hipanto apresenta células de contorno retangular, alongadas no sentido periclinal e paredes um tanto espessada.

O parênquima fundamental do hipanto, localizado logo abaixo da epiderme, apresenta duas a três camadas celulares isodiamétricas, de paredes um pouco espessadas. O restante dessa região é formado por células arredondadas e que deixam espaços do tipo meato entre si. Grupos de escleritos de paredes bem lignificadas e pontuações bem visíveis são observados nessa região. Esses escleritos são frequentemente envolvidos por células parenquimáticas, dispostas radialmente em relação a eles. Feixes vasculares delicados podem ser observados nessa região.

O epicarpo do fruto, visto de face, apresenta células de contorno retangular, arranjadas de forma a lembrar tacos em assoalho. Junto ao tegumento do fruto, aparece um grupo de fibras e escleritos associados, bem como fibras isoladas.

O tegumento da semente é constituído por células de paredes espessadas, dispostas em paliçada. Os cotilédones são formados por células parenquimáticas de contorno pendendo ao poligonal.

Estudam-se juntos a pera e o marmelo, pela semelhança entre os seus elementos anatômicos característicos. A pera é cultivada no Brasil e costuma ser empregada na adulteração de doces em pasta quando da entressafra dos frutos declarados na rotulagem.

No preparo dos doces para o exame microscópico (como já descrito), a pera e o marmelo revelam um bloco de células pétreas do mesocarpo, contornadas por células amilíferas radialmente dispostas, formando uma cabeleira. Na pera, as células da cabeleira são relativamente mais longas do que no marmelo. Já as células pétreas, ao contrário, são relativamente menores na pera do que no marmelo. O marmelo possui pelo tector unicelular longo, de paredes finas; já a pera é glabra.

9.21 Pêssego

- *Prunus persica* (L.) Batsch
- Família *Rosaceae*

O pessegueiro é uma planta de origem chinesa; a partir daí, difundiu-se para o mundo, sendo cultivado em diversos países. Chegou ao Brasil logo após o descobrimento e começou a ser cultivada na antiga capitania de São Vicente. O cultivo do pêssego no Brasil, entretanto, somente passou a ter importância econômica a partir de 1950, Figura 9.20.

Os pêssegos são drupas globosas de epicarpo cuja coloração varia, quando maduro, da amarela à amarela esverdeada e amarela avermelhada, chegando mesmo à vermelha. O tamanho da fruta é variável, alcançando geralmente de 7 a 9 cm de diâmetro; o ápice é acuminado e a base, reentrante, com vestígios de pedúnculo e de cálice. Com frequência, um sulco longitudinal pouco profundo percorre a fruta do ápice à base.

A vista desarmada, em seção longitudinal, mostra o epicarpo fino e piloso; o mesocarpo bem desenvolvido, carnoso, suculento, aromático e de coloração amarela ou amarela amarronzada.

O centro da estrutura é ocupado pelo caroço, constituído de endocarpo pétreo, firmemente aderido à semente. A superfície do caroço possui rugosidade característica. A fruta possui 89% de água, 0,6% de proteínas, 10% de carboidratos, 1% de gordura e 2% de fibras. Além das vitaminas A, B_1, B_6, niacina e E, possui cálcio, fósforo, magnésio, ferro, potássio, zinco e sódio.

Com a fruta, que pode ser consumida *in natura*, elaboram-se doces, compotas, sucos, polpa concentrada, geleias, néctares e pessegadas.

9.21.1 Caracterização Microscópica

A seção transversal da fruta apresenta a seguinte estrutura: epicarpo constituído por células de contorno retangular, alongadas no sentido periclinal e de paredes um pouco espessadas. Essas células são variáveis no tamanho. Pelos tectores simples e cônicos são muito frequentes sobre a epiderme. Hipoderme constituída por duas ou três fileiras de células, com características semelhantes às das células do epicarpo. Mesocarpo constituído por células parenquimáticas isodiamétricas que aumentam de tamanho da periferia para o centro. Essa região da fruta contém feixes vasculares delicados, grupos de braquiescleritos e células contendo drusas de oxalato de cálcio.

O endocarpo é esclerenquimático e firmemente aderido à semente.

Os tricomas curtos, com base quase idêntica à do ápice, isto é, ambas as extremidades afiladas permitem um diagnóstico rápido da fruta. Colabora na identificação a presença de mesocarpo com células arredondadas e paredes finas um tanto alongadas, contendo drusas de oxalato de cálcio e grupos de braquiescleritos.

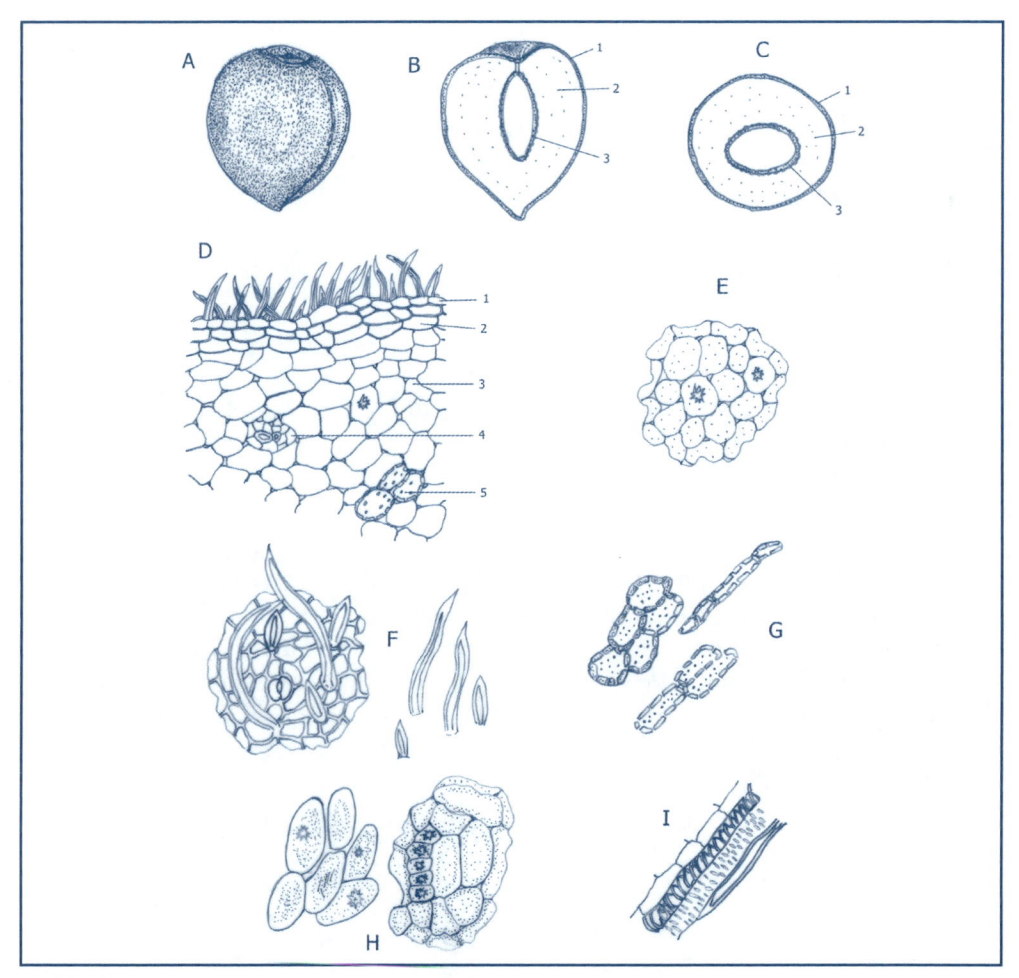

Figura 9.19 – Pêssego [*Prunus persica* (L.) Batsch].
(A) Fruta inteira.
(B) Fruta cortada longitudinalmente: (1) epicarpo, (2) mesocarpo, (3) caroço.
(C) Fruta cortada transversalmente: (1) epicarpo, (2) mesocarpo, (3) caroço.
(D) Seção transversal do fruto: (1) epicarpo, (2) hipoderme, (3) mesocarpo, (4) feixe vascular, (5) grupo de células pétreas.
(E) Parênquima do mesocarpo, contendo drusas.
(F) Fragmento do epicarpo, visto de face, e pelos tectores.
(G) Grupo de células pétreas.
(H) Parênquima do mesocarpo, contendo drusas.
(I) Fragmento de feixe vascular.

Capítulo 10

Ervas Aromáticas, Condimentos e Especiarias

10.1 Introdução

A necessidade foi, é e continuará sendo a grande alavanca que tudo move, tudo muda e tudo proporciona. O homem buscou o agasalho porque sentiu frio, buscou o alimento porque sentiu fome, buscou o remédio porque sentiu dor. Quando suas necessidades são saciadas, ele sente prazer; quando não logra sucesso em suas atividades, fica insatisfeito e triste. É da natureza humana fugir da dor e buscar o prazer.

As ervas aromáticas, os condimentos e as especiarias são matérias constituídas por uma mistura de substâncias utilizadas para realçar o sabor e o odor dos alimentos, tornando-os mais prazerosos durante a sua ingestão. Essa mistura de substâncias é capaz de transmitir aos alimentos odor e sabor diferenciados.

Em todas as ocasiões, as ervas aromáticas, os condimentos e as especiarias acompanharam os alimentos, sendo consumidos juntamente com eles; por isso, sempre fizeram parte das buscas humanas. Ao lado de suas propriedades organolépticas, representadas pelo sabor e pelo odor, aparecem frequentemente propriedades medicinais. Assim, as ervas aromáticas, os condimentos e as especiarias estimulam o paladar e o olfato, aumentando o apetite e incrementando a secreção dos sucos digestivos da boca, do estômago, do pâncreas e do fígado. Estimulam os movimentos peristálticos e favorecem a absorção das substâncias nutritivas. Destarte, a natureza une o útil ao agradável, promovendo o prazer.

Outro aspecto importante, com referência ao uso dos condimentos, é o auxílio que promovem na preservação de alimentos, aumentando sua vida útil. Esse auxílio, no passado, foi tão significativo, a ponto de promover grande movimentação de povos pelo mundo em sua busca. No passado, alternâncias de épocas de grande fartura e de fomes eram frequentes. A necessidade de aumentar a vida útil de carnes vermelhas e de peixes era premente. A tecnologia de refrigeração não existia, cabendo aos condimentos auxiliarem nessas tarefas. As grandes navegações, das quais o povo português participou tão ativamente, tiveram como uma de suas causas a busca das especiarias. A procura do caminho para as Índias, que deu início ao ciclo das especiarias, costuma ser apontada como uma das causas do descobrimento do Brasil. Entretanto, quando os portugueses chegaram às Índias, por volta de 1498, o comércio de especiarias já ocorria havia mais de um século nesse país.

A consideração desses fatos tornou fácil inferir, no homem, a presença de um impulso interior motivado por um encantamento místico por esse tipo de plantas, que o motiva na resolução de seus problemas e no solucionamento de suas necessidades básicas. Assim, a necessidade leva à atitude e, essa, ao uso, que, por sua vez, exige conhecimento cada vez maior para que o sucesso e o prazer se façam presentes.

Conceituar diferencialmente as ervas aromáticas, condimentos e especiarias não é tarefa fácil. Os significados atribuídos a essas palavras costumam ser semelhantes, sendo difícil distinguir uma da outra. Com frequência, essas palavras acabam por ser entendidas como sinônimas umas das outras. Semelhanças e diferenças, entretanto, existem nos objetos por elas designados.

10.2 Condimentos

A palavra "condimento" deriva do latim *condimentu*: substância aromática de origem vegetal usada para realçar o sabor dos alimentos. Por sua vez, a palavra latina *condimentu* tem origem em *condire*, que significa "preservar". O verbo *condir* significa "temperar", "preparar remédio", "preservar".

Condimentos são produtos constituídos de uma ou mais substâncias agentes de sabor, odor e cor, de origem natural, com ou sem valor nutritivo, empregado nos alimentos com o fim de modificar ou exaltar suas propriedades organolépticas.

Os condimentos englobam uma grande variedade de produtos da natureza, dentre os quais merecem destaque as ervas aromáticas, as especiarias e os temperos. Certas ervas aromáticas podem não ter emprego para realçar o sabor de alimentos ou para lhes conferir sabor e odor diferenciados, não sendo, por isso, consideradas condimento. Já as especiarias, também denominadas "condimentos vegetais", são produtos representados por certas plantas ou parte delas que apresentam propriedades sápidas ou aromáticas. As especiarias são constituídas por botões florais, frutos, sementes, cascas, raízes, rizomas, caules e lenho. Esses materiais quase sempre são provenientes de regiões tropicais, apresentando como característica comum a melhora das propriedades saporíferas e aromáticas dos alimentos, e são importantes ainda por conferir-lhes melhor digestibilidade e por melhorar o apetite.

Os condimentos podem ser classificados levando-se em consideração suas condições físicas quando utilizados e a finalidade de seu emprego, em diversas categorias, a saber: condimentos frescos, condimentos secos, condimentos mistos secos e condimentos sazonais ou amadurecidos (misturados com sal de cozinha, açúcar ou outros ingredientes sápidos).

Os temperos correspondem a produtos obtidos de mistura de especiarias com outros ingredientes fermentados ou não, destinados a agregar sabor e odor aos alimentos. Os temperos costumam ser designados ainda por "condimentos preparados". Tempero pode ser considerado tudo que pode ser usado no preparo de um prato e que não altere o sabor fundamental.

O ideal do tempero é equilibrar sem exagero para que o prato não fique só lembrando o gosto dos condimentos. Corresponde à combinação equilibrada de sabores, motivados pelo emprego de tempero.

A palavra "tempero" deriva de "temperar", que, por sua vez, tem origem no verbo *temperare*, que significa "deitar tempero", "suavizar", "amenizar", "misturar proporcionalmente", "harmonizar", "conciliar", "reconciliar". Tempero corresponde a uma designação comum de ingredientes que são adicionados a iguarias e que servem para realçar o sabor e o odor, promovendo harmonia e melhorando as características organolépticas. Tempero e condimento são palavras que podem ser usadas como sinônimos em um grande número de casos.

Os molhos, por sua vez, são líquidos ou pastosos, suspensões ou emulsões, elaborados à base de especiarias, geralmente em misturas com outros ingredientes fermentados ou não, igualmente utilizados para dar sabor, aroma e cor a alimentos e bebidas.

A palavra "molho" deriva provavelmente de "molhar", que, por sua vez, tem sua origem no latim vulgar *molliare*, que encerra a ideia de amolecer, embeber em líquido.

10.3 Ervas Aromáticas

"Erva" é uma palavra de origem latina, derivada de *herba*, *ae*, que encerra a ideia de planta anual não lenhosa e de tamanho limitado, podendo possuir partes subterrâneas vivazes.

Teophrastus (372 a 287 a.C.), discípulo de Aristóteles, classificou as plantas em: ervas, arbustos e árvores, considerando o porte dos vegetais e o processo de lignificação presente em seus caules. A origem da palavra "erva" remonta aos primórdios da humanidade.

Ervas seriam vegetais de caules macios, flexíveis, maleáveis, de pequeno porte, frequentemente rasteiros, pouco lignificados, nos quais predominam colênquimas como tecido de sustentação, tecido esse caracterizado por apresentar células com paredes espessas de celulose.

É fato notório que nem todas as ervas são aromáticas, isto é, nem todas são portadoras de óleo essencial, líquido constituído por mistura complexa de substâncias voláteis, responsáveis pelo odor das plantas.

Segundo esse critério, as ervas podem ser divididas em dois grupos, a saber: ervas aromáticas e ervas não aromáticas. Esses grupos podem ser divididos em subgrupos menores, conforme suas propriedades e usos. Fala-se em ervas aromáticas de uso gastronômico, medicinal, cosmético, perfumístico, inseticida e insetífuga, entre outros. As ervas não aromáticas podem apresentar usos semelhantes, porém em menor intensidade. Muitas ervas, aromáticas ou não, podem apresentar propriedades tóxicas.

A grande maioria das ervas com aplicação gastronômica apresenta também propriedades medicinais. Elas podem ser utilizadas verdes ou frescas, secas ou desidratadas. Durante os processos de secagem e desidratação, deve-se ter o cuidado de evitar ao máximo a evaporação dos óleos essenciais.

10.4 Especiarias

A palavra "especiaria" deriva do latim *specie* = unidade biológica fundamental. Especiaria vem de "espécie" + "ária" e refere-se a vegetais ou partes de vegetais com caráter aromático, como o cravo-da-índia (botões florais), canela-da-índia e canela-do

-ceilão (cascas de caules), pimenta-do-reino (frutos) e noz-moscada (sementes), usados para condimentar iguarias. A palavra "especiaria" surgiu no final do século XII e era aplicada a um grande número ou variedade de produtos.

As especiarias derivam de plantas. Apresentam como característica essencial a presença de óleos essenciais, os quais conferem a elas um odor especial e um sabor diferenciado. Favorecem também a conservação dos alimentos, em decorrência das propriedades bactericidas de seus óleos essenciais. São importantes também por facilitar a digestão dos alimentos, promovendo maior salivação.

As que apresentam sabor amargo estimulam as secreções gástricas, funcionando como eupépticas. Estimulam, ainda, o peristaltismo intestinal, auxiliando na normalização do trâmite intestinal.

A Resolução RDC nº 276, de 22 de setembro de 2005, define especiarias como produtos constituídos por partes vegetais, tais como raízes, rizomas, bulbos, folhas, flores, frutos, sementes, cascas e lenhos, de uma ou mais espécies vegetais, tradicionalmente utilizados para agregar sabor ou aroma aos alimentos e bebidas.

A maior parte das especiarias usadas no Brasil é exótica, originária de países distantes, localizados na Ásia, Europa e África. Muitas delas, entretanto, são cultivadas no Brasil. É crescente o interesse por novos sabores e odores, merecendo destaque especial a flora brasileira, que, com certeza, tem possibilidades de ampliar, em muito, o número de espécies utilizadas como tal.

10.5 Alecrim

- *Rosmarinus officinalis* L.
- Família *Labiatae* (= *Lamiaceae*)
- Partes usadas: folhas e sumidades floridas

O alecrim é uma planta proveniente da região mediterrânea. Grécia, Itália, França, Espanha e Portugal são países onde a espécie medra desde a Antiguidade. Devido ao seu cheiro característico, que perfuma as praias da Itália, os romanos o denominaram *rosmarinus*, que, etimologicamente, significa "orvalho que vem do mar" (*ros* = "orvalho"; *marinus* = "do mar"). Os gregos lhe davam uma série de utilidades. Assim, ele fazia parte de cerimônias de purificação. Os estudantes gregos o usavam no cabelo por acreditarem ser ele útil para a memória. Na atualidade, os maiores produtores mundiais são: França, Iugoslávia, Espanha, Portugal e Estados Unidos. No Brasil, o alecrim é uma planta muito frequente, estando presente na maioria dos jardins e canteiros, Figura 10.1.

O alecrim apresenta vários usos medicinais. É tido como eupéptico, colagogo, colerético, antidiabético, antiespasmódico, anti-hipertensivo, antisséptico, carminativo e estimulante. Em culinária, corresponde à erva aromática de uso intenso. É empregada no tempero de carnes diversas. Carnes de aves, de crustáceos, de carneiros, de peixes e carnes brancas são frequentemente temperadas com esse tipo de condimento. Omeletes, sopas, molhos diversos, pães e batatas também estão incluídos entre os alimentos com ele temperados. Utilizam-se as folhas inteiras ou picadas, frescas ou após secagem, nos diversos tipos de tratamento.

O alecrim é um subarbusto, bastante ramoso e densamente foliado cujo caule mede geralmente de 1 a 2 m de altura e apresenta secção transversal obtuso-tetrangular. Apresenta ramos geralmente opostos e um tanto pubescentes.

As folhas são sésseis, lineares, inteiras, coriáceas e persistentes. Possuem disposição oposta e margem fortemente revoluta, e, na página superior, são verdes e pontuadas rugosas, ao passo que, na página inferior, são brancas tomentosas. Medem de 2 a 3,5 cm de cumprimento, por 2 a 4 mm de largura. A nervura mediana é bastante proeminente do lado da página inferior.

As flores acham-se reunidas em pequenos racimos axilares, são pouco numerosas e curtamente pediceladas. O cálice é tomentoso pubescente e possui coloração que varia do verde ao púrpura. A corola é bilabiada e de coloração azulada, sobre a qual se inserem dois estames, providos de uma única teca fértil e a outra transformada em alavanca. O gineceu possui ovário súpero bicarpelar e falsamente tetralocular, por invaginação dos carpelos. O estilete é inserido ginobasicamente. O ovário se assenta sobre um disco glandular, unilateralmente expandido e saliente.

O fruto é seco, separando-se caracteristicamente em quatro frutículos ou núculas.

10.5.1   Caracterização Microscópica

A seção transversal da folha apresenta a seguinte estrutura:

A epiderme superior é formada de células de contorno retangular, alongadas no sentido tangencial. Essas células, quando vistas de face, apresentam contorno poligonal e paredes espessas. Apresentam pelos tectores unicelulares e cônicos. A epiderme inferior, quando vista de face, apresenta células de contorno sinuoso e apresenta estômatos do tipo diacítico. Sobre essa epiderme, podemos observar também a presença de pelos tectores ramificados pluricelulares. Tanto a epiderme superior como a inferior apresentam pelos glandulares capitados, suportados por pedicelo bicelular. A epiderme inferior possui ainda pelos glandulares do tipo das labiadas, providos de quatro ou oito células que formam a glândula.

Abaixo da epiderme superior, existe a hipoderme formada de várias camadas de células poligonais grandes, bastante visíveis na região de feixe vascular. O mesofilo é heterogêneo e assimétrico, formado de uma ou duas camadas de células paliçádicas e de poucas camadas de células que formam o parênquima lacunoso.

A secção transversal da folha mostra a margem revoluta e a nervura mediana bastante saliente do lado da epiderme inferior. O feixe vascular é do tipo colateral e é envolvido por parênquima fundamental.

O caule, em secção transversal, apresenta estrutura eustélica.

Figura 10.1 – Alecrim (*Rosmarinus officinalis* L.).
(A) Ramo florido.
(B) Flor.
(C) Núculas.
(D) Flor: corola aberta, mostrando estames e estaminódios.
(E) Cálice aberto.
(F) Gineceu sobre receptáculo.
(G) Epiderme do cálice.
(H) Epiderme da corola.
(I) Seção transversal da folha: (1) epiderme adaxial, (2) hipoderme,
(3) parênquima paliçádico, (4) parênquima lacunoso, (5) epiderme abaxial.
(J) Seção transversal da folha, mostrando margem revoluta.
(K) Pelos glandulares.
(L) Pelo tector ramificado.
(M) Fibras e parênquima.
(N) Fragmento da folha, mostrando epiderme e hipoderme.
(O) Fragmento da nervura mediana, mostrando: (1) epiderme, (2) pelo glandular,
(3) pelo tector ramificado, (4) parênquima fundamental, (5) fibras.
(P) Fragmento de feixe vascular.
(Q) Seção transversal de caule, desenho esquemático: (1) epiderme, (2) xilema, (3) floema.

10.6 Alho

- *Allium sativum* L.
- Família *Liliaceae*
- Parte usada: bulbilho

Existem dados que comprovam que o conhecimento do alho remonta a 6.000 anos, atribuindo-se sua origem à Europa mediterrânea e à Ásia Menor. No Egito antigo, entrava na composição de diversos medicamentos, influenciando beneficamente o coração e a circulação sanguínea. Atribui-se ainda ao alho atividades antibióticas, sendo empregado como medicamento e na preparação de alimentos, Figura 10.2.

O alho é um condimento fortemente aromático, de cheiro característico e derivado da presença da alicina, um dos componentes de seu óleo essencial. Sabe-se que já foram isolados do alho cerca de 30 componentes, destacando-se entre eles os compostos sulfurados, como a alicina, com propriedades bacteriostática e fungicida.

O alho contem 0,5% de lipídios, 34% de carboidratos, 7% de proteínas e 2% de fibras. Contém ainda vitaminas A, B_6, C, ácido fólico, ácido pantotênico e niacina, além de manganês, potássio, sódio, enxofre, cálcio, fósforo e magnésio.

O alho foi um alimento muito utilizado antigamente pelos trabalhadores egípcios que lhe atribuíam a propriedade de aumentar a força física.

É o tempero mais utilizado na atualidade, sendo empregado cru, cozido, frito, picado e cortado em rodela, em forma de pasta.

A parte usada do alho é seu bulbo composto, constituído de 10 a 12 bulbilhos. É envolto por uma casca ou película fina, membranácea, de natureza foliar (brácteas), que podem apresentar cor branca ou roxa. O bulbilho, denominado comumente de "dente de alho", é envolto externamente por brácteas ou catafilos que envolvem, no centro, folha de reserva grossa carnosa, que constitui a parte comestível. No centro dessa estrutura, aparece uma planta rudimentar, constituída por um disco caulinar basal, gema e folhas iniciais.

10.6.1 Caracterização Microscópica

A película branca que envolve os bulbilhos apresenta epiderme externa fibrosa. As fibras são mediamente alongadas e suas paredes são espessas e providas de pontuações evidentes. A camada subepidérmica é constituída de uma a duas camadas celulares, as quais contêm cristais prismáticos de oxalatos de cálcio. Eixes vasculares delicados ocorrem nessa região, envoltos por parênquima. A epiderme interna é semelhante à externa, sendo suas células menores.

A secção transversal do bulbilho mostra epiderme constituída por células de tamanho relativamente pequeno e de contorno aproximadamente retangular. O parênquima fundamental é bem desenvolvido e constituído por células aproximadamente isodiamétricas, que aumentam de tamanho em direção ao centro da estrutura. Feixes vasculares delicados podem ser vistos na região do mesofilo.

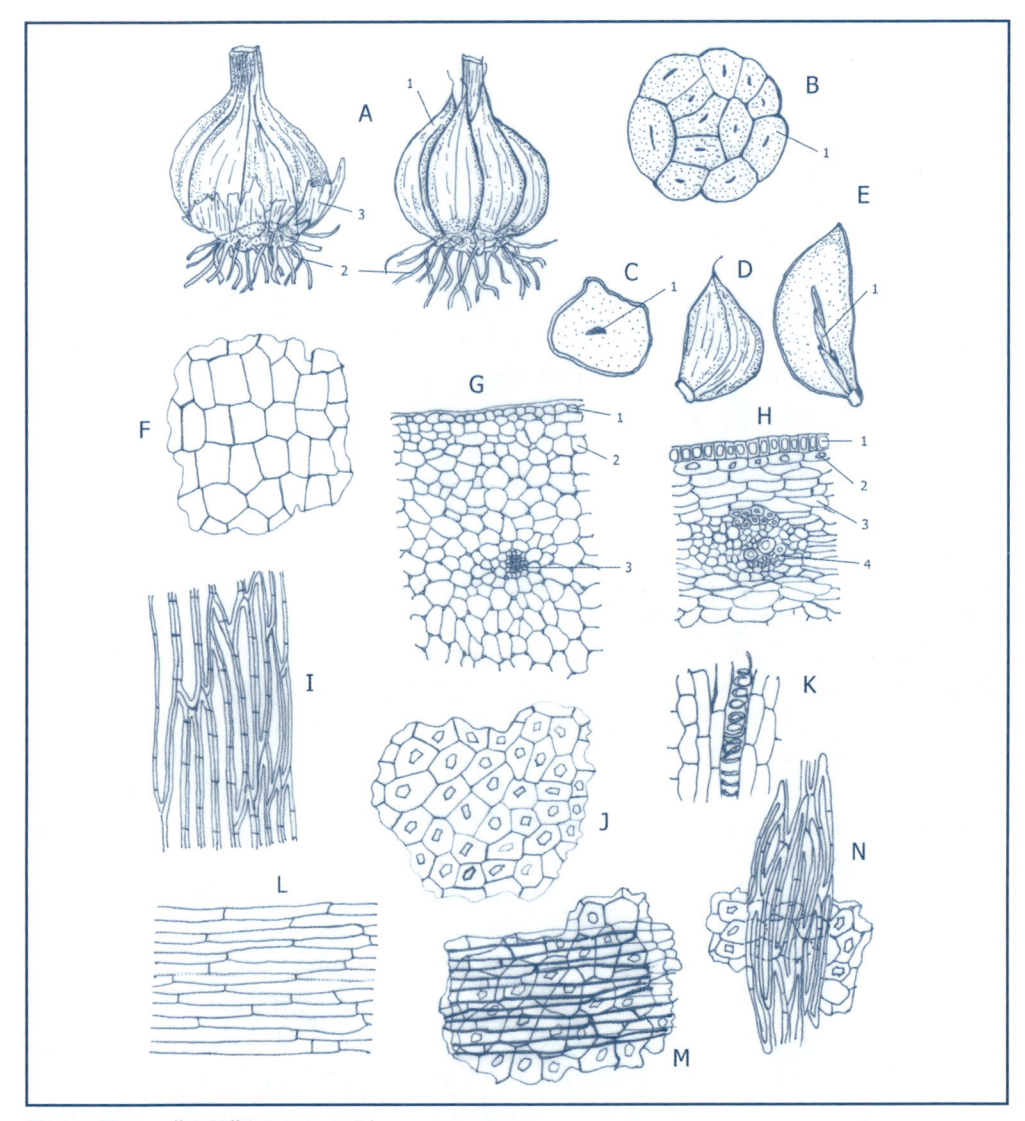

Figura 10.2 – Alho (*Allium sativum* L.).
(A) Bulbos de alho: (1) bulbilho, (2) raízes, (3) película branca envoltória.
(B) Bulbo cortado transversalmente: (1) bulbilho.
(C) Bulbilho cortado transversalmente: (1) caulículo.
(D) Bulbilho inteiro.
(E) Bulbilho cortado longitudinalmente: (1) caulículo com folhas iniciais.
(F) Células subepidérmicas da película envoltória.
(G) Seção transversal do dente de alho – bulbilho: (1) epiderme, (2) parênquima fundamental, (3) feixe vascular.
(H) Seção transversal da película: (1) epiderme fibrosa, (2) células subepidérmicas, com cristais prismáticos, (3) tecido parenquimático, (4) feixe vascular.
(I) Epiderme fibrosa da película, vista de face.
(J) Células subepidérmicas da película, contendo cristais.
(K) Fragmento de feixe vascular, mostrando vaso espiralado.
(L) Fragmento epidérmico, visto de face.
(M e N) Fragmento, mostrando epiderme fibrosa e células subepidérmicas com cristais, vistas de face.

10.7 Alho-poró

- *Allium porrum* L.
- Família *Liliaceae*
- Partes usadas: bulbo, pseudocaule e terço inferior das folhas

O alho-poró, ou alho-francês, como também é chamado, é uma planta de origem euro-asiática cada vez mais utilizada no Brasil e no mundo. Conhecido desde a Antiguidade, foi alvo de citações bíblicas. Era conhecido pelos egípcios, gregos e romanos. Seu uso é muito difundido na Europa onde constitui símbolo da nação francesa. Seu odor característico deriva da presença de compostos sulfurados em sua composição. Alicina, alilsulfitos, enxofre; ácidos palmítico, esteárico e linoleico; mucilagens e pectinas, além de vitaminas C, B$_1$ e E; proteínas costumam ser mencionadas como integrantes de sua composição. Possui propriedades digestivas e emolientes, e é antisséptico, diurético e vermífugo, Figura 10.3.

Em culinária, é utilizado cozido ou assado como prato principal ou para dar gosto a uma série de alimentos. Usado em conservas e no preparo de sopas, suflês, maioneses. A indústria alimentícia submete-o à secagem e, com ele, prepara temperos em pó e sopas desidratadas.

É uma planta de porte herbáceo, que chega a alcançar 1,3 m de altura. O bulbilho é alvinitente e de tamanho reduzido, do qual partem folhas ensiformes cujas bainhas brancacentas, dispostas em duas séries opostas, recobrem-se, originando um pseudocaule cuja parte basal é tenra e suculenta, constituindo a parte comestível. A parte do alho-poró utilizada na culinária corresponde ao bulbilho, desprovido de suas raízes; o pseudocaule, formado pelas bainhas das folhas; e o terço basal verde das folhas. A nervação da folha é caracteristicamente paralelinérvea, com nervuras bem próximas uma das outras, sendo a margem da folha lisa. Cortes transversais do pseudocaule mostram a bainha das folhas formando círculos, ao passo que a secção transversal do bulbilho é representada por um anel externo estreito, que envolve um círculo brancacento.

10.7.1 Caracterização Microscópica

A folha apresenta mesofilo homogêneo. A epiderme adaxial ou superior é constituída por células de contorno quase retangular, alongadas no sentido anticlinal e que diminuem de tamanho da periferia para o centro. O mesofilo, tanto abaixo da epiderme superior como da inferior, apresenta uma ou duas camadas de células que contêm pequenos cristais prismáticos. O restante dessa região é ocupado por parênquima constituído por células aproximadamente isodiamétricas que envolvem feixes vasculares colaterais. A epiderme inferior ou abaxial é semelhante à epiderme superior; quando observada paradermicamente, mostra células alongadas dispostas paralelamente umas em relação às outras. Estômatos típicos de liliáceas podem ser observados. Fragmentos, vistos no pó do condimento, mostram vasos xilemáticos do tipo espiralado.

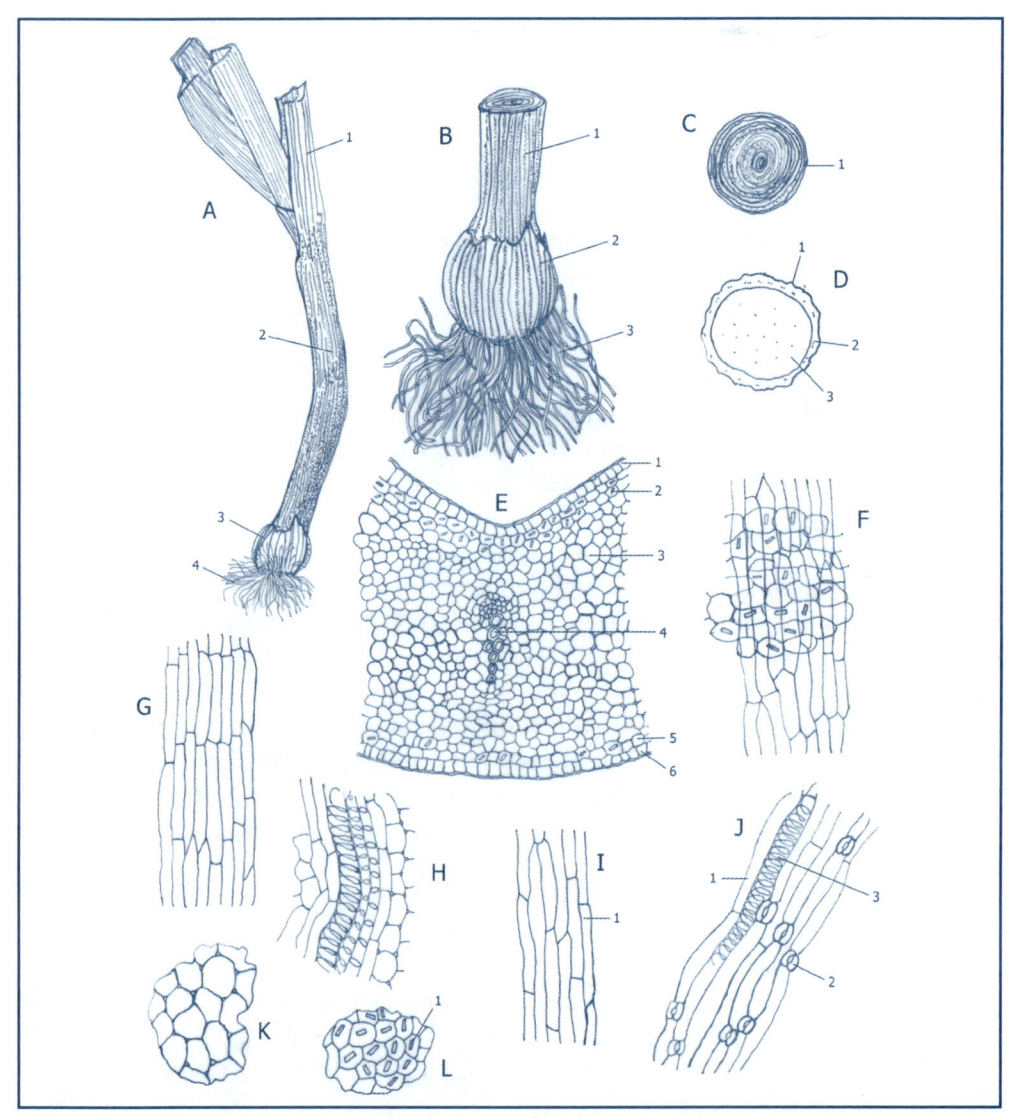

Figura 10.3 – Alho-poró (*Allium porrum* L.).
(A) Bulbo, pseudocaule e terço inferior das folhas: (1) terço inferior das folhas, (2) pseudocaule,
3) bulbo, (4) raízes.
(B) Pseudocaule, bulbo e raízes: (1) pseudocaule, (2) bulbo, (3) raízes.
(C) Seção transversal do pseudocaule: (1) bainha das folhas.
(D) Bulbo: (1) epiderme, (2) região cortical do prato, (3) região medular do prato.
(E) Seção transversal da folha: (1) epiderme adaxial, (2) hipoderme associada à epiderme adaxial,
(3) parênquima fundamental, (4) feixe vascular, (5) hipoderme associada à epiderme abaxial,
contendo cristais prismáticos, (6) epiderme abaxial.
(F) Fragmento de folha: (1) células epidérmicas, (2) hipoderme, com cristais prismáticos.
(G) Adaxial, vista de face.
(H) Fragmento do mesofilo, mostrando feixe vascular com vasos anelados e espiralados.
(I e J) Fragmento de epiderme abaxial, visto de face, mostrando: (1) células epidérmicas,
(2) estômato, (3) vaso espiralado, visto por transparência.
(K) Fragmento do parênquima fundamental.
(L) Fragmento de hipoderme: (1) cristal prismático.

10.8   Anis (Erva-doce)

- *Pimpinella anisum* L.
- Família *Apiaceae* (*Umbelliferae*)
- Parte usada: fruto (esquizocarpo)

O anis é uma planta de origem asiática, mais precisamente da Ásia Menor. Era cultivado no Egito em 1500 a.C. O fruto do anis é utilizado tanto por suas propriedades medicinais como culinárias. Em culinária, é utilizado em pães, biscoitos, bolos, doces em pasta, doces em caldas, canapés; e na elaboração de bebidas, tais como o licor anisete. Como medicinal, é utilizado por sua ação eupéptica, digestiva, carminativa e antiespasmódica. Apresenta odor aromático de anetol, muito agradável, e seu sabor é caracteristicamente quente, aromático e doce, Figura 10.4.

O fruto do anis contém cerca de 3% de óleo essencial, rico em anetol, substância essa que corresponde a cerca de 90% do óleo. Contém ainda estragol, anisaldeido, álcool anísico, pineno, confeno e himachaleno.

O fruto de anis é constituído por um esquizocarpo ovoide ou piriforme, alargado n base e estreito no vértice, que é coroado por um estilopódio espesso, suportando dois estiletes reflexos. O esquizocarpo pode se dividir ao meio, liberando dois mericarpos. O fruto mede de 3 a 6 mm de comprimento, por 2 a 3 mm de largura, sendo geralmente acompanhado de pedicelo e apresentando muitas vezes os mericarpos unidos. Estes são de cor verde acinzentada e cada qual apresenta cinco quinas, pouco salientes, retilíneas e lisas. São cobertos de pelos amarelados, curtos e ásperos, os quais podem ser mais bem observados com emprego de lupa. Entre e próximo à base dos mericarpos, vê-se o carpóforo filiforme e de cor mais clara.

Sua secção transversal é orbicular e mostra numerosos canais secretores, dispostos irregularmente em número de três ou quatro entre cada duas arestas consecutivas.

10.8.1   Descrição Microscópica

O epicarpo é constituído por células de contorno retangular, alongado no sentido tangencial e com paredes espessas. Contém pelos tectores espessos, cônicos, curtos, unicelulares ou bicelulares de cutículas verrucosas, os quais medem de 25 a 200 *micra* de comprimento, por 15 a 40 *micra* de largura. O mesocarpo é caracterizado por numerosos canais secretores, estreitos e dispostos em volta da semente: os da face comissural são maiores que os outros. O mesocarpo é pouco desenvolvido, sendo formado por seis a oito camadas celulares. O endocarpo é constituído por uma única fileira de células.

O carpóforo é formado, em sua maior parte, de fibras esclerenquimáticas e numerosas células esclerosas e pequenas. A semente, de contorno reniforme, é constituída por tegumento reduzido e por endosperma de células poligonais e incolores, contendo grãos de aleurona, óleo fixo e cristais estrelares de oxalato de cálcio, de 2 a 10 *micra* de diâmetro.

Conforme a altura do fruto em que for executado o corte transversal, pode aparecer o embrião, geralmente representado por um par de cotilédones no interior do endosperma.

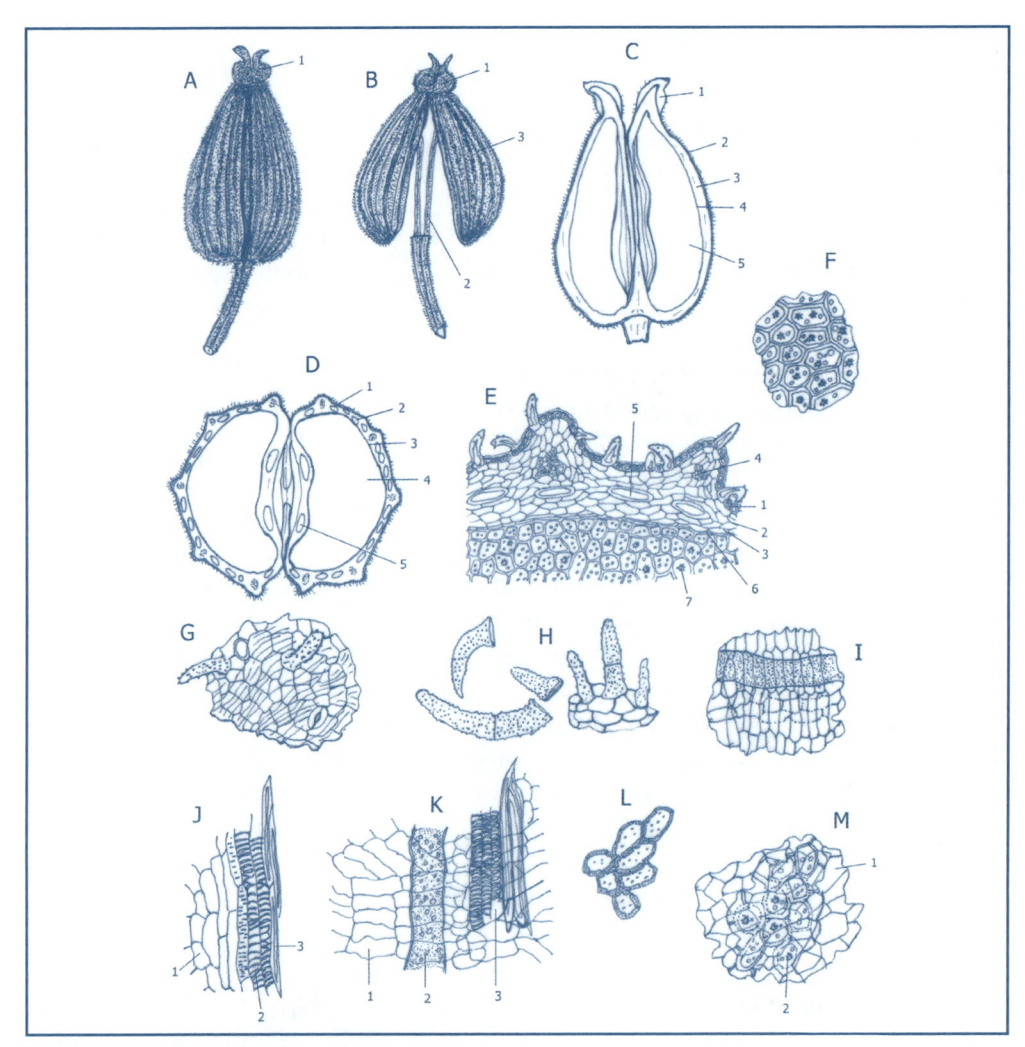

Figura 10.4 – Erva-doce (*Pimpinella anisum* L.).
(A) Fruto inteiro – cremocarpo: (1) estilopódio.
(B) Fruto separado em mericarpos: (1) estilopódio, (2) carpóforo, (3) mericarpo.
(C) Fruto cortado longitudinalmente, mostrando as duas metades – mericarpo: (1) estilopódio, (2) epicarpo, (3) mesocarpo, (4) endocarpo, (5) semente.
(D) Fruto cortado transversalmente: (1) epicarpo, (2) canal secretor do mesocarpo, (3) endocarpo, (4) semente, (5) canal secretor da região comissural.
(E) Seção transversal do fruto: (1) epicarpo com pelos tectores, (2) mesocarpo, (3) endocarpo, (4) feixe vascular, (5) canal secretor, (6) episperma, (7) endosperma.
(F) Fragmento do endosperma, mostrando gotículas de óleo e drusas.
(G) Fragmento do epicarpo, mostrando pelos com cutícula verrucosa, estômatos anomocíticos e células epidérmicas com cutícula estriada.
(H) Conjunto de pelos, com cutícula verrucosa.
(I) Fragmento do fruto, mostrando canal secretor, por transparência, e células do endocarpo e do mesocarpo, vistas de face.
(J) Fragmento de mesocarpo: (1) parênquima, (2) xilema, (3) fibras.
(K) Fragmento: (1) células do endocarpo, (2) canal secretor, (3) feixe vascular.
(L) Grupo de escleritos.
(M) Fragmento: (1) células do episperma, (2) células do endosperma, contendo drusas.

10.9 Anis-estrelado ou Badiana

- *Illicium verum* Hooker filius
- Família *Illiciaceae* (= *Magnoliaceae*)
- Parte usada: fruto (esquizocarpo)

O anis-estrelado é uma especiaria de origem chinesa. Possui odor anetólico, aromático, e sabor doce anisado, exceto a semente, que tem gosto fracamente acre e oleoso. E muito utilizado na culinária chinesa. É utilizado em outros países asiáticos, sendo conhecido mundialmente pelo seu óleo essencial. O anis-estrelado é usado em pães, biscoitos, bolos, doces, geleias e sobremesas, como frutas em caldas, e molhos. É usado como aromatizante de compotas de goiaba e manga, e mesmo em doces de banana, Figura 10.5.

A sua composição química é variada e importante, principalmente pelo óleo essencial que contém. O trans anetol entra na composição desse óleo essencial, na concentração de 80% a 90%. Contém ainda hidrocarbonetos, linalol, cineol e ácido shikímico.

Fruto composto do tipo polifolículo, geralmente com oito até 12 folículos, desigualmente desenvolvidos, lenhosos e careniformes, medindo até 15 mm de comprimento; tem cor parda escura e é disposto horizontalmente, em forma de estrela em volta de eixo central, denominado "columela". A columela continua, frequentemente, num pedúnculo curvado e intumescido no lugar da inserção. Esses folículos, comprimidos lateralmente e rugosos, abrem-se na borda superior (sutura ventral) por uma larga fenda. Cada um deles contém uma semente oval, pardo avermelhada, dura e luzidia, e apresentam, na base, uma secção aproximadamente quadrada, pela qual se fixa ao eixo central. O ápice do folículo é terminado em ponta obtusa, ligeiramente curva, e o bordo inferior é espesso e rugoso.

Já o bordo superior é mais ou menos direito e aberto em dois lábios, delgados e lisos de cada lado da fenda. As faces laterais, de aspecto rugoso, apresentam, perto da base, uma parte mais lisa, semielíptica, pela qual os carpelos estavam em contato entre si: a face interna é lisa e luzidia, de cor pardo amarelada.

A semente contida em cada folículo é oval-elíptica, truncada na base, onde se distinguem o hilo e a micrópila, bastante próximos um do outro: ela contém, sob um invólucro frágil, um albúmen oleoso que circunda um pequeno embrião.

10.9.1 Caracterização Microscópica

O epicarpo, visto de face, e guarnecido de grande estomas e recoberto por cutícula rugosa. O mesocarpo, visto em corte transversal, é constituído, em sua parte externa, por parênquima contendo células secretoras oleíferas. A parte interna do mesocarpo é formada de células menores e de paredes espessas. No limite dessas duas zonas estão localizados numerosos feixes fibrovasculares. O endocarpo é formado de uma camada de células alongadas radialmente e dispostas em forma de paliçada; na parte correspondente à sutura, essas células tornam-se menores. Nesta região, o endocarpo é reforçado por um maciço de células esclerosas de paredes muito espessas e canaliculadas.

O eixo central, bem como o pedúnculo do outro, encerram numerosas células esclerosas, variáveis na forma e de paredes mais ou menos espessas, com fortes protuberâncias afiladas, classificadas como "astroescleritos".

No endosperma da semente, veem-se grãos de aleurona, de formas irregulares e com pequenas protuberâncias.

Figura 10.5 – Anis-estrelado (*Illicium verum* Hooker f.).

(A e B) Fruto composto – polifolículo –, em vista ventral: (1) columela, (2) folículo aberto, mostrando semente.

(C) Fruto composto – polifolículo –, em vista dorsal: (1) columela, (2) folículo.

(D) Folículo isolado.

(E) Sementes.

(F) Pedúnculos.

(G) Seção transversal do folículo: (1) epicarpo, 2) mesocarpo, 3) endocarpo, 4) feixe vascular – (a) região do endocarpo próxima à fenda de deiscência, (b) região do endocarpo, distal à fenda de deiscência.

(H) Escleritos da região do endocarpo, indicada como (a) na Figura G.

(I) Escleritos da região indicada como (b) na Figura G.

(J) Epicarpo, visto de face, mostrando estômato e cutícula estriada.

(K) Cristais prismáticos.

(L) Região do endocarpo afastada da fenda de deiscência, com escleritos dispostos em paliçada.

(M) Célula oleífera.

(N) Astroescleritos da columela.

10.10 Açafrão

- *Crocus sativus* L.
  (Vide Capítulo 7, "Corantes Naturais Biológicos de Alimentos")

10.11 Açafrão-da-terra

- *Curcuma longa* L.
  (Consulte o Capítulo 7, "Corantes Naturais Biológicos de Alimentos")

10.12 Aneto/Endro

- *Anethum graveolens* L.
- Família *Umbelliferae*
- Parte usada: fruto (esquizocarpo)

O aneto, também denominado "endro", é um fruto semente conhecido desde a mais longínqua Antiguidade. Mencionado nos papiros egípcios, parece ser originário das Índias, da Pérsia e da região mediterrânea, incluindo a Ásia Menor. Os gladiadores das arenas romanas untavam o corpo com óleo de endro antes dos combates, com o intuito de dar mais força ao corpo, Figura 10.6.

Os frutículos de endro caracterizam-se por apresentar em sua composição um óleo essencial, do qual decorrem suas propriedades medicinais e culinárias. Esse óleo essencial, que ocorre numa proporção de 3% a 4%, é rico em anetol, carveol, carvona, cariofileno, eugenol e miristicina. Apresenta ainda quantidades de escopoletina, bergapteno, umbeliferona e kanferol, e fitosteróis.

Entre suas propriedades medicinais, citam-se o combate à aerofagia e à flatulência. Funciona como eupéptico, digestivo, aperiente, carminativo, estomáquico, galactagogo e hipnótico.

No Brasil, é mais frequente no Nordeste. No mundo, é cultivado com mais frequência na Península Ibérica, na Itália e na antiga Iugoslávia, bem com em alguns países da Ásia Menor.

O aneto é muito utilizado na Escandinávia, na Turquia e na Rússia. É empregado principalmente no tempero de peixes e frutos do mar. Entra na composição de vinagres aromáticos e conservas diversas. Os frutículos costumam ser empregados na condimentação de pastéis, pães e sopas.

O aneto, ou endro, consiste principalmente de cremocarpos ou de mericarpos separados. Cada mericarpo apresenta forma ovalada e está comprimido na face dorsal, medindo de 3 a 4,5 mm de comprimento, por 2 a 3 mm de largura. O mericarpo é de coloração amarronzada, com arestas amareladas.

A seção transversal mostra seis arestas para cada mericarpo, alternadas com valéculas. A região do estilopódio apresenta forma cônica e o vestígio do estilete é bem visível.

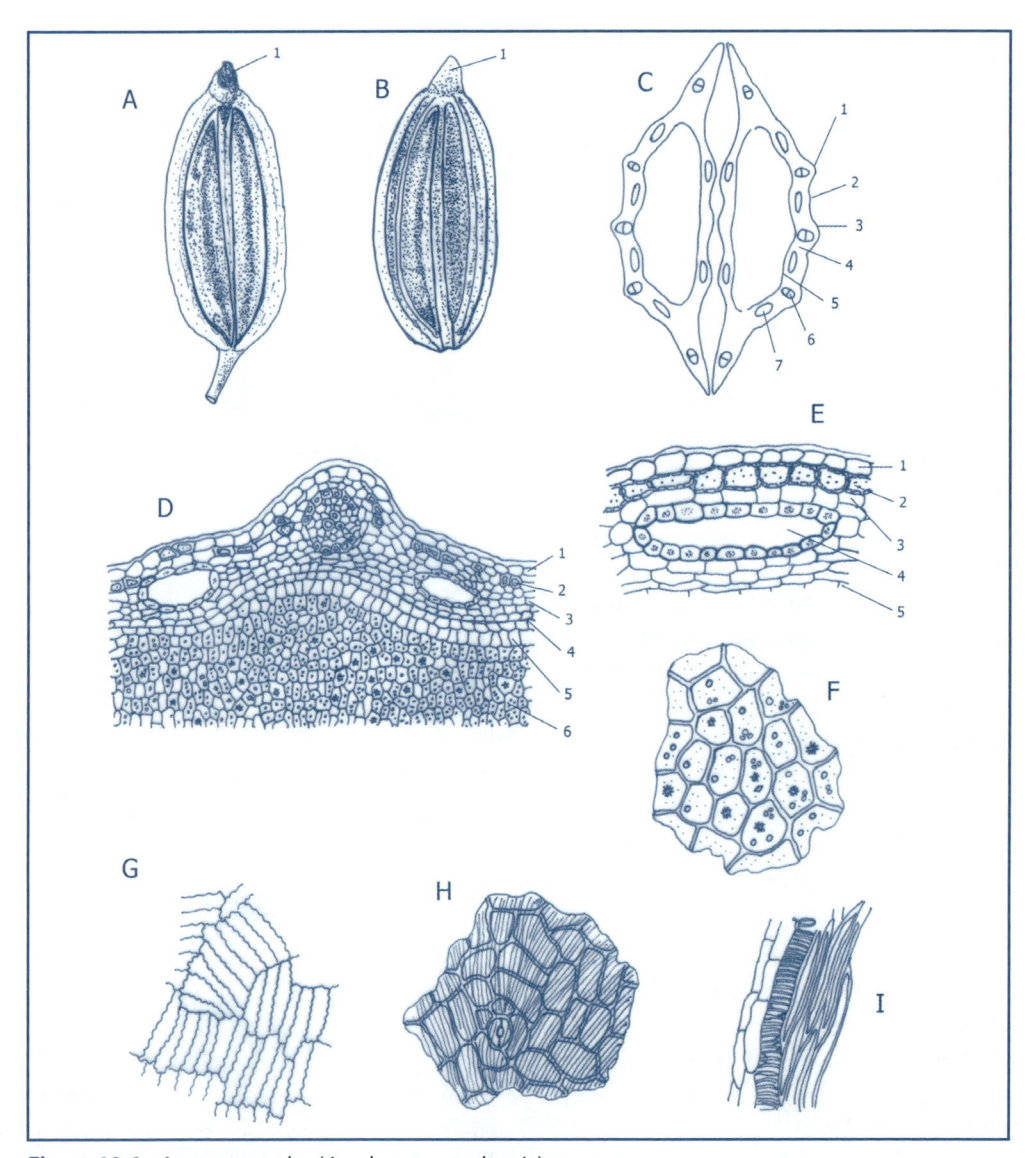

Figura 10.6 – Aneto ou endro (*Anethum graveolens* L.).
(A) Esquizocarpo inteiro – cremocarpo: (1) estilopódio.
(B) Mericarpo: (1) estilopódio.
(C) Seção transversal do cremocarpo, mostrando os dois mericarpos: (1) região de aresta, (2) região de valécula, (3) epicarpo, (4) mesocarpo,(5) endocarpo, (6) feixe vascular, (7) canal secretor.
(D) Seção transversal do mericarpo, região aresta: (1) epicarpo, (2) camada subepidérmica com escleritos, (3) mesocarpo, (4) endocarpo, (5) espermoderma, (6) endosperma.
(E) Seção transversal do mericarpo, região da valécula: (1) epicarpo, (2) região subepidérmica esclerosa, (3) mesocarpo, (4) canal secretor, (5) endocarpo.
(F) Endosperma, contendo grãos de aleurona e drusas.
(G) Endocarpo visto de face.
(H) Epicarpo visto de face, mostrando estômato e células epidérmicas com cutícula estriada.
(I) Fragmento de feixe vascular.

10.12.1 Caracterização Microscópica

A seção transversal do frutículo ou cremocarpo apresenta a seguinte estrutura: contorno elíptico, constituído pelos dois mericarpos. Eles apresentam arestas e valéculas alternadas, mostrando a superfície externa e a superfície comissural.

O epicarpo é constituído por células de contorno aproximadamente retangular, alongadas no sentido periclinal e de coloração uniforme, com cutícula estriada. Os estômatos são pouco frequentes. Em fragmentos encontrados no seu pó, essa região apresenta cutícula nitidamente estriada.

O mesocarpo apresenta externamente uma região esclerificada. Ductos secretores dispostos na região das valéculas podem ser observados.

O endocarpo é constituído por uma fileira de células. Essa região, quando vista de face, mostra células de tamanhos variados, dispostas à maneira de tacos de assoalho e providas de paredes sinuosas.

A testa da semente é constituída por uma camada reduzida de células de paredes finas e contorno poligonal, quando visto de face.

O endosperma é bem desenvolvido, suas células apresentam paredes finas e contêm grãos de aleurona e drusas de tamanho reduzido.

O tecido vascular, associado ao mesocarpo, é constituído por vasos espirilados e pontuados, e por floema delicado.

10.13 Baunilha

- *Vanilla planifolia* Jacks. ex Andrews
- Família *Orchidaceae*
- Parte usada: fruto

A baunilha é uma especiaria obtida dos frutos da orquidácea *Vanilla planifólia* Jacks ex Andrews, oriunda originalmente do México, mas hoje cultivada em diversos países do mundo. Os nativos da América Central cultivavam a liana produtora dos frutos da baunilha, a qual, após tratamentos especiais, era associada ao uso dos frutos do cacau. Os espanhóis levaram esse conhecimento para a Europa, expandindo assim o uso da baunilha e do chocolate pelo mundo todo. Hoje, a baunilha é uma das especiarias que alcançam os maiores preços no mercado internacional, Figura 10.7.

A substância vanilina é a maior responsável pelas propriedades da baunilha. Além dela, entram na sua composição ácidos orgânicos, cinamatos, enzimas, furfural, gorduras, resinas, mucilagens e taninos.

Graças a essa composição variada, a essência ou tintura de baunilha tem propriedades organolépticas superiores àquelas apresentadas pela vanilina obtida por síntese.

É famosa na culinária mundial, provavelmente devido às suas propriedades organolépticas saporíferas e aromáticas associadas às qualidades eupépticas, digestivas, levemente catárticas, tônicas e afrodisíacas.

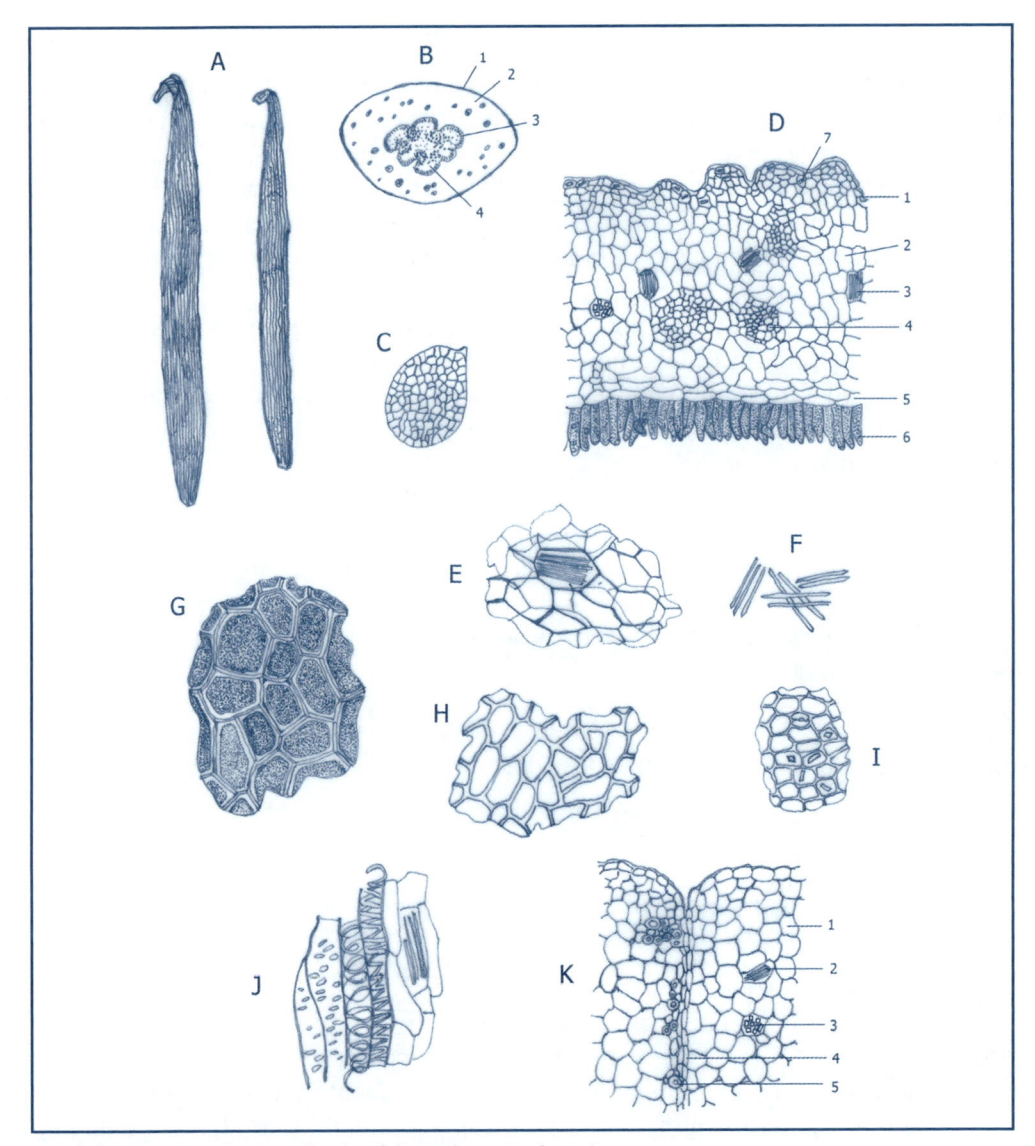

Figura 10.7 – Baunilha (*Vanilla planifolia* Jacks ex Andrews).
(A) Frutos da baunilha (droga).
(B) Seção transversal do fruto: (1) epicarpo, (2) mesocarpo, (3) endocarpo-placenta, (4) loja.
(C) Semente.
(D) Seção transversal do fruto: (1) epicarpo, (2) mesocarpo, (3) idioblasto contendo cristais estiloides, (4) feixe vascular, (5) endocarpo, (6) papilas, (7) cristal.
(E) Fragmento do endocarpo, contendo idioblasto com cristais estiloides.
(F) Cristais estiloides.
(G e H) Epicarpo, visto de face.
(I) Epicarpo, visto de face, mostrando cristais na hipoderme.
(J) Fragmento de feixe vascular.
(K) Seção transversal do pericarpo: (1) células parenquimáticas, (2) idioblasto, contendo cristais estiloides, vistos de face, (3) idioblasto, contendo cristais estiloides cortados transversalmente, (4) região da sutura, (5) fibras.

A baunilha é utilizada para aromatizar chocolates, tortas, bolos, pastéis, doces, panquecas, pudins, sorvetes, biscoitos, cremes, molhos e bebidas. É frequentemente empregada como corretivo de sabor.

Os frutos de baunilha são tricarpelares, flexíveis, de 15 a 25 cm de comprimento e 6 a 12 mm de largura, atenuando-se nas extremidades, recurvados na base, subcilíndricos ou achatados.

Sua superfície externa é parda negra, mais ou menos luzidia, de aspecto untuoso, percorrida longitudinalmente por vincos bastante profundos, quase paralelos, recobertos, o em suas melhores qualidades comerciais, de cristais de vanilina. Em sua extremidade mais delgada, apresenta uma cicatriz procedente do estilete e, na ponta, a cicatriz triangular das partes florais caducas.

O pericarpo, visto em corte transversal, circunda uma cavidade triangular e possui seis placentas bifurcadas, cheias de um grande número de sementes pequenas, pretas, ovais ou arredondadas. A parte interna do pericarpo, compreendida entre essas placentas, é guarnecida de papilas que secretam o suco viscoso aromático.

Quando cortada transversalmente e comprimida, a baunilha liberta um suco de cor âmbar, trazendo consigo numerosas sementes pequenas e pretas.

10.13.1 Caracterização Microscópica

O epicarpo, visto de face, é provido de estômatos do tipo anomocítico. Visto em secção transversal, é formado por uma camada de células tabulares, de paredes espessadas e porosas, que contém uma substância amarela parda e cristais prismáticos ou octaédricos.

Sob esse epicarpo, observam-se uma ou duas camadas de células colenquimáticas hipodérmicas. O mesocarpo, muito espesso, é constituído por um tecido de células irregulares, de paredes delgadas e sinuosas. Apresenta numerosos feixes fibrovasculares, envolvidos por uma bainha fibrosa, de largas fibras e de paredes espessas e pontuadas. O mesocarpo contém, em toda sua extensão, idioblastos formados de células estreitas e superpostas, que contêm cristais aciculares de oxalato de cálcio, frequentemente em feixes. O mesocarpo, nas suas camadas internas, é formado por células menores e alongadas tangencialmente.

O endocarpo apresenta, na sua face interna, nos pontos situados entre as placentas, numerosas papilas unicelulares longas, arredondadas nas extremidades, de paredes finas e cheias de uma substância granulosa, pardacenta e de pequenas gotas de oleorresina.

As sementes são arredondadas, recobertas por tegumento pardo-negro que envolve um embrião oleoso: esse tegumento é formado por dois invólucros, dos quais o externo é constituído por uma só camada de células esclerosas de paredes muito espessas.

10.14 Canela-da-china

Cinnamomum cassia (Nees) Nees ex Blume
Família *Lauraceae*
Parte usada: casca de caule

A *Cinnamomum cassia* (Nees) Nees ex Blume é uma das especiarias mais antigas que se conhece, já usada na China antes do ano 2500 a.C. Sua origem é o sudeste da China e a Cochinchina (parte do atual Vietnã). Há indicação também da Birmânia (atual Mianmar) como sua pátria de origem. Integrou a mitologia chinesa como planta sagrada, integrando rituais de purificação. Era já, na Antiguidade, empregada tanto como erva medicinal como especiaria, Figura 10.8.

Suas propriedades aromáticas e seu sabor agradável e adocicado, levemente adstringente, são a causa do seu grande prestígio na arte culinária.

A canela-da-china contém, em sua composição, de 1% a 2% de óleo essencial, caracterizado pelo elevado teor de aldeído cinâmico. De sua composição participam também amido, açúcares, mucilagens, resina e tanino.

Seu aroma é semelhante ao da canela-do-ceilão, sendo mais intenso e menos delicado que este.

Apresenta propriedades medicinais, tais como estimulante da circulação, anti-hipertensiva, antidiabética, estimulante da digestão, carminativa e antiespasmódica, entre outros. Sua maior importância está, entretanto, em ser um dos melhores agentes aromáticos e saporíferos, tendo, graças a isso, largo emprego na culinária.

Seu uso é semelhante ao da canela-do-ceilão, tendo a preferência, nesse mister, de ser mais bem indicada em pratos de salgados que a sua similar. É empregada com sucesso no preparo de carne aromática, tanto bovina como de carneiro. Os frutos do mar e a carne de peixes podem igualmente se beneficiar em paladar com sua inclusão. Os molhos de tomate e as carnes recheadas estão nessas mesmas condições. Pães, biscoitos, bolos, doces e pudins, confeitos, bebidas e licores correspondem a outros alimentos no qual o seu uso garante sucesso.

A casca de canela-da-china possui odor característico; seu sabor é agradável e adocicado, um pouco mucilaginoso. É bastante aromática.

A casca da canela-da-china apresenta-se em canudos ou semicanudos, com comprimento de até 50 cm e largura de até 3 cm. As cascas medem até 2 mm de espessura. Sua superfície externa é de cor parda amarelada escura, com manchas pardas acinzentadas, que apresentam restos de súber; não se observam estrias esbranquiçadas e longitudinais. A face interna é pardacenta e lisa, e sua fratura é ligeiramente fibrosa.

10.14.1 Caracterização Microscópica

O súber, bastante espesso, é formado de células tabulares. As células mais internas apresentam paredes de espessamento regular ou espessamento em forma de U. O parênquima cortical, bastante desenvolvido, mostra numerosos grupos de células pétreas, de paredes canaliculares, desigualmente espessas. O periciclo é descontínuo, constituído de grupos de células pétreas, de paredes canaliculadas, com espessamento em forma de U, e, externamente, por raros grupos de fibras também de paredes espessas. O floema apresenta mais ou menos a mesma estrutura da canela-do-ceilão, diferenciando-se por apresentar poucas fibras e isoladas, e grãos de amido simples e compostos. Os raios medulares, de duas fileiras de células, contêm oxalatos de cálcio em forma de agulhas.

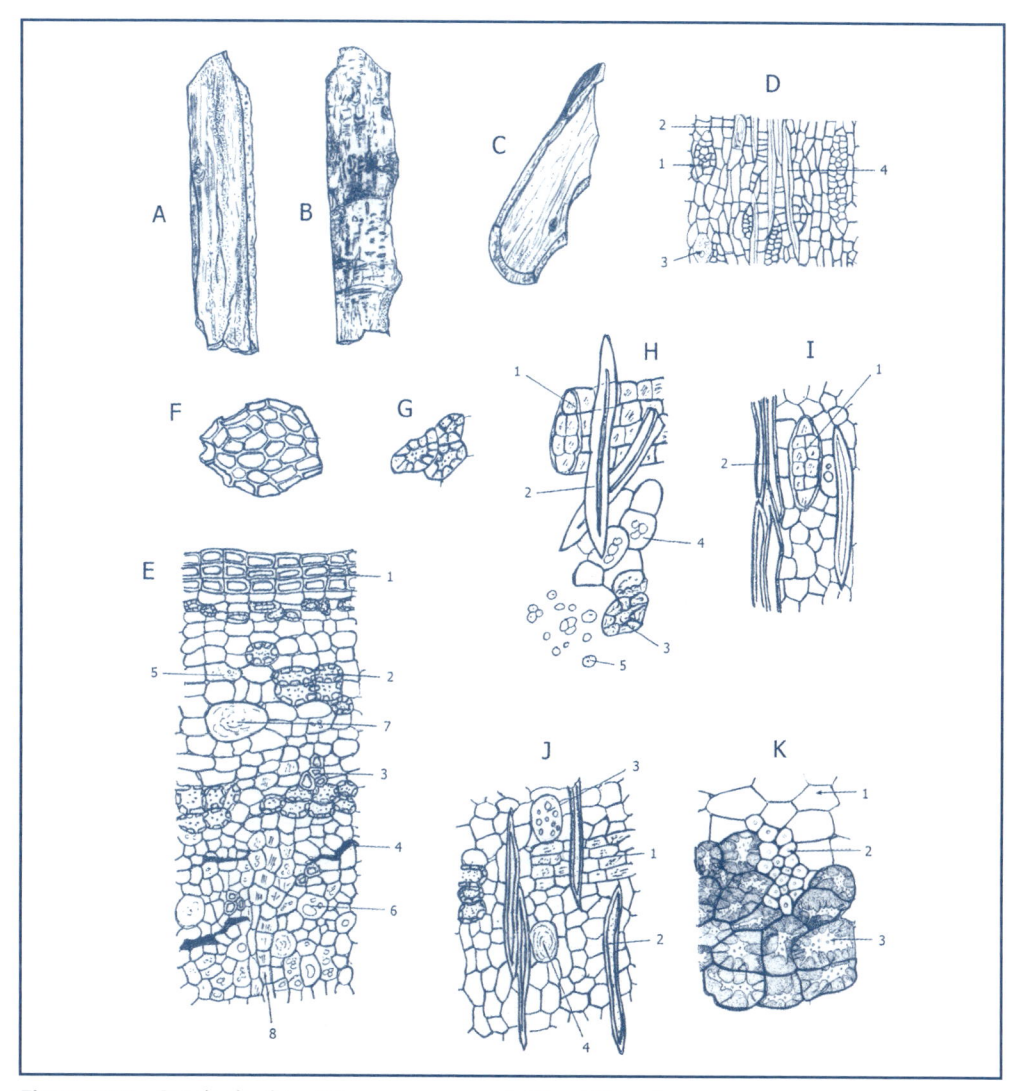

Figura 10.8 – Canela-da-china [*Cinnamomum cassia* (Nees) Blume]

(A) Fragmento de casca de aspecto encurvado, mostrando a região interna.

(B) Fragmento de casca encurvado, mostrando a região externa.

(C) Fragmento de casca de aspecto encurvado, mostrando a região interna e de seção.

(D) Seção longitudinal tangencial da casca: (1) raio vascular, (2) célula mucilaginosa, (3) célula oleífera, (4) fibra.

(E) Seção transversal da casca: (1) súber, (2) grupo de células pétreas, (3) fibras, (4) células obliteradas, (5) célula com amido, (6) célula oleífera, (7) célula mucilaginosa, (8) raios medulares com cristais aciculares.

(F) Súber visto de face.

(G) Células pétreas.

(H) Elementos do pó: (1) raio vascular, (2) fibra, (3) célula pétrea, (4) célula contendo amido, (5) grãos de amido.

(I) Fragmento de seção tangencial: (1) raio vascular, (2) fibras.

(J) Fragmento de casca, seção longitudinal radial: (1) raio vascular, (2) fibra, (3) célula oleífera, (4) célula mucilaginosa.

(K) Fragmento de casca, seção transversal: (1) parênquima, (2) fibras, (3) células pétreas.

10.15 Canela-do-ceilão

Cinnamomum zeylanicum Nees
Família *Lauraceae*
Parte usada: casca de caule montada

A canela-do-ceilão corresponde à casca floemática dos caules das árvores *Cinnamomum zeylanicum* Nees. É originária do Sri Lanka (antigo Ceilão), localizado ao sul da Índia, na Ásia Meridional. É muito utilizada como medicamento e condimento. Como aromatizante, entra na preparação de certos tipos de chocolate e de muitos tipos de licores. O sabor e o aroma intensos vêm do aldeído cinâmico. A canela de melhor qualidade é oriunda do Sri Lanka e possui aroma especial e gosto levemente adocicado, quente, agradável e bastante aromático, Figura 10.9.

A canela possui um óleo essencial de odor bastante agradável, que contém cinamadeido, ao lado de eugenol, aldeído cumínico, benzoato de benzila, cineol, felandreno e linalol. Contém ainda mucilagens, resina, tanino, açúcares e gomas.

A canela é mencionada na Bíblia, nos Livros do Êxodo e dos Provérbios. Possui propriedades antimicrobianas, antidiabética, anticolesterêmica, afrodisíaca, carminativa e digestiva. É utilizada para condimentar frango e *tender*. É um dos ingredientes do *curry*. É empregada para realçar o sabor de pães, biscoitos, doces, bolos, tortas de frutas, frutas condimentadas, cremes, compotas, pudins e licores. É empregada também para dar sabor especial a molhos de tomate.

A fraude mais comum dá-se através de mistura do pó da droga com amido de trigo, amido de milho ou fécula de mandioca, que são prontamente reconhecidos por meio de exame microscópico direto, uma vez que o amido da canela é diferente de todos os relacionados, tanto pelas dimensões como pelo formato. Ele tem a metade das dimensões, relativamente àqueles, e formatos arredondados irregulares e variados. A presença de braquiesclereides e de fibras esclerenquimáticas corroboram o laudo diagnóstico de *Cinamomum* sp.

Essa casca apresenta-se, no comércio, em tubos ou canudos enrolados para dentro nas duas margens, embutidos uns dentro dos outros; de comprimento variável, podendo atingir até um 1 m e, em geral, de 1 a 3 mm de diâmetro; a espessura é de cerca de 1 mm. É privada das camadas celulares externas pela raspagem. Sua superfície externa é fosca, de cor parda amarelada, e apresenta certo número de cicatrizes arredondadas, que correspondem aos pontos de inserção das folhas e dos brotos axilares, assim como longas estrias esbranquiçadas, sinuosas e dispostas longitudinalmente.

Sua superfície é lisa e de cor parda escura. Sua fratura é curta, esquirolosa, e apresenta certo número de fibras esbranquiçadas e salientes.

10.15.1 Caracterização Microscópica

A casca é desprovida de súber e de parênquima cortical. Sua secção transversal mostra um periciclo misto, com vestígio de parênquima cortical. Na região do periciclo, ocorre um anel contínuo de até cinco fileiras de células esclerosas que apresentam, externamente, grupos isolados de fibras de paredes espessas.

Figura 10.9 – Canela do ceilão (*Cinamomum zeylanicum* Nees).
(A e C) Conjunto em forma de canudo embutidas umas dentro das outras.
(B) Fragmento de casca, visto pelo lado externo.
(D) Seção transversal da casca: (1) periciclo, (2) região do floema, (3) células do floema obliterado, (4) raio medular, (5) fibra, (6) célula mucilaginosa, (7) célula de óleo essencial.
(E) Seção longitudinal radial, da região floemática interna: (1) raio medular, (2) fibras, (3) célula oleífera, localizada em nível inferior.
(F) Seção longitudinal da casca floemática: (1) raio vascular, (2) fibra, (3) cristais aciculares.
(G) Seção transversal da casca, no nível da região floemática: (1) floema frouxo, (2) raio medular, com rafídeos, (3) células do floema obliterado, (4) fibra, (5) célula contendo óleo essencial, (6) célula mucilaginosa, (7) região floemática interna, mostrando células dispostas regularmente.
(H) Seção longitudinal radial da região floemática interna: (1) raio medular, (2) célula oleífera, (3) células obliteradas, (4) fibras.
(I) Seção longitudinal tangencial da casca floemática: (1) raio vascular, (2) célula oleífera, (3) fibra.
(J) Seção transversal da casca, no nível da região periciclica: (1) tecido cortical (parênquima), (2) célula pétrea, (3) grupo de fibras, (4) floema frouxo – região externa.

As células pétreas têm paredes grossas, são muito canaliculadas e seu espessamento é regular. Somente algumas possuem espessamento em forma de U. O floema é constituído, na parte externa, por um tecido frouxo, e, internamente, apresenta células dispostas com regularidade; mostra numerosas células com mucilagem ou com óleo essencial, e é atravessado por faixas transversais de tecido crivoso obliterado; apresenta ainda numerosos grupos de fibras liberianas, de paredes não canaliculadas. As células do floema contêm grãos e amidos simples e compostos. Os raios medulares, que separam o floema em feixes cuneiformes, são largos na parte externa, estreitando-se internamente, onde apresentam duas fileiras de células; essas células encerram numerosas e minúsculas agulhas de oxalato de cálcio e raros grãos de amido.

10.16 Cardamomo

- *Elettaria cardamomum* (Roxburgh) Maton
- Família *Zingiberaceae*
- Partes usadas: fruto e semente

O cardamomo é uma especiaria de origem indiana. É planta que gosta de altitude, desenvolvendo-se bem a até 1.500 m acima do nível do mar. Os egípcios antigos conheciam o cardamomo e com ele branqueavam seus dentes. Os gregos e os romanos retiravam seu perfume. A Índia é um dos maiores consumidores de cardamomo, Figura 10.10.

O cardamomo corresponde a um dos condimentos mais caros do mundo. Na sua composição, participa um óleo essencial de odor agradabilíssimo, que contém quantidades de cineol, terpineol, limoneno, sabineno e borneol.

As propriedades organolépticas dessa especiaria, em parte, relacionam-se com esse óleo essencial. É costume submeter-se as sementes a um processo de aquecimento para favorecer a liberação desse óleo essencial.

O cardamomo estimula as secreções gástricas e biliares, e é tido como eupéptico, digestivo, tônico, nervino e afrodisíaco. Possui sabor adocicado e picante, e é altamente aromático. Entra na composição do caril.

Um dos usos principais do cardamomo é aromatizar o café. Ele também combina com um grande número de outros alimentos. Bolos, pães, biscoitos, tortas, artigos de pastelaria, compotas de frutas, pudins e licores são valorizados com sua presença. Carnes bovinas, de aves e de peixes também são objetos de seu uso.

As sementes são frequentemente vendidas juntamente com o fruto. Este é uma cápsula que, em secção transversal, apresenta-se obtuso-triangular e mede de 1 a 2 cm de comprimento, por 5 a 10 mm de largura. Possui cor que varia de amarela esverdeada a amarela acinzentada. A cápsula contém três lojas, e cada qual encerra de quatro a sete sementes.

As sementes apresentam-se geralmente aglutinadas em massas, contendo de duas a sete unidades. São ovoides, duras, triangulares ou subcilíndricas, com uma das faces convexa e a outra escavada. Medem de 3 a 4 mm de comprimento; externamente, são de cor cinza pardacenta ou avermelhada, e grosseiramente rugosas, apresentando porções mais ou menos aderentes de arilo claro, delgado e membranoso, que as envolve. A secção transversal, observada com auxílio de lupa, deixa ver, de fora para dentro: arilo, tegumento, perisperma, endosperma e embrião.

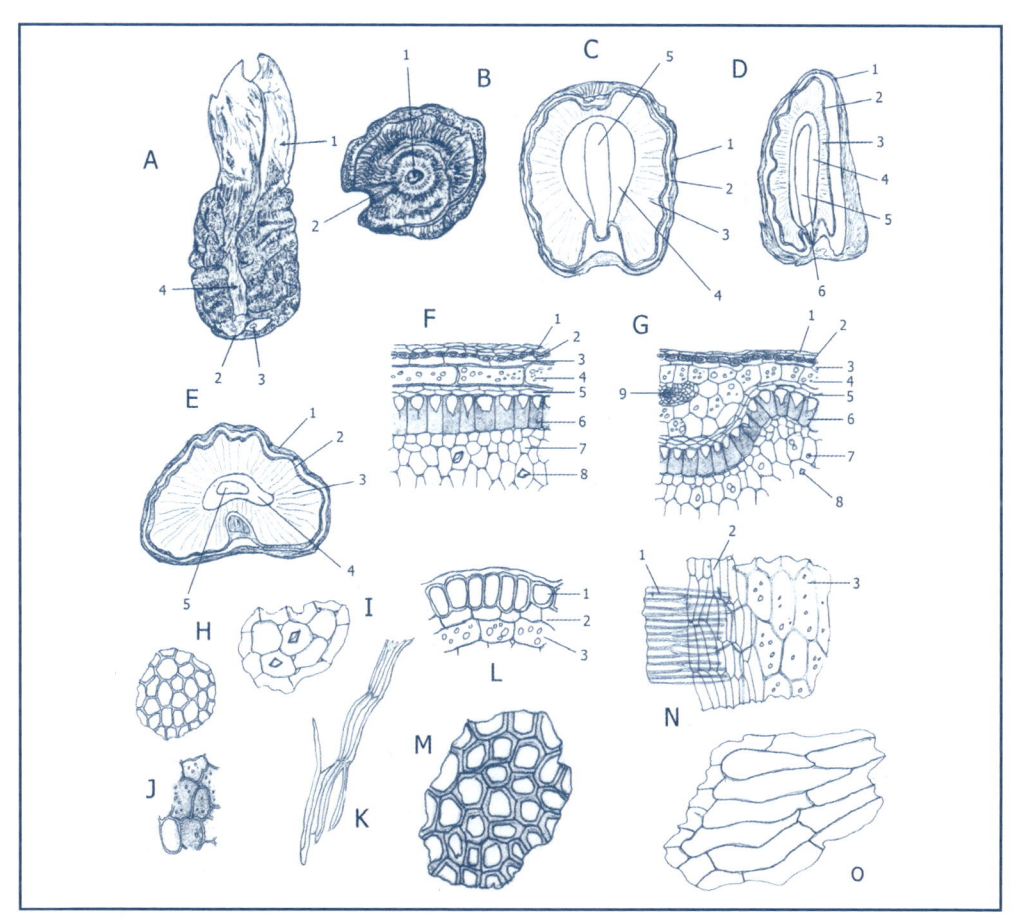

Figura 10.10 – Cardamomo [*Elettaria cardamomum* (Roxburgh) Maton].
(A) Semente inteira: (1) expansão membranosa do arilo, (2) região do hilo, (3) micrópila, (4) rafe.
(B) Semente inteira, em visão basal: (1) micrópila, (2) hilo.
(C) Seção longitudinal perpendicular à rafe: (1) arilo, (2) tegumento, (3) perisperma, (4) endosperma, (5) embrião.
(D) Seção longitudinal paralela à rafe: (1) arilo, (2) tegumento, (3) perisperma, (4) endosperma, (5) embrião, (6) radícula.
(E) Corte transversal: (1) arilo, (2) tegumento, (3) perisperma, (4) endosperma, (5) embrião.
(F) Seção transversal: (1) arilo, (2) tegumento, (3) camada parenquimática externa, (4) camada oleífera, (5) camada parenquimática interna, (6) camada com espessamento em U, (7) perisperma, (8) cristal prismático de oxalato de cálcio.
(G) Seção transversal, passando pela região da rafe: (1) arilo, (2) episperma, (3) camada parenquimática externa, (4) camada oleífera, (5) camada parenquimática interna, (6) camada com espessamento em U, (7) perisperma, (8) cristal prismático, (9) feixe vascular.
(H) Camada externa do perisperma, vista de face.
(I) Parênquima do perisperma, contendo cristal prismático.
(J) Perisperma amilífero.
(K) Episperma desintegrado – pó da semente.
(L) Fragmento de seção transversal: (1) episperma, (2) camada parenquimática, (3) camada oleífera.
(M) (Camada com espessamento em U, vista de face.
(N) Fragmento da porção externa da semente: (1) epiderme, (2) camada parenquimática externa, (3) camada oleífera.
(O) Arilo, visto de face.

10.16.1 Caracterização Microscópica

A seção transversal da semente apresenta: arilo delgado e pardo avermelhado; epiderme formada de uma fileira de células, quase quadradas ou retangulares, com paredes externas espessadas; uma camada de células retangulares, alongadas no sentido tangencial; uma camada de células grandes, cúbicas e de paredes delgadas, contendo óleo essencial; uma ou duas fileiras de células parenquimáticas pequenas, de paredes delgadas; uma fileira de células fortemente coloridas de pardo, formada por células pétreas, cujas paredes laterais são fortemente espessas e circunscrevem uma pequeníssima cavidade em forma de U, que contém uma pequena massa verrugosa de sílica; um perisperma branco, bastante desenvolvido, formado de grandes células poligonais cheias de pequeníssimos grãos de amido, agregados em massa, e que contêm regularmente um ou alguns pequenos cristais prismáticos de oxalato de cálcio; um endosperma reduzido, esverdeado, envolvendo um pequeno embrião, ambos com células de paredes delgadas, com grãos de aleurona e gordura.

10.17 Cebola

- *Allium cepa* L.
- Família *Liliaceae*
- Parte usada: bulbo

A cebola é originária, provavelmente, do Oriente Médio. Cultivada na região do mar Morto desde cerca de 3500 a.C., era, na Antiguidade, conhecida no Egito, na Índia e na China. Algumas vezes mencionada na Bíblia, a cebola teve seu uso relacionado ao povo hebreu, que foi alimentado com ela durante seu cativeiro pelos egípcios. Ela foi introduzida na Europa pelos romanos, Figura 10.11

A parte usada é seu bulbo, que apresenta sabor picante e acre, e ligeiramente adocicado, especialmente quando cozida.

É utilizada tanto como prato principal como condimento. Combina praticamente com todos os pratos: carnes, peixes, frutos do mar, sopas e legumes são valorizados com seu emprego. A cebola pode ser usada crua ou cozida, em estado natural ou desidratada, na forma de pó ou flocos.

Na composição da cebola, entra um óleo essencial que contém compostos sulfurados, entre os quais a alicina e a aliina. Esse óleo essencial é responsável pelas características organolépticas desse alimento. Além do óleo essencial, a cebola contém vitamina C e vitaminas do complexo B, além de ferro e outros minerais.

A cebola passa ainda por possuir propriedades medicinais, tais como propriedades antibiótica, antiespasmódica, mucolítica, diurética e afrodisíaca.

A cebola é uma espécie herbácea bulbosa, que apresenta bulbo grande, solitário, subgloboso e tunicado, formado por túnicas concêntricas completas, carnosas ou suculentas, exceto as exteriores, que são geralmente de cor amarelada e de consistência membranosa. Os catafilos, ou túnicas, inserem-se na região caulinar do bulbo, denominado "prato", do qual partem raízes adventícias e rebentos ou gemas.

As reversas se acumulam nos catafilos. O bulbo cru tem um cheiro forte característico e um sabor picante, acre e levemente adocicado. Os catafilos e o prato, despidos das túnicas membranáceas externas, são divididos e transformados em pó ou em flocos através de processos de desidratação.

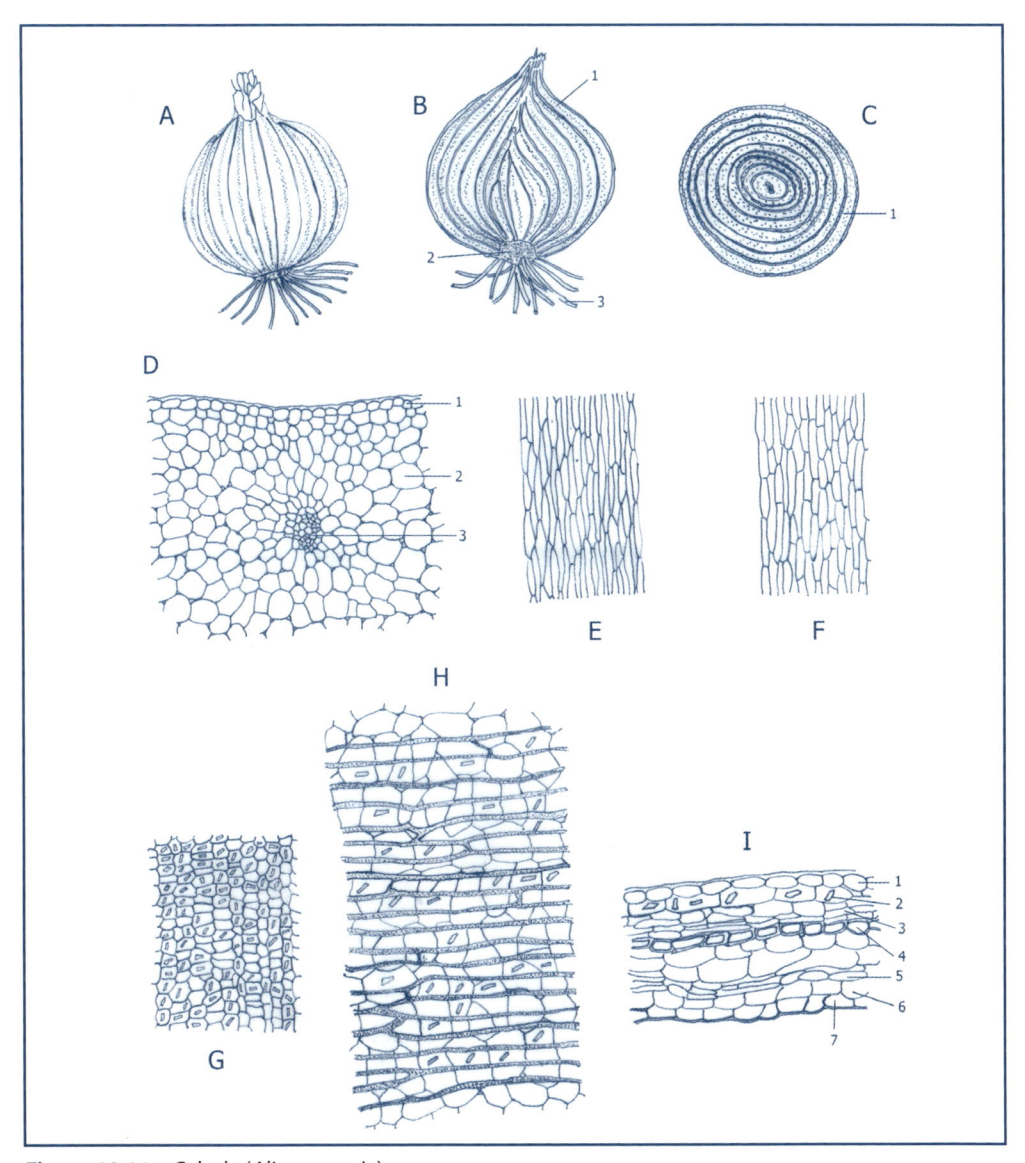

Figura 10.11 – Cebola (*Alium cepa* L.).
(A) Bulbo inteiro.
(B) Bulbo cortado longitudinalmente: (1) catafilo, (2) prato, (3) raízes.
(C) Bulbo cortado transversalmente: (1) catafilo.
(D) Seção transversal do catafilo: (1) epiderme, (2) parênquima fundamental, (3) feixe vascular.
(E) Epiderme ventral – interna do catafilo, vista de face.
(F) Epiderme dorsal – externa do catafilo, vista de face.
(G) Camada subepidérmica da película castanha – catafilo mais externo –, em visão paradérmica, mostrando cristais.
(H) Película castanha: fragmento mostrando células epidérmicas e camada subepidérmica contendo cristais, vistos por transparência.
(I) Seção transversal da película castanha – catafilo mais externo: (1) epiderme adaxial, (2) camada subepidérmica, contendo cristais, (3) e (5) camada obliterada parenquimática frouxa, (4) camada de células espessas, (6) camada subepidérmica, (7) camada epidérmica abaxial.

10.17.1 Caracterização Microscópica

A seção transversal do catafilo apresenta a seguinte estrutura: epiderme constituída por uma fileira de células de contorno retangular, alongadas no sentido periclinal e recobertas por uma cutícula fina e lisa. Mesofilo é constituído por diversas camadas parenquimáticas, providas de células com contorno aproximadamente isodiamétrico, deixando entre si pequenos espaços intercalados, do tipo meato. Essas células podem conter pequenos cristais prismáticos, especialmente aquelas de localização subepidérmica.

Feixes vasculares colaterais fechados ocorrem na região do mesofilo. As epidermes externas dos catafilos são constituídas de células alongadas, dispostas segundo o eixo longitudinal do órgão.

A região do prato, de natureza caulinar, é recoberta por epiderme constituída de células de contorno retangular, geralmente alongadas no sentido periclinal. O parênquima fundamental é bem desenvolvido e envolve numerosos feixes vasculares, do tipo colateral fechado.

10.18 Cebolinha

- *Allium fistulosum* L.
- Família *Liliaceae*
- Partes usadas: folha e pseudocaule

A cebolinha comum é de origem desconhecida, mas acredita-se que seja proveniente da Ásia Central, Sibéria, Rússia ou norte da China. Trata-se de planta de parte herbácea, provida de bulbo branco e alongado, que apresenta odor e sabor característicos; graças a isso é largamente utilizada na culinária mundial, Figura 10.12.

É bem adaptada a climas frios, entretanto subsiste bem em diversos climas, o que possibilitou a sua ampla dispersão por todo o mundo.

A cebolinha contém 1,9% de proteínas, 0,4% de lipídios, 3,4% de carboidratos e 3,6% de fibras, além das vitaminas A e C, enzimas e compostos sulfurados.

É largamente empregada em culinária. Agrega sabor a legumes, saladas, sopas, manteigas, queijos, patês, cuscuz e omeletes.

É ainda empregada no tempero de peixes, de frutos do mar e de carnes diversas, só ou associada a salsa, no famoso cheiro-verde.

Allium fistulosum L. é uma planta de porte reduzido, provida de pseudocaule oriundo da sobreposição de bainhas foliares. Alcança 30 cm de comprimento. As folhas são verde-escuras ou verdes glaucescentes, fistulosas e cilíndricas, exceto na região da bainha onde apresentam tonalidade brancacenta. A parte basal da planta é intumescida, simulando um pequeno bulbo, terminado em região mais densa de natureza caulinar de onde partem raízes fasciculadas. Toda a planta exala um odor característico, relacionado com a presença de compostos sulfurados, e sabor ligeiramente ardido. A cebolinha apresenta propriedades de estimular o apetite, bem como facilita a digestão, funcionando como eupéptico.

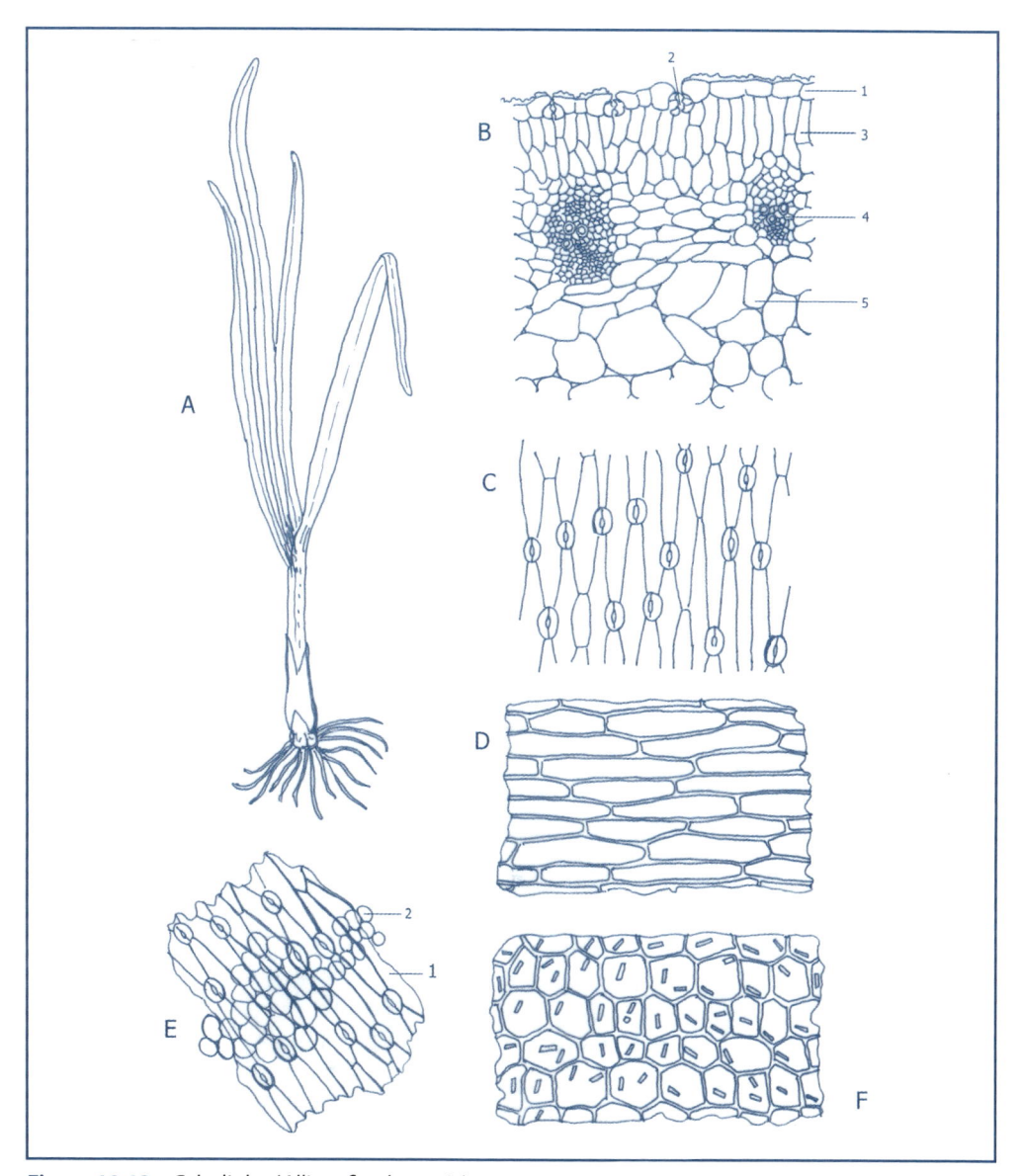

Figura 10.12 – Cebolinha (*Allium fistulosum* L.).
(A) Planta inteira.
(B) Seção transversal da folha: (1) epiderme, (2) estômato, (3) parênquima paliçádico,
(4) feixe vascular, (5) parênquima lacunoso.
(C) Epiderme foliar, em visão paradérmica.
(D) Epiderme da película amarela, que envolve a região bulbar.
(E) Epiderme foliar vista de face, deixando ver por transparência as células do parênquima
paliçádico: (1) epiderme, (2) célula do parênquima paliçádico, vista de topo.
(F) Células da película amarela, contendo os cristais.

10.18.1 Caracterização Microscópica

As folhas são caracteristicamente cilíndricas e fistulosas. A epiderme externa, quando observada em secção transversal, apresenta células com contorno retangular, ora alongadas no sentido periclinal, ora no sentido anticlinal. A cutícula que recobre a epiderme se apresenta um tanto estriada. Estômatos podem ser observados em toda a extensão, em pequenas criptas.

Essa região, quando observada peridermicamente, apresenta-se constituída de células alongadas no sentido do eixo maior da folha. Essas células apresentam paredes quase retas e os estômatos encontram-se alinhados em fileiras longitudinais. O parênquima paliçádico é constituído por duas a três camadas celulares, geralmente duas. O comprimento das células corresponde a aproximadamente três vezes a largura. O parênquima lacunoso é mais ou menos denso e a epiderme interna nem sempre é bem evidente. Feixes vasculares colaterais fechados ocorrem entre o parênquima paliçádico e o parênquima lacunoso.

A película que recobre a região basal da planta se apresenta provida de coloração amarelada e externamente é representada por uma fileira de células que, quando observadas paradermicamente, apresentam contorno poligonal e contêm, cada uma delas, um pequeno cristal prismático.

A epiderme ventral dessa região, por sua vez, é constituída de células alongadas, dispostas com o eixo maior coincidindo com o comprimento foliar.

10.19 Coentro

- *Coriandro sativum* L.
- Família *Umbelliferae*
- Parte usada: fruto (esquizocarpo)

A origem do coentro é incerta, sendo mais aceito que seja oriundo do sul da Europa e do norte da África, em regiões banhadas pelo Mediterrâneo. O coentro, ou coriando, é cultivado desde a Antiguidade, sendo empregado tanto como medicamento quanto condimento. Achados arqueológicos indicam que o coentro já era utilizado há cinco mil anos. Foi mencionado no Papiro de Ebers, e em textos em sânscrito. A Bíblia faz igualmente referência a ele. Os romanos e os gregos adicionavam os frutículos de coentro ao vinho para conferir-lhe melhor odor e sabor. Integra a mistura de condimentos denominada "caril", Figura 10.13.

Empregam-se principalmente os frutos maduros e secos, moídos ou não. Com menor frequência, usam-se as partes herbáceas e tenras da planta. Atribui-se a ele propriedades estomáquica, carminativa, estimulante e antiespasmódica. Emprega-se como condimento aromatizante de carnes, embutidos, bebidas (como alguns tipos de cerveja), salsichas, pães comuns e de centeio, entre outros; e em tipos de alimentos como geleias, sopas, peixes e frutos do mar.

O aroma e o sabor do coentro devem-se principalmente pela presença de óleo essencial na sua composição; no teor aproximado de 1%, entram na composição desse óleo pineno, limoneno, confeno, cineno, coriandrol, terpineno, dipenteno, geraniol e borneol. A presença de óleo fixo, glicósidos, tanino e oxalato de cálcio também foi constatada.

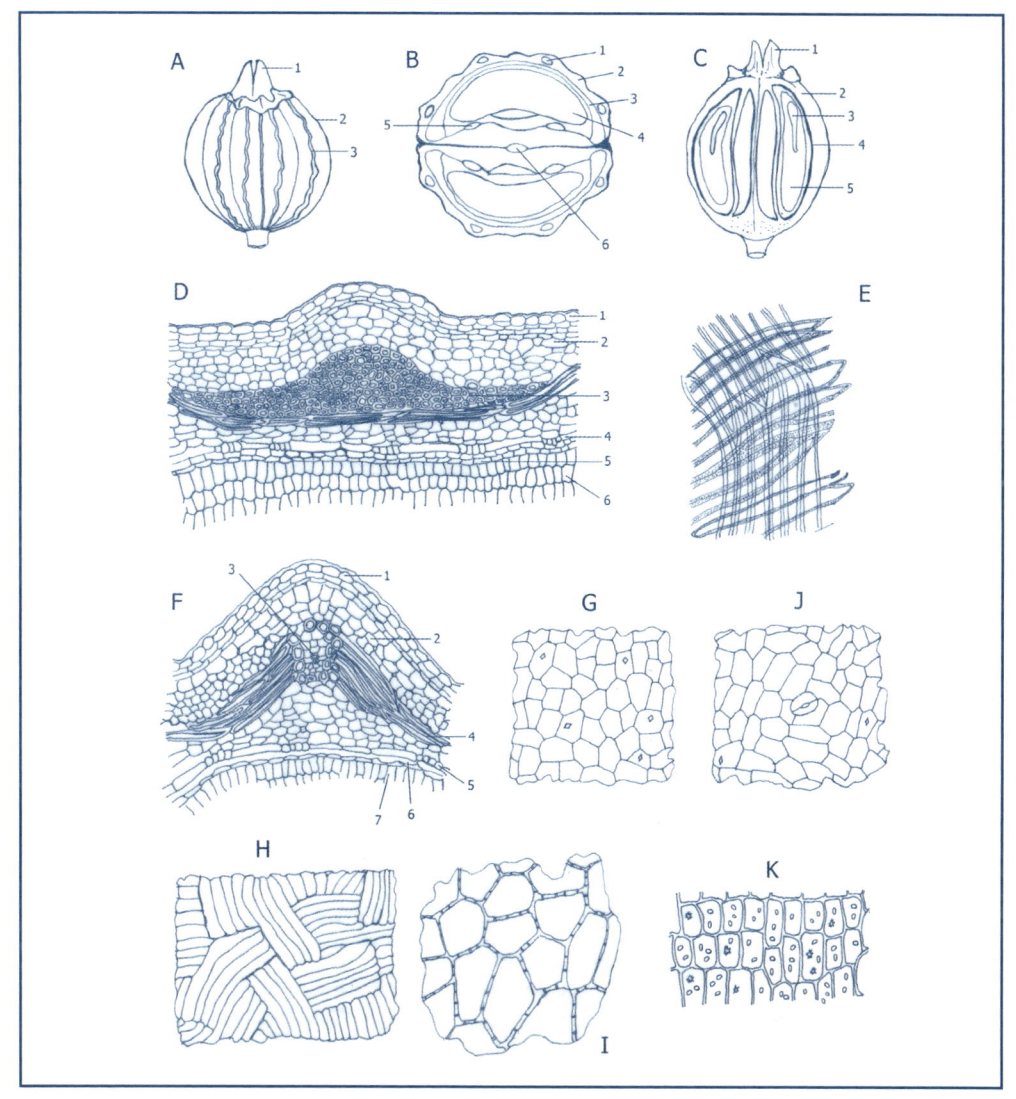

Figura 10.13 – Coentro (*Coriandrum sativum* L.).
(A) Fruto inteiro: (1) estilopódio, (2) aresta, (3) valécula.
(B) Seção transversal do fruto: (1) feixe vascular, (2) pericarpo, (3) semente, (4) endosperma, (5) canal secretor da região comissural, (6) carpóforo.
(C) Seção longitudinal do fruto: (1) estilopódio, (2) pericarpo, (3) embrião, (4) semente, (5) endosperma.
(D) Seção transversal do fruto: (1) epicarpo, (2) mesocarpo, (3) grupo de fibras, (4) endocarpo, (5) episperma, (6) endosperma.
(E) Grupo de fibras, vistas de face.
(F) Seção transversal do fruto, passando pela região da aresta: (1) epicarpo, (2) mesocarpo, (3) feixe vascular, (4) fibras, (5) endocarpo, (6) episperma, (7) endosperma.
(G) Epicarpo, com células de contorno poligonal, com cristais de oxalato de cálcio.
(H) Endocarpo, visto de face.
(I) Tegumento seminal.
(J) Epicarpo, mostrando estômato anomocítico.
(K) Endosperma, mostrando grãos de aleurona e pequenas drusas.

O coentro é uma planta herbácea de caule cilíndrico e liso, e provido de folhas pecioladas pinadas, bipinadas ou tripinadas, com segmentos ovais cuneados.

Os frutos são cremocarpos de contorno arredondado, medindo de 3 a 5 mm de diâmetro. Possuem dez costelas primárias e oito secundárias, distribuídas pelos dois mericarpos, que apresentam cor amarela pálida. As costelas são bem perceptivas e as secundárias são onduladas. Os mericarpos são justapostos e facilmente separados.

No ápice do fruto, observa-se a presença de estilopódio e de dentes, remanescentes do cálice. Os mericarpos são côncavos na superfície comissural onde apresentam duas vitas, ou canais secretores.

10.19.1 Caracterização Microscópica

Secções transversais do mericarpo apresentam a seguinte estrutura: epicarpo constituído por uma fileira celular de contorno aproximadamente retangular, alongada no sentido periclinal. Estômatos pouco frequentes podem ser observados nessa camada celular. As células do epicarpo podem conter um ou até dois cristais pequenos e prismáticos de oxalato de cálcio.

O endocarpo é formado por diversas camadas celulares de natureza diversa. Externamente a ele, ocorre a região parenquimática, constituída por seis a sete camadas celulares. Essa região envolve feixes vasculares colaterais, situados junto às arestas. A região parenquimática externa recobre a região fibrosa bem desenvolvida, com fibras dispostas em dois sentidos.

Uma parte da região fibrosa situa-se entre os feixes vasculares, que são do tipo colateral, dispondo-se longitudinalmente. A outra envolve os feixes vasculares, interligando-os, e apresenta fibras dispostas transversalmente.

Em baixo das fibras, observa-se outra região parenquimática constituída de três a quatro camadas celulares, de contorno aproximadamente isodiamétrico, as quais, na região comissural, envolvem dois canais resiníferos, ou vitas.

O endocarpo é uma camada de células tabulares grandes, com paredes internas grossas e aderidas ao tegumento seminal.

O tegumento seminal ou espermoderma é representado por uma fileira de células grandes, de contorno retangular, alongadas no sentido periclinal.

O endosperma é constituído por células poligonais, de paredes grossas, que contêm grão de aleurona e pequenas drusas de oxalato de cálcio.

10.20 Cominho

- *Cominum cyminum* L.
- Família *Apiaceae* (= *Umbelliferae*)
- Parte usada: fruto (esquizocarpo)

O cominho é uma especiaria de origem africana, da região do alto Nilo, do Egito ou da Etiópia. Acha-se incluído nos Papiros de Ebers e seus frutículos foram encontrados em tumbas datadas de 3700 a.C. Daí, disseminou-se para a Europa, para as Índias e para o resto do mundo. Hoje, é cultivado principalmente no Marrocos, Sicília, Malta, Síria e Índia, Figura 10.14.

Possui odor aromático intenso e sabor pungente, medianamente picante e ligeiramente amargo. Graças às suas propriedades organolépticas, é apreciado em todo o mundo, sendo ainda empregado na conservação de alimentos, graças à sua atividade bactericida. Esse uso se iniciou com os romanos e gregos, já na Antiguidade.

Em sua composição, ocorre um óleo essencial com um teor de 3% a 4% do peso, rico em d-carvona, cumeno e cumenol. Entram ainda em sua composição óleos graxos, ácido málico, polissacarídeos e cálcio.

É utilizado para condimentar queijo, carnes de bovinos, carnes de ave, peixes, salsichas, molhos, conservas, sopas, tortas e assados. É empregado na elaboração de licores diversos, como, por exemplo, o *kümmel*. Emprega-se ainda na condimentação do chucrute e na elaboração do *curry*. Além de sua importância na alimentação, possui propriedades medicinais, sendo empregado no tratamento de problemas digestivos, como carminativo, antiflatulento, antigastrálgico e antiespasmódico. É usado ainda no tratamento da inapetência, como galactagogo, diurético, afrodisíaco e antimicrobiano.

A especiaria é usada na forma de frutículos inteiros ou moídos, reduzidos a pó.

Os frutos do cominho são do tipo esquizocarpo, denominados "cremocarpo", e compostos por duas metades, chamadas de "mericarpos", aplicadas uma sobre a outra. Cada mericarpo tem cinco costelas ou arestas principais e quatro costelas secundárias. Medem geralmente de 5 a 6 mm de comprimento, por 1,5 mm de largura, e possuem forma oblongo-fusiforme. O ápice do fruto apresenta vestígios calicinais e estilopódio de forma característica. Sobre as costelas, é possível se observar a presença de tricomas que conferem à especiaria aspereza ao tato.

Caracterização microscópica

A seção transversal do fruto apresenta a seguinte estrutura: epicarpo constituído por uma fileira de células de contorno aproximadamente retangular, alongadas no sentido periclinal e portadoras de cutícula irregularmente estriada. Os estômatos são pouco frequentes. Tricomas pluricelulares multisseriados de ápice arredondado podem ser observados, principalmente na região que recobre as costelas. Abaixo do epicarpo, nota-se a presença de uma ou duas camadas de células de paredes finas, dispostas em paliçada. Feixes vasculares delicados podem ser observados nas regiões das costelas ou arestas principais, e canais secretores, na região das secundárias. Dois tipos de esclereides podem ser observados na região do mesocarpo, classificados segundo a forma com que aparecem. Há esclereides associadas, originando uma fileira de células e de disposição mais interna, e esclereides esparsas no parênquima mesocárpico. Envolvendo todas essas estruturas, ocorrem células parenquimáticas.

O endocarpo é composto de uma fileira de células de paredes finas, alongadas transversalmente, e ele acha-se associado ao tegumento seminal.

Essas células apresentam-se, com frequência, obliteradas. O endosperma é constituído de células com paredes um pouco espessadas e que apresentam, como inclusão, grão de aleurona e microdrusas de oxalato de cálcio.

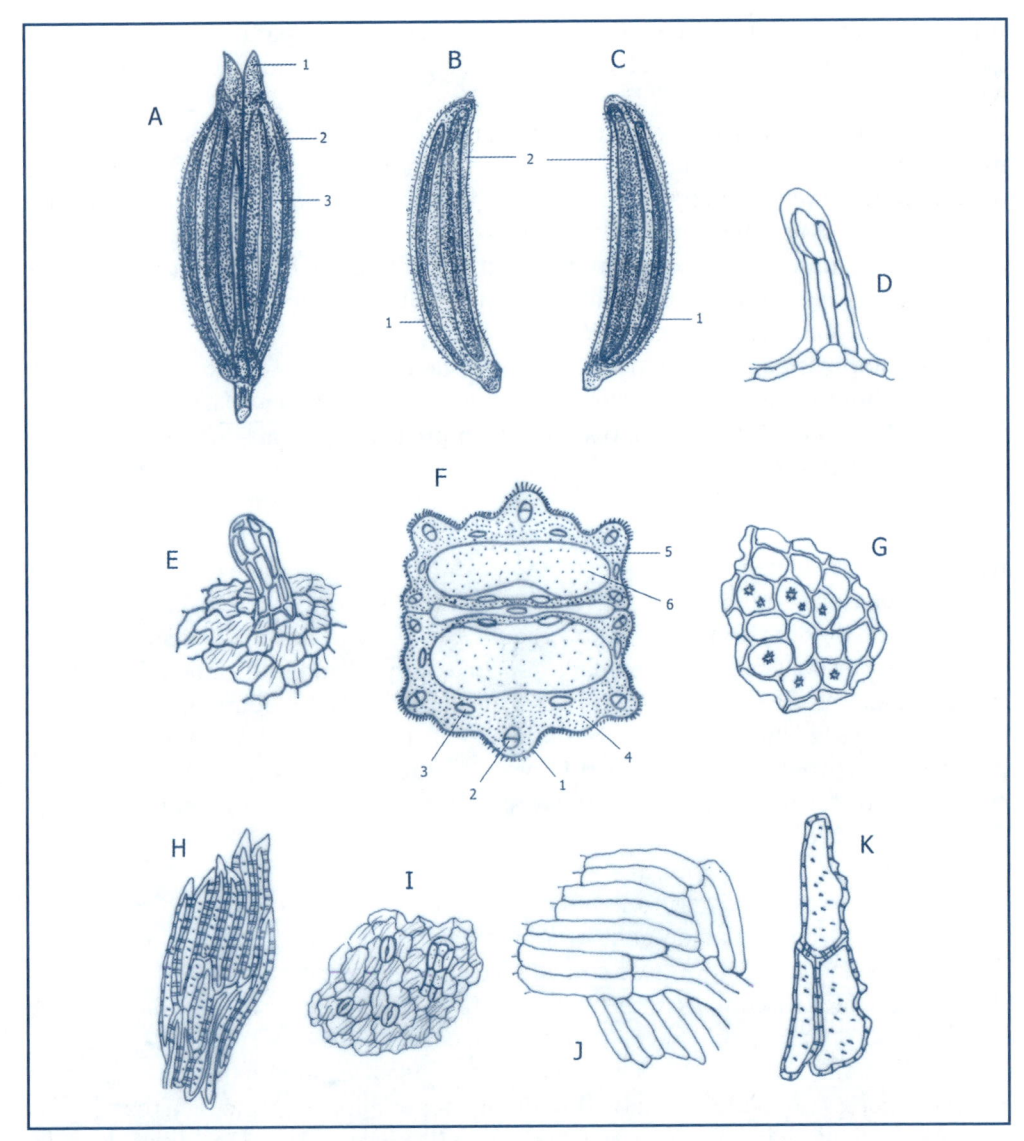

Figura 10.14 – Cominho (*Cuminum cyminum* L.).
(A) Fruto inteiro – esquizocarpo: (1) estilopódio, (2) aresta, (3) valécula.
(B e C) Mericarpos: (1) face dorsal, (2) face comissural.
(D) Tricoma não glandular – pelo tector.
(E) Fragmento de epicarpo, com tricoma não glandular e células com cutícula estriada.
(F) Seção transversal do fruto: (1) epicarpo, (2) feixe vascular em região de aresta, (3) canal secretor em região de valécula, (4) mesocarpo, (5) endocarpo, (6) endosperma.
(G) Região do endosperma, contendo drusas.
(H) Fibras do mesocarpo.
(I) Epicarpo, visto de face, mostrando tricoma e estômato.
(J) Endocarpo, visto de face.
(K) Escleritos.

10.21   Cravo-da-índia

- *Syzygium aromaticum* (L.) Merr. et Per
- Família *Myrtaceae*
- Parte usada: botão floral

O cravo-da-índia é originário das ilhas Molucas, na Indonésia. Zanzibar, Malásia e Filipinas costumavam ser mencionados como habitat primitivo dessa especiaria, ao lado das ilhas Molucas. Ele é conhecido por suas qualidades aromáticas desde épocas antigas. Escrituras chinesas e indianas falam de seu uso desde tempos remotos. Na China, essas menções remontam ao ano de 226 a.C, Figura 10.15.

O cravo-da-índia, hoje é cultivado na Indonésia, Madagascar, Sri Lanka, Malásia e Brasil. A Bahia é o estado brasileiro maior produtor dessa especiaria.

A palavra "cravo", utilizada para sua designação, tem sua origem na palavra latina *cravus*, que significa "cravo" ou "prego", em alusão à forma dos botões florais secos que constituem a especiaria.

O aroma especial do cravo-da-índia é devido ao seu óleo essencial rico em eugenol (cerca de 20% do seu volume), além de possuir acetileugenol, cariofileno e diversos terpenos. O eugenol, contido na essência, possui atividade bactericida e antiálgica, além de seu agradável aroma. Como medicinal, atribui-se a ele propriedades eupépticas, digestivas, estimulante do apetite, carminativa, analgésica e afrodisíaca.

O cravo-da-índia é utilizado não só para dar aroma e gosto especial aos alimentos, mas também por proporcionar aspecto decorativo aos pratos. Apresenta cor rosada amarronzada e seu sabor é penetrante, doce, pungente e quente, passando a ligeiramente amargo. É fortemente aromático. Por essas qualidades, é empregado tanto em pratos salgados como doces. Carnes de porco, de vaca e de carneiro, presuntos, salames, caldos, ensopados, marinadas, farofas e tortas, ao lado de pães, bolos, mingaus, doces, pudins, tortas de frutas e bebidas têm o seu sabor e odor melhorados com o emprego do cravo-da-índia.

Os botões florais da planta, após processo de secagem, são utilizados inteiros ou na forma de pó.

O botão floral apresenta-se geralmente de cor parda negra ou vermelha escura, medindo de 10 a 18 mm de comprimento, por 3 a 4 mm de largura; é formado por um ovário ínfero, arredondado-quadrangular, levemente dilatado na parte superior, onde se encontram duas lojas ovarianas, multiovuladas. É coroado por quatro sépalas subovais-triangulares, espessas, levemente divergentes e côncavas na parte superior; elas circulam uma pequena massa globulosa, de 5 a 6 mm de diâmetro, facilmente separável, formada por quatro pétalas estreitamente imbricadas, arredondadas, de cor mais clara e cheias de pontuações translúcidas. As pétalas recobrem numerosos estames recurvados para dentro e inseridos sobre um disco deprimido no centro, de onde se eleva um estilete curto e subulado.

10.21.1   Caracterização Microscópica

Um corte transversal, feito na parte média do ovário, um pouco abaixo das lojas ovarianas, apresenta:
- Epiderme guarnecida de estômatos do tipo anomocítico, formada por uma camada de células tabulares, recobertas por cutícula bastante espessa e lisa;

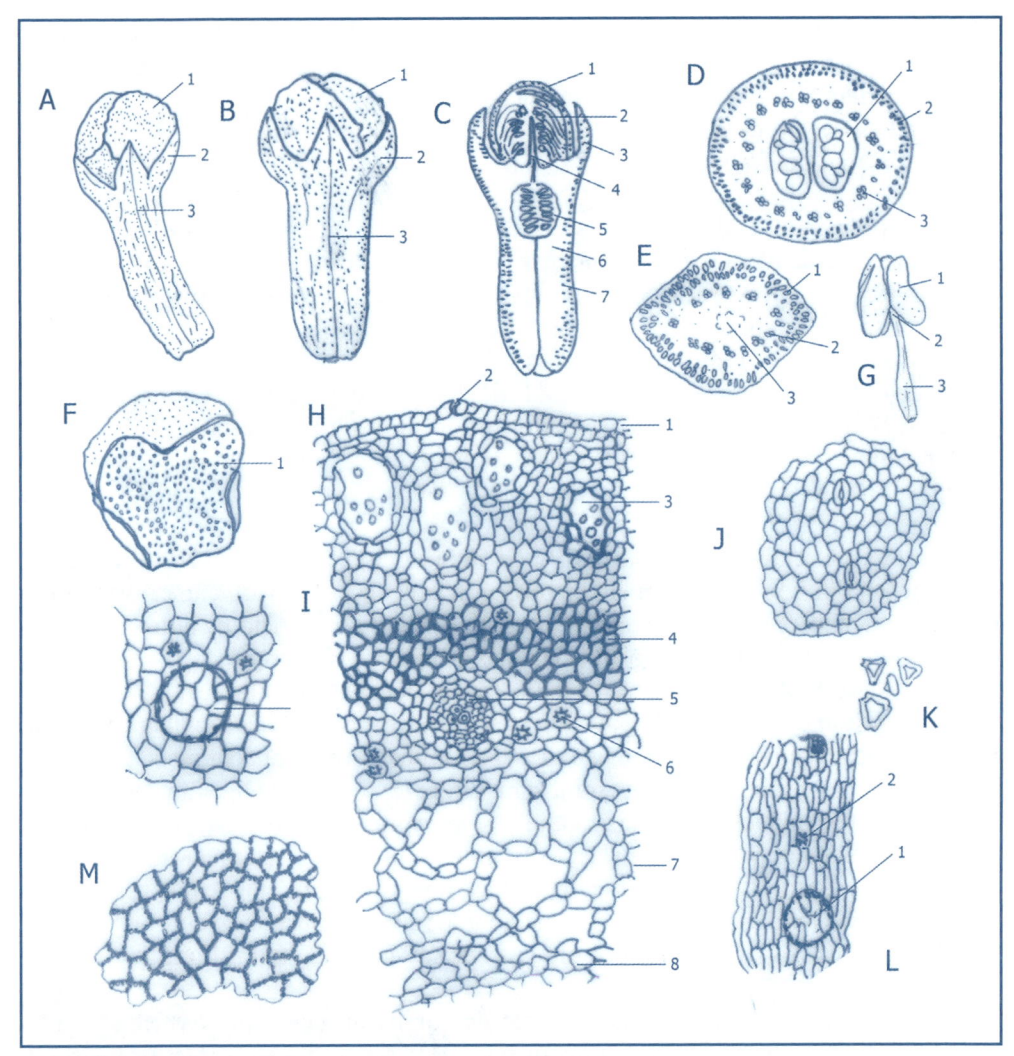

Figura 10.15 – Cravo-da-índia [*Syzygium aromaticum* (L.) Merril et Perry].
(A e B) Botões florais: (1) pétalas, (2) sépalas, (3) região do hipanto.
(C) Botão floral cortado: (1) pétala, (2) estames, (3) sépala, (4) estilete subulado, (5) ovário, (6) região do hipanto, (7) glândulas endógenas.
(D) Seção transversal do hipanto, passando pelas lojas ovarianas: (1) loja ovariana, (2) glândula endógena, (3) feixe fibrovascular.
(E) Seção transversal do hipanto, abaixo das lojas ovarianas: 1) canais secretores, (2) feixe fibrovascular, (3) cilindro central.
(F) Pétala, mostrando glândulas por transparência: (1) glândula.
(G) Estame: (1) antera, (2) conectivo, (3) filete.
(H) Corte transversal do hipanto, passando abaixo das lojas ovarianas: (1) epiderme; (2) estômato, (3) glândula, (4) região colenquimatosa, (5) feixe vascular, (6) druza, (7) região de tecido frouxo, (8) endoderme.
(I) Fragmento que mostra a epiderme, deixando ver, por transparência, glândula e druzas.
(J) Fragmento de epiderme, deixando ver estômatos.
(K) Grãos de pólen.
(L) Fragmento de filete, deixando ver, por transparência: (1) glândula, (2) druza.
(M) Fragmento de antera, mostrando camada mecânica, vista de topo.

- Parênquima muito desenvolvido, dividido em três zonas nitidamente diferenciadas, a saber: a zona externa, munida de numerosos nódulos secretores de óleo essencial, ovais, medindo até 200 *micra*, bastante próximos uns dos outros e dispostos sobre duas séries; a zona média, formada por células colenquimatosas, com pequenos cristais estrelados de oxalato de cálcio e numerosos feixes fibrovasculares arredondados, acompanhados de fibras esclerenquimáticas curtas; a zona interna, formada por tecido frouxo e lacunoso.

O centro do tubo, dependendo da altura que passe o corte transversal, é ocupado por um eixo libero lenhoso arredondado, circunscrito por endoderme aparente ou pelas lojas ovarianas. Grande número de pequenos feixes bicolaterais, recobertos interna e externamente por um líber cristalífero e limitado externamente por algumas fibras periciclicas, são observados nessa região. O centro dessa estrutura é ocupado por uma medula que contém cristais estrelados de oxalato de cálcio, os quais se encontram também em todos os parênquimas.

O corte tangencial mostra células epidérmicas poligonais, pequenas e, por transparência, nódulos secretores da camada subjacente.

A corola, quando vista de face, mostra células epidérmicas, poligonais, com as paredes retas ou ligeiramente ondeadas. O parênquima fundamental contém grande número de glândulas esquizógenas e de drusas, quando observadas por transparência.

O filete contém, no parênquima fundamental, drusas de oxalato de cálcio e suas células epidérmicas são estreitas, ligeiramente ondeadas e alongadas no sentido longitudinal.

Glândulas podem scr observadas nessa região. As anteras apresentam células com espessamentos filetados. Os grãos de pólen são tetraédricos, com um poro em cada um dos vértices, que, por sua vez, são arredondados.

10.22 Estragão

- *Artemísia dracunculus*
- Família *Asteraceae* (= *Compositae*)
- Partes usadas: folha e ramo tenro

O estragão é uma planta de porte herbáceo, originária da Rússia meridional. Seu habitat original inclui ainda a Mongólia, a Sibéria e o Himalaia. Era conhecido pelos chineses na Idade Antiga, porém foi na França, por volta do século XV, que o estragão começou a ser usado na culinária. Logo passou a ser considerado uma erva das elites, merecendo mesmo a qualificação de "pai de todas as ervas finas da culinária". Da França, espalhou-se pela Europa e, daí, para o mundo inteiro. Junto com a cebolinha verde, a salsa e o cerefólio, integra uma combinação clássica de temperos vegetais que os franceses chamam de "ervas finas", Figura 10.16.

A composição química do estragão é variada. Dela faz parte um óleo essencial que contém metil chavicol, estragol, felantreno, cis-ocimeno, trans-ocimeno, terpinoleno, elimicina e anetol entre outros compostos.

Contém ainda flavonoides (quercetina e rutino), cumarinas (hernearina e escopoletina), taninos, sais minerais e vitaminas A e C.

Graças a essa composição, é utilizada como aromatizante e como agente saporífero, promovendo ajuda à digestão, estímulo ao apetite e eliminação de gases. Possui aroma agradável, sabor doce e fresco, um tanto picante, lembrando o anis, e levemente amargo.

É muito utilizado no preparo de pratos salgados, permitindo inclusive a diminuição do sal, sem prejuízo do paladar. É utilizado como aromatizante de vinagres, e no tempero de carnes de boi, vitela, carneiro, pato, galinha e lagostas grelhadas. É usado ainda para temperar sopas, omeletes, suco de tomate, molhos, queijos e cogumelos.

A parte usada da planta como tempero são as folhas e os ramos tenros. Elas são alternas e sésseis.

As folhas são lineares lanceoladas e geralmente inteiras, excetuando-se as inferiores nos ramos, que são bifendidas ou trifendidas no ápice.

Medem até 10 cm de comprimento, mas, com mais frequência, de 7 a 9 cm. A largura geralmente é de 0,5 cm. As folhas geralmente são uninérveas. As nervuras secundárias são muito finas e imperceptíveis à vista desarmada. A margem das folhas é lisa e o ápice é agudo, ou mesmo quase obtuso algumas vezes. A base é simétrica, cuneata e séssil.

10.22.1 Caracterização Microscópica

A seção transversal da folha, no nível do terço médio inferior, apresenta a seguinte estrutura: a epiderme superior ou adaxial é constituída por células cujo contorno varia de arredondado a retangular, e alongadas no sentido periclinal. Tricomas ramificados podem ser observados, bem como estômatos. Essa região, observada paradermicamente, é constituída de células de contorno sinuoso. Os estômatos são do tipo anomocítico, com três a cinco células paraestomatais.

O mesofilo é heterogêneo e simétrico. O parênquima paliçádico, relacionado com a epiderme adaxial, é constituído por uma ou duas camadas celulares. O parênquima paliçádico, relacionado com a epiderme abaxial, é formado por uma única camada celular. Entre as duas faixas de parênquima paliçádico, ocorrem três a quatro camadas de células parenquimáticas, de contorno aproximadamente isodiamétrico e que deixam espaços intercelulares entre si, do tipo meato e do tipo lacuna. Essa camada celular envolve feixes vasculares do tipo colateral.

A epiderme abaxial é semelhante à adaxial, sendo suas células de tamanho menor e os estômatos mais frequentes.

A região da nervura mediana é plana convexa. A epiderme apresenta as mesmas características já descritas para outras regiões. O parênquima fundamental é pouco desenvolvido, e abaixo da epiderme adaxial ocorre o parênquima com disposição em paliçada, em continuação daquele do limbo propriamente dito. O feixe vascular do tipo colateral ocorre na região mediana.

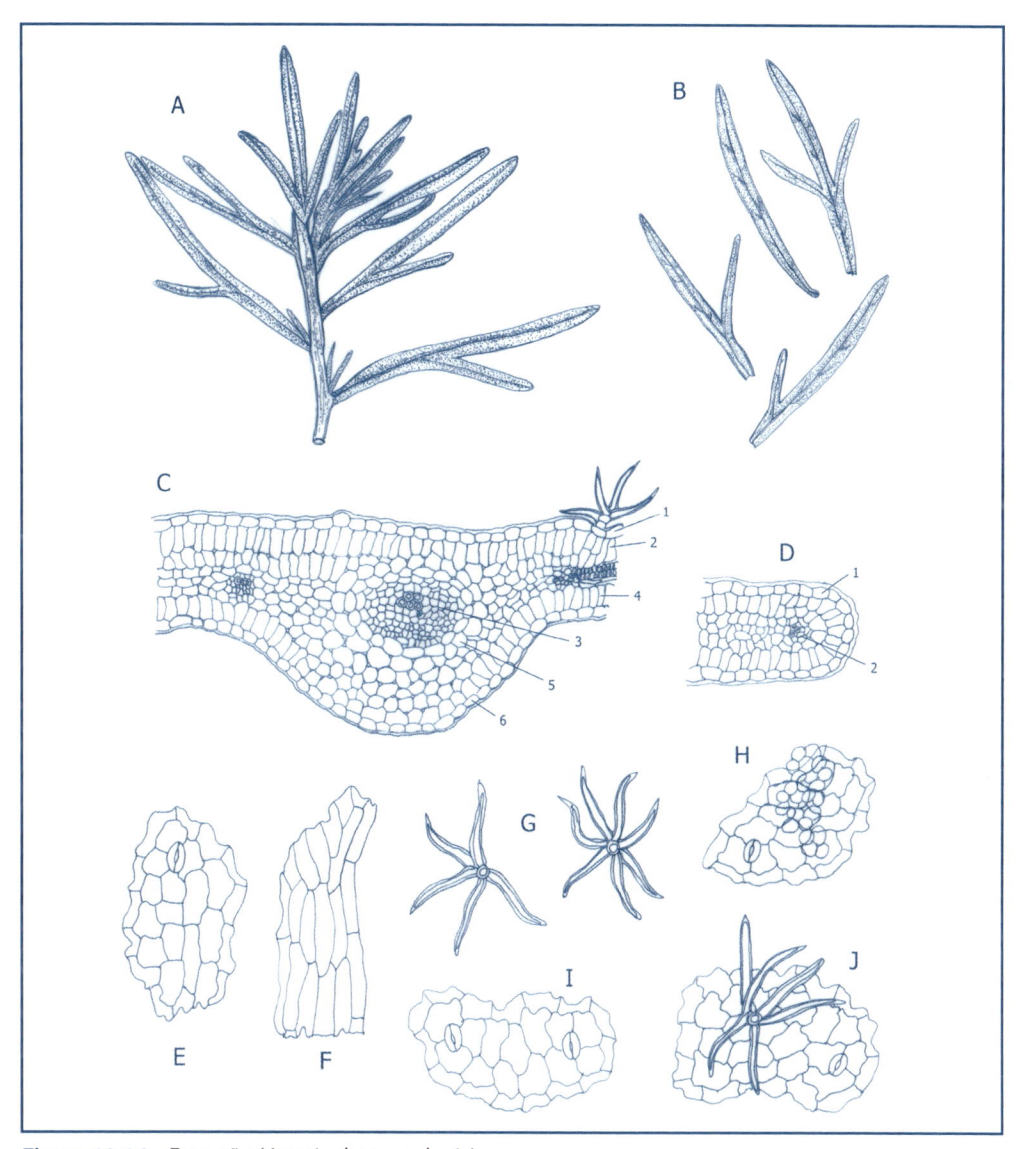

Figura 10.16 – Estragão (*Artesia dracunculus* L.).
(A) Parte do ramo.
(B) Folhas.
(C) Seção transversal da folha: (1) epiderme adaxial, (2) parênquima paliçádico, (3) feixe vascular, (4) parênquima paliçádico, (5) parênquima lacunoso, (6) epiderme abaxial.
(D) Seção transversal da folha, junto à margem: (1) epiderme, (2) feixe vascular.
(E) Epiderme adaxial, vista de face, mostrando estômato.
(F) Epiderme abaxial, localizada sobre a região da nervura, vista de face.
(G) Tricomas ramificados.
(H) Epiderme adaxial, vista de face, mostrando estômatos e células do parênquima paliçádico, vistos de topo, por transparência.
(I) Epiderme abaxial, vista de face, mostrando estômato.
(J) Epiderme abaxial, vista de face, mostrando tricoma ramificado e estômato.

10.23 Funcho

- *Foeniculum vulgare* Mill
- Família *Apiaceae* (= *Umbelliferae*)
- Parte usada: fruto (esquizocarpo)

Conhecido na China desde a Antiguidade, é oriundo da região do Mediterrâneo, especialmente da Itália. Usado há mais de dois mil anos, a China, Egito e Índia desfrutavam de suas propriedades medicinais e condimentares. O funcho é uma erva aromática caracterizada pela bainha de suas folhas serem largas, carnosas e odoríferas, e de sabor agradável, bem como seus minúsculos frutos, Figura 10.17.

O odor agradável de suas partes deve-se à presença de um óleo essencial rico em anetol, presente em maior quantidade em seus frutículos. Além do anetol, entra na composição do óleo essencial uma série de compostos, entre eles o estragol, a fenchona e o alfa felandreno. Nele ocorre, ainda, a presença de flavonoides, mucilagens, vitamina A e vitaminas do complexo B.

O funcho é aperiente, aromático, emenagogo, galactogogo e expectorante.

Seu aroma suave e seu sabor adocicado, levemente picante, faz com que tenha largo uso em culinária. Entre os alimentos, os doces, pães, biscoitos, bolos, doces e tortas são muito beneficiados pelo seu acréscimo. Entre os pratos salgados, as carnes assadas, carnes grelhadas, peixes, queijos e salsichas costumam ser aromatizadas com esse condimento. Licores e bebidas são confeccionados com o fruto e com o óleo essencial.

Muito em uso é o chá de funcho, que, além de ter sabor agradabilíssimo, é carminativo e digestivo. Os frutículos do funcho são usados em pó ou inteiros, sozinhos ou misturados a outros condimentos.

O fruto de funcho é do tipo cremocarpo, oblongo, quase cilíndrico, às vezes ovoide, direito ou levemente arqueado; com 4 a 5 mm de comprimento, por 2 a 4 mm de largura. glabro e de cor verde acinzentada ou verde pardacenta. No ápice, apresenta estilopódio bifurcado.

Os dois pericarpos, geralmente unidos, apresentam cinco arestas muito salientes e fortemente carenadas, das quais as duas marginais são pouco mais desenvolvidas do que as outras; as valéculas são muito estreitas e contêm quatro canais secretores de óleo essencial na parte dorsal, e dois na parte comissural.

10.23.1 Caracterização Microscópica

A secção transversal de cada mericarpo é pentagonal. Tem quatro ângulos quase iguais e levemente côncavos; e o quinto, ou superfície comissural, é muito mais comprido e mais ou menos ondeado. O epicarpo é glabro, formado de uma camada de células poligonais e contém estômatos; o mesocarpo é formado por um parênquima de células irregulares e apresenta, principalmente na vizinhança dos feixes fibrovasculares das arestas, várias células nitidamente caracterizadas por suas paredes munidas de pontuações reticuladas. É no mesocarpo que estão localizados os canais secretores, situados abaixo das valéculas. O endocarpo é formado por uma camada de células alongadas, bastante irregulares, dispostas em forma de taco de assoalho, quando vistas em corte paradérmico.

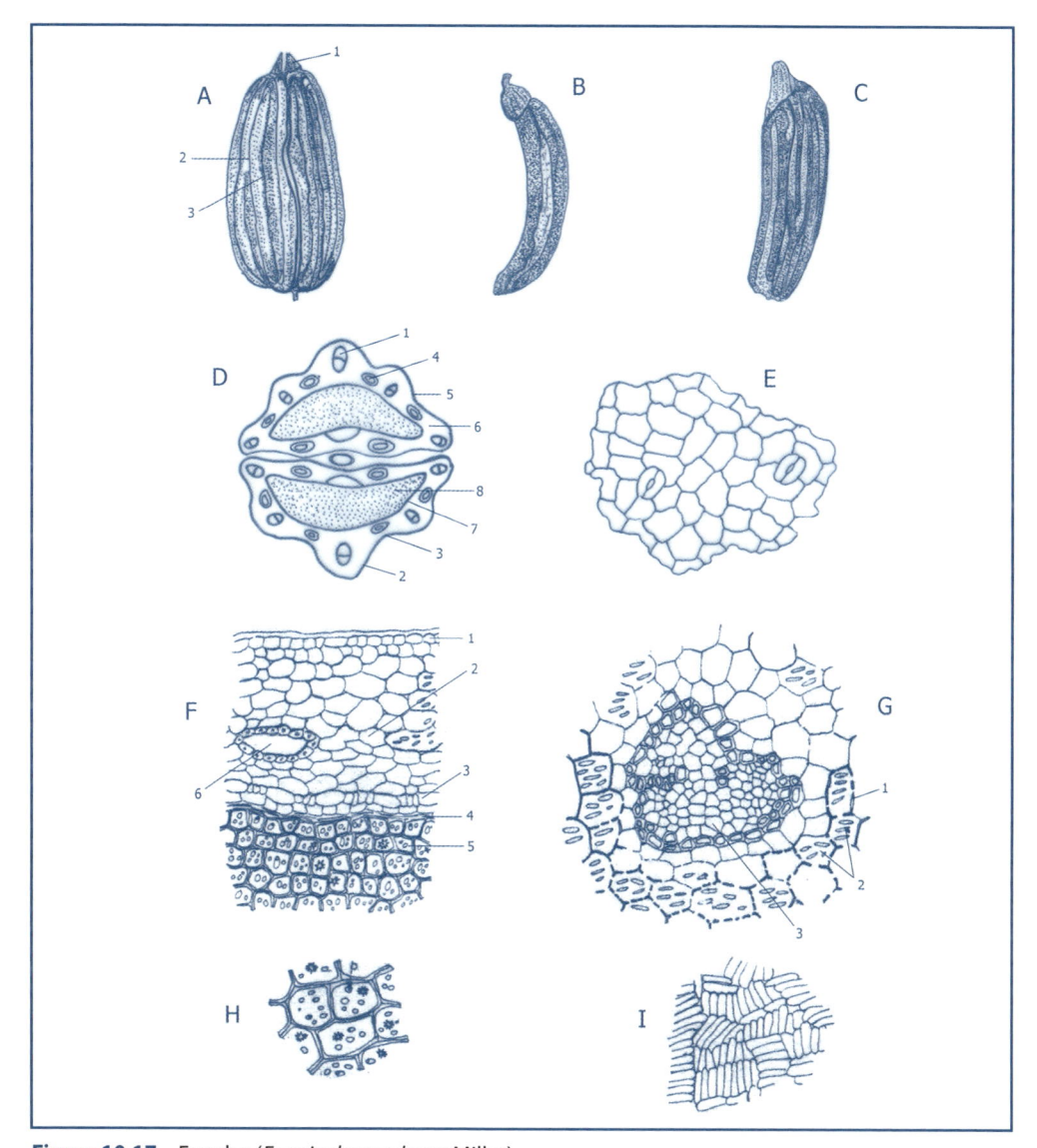

Figura 10.17 – Funcho (*Foeniculum vulgare* Miller).
(A) Fruto inteiro: (1) estilopódio, (2) aresta, (3) valécula.
(B e C) Mericarpos.
(D) Seção transversal do fruto: (1) feixe vascular, (2) região da aresta, (3) região da valécula, (4) canal secretor, (5) epicarpo, (6) mesocarpo, (7) endocarpo, (8) semente.
(E) Epicarpo visto de face, mostrando estômatos.
(F) Seção transversal do fruto: (1) epicarpo, (2) mesocarpo, (3) endocarpo, (4) tegumento da semente, (5) endosperma, (6) canal secretor.
(G) Seção transversal do feixe vascular, localizado na região da aresta: (1) células com parede espessada, (2) pontuação, (3) feixe vascular.
(H) Fragmento do endosperma: (1) drusa, (2) gotícula de óleo.
(I) Endocarpo, visto de face.

A camada mais externa do tegumento da semente é representada por uma fileira de células aderidas ao endocarpo. Abaixo dessa camada de células, aparecem diversas fileiras de células amassadas e que são mais evidentes na região da rafe.

O endosperma, constituído de células poligonais, contém grãos de aleuroma, com globoides ou cristaloides, cristais estrelados de oxalato de cálcio e gotículas de óleo fixo.

O embrião é pequeno e localizado na região da semente.

10.24 Gengibre

- *Zingiber officinale* Rosc
- Família *Gingiberaceae*
- Parte usada: risoma

O gengibre é utilizado na Índia, sua pátria de origem, há cinco mil anos. Corresponde a uma das primeiras especialidades da Ásia conhecidas na Europa. O sábio Confúcio, em cerca de 500 a.C., mencionou-o em seus escritos. Ele é considerado uma planta sagrada na medicina islâmica. Seu cultivo no Brasil data de 1578 e sua ocorrência natural corresponde ao sudeste da Ásia, Índia e China, Figura 10.18.

O gengibre é amplamente utilizado tanto como medicamento como em arte culinária. Em arte culinária, é utilizado como especiaria devido ao seu aroma muito característico e agradável. Tem ação estimulante da secreção salivar e gástrica e seu uso leva ao aumento do tônus muscular intestinal e do peristaltismo.

Essas propriedades são uma decorrência de sua composição química. O gengibre contém 2% a 3% de óleo essencial, que contém zingibereno, zingerona, curcumeno, beta bisaboleno, beta bisabolona, alfa farneseno, cânfora, beta felantreno, geraniol e linalol. Seu sabor picante está relacionado com gingeróis e sagolóis, presentes na fração resinosa. O pó de gengibre tem atividade antiemética. O gengibre possui ainda atividades afrodisíaca e anti-inflamatória, especialmente da garganta.

Em alimentos, o gengibre é empregado no preparo de bebidas diversas, como quentão e vinho quente. O chá de gengibre também é bastante utilizado, também entre os ingleses, sob a forma da cerveja de gengibre, o *ginger ale*. É empregado em preparos de picles, massas, molhos e sopas; em carnes de carneiro, de porco, de boi, de vitela e peixes, bem como no preparo de pães, biscoitos, bolos, pudins, caldas e frutas assadas.

A parte usada do gengibre é o rizoma. Esse órgão se apresenta como peças cilíndricas, ramificadas simpodialmente, com ramificações de ambos os lados, dispostas em um único plano um tanto comprimidas lateralmente, e medindo de 4 a 20 cm de comprimento, por 1 a 2 cm de diâmetro. As regiões de nós e de entrenós é bem marcada, sendo representados os nós por anéis bem delimitados. Observa-se ainda, nessas regiões, cicatrizes deixadas pelas quedas foliares.

A superfície externa é recoberta por tegumento em forma de película de coloração pardo acinzentada, grosseiramente estriada. A fratura do gengibre é curtamente fibrosa e sua secção transversal é ovalada.

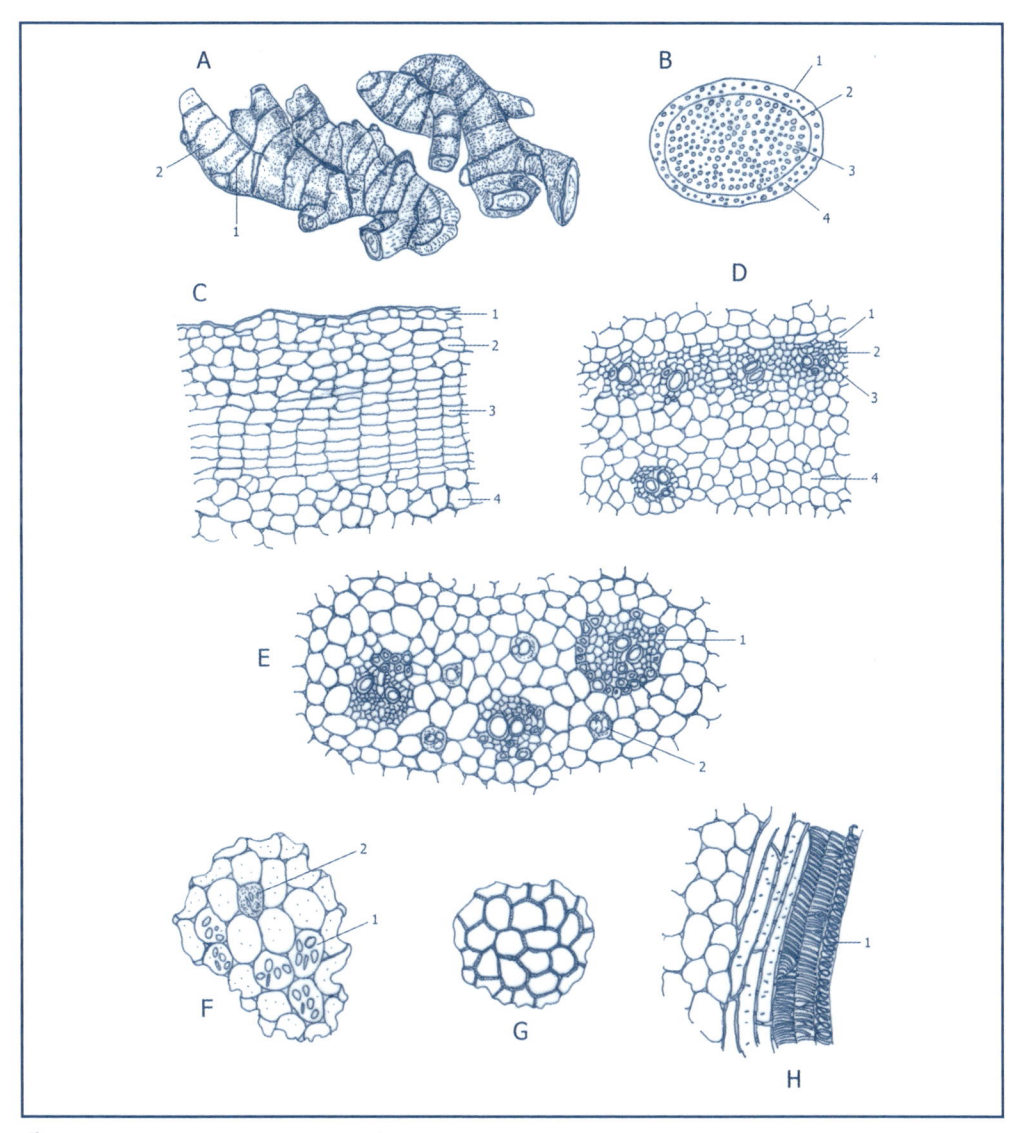

Figura 10.18 – Gengibre (*Zingiber officinale* Rosc.).
(A) Rizoma de gengibre: (1) região de nó, (2) região de entrenó.
(B) Seção transversal do rizoma – desenho esquemático: (1) representada ou por súber ou por epiderme, e algumas camadas de células corticais – com o desenvolvimento do súber, a região externa a ele se destaca, portanto, a epiderme desaparece, (2) região da endoderme-periciclo, (3) cilindro central, (4) região cortical.
(C) Seção transversal de rizoma não plenamente desenvolvido – epiderme ainda presente: (1) epiderme, (2) parênquima cortical, (3) súber, (4) parênquima cortical.
(D) Região limítrofe entre a cortical e o cilindro central: (1) endoderme, (2) periciclo, (3) feixe vascular, (4) parênquima.
(E) Fragmento de cilindro central, mostrando células oleíferas: (1) feixe vascular, (2) células oleíferas.
(F) Fragmento do cilindro central: (1) células contendo amido, (2) células oleíferas.
(G) Fragmento de súber, visto de face.
(H) Fragmento de feixe vascular: (1) vaso xilemático espiralado.

10.24.1 Caracterização Microscópica

A seção transversal do rizoma apresenta a seguinte morfologia: súber, constituído por 8 a 12 camadas celulares retangulares, alinhadas radialmente. Com menor frequência, em rizomas não plenamente desenvolvidos, pode-se observar a região externa, constituída por epiderme e células corticais. O parênquima cortical é constituído externamente por células isodiamétricas, que deixam entre si espaços intracelulares do tipo meato, dispostas densamente e com a presença de diversas glândulas oleíferas arredondadas. Internamente, nota-se a presença de células amilíferas e de células oleíferas, além de feixes vasculares colaterais, típicos de monocotiledôneas, envoltos em bainha fibrosa.

O endoderma é constituído por uma camada de células achatadas de paredes delgadas e, juntamente com o periciclo, não são amilíferos. O cilindro central apresenta estrutura semelhante à da região cortical, sendo constituído por parênquima que envolve células que contêm amido e células oleíferas, além de fibras e feixes vasculares colaterais, típicos de monocotiledôneas.

E estrutura do rizoma é do tipo atactostélico.

10.25 Louro

- *Laurus nobilis* L.
- Família *Lauraceae*
- Parte usada: folha

O louro é uma planta da região mediterrânea, especialmente da Ásia Menor. A planta é considerada um símbolo da vitória, "os ouros da glória", e foi consagrada ao deus da mitologia grega Apolo. É uma planta histórica, cultivada desde épocas imemoriais. Conhecido pelo seu sabor e odor aromático, e famoso por suas virtudes medicinais, o louro é, sobretudo, empregado por suas propriedades culinárias. Seu aroma agradável e seu sabor picante – inicialmente doce, passando a ligeiramente amargo – combinam com diversos tipos de alimento, proporcionando equilíbrio e agradando ao paladar, Figura 10.19.

É uma das especiarias mais conhecidas no mundo. Amplia o apetite e estimula a digestão. Suas folhas são bastante aromáticas, graças à presença do óleo essencial que ocorre em concentração que varia de 2% a 6%.

Nesse óleo essencial, está presente cineol, linalol, geraniol, terpineol e eugenol. Ácido valeriânico, ácido caproico, tânicos e princípios amargos também fazem parte de sua composição.

Apresenta propriedades eupéptica, carminativa, diurética e aperiente.

Seu aroma e sabor melhoram as qualidades organolépticas de sopas, cremes, sucos de tomate e molhos, bem como de peixes, moluscos, marinadas, carnes diversas, assados, linguiças e feijoadas. Costuma-se dizer que o louro vai bem com tudo.

As folhas podem ser empregadas frescas ou secas, e inteiras, fragmentadas ou pulverizadas. São coriáceas, de cor verde-escuro e verde amarelado; são simples, lanceoladas ou lanceolado-alongadas; a margem é lisa e sinuosa; a nervação é do tipo penada; o ápice varia do obtuso ao tenuemente agudo; e a base é cuneata. Quando trituradas, liberam odor típico aromático e o seu sabor é ligeiramente amargo.

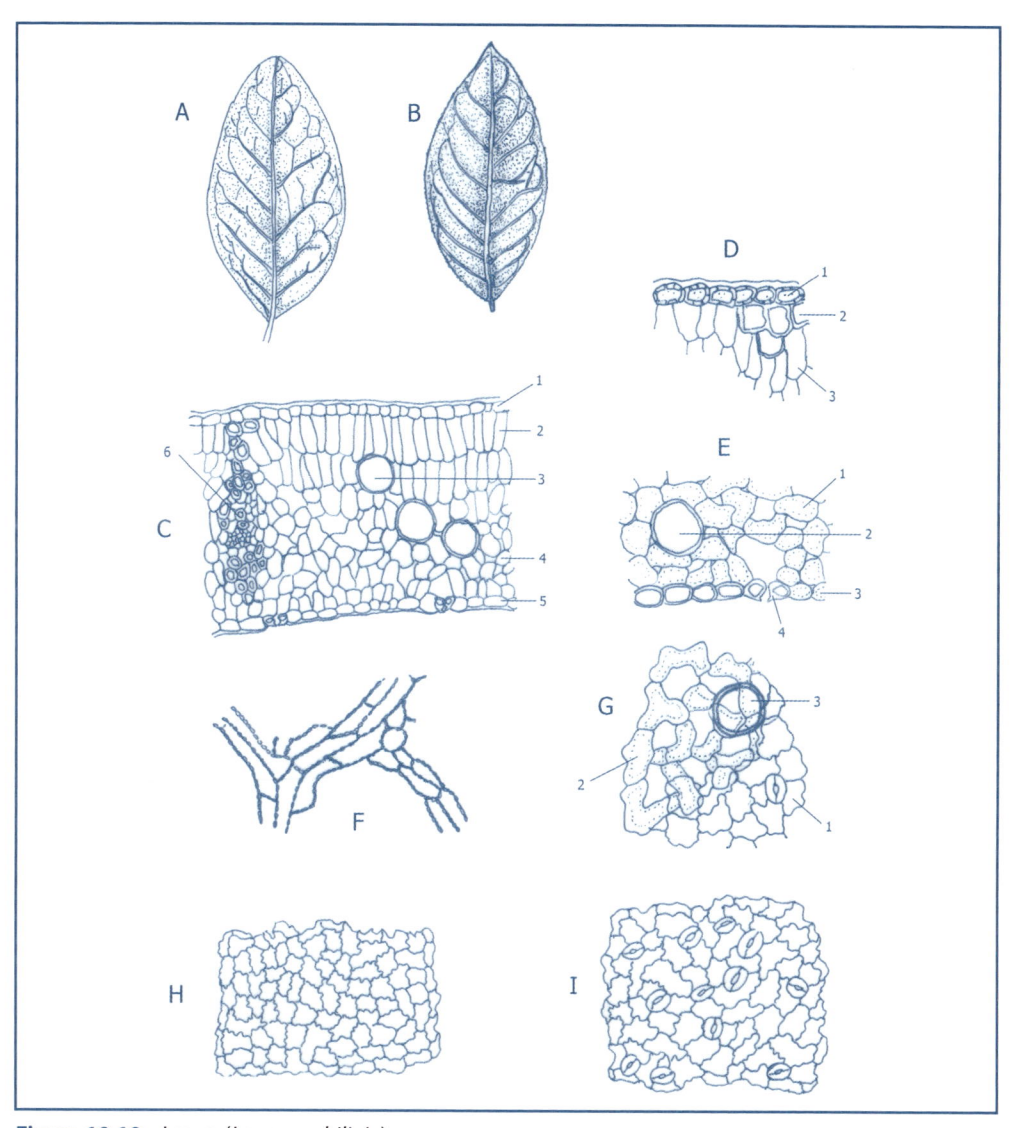

Figura 10.19 – Louro (*Laurus nobilis* L.).
(A e B) Folhas de louro.
(C) Seção transversal da folha: (1) epiderme adaxial, 2) parênquima paliçádico, 3) célula oleífera, 4) parênquima lacunoso, 5) epiderme abaxial, 6) feixe vascular, com bainha fibrosa.
(D) Fragmento de folha: (1) epiderme, com parede celular espessada, (2) células subepidérmicas, com paredes espessadas, (3) parênquima paliçádico.
(E) Fragmento de folha: (1) parênquima lacunoso, (2) célula oleífera, (3) epiderme abaxial, (4) estômato.
(F) Fragmento epidérmico derivado de células localizadas sobre a nervura da folha.
(G) Fragmento de folha: (1) epiderme, com estômato anomocítico, (2) parênquima lacunoso, (3) glândula oleífera, vista por transparência.
(H) Epiderme adaxial.
(I) Epiderme abaxial.

10.25.1 Caracterização Microscópica

Seções transversais da folha, no nível do terço médio, mostram mesofilo heterogêneo e assimétrico.

A epiderme superior ou adaxial é constituída por uma fileira de células de contorno arredondado e achatadas periclinalmente.

O parênquima paliçádico é constituído por duas a, raramente, três camadas celulares. O parênquima lacunoso contém de seis a oito camadas celulares. Tanto o parênquima paliçádico como o parênquima lacunoso incluem células grandes, produtoras de óleo essencial. Feixes colaterais podem ser observados no mesofilo, envoltos em bainha esclerenquimática.

A epiderme superior, quando vista de face, mostra-se constituída de células aproximadamente arredondadas, de paredes bem sinuosas. A epiderme inferior apresenta-se formada por células semelhantes às descritas para a epiderme superior, somente diferindo destas por serem mais alongadas.

Seções transversais, no nível da nervura mediana, mostram epidermes superior e inferior com características semelhantes às descritas anteriormente para a região do limbo. Abaixo da epiderme, ocorre uma pequena região colenquimática. O parênquima fundamental é bem desenvolvido e envolve feixes fibrovasculares colaterais, bem próximos um dos outros, formando um conjunto em forma de arco. Células oleíferas, semelhantes às já descritas, podem ser observadas nessa região.

10.26 Manjericão

- *Ocimum basilicum* L.
- Família *Lamiaceae* (= *Labitae*)
- Parte usada: folha

O manjericão, ou manjericão-de-folha-grande, é também conhecido pelo nome de "alfavaca". Planta originária da Índia e do Sri Lanka, é considerada um dos mais nobres condimentos conhecidos. A Índia já cultivava essa espécie há quatro mil anos, exportando-a para o Egito. Dali, ela se difundiu para o norte da África, para o sul da Europa e para o mundo todo. Considerada na Índia uma erva divina, era distinguida como planta nobre pelos gregos e romanos, graças, principalmente, ao seu cheiro adocicado e pungente e ao seu sabor balsâmico, levemente amargo, Figura 10.20.

Essas propriedades derivam, com certeza, do óleo essencial que contém. Nele, uma série de substâncias está presente, tais como cineol, linalol, citral, estragol, eugenol, cinamato de metila, ocimeno, geraniol, cânfora, bisaboleno, cariofileno, metileugenol, bergamopteno e metilchavicol; todas elas integrantes do óleo essencial, além de ácidos orgânicos, saponinas e taninos.

O manjericão é usado tanto por suas propriedades medicinais como por suas propriedades culinárias. Atribuem-se propriedades tônicas, digestivas e carminativas ao chá de manjericão. Atribuem-se ainda propriedades facilitadoras da respiração, antiemética, antidiarreica, antirreumática, afrodisíaca, antiálgica e antitérmica aos seus preparados. Além disso, atribui-se ao manjericão propriedades antissépticas, cicatrizantes e benéficas no tratamento de rachaduras de seios decorrentes da amamentação.

O manjericão, ou alfavaca, é uma planta muito utilizada como tempero. Associado ao tomate, integra, com sucesso, molhos diversos, em especial o *pesto*, um molho italiano no qual não pode faltar. Carnes diversas, peixes, frutos do mar e recheios são beneficiados em sabor e odor por sua adição. Recheios, sopas, pizzas, macarrões e grãos, como o feijão, são temperados com sucesso.

As folhas, os ramos tenros e as sumidades floridas constituem as partes usadas. A alfavaca tem caule ramoso, levemente pubescente. Suas folhas são pecioladas, ovais e lanceoladas, com 2 a 2,5 cm de comprimento, por cerca de 1,2 cm de largura. São ciliadas e finamente dentadas nas margens. O caule é obtuso, quadrangular e verde-claro ou verde purpurino; a disposição das folhas é oposta cruzada e o cheiro é muito agradável e penetrante.

10.26.1   Caracterização Microscópica

As seções transversais da folha, no nível do terço inferior, apresentam as seguintes características:

Epiderme adaxial, constituída por células de contorno aproximadamente retangular, ora alongadas no sentido periclinal, ora alongadas no sentido anticlinal. A epiderme abaxial apresenta estrutura semelhante à da epiderme adaxial. Essas fileiras celulares, quando vistas em cortes paradérmicos, mostram células de paredes celulósicas finas.

Estômatos diacíticos podem ser observados em ambas as epidermes, no entanto são mais frequentes na epiderme abaxial. Pelos glandulares de dois tipos podem ser observados: pelos glandulares grandes e sésseis ou providos de pecíolo unicelular e glândula globosa, provida de quatro células dispostas em circulo; pelos glandulares pequenos providos de pecíolos unicelulares e glândula capitada formada por uma ou duas células.

Ao longo das nervuras na epiderme inferior e, algumas vezes, na margem da folha, ocorrem pelos tectores unisseriados constituídos de duas a seis células.

As folhas apresentam mesofilo heterogêneo e assimétrico. O parênquima paliçádico é constituído por uma única camada celular. A largura dessa camada celular é quase igual à metade da espessura da folha. O parênquima lacunoso é provido geralmente de três a cinco camadas celulares. Feixes vasculares delicados acham-se contidos no mesofilo da folha.

A seção transversal do caule apresenta estrutura obtuso-quadrangular.

Quatro feixes vasculares colaterais abertos acham-se localizados nos ângulos caulinares e entre eles, na região localizada entre os ângulos, quatro outros feixes menores podem ser observados. A estrutura é do tipo eustélica.

Pelos tectores e glandulares dos tipos descritos para a folha podem ser observados, bem como raros estômatos.

Figura 10.20 – Manjericão (*Ocimum basilicum* L.).
(A) Folhas inteiras.
(B) Epiderme adaxial, vista de face, com estômato diacítico.
(C) Epiderme abaxial, vista de face, com estômatos diacíticos.
(D) Fragmento de folha: (1) epiderme adaxial, (2) células de parênquima paliçádico, vistas de topo, por transparência.
(E) Seção transversal da folha: (1) epiderme adaxial, (2) células de parênquima paliçádico, (3) feixe vascular, (4) parênquima lacunoso, (5) epiderme abaxial, (6) pelo tector tricelular unisseriado, (7) pelo glandular típico das labiadas.
(F) Epiderme abaxial, com pelo glandular típico.
(G) Fragmento de feixe vascular: (1) vaso de xilema espiralado.

10.27   Manjerona

- *Origanum majorana* L.
  Sinônimo *Majorana hortensis* Mench
- Família *Lamiaceae* (= *Labiatae*)
- Parte usada: folha

Originária da Grécia, onde era denominada *oros ganos*, a alegria das montanhas teve sua dispersão inicial por toda a região do mar Mediterrâneo, abrangendo o sul da Europa, o norte da África e a Ásia Menor. Símbolo da felicidade na Grécia, foi usada pelos egípcios e romanos como planta medicinal. Possuidora de odor muito agradável e sabor delicado, a manjerona desenvolveu prestígio mundial, Figura 10.21.

Importante para sua qualidade é o óleo essencial que entra na sua composição, na qual as principais substâncias são: borneal, cânfora, cimeno, cineol, estragol, eugenol, linalol, origanol, pineno, pulegone, sabineno, terpineol, terpinol e timol. Além do óleo essencial, são importantes para suas qualidades organolépticas o ácido tânico, os taninos e as substâncias amargas.

A manjerona possui propriedades eupéptica, antianorexígena, antiespasmódica, anti-inflamatória, expectorante, diurética e estimulante. É utilizada, graças a isso, como carminativo, no tratamento da aerofagia, na inapetência, no tratamento de bronquites e de tosses catarrais, no tratamento de reumatismos e na impotência sexual.

Seu uso maior, entretanto, está relacionado com a culinária, por conferir qualidades especiais a diversos tipos de alimento. Assim, é ótima no tempero de carnes em geral, aves, peixes, frutos do mar, molhos, marinadas, maioneses, sopas, massas, omeletes, pizzas e linguiças.

A manjerona comercializada como condimento é constituída pelas folhas secas, acompanhas ou não de pequenos pedaços de sumidades floridas.

As folhas são opostas, cruzadas nos ramos, e apresentam forma oval ou espatulada; são inteiras e de cor verde grisácea, onduladas-ponteadas, possuindo indumento piloso brancacento, especialmente as mais novas. São curtamente pecioladas, apresentam ápice agudo ou arredondado e base cuneada. Medem de 1,5 a 4,5 cm de comprimento, por 1,5 a 3 cm largura, e possuem nervação penada e margem lisa, finamente ciliada.

As flores são brancas esverdeadas, acham-se reunidas em verticilastros globosos e são providas de brácteas ovado-romboides. São bilabiadas, oligostêmone, portadoras de quatro estames e gineceu de ovário súpero, que, na maturação, originam quatro núculas.

10.27.1   Caracterização Microscópica

As seções transversais da folha, ao nível do terço médio inferior, apresentam contorno côncavo-convexo e mesofilo heterogêneo e assimétrico.

Seções transversais do limbo mostram uma epiderme superior formada por células de contorno aproximadamente retangulares, alongadas no sentido periclinal. Essa epiderme é recoberta por indumento piloso, constituído em sua maior parte por pelos tectores curvos, providos de duas a cinco células dispostas em uma série. Pelos glandulares típicos das labiadas podem ser observados. Esses pelos são constituídos de glândula capitada, formados por quatro a oito células, e de pedicelo unicelular. Pelos glandulares capitados com glândula unicelular e pedicelo, também unicelular, podem ser observadas com frequência.

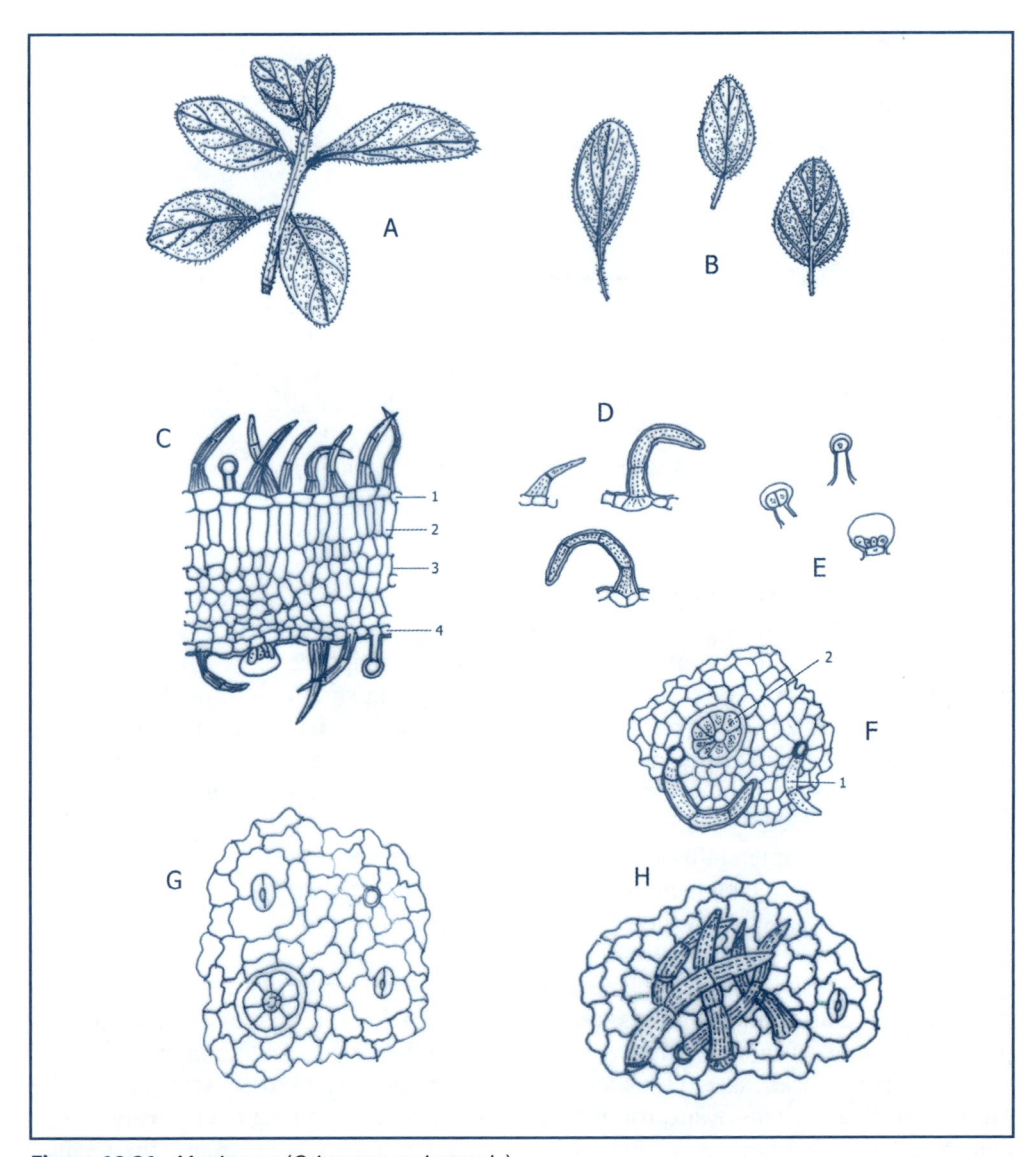

Figura 10.21 – Manjerona (*Origanum majorana* L.).
(A) Ponta de ramo.
(B) Folhas.
(C) Seção transversal da folha: (1) epiderme adaxial, com pelos tectores e um pelo glandular, (2) parênquima paliçádico, (3) parênquima lacunoso, (4) epiderme abaxial, com pelos tectores e pelos glandulares.
(D) Pelos tectores, com cutícula estriada.
(E) Pelos glandulares.
(F) Fragmento de epiderme adaxial: (1) pelo tector, (2) pelo glandular típico das labiadas.
(G e H) Fragmentos de epidermes abaxiais.

O parênquima paliçádico é constituído por duas fileiras celulares; a fileira mais interna apresenta células mais curtas.

O parênquima lacunoso é constituído por cinco a oito fileiras celulares.

A epiderme inferior é semelhante à epiderme superior. A folha é hipoestomática, isto é, os estômatos ocorrem somente na epiderme inferior e são do tipo diacítico.

10.28 Mostarda-negra

- *Brassica nigra* (L.) Koch
- Família *Brassicaceae* (= *Cruciferae*)
- Parte usada: semente

Originária do sul da Europa e do sudeste da Ásia, a mostarda-negra é uma especiaria utilizada no mundo inteiro. Seu uso e cultivo são muito antigos. Foram os romanos os primeiros a usar as sementes de mostarda como condimento. Ela também era conhecida na Grécia antiga. A Bíblia contém inúmeras referências à mostarda ou *mosto ardente*, expressão derivada do latim *mustin ardens*. Já era conhecida na Índia em 3000 a.C, Figura 10.22.

Essa especiaria é quase inodora, porém, ao ser triturada e umedecida, exala um odor especial, muito irritante. Seu sabor é oleoso, suave e levemente ácido, todavia passa a ser amargo, acre e ardente, prontamente.

Essas propriedades estão relacionadas com sua composição química, da qual faz parte a sinigrina, que, por hidrólise, promovida por enzimas, entre elas, a mirosina, origina o isotiocianato de alila, também conhecido como "óleo de mostarda".

Além da sinigrina, fazem parte da constituição da mostarda: mucilagens, que representam cerca de 20% do peso da semente; óleo fixo, de 23% a 33% do peso; e glicosinolatos, alilsenevol, flavonoides, água e minerais.

As sementes de mostarda apresentam usos medicinais e usos culinários. Em farmácia, é empregada na forma de compressas e de cataplasmas, com atividade estimulante da circulação sanguínea e antibacteriana. Atribui-se ainda a ela propriedades estimulantes digestiva e diurética.

Em culinária, é empregada no preparo de picles, principalmente de pepino; e no preparo de legumes, de carnes diversas e de couves, repolhos e batatas. É empregada ainda em pratos contendo ovos e queijos, e em sopas, ensopados e, especialmente, em molhos.

A semente é aproximadamente globosa e mede de 0,5 a 1,5 mm de diâmetro; sua suprfície externa é varia de castanha avermelhada a castanha negra, e aparece, à lupa, com aspecto finamente retículo-faveolado. O hilo se destaca, em um dos lados, sob a forma de um pontinho branco. O embrião é amarelo esverdeado ou amarelo-escuro e composto de dois cotilédones volumosos, com um envolvendo completamente o outro, dobrados longitudinalmente, e cujas margens se levantam de cada lado, formando assim uma goteira, na qual se aloja a radícula.

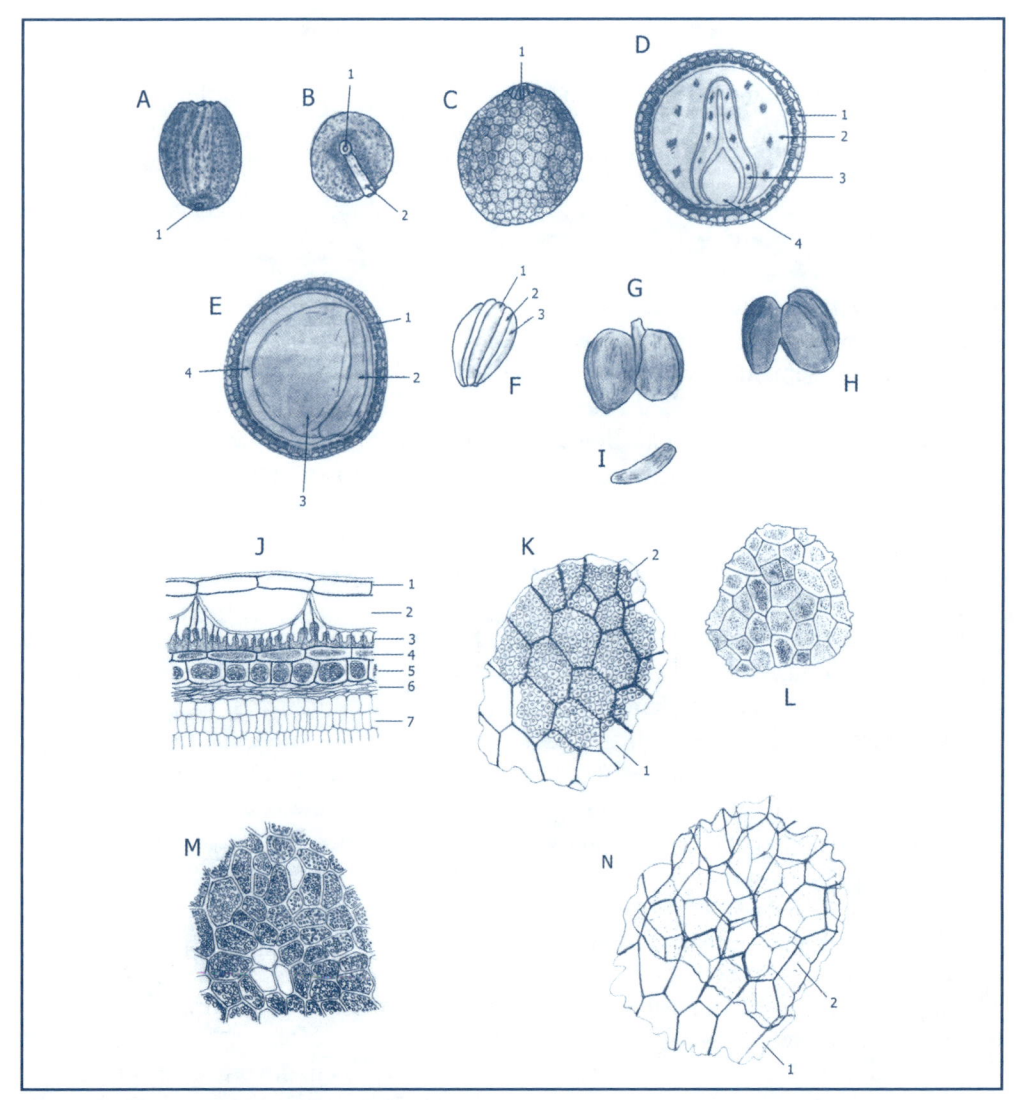

Figura 10.22 – Mostarda-negra [*Brassica nigra* (L.) Kock].
(A e B) Sementes inteiras: (1) hilo, (2) saliência da radícula.
(C) Semente inteira: (1) hilo.
(D) Seção transversal equatorial: (1) tegumento, (2) cotilédone externo, (3) cotilédone interno, (4) eixo radículo-caulicular.
(E) Seção longitudinal da semente, passando pela radícula: (1) tegumento, (2) eixo radículo-caulicular, (3) cotilédone interno, (4) cotilédone externo.
(F) Embrião: (1) radícula, (2) cotilédone interno, (3) cotilédone externo.
(G) Cotilédone externo.
(H) Cotilédone interno.
(I) Eixo radículo-caulicular.
(J) Seção transversal da semente: (1) epiderme, (2) camada semilunar, (3) camada esclerosa, (4) camada pigmentar, (5) camada proteica, (6) camada nacarada, (7) cotilédone.
(K) Fragmento: (1) camada semilunar, vista de face, (2) camada esclerosa, vista de face.
(L) Camada pigmentar, vista de face.
(M) Camada proteica, vista de face.
(N) Fragmento: (1) camada semilunar, vista de face, (2) camada epidérmica, vista de face.

10.28.1   Caracterização Microscópica

Uma seção transversal de semente apresenta: epiderme mucilaginosa, de grandes células delgadas e alongadas tangencialmente; camada de grandes células de forma lenticular; camada esclerosa, formada de uma fileira de células de altura desigual cujas paredes laterais, em sua parte inferior, e paredes internas são muito espessas, coloridas de amarelo pardacento; camada de células delgadas, alongadas tangencialmente, com conteúdo castanho uniforme (camada pigmentar); zona proteica, formada de uma fileira de células alongadas tangencialmente, munidas de paredes bastante espessas e cheias de uma substância granulosa de natureza proteica; lâmina nacarada bastante espessa cuja células nitidamente achatadas são frequentemente reduzidas às suas membranas, dificilmente visíveis.

O embrião, em cujos tecidos encontram-se gotículas de óleo fixo e grande número de grãos de aleurona de forma muito irregular, apresenta células de contorno quase retangular, alongadas no sentido radial.

A secção paradérmica da semente apresenta as seguintes características principais: a camada esclerosa aparece corada de castanho, com suas células espessadas e de contorno poligonal; levantando-se o tubo do microscópio veem-se grandes polígonos escuros, que correspondem às células da camada lenticular e às extremidades das células da camada esclerosa. Subindo-se mais ainda o tubo, veem-se grandes células de camada epidérmica, que dão reações de mucilagem.

A mostarda-branca, *Sinapsis alba* L., costuma ser usada em substituição à mostarda-negra. A diferença entre essas duas espécies costuma ser evidenciada principalmente levando-se em consideração o tegumento das sementes. Na *Brassica nigra* (L.) Koch, externamente aparece uma epiderme mucilaginosa de células retangulares. A hipoderme compõe-se de uma camada de células gigantes. A camada seguinte é corada e espessada desigualmente em forma de paliçada, com células de altura diversa.

Ao exame microscópio observam-se as seguintes diferenças entre ambas: na mostarda-branca, a coloração dos elementos anatômicos é amarelada; há a presença de células de paredes espessas, em vez de células gigantes, e as células paliçádicas são da mesma altura.

10.29   Noz-moscada

- *Myristica fragrans* Houtt
- Família *Myristicaceae*
- Parte usada: semente (amêndoa e arilo)

A noz-moscada é uma especiaria de origem asiática. Acredita-se que, no passado, tenha sido conhecida pelos romanos, gregos e egípcios. Hoje, é cultivada em zonas intertropicais, na Malásia, no Ceilão, Reunião, Maurícios, Brasil, Guinas, Antilhas e Ilha Granada. Foi, no passado, uma especiaria alvo de disputa, tendo sido monopólio dos portugueses e dos holandeses. Importada dos árabes pelos países europeus e pela China, aos poucos foi conquistando o mundo, em especial com o auxílio dos ingleses, Figura 10.23.

É uma especiaria de cheiro aromático e delicado e de sabor agradável, um tanto acre e oleosa. Essas propriedades estão relacionadas com sua composição. A noz--moscada contém proteínas, amidos e amilodextrinas, glicídios outros como açúcares, lipídios, em conjunto denominados gordura, ou manteiga de noz moscada. Contém ainda resinas e óleo essencial, mistura de substâncias que a diferencia, num teor não menor que 15%. Outra substância importante em sua composição é a miristicina, à qual se atribui propriedades alucinógenas.

A semente de noz-moscada é um estimulante gástrico por excelência. Possui também propriedades carminativas. Costuma ser empregada como aromatizante de cosméticos, de pasta de dentes e de especialidades farmacêuticas e alimentícias. É utilizada em forma de pó ou ralada. Serve para realçar o sabor tanto de pratos doces como salgados. É boa para temperar legumes, batatas, couves, pratos quentes contendo queijo, queijos gratinados, omeletes, carnes, aves e frutos do mar. Combina bem com doces, compotas, cremes e pudins.

A especiaria é constituída pela semente privada de seu tegumento e de seu arilo, reduzida, portanto, à sua amêndoa; esta é ovoide ou elipsoide, de 25 a 30 mm de comprimento, por 15 a 20 mm de largura, de cor parda clara a parda escura, grosseiramente rugosa e sulcada em todos os sentidos; numa de suas extremidades, acha-se uma larga verruga clara, que corresponde ao hilo, da qual parte uma fenda estreita que se prolonga até a chalaza.

Seu corte transversal apresenta as dobras pardas avermelhadas do perisperma periférico, estriando o endosperma pardo amarelado, acompanhadas das linhas esbranquiçadas do endosperma germinativo; a secção longitudinal mostra, próximo ao hilo, um pequeno embrião, formado de eixo radículo-caulicular muito curto e encimado por uma gêmula e dois cotilédones em forma de taça.

10.29.1 Caracterização Microscópica

Duas camadas distintas formam a parte exterior da droga: a mais externa, que representa o perisperma primário ou envolvente, é formada por um tecido frouxo de células irregulares, bastante grandes e achatadas, de paredes delgadas e pardas, lignificadas; algumas das quais encerram um conteúdo pardo avermelhado e, em geral, numerosos cristais isolados; a interna, que apresenta o peristema secundário, é constituída por um tecido mais denso de células achatadas e coloridas de pardo escuro, sulcado por feixes fibrovasculares e com glândulas oleíferas; penetrando no endosperma, o episperma conserva sua forma nas margens e na parte média das fendas, porém, no resto, forma um tecido frouxo, contendo numerosíssimas glândulas oleíferas, frequentemente isoladas ou às vezes agrupadas.

Da semente da noz-moscada também faz parte um ariloide de origem tegumentar e perimicropilar. Esse ariloide de aspecto membranoso e franjado, que recobre a semente, tem aroma e sabor semelhante à semente propriamente dita e constitui um condimento a parte.

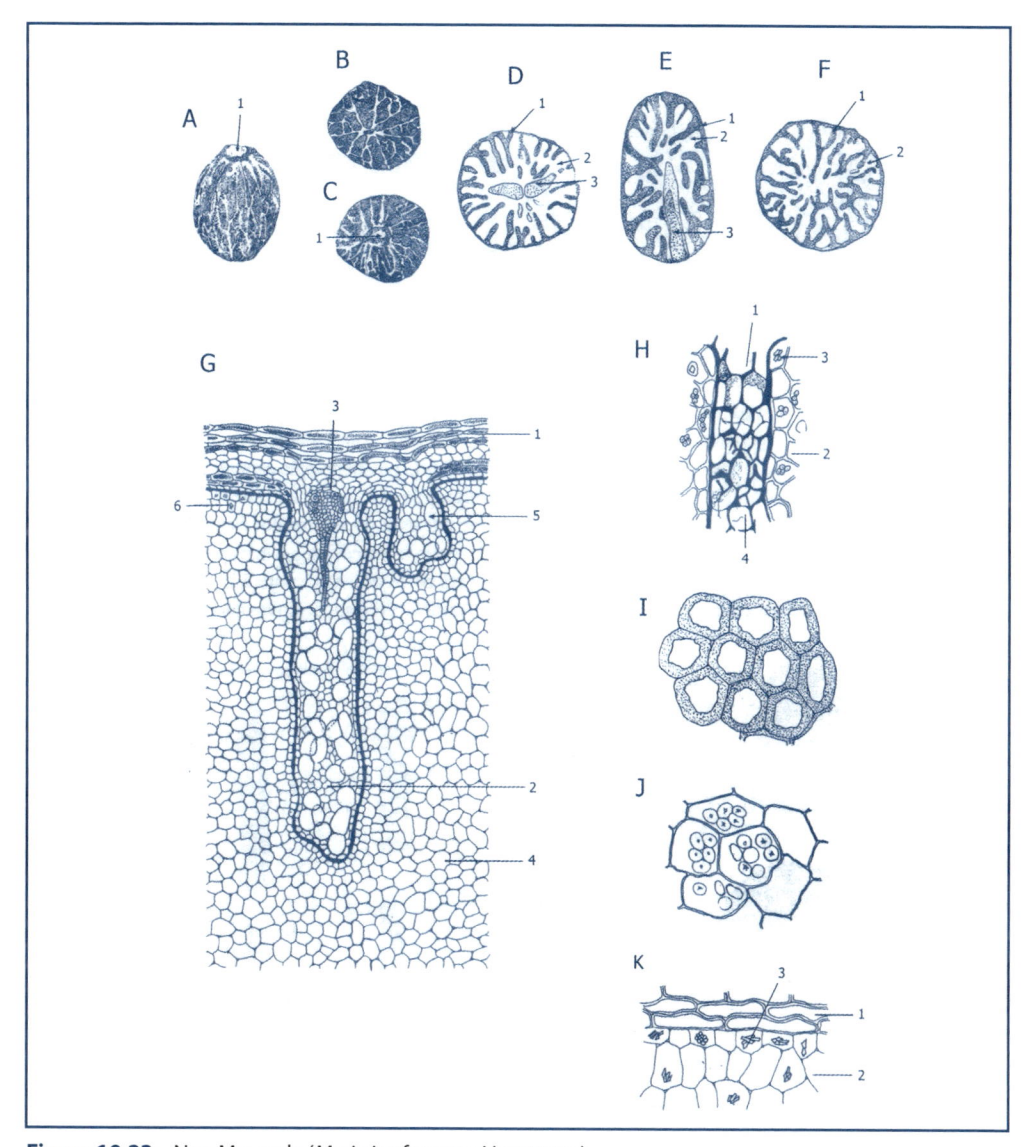

Figura 10.23 – Noz-Moscada (*Myristica fragrans* Houttuym).
(A, B e C) Semente descorticada: (1) região relacionada com o hilo.
(D) Seção transversal, passando pelo embrião: (1) perisperma, (2) endosperma, (3) cotilédone.
(E) Seção longitudinal: (1) perisperma, (2) endosperma, (3) embrião.
(F) Seção transversal, passando pela região mediana: (1) perisperma, (2) endosperma.
(G) Seção transversal de semente descortiçada: (1) perisperma externo, (2) perisperma interno, (3) feixe vascular, (4) endosperma, (5) célula oleífera, (6) cristais prismáticos.
(H) Fragmento, mostrando endosperma ruminado: (1) perisperma, (2) endosperma, (3) grãos de amido, (4) célula oleífera.
(I) Perisperma externo, visto de face.
(J) Endosperma amilífero.
(K) Fragmento mostrando: (1) perisperma (2) endosperma, (3) cristais prismáticos.

10.30 Orégano

- *Origanum vulgare* L.
- Família *Lamiaceae* (= *Labiatae*)
- Parte usada: folha

Planta nativa da região mediterrânea do sul da Europa, do norte da África e também do Oriente Médio. Usada desde a Antiguidade pelos gregos, que a denominavam "alegria das montanhas". Tempero típico da cozinha italiana e usado desde a época da antiga Roma. A espécie é aromática e possui sabor intenso, quente e um tanto amargo, Essas características, que tornam o condimento notável, estão relacionadas com sua composição química, em especial com o óleo essencial que possui. Esse óleo contém quantidades de timol, carvacrol, terpineol, monoterpenos diversos e sesquiterpenos. O orégano contém ainda ácidos fenólicos, flavonoides, taninos e princípios amargos. Atribui-se a ele propriedades terapêuticas diversas, tais como analgésica, antitússica, antisséptica, bactericida, antifúngica, diurética, orexígena, tônica nervino, expectorante e digestiva, Figura 10.24.

Combina principalmente com pratos salgados, como molhos de tomates, molhos de pizzas, molhos para churrascos, sopas, pratos com queijo, omeletes, carnes, frutos do mar, recheios diversos para carnes, aves e peixes. A parte da planta usada para condimentos são as folhas e as sumidades floridas.

O vegetal possui porte herbáceo, mede geralmente de 25 a 60 cm, podendo alcançar 1 m de altura. O caule, de contorno obtuso quadrangular, é ereto, com ramificações longas; apresenta, nas partes terminais, coloração vinhosa que são recobertas por pelos esparsos. As folhas são opostas, verdes, curtamente pecioladas e de contorno ovalado, com ápice obtuso ou ligeiramente agudo e base variando de cuneada a arredondada. Medem geralmente de 1,5 a 2 cm de comprimento, por até 1 cm de largura. Apresentam pelos esparsos, em maior quantidade sobre as nervuras e na margem foliar.

As flores, reunidas em verticilastros, apresentam quatro estames exclusos e gineceu provido de estilete terminado em estigma bífido. O cálice é piloso, variando de tubuloso a afunilado. Em todo o corpo vegetal, nota-se a presença de pelos glandulares.

A droga é constituída por pedaços de folhas, acompanhados de fragmentos de caules e partes pertencentes à inflorescência.

10.30.1 Caracterização Microscópica

A folha, em secção transversal, no nível da nervura mediana, mostra contorno côncavo convexo. A epiderme apresenta pelos tectores esparsos, geralmente formados por cinco a seis células dispostas em uma única série. Pelos glandulares podem ser observados sobre as epidermes. A cutícula, que recobre as epidermes e os pelos tectores, é em geral finamente estriada. Abaixo da epiderme nota-se a presença de algumas fileiras de células com espessamento celulósico nos cantos. O parênquima fundamental envolve geralmente três feixes vasculares do tipo colateral.

A seção transversal da folha, no nível do limbo, apresenta epiderme constituída de células de contorno aproximadamente retangular, alongadas no sentido periclinal. Sob essa epiderme, observa-se um mesofilo heterogêneo e assimétrico, constituído de uma ou duas fileiras de parênquima paliçádico e parênquima lacunoso, formadas por quatro a oito fileiras celulares. As epidermes, em ambas as faces, apresentam cutículas estriadas.

As folhas, quando observadas de face ao microscópio, empregando-se pequeno aumento, mostram grande quantidade de pelos glandulares e esparsos pelos tectores.

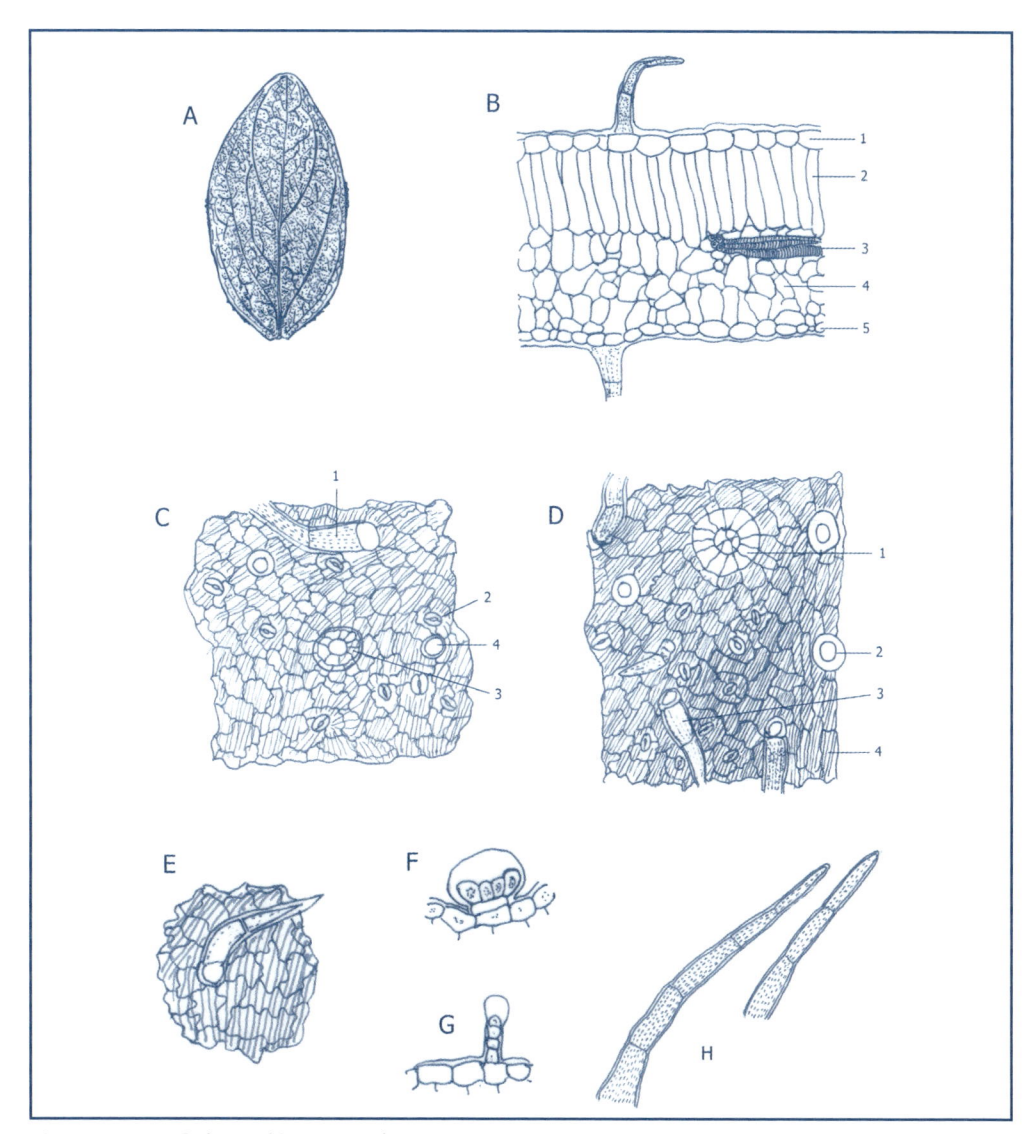

Figura 10.24 – Orégano (*Oregano vulgare* L.).
(A) Folha.
(B) Seção transversal da folha: (1) epiderme adaxial, (2) parênquima paliçádico, (3) feixe vascular, mostrando vasos xilemáticos espiralados, (4) parênquima lacunoso, (5) epiderme abaxial.
(C) Epiderme adaxial, vista de face, mostrando cutícula estriada: (1) pelo tector, com cutícula estriada, (2) estômato diacítico, (3) pelo glandular típico de labiada, visto de topo, (4) pelo glandular, com glândula capitada unicelular, visto de topo.
(D) Epiderme abaxial, vista de face, mostrando cutícula estriada: (1) pelo glandular típico das labiadas, (2) pelo glandular, com glândula capitada unicelular, vista de topo, (3) pelo tector, com cutícula estriada, (4) cutícula estriada.
(E) Fragmento de epiderme, mostrando pelo tector bicelular, com cutícula estriada.
(F) Pelo glandular típico das labiadas, visto de face.
(G) Pelo glandular, com glândula capitada unicelular e pedicelo tricelular, unisseriado.
(H) Pelos tectores, com cutícula estriada.

10.31 Pimenta

- ▪ *Capsicum baccatum* L.
  Capsicum chinensis Jacq.
  Capsicum frutescens L.
- ▪ Família *Solanaceae*
- ▪ Parte usada: fruto

As pimentas pertencem ao gênero *Capsicum* L., da família *Solanaceae*. A origem da palavra *capsicum* é duvidosa. A maioria dos autores, entretanto, atribui-lhes como origem a palavra grega *kapto*, que significa "picar", "morder", em alusão às propriedades de pungência. A palavra "pimenta", por sua vez, deriva do latim *pigmentum*, que significa "pigmento", "cor" e "matéria corante", talvez em alusão à cor dos frutos.

O gênero *Capsicum* L. é originário das Américas e só se tornou conhecido no Velho Mundo a partir do século XV, com o descobrimento desse continente. Acredita-se que esse condimento tenha sido conhecido pelos povos primitivos do México em 7000 a.C., entretanto seu conhecimento maior deve-se ao período das grandes navegações, entre os anos 1490 e 1600. Hoje, as pimentas são conhecidas e muito usadas no mundo inteiro. Existem cerca de 25 espécies do gênero *Capsicum* L., das quais as três espécies acima citadas são as que apresentam maior relevância, especialmente no Brasil, Figura 10.25.

O grande prestígio das pimentas deve-se ao seu sabor pungente, picante, bem como ao seu aroma característico e inigualável.

Graças a essas propriedades, são utilizadas com sucesso no mundo inteiro no tempero de carnes diversas, como de vaca, porco e aves, e no tempero de peixes e frutos do mar, sopas, cremes, molhos de tomate e molhos diversos, saladas, picles, ovos e salgadinhos.

A pungência ou odor das pimentas está relacionado com a presença de capsaicinoides, entre eles, a capsaicina e a diidrocapsaicina, alcaloides amídicos presentes em sua composição. Essas substâncias são as maiores responsáveis pelos usos culinários e medicinais das pimentas.

É importante pôr em realce o grande número de variedades relacionadas com cada uma das espécies de *Capsicum* L. mencionadas. A forma do fruto e o tamanho variam muito em cada uma dessas espécies, sendo possível, entretanto, perceber algumas diferenças evidentes. O ovário que se transforma no fruto é bicarpelar e a placentação é central axial ou central livre em alguns casos.

Assim, nas espécies abaixo, as seguintes características estão presentes:
- ▪ *Capsicum baccatum* L. variedade *pendulum*.
  O cálice dos frutos maduros é nitidamente dentado e não possui constrição anelar na união com o (pedúnculo) pedicelo. Os frutos são de várias cores e formas, geralmente pendentes na planta; são persistentes e providos de polpa firme. As sementes são de cor amarela esbranquiçada ou cor de palha. Citam-se as seguintes variedades: aji amarelo, cambuci, cumari verdadeira, dedo-de-moça, peito-de-moça, pimenta fina e pimenta-pitanga.

- *Capsicum chinensis* Jacq

O cálice dos frutos maduros é ligeiramente denteado e caracteristicamente apresenta uma constrição anelar na união com o pedicelo. Os frutos são de várias cores e formas, geralmente pendentes na planta, e persistentes, com polpa firme. As sementes são cor de palha.

Citam-se as dez seguintes variedades dessa espécie: cabacinha, chora menino, cumari do pará, marupi, pimenta biquinho, pimenta de bode, pimenta-de-cheiro, pimenta-de-cheiro do norte e Scotch Bonnet.

- *Capsicum frutescens* L.

Os cálices dos frutos maduros são pouco denteados, ou não denteados, e não apresentam constrição anelar na união com o pedicelo. Os frutos são geralmente vermelhos, cônicos e eretos na planta, e de paredes finas, com polpa mole. As sementes são brancacentas.

Citam-se as seguintes variedades: malagueta, caiena, tabasco e pimenta passarinho. Os frutos do *Capsicum frutescens* L., quando plenamente desenvolvidos, medem de 4 a 6 cm de comprimento, por 1 a 1,5 cm de largura. A placentação é axial e as sementes, arredondadas e achatadas, medem de 0,4 a 0,8 cm de diâmetro. A placentação é central, cônica na base do fruto, que apresenta geralmente duas lojas, raramente três.

10.31.1 Caracterização Microscópica de *Capsicum Frutescens* L.

O epicarpo, visto em seção transversal, é constituído por células providas de contorno quase retangular, ou mesmo quadrado, possuidoras de parede externa e paredes radiais um tanto onduladas e cutinizadas. O mesocarpo é composto de diversas camadas celulares parenquimáticas, providas de conteúdo oleoso – glóbulos oleosos – e de cromoplastídeos. Idioblastos, contendo areia cristalina, podem ser observados, bem como feixes vasculares delicados e do tipo bicolateral. O tamanho das células aumenta da periferia para o centro, e a última camada junto ao endocarpo é constituída por células grandes, bem maiores que as outras, de contorno ovalado.

O endocarpo é constituído por uma fileira de células em que ocorre alternância de células esclerosadas com células de paredes celulósicas. As células esclerosadas coincidem com as células grandes do mesocarpo.

O epicarpo, visto de face, apresenta células de contorno poligonal de paredes um tanto espessas, retas ou um tanto onduladas. A cutícula apresenta-se finamente estriada algumas vezes.

10.31.2 Caracterização Microscópica de *Capsicum Baccatum* L.

A estrutura dos frutos de *Capsicum baccatum* L. – pimenta cumari verdadeira – é semelhante a da espécie descrita anteriormente. O epicarpo, visto de face, é constituído por células de contorno poligonal ou quase retangular. Suas paredes são um tanto espessadas e, algumas vezes, ligeiramente cobertas por cutícula estriada. O mesocarpo é parenquimático e contém gotículas de óleo e idioblastos, contendo areia cristalina. O endocarpo é formado por uma fileira de células que inclui escleritos.

Os frutos de *Capsicum sinensis* Jacq, em linhas gerais, apresentam estruturas semelhante à das duas espécies descritas anteriormente.

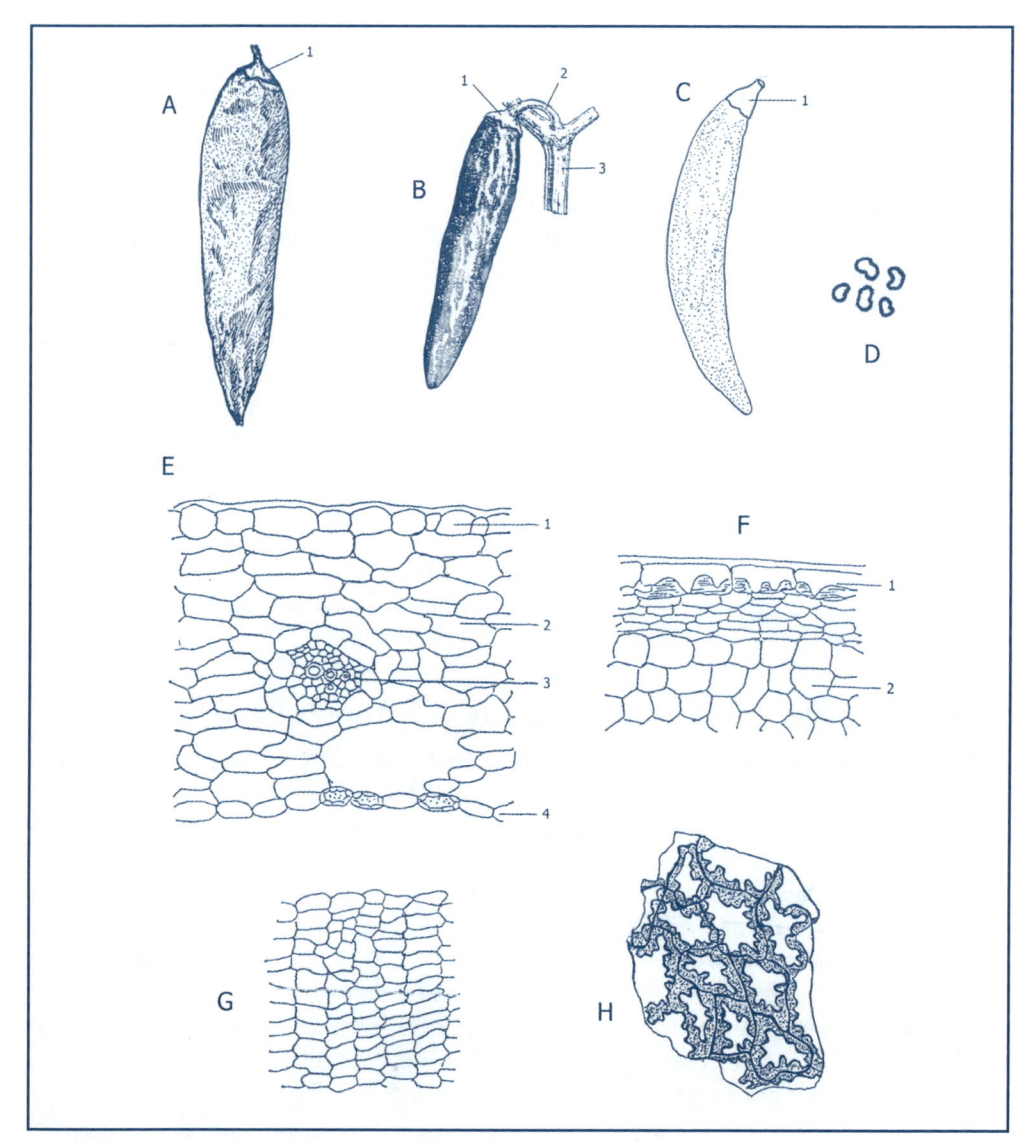

Figura 10.25 – Pimenta vermelha (*Capsicum* sp.).
(A, B e C) Fruto: (1) cálice, (2) pedúnculo, (3) haste caulinar.
(D) Sementes.
(E) Seção transversal do fruto: (1) epicarpo, (2) mesocarpo, (3) feixe vascular, (4) endocarpo.
(F) Seção transversal da semente: (1) espermoderma, (2) parênquima.
(G) Epicarpo visto de face.
(H) Espermoderma visto de face.

10.32 Pimenta-da-jamaica

- *Pimenta dioica* (L.) Merr
- Família *Myrtaceae*
- Parte usada: fruto

Originária da América Central, já era conhecida pelos maias e astecas antes do aporte dos colonizadores europeus. Coube ao navegador Cristovão Colombo apresentar ao Velho Mundo o seu sabor pouco picante e ligeiramente adocicado, e seu odor que lembra à canela, noz-moscada e cravo-da-índia, o que motivou a sua denominação *allspice*. Originária da Jamaica, Antilhas e México, tem hoje seu país de origem, a Jamaica, como o maior produtor, Figura 10.26.

A pimenta-da-jamaica é usada tanto como medicinal como especiaria, sendo conhecida especialmente por dar gosto e aroma aos alimentos.

Como medicinal, possui propriedades antisséptica, bactericida, antiespasmódica, analgésica, eupéptica e afrodisíaca. É utilizada no tratamento de diarreias, como tônica; e no tratamento de tosses e resfriados. Como condimento, seu uso mais relevante é no tempero de carnes de ave, de boi, de porco, de peixes e de frutos do mar. É empregada ainda no preparo de marinadas, conservas, vinagretes, picles, molhos e sopas. Na forma de pó, pode ser acrescentada a doces, geleias, pudins, tortas e pães.

Suas propriedades são uma decorrência da presença de óleo essencial, de cuja composição participam o eugenol, metileugenol, felandreno, cineol, cariofileno, acetato de geranila, alfaterpinol e geraniol, sendo o eugenol o componente em maior teor. Contém ainda vitaminas B_1, B_2 e C e provitamina A.

A parte mais usada são os frutos íntegros, inteiros ou moídos. As sementes, desprovidas do pericarpo, são algumas vezes empregadas, embora se atribua a elas menos odor aromático.

O condimento é constituído de bagas subesféricas, medindo até 9 mm de diâmetro. Essas bagas apresentam tonalidade pardacenta, um tanto arroxeada, sendo algumas vezes mais escura, quase negra. A superfície do pequeno fruto apresenta minúsculas protuberâncias, correspondentes a glândulas presentes no mesocarpo. O fruto é provido de duas lojas, cada uma contendo em seu interior uma semente de coloração brancacenta. As sementes também são providas de glândulas.

10.32.1 Caracterização Microscópica

A seção transversal do pericarpo apresenta a seguinte estrutura: epicarpo, constituído de uma fileira de células de contorno aproximadamente retangular, alongadas no sentido periclinal, recoberta por cutícula fina. Pelos tectores unicelulares cônicos podem ser observados nessa região, que, quando vista de face, mostra-se formada por células de contorno poligonal, com paredes pouco espessadas. Estômatos do tipo anomocítico podem ser observados.

O mesocarpo é pouco desenvolvido e engloba, logo abaixo do epicarpo, grandes glândulas produtoras de óleo essencial. Engloba ainda, em região mais interna, escleritos isolados ou em grupos. Esses escleritos são relativamente grandes e apresentam lúmen volumoso e suas paredes lignificadas são um tanto espessas e canaliculadas. Células contendo drusas de oxalato de cálcio também podem ser vistas no mesocarpo, assim como feixes fibrovasculares bicolaterais.

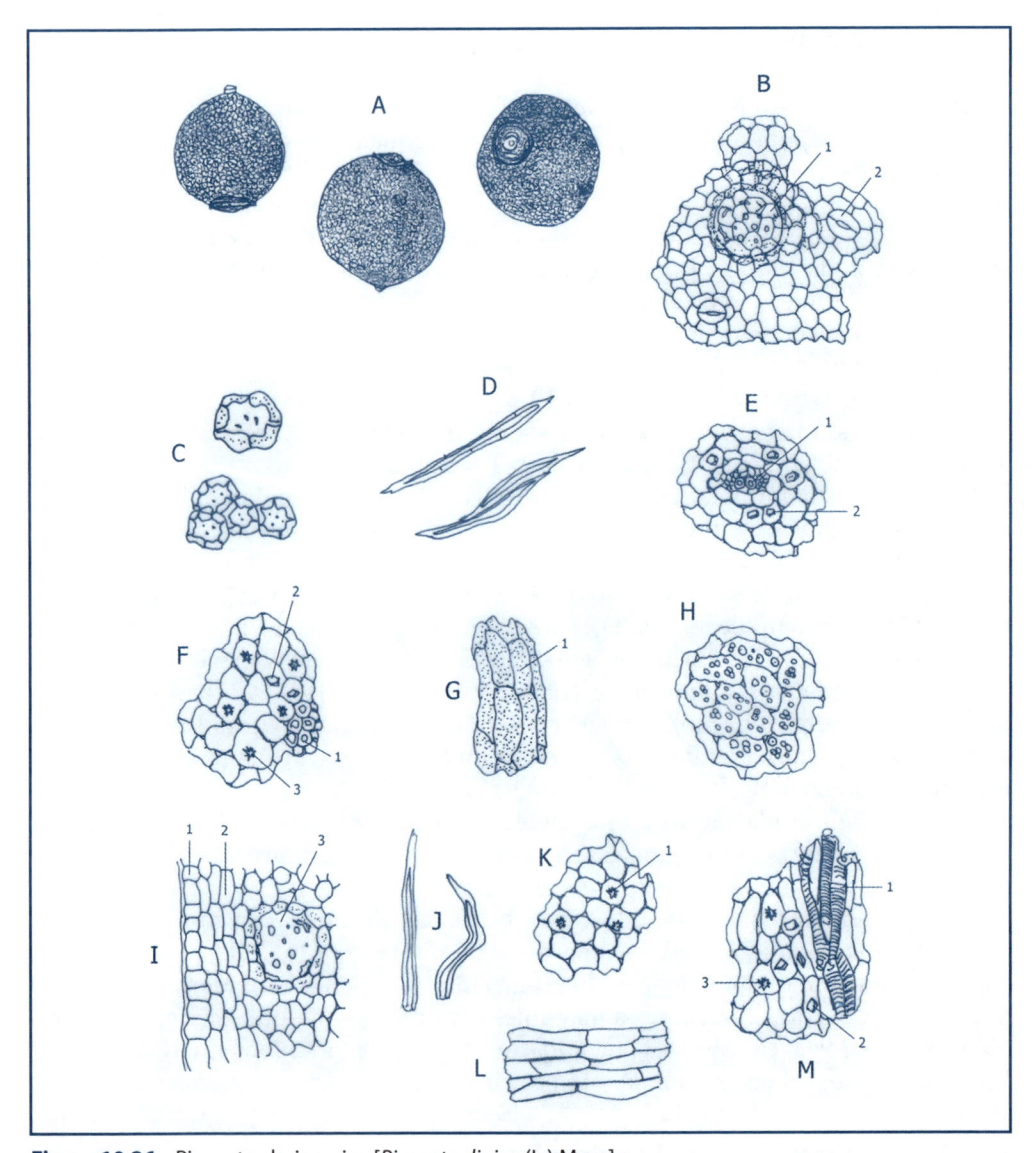

Figura 10.26 – Pimenta-da-jamaica [*Pimenta dioica* (L.) Merr.].
(A) Fruto.
(B) Epicarpo, visto de face: (1) glândula vista por transparência, (2) estômato.
(C) Braquiescleritos.
(D) Fibras.
(E e F) Fragmento de mesocarpo: (1) feixe vascular, (2) cristal prismático, (3) drusas.
(G) Espermoderma: (1) células pardas, vistas de face.
(H) Fragmento de parênquima amilífero.
(I) Fragmento do pericarpo, em visão longitudinal: (1) epicarpo, (2) mesocarpo, (3) glândula.
(J) Pelos tectores unicelulares.
(K) Fragmento parenquimático, mostrando drusas: (1) drusa.
(L) Epiderme externa.
(M) Fragmento do mesocarpo, em vista longitudinal: (1) vasos xilemáticos espiralados, (2) cristal prismático, (3) drusa.

Junto a esses pequenos feixes, em bainha parenquimática, pode algumas vezes se notar a presença de pequenos cristais prismáticos.

As sementes são do tipo exalbuminado. A epiderme da testa é composta de células aproximadamente retangulares, de paredes finas, frequentemente providas de conteúdo colorido.

O parênquima cotiledonar é constituído por células isodiamétricas de paredes finas.

Grãos de amido simples ou agregados, de dois ou três grânulos e providos de hilo central, podem ser observados no condimento.

10.33 Pimenta-do-reino

- *Piper nigrum* L.
- Família *Piperaceae*
- Parte usada: fruto

Originária da Índia, a pimenta-do-reino ou pimenta-negra é uma das especiarias mais importantes do mundo, sendo empregada, graças às suas propriedades conservantes, aromáticas e sápidas, em larga escala na indústria de carnes. É usada como condimento nos principais países do mundo. É também conhecida como pimenta-da-índia por, no passado, ter sido causa principal da busca dos caminhos para as Índias. Ela foi motivo de grandes disputas e mesmo confrontos. Foi objeto de monopólio por parte de portugueses e holandeses durante longos períodos de tempo, passando a ser o condimento mais conhecido do mundo, Figura 10.27.

A pimenta-do-reino é apresentada em quatro tipos de preparação que originam a coloração diferente nos produtos finais, motivando os nomes pelos quais é conhecida. A pimenta-do-reino negra é obtida a partir de drupas (frutículos) colhidas antes de amadurecer. Os cachos contendo os frutículos ou drupas são postos a fermentar. A seguir, são postos ao sol ou em estufas especiais para secar. Os frutículos adquirem, então, um aspecto enrugado, sendo separados dos eixos da infrutescência. A pimenta-do-reino branca, por sua vez, é obtida a partir de frutos maduros que são fermentados em água e, a seguir, desprovidos de seus envoltórios e submetidos à secagem. Já a pimenta-do-reino verde é coletada ainda verde e pimenta-do-reino vermelha, após o pleno estado de maturidade, quando adquire coloração vermelha. Ambas são então submetidas a processo de conservação.

As pimentas-negras são mais usadas, seguida das brancas. Tanto a pimenta-negra como a branca são moídas antes do uso.

A pimenta-do-reino apresenta odor agradável, fresco e aromático, e sabor picante, pungente e quente, o que a consagra, segundo seus apreciadores, como um condimento precioso e universal. Essas propriedades são devido à sua composição química, da qual participa um óleo essencial na porcentagem de 1,5% a 2% de seu peso. Desse óleo essencial, fazem parte o felantreno, o cadineno, o pineno, o limoneno e o piperonal.

Possui 5,5% a 9% de alcaloides, entre os quais a piperina. Contém ainda ácido pipérico e ácido chavicínico.

A pimenta-do-reino é eupéptica, antiflatulenta e estimulante do apetite; é usada no tempero de saladas, picles, sopas e molhos. É empregada no tempero de carnes diversas, de peixes, de afiambrados, de mortadelas, de salames, de salsichas e de frutos do mar.

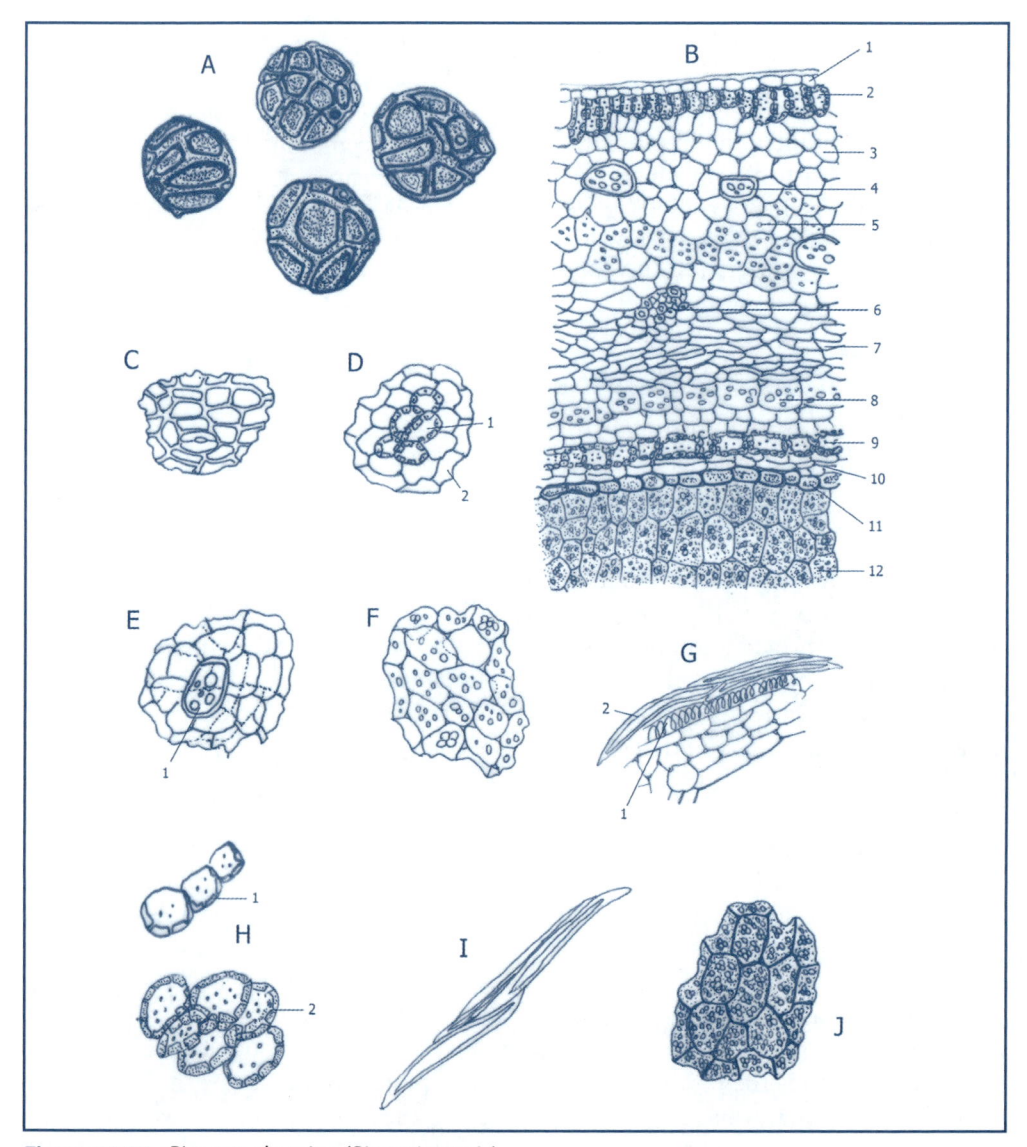

Figura 10.27 – Pimenta-do-reino (*Piper nigrum* L.).
(A) Frutos.
(B) Seção transversal do fruto: (1) epicarpo, (2) células pétreas, (3) mesocarpo externo parenquimático, 4) célula oleífera, (5) parênquima amilífero, (6) feixe vascular, (7) mesocarpo interno, (8) camada oleífera, (9) endocarpo, (10) espermoderma, (11) camada celular pigmentada, (12) perisperma.
(C) Epicarpo, visto de face.
(D) Fragmento: (1) células pétreas, (2) parênquima.
(E) Fragmento: (1) célula contendo óleo essencial.
(F) Parênquima amilífero.
(G) Fragmento de feixe vascular: (1) xilema espiralado, (2) fibras.
(H) Células pétreas: (1) células com espessamento em U, (2) braquiescleritos.
(I) Grupo de fibras.
(J) Fragmento de parênquima amilífero.

O condimento é representado pelo fruto seco, que é uma drupa globosa, quase esférica, de 5 a 8 mm de diâmetro, de cor grisácea, quase negra, e possuidora de superfície rugosa ou grosseiramente reticulada. Sobre sua superfície, nota-se a presença de uma protuberância que representa a parte remanescente do estilete e estigma da flor. No lado oposto da protuberância, observa-se a cicatriz deixada pela separação do frutículo do pedúnculo. O fruto contém uma única semente brancacenta aderida ao pericarpo, de tal modo que a secção transversal mostra duas regiões distintas: um anel externo, representativo do pericarpo, e uma parte circular interna, representante da semente.

10.33.1 Caracterização Microscópica

A seção transversal do fruto mostra a seguinte estrutura: epicarpo constituído por uma parte externa de células de contorno quase retangulares, alongadas no sentido periclinal, provida de conteúdo escuro ou quase negro. Essa camada celular é recoberta por uma cutícula fina. Abaixo do epicarpo ocorrem duas a três camadas celulares, constituídas de células parenquimáticas entremeadas com células pétreas, de lúmen estreito. Abaixo dessa região, ocorre outra região parenquimática (mesocarpo externo), constituída de sete a nove camadas celulares, que incluem grandes idioblastos de contorno arredondado e de paredes suberizadas, produtoras de óleo resina.

Esse parênquima contém também pequenos grãos de amido. Segue-se outra região parenquimática, constituída de seis a oito camadas de células menores que as anteriores e achatadas periclinalmente, que envolvem feixes fibrovasculares. Abaixo dessa região, ocorre uma camada de células grandes de paredes suberificadas, produtoras de óleo essencial, e duas outras camadas de células parenquimáticas menores.

O endocarpo é constituído por uma única camada de células pétreas de paredes com espessamento diferenciado, às vezes lembrando um U.

O espermoderma é formado por três camadas celulares comprimidas, abaixo das quais ocorre uma camada celular pigmentada e de conteúdo tânico.

O perisperma, externamente, é constituído por uma capa aleurônica representada por duas a três fileiras celulares; e, internamente, por diversas camadas de células que contém reserva amilácea, com grãos de amido poliédricos. Essas células encobrem idioblastos produtores de óleo resina.

O endosperma é reduzido e o embrião pequeno.

10.34 Pimentão

- *Capsicum annuum* L.
- Família *Solanaceae*
- Parte usada: frutos

Originário da América Central e do Sul, especialmente do México, Bolívia e Brasil, a espécie *Capsicum annuum* L. se caracteriza por apresentar grande variedade de formas e de cultivares. Com Cristovão Colombo chegou à Europa e, daí, ganhou o mundo, estando presente em todos os continentes. Com seu aroma delicado e seu sabor agradável, que varia desde o muito ardido até o sem ardor e doce, como o do apreciado pimentão. Usado em diversas culinárias espalhadas pelo mundo, o consumo do pimentão tem aumentado com o tempo. Seus frutos têm formas e tamanhos variados. Suas colorações são diversas, variando de verde, amarelo e vermelho até a coloração roxa.

Os pimentões são excelentes fontes de vitaminas, especialmente as vitaminas A e C. Contêm ainda vitaminas B_1, B_2 e B_5, além de potássio, sódio, cálcio, fósforo e ferro. Tem atividade digestiva, anti-inflamatória e antioxidante. Os pimentões são empregados na elaboração de pratos diversos, tais como saladas, refogados, grelhados diversos, recheados, molhos, pastéis, frituras, vinagretes e escabeche. É comercializado no estado fresco, bem como após o processo de industrialização, na forma de desidratados, pós e flocos.

Consulte também "páprica", no Capítulo 7, Corantes Naturais Biológicos de Alimentos.

O fruto é uma baga oca de placentação central e livre. Apresenta forma oblonga, que varia da subcônica à paralelogrâmica, com uma ou quatro pontas basais. A superfície é lisa e sua coloração pode ser verde, amarela, alaranjada, vermelha e, mais raramente, roxa. O cálice do fruto maduro é pouco dentado e não possui constrição anelar na união com o pedicelo; a polpa é firme e pode ser observada internamente, disposta no sentido longitudinal. A placenta é arredondada e as sementes amareladas são circulares e achatadas, providas de margem saliente. O embrião é curvo.

10.34.1 Caracterização Microscópica

Secções transversais do fruto mostram as seguintes estruturas: o epicarpo é constituído por uma fileira de células de contorno retangular, alongadas no sentido periclinal. Essa camada celular apresenta-se constituída de células de paredes um pouco espessadas, nas quais pontuações são evidentes. A cutícula que recobre essa camada celular apresenta sulcos.

O mesocarpo é constituído de duas regiões: a mais externa é provida de células menores cujo tamanho aumenta da periferia para o centro, em número de três a cinco fileiras celulares. A região mais interna é constituída por cerca de dez a quinze camadas celulares, com células de paredes celulósicas um tanto espessadas e providas de pontuação evidentes. A parte interior dessa região, em contacto com o endocarpo, apresenta células grandes que simulam câmaras de aspecto semilunar, separadas entre si por colunas formadas por uma, duas e, às vezes, três fileiras celulares. O endocarpo é constituído por uma fileira celular, constituída de células parenquimáticas e de células esclerosadas. As células parenquimáticas ficam em contato com as colunas que separam as células grandes semilunares, que, por sua vez, estão em contato com as células esclerosadas do endocarpo.

10.35 Salsa/Salsinha

- *Petroselinum crispum* (Mill.) Nyman ex Hill
  Sinônimo: *Petroselinum sativum* L.
- Família *Apiaceae* (= *Umbelliferae*)
- Partes usadas: folhas e ramos tenros

A salsa, ou salsinha, é uma erva de uso culinário conhecida desde a Antiguidade. Gregos e romanos conheciam suas propriedades e usavam-na para diversas finalidades. Os romanos a empregavam para evitar a embriaguez. Já os gregos a associavam à figura mitológica de Perséfone, filha de Demeter, raptada por Plutão, deus dos Hades, ou do interior da Terra, que a transformou na rainha dos mortos. Movido pelo sofrimento de Demeter, Zeus, o rei dos deuses, interferiu com Plutão, fazendo-o consentir que Perséfone regressasse do mundo dos mortos a cada seis meses e convivesse com sua mãe certo tempo, voltando depois para o seu reino. Daí, muitas vezes, os gregos da Antiguidade ornarem a coroa de seus mortos com ramos de salsa, o símbolo do regress, Figura 10.28.

A salsinha apresenta sabor suave, aromático e ligeiramente amargo, e odor agradável próprio. É usada tanto como agente soporífero como para enfeitar o prato.

Participa de sua composição química um óleo essencial, no qual estão presentes apiol, miristicina, limoneno e eugenol; flavonoides, como a apigenina; vitaminas A e C, além das vitaminas B, D, E e K. Ferro, magnésio e cálcio também participam de sua composição.

A salsa tem emprego variado na culinária, sendo usada fresca sozinha ou em mistura com a cebolinha. É usada em sopas, saladas, guisados, canapés, molhos, carnes diversas, peixes e frutos do mar.

O condimento é constituído de hastes caulinares acompanhadas de folhas.

O caule é herbáceo, verde e de secção hexagonal, e provido de arestas dispostas longitudinalmente. Apresenta-se suculento e fistuloso e é rico em canais oleíferos, que lhe conferem odor e sabor peculiares.

As folhas são compostas. As maiores apresentam localização basal; são opostas e longamente pecioladas, de coloração verde-escuro brilhante; são imparipinadas, com geralmente cinco folíolos, dos quais um é maior e terminal e quatro são opostos, dois a dois, dispostos em pares. As folhas, localizadas próximas ao ápice caulinar, são providas geralmente de três folíolos.

O contorno do folíolo é aproximadamente triangular e dividido em três partes por duas fendas, sendo cada uma das três partes provida de dentes bem evidentes.

A seção transversal do pecíolo é côncava convexa, apresentando-se pentagonal, sendo possível observar, com auxílio de lupa, cinco pontos claros, dispostos internamente, correspondentes aos feixes vasculares.

10.35.1 Caracterização Microscópica

As seções transversais dos folíolos, no nível do terço médio inferior, apresentam a seguinte estrutura:

Região do limbo propriamente dito. A folha apresenta mesofilo heterogêneo e assimétrico. A epiderme adaxial é constituída por células de contorno arredondado e achatadas no sentido periclinal. Essa camada celular é coberta por cutícula fina e, nela, pode-se observar a presença de estômatos. O parênquima paliçádico é constituído por uma única camada celular cujo comprimento corresponde a aproximadamente um terço do mesofilo. O parênquima lacunoso é constituído por seis a oito camadas celulares e envolve feixes vasculares delicados. A epiderme abaxial apresenta estrutura semelhante à da adaxial, somente o tamanho de suas células é um pouco menor. As epidermes, vistas de face, apresentam células de contorno um tanto sinuosas e são recobertas de cutícula estriada.

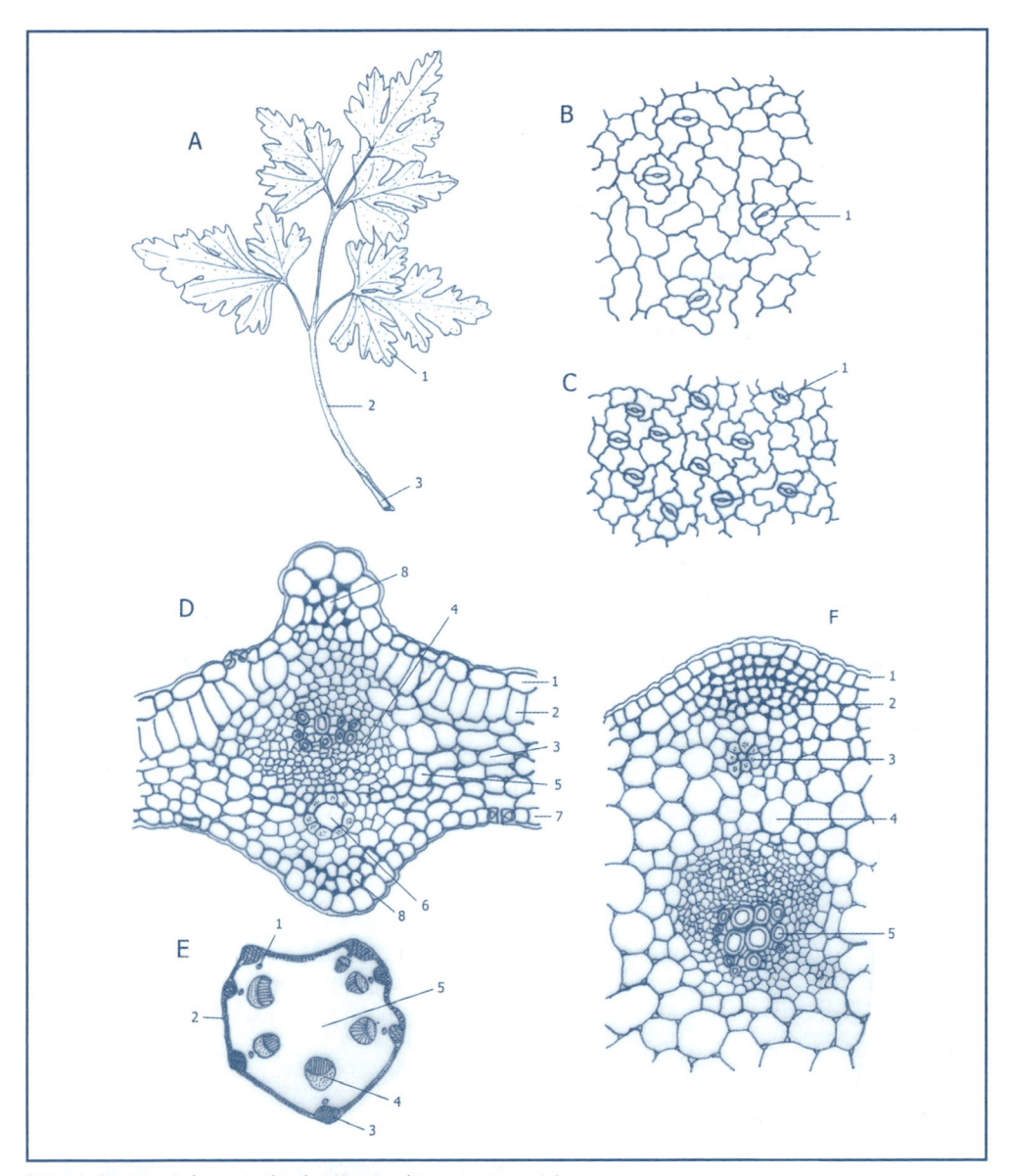

Figura 10.28 – Salsa ou salsinha (*Petroselinum sativum* L.).
(A) Folha: (1) folíolo, (2) pecíolo, (3) bainha.
(B) Epiderme adaxial, vista de face: (1) estômatos.
(C) Epiderme abaxial, vista de face: (1) estômato.
(D) Seção transversal de folíolo: (1) epiderme adaxial, (2) parênquima paliçádico, (3) parênquima lacunoso, (4) feixe vascular, (5) parênquima lacunoso, (6) canal secretor, (7) epiderme abaxial, (8) colênquima.
(E) Desenho esquemático da seção transversal do pecíolo: (1) canal secretor, (2) epiderme, (3) colênquima, (4) feixe vascular, (5) parênquima fundamental.
(F) Seção transversal do pecíolo: (1) epiderme, (2) colênquima, (3) canal secretor, (4) parênquima fundamental, (5) feixe vascular.

As seções transversais do folíolo, no nível da nervura mediana de contorno bicon-vexo, apresentam epiderme provida de células de tamanho um pouco maior do que o das células da região do limbo propriamente dito.

Abaixo da epiderme, de ambos os lados, nota-se a presença de colênquima do tipo angular. O parênquima fundamental é pouco desenvolvido e envolve um feixe vascular colateral, o qual tem sua face floemática relacionada com um canal secretor.

As seções transversais do pecíolo apresentam contorno aproximadamente penta-gonal. O tecido epidérmico que recobre o pecíolo é semelhante ao já descrito para a região do limbo. Na região dos ângulos, ocorre a presença de feixes vasculares relacio-nados com canais secretores. O parênquima fundamental é bem desenvolvido, existin-do a tendência de formação de fístula medular.

10.36 Sálvia

- *Salvia officinalis* L.
- Família *Lamiaceae* (=*Labiatae*)
- Parte usada: folha

Oriunda da região mediterrânea, era considerada pelos romanos uma planta sagra-da, o que motivava rituais específicos para sua colheita. Acredita-se que os romanos tenham aprendido seu uso com os egípcios. No Egito, as mulheres a empregavam no intuito de melhorar a fecundidade. Os gregos consideravam-na promotora de melhora da memória, bem como os povos da Antiguidade, de modo geral, acreditavam que ela promovesse aumento da longevidade, Figura 10.29.

O nome *salvia*, dado à planta e ao gênero a que ela pertence, deriva do latim *salva-re*, que significa "salvar", usado no sentido de "curar". A planta era vista no passado como uma verdadeira panaceia.

Trata-se de planta aromática, de odor intenso, que deve ser empregada nos temperos com moderação. Seu aroma e sabor são agradáveis. O sabor é ligeiramente apimentado e quente, e deixa um toque levemente amargo e adstringente e um odor canforáceo.

Na sua composição entra um óleo essencial cujo teor varia de 1% a 2,5% e que contém pineno, cineol, salveno, salviol, borneol e tuiona. Contém ainda ácido tânico, ácido oleico, ácido ursólico, ácido fumárico, ácido clorogênico, ácido cafeico, niacina, nicotinamida, flavonas, glicósidos e flavonoídicos.

Atribuem-se às folhas de sálvia as seguintes propriedades medicinais: anti-inflama-tória, antibiótica, antifúngica, antioxidante, antiperspirante, cicatrizante, eupéptica, hipoglicemiante e antirreumática.

Apresenta variedade de usos culinários, entre os quais: tempero de carnes gordas, tempero de carnes e peixes, tempero de carnes brancas, salsichas, recheios, molhos, marinadas, sopas e queijos.

As folhas de sálvia são usadas frescas ou secas; neste caso, fragmentadas ou trans-formadas em pó. Trituradas entre os dedos, exibem forte odor aromático característi-co, e o sabor é ligeiramente ardido, amargo e adstringente.

As folhas são curto-pecioladas quando proveniente das partes superiores do vege-tal, e mediamente pecioladas quando provenientes das partes inferiores, alcançando largura relativa igual à metade do comprimento do limbo.

Figura 10.29 – Sálvia (*Salvia officinalis* L.).
(A) Sumidade florida do vegetal.
(B) Diversos tipos de folhas.
(C) Fragmentos de caule.
(D) Seção transversal da folha: (1) epiderme adaxial, (2) parênquima paliçádico, (3) parênquima lacunoso, (4) epiderme abaxial, (5) pelo glandular típico das labiadas, (6) pelo tector, (7) pelo glandular, pedicelo bicelular e glandular capitada, (8) feixe vascular.
(E) Epiderme adaxial da folha, vista de face: (1) pelo glandular típico das labiadas, (2) pelo tector, (3) estômato diacítico, (4) pelo glandular capitado de pedicelo bicelular.
(F) Epiderme abaxial da folha, vista de face: (1) pelo glandular de pedicelo bicelular e glândula capitada, (2) estômato diacítico.
(G) Pelos glandulares e pelo tector.
(H) Desenho esquemático de seção transversal de caule: (1) colênquima, (2) região cortical, (3) feixe vascular, (4) parênquima medular.
(I) Seção transversal de caule – região angular saliente: (1) epiderme, (2) colênquima, (3) parênquima cortical, (4) fibras.

O limbo apresenta contorno oblongo; ápice arredondado ou obtuso; base arredondada, subcordada ou, às vezes, ligeiramente auriculada; e margem finamente crenada. Algumas folhas podem apresentar contorno lanceolado e ápice ligeiramente agudo, especialmente aquelas provenientes das partes superiores do vegetal. A superfície superior é finamente rugosa e menos revestida que a inferior, densamente albo-lanada. O limbo foliar mede de 2,5 a 6,5 cm de comprimento, por 1 a 2,5 cm de largura.

Algumas vezes, pedaços de caule podem acompanhar o condimento; eles revelam a disposição oposta das folhas. Esses pedaços caulinares apresentam seção transversal obtuso-quadrangular, e são sublenhosos e albo-lanados quando provenientes das partes inferiores do vegetal, e tomentoso-pubescentes e um pouco mais flexíveis quando oriundos de terminações floríferas.

10.36.1 Caracterização Microscópica

Ambas as faces da folha apresentam estômatos, pelos tectores e glandulosos. Em cortes paradérmicos, as epidermes apresentam células providas de contorno sinuoso e cutícula finamente estriada. Os estômatos são do tipo diacítico e os pelos tectores unisseriados e bi ou tricelulares. Os pelos glandulares são de dois tipos, a saber: pequenos, unicelulares e suportados por um pedicelo unisseriado longo, provido de uma ou duas células, das quais uma é bem maior.

Esse tipo de pelo glandular pode apresentar glândula septada e pelos glandulares grandes, octacelulares e sésseis, do tipo da família *Labiatae*. O mesofilo é heterogêneo e assimétrico, formado, na parte superior, por duas camadas de células paliçádicas e, na inferior, por quatro a seis camadas de células do parênquima, lacunoso. Pequenos feixes vasculares podem ser observados na região do limbo. A região da nervura mediana é biconvexa e o sistema liberolenhoso dispõe-se em forma de arco.

A seção transversal do caule mostra estrutura eustélica. Os feixes vasculares se dispõem em círculo, notando-se a presença de quatro feixes maiores, dispostos na região dos ângulos. O colênquima é do tipo angular, as regiões parenquimáticas são bem desenvolvidas e os feixes vasculares são acompanhados por fibras. A epiderme apresenta tricomas do mesmo tipo descrito para as folhas.

10.37 Tomilho

- *Thymus vulgaris* L.
- Família *Lamiaceae* (= *Labiatae*)
- Partes usadas: folhas e ramos tenros

O timo, ou tomilho, é uma especiaria da região mediterrânea. Desde a Antiguidade, os egípcios, gregos e romanos conheciam suas propriedades e davam à planta usos diversos. Suas propriedades aromáticas e antissépticas sempre foram notadas. Os egípcios utilizavam o tomilho, misturado com outras plantas, para o preparo de composições com as quais embalsamavam seus mortos. Os romanos frequentemente empregavam esse vegetal no preparo de banhos aromáticos, com a finalidade de estimular o vigor físico e o bem-estar proporcionado pelo aroma agradável. Suas propriedades antissépticas e aromáticas tão evidentes fizeram com que fosse empregado na conservação de alimentos, especialmente carnes, Figura 10.30.

Figura 10.30 – Tomilho (*Thymus vulgaris* L.).
(A) Ponta de ramos, mostrando folhas opostas cruzadas.
(B) Folhas, mostrando margem revoluta.
(C) Fragmento da epiderme abaxial, vista de face, mostrando estômatos diacíticos.
(D) Fragmento e epiderme adaxial, mostrando estômato diacítico e pelo tector cônico e unicelular.
(E) Seção transversal da folha: (1) pelo glandular típico das labiadas, (2) pelo tector cônico unicelular, (3) epiderme adaxial, (4) parênquima paliçádico, (5) parênquima lacunoso, (6) epiderme abaxial, (7) pelo tector cônico bicelular.
(F) Fragmento da epiderme adaxial, vista de face: (1) pelo típico das labiadas, (2) pelo tector cônico unicelular.
(G) Fragmento de folha em visão transversal: (1) epiderme com pelos tectores, (2) parênquima paliçádico.
(H e K) Fragmento com pelo tector.
(I) Pelo glandular típico das labiadas.
(J) Fragmento de folha, mostrando epiderme com pelos cônicos curtos.

Seu odor aromático agradável, ao lado de seu sabor um tanto picante, quente, levemente amargo e adstringente, fizeram com que seu uso culinário acabasse se impondo, sendo hoje uma das especiarias conhecidas mundialmente. Essas propriedades culinárias, ao lado de propriedades medicinais, tais como antiespasmódica, antimicrobiana, antioxidante, antisséptica, aperiente béquica, broncoespasmódica, carminativa, cicatrizante, expectorante e eupéptica, são derivadas especialmente da presença de um óleo essencial. Esse óleo essencial caracteriza-se por conter timol, carvacrol, borneal, cineol, acetato de bornila, citral, limoneno, mentol, linalol e pineno.

Além do óleo essencial, contém taninos, saponinas, princípios amargos e flavonoides.

O condimento é usado comumente no tempero de carnes suínas e bovinas, especialmente quando grelhadas. É empregado no preparo de marinadas, molhos, sopas, verduras, peixes e queijos.

As folhas e as sumidades floridas são as partes que geralmente integram o condimento. As folhas são diminutas, alcançando 12 mm de comprimento, por até 4 mm de largura. São sésseis ou subsésseis, de formato linear lanceolado ou linear oblongo, apresentando margens tipicamente revolutas. Apresentam disposição oposta cruzada e o limbo é verde-escuro, na face adaxial, e verde mais claro, na face abaxial. As duas faces apresentam presença de tricomas curtos. O caule é obtuso quadrangular.

As inflorescências são do tipo verticilastros e as flores são tipicamente bilabiadas, oligostêmones e de coloração branca rosada ou branca azulada.

10.37.1 Caracterização Microscópica

A seção transversal da folha apresenta a seguinte estrutura: mesofilo heterogêneo e assimétrico. A epiderme adaxial é constituída por uma única fileira de células, de contorno aproximadamente arredondado, achatadas no sentido periclinal.

Sobre essa epiderme, nota-se a presença de pelos tectores unicelulares cônicos e de pelos glandulares providos de cabeça multicelular, com células dispostas em círculo e pedicelo unicelular. O parênquima paliçádico é constituído por duas fileiras celulares cuja largura corresponde a dois terços da largura do mesofilo. O parênquima lacunoso é constituído de duas ou três camadas celulares. A epiderme abaxial é semelhante à anteriormente descrita.

O número de pelos tectores é maior, sendo eles uni ou bicelulares. Estômatos podem ser vistos sobre as duas faces epidérmicas, as quais, vistas paradermicamente, são do tipo diacítico.

Na região do limbo, correspondente à nervura mediana, nota-se a presença de um feixe vascular colateral cujos vasos observados no pó do condimento são do tipo esperilado.

10.38 Zimbro

- *Juniperus communis* L.
- Família *Cupressadeae*
- Parte usada: gálbula (pseudofruto)

O zimbro é uma espécie de gimnosperma originária da Europa temperada e da Ásia. É uma das plantas citadas no Antigo Testamento e conhecida desde a Antiguidade. Acreditava-se que a queima de seus frutos podia impedir epidemias ao afastar as energias malévolas. Era utilizada para afastar o cheiro desagradável de carnes passadas, Figura 10.31.

Empregam-se, tanto para uso medicinal como para uso culinário, as gálbulas da planta, que contém em seu interior três sementes. Trata-se de um falso fruto, visto as gimnospermas não formarem frutos verdadeiros; o nome "bagas de zimbro" não é, portanto, muito adequado.

A especiaria apresenta sabor levemente adocicado e adstringente, e odor agradável e aromático. Contém um óleo essencial de odor característico, no qual estão presentes diversos componentes, entre os quais o pineno, o canfeno e o cadineno, além de alcoóis terpênicos, entre os quais o terpineol.

Contém ainda uma resina, podofilotoxina, taninos e flavonoides.

Graças à sua composição, o zimbro é empregado como antisséptico, carminativo, eupéptico, diurético e tônico urinário.

Em culinária, apresenta uso no tempero de carnes de uma maneira geral, especialmente em carne de aves e carnes gordurosas. Entra na elaboração de molhos, patês, conservas, chucrutes e alguns tipos de linguiça. É empregado na elaboração de bebidas destiladas, como o gim.

Os cones femininos, ou gálbulas, quando plenamente desenvolvidos, são esféricos e de coloração azulada. Quando não maduros, possuem cor verde e o processo pleno de desenvolvimento dura cerca de três anos. Apresentam, na região basal, o resto do pedúnculo, que é curto e acompanhado muitas vezes de restos de verticilos estéreis. No ápice da gálbula, há três pequenas saliências, correspondentes às folhas férteis que se tornaram carnosas e envolveram as sementes. Três pequenas fendas podem ser observadas. A secção transversal do órgão mostra a presença, na região central, de três sementes e, na parte envoltória, a presença de canais resiníferos produtores do óleo essencial.

10.38.1 Caracterização Microscópica

A seção transversal da gálbula apresenta externamente epiderme constituída por células de paredes espessadas, contendo substâncias de coloração parda acastanhada em seu interior. Abaixo da epiderme nota-se a presença de um colênquima pouco desenvolvido, provido de duas a três fileiras celulares.

Segue-se uma camada de parênquima esponjoso, provida de células com paredes delgadas. Essa região engloba idioblastos, contendo substância de coloração parda amarelada e numerosos depósitos esquizógenos, ou seja, canais resiníferos, além de feixes vasculares delicados. Segue-se uma camada de células de paredes espessas e que podem conter cristais de oxalato de cálcio.

A semente é constituída por uma camada de células de paredes finas, seguida de uma camada de três a dez fileiras de células de paredes espessas, que podem conter cristais de oxalato de cálcio.

Segue-se o endosperma parenquimático, provido de conteúdo aleurônico e que envlve, no centro, um embrião provido de dois cotilédones.

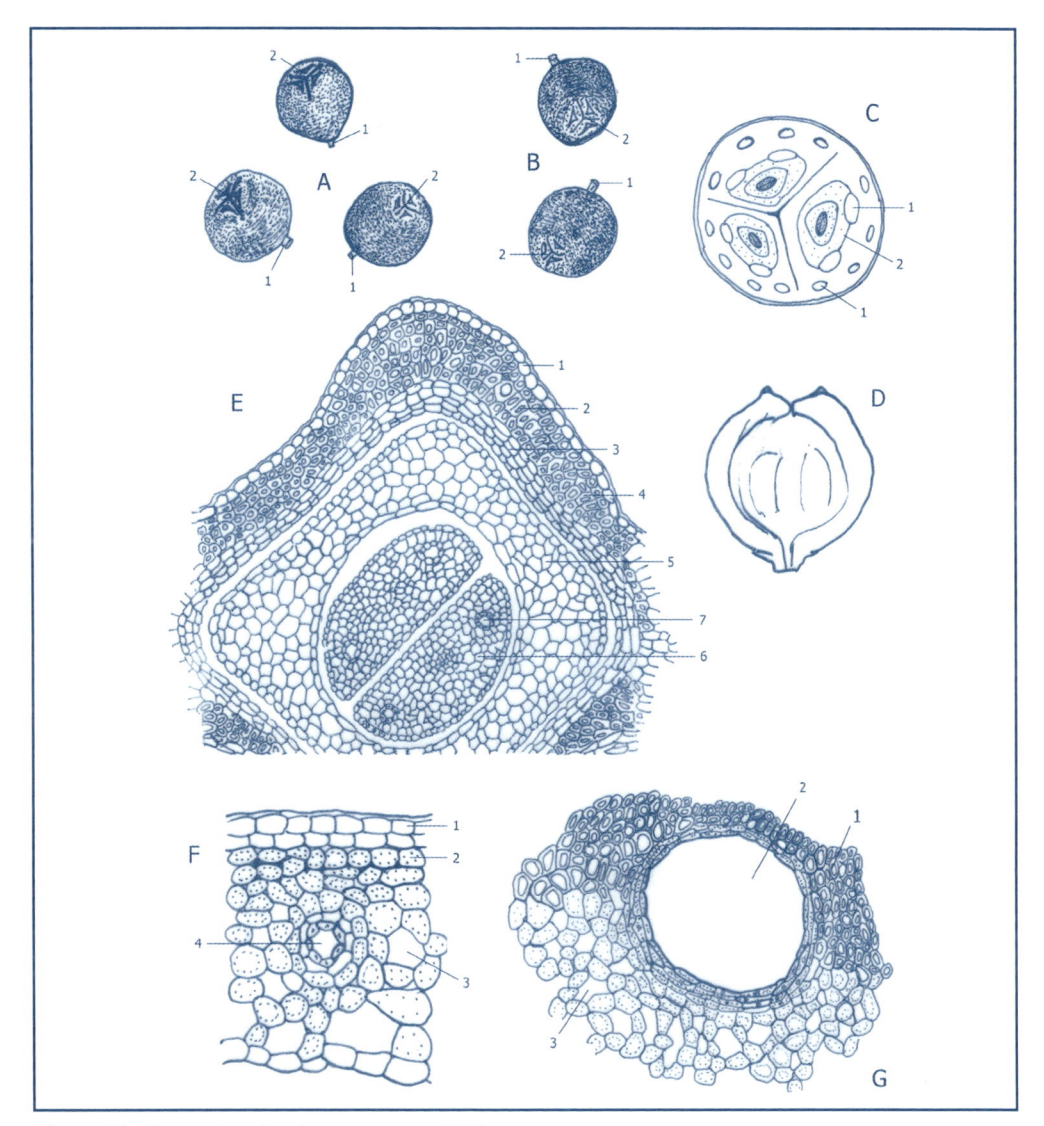

Figura 10.31 – Zimbro (*Juniperus communis* L.).
(A e B) Gálbulas ou cone feminino: (1) pedúnculo, 2) saliências originárias das folhas férteis.
(C) Seção transversal da gálbula: (1) canal resinífero, (2) semente.
(D) Seção longitudinal da gálbula.
(E) Seção transversal da gálbula e semente: (1) epiderme da região envoltória, (2) região de células fibrosas, com paredes espessadas, (3) parênquima esponjoso, (4) envoltório fibroso, (5) endosperma, (6) cotilédones, (7) canal secretor.
(F) Envoltório: (1) epiderme, (2) colênquima, (3) parênquima esponjoso, (4) canal resinífero.
(G) Envoltório: (1) camada esclerosada, (2) canal resinífero, (3) parênquima esponjoso.

Capítulo 11

Oleaginosas Comestíveis

11.1 Introdução

Denomina-se "planta oleaginosa" àquela que apresenta alto teor de lipídios em suas sementes ou em seus frutos, podendo ser utilizada *in natura* ou ainda para obtenção de seu óleo ou de produtos similares.

Entre os lipídios de origem vegetal, incluem-se os óleos, as gorduras, as ceras e as manteigas. Essa distinção baseia-se no estado físico que esses materiais apresentam à temperatura ambiente.

Assim, os óleos são líquidos à temperatura ambiente. As gorduras, por sua vez, apresentam-se moles ou pastosas, fundindo-se à temperatura de 45°C. As manteigas correspondem a lipídios com aspecto butiroso à temperatura ambiente e que se fundem entre 26°C a 36°C. As ceras, por sua vez, são mais duras e fundem a temperaturas superiores a 60°C. Óleos e gorduras são misturas de triacilgliceróis, ou seja, ésteres de ácidos graxos com glicerol. São moléculas muito pouco polares, hidrofóbicas, que podem ser armazenadas nas células de forma praticamente anidra.

Os óleos diferem das gorduras, especialmente, pela mistura de acilglicerois que contém, da mesma forma que diferem das manteigas. O comprimento da cadeia carbônica dos ácidos, bem como a sua insaturação maior ou menor, é uma característica importante nessa diferenciação.

As ceras, por sua vez, contêm principalmente mistura de ácidos cerosos esterificados com alcoóis superiores, podendo incluir outros tipos de substâncias, como materiais corantes, como a 1-3 hidroxiflavona.

As sementes, com frequência, contêm as vitaminas do complexo B e as vitaminas A, E e C. São ainda ricas em minerais como cálcio, ferro, magnésio, zinco, sódio e potássio. Proteínas estão presentes, principalmente nas sementes de leguminosas comestíveis.

Apresentam ainda componentes com atividade antioxidante. O amendoim, a avelã, as nozes, a castanha-de-caju e a castanha-do-pará são sementes ricas em aminoácidos essenciais e caracterizam-se por alto poder calórico.

A contaminação por fungos pode ocorrer, bem como o perigo de micotoxinas, em especial as aflatoxinas. O exame microscópico pode indicar o grau de contaminação por fungos.

As sementes oleaginosas são sensíveis ao calor, decorrendo disso a diminuição dos benefícios derivados de sua ingestão. O processamento a que são submetidas as sementes oleaginosas adquire, pois, um significado relevante. Oleaginosas tostadas adquirem sabor agradabilíssimo, entretanto, em função desse tratamento, perdem pelo menos parte de suas propriedades nutricionais e chegam algumas vezes a ser fonte de radicais livres que podem ser prejudiciais à saúde.

11.2   Amêndoa Doce

- Nome científico: *Amygdalus communis* L. var. *dulcis* (Mill.) DC
- Família *Rosaceae*
- Parte usada: semente (amêndoa)

Originária do oeste da Ásia e, daí, para a Grécia e o Egito já durante épocas remotas, terminou por espalhar-se por toda a região mediterrânea. As amêndoas figuram do Antigo Testamento, da Bíblia, no qual é mencionada por suas flores serem empregadas como adorno da Arca da Aliança. Hoje a castanheira é cultivada em todas as regiões do mundo, se bem que em pequena escala. Na Europa, é cultivada em Portugal, Itália e Espanha. É pouco cultivada no Irã, em Marrocos e na região da Califórnia, nos Estados Unidos, Figura 11.1.

A parte usada é a amêndoa da semente, produzida por um fruto do tipo drupa. No comércio, encontram-se amêndoas livres e amêndoas no interior de caroço, constituído, em parte, pelo endocarpo do fruto e, em parte, pelo tegumento da semente.

As amêndoas doces são empregadas principalmente pelo seu óleo, tanto medicinalmente quanto como alimento. A amêndoa é constituída por cerca de 50% de óleo fixo, 20% de proteínas e 15% de hidratos de carbono, além de água.

Vitaminas E, C, B_1, B_2, ácido nicotínico e ácido pantotênico, ao lado de cálcio, magnésio, ferro, cobre, manganês, fósforo e enxofre, ocorrem em sua composição.

As amêndoas das sementes são empregadas inteiras, fragmentadas, raladas e em forma de farinha. Com as amêndoas, preparam-se pratos doces e salgados; esses últimos estão muito em moda na Índia. Produtos de confeitaria, pastéis, bolos, pães, chocolates, doces em torrão, massa, pães e tortas frequentemente incluem amêndoas doces.

As amêndoas apresentam forma oval e achatada e medem de 2 a 3 cm de comprimento, por 1,5 a 2 cm de largura e cerca de 1 cm de espessura.

O revestimento é espesso, de superfície rugosa e coloração castanha avermelhada; apresenta no seu extremo mais afilado uma pequena protuberância provida de cicatriz. A outra extremidade é oblonga.

A semente é desprovida do tegumento e representada pelo embrião, que é uma massa semidura, de coloração brancacenta e brilhante, na periferia e formada por dois cotilédones unidos pelo eixo radículo-caulicular. Os cotilédones são ovoides e plano convexos.

A amêndoa possui sabor adocicado e agradável, e odor *sui generis*.

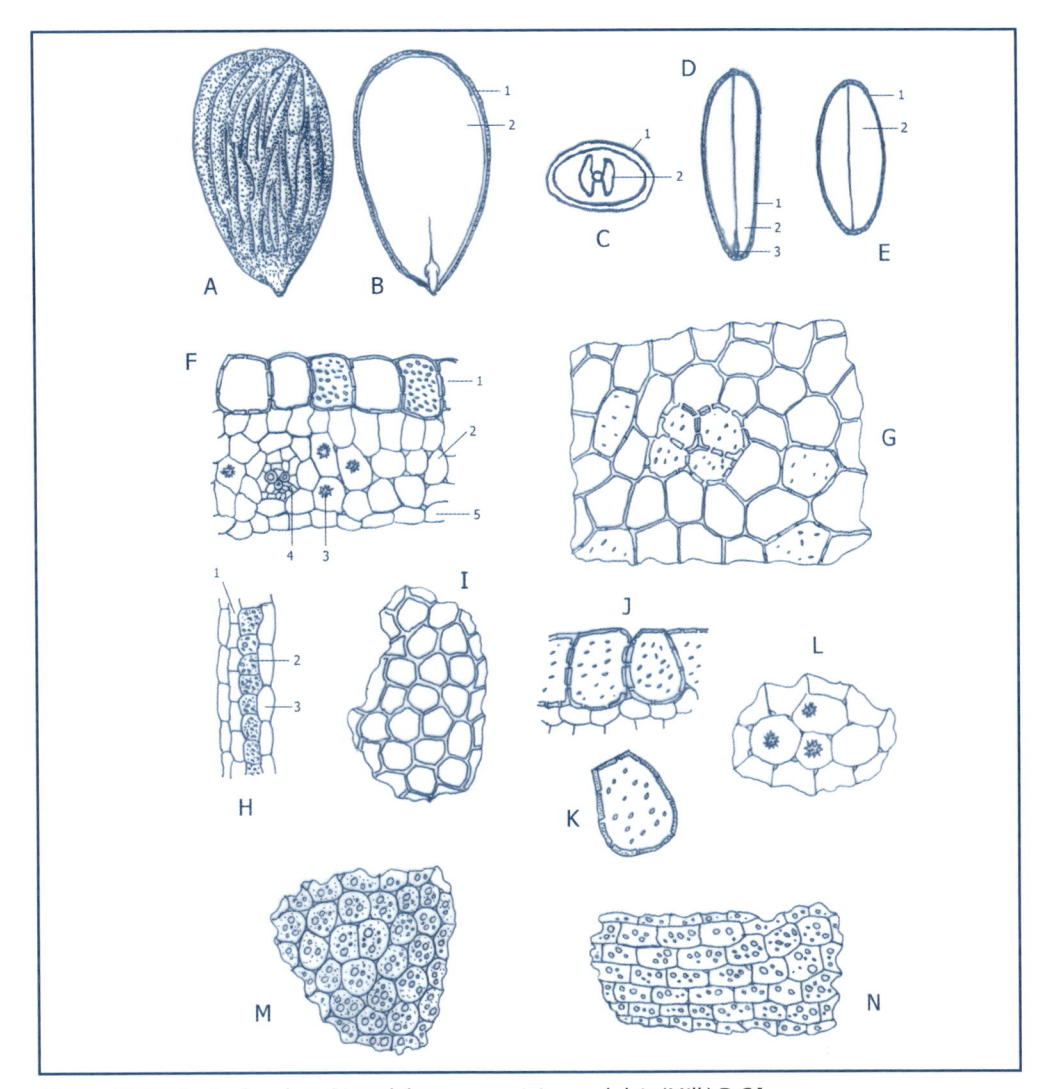

Figura 11.1 – Amêndoa doce [*Amydalus communis* L. var. dulcis (Mill.) D.C.].
(A) Semente ou amêndoa.
(B) Seção longitudinal da semente, paralela à face plana: (1) tegumento, (2) cotilédone.
(C) Seção transversal, passando pelo extremo afilado: (1) tegumento, (2) embrião.
(D) Seção longitudinal da semente, perpendicular à face plana: (1) tegumento, (2) cotilédone, (3) eixo radículo-caulicular.
(E) Seção transversal, passando pela região mediana do órgão: (1) tegumento, (2) cotilédone.
(F) Seção transversal do tegumento: (1) espermoderma, com células de parede lignificada, (2) região mediana, formada por tecido esponjoso, (3) drusa, (4) feixe vascular, (5) epiderme interna.
(G) Espermoderma, visto de face.
(H) (1) epiderme interna do tegumento, (2) endosperma, (3) epiderme do cotilédone.
(I) Fragmento do tegumento da semente, espermoderma, visto de face.
(J) Fragmento mostrando tegumento da semente (espermoderma) em sentido longitudinal.
(K) Célula de parede espessada do espermoderma.
(L) Fragmento mostrando o tecido frouxo, mostrando drusas.
(M) Camada endosperma, vista de face.
(N) Parênquima dos cotilédones.

11.2.1 Caracterização Microscópica

Quando visto em secção transversal, o espermoderma, ou epiderme externa, é constituído por uma fileira de células de paredes lignificadas, grandes e de contorno aproximadamente retangular. Essa camada celular, quando vista em secção transversal, apresenta contorno poligonal, quase retangular, truncado nas extremidades. As paredes celulares são espessas e porosas. A camada subepidérmica é formada por células poligonais ou aproximadamente isodiamétricas, com paredes pouco espessas e protoplasma fortemente pigmentado por conteúdo pardo amarelado. A região mediana é constituída por tecido esponjoso cujo tamanho das células diminui em direção ao centro da estrutura, adquirindo formato achatado até elas alcançarem a epiderme interna. Feixes vasculares delicados ocorrem nessa região, bem como células contendo drusas de oxalato de cálcio. O endosperma é reduzido, sendo constituído por uma única camada de células de contorno retangular, contendo grãos de aleurona, e por uma fina camada de células achatadas e obliteradas.

Os cotilédones acham-se envoltos por camadas celulares de tamanho reduzido e contendo grãos de aleurona e gotículas de óleo.

O parênquima cotiledonar é uniforme, formado por células poligonais que contêm gotículas de óleo e grãos de aleurona.

11.3 Amendoim

- Nome científico: *Arachis hypogaea* L.
- Família *Leguminosae-Papilionoideae* (= *Fabaceae*)
- Parte usada: semente

O amendoim é originário do continente sul-americano. Espécies selvagens foram encontradas exclusivamente ao sul da Amazônia. O centro de origem da dispersão da espécie situa-se no Brasil, na região do Pantanal mato-grossense e adjacências. Quando os colonizadores portugueses chegaram ao Brasil, o amendoim já era utilizado e cultivado pelos índios. A própria palavra "amendoim" é de origem tupi, sendo proveniente de *mandu'wi*, que significa "enterrado", em uma alusão a seus frutos, que se desenvolvem sob a terra, Figura 11.2.

As sementes do amendoim – sua parte nobre – têm, em sua composição, de 25% a 35% de proteínas e de 27% a 52% de óleos. Além disso, são ricas em vitaminas, especialmente a vitamina E. Contêm também as vitaminas B_1, B_2 e C em quantidades significativas. Minerais, como potássio, cálcio, cobre e ferro, além de enxofre e fósforo, fazem parte de sua constituição. Cita-se ainda a presença de ácido glutâmico, leucocianidina e leucodelfinina em sua composição. Em função de sua composição, as sementes de amendoim apresentam diversos usos. É usada como medicamento, afrodisíaco, tônico, anti-hemorroidal e anti-inflamatório. Seu óleo é utilizado na obtenção de emulsões e como solvente, inclusive de injetáveis. É bastante empregado em sapoaria e em cosméticos. Como uso culinário, destaca-se principalmente o do óleo comestível de alta qualidade e fácil digestão. É muito utilizada também a manteiga de amendoim. As sementes podem ser consumidas cruas, torradas e assadas. São empregadas na fabricação de paçocas, pés de moleque, bolos, tortas, pastas, doces e sorvetes. A presença de

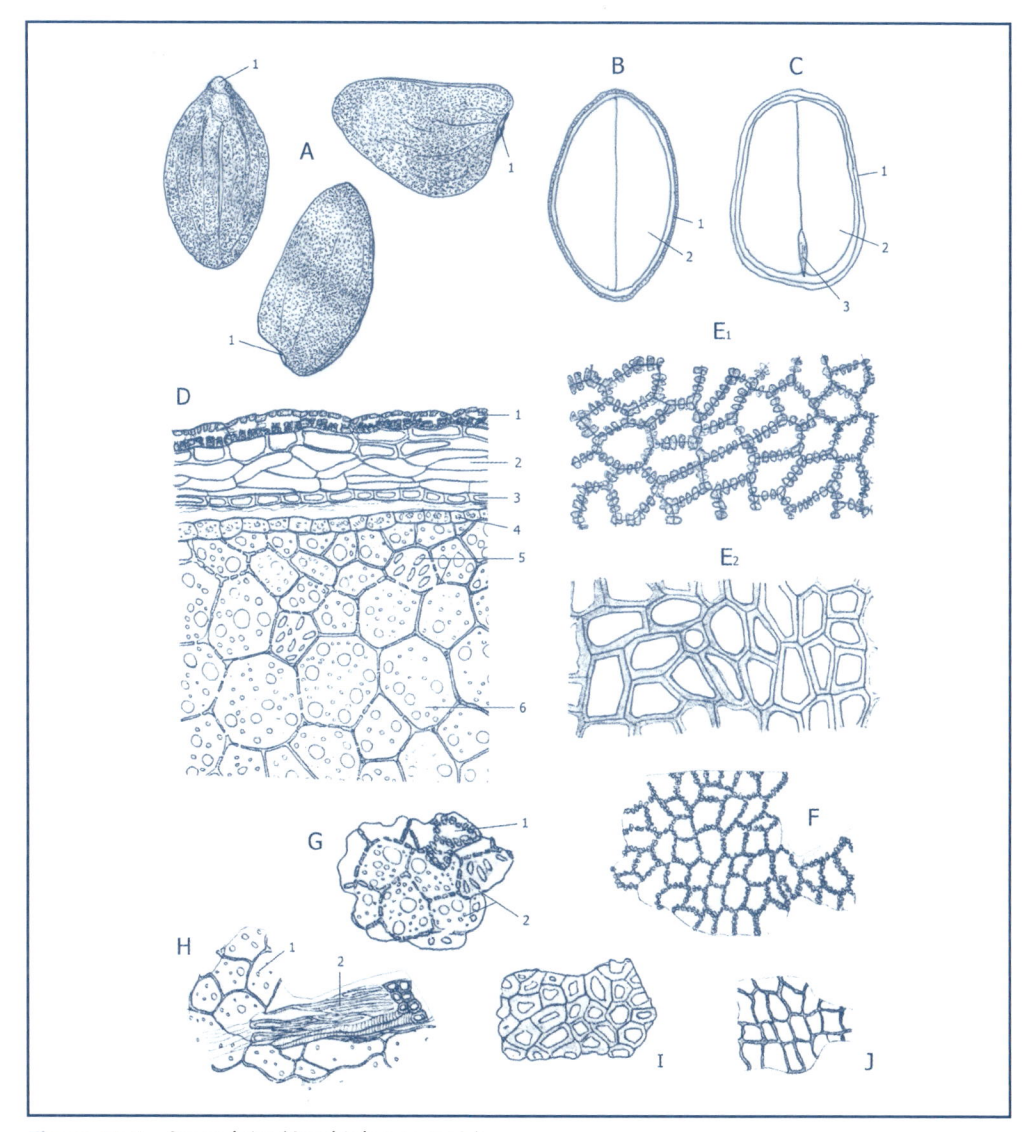

Figura 11.2 – Amendoim (*Arachis hypogaea* L.).
(A) Sementes de amendoim inteiras: (1) região do hilo.
(B) Semente cortada transversalmente: (1) tegumento da semente, (2) cotilédone.
(C) Semente cortada longitudinalmente: (1) tegumento de semente, (2) cotilédone,
     (3) eixo radículo-caulicular.
(D) Semente cortada transversalmente (1 a 3 – tegumento da semente): (1) espermoderma,
     (2) parênquima do tegumento, (3) epiderme interna do tegumento, (4) epiderme cotiledonar,
     (5) pontuações, (6) parênquima cotiledonar.
(E₁) Episperma espermoderma ou epiderme externa.
(E₂) Epiderme interna do tegumento da semente, visto de face.
(F) Espermoderma, visto de face.
(G) Fragmento da semente, visto de face: (1) espermoderma, (2) parênquima cotiledonar.
(H) Fragmento da semente: (1) parênquima cotiledonar, (2) feixe vascular.
(I) Fragmento da semente, mostrando epiderme interna do tegumento, visto de face.
(J) Epiderme do cotilédone, visto de face.

micotoxinas em produtos alimentícios, de modo geral, depende do crescimento de espécies fúngicas, principalmente das pertencentes aos gêneros *Aspergillus*, *Penicillium*, *Fusariun*, *Alternaria* e *Rhizopus*.

As aflatoxinas são produzidas principalmente por fungos do gênero *Aspergillus*, que têm predileção pelas sementes de amendoim. Isso torna necessária uma constante vigilância, visando evitar a contaminação do alimento por essa substância, responsável muitas vezes pelo aparecimento de câncer hepático e morte.

As sementes de amendoim são do tipo exalbuminado. Apresentam forma globosa, geralmente um tanto alongada, chegando algumas vezes a serem subesféricas. Medem de 0,5 a 1,5 cm de comprimento, por 0,5 a 1 cm de espessura. São recobertas por fina película ou tegumento de cor avermelhada. Internamente ao tegumento, o embrião apresenta cor amarela creme. A película, ou tegumento, é bastante aderida ao embrião nas sementes cruas, porém são facilmente removidas por atrito nas sementes torradas. Em uma de suas extremidades, observa-se a presença de pequena protuberância associada à cicatriz, representante da região do hilo. A micrópila é puntiforme e de seu lado oposto nota-se a presença de uma pequena linha, a rafe.

O embrião é bem desenvolvido e corresponde à toda a estrutura, recoberta pelo fino tegumento. É constituído por dois cotilédones plano convexos, aderidos um ao outro pela superfície plana, que é percorrida por um sulco de disposição longitudinal central. Numa das extremidades dos cotilédones, junto à posição basal, observa-se a presença da plúmula do caulículo e da radícula, integrando o eixo radículo-caulicular.

O amendoim cru é de sabor adocicado oleoso e inodoro. Quando torrado, adquire aroma e sabor *sui generis*.

11.3.1 Caracterização Microscópica

As seções transversais da semente de amendoim apresentam as seguintes características:

- Tegumento da semente: formado por seis a sete camadas de células que, em conjunto, correspondem à película avermelhada que recobre a semente. Sua camada de células mais externa, o espermoderma, apresenta-se com células aproximadamente isodiamétricas, as quais apresentam paredes caracteristicamente espessadas. Tais células, quando vistas de face, exibem paredes com aspecto nodoso e serrilhado, como se fosse as contas de um rosário. Logo abaixo do espermoderma, situam-se uma ou duas camadas de células isodiamétricas ou ligeiramente alongadas no sentido tangencial e de paredes espessadas; as duas ou três camadas de células seguintes, quando vistas em corte transversal, apresentam-se alongadas no sentido tangencial; finalmente, a camada mais interna do tegumento, quando observada em sentido transversal, acha-se constituída por células bem menores que as anteriormente descritas, alongadas no sentido tangencial e de paredes espessas. Tais células, algumas vezes apresentam-se obliteradas e são acompanhadas, para o lado de dentro da estrutura, de vestígios de endosperma; quando vistas de face, apresentam o aspecto poligonal. Na região do tegumento, ocorrem ainda feixes vasculares pequenos, protegidos por tecido esclerenquimático fibroso.
- O embrião: os cotilédones, a parte mais desenvolvida do embrião e onde se localiza a maioria das reservas, acham-se revestidos externamente por uma fileira de

células relativamente pequenas, de forma retangular, quando observadas em corte transversal, e de paredes finas. O parênquima de reserva dos cotilédones é constituído por células maiores que as anteriormente citadas, de paredes espessadas e portadoras de pontuações simples. Tais pontuações, relativamente grandes, quando vistas de face, assumem aspecto característico. O parênquima dos cotilédones é rico em gotículas de óleo fixo, apresentando ainda grãos de aleurona de amido. O eixo hipocótilo-radicular é pouco desenvolvido.

11.4 Avelã

- Nome científico: *Corylus avellana* L.
- Família *Betulaceae*
- Parte usada: semente

Acredita-se que a origem da avelã seja asiática. Isso porque ela já era mencionada em escritos chineses há mais de cinco mil anos. Exemplares, em estado selvagem, são encontrados no norte da Índia. Acredita-se ainda que a espécie tenha se dispersado de sua origem para regiões temperadas e boreais, alcançando a Ásia Menor e quase toda a Europa. Hoje, é produzida em quantidade maior principalmente na Turquia.

A semente de avelã contém de 50% a 72% de hidratos de carbono, 10% a 20% de proteínas, 5% a 8% de água, além de cerca de 7% de fibras e 3% de minerais. Possui ainda vitaminas C e B_1, além de provitamina A e vitamina E, Figura 11.3.

A semente acha-se alojada no interior de um fruto globoso, rijo e indeiscente. Ela é consumida em estado natural ou torrada após a remoção da casca do fruto. Com frequência, é empregada na elaboração de doces, geleias, torrões, tortas, pães, bolos, pastéis, biscoitos, gelados e licores. Com ela, elabora-se ainda o leite de avelã e a manteiga de avelã, produtos de grande aceitação. Ela é utilizada com sucesso na alimentação de diabéticos.

De 15 a 20 sementes de avelã, devido ao seu elevado teor de proteínas e gorduras, podem levar à substituição de uma refeição. Associada ao cacau, a avelã aparece em diferentes tipos de chocolates e cremes, apreciados por seu notório sabor.

As sementes de avelã são utilizadas como medicinal, como tônico venoso, no tratamento de varizes, na fragilidade capilar e em edemas ocasionados por insuficiência venosa. Devido à presença de ácido fólico e de folatos, favorecem as funções mentais. Os ácidos graxos insaturados auxiliam na diminuição do colesterol ruim, reduzindo o risco de aterosclerose e infartos do miocárdio.

O fruto é uma noz de 2 cm aproximadamente de diâmetro e 1,5 g de peso, de forma globosa, ovoide oblonga, algumas vezes quase redonda, provida de pequena parte no ápice. Uma das extremidades é provida de mancha clara de forma circular. O restante do fruto apresenta cor castanha amarelada e estrias dispostas longitudinalmente.

A semente, a parte comestível, é recoberta por uma película fina de coloração pardo castanha – o tegumento da semente. A amêndoa é arredondada, carnosa, brancacenta e oleaginosa, de sabor adocicado agradável. O endosperma é fino, pouco evidente, e o embrião é constituído de plúmula e eixo radículo-caulicular reduzido e dois cotilédones bem desenvolvidos, de contorno elíptico. Esses cotilédones são brancos, carnosos e ricos em óleo.

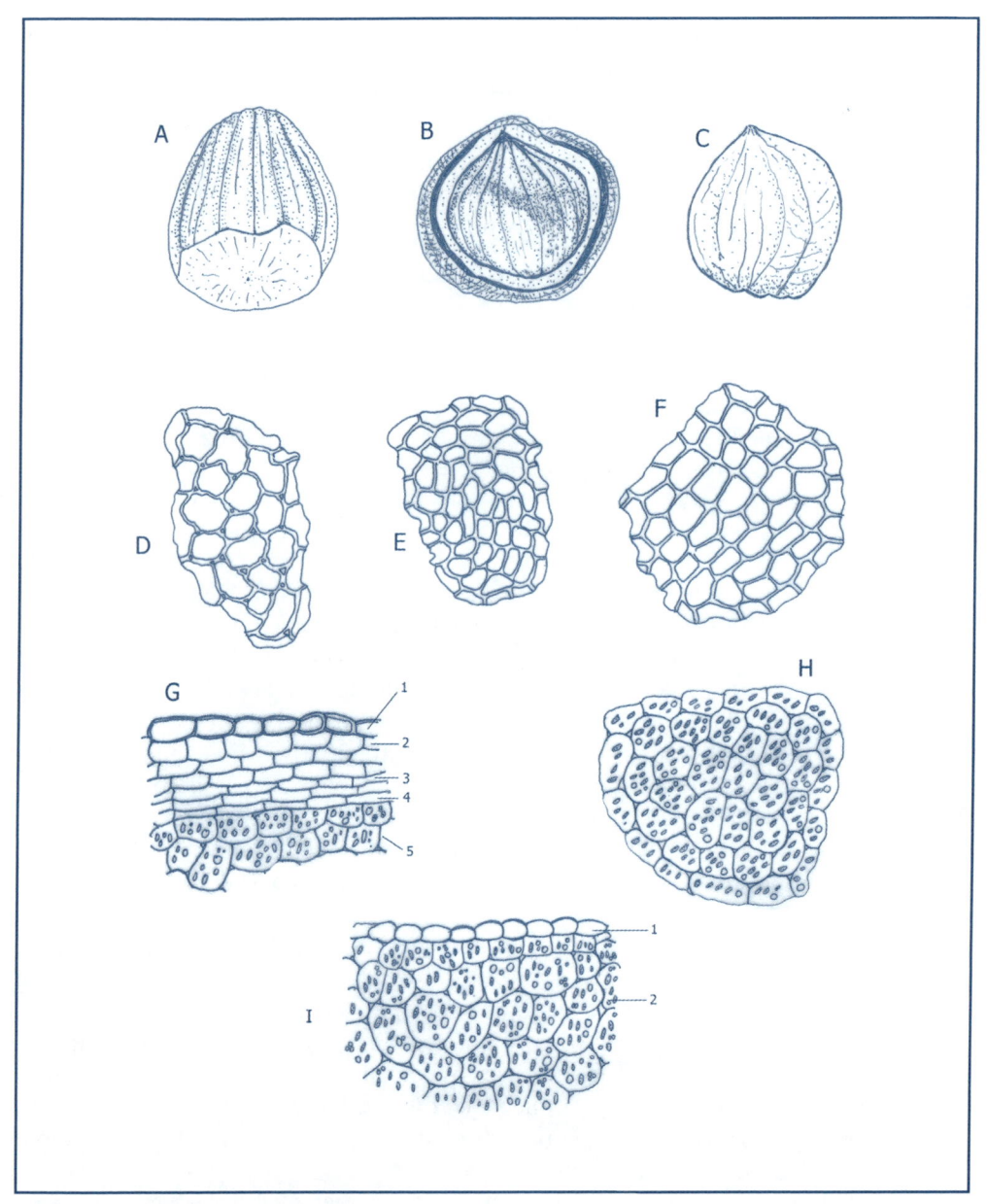

Figura 11.3 – Avelã (*Corylus avellana* L.).
(A) Noz de avelã.
(B) Noz de avelã, da qual foi removida parte do envoltório, mostrando a semente em seu interior.
(C) Embrião (dois cotilédones unidos ao eixo radículo-caulicular, localizado entre os cotilédones).
(D) Parênquima do pericarpo (restos).
(E) Episperma, visto de face.
(F) Hipoderme, vista de face.
(G) Cotilédone: (1) epiderme do cotilédone, (2) hipoderme, (3) parênquima comprimido, (4) epiderme interna, (5) endosperma.
(H) Endosperma, visto de face.
(I) Cotilédone: (1) epiderme, (2) parênquima cotiledonar.

11.4.1   Características Microscópicas

Restos da porção do pericarpo mais interno, derivada do parênquima pardo, permanecem espaçados e aderentes ao espermoderma, formado por células isodiamétricas e de paredes onduladas.

O espermoderma é constituído, quando visto em cortes transversais, por células de contorno aproximadamente retangular. Essas células, quando vistas de face, apresentam contorno poligonal e mostram pequenos espaços intercelulares. O hipoderma é constituído por células semelhantes às da epiderme. Abaixo dessa camada celular, nota-se a presença de uma camada de células parenquimáticas comprimidas e que envolvem feixes vasculares delicados, com xilema espiralado. O endosperma é constituído por células isodiamétricas aderentes ao espermoderma, ricas em grãos de aleurona.

Os cotilédones são formados por células de contorno isodiamétrico e de paredes finas, que deixam entre si pequenos meatos. Essas células contêm abundantes gotículas de óleo, grãos de aleurona grandes e alongados e grãos de amido de forma arredondada.

11.5   Castanha-de-caju

- Nome científico: *Anacardium accidentale* L.
- Família *Anacardiaceae*
- Parte usada: semente

O cajueiro é uma planta típica do Nordeste brasileiro. Muito antes da chegada dos portugueses ao Brasil, o brasilíndio, ou índio brasileiro, utilizava o pseudofruto do caju (pedúnculo floral) e o fruto verdadeiro (castanha-de-caju) como alimento em sua dieta alimentar. Os pseudofrutos do caju, a parte suculenta, eram utilizados pelos índios Tremembé, após processo de fermentação, como uma bebida, chamada "toré", empregada em cerimônias. Uma aguardente especial era por eles elaborada com o pseudofruto após processo de fermentação e destilação, o cauim, Figura 11.4.

Por outro lado, a palavra "caju" deriva do tupi *acaiu*, que significa "noz que se produz".

O uso da castanha-de-caju também é antigo. A castanha era submetida à torragem e só depois quebrada para a retirada da amêndoa comestível.

A castanha-de-caju possui, em sua composição, 28,33% de proteínas, 47,90% de lipídios, 14,50% de glicídios e 5,1% de água; além desses componentes, cita-se, no caju, a presença das vitaminas B_1, B_6, P e K. São citados ainda minerais, como magnésio, ferro, cobre, zinco e sódio, além de fósforo.

A castanha-de-caju é considerada um alimento de grande valor nutritivo, quando comparado às oleaginosas famosas do Velho Mundo. É utilizada salgada, como tira-gosto, e ainda em pães, bolos, chocolates e barras comestíveis, e no preparo de rações.

As castanhas-de-caju utilizadas na alimentação correspondem às sementes desprovidas de tegumento ou espermoderma. Essas sementes são do tipo exalbuminado. Os cotilédones são robustos, de contorno reniforme e planos convexos, apresentando, na sua face interna, um sulco não muito profundo, que acompanha o contorno. Entre os cotiledones, na base, nota-se a presença do eixo radículo-caulicular de tamanho reduzido, na forma de protuberância alongada.

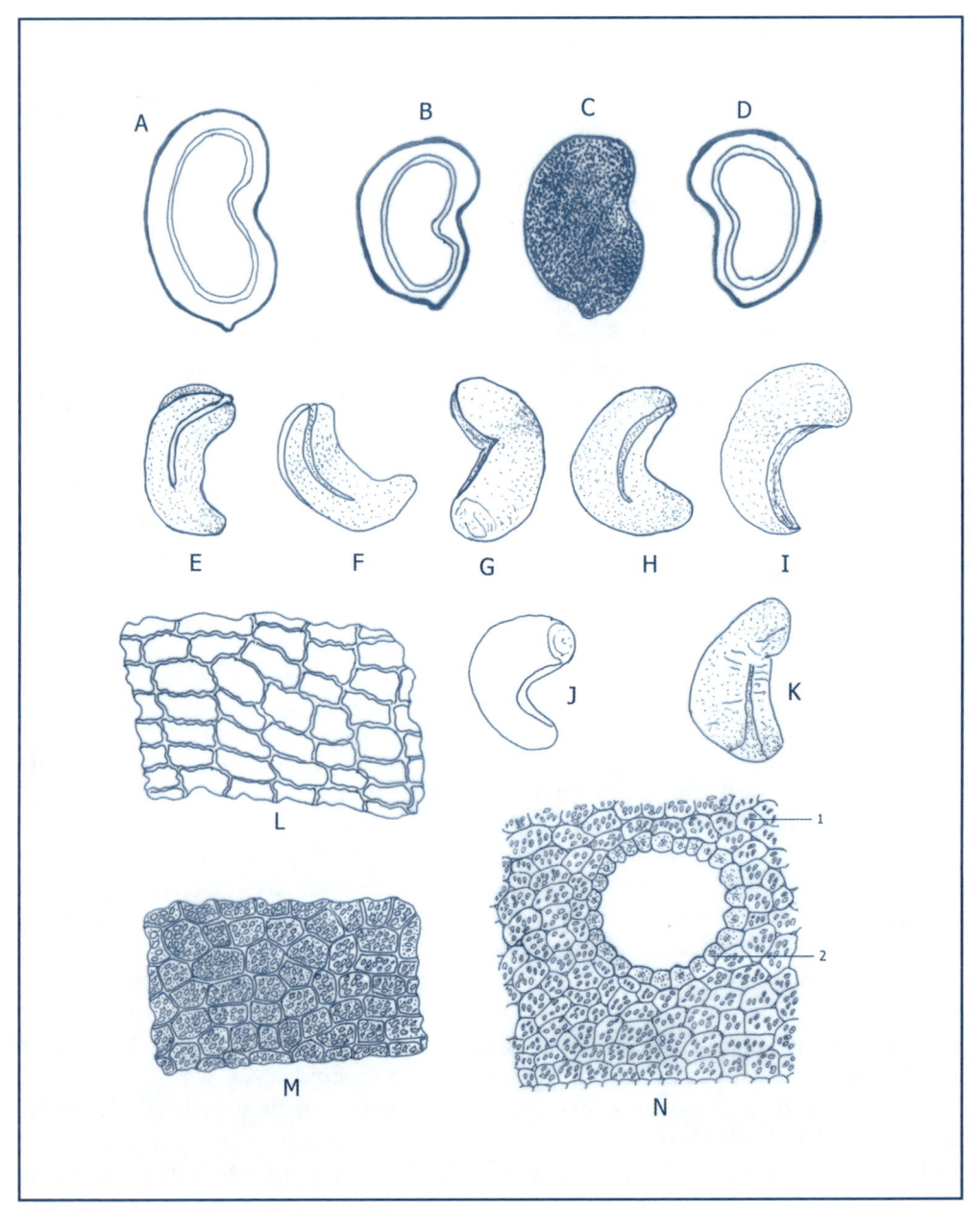

Figura 11.4 – Castanha-de-caju (*Anacardium occidentale* L.).
(A) Fruto cortado longitudinalmente.
(B) Fruto cortado longitudinalmente.
(C) Fruto inteiro.
(D) Fruto cortado longitudinalmente.
(E e F) Cotilédones separados.
(G, H, I, J e K) Cotilédones unidos.
(L) Espermoderma, visto de face.
(M) Parênquima cotiledonar.
(N) (1) parênquima cotiledonar, (2) canal secretor.

11.5.1 Caracterização Microscópica

As sementes de caju usadas como alimento correspondem ao embrião. Este, por sua vez, é representado praticamente por seus dois cotilédones, que são bem desenvolvidos.

O espermoderma, ausente na forma alimentar, é formado por uma simples camada de células achatadas e de paredes onduladas quando vistas de face. Essas células contêm pigmento pardo acastanhado. Abaixo dessa camada celular, ocorrem outras camadas celulares que englobam pequenos feixes vasculares. O endosperma é reduzido, formado por uma fileira de células arredondadas contendo grãos de aleurona. Os cotilédones estão constituídos por uma camada de células epidérmicas que, vistas em secção transversal, são retangulares e de paredes espessadas. Abaixo dessa camada, igualmente de paredes espessadas, semelhantes às anteriormente descritas, segue-se um parênquima de células isodiamétricas, contendo grãos de amido pequenos e arredondados ou elípticos, com hilo pontuado. Essa camada celular inclui glândulas produtoras de óleo essencial, revestidas internamente por uma camada celular contínua e cada uma aproximadamente de contorno retangular.

Segue-se a região parenquimática, repleta de grãos de amido, com as características já descritas, e gotículas de óleo. Grãos de aleurona também podem ser visualizados.

11.6 Castanha do Brasil, ou Castanha-do-pará

- Nome científico: *Bertholletia excelsa* Humb *et* Bonpl.
- Família *Lecythi daceae*
- Parte usada: amêndoa da semente

A castanha do Brasil, ou castanha-do-pará, é uma semente oleaginosa, altamente nutritiva, de uma árvore da Hileia Amazônica, que é formada pelos países que circunscrevem a floresta Amazônica: Brasil, Peru, Colômbia, Equador, Bolívia, Venezuela, Suriname e Guiana Francesa, Figura 11.5.

A castanha do Brasil é abundante na Bolívia, no Suriname e no Brasil, especialmente no Estado do Acre. O desmatamento desregrado na Amazônia brasileira põe em risco a sobrevivência dessa espécie no território nacional.

O fruto da castanheira chega a pesar cerca de 2 kg. Ele demora mais de um ano para amadurecer e seu pericarpo é muito duro e lignificado. Contém, via de regra, de 16 a 24 sementes, que apresentam igualmente testa rígida, sendo as amêndoas a parte comestível. Elas possuem 69% de gordura rica em ácidos graxos insaturados.

Pesquisas puseram em evidência que, de sua fração gordurosa, somente 25% correspondem a gorduras saturadas, sendo os 75% restantes constituídos por 41% de monoinsaturadas e 34% de poli-insaturadas.

Entre os ácidos graxos presentes, citam-se o ácido oleico, o linolênico, o palmítico, o esteárico e o aracdônico. A fração proteica, por sua vez, é rica em aminoácidos essenciais. Entre os minerais, estão presentes cálcio, magnésio, potássio, zinco, ferro, manganês e cobre. Contém ainda fósforo e quantidades significantes de selênio, que aumenta o seu valor nutricional.

Além disso, encerra as vitaminas B_1, B_2, niacina e C.

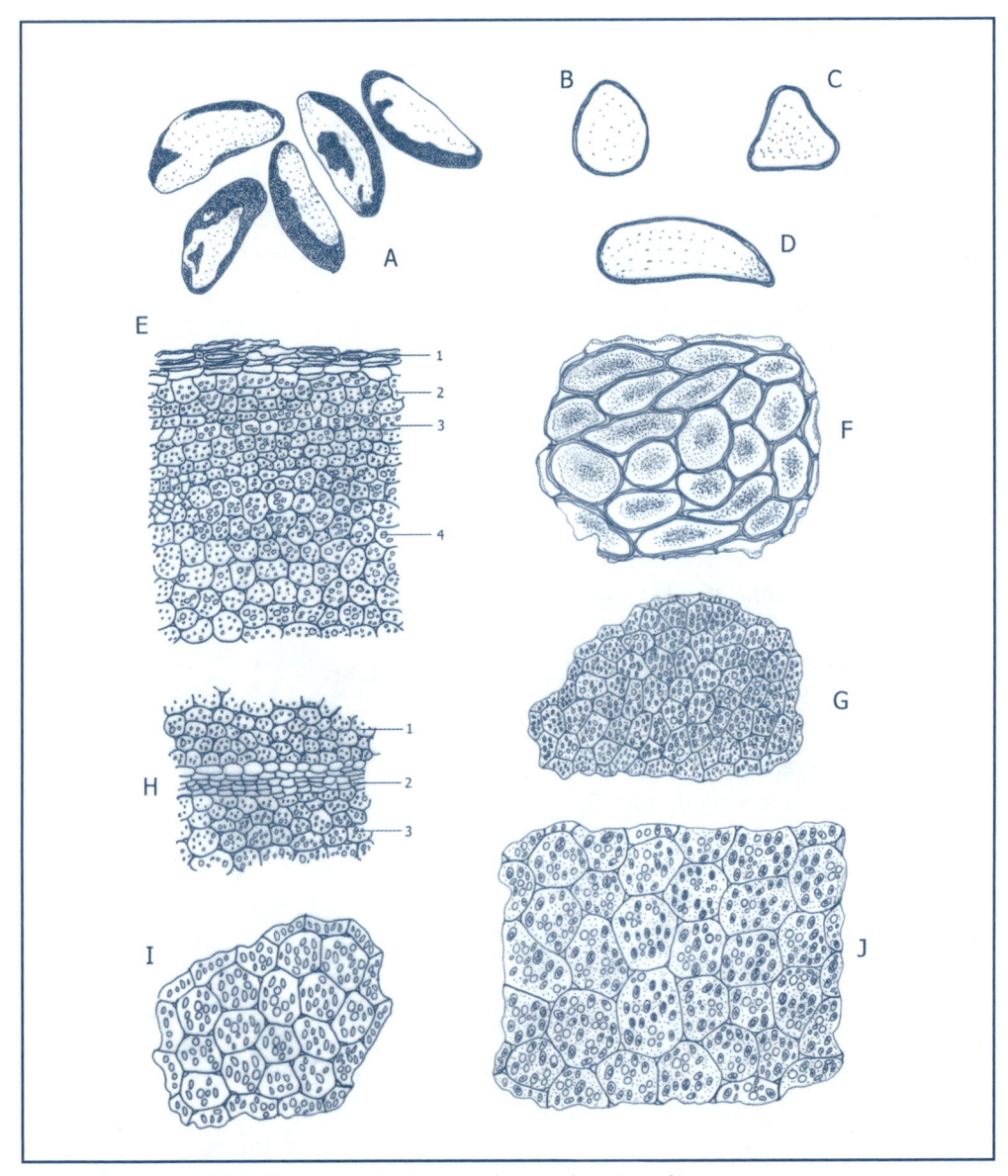

Figura 11.5 – Castanha-do-pará (*Bertholletia excelsa* Humb. et Bonpl.).
(A) Amêndoas.
(B) Seção transversal da amêndoa, passando pela região mediana.
(C) Seção transversal da amêndoa, passando próximo à região externa, mais afilada.
(D) Seção longitudinal da semente.
(E) Seção transversal da amêndoa: (1) película marrom formada por células alongadas lignificadas, (2) endosperma, (3) camada oleífera, (4) camada oleífera aleurônica.
(F) Película marrom, vista de face.
(G) Camada oleífera aleurônica, vista de face.
(H) Seção transversal da amêndoa, mostrando: (1) camada oleífera aleurônica –parênquima cortical, (2) camada meristemática, (3) camada oleífera aleurônica.
 (I) Camada oleífera, vista de face.
(J) Camada oleífera aleurônica.

As castanhas do Brasil, ou castanhas-do-pará, são consumidas cruas ou torradas. Entram no fabrico de doces, sorvetes, pães, tortas e bolachas. Costumam ser ainda transformadas em farinha, empregada em diversos fins culinários. Apresentam atividade antioxidante e servem para reduzir o colesterol ruim.

As sementes são revestidas por um tegumento rígido, bastante lignificado. Medem de 4 a 7 cm de comprimento, por 2 a 3 cm de diâmetro, apresentando forma angulosa subtriangular, afilada nas extremidades, e contendo no seu interior a amêndoa de alto valor nutricional.

Essa amêndoa acha-se recoberta por uma película lignificada, de coloração marrom. Na amêndoa, o embrião não é diferenciado. A amêndoa apresenta estrutura ovoide, elipsoide ou claviforme, sem delimitação dos cotilédones, nem do eixo hipocótilo-radicular. Sua maior parte é constituída pelo hipocótilo. O hipocótilo tem função de armazenar reservas.

11.6.1 Caracterização Microscópica

Removido o tegumento da semente, a amêndoa apresenta-se envolta em uma película de coloração marrom, constituída de células de parede lignificada, de forma pouco evidente, e amassadas.

Abaixo dessa camada celular, ocorre o tecido parenquimático bisseriado, com células tabulares, de paredes um tanto espessadas, representando o endosperma. Mais internamente, observa-se a presença de uma camada de células isodiamétricas, de paredes repletas de gotículas de óleo e grãos de aleurona, constituída de dez a 14 fileiras celulares. Segue-se uma camada de células menores, constituída de 3 a 4 fileiras celulares, com características meristemáticas. Segue-se outra camada ampla, de tecido parenquimático, igualmente contendo gotículas de óleo e grãos de aleurona.

11.7 Coco

- Nome científico: *Cocos nucifera* L.
- Família *Arecaceae* (= *Palmae*)
- Parte usada: amêndoa da semente

A espécie vegetal *Cocos nucifera* L apresenta origem discutível. A maior parte dos autores acredita que ela seja de origem asiática, do sudeste da Ásia ou das Índias. Foram encontrados na Nova Zelândia exemplares fósseis com 15 mil anos de idade. Outros autores acreditam ainda numa origem sul-americana. Teria a espécie, como origem, o nordeste da América do Sul, tendo se disseminado para a África e para a Ásia através de correntes marítimas, Figura 11.6.

O coqueiro é uma planta nobre. Dele tudo é utilizável, destacando-se, entre os múltiplos usos, o alimentar.

As proteínas ocorrem, em sua parte comestível, num teor de 3,33%; ao lado de carboidratos, 6,23%; e lipídios, 31,49%. Além disso, contém as vitaminas A, B_1, B_2, B_5, B_6, C e E. Contém ainda potássio, sódio, magnésio, cálcio, ferro e zinco, ao lado de cloro e fósforo.

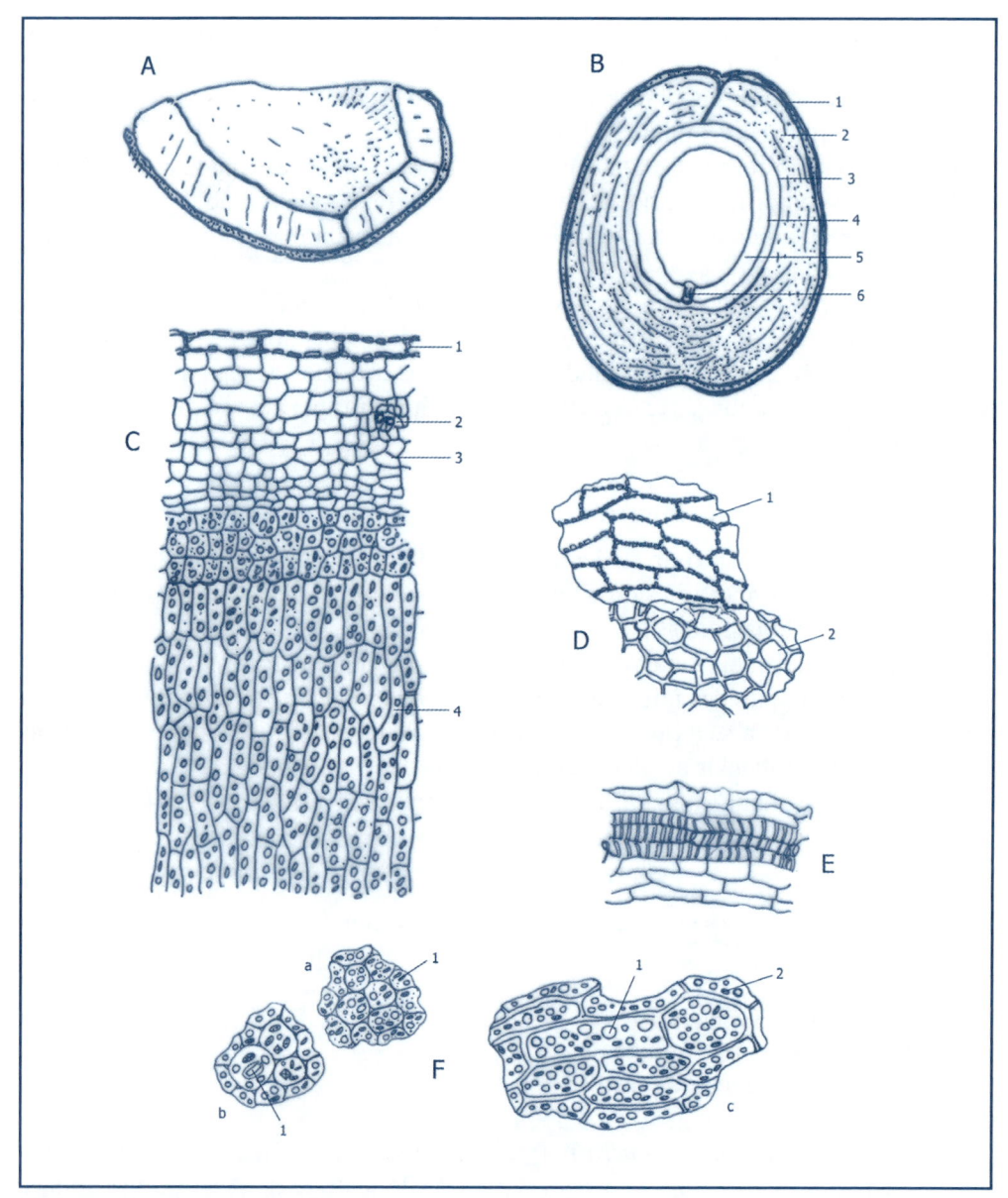

Figura 11.6 – Coco (*Cocos nicifera* L.).
(A) Fragmento da semente de coco despida da parte fibrosa (endosperma, principalmente).
(B) Seção longitudinal da drupa (fruto do coco): (1) epicarpo, (2) mesocarpo, (3) endocarpo, (4) espermoderma, (5) endosperma, (6) embrião.
(C) Seção transversal da semente: (1) espermoderma, (2) feixe vascular, (3) parênquima do tegumento, (4) endosperma.
(D) Fragmento da semente de coco: (1) espermoderma, (2) parênquima.
(E) Fragmento de feixe vascular.
(F) Fragmentos do endosperma – (a) três a quatro primeiras camadas: (1) grãos de aleurona; (b) mesmas camadas, mostrando grãos de aleurona e cristaloides: (1) cristaloide; (c) camadas mais internas, alongadas, mostrando gotículas de óleo e grãos de aleurona: (1) gotículas de óleo, (2) grãos de aleurona.

Graças à essa composição, é utilizado como tônico reconstituinte e estimulante do apetite. É empregado na osteoporose e em dores osteomusculares, em casos de descalcificação; em tosses, em úlceras gástricas, como anti-inflamatório e em bronquites.

Como alimento, empregam-se o óleo e a gordura de coco, o leite de coco, a água de coco e a margarina, obtida através de seu óleo.

Com o coco, confeccionam-se doces, balas, pães, geleias, sorvetes, manjares, cremes e pudins.

O fruto do coco é uma drupa fibrosa, de forma ovalada, provida de ponta em uma das extremidades, revestida por uma película lisa cuja cor varia do verde ao amarronzado. O mesocarpo é bastante fibroso e o endocarpo é lenhoso, pétreo e aderido ao espermoderma da semente. No endocarpo lenhoso, existem três poros de germinação. O endosperma, a parte comestível da semente, é recoberto por uma película amarronzada que fica, em parte, aderida ao endocarpo. Corresponde à polpa brancacenta, carnuda e adocicada. No interior do fruto, ocorre uma cavidade envolta pelo endosperma, repleta de água quando o coco não está plenamente amadurecido.

11.7.1 Caracterização Microscópica

A parte comestível do fruto corresponde à polpa brancacenta, que pode atingir 2 cm de espessura. Apresenta a seguinte estrutura: a camada mais externa da semente, que, em parte, permanece aderida ao endocarpo, ou seja, o espermoderma apresenta células de paredes espessadas por lignina de coloração amarronzada. Essa camada celular, vista em corte transversal, apresenta células de paredes espessas e pontuadas, mostrando uma forma retangular, alongada no sentido periclinal. Quando vista de face, essa camada celular é formada por células de contorno poligonal cujas paredes espessadas e pontuadas lembram contas de um rosário. Abaixo do espermoderma, aparece uma camada hipodérmica, com células igualmente de paredes espessadas onde não se observam as pontuações. Seguem-se de sete a oito fileiras celulares constituídas por células parenquimáticas, mais ou menos isodiamétricas, cujo tamanho diminui um pouco em direção ao centro da estrutura. Essas células envolvem feixes vasculares colaterais, fechados e providos de xilema, com vasos espiralados.

O endosperma é abundante e suas células são alongadas no sentido radial da estrutura e contêm grande quantidade de gotículas de óleo.

11.8 Gergelim/Sésamo

- Nome científico: *Sesamum indicum* L.
- Família *Pedaliaceae*
- Parte usada: semente

Conhecido desde a mais remota Antiguidade, o gergelim passa por ser a mais antiga semente oleaginosa comestível conhecida. O Egito antigo, a Índia, a China e a Grécia são países que testemunharam essa assertiva. Entretanto, a sua origem é incerta, acreditando-se na possibilidade de ser a Índia sua pátria de origem. Na atualidade, a Ásia e a África correspondem aos continentes onde a sua produção é maior, sendo responsáveis por 90% da produção mundial. O Brasil produz pouco gergelim, sendo o seu uso mais frequente no Nordeste brasileiro, Figura 11.7.

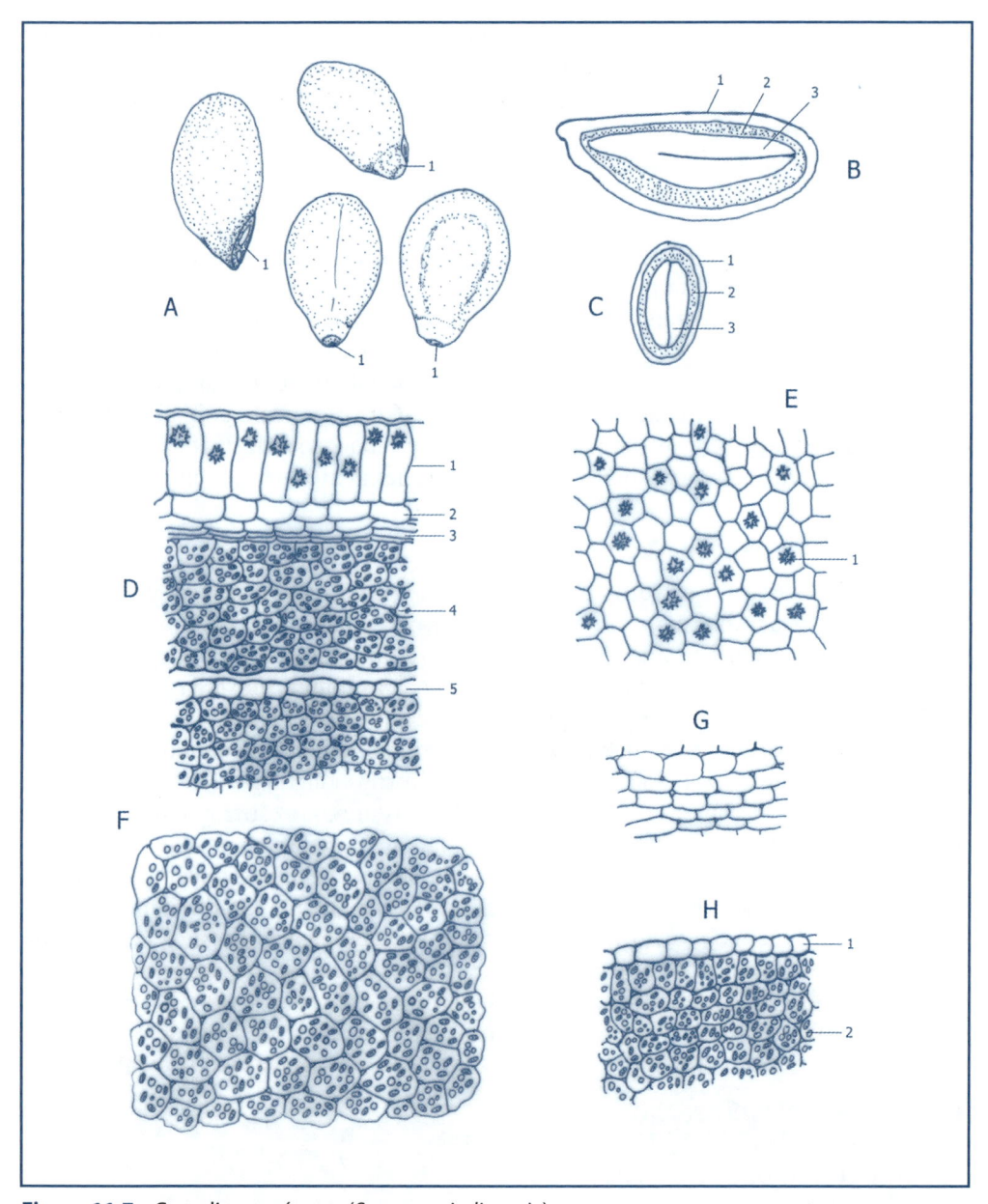

Figura 11.7 – Gergelim ou sésamo (*Sesamum indicum* L.).
(A) Sementes de gergelim: (1) região do hilo.
(B) Semente de gergelim, cortada longitudinalmente: (1) tegumento, (2) endosperma, (3) embrião.
(C) Semente de gergelim, cortada transversalmente: (1) tegumento, (2) endosperma, (3) embrião.
(D) Seção transversal: (1) episperma contendo drusas, (2) camada parenquimática de células achatadas, (3) epiderme interna, (4) endosperma, (5) epiderme do cotilédone e parênquima cotiledonar.
(E) Episperma, visto de face: (1) drusa.
(F) Endosperma.
(G) Camada parenquimática de células achatadas.
(H) Cotilédone cortado transversalmente: (1) epiderme do cotilédone, (2) parênquima cotiledonar.

O gergelim é uma semente de grande importância nutricional, daí a sua cultura ser considerada uma das mais promissoras. Constam de sua composição 49,1% de lipídios, 18,6% de proteínas, 21,6% de carboidratos e 6,3% de fibras. Possui as vitaminas A, B_1, B_2, C e E, além de manganês, cobre, cálcio, ferro, magnésio, cromo e fósforo. Contém ainda fitina e fitosteróis. O gergelim tem aplicação medicinal no tratamento de distúrbios das vias urinárias e como antirreumático, anti-inflamatório, galactagogo e laxante suave.

A partir de suas sementes, produzem-se o óleo de gergelim, o leite de gergelim e a farinha de gergelim. Com elas, ainda são elaborados pães, bolos, biscoitos, bolachas, cremes, pudins e doces, além de diversos pratos salgados.

As sementes são pequenas, ovoides ou elípticas, achatadas, e de coloração branca, amarelada, avermelhada parda ou preta. Medem de 2 a 4 mm de comprimento, por 1,5 a 3 mm de largura e cerca de 1 mm de espessura. Na parte central da semente, vista de face, nota-se a presença de uma linha, a rafe, que sai da parte afilada da semente, local onde se observa a presença do hilo. A microfila é pouco evidente.

A seção transversal da semente mostra três regiões distintas: o envoltório, ou espermoderma; a camada clara mediana, ou endosperma; e a região central, correspondendo ao embrião, que é constituído em sua maior parte pelos cotilédones.

11.8.1 Caracterização Microscópica

A seção transversal da semente apresenta a seguinte estrutura: episperma, ou epiderme da semente, formado por uma fileira de células com disposição em paliçada e paredes ligeiramente onduladas, contendo cada célula uma drusa de oxalato de cálcio. Possui também uma ou duas fileiras de células parenquimáticas achatadas e uma fileira de células de contorno retangular, alongadas no sentido periclinal.

O endosperma é constituído de fileira de células parenquimáticas, ricas em gotículas de óleo e grãos de aleurona.

Os cotilédones do embrião são revestidos de epiderme constituída por células retangulares, alongadas no sentido periclinal. Abaixo dessa camada celular, ocorre um tecido parenquimático, constituído por células retangulares e alongadas no sentido anticlinal. Essas células acham-se repletas de gotículas de óleo e de grãos de aleurona, cada um deles provido de globoide e cristaloide.

O episperma, quando visto de face, é formado por células de contorno poligonal e paredes finas, e cada uma delas caracteristicamente provida de uma pequena drusa.

11.9 Girassol (Sementes de Girassol)

- Nome científico: *Helianthus annuus* L.
- Família *Asteraceae* (= *Compositae*)
- Parte usada: semente

A espécie *Helianthus annuus* L. é originária da América do Norte. É cultivada desde antes de 3000 a.C. pelos povos primitivos americanos. Os incas consideravam-na uma planta sagrada, como o aspecto terreno do Sol. O gênero *Helianthus* tem seu nome derivado de duas palavras gregas: *helios*, que significa "Sol", e *anthus*, que significa "flor". Atualmente, a Rússia é seu maior produtor mundial, seguida da Argentina, França e Estados Unidos, Figura 11.8.

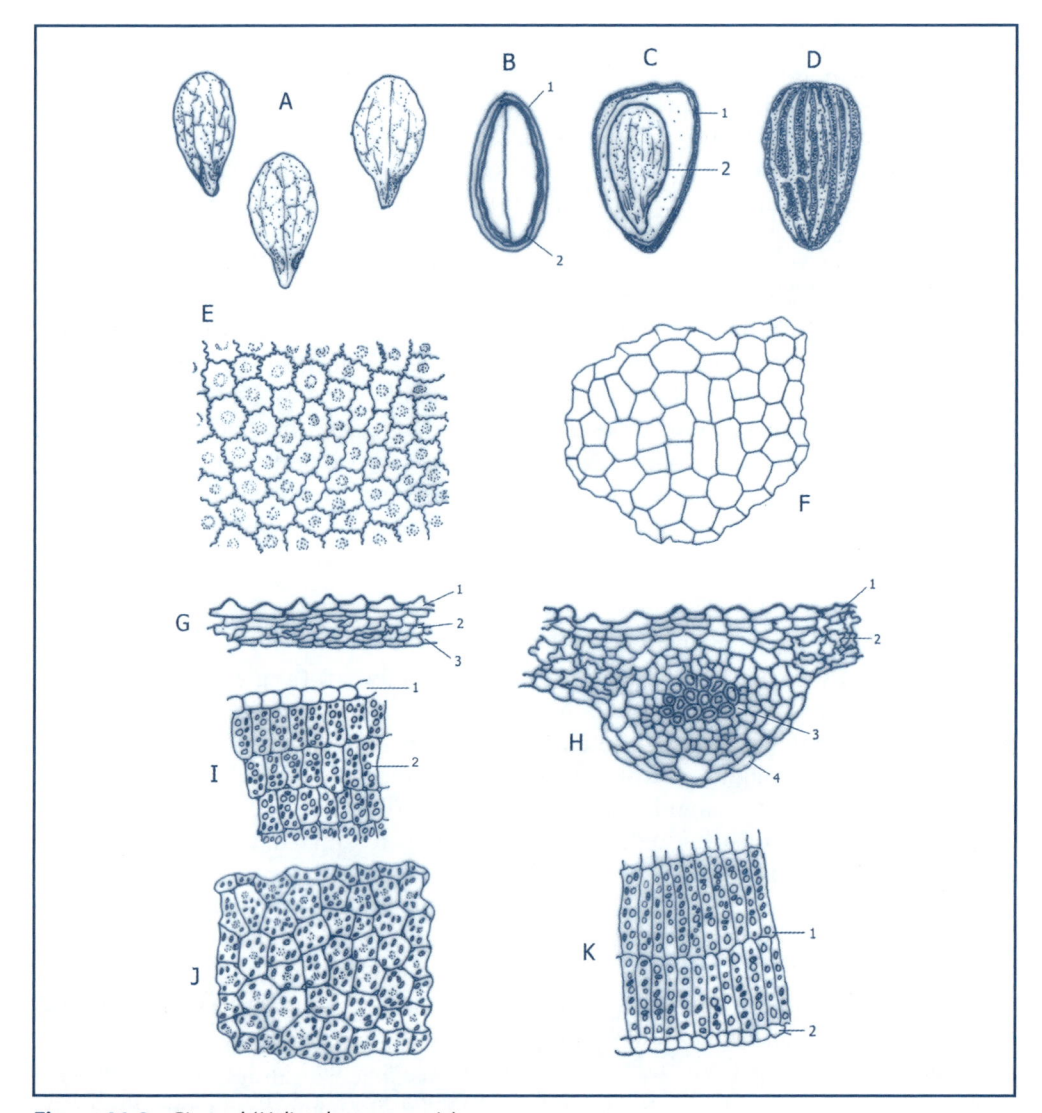

Figura 11.8 – Girassol (*Helianthus annuus* L.).
(A) Sementes de girassol ou pepitas.
(B) Aquênio (fruto) cortado transversalmente: (1) pericarpo, (2) semente.
(C) Aquênio cortado longitudinalmente: (1) pericarpo, (2) semente.
(D) Aquênio inteiro (conhecido como "semente de girassol").
(E) Episperma, visto de face.
(F) Epiderme interna do tegumento, vista de face.
(G) Tegumento cortado transversalmente: (1) espermoderma, (2) parênquima esponjoso, (3) epiderme interna.
(H) Tegumento cortado transversalmente na região de saliência – feixe vascular: (1) episperma, (2) parênquima esponjoso, (3) feixe vascular, (4) epiderme interna.
(I) Cotilédone cortado transversalmente: (1) epiderme externa, (2) parênquima cotiledonar.
(J) Endosperma.
(K) Cotilédone cortado transversalmente: (1) parênquima cotiledonar, (2) epiderme – região plana dos cotilédones.

O óleo de girassol tem prestígio mundial, sendo rico em ácidos graxos insaturados. Entram na composição química do girassol cerca de 21% de proteínas, 50% de lipídios ricos em ácidos graxos insaturados e 18% de glicídios, além de cálcio, fósforo, ferro, potássio, sódio e as vitaminas A, C, D, E e as do complexo B.

O óleo de girassol, bem como as suas sementes, representadas principalmente pelo embrião, apresenta propriedades antioxidantes e anticolesterêmicas.

As sementes (pepitas) são consumidas cruas ou torradas, adicionadas de sal, como aperientes e tira-gostos. Entram na composição de: granolas, barras de cereais, saladas, massas, recheios, molhos, risotos, *bruschettas* e pães. As sementes e, mesmo, os frutos e os aquênios entram na alimentação de animais, especialmente de pássaros.

O fruto é do tipo aquênio, obovoide, subanguloso, lenhoso, fino e duro, passível de ser aberto em duas metades, em forma de concha. Apresenta coloração variada, que vai de branca a preta, parda e acinzentada.

Apresenta-se estriado e com faixas brancas e pretas, ou acinzentadas. Mede de 1,5 a 2 cm de comprimento quando plenamente desenvolvido. No seu interior ocorre a presença de uma única semente (pepita), presa ao fruto por um só ponto.

A semente é de coloração brancacenta ou creme. Corresponde à "amêndoa" oleaginosa. Apresenta forma elipsoide, achatada nas duas superfícies e afilada num dos extremos, na região em que se liga à parede do fruto.

É constituída por duas películas finas externamente: o espermoderma e um endosperma insipiente. Essas duas finas camadas recobrem um embrião robusto, formado por dois cotilédones planos convexos, grandes e maciços, e pelo eixo caulículo-radicular, de porte reduzido.

Na parte externa, junto à protuberância basal, derivada do funículo do óvulo, nota-se, com o auxílio de lupa, uma pequena cicatriz, correspondente à micrópila.

11.9.1 Caracterização Microscópica da Semente

O episperma é constituído por células que, quando vistas de face, têm contorno arredondado e são providas de paredes sinuosas. Abaixo dessa região, nota-se a presença de uma ou duas camadas de células, com espaços grandes intercelulares, o parênquima esponjoso. Segue-se a epiderme interna do tegumento, com células de contorno poligonal e paredes finas quando vistas paradermicamente. O endosperma, visto em secção transversal, é constituído por células de contorno aproximadamente isodiamétrico, contendo grãos de aleurona e gotículas de óleo. O embrião, ou seja, os cotilédones são recobertos por epiderme que, em corte transversal, apresenta forma retangular e alongada no sentido periclinal. Abaixo dessa região, nota-se a presença de células alongadas, dispostas em paliçada e repletas de gotículas de óleo e de grãos de aleurona.

Seguem-se células de contorno aproximadamente isodiamétrico, igualmente repletas de gotículas de óleo e grãos de aleurona. Ao lado da epiderme interna da região plana dos cotilédones, nota-se a presença de células alongadas, como as descritas junto à epiderme externa.

11.10   Noz-pecã

- Nome científico: *Carya illinoensis* (Wang.) Koch
- Família *Juglandaceae*
- Parte usada: semente

A noz-pecã é originária do sul dos Estados Unidos e do norte do México.

Desde épocas bem remotas, era conhecida pelos nativos americanos, que dela faziam uso. Rica em proteínas e gorduras insaturadas, seu uso é considerado benéfico à saúde. No Brasil, é cultivada nos Estados do sul, sendo o produto do cultivo consumido, em parte, no país e, em parte, exportado, Figura 11.9.

Participam de sua composição 10,5% de proteínas, 13% carboidratos e 73% de lipídios, constituídos principalmente por gorduras monoinsaturadas. Contém ainda as vitaminas B_1, B_2, B_3, B_5, B_6, B_9, C, E e K, além de cálcio, ferro, magnésio, manganês, potássio, sódio, zinco e fósforo.

Graças à sua composição, funciona como energético, favorecendo em casos de cansaço físico e mental. Funciona ainda como anticolesterêmica e como antioxidante.

O fruto da nogueira-pecã é tecnicamente uma drupa. O pericarpo e o mesocarpo dos frutos são deles apartados, restando o endocarpo pétreo, que contém as sementes em seu interior. Os caroços, ou endocarpos, contendo as sementes, são conhecidos vulgarmente como "nozes".

As sementes, as partes comestíveis das nozes, são consumidas *in natura* ou então entram na composição de pães, bolos, biscoitos, sopas e pratos diversos.

As nozes medem de 2,5 a 6 cm de comprimento, por 1,5 a 3 cm de diâmetro na região mediana. São alongadas, subcilíndricas, afiladas nas extremidades, terminadas em ponta e se rompem com facilidade quando submetidas à pressão. As sementes, em número de duas por noz, possuem forma arredondada, achatada nas duas faces, e são envoltas por um espermoderma fino, de coloração acastanhada. O embrião é constituído por dois cotilédones carnudos, pouco individualizados e aderidos ao eixo radículo--caulicular, provido de pequena reentrância no ápice e de pequena ponta na base.

Observado de face, deixa ver duas valéculas que percorrem sua superfície, do ápice à base, deixando entre elas uma aresta que termina, na região apical, em uma pequena reentrância e, no lado basal, em pequena ponta.

11.10.1   Caracterização Microscópica

O episperma, visto em secção transversal, é constituído de células retangulares e alongadas no sentido periclinal. Essas células, quando vistas de face, apresentam contorno aproximadamente poligonal e paredes um pouco espessas. Estômatos anomocíticos podem ser observados nessa região. Abaixo dessa camada celular, ocorrem outras, constituídas de células de tamanho menor e que envolvem feixes vasculares delicados, providos de vasos xilemáticos espiralados.

O endosperma é reduzido e suas células contêm grãos de aleurona e gotículas de óleo.

Os cotilédones são constituídos por células isodiamétricas, maiores que as anteriormente descritas e ricas em gotículas de óleo e grãos de aleurona.

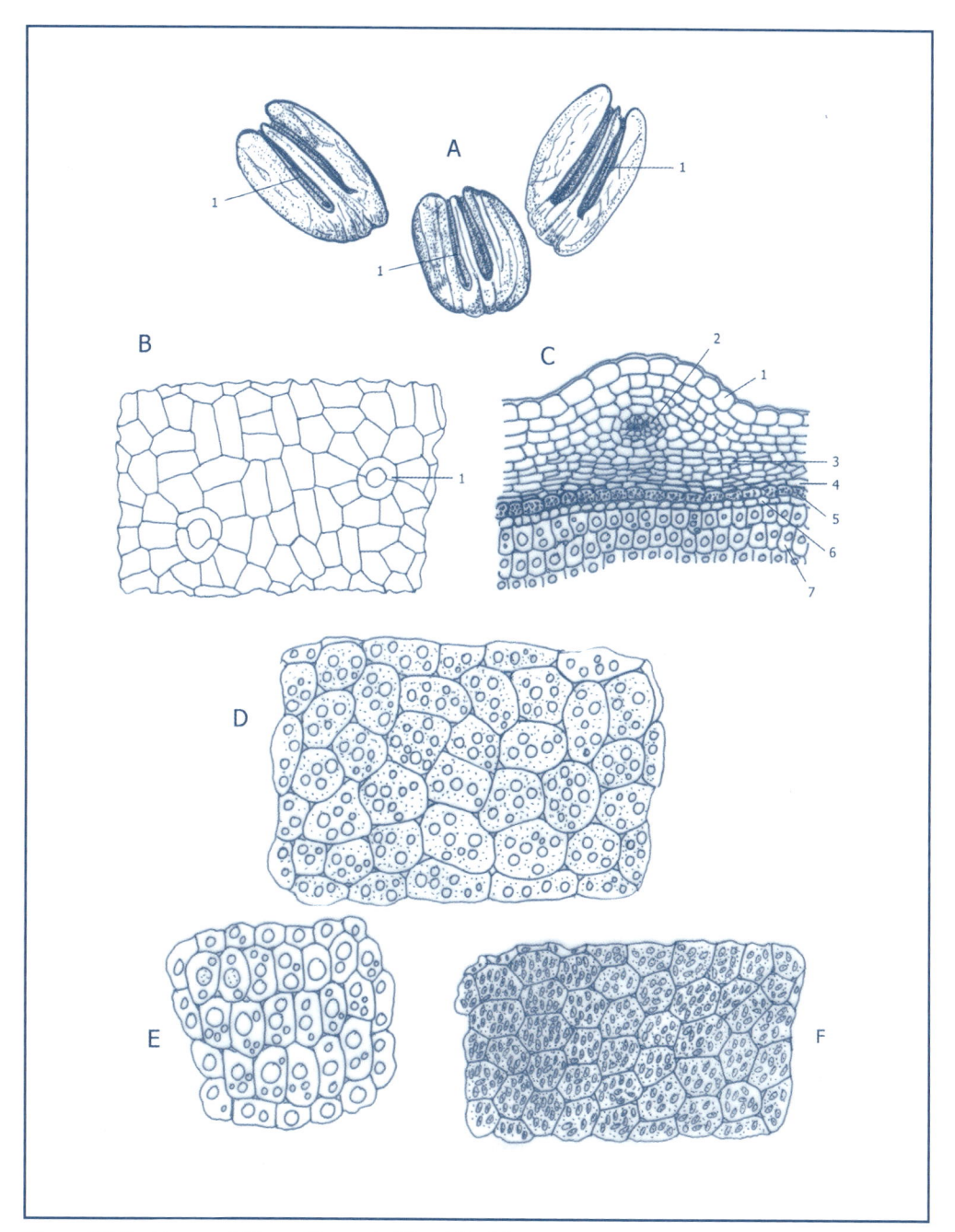

Figura 11.9 – Noz-pecã [*Carya illinoensis* (Wanz) Koch].
(A) Sementes: (1) valécula.
(B) Episperma, visto de face: (1) estômato provido de grande ostíolo circular.
(C) Seção transversal da semente: (1) episperma, (2) feixe vascular, (3) parênquima do tegumento, (4) epiderme interna, (5) endosperma, (6) epiderme do cotilédone, (7) parênquima cotiledonar.
(D e E) Parênquima cotiledonar.
(F) Endosperma.

11.11 Noz

- Nome científico: *Juglans regia* L.
- Família *Juglandaceae*
- Parte usada: semente

A nogueira, *Juglans regia* L., árvore produtora das nozes comuns, é de origem asiática, especialmente da região do Himalaia. Seu cultivo é milenar. Nativa da China e da Pérsia, espalhou-se por toda a região do Mediterrâneo oriental e, daí, ganhou o mundo. Na Grécia antiga, as suas amêndoas eram servidas em festas de casamento. Os romanos contribuíram para a disseminação da espécie, Figura 11.10.

Suas amêndoas possuem alto valor nutritivo, devido principalmente à sua riqueza em óleos e proteínas. Faz parte de sua composição cerca de 68% de lipídios, 14,7% de protídios e 13% de glicídios. Da sua composição fazem parte ainda as vitaminas A, B_1, B_2, e B_5 (niacina), além de fósforo, enxofre, cálcio, potássio, ferro e sódio.

O consumo de suas amêndoas é recomendado para os diabéticos e hipercolesterêmicos. Recomenda-se ainda o seu uso em casos de cansaço físico e mental. Suas amêndoas são consumidas *in natura*, cozidas ou assadas.

Participam da composição de bolos, bolachas, biscoitos, pães, bombons, doces diversos e pratos variados. São muito usadas no Brasil na época de Natal.

O fruto da nogueira é globular, de casca inicialmente verde, que passa a amarelada. O epicarpo é liso e o mesocarpo tem sabor adstringente e é carnoso. O endocarpo é pétreo, bastante lignificado e aderido ao tegumento da semente, o que caracteriza o fruto como uma drupa.

O epicarpo e o mesocarpo se destacam do endocarpo pétreo, que contém as sementes, originando a noz, parte essa que é comercializada da planta, por conter a amêndoa comestível. As sementes são recobertas por um episperma de coloração amarronzada e o embrião é enrugado, com sua forma lembrando os dois hemisférios cerebrais. Têm dois cotilédones volumosos, cerebriformes, sulcados, enrugados, de superfície irregular e de coloração amarela pardacenta.

11.11.1 Caracterização Microscópica

O espermoderma é composto por diversas fileiras de células. Quando visto em secção transversal, apresenta epiderme constituída por células de contorno aproximadamente retangulares e um pouco alongadas no sentido periclinal.

Essa camada celular, quando vista de face, é constituída por células de contorno aproximadamente poligonal e paredes um tanto espessadas.

Estômatos anomocíticos podem ser observados sobre ela. Abaixo da epiderme, nota-se a presença de três a quatro camadas de células parenquimáticas, de tamanho menor que as anteriores citadas e que envolvem feixes vasculares delicados, providos de vasos de xilema espiralado.

A epiderme inferior é constituída de células pequenas, de paredes finas, alongadas no sentido periclinal. Quando vistas de face, essas células são alongadas e estreitas. Os cotilédones são constituídos por células de contorno isodiamétrico, de paredes finas, que deixam entre si pequenos espaços intercelulares, do tipo meato, e acham-se repletas de gotículas de óleo e minúsculos grãos de aleurona.

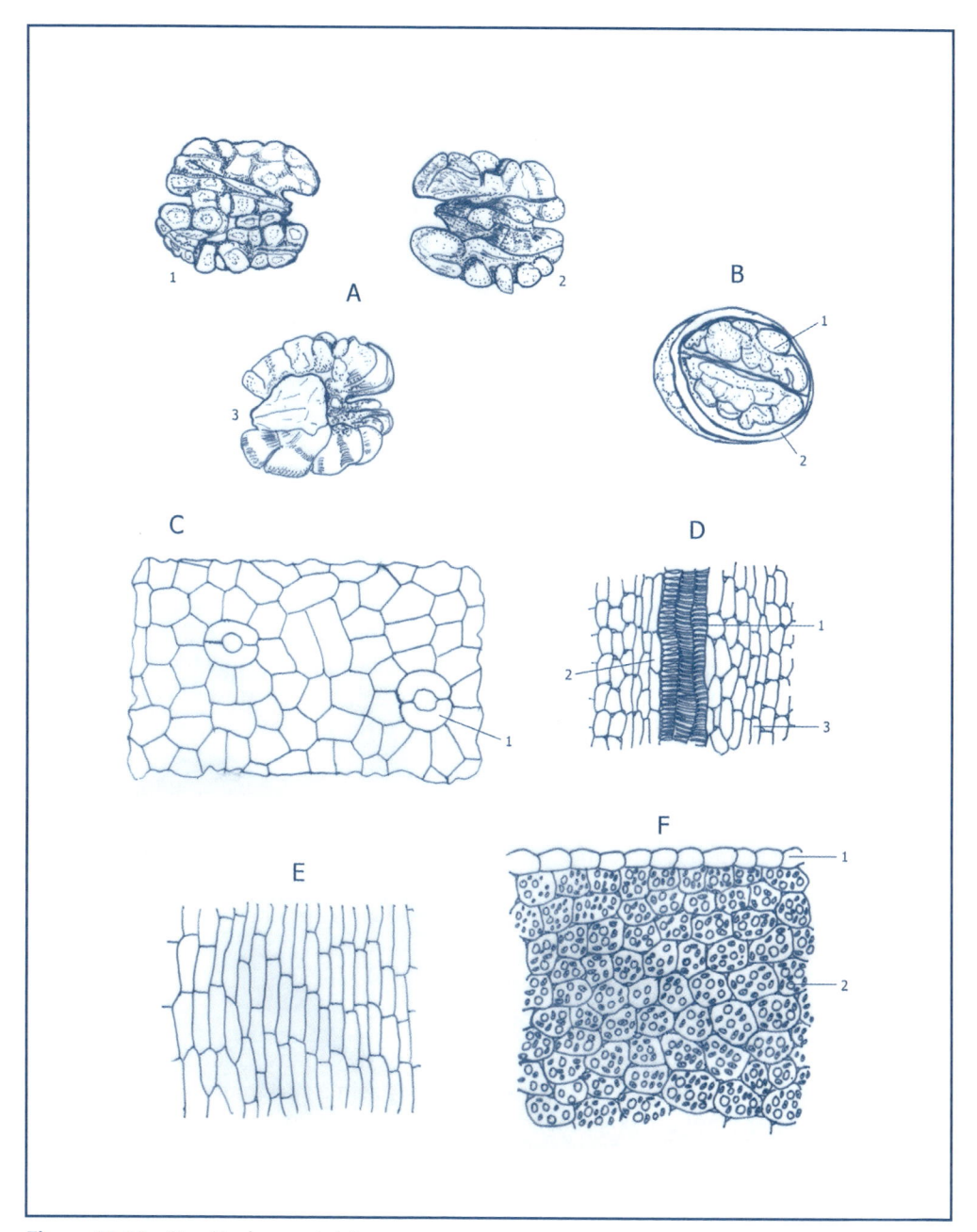

Figura 11.10 – Noz (*Juglans regia* L.).
(A) Sementes: (1) face externa, (2 e 3) face interna.
(B) Semente no interior da noz – endocarpo pétreo e semente – parcialmente cortada: (1) semente, (2) endocarpo pétreo.
(C) Espermoderma, visto de face: (1) estômato.
(D) Fragmento da semente, mostrando feixe vascular envolto por parênquima: (1) vasos xilemáticos espiralados, (2) tubo crivado, (3) parênquima.
(E) Epiderme interna.
(F) Seção transversal do cotilédone: (1) epiderme, (2) parênquima cotiledonar de reserva.

Capítulo 12

Plantas Destinadas à Elaboração de Infusos e Decoctos Estimulantes, Sedantes e Agradáveis ao Paladar

12.1 Introdução

Desde tempos remotos, o homem tem buscado nas plantas atividades estimulantes e atividades sedativas ou calmantes. O bem-estar, a alegria e a busca do conforto para enfrentar o embate diário têm sido a alavanca propulsora dessa busca. Assim, existem plantas que, com seus extratos, nos estimulam e nos dão mais ânimo; como existem outras que nos acalmam e auxiliam a nos reconciliar com o sono, permitindo o descanso. Da mesma forma que temos necessidade de procurar mais energia, necessitamos conter ânimos exacerbados, buscando nos harmonizar. Outras vezes, buscamos sensações agradáveis ao paladar. Por tudo isso, a ingestão de decoctos constitui bebida em que as partes vegetais são postas a ferver em água, mantendo-se a fervura por algum tempo. Separa-se o líquido dos fragmentos da planta, ficando a bebida pronta para ingestão. Já o infuso é preparado vertendo-se água fervente sobre o vegetal contido em uma vasilha, deixando-se a água em contacto por algum tempo. Separam-se os resíduos da planta e a bebida fica pronta para ingestão. Portadoras de cores variadas e cheiros diversos, essas bebidas, feitas com plantas adequadas, possuem poderes benéficos. Podem acelerar o metabolismo, combater radicais livres, estimular o sistema imunológico e diminuir os estresses e as taxas elevadas de colesterol. Podem auxiliar no tratamento do coração e do emagrecimento. Cada planta tem sua função.

Assim, as plantas cafeinadas são estimulantes. O café, o chá, o mate, o guaraná e o cacau são exemplos de plantas cafeinadas, originadas de regiões diversas e que os povos primitivos, sem nada saber de sua composição, usavam-nas como estimulantes. A melissa ou erva-cidreira, o capim-limão e a camomila são empregados como calmantes e tranquilizantes. Outras plantas são usadas por permitirem a elaboração de bebidas agradáveis ao paladar.

Todas essas plantas, usadas com diferentes finalidades, aparecem frequentemente fraudadas em produtos existentes no comércio. O café corresponde a exemplo típico dessa última assertiva. O pó destinado à elaboração de infuso aparece fraudado pela adição de materiais diversos. O mesmo seja dito com referência ao guaraná, ao chá, ao mate, à erva–cidreira, ao capim-limão e à canela.

A fraude e a falsificação correspondem a expedientes comuns a todos que, sem pensar nos direitos dos consumidores, visam exclusivamente aumentar o lucro. Utilizam dos expedientes enganosos mais diversos. Com alimentos de modo geral, isso não é diferente. Cumpre às autoridades fiscais a repressão desses comportamentos inadequados. Dizer simplesmente que um material estranho a um alimento não é prejudicial à saúde é considerar esse alimento adequado ao uso; guardadas as devidas proporções, pode ser um equívoco.

A microscopia alimentar é um instrumento precioso no sentido de detectar fraudes e falsificações, protegendo o consumidor; e não deve o seu uso, para esse mister, ser negligenciado. Corresponde a maneira mais barata, mais rápida e mais fácil de se identificar fraudes, permitindo, desde que seus resultados sejam respeitados, o consumo de produtos de melhor qualidade. O uso exclusivo de análises químicas, num grande número de casos, pode mostrar-se insuficiente para a detecção de fraudes diversas.

12.2   Café

- *Coffea arabica* L.
- Família *Rubiaceae*
- Parte usada: semente

O café é oriundo do continente africano, mais precisamente da Etiópia, da região de Kafa. Daí transpôs o mar Vermelho, chegando à Arábia, onde seu cultivo foi iniciado no Iêmen, chegando a se constituir em monopólio por algum tempo, Figura 12.1.

Conta a história que todo esse prestígio do café se iniciou com uma lenda registrada em manuscritos do Iêmen. O pastor de cabras Kaldi, da Etiópia, sempre que levava seu rebanho a certa região de seu país, caracterizada pela presença de morros, notava que, após a pastagem, os animais ficavam agitados, movimentando-se intensamente e não o deixando dormir. Curioso, ele seguiu seus animais durante o dia, procurando observar o comportamento deles. Notou que os animais se alimentavam de folhas e frutos de um arbusto frequente na região. Após essa ingesta, os animais tornavam-se ágeis e subiam mais rapidamente os morros, sem exibir sinal de cansaço. Provou ele também dos frutos e percebeu que a fadiga o abandonava e sua capacidade de trabalho melhorava. Estava assim descoberta a atividade estimulante do café.

Dessa observação inicial, o café ganhou o mundo, indo primeiramente à Arábia, onde seu uso foi aperfeiçoado. Passou-se a usar a bebida confeccionada com sementes torradas.

O hábito de tomar café prazerosamente nos domicílios e em lojas especializadas, em ambientes de trabalho e em ambientes de lazer, espalhou-se pelo mundo. Hoje, o café corresponde a uma das bebidas mais usadas no mundo.

A substância responsável por sua ação estimulante é a cafeína, uma base xantínica. A cafeína é o estimulante mais usado no mundo. Ocorre nos vegetais que a produzem, ao lado de duas outras bases xantínicas: a teofilina e a teobromina. O café contém ainda, em pequena quantidade, lipídios, proteínas, vitaminas do complexo B, vitaminas E e K, além de minerais diversos; contém também ácidos orgânicos, tais como ácido clorogênico, ácido cafeico, ácido metilúrico, ácido hidroxibenzoico e ácido ferúlico.

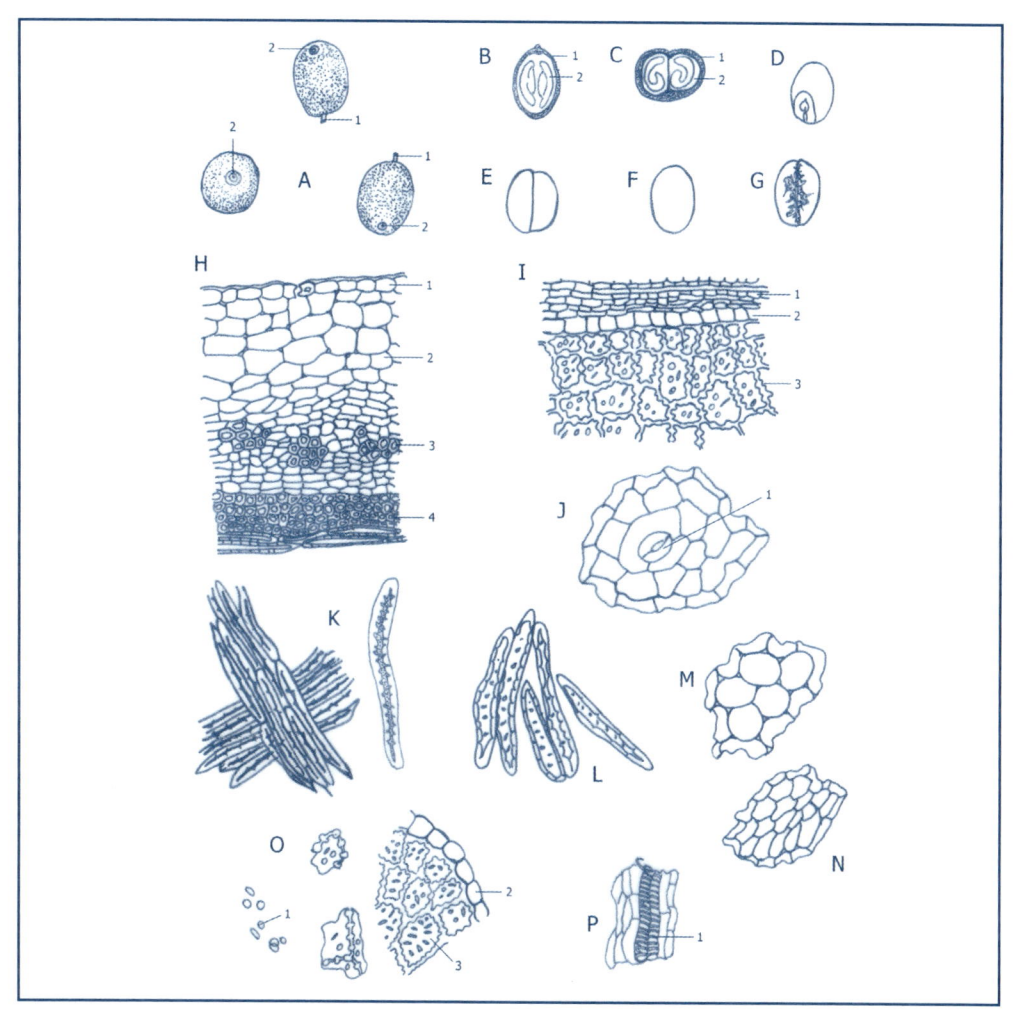

Figura 12.1 – Café (*Coffea arabica* L.).
(A) Café em coco, diversas posições: (1) pedúnculo, (2) cicatriz em coroa – vestígio de cálice.
(B) Fruto do café, em corte longitudinal: (1) pericarpo, (2) semente.
(C) Fruto do café, em corte transversal: (1) pericarpo, (2) semente.
(D) Endosperma, com embrião.
(E) Semente, com endocarpo – face interna.
(F) Semente, com endocarpo – face externa.
(G) Semente.
(H) Seção transversal do fruto: (1) epicarpo, (2) mesocarpo, (3) grupo de fibras, (4) endocarpo.
 (I) Seção transversal da semente: (1) espermoderma, (2) camada externa do endosperma, (3) endosperma.
 (J) Epicarpo, visto de face: (1) estômato paracítico.
(K) Endocarpo fibroso.
(L) Espermoderma, visto de face.
(M e N) Parênquima do mesocarpo.
(O) Endosperma: (1) gotículas de óleo, (2) epiderme do endosperma, (3) parênquima, com células de paredes nodosas, decorrentes de espessamento com hemicelulose.
(P) Fragmento de feixe vascular, visto longitudinalmente, mostrando vaso xilemático espiralado: (1) vaso espiralado.

Flavonoides, como caempferol e o quercetol, e diterpenos, como o casfetol e o caveol, entram também em sua composição.

Graças à sua composição, atribui-se a ele propriedades, tais como: analgésica, antidiarreica, antiespasmódica, anti-inflamatória, broncodilatadora, cardiotônica, digestiva, diurética, estimulante do sistema nervoso, hipoglicemiante, hipotensora, revigorante intelectual e tônica geral.

Deve-se evitar o consumo ou usar com moderação em casos de gastrite, úlcera péptica, insônia, agitação psicomotora e taquicardia.

O café é empregado na elaboração do cafezinho, que é consumido puro ou em associação com diversas substâncias, tais como leite, chocolate e cremes de chantili. É empregado também na elaboração de balas, bolos, biscoitos, cremes, doces, arroz-doce com café e diversas outras produções da culinária.

O fruto do café é uma drupa. O endocarpo apresenta-se soldado à semente e deve ser dela apartado, liberando a semente para o uso.

Usa-se, no preparo de produtos de café, a semente torrada. Elas apresentam-se elípticas, planas convexas, portadoras de um sulco longitudinal na face plana. Aderidos à sua superfície, há pequenos fragmentos da película brilhante. Possuem uma cor marrom característica, odor aromático próprio e sabor amargo.

12.2.1 Caracterização Microscópica

As seções transversais da semente evidenciam a presença de um espermoderma representado por uma epiderme de localização externa, formada por células de paredes espessadas e com pontuações visíveis. Abaixo dessa camada celular, ocorre a presença de duas a três camadas celulares parenquimáticas achatadas. Uma camada fibrosa pode ser notada, constituída de fibras alongadas de paredes grossas lignificadas pontuadas e de lúmen bem evidente.

A camada de reserva localizada mais internamente, a camada nobre do café, é considerada um perisperma, já que é proveniente do nucelo do óvulo, entretanto, com frequência, é denominada "endosperma".

Essa região é constituída por células de contorno poligonal ou aproximadamente isodiamétricas, de paredes grossas pontuadas e espessamento irregular, dando ao conjunto um aspecto nodoso.

Essas células apresentam conteúdo amarronzado e contêm gotículas de óleo. Muitas vezes, na região correspondente ao lúmen, observa-se a presença de pontuações vistas na parede celular, por transparência.

12.2.2 Casca do Café (Pericarpo)

Esta região não deve estar pressente no pó de café. O epicarpo é constituído por uma fileira de células que, vistas em corte transversal, apresentam contorno retangular.

O mesocarpo é constituído por células aproximadamente isodiamétricas e de tamanho maior que a camada anteriormente descrita. Um pouco mais internamente, ocorre uma região fibrosa onde se pode notar a presença de feixes vasculares providos de xilema, com vasos espiralados.

O endocarpo é fibroso, provido de fibras de lúmen estreito, que se entrecruzam. Formam o que se denomina "marinheiro do café".

12.3 Chá

- *Camellia sinensis* (L.) Kuntz
  Sinonímia científica: *Thea sinensis L*; *Camellia thea Link*
- Família *Theaceae*
- Partes usadas: folhas

A *Camellia sinensis* (L.) Kuntz é uma espécie oriunda do Oriente. O Assuã (Aswan), no Egito, e o Manipur, na Índia, parecem ser as suas origem. A origem de seu uso perde-se no tempo, Figura 12.2.

Conta uma lenda que o príncipe Darma, filho de um soberano indiano, após fazer voto de passar a vida inteira meditando em seu jardim até o nascer do Sol, adormeceu certa noite. Inconformado com o ocorrido, e para que o fato não mais se repetisse, arrancou as pálpebras com as unhas, atirando-as no jardim. Elas enraizaram-se e se transformaram em uma árvore cujas folhas tinham propriedade estimulante, evitando o adormecimento precoce. O uso das folhas dessa árvore, que muito se multiplicou, acabou se generalizando e se espalhou, primeiramente pelo Oriente, China, Japão e Índia, e depois pelo mundo inteiro.

Outra lenda conta que o sábio imperador Shen Nung (3000 a.C.) estava em viagem e parou para descansar. Ele tinha o hábito de ferver a água antes de beber para evitar doenças. Em um dos dias, enquanto a água estava sendo fervida, algumas folhas de uma árvore se desprenderam e caíram dentro da referida água. Shen Nung observou que a água adquiriu um tom amarelado e odor agradabilíssimo. Provou da água e gostou do sabor, e notou ainda que todo o cansaço da viagem havia desaparecido. A propriedade estimulante e de harmonização do chá estava descoberta. Daí em diante, seu uso espalhou-se pelo mundo.

Entram na sua composição, bases xantínicas, principalmente a cafeína. Óleo essencial, bioflavonoides, quantidade reduzida de vitaminas do complexo B, provitamina A, vitamina C, taninos e minerais.

Dentre as propriedades medicinais, costuma-se relacionar as seguintes: adstringente, antioxidante, broncodilatadora, cardiotônica, digestiva, diurética, estimulante do sistema nervoso, hipocolesterêmica e sudorífica.

O hábito de tomar chá é eminentemente social. Estimula o convívio, harmoniza as relações. Estabelece atos sociais saudáveis, como a cerimônia do chá, para japoneses, e o chá das cinco, para os ingleses. O chá é uma das bebidas de uso mais frequente no mundo, podendo ser encontrado em categorias diversas. Fala-se em chá branco, ou seja, de folhas tenras não fermentadas; chá verde, ou seja, de folhas normais, levemente fermentadas; chá *oolong*, de folhas medianamente fermentadas; e chá preto, com folhas plenamente fermentadas.

O chá é uma bebida de valor nutricional baixo, com a presença de cafeína em sua composição, a qual acelera a frequência cardíaca, aumenta a atividade mental (facilitando os exercícios de cálculo) e melhora a função respiratória e a atividade diurética.

As folhas de chá são elípticas, de ápice acuminado e base cuneata e simétrica; com menor frequência, o ápice pode ser ligeiramente emarginado. O pecíolo é curto e as nervuras peninérveas são bem evidentes. A margem foliar é serrilhada e a cor do limbo foliar é verde-escuro. Medem de 4 a 7 cm de comprimento. O odor é aromático e agradável, e o sabor é amargo e adstringente.

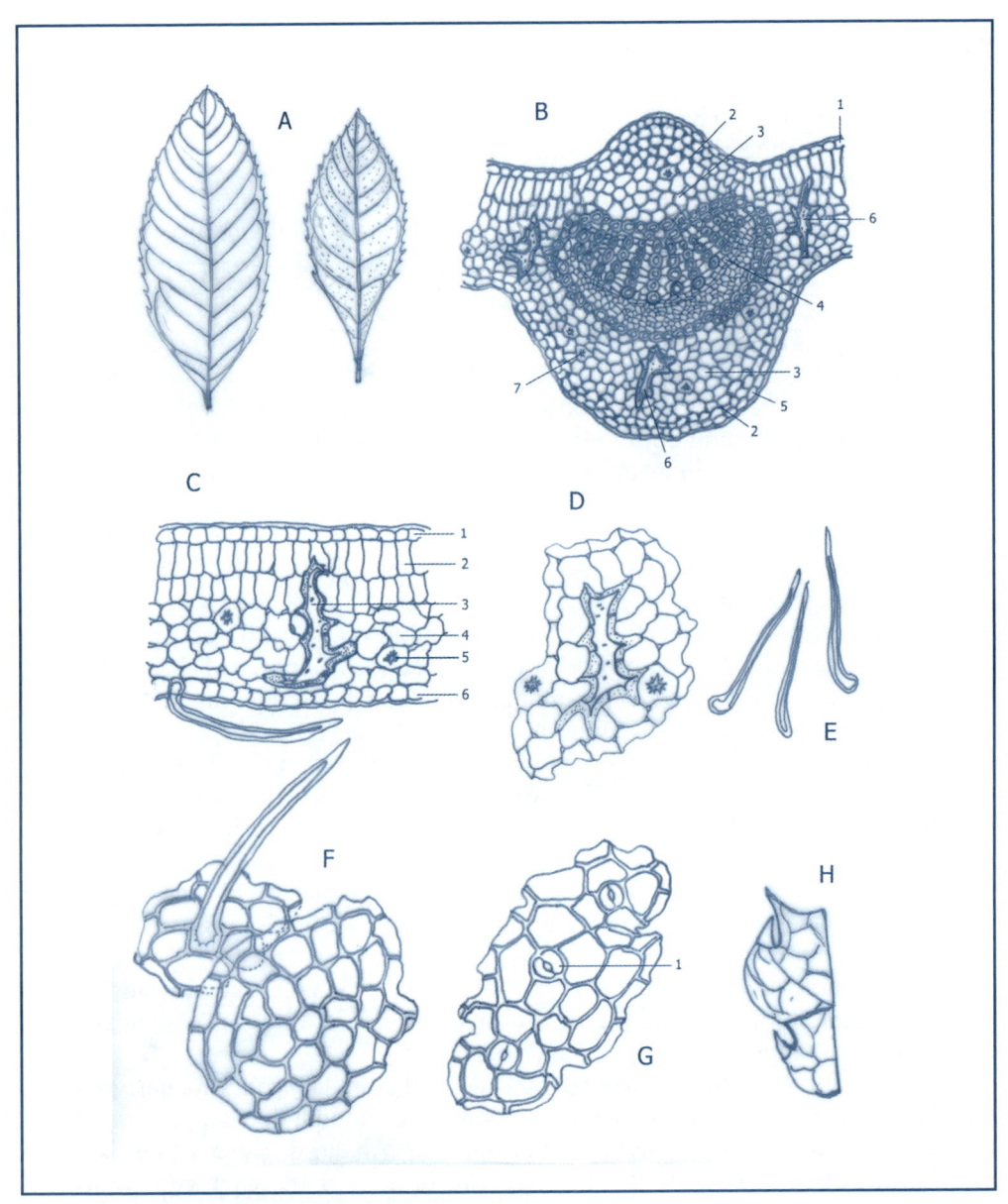

Figura 12.2 – Chá [*Camellia sinensis* (L.) Kuntz].
(A) Folhas de chá.
(B) Seção transversal da região da nervura mediana: (1) epiderme adaxial, (2) colênquima angular, (3) parênquima fundamental, (4) feixe vascular envolto em bainha fibrosa, (5) epiderme abaxial, (6) astroesclerito, (7) drusa.
(C) Seção transversal da região do limbo: (1) epiderme adaxial, (2) parênquima paliçádico, (3) astroesclerito, (4) parênquima lacunoso, (5) drusa, (6) epiderme abaxial.
(D) Fragmento do parênquima fundamental, mostrando astroesclerito.
(E) Pelos tectores.
(F) Epiderme adaxial, vista de face, mostrando pelo tector.
(G) Epiderme abaxial, vista de face: (1) estômato anomocítico.
(H) Fragmento da margem foliar serrilhada.

12.3.1 Caracterização Microscópica

Seções transversais do limbo, no nível do terço médio inferior, apresentam contorno biconvexo e a seguinte estrutura:

- Região da nervura mediana: a epiderme adaxial é constituída por uma fileira de células de contorno aproximadamente retangular, alongadas no sentido periclinal. Essas células tendem algumas vezes ao contorno quase isodiamétrico; pelos tectores simples cônicos são frequentes. O colênquima é constituído por quatro a cinco fileiras de células, e é do tipo angular. O parênquima fundamental é constituído por células parenquimáticas, de contorno quase isodiamétrico, que envolvem, na região central, um feixe vascular colateral envolto por bainha fibrosa. Astroescleritos podem ser observados nas regiões parenquimática e colenquimática. Drusas de oxalato de cálcio são frequentes nessa região. A epiderme e a região colenquimática relacionada com a face abaxial apresentam características semelhantes às descritas para a face adaxial.

- Região do limbo propriamente dito: a epiderme que recobre tanto a face adaxial como a abaxial tem características semelhantes às descritas para a região da nervura mediana, sendo, entretanto, suas células de tamanho um pouco maior. O parênquima paliçádico é constituído por duas fileiras de células, que correspondem a cerca de um terço da largura do limbo. O parênquima lacunoso é constituído por sete a dez fileiras de células aproximadamente isodiamétricas que emitem algumas vezes prolongamentos e deixam entre si espaços do tipo lacuna. Pequenos feixes vasculares do tipo colateral são observados na região do mesofilo, bem como astroescleritos e drusas de oxalato de cálcio.

12.4 Mate

- *Ilex paraguariensis* St. Hill
- Família *Aquifoliaceae*
- Parte usada: folha

As folhas do mate, de uso frequente na elaboração de bebida estimulante, são originárias do sul da América do Sul: Brasil, Paraguai, Argentina, Uruguai e Chile são seus países de origem. No Brasil, é frequente desde o Estado do Mato Grosso até o Rio Grande do Sul. Quando os colonizadores europeus chegaram à América do Sul, os índios guaranis já faziam uso dessas folhas, perdendo-se no tempo o início desse costume, Figura 12.3.

Conta a lenda guarani que o mais valioso dos seus guerreiros, vencido pela idade, perdeu seu esplendor e deixou de participar das lidas da tribo. Muito aborrecido e tendo por companhia sua linda e fiel filha, aguardava pela morte. Sua grande preocupação era deixar sozinha sua filha, que, por ele, a tudo renunciara. Ele evocou então a proteção de Tupã, que veio em pessoa e lhe prometeu um honroso destino. Assim, o velho pode ir em paz e sua filha foi transformada em uma bela árvore cujas folhas continuaram a fortalecer a tribo e dar a todos muita energia, calma, espírito hospitaleiro e felicidade.

A atividade estimulante do mate deve-se principalmente à presença das bases xantínicas cafeína, teobromina e teofilina em sua composição.

Ocorre também a presença de taninos, ácido clorogênico e derivados, flavonoides, triterpenoides derivados de ácido ursólico e do ácido oleanólico, além de saponinas. Pequena quantidade de vitaminas do complexo B e das vitaminas C e D também ocorrem. Graças a essa composição, o mate apresenta efeito vasodilatador, atividade antioxidante, estimulante do sistema nervoso central, afrodisíaco, eupéptico e diurético.

O mate é amplamente usado no Brasil e no sul da América do Sul, sendo utilizado ainda em muitos outros países do mundo.

A folha do mate tem forma variada, sendo mais frequentemente oval lanceolada. Ocorre também na forma oboval. O ápice varia do agudo ao acuminado, ao abtuso; a base é espatulada, estreitando-se para a base e confundindo-se com o pecíolo, que é curto.

A margem é esparsamente denteada. Apresenta consistência coriácea, cor verde-clara ou verde amarelada, sendo sua superfície lisa, na qual podem ser observados pontos pardos de natureza suberosa. As nervuras peninerveas são impressas na face adaxial e salientes na face abaxial. Medem de 7 a 10 cm de comprimento, por 5 a 6 cm de largura. Apresentam cheiro característico e odor amargo.

12.4.1 Caracterização Microscópica

As seções transversais da folha, no nível do terço médio inferior, mostram a seguinte estrutura:

Epiderme adaxial constituída por uma fileira de células de contorno aproximadamente retangular, ora alongadas no sentido periclinal, ora alongadas no sentido anticlinal. Muitas células epidérmicas contêm gotículas de óleo e pequenos cristais prismáticos de oxalato de cálcio. A cutícula que recobre essa epiderme é relativamente espessa. Essa camada, quando vista de face, apresenta-se constituída por células de contorno poligonal e recoberta por cutícula estriada. Raros pelos tectores cônicos podem ser observados, especialmente em regiões relacionadas com a nervura mediana.

O parênquima paliçádico é constituído por uma ou duas fileiras celulares, e o parênquima lacunoso é formado por diversas camadas celulares que deixam entre si espaços do tipo lacuna. Muitas de suas células incluem cristais estelares de oxalato de cálcio. Feixes vasculares delicados ocorrem nessa região. Esses feixes vasculares aparecem envoltos por fibras e relacionados com parênquima contendo drusas.

A epiderme abaxial é semelhante à adaxial, mas diferindo desta por suas células apresentarem tamanho menor. Quando vistas de face, mostram estômatos do tipo anomocítico, constituídos de três a cinco células paraestomatais.

A região de nervura mediana é biconvexa ou quase planoconvexa. As epidermes são semelhantes às já descritas, de tamanho um pouco menor e com pelos tectores cônicos e longos. O colênquima, localizado logo abaixo das epidermes, é do tipo angular, e o parênquima fundamental é bem desenvolvido e contém drusas de oxalato de cálcio e cristais prismáticos. O feixe vascular central é bem desenvolvido, em forma de arco. Frequentemente relacionada a ele, ocorrem dois feixes vasculares menores, um de cada lado da extremidade do arco.

Figura 12.3 – Mate (*Ilex paraguariensis* St. Hill.).
(A) Folhas inteiras e folhas quebradas.
(B) Seção transversal da folha, mostrando: (1) epiderme adaxial, contendo cristais, (2) parênquima paliçádico, (3) feixe vascular envolto em bainha parenquimática, (4) parênquima lacunoso, (5) drusa, (6) epiderme abaxial.
(C) Fragmento de epiderme adaxial, visto de face: (1) pelo tector cônico.
(D) Fragmento de epiderme adaxial, visto de face: (1) estômato anomocítico.
(E) Fragmento de feixe vascular, em visão longitudinal: (1) vaso xilemático espiralado.
(F) (Desenho esquemático de seção transversal de folha, limbo foliar: (1) feixe vascular.
(G) Desenho esquemático da seção transversal do pecíolo foliar: (1) feixe vascular.

12.5   Cacau

- Nome científico: *Theobroma cacao* L.
- Família *Sterculiaceae*
- Parte usada: semente

Antes de Colombo descobrir as Américas, o cacau já era conhecido dos primitivos maias e astecas. Era comum o preparo de uma bebida espumante e espessa que empregava as sementes de *Theobroma cacao* L. Essa bebida era conhecida como *xocolati* pelo povo asteca, e originou a palavra "chocolate". O nome *Theobroma*, atribuído por Linnaeus, é constituído de duas palavras gregas: *Theo*, que significa Deus, e *broma*, de *brôma, atos*, que significa "alimento". O cacau era conhecido pelo povo como alimento dos deuses. O cacaueiro – *cacahualt* – era considerado uma planta sagrada. Atualmente, o chocolate é um alimento derivado da semente fermentada e torrada, submetida a processos tecnológicos industriais e a técnicas culinárias, Figura 12.4.

Conta uma lenda maia que o chocolate é uma criação dos deuses. Segundo a lenda, a cabeça do grande herói Hun-Hunapi, decapitada pelos senhores do umbral, foi transformada em semente pelos deuses, em reconhecimento ao grande estímulo e prazer que esse herói havia dado a seu povo. Essa semente germinou, originando a árvore do cacau cujas outras sementes por ela produzidas apresentam as virtudes do herói, além de favorecer a fecundidade.

A lenda asteca, por sua vez, diz que havia no paraíso dos deuses uma árvore cujo uso das sementes levava ao prazer e à felicidade. Quetzalcoatl roubou essa árvore e presenteou-a aos homens, tornando-os mais energéticos, mais férteis e mais felizes.

As propriedades farmacológicas das sementes de cacau estão relacionadas principalmente com a teobromina que apresenta atividade estimulante do sistema nervoso central, diurético, vasodilatadora e estimulante do coração. Além da teobromina, as sementes de cacau possuem duas bases xantínicas: a cafeína e a teoxantina. Contêm ainda de 40% a 60% de lipídios, denominados "manteiga de cacau"; de 11% a 15% de glicídios expressos em amido; e de 11% a 14% de protídeos. Flavonoides como apigenina, catequina e epicatequina também estão presentes, ao lado de vitaminas do complexo B e das vitaminas A, C e D.

O chocolate é um alimento altamente calórico e rico em gorduras. É utilizado principalmente pelo prazer que proporciona, embora apresente muitas propriedades úteis à saúde. Aparece no comércio sob as formas muito variadas. Assim, fala-se em chocolate em pó, chocolate em pasta, barras de chocolate, chocolate brando, chocolate com leite, chocolate amargo, chocolate com frutas diversas, bolos de chocolate, bombons e biscoitos achocolatados diversos.

A semente de cacau é ovoide e mais ou menos achatada, medindo de 20 a 30 mm de comprimento, por 4 a 16 mm de largura e 4 a 8 mm de espessura. Sua superfície externa, cuja coloração varia de parda avermelhada a parda acinzentada, apresenta na extremidade mais dilatada uma cicatriz oval e rugosa, correspondente ao hilo, de onde parte a rafe, que percorre uma das margens da semente até alcançar a extremidade oposta. A micrópila localiza-se perto do hilo e é de tamanho reduzido e contorno circular. O espermoderma é quebradiço, papiráceo e percorrido longitudinalmente por estruturas lineares. É aderente à amêndoa, cuja cor varia de cinzenta à negra azulada, podendo ainda ser vermelha ou violácea.

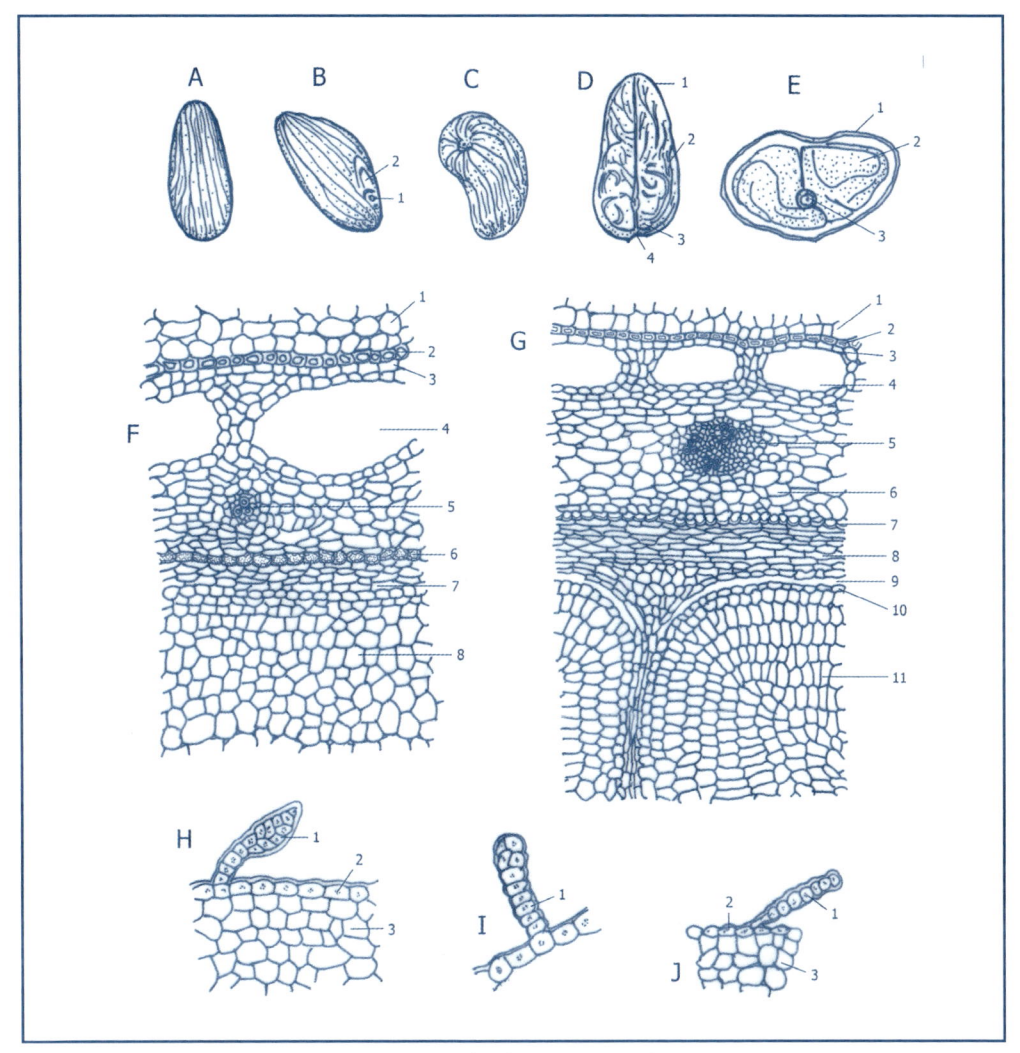

Figura 12.4A, B, C, D, E, F, G, H, I, J – Cacau (*Theobroma cacao* L.).

(A, B e C) Sementes inteiras: (1) micrópila, (2) região do hilo.

(D) Seção longitudinal da semente: (1) tegumento, (2) cotilédone, (3) eixo radículo-caulicular, (4) região da micrópila.

(E) Seção transversal da semente: (1) tegumento, (2) cotilédones, (3) eixo radículo-caulicular.

(F) Seção transversal da semente: (1) mesocarpo aderido à semente, (2) endocarpo aderido à semente, (3) epiderme do tegumento da semente – episperma, (4) célula mucilaginosa, (5) feixe vascular, (6) anel de células pétreas, (7) parênquima esponjoso, (8) cotilédone.

(G) Seção transversal da semente: (1) mesocarpo aderido à semente, (2) endocarpo aderido à semente, (3) epiderme do tegumento da semente, (4) célula mucilaginosa, (5) feixe vascular, (6) camada parenquimática externa, (7) camada celular com espessamento em U, (8) camada parenquimática interna, (9) endosperma, (10) epiderme do cotilédone, (11) parênquima do cotilédone.

(H) Fragmento de cotilédone: (1) corpúsculo de Mitscherlich, (2) epiderme, (3) parênquima do cotilédone.

(I) Fragmento de cotilédone: (1) corpúsculo de Mitscherlich, (2) epiderme.

(J) Fragmento de cotilédone: (1) corpúsculo de Mitscherlich, (2) epiderme, (3) parênquima cotiledonar.

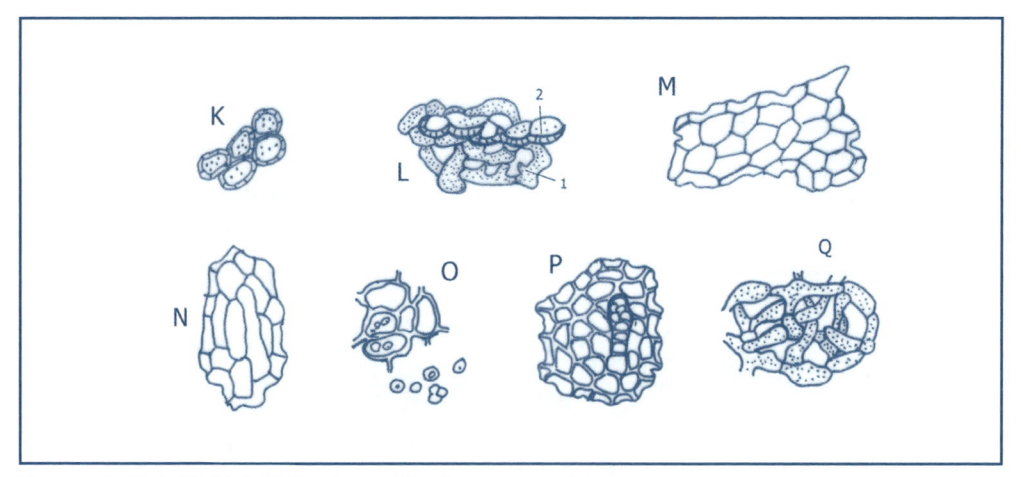

Figura 12.4K, L, M, N, O, P, Q – Cacau (*Theobroma cacao* L.).
(K) Grupo de escleritos.
(L) Fragmento: (1) parênquima esponjoso e células com espessamento em U.
(M) Mesocarpo, visto de face.
(N) Endocarpo, visto de face.
(O) Parênquima do cotilédone – fragmentos do pó.
(P) Epiderme do cotilédone, contendo corpúsculo de Mitscherlich.
(Q) Parênquima esponjoso.

O embrião é formado por dois cotilédones volumosos, plano-convexos, que apresentam em sua superfície numerosas anfractuosidades, que penetram mais ou menos profundamente em sua estrutura. Sobre sua face plana, observam-se três grossos sulcos longitudinais, irregulares e separados por dobras salientes, dispostas de tal modo que os sulcos e as saliências das dobras de uma face se encaixam perfeitamente nas da face oposta. A cerca de um terço de sua parte inferior, no ponto para o qual convergem os três sulcos, distingue-se a radícula.

12.5.1 Caracterização Microscópica

A semente apresenta-se, frequentemente, acompanhada de restos de mesocarpo e do endocarpo.

O tegumento da semente, de fora para dentro, é constituído de: espermoderma, composto de uma fileira de células tabulares, recobertas por cutícula espessa; região média muito desenvolvida, formada por várias fileiras de células poliédricas, irregulares, alongadas tangencialmente, e contendo, na parte externa, grandes glândulas mucilaginosas, e, na parte interna dessa camada média, encontram-se largos feixes fibrovasculares; camada de células esclerosa, com espessamento em forma de U; camada interna de cor parda, formada por oito a nove séries de células muito achatadas tangencialmente.

O endosperma é constituído por três a quatro camadas de células, exceto nos pontos em que penetra nas anfractuosidades dos cotilédones, sob forma de massa triangular, que, à proporção que penetra, vai diminuindo de espessura e termina formando uma membrana muito delgada.

Os cotilédones são recobertos por epiderme muito delgada, com raros pelos pluricelulares, chamados "corpúsculos de Mitscherlich", e as células epidérmicas estão cheias de uma substância granulosa, parda ou alaranjada.

As células de tecido cotiledonário são poligonais e de paredes delgadas, e a maioria contém grânulos de amido e de aleurona, em uma massa gordurosa amorfa; outras encerram um pigmento e outras ainda, um conteúdo oleoso misturado com finas agulhas cristalinas de substância gordurosa. Os grãos de amido são muito pequenos, arredondadas ou irregulares, ovoides, raramente isolados, geralmente agrupados em grupos de dois a três grãos.

12.6 Guaraná

- Nome científico: *Paullinia cupana* HBK var. *sorbilis* (Mart) Ducke
- Família *Sapindaceae*
- Parte usada: semente

O guaranazeiro é uma espécie típica da região amazônica. Acre, Amazonas e Pará, no Brasil, e parte de Venezuela, Bolívia, Colômbia e Guianas fazem parte de seu habitat natural. No Brasil, Maués parece ser o centro de sua distribuição, estando o desenvolvimento da cidade relacionado com a cultura da espécie, Figura 12.5.

Conta a lenda que, entre os maués, viveu um curumim (menino) que era a glória, a energia e a alegria da tribo. Sempre presente, tinha para todos da tribo uma palavra de incentivo e uma palavra de carinho.

Era adorado e venerado por todos, o que fez com que Jurupari, o deus do mal e das trevas, sentisse ciúmes. Transformou-se então em uma cobra e picou e matou o indiozinho. Isso foi um transtorno para a tribo. Todos choraram a falta daquele que era o estímulo e a alegria da tribo. O choro foi tanto que Tupã se compadeceu. Apareceu, então, em sonhos para a mãe do menino e ordenou que os olhos dele fossem removidos e lançados na terra como semente. Por sete dias, os olhos deveriam ser regados com lágrimas da tribo, e assim se fez. Passado algum tempo, surgiu uma plantinha frágil, que, apoiando-se sobre as outras, cresceu e deu flores e frutos. E quando os frutos se abriram, estavam ali os olhos do indiozinho. Guardavam a mesma graça, a mesma forma, a mesma energia e as propriedades características do curumim morto.

Hoje, sabe-se que a ação estimulante do guaraná se deve à presença de uma base xantínica, a cafeína, cujo teor nas sementes chega alcançar 6%, mais do que no café, no chá e no mate. A farmacopeia brasileira estima em 4% o teor de cafeína nas sementes de guaraná. Ocorrem, ainda, teofilina e teobromina em quantidades bem menores. As sementes de guaraná possuem cerca de 30% de amido, 15% de proteínas e 12% de taninos, além de saponinas, pigmento vermelho e mucilagem.

O guaraná apresenta as seguintes propriedades medicinais: adstringente, analgésico, antidiarreico, cardiotônico, estimulante físico e psíquico, sudorífero, tônico nervino e vasodilatador.

O guaraná é usado especialmente sob a forma de pó e de bebidas refrigerantes, bem como em sucos.

A semente de guaraná é globosa, de 6 a 8 mm de diâmetro, desigualmente convexa nos dois lados, às vezes encimada por um curto apículo.

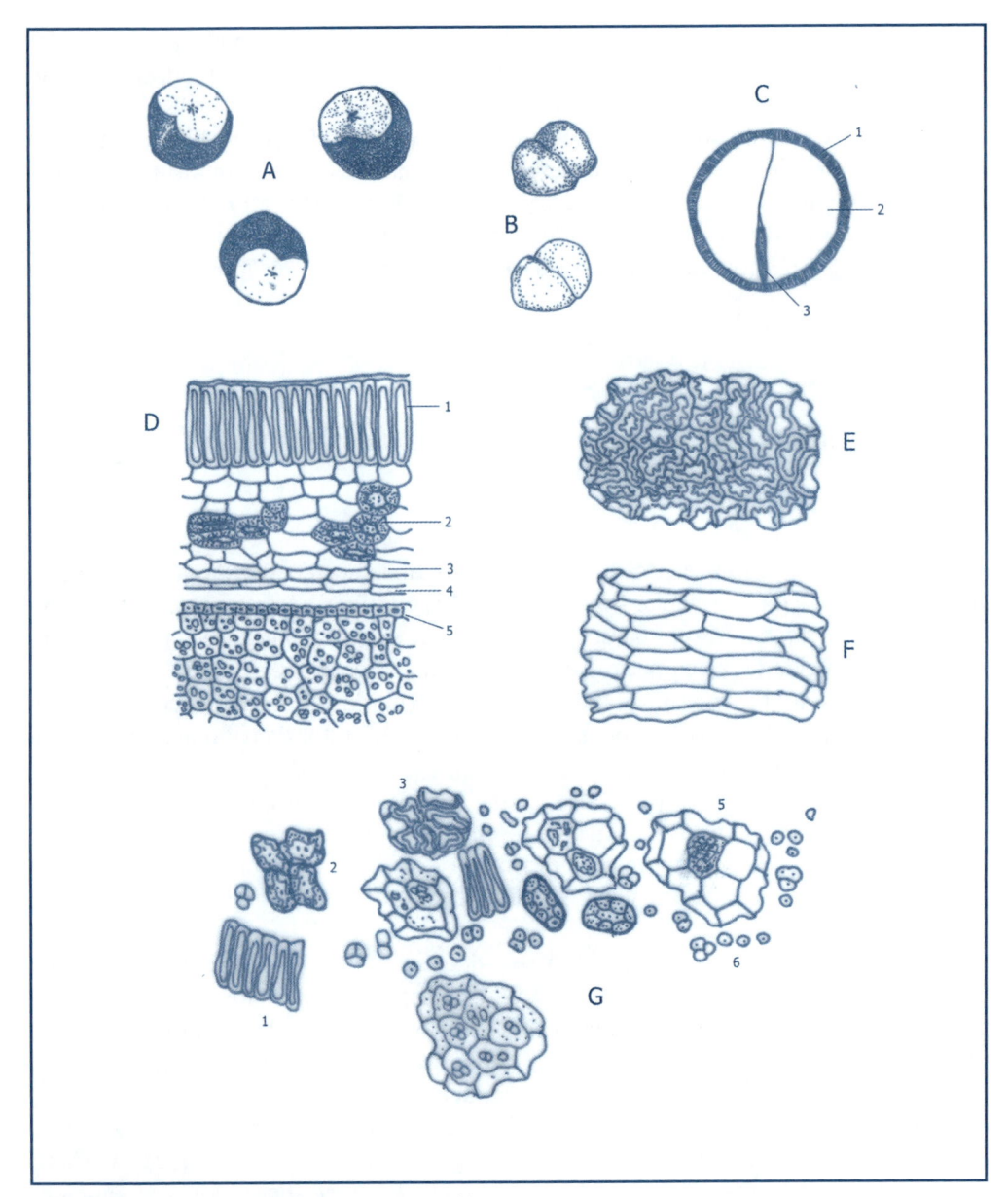

Figura 12.5 – Guaraná (*Paullinia cupana* Kunth).
(A) Semente inteira.
(B) Semente desprovida de tegumento.
(C) Seção transversal da semente: (1) tegumento, (2) cotilédone, (3) eixo radículo-caulicular.
(D) Seção transversal da semente: (1) camada paliçádica, (2) braquiescleritos, (3) parênquima do tegumento, (4) epiderme interna do tegumento, (5) epiderme do cotilédone, (6) parênquima cotiledonar.
(E) Camada paliçádica, vista de face.
(F) Epiderme interna do tegumento, vista de face.
(G) Elementos histológicos do pó: (1) células da paliçada, vistas de lado, (2) braquiescleritos, (3) células da paliçada, vistas de face, (5) parênquima amilífero cotiledonar, com grãos de amido modificados pelo calor, (6) grãos de amido.

É glabra, luzidia, de cor parda purpurina ou parda negra, e apresenta um largo hilo provido de protuberância na região central, que é guarnecida por um arilo carnoso, membranoso e esbranquiçado, retirado na ocasião da dessecação da semente. O tegumento se separa com facilidade do embrião. Este, desprovido de albúmen, possui um curto eixo radículo-caulinar inferior e dois espessos cotilédones, desiguais, carnosos, firmes e plano-convexos.

A pasta, confeccionada com as sementes, apresenta-se geralmente sob a forma de cilindros duros, de cerca de 3 a 5 cm de diâmetro e 10 a 30 cm de comprimento, de cor parda avermelhada escura, externamente; sua fratura é desigual e levemente luzidia, com fissuras no centro; internamente, é de cor parda avermelhada clara e apresenta fragmentos mais ou menos grossos da semente e, às vezes, com seus tegumentos pardo negros.

12.6.1 Caracterização Microscópica

O tegumento deixa ver, em corte transversal, uma grossa epiderme, formada por grandes células dispostas em paliçada, de paredes bastante espessas, as quais, vistas por cima, são sinuoso-ondeadas. Debaixo da epiderme encontra-se um parênquima pardo, tendo numerosas células pétreas, mais ou menos esclerosadas, de paredes espessas e canaliculadas. A camada mais interna do tegumento, quando vista de face, mostra células de contorno poligonal, geralmente alongadas transversalmente. A amêndoa é constituída por embrião cujo parênquima cotiledonar apresenta-se repleto de grãos de amido, os quais podem apresentar-se isolados ou reunidos em grupos de até três elementos. São arredondados, cupuliformes ou em forma de capacete, providos de hilo central.

12.7 Camomila

- Nome científico: *Matricaria recutita* (L.) Rauschert
  Sinônimo: *Matricaria chamomilla* L.
- Família *Asteraceae* (*Compositae*)
- Parte usada: capítulo floral

A camomila vulgar corresponde a uma espécie de porte herbáceo, conhecida desde a Antiguidade remota pelos egípcios, gregos e romanos, devido a suas propriedades medicinais, aromáticas e cosméticas. A literatura cita que ela era usada para clarear os cabelos e torná-los bonitos e sedosos, há mais de quatro mil anos, Figura 12.6.

Originária da região do mar Mediterrâneo, que abrange a Europa Meridional, a Ásia Ocidental e o norte da África, espalhou-se por todo o mundo, tornando-se, principalmente na forma de chá, uma das plantas mais conhecidas. Conta uma lenda europeia que a camomila corresponde à planta da fortuna; a planta da prosperidade plantada ao redor das casas atrai dinheiro e afasta os "maus olhados".

Consta de sua composição um óleo essencial que varia de 0,5 a 1,5%. Participam desse óleo essencial o camazuleno, o bisabolol e a matricina. Contém ainda terpenoides diversos, flavonoides (entre os quais, a apigenina), derivados da quercetina, luteolina e lactonas sesquiterpenicas como a matricina e matricarina.

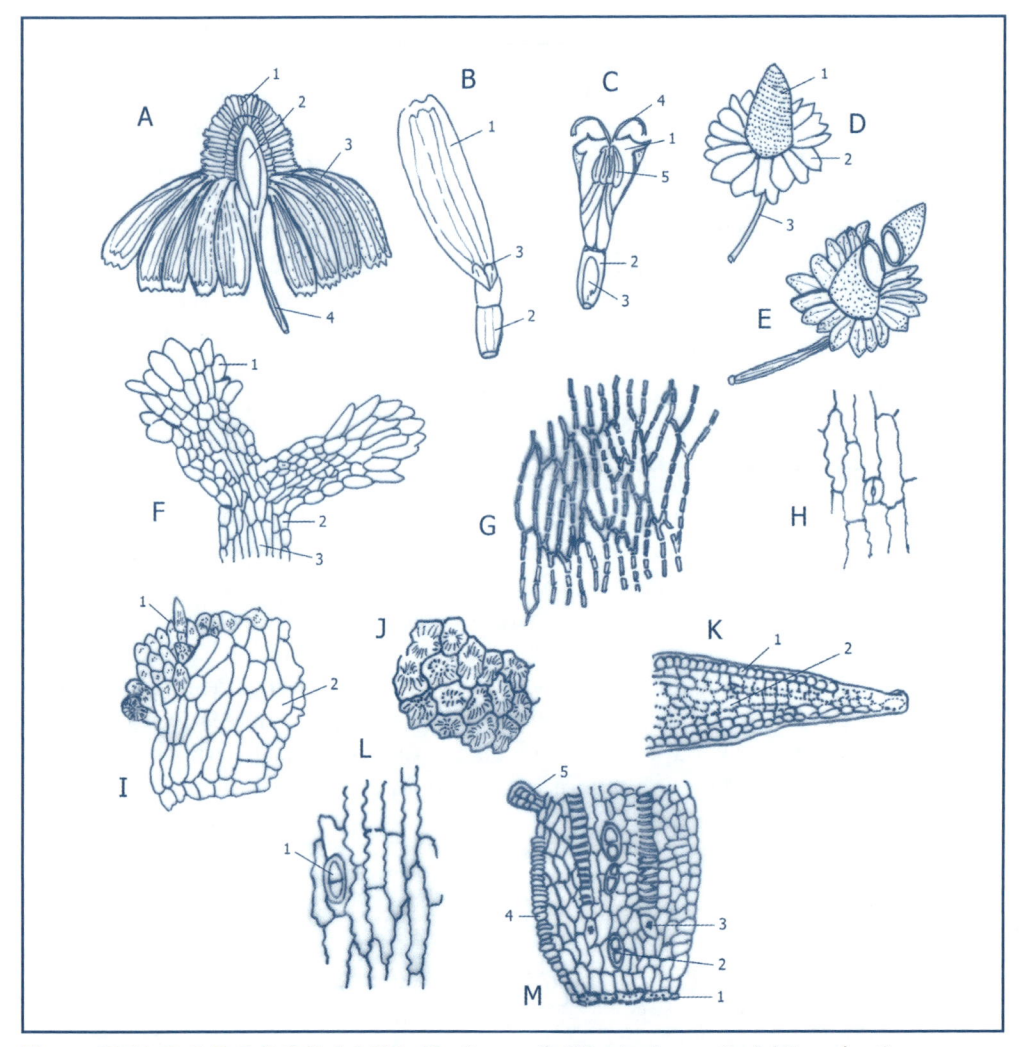

Figura 12.6A, B, C, D, E, F, G, H, I, J, K, L, M – Camomila [*Matricaria recutita* (L.) Rauschert].
(A) Capítulo floral, em corte longitudinal: (1) floretas tubulosas, (2) receptáculo floral, (3) floretas liguladas, (4) pedúnculo.
(B) Floreta ligulada: (1) lígula, (2) ovário, (3) estigma bífido.
(C) Floreta tubulosa: (1) corola, (2) ovário, (3) óvulo anátropo, (4) estigma bífido, (5) estames soldados pelas anteras – sinanteria.
(D) Capítulo desprovido de floretas: (1) receptáculo, (2) brácteas involucrais, (3) pedúnculo.
(E) Capítulo desprovido de floretas, mostrando receptáculo oco.
(F) Estigma bífido: (1) papilas estigmáticas, (2) epiderme, (3) parênquima fundamental.
(G) Lâmina esclerosada da bráctea involucral, vista por transparência em montagem paradérmica.
(H) Epiderme da bráctea, vista de face.
(I) Extremidade dos dentes de uma floreta tubulosa: (1) papilas, (2) epiderme, vista de face.
(J) Epiderme da corola, vista de face, com células mamelonadas.
(K) Bráctea involucral, em seção transversal: (1) epiderme, (2) lâmina esclerosada.
(L) Epiderme de floreta ligulada: (1) pelo glandular típico.
(M) Ovário, visto de face: (1) anel esclerenquimático, (2) pelo glandular – visto de cima, (3) drusa, (4) células mucilaginosas, (5) pelo glandular típico, visto de lado.

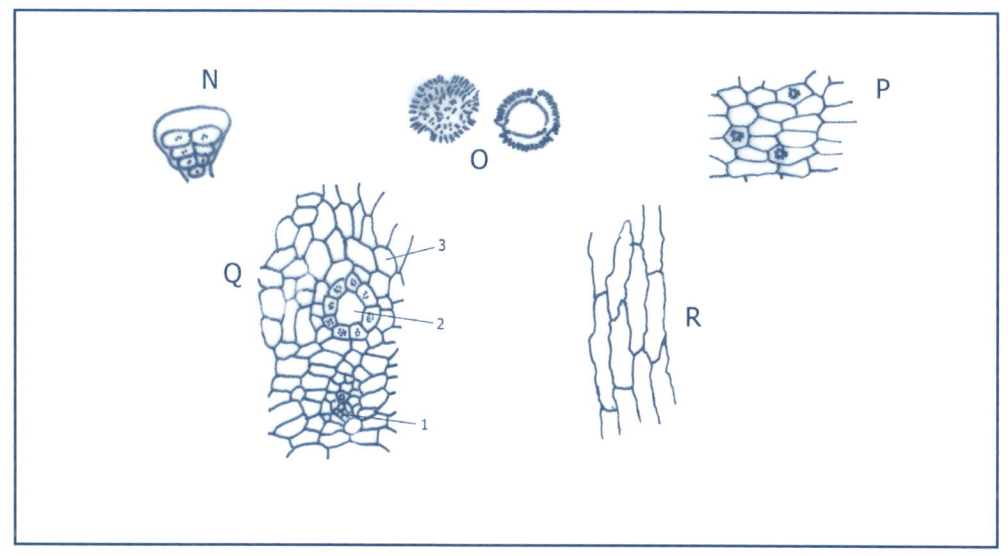

Figura 12.6N, O, P, Q, R – Camomila [*Matricaria recutita* (L.) Rauschert].
(N) Pelo glandular das compostas, pedicelo unicelular e glândula hexacelular bisseriado.
(O) Grãos de pólen.
(P) Parênquima fundamental ovariano, com células contendo drusas.
(Q) Receptáculo, em corte transversal: (1) feixe vascular, (2) canal secretor, 3) parênquima fundamental.
(R) Epiderme do receptáculo.

Cumarinas, ácidos orgânicos diversos e hidrocarbonetos participam de sua composição.

A camomila é usada como anti-inflamatório, devido principalmente à presença de camazuleno e bisabolol. É ainda antiespasmódica, eupéptica, carminativa, emoliente, protetora solar e sedativa. Possui grande aplicação como cosmético em cremes, xampus e produtos semelhantes, suavizando a pele e embelezando os cabelos.

O chá de camomila é utilizado como bebida calmante e como bebida de gozo, graças ao seu agradabilíssimo paladar. E utilizada ainda na elaboração de vermutes, balas e alguns pratos destinados à sobremesa.

Apresenta-se em capítulos longamente cônicos, com flores marginais liguladas e femininas, em número de dez a vinte, e, em geral, com 6 a 9 mm de comprimento; a lígula é branca, elíptica, oblonga, tridenteada no vértice e percorrida por quatro nervuras. As flores internas ou do disco são tubulosas, hermafroditas, numerosas, em média com 2 mm de comprimento, de corola amarela, tubulosa, pentadenteada que envolvem cinco estames com as anteras unidas; do tubo formado pelas anteras, sobressai a ponta do estilete com dois estigmas recurvados.

Todas as flores aparecem sem papo. O receptáculo é subcônico, medindo até 6 mm de comprimento, desprovido de palhetas e oco no seu interior. O invólucro é côncavo e formado de três fileiras de brácteas cujo número varia de vinte a trinta. As brácteas são lanceoladas, obtusas, amareladas, largamente escariosas, inteiras no vértice e atingindo 2,5 mm de comprimento.

12.7.1 Caracterização Microscópica

O receptáculo, envolvido por epiderme, é constituído por parênquima fundamental, que circunda grossos canais secretores de origem esquizogênica, que contêm pequeninas gotas oleosas de cor amarela. Feixes vasculares delicados também podem ser observados nessa região. As brácteas do invólucro contêm um feixe vascular, acompanhado, em ambos os lados, por duas lâminas esclerosas que atingem a margem da bráctea e contêm curtas fibras canaliculadas; a superfície externa mostra alguns pelos glandulares, do tipo das compostas. Consistem de três a quatro pavimentos de células dispostas em duas séries e com cutícula envolvendo a glândula como um saco. A epiderme superior das flores liguladas é papilosa, assim como as extremidades dos dentes das flores tubulosas; ambas as flores contêm externamente pelos glandulares do tipo das compostas.

O ovário exibe numerosas glândulas do mesmo tipo, e mostra, na camada epidérmica, séries de células pequenas, poliédricas, mucilaginosas, em forma de uma escada de corda, células cristalíferas, com pequenas drusas de oxalato de cálcio. Os grãos de pólen são triangulares-arredondados, com exina espinhosa, contendo três poros de germinação e medem 25 *micras* de diâmetro, em média.

12.8 Capim-limão

- Nome científico: *Cymbopogon citratus* (D.C) Stapf
- Família *Poaceae* (= *Gramineae*)
- Parte usada: folha

O capim-limão, conhecido igualmente pelos nomes vulgares de "capim-cidreira", "capim cidrão", "erva-cidreira de capim" e "capim-santo no Brasil", é uma planta originária da Índia. Os nomes "erva-cidreira" e "erva-cidreira de capim", dados a essa planta, devem-se ao fato de ela possuir um cheiro que lembra o da erva-cidreira oficial, ou seja, a *Melissa officinalis L.* Outra planta igualmente conhecida como "cidreira" ou "erva-cidreira" é a *Lippia alba* (Mill.) M.E.Br ex Brit et Wilson. A semelhança no cheiro dessas três espécies deve-se ao fato de todas elas possuírem um óleo essencial que contém citral. Esse fato é, ainda, a causa de inúmeras confusões que levam ao uso inadequado dessas plantas, motivado por trocas indesejadas e mesmo por fraudes, visando auferir lucro maior na venda dos produtos, Figura 12.7.

O óleo essencial, presente na composição química do capim-limão, rico em citral (alfa citral e beta citral), que alcança um teor entre 65% a 80%, contém ainda citronelol, mirceno, eugenol, limoneno, pineno, canfeno, mentol, mentil 2 heptanona, linalol e farnesol. Conta, ainda, a composição da planta com saponinas, alcaloides, flavonoides e ácidos diversos.

Atribui-se ao chá elaborado com as folhas da planta uma série de propriedades medicinais, tais como: analgésica, antidepressiva, antinocepitiva, ansiolítica, antiespasmódica, antidiarreica, antipirética, calmante, carminativa, digestiva, diurética, febrífuga, sedativa e sudorífera.

O chá elaborado com a planta tem sabor e odor muito agradáveis, sendo consumido como bebida de prazer, especialmente pelo seu gosto confortante e sua ação sedante e tranquilizante, e pelo bem-estar estomacal que quase sempre proporciona. O óleo essencial das folhas possui também ação repelente de insetos.

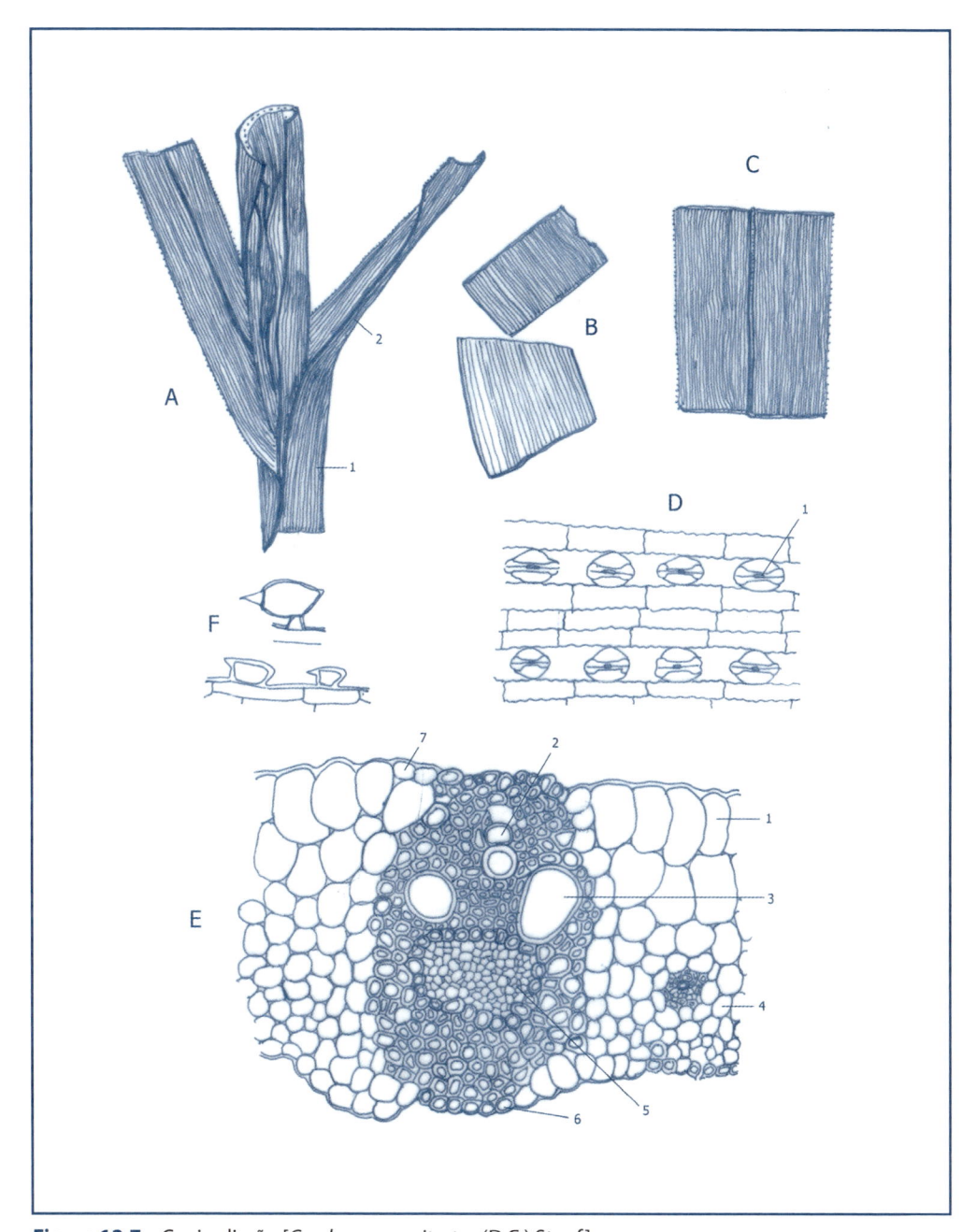

Figura 12.7 – Capim-limão [*Cymbopogon citratus* (D.C.) Stapf].
(A) Bases foliares: (1) bainha, (2) folha.
(B) Fragmentos de folha, com nervação paralelinérvea.
(C) Fragmento de folha, mostrando margem foliar serrilhada.
(D) Epiderme foliar, com estômatos típicos: (1) estômato.
(E) Seção transversal da folha: (1) células epidérmicas buliformes, (2) protoxilema, (3) metaxilema, (4) clorênquima – parênquima clorofiliano, (5) floema, (6) epiderme, com células lignificadas, (7) epiderme, com células de parede celulósica.
(F) Margem foliar.

As folhas do capim-limão cidreira ou capim-limão são longas e estreitas. Medem de 1,5 a 2 cm de largura, por 10 a 60 cm de comprimento.

São sésseis, providas de bainha brancacenta, e apresentam forma ensiforme, linear lanceolada e plana, sendo providas de ápice acuminado e nervação paralelinérvea.

A superfície foliar é áspera, glabra e de coloração verde acinzentada, um pouco mais clara na face abaxial. A margem foliar é lisa e provida de tricomas rígidos e cortantes. São bastante aromáticas.

12.8.1 Caracterização Microscópica

As seções transversais da folha mostram epidermes uniestratificadas, constituída por células de dois tipos. Células providas de parede celulósica e células com paredes liquificadas. As células de parede celulósica são de tamanhos diversos. Células pequenas, de contorno quase circular, que vão aumentando de tamanho até adquirirem tamanho bem maior e novamente começam a diminuir gradativamente de tamanho até chegar ao tamanho menor. As células maiores têm parede finas e são vacuoladas – células buliformes –, intercalando-se às células de paredes celulósicas, ocorrem outras, de paredes lignificadas. O tamanho das células epidérmicas na face abaxial quase não varia e, com frequência, prevalecem células de paredes lignificadas. As células de parede lignificadas estão reunidas em grupos e acham-se localizadas em regiões relacionadas com feixes vasculares. O mesofilo é representado por clorênquima regular, no qual se observam células providas de clorosplastos e células contendo amiloplastos. Esse tecido envolve feixes vasculares colaterais fechados, típicos das gramíneas, que aparecem uns ao lado dos outros em função da disposição paralelinérvea das nervuras.

As epidermes, quando vistas de face, são constituídas por células de contorno retangular, alongadas no sentido longitudinal das folhas. Os estômatos acham-se dispostos de forma longitudinal, sendo constituídos por duas células alteriformes e duas células subsidiárias, de contorno quase triangular. Esses estômatos são típicos de gramíneas e estão presentes tanto na face adaxial como na abaxial. A folha é do tipo anfiestomática.

Os pelos tectores são uni ou bicelulares e apresentam células espessadas, providas de ponta, o que confere à folha características cortantes.

12.9 Erva-cidreira Oficial

- Nome científico: *Melissa officinalis* L.
- Família *Lamiaceae* (= Labiatae)
- Parte usada: folha

A erva-cidreira oficial, melissa ou, ainda, chá da França é uma planta originária da região Mediterrânea, que compreende a Europa Meridional, a Ásia Menor e o norte da África. É usada há mais de dois mil anos. O nome "melissa", que lhe foi dado, corresponde a uma homenagem à ninfa grega Melona, protetora das abelhas. Os gregos prestigiavam muito essa planta, denominando-a "erva da abelha", daí a palavra grega *melissa*, que significa "abelha", Figura 12.8.

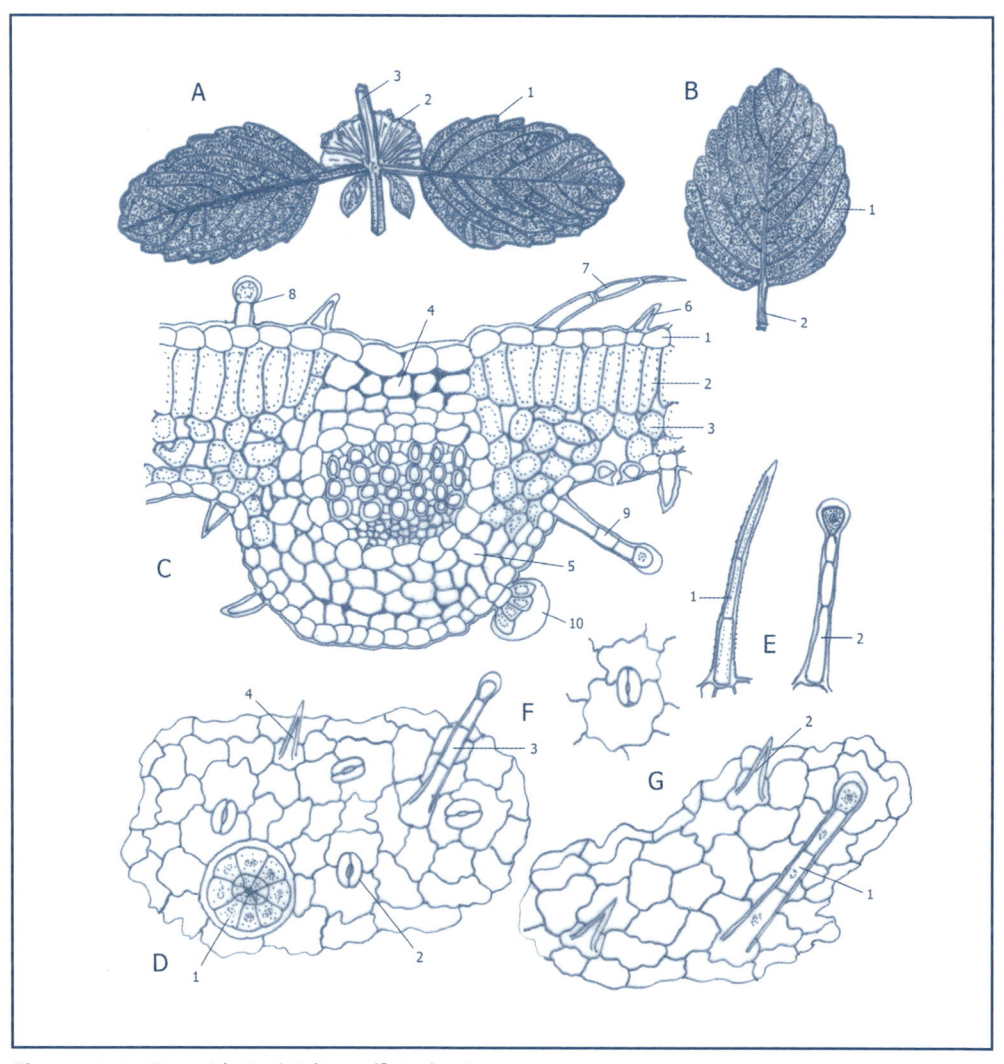

Figura 12.8 – Erva-cidreira (*Melissa officinalis* L.).
(A) Folhas opostas e inflorescência do tipo verticilastro: (1) folha, (2) inflorescência, (3) caule obtuso quadrangular.
(B) Folha: (1) lâmina foliar, (2) pecíolo.
(C) Seção transversal da folha: (1) epiderme adaxial, (2) parênquima paliçádico, (3) parênquima lacunoso, (4) colênquima, (5) parênquima fundamental, (6) pelo tector simples cônico, (7) pelo tector tricelular unisseriado cônico, (8) pelo glandular, pedicelo unicelular e glândula capitada unicelular, (9) pelo glandular de pedicelo tricelular e glândula capitada unicelular, (10) pelo típico das labiadas.
(D) Fragmento de epiderme abaxial, vista de face: (1) pelo típico das labiadas, visto de topo, (2) estômato diacítico, (3) pelo glandular de pedicelo tricelular e glândula unicelular capitada, (4) pelo tector cônico simples.
(E) Pelos: (1) pelo tector cônico tricelular unisseriado, (2) pelo glandular de pedicelo tricelular e glândula capitada unicelular.
(F) Estômato diacítico.
(G) Fragmento de epiderme adaxial, mostrando: (1) pelo glandular de pedicelo tricelular unisseriado e glândula capitada unicelular, (2) pelo tector cônico simples.

Conhecida principalmente por ação sedante, carminativa e estimulante digestiva, devido principalmente à presença do óleo essencial presente na proporção de cerca de 0,6%. Integram esse óleo essencial o citral, citronelal, linalol, geraniol, citronelol, terpineol e nerol. O sabor da folha deve-se principalmente à presença do citral. A existência de derivados hidroxicinâmicos e de ácidos rosmarínicos são importantes na caracterização das folhas. Cita-se, ainda, como fazendo parte da composição dessa planta a presença de flavonoides e de mucilagens.

A erva-cidreira oficial é usada principalmente como eupéptica, digestiva e carminativa. Emprega-se, ainda, como aperiente, antiespasmódica e sedativa. Frequentemente, tem sido usada no tratamento do nervosismo, de palpitações e em caso de insônias.

Com as folhas, prepara-se um chá de sabor agradável, usado como reconfortante, em reuniões sociais e intervalos de trabalho, bem como antes de deitar para facilitar o sono.

As folhas são pecioladas, de disposição oposta no caule. Apresentam contorno ovalado, de ápice agudo e base obtusa, às vezes subcodiforme.

São inteiras, de margem crenato-serreada, membranosas, ligeiramente rugosas, verde escuras na face ventral e um tanto mais claras na face dorsal. Medem de 3 a 4 cm de largura, por 4 a 8 cm de comprimento. Apresentam nervação penada, com nervuras impressas na face central e salientes na face dorsal. As nervuras secundárias, na margem, curvam-se para o ápice, anastomosando-se com as seguintes. As superfícies, tanto da face ventral como da dorsal, quando observadas com auxílio de lupa, deixam ver tricomas glandulares e não glandulares. A folha é finamente ciliada nas margens.

12.9.1 Caracterização Microscópica

As folhas apresentam mesofilo heterogêneo e assimétrico e são anfiestomáticas. Quando observadas em seção transversal apresentam epiderme que recobre a face adaxial, constituída por células de contorno aproximadamente retangular, alongadas no sentido periclinal.

A epiderme que recobre a face abaxial é semelhante à anteriormente descrita, só que suas células são um pouco menores. Estômatos estão presentes em ambas as epidermes, apresentando-se em pequenas elevações epidérmicas. Tricomas tectores e glandulares ocorrem em ambas as epidermes.

Os tricomas tectores ou não glandulares curtos são curtos ou longos. Os tricomas curtos são providos de uma a duas células, ao passo que os tricomas longos podem ter três a nove células dispostas em uma única série. Apresentam cutícula estriada. As células epidérmicas, quando vistas de face, apresentam contorno arredondado e paredes bastante sinuosas. A cutícula é estriada, os estômatos são caracteristicamente do tipo diacítico. Os pelos glandulares são de três tipos: pelo glandular, com glândula unicelular; pelo glandular, com glândula bicelular septada; e pelo glandular típico da família *Lamiaceae* (=*Labiatae*), com glândula peltada, com até oito células formando a glândula.

O parênquima paliçádico é constituído por uma única camada celular cuja largura corresponde à metade da largura do mesofilo. O parênquima lacunoso é constituído por duas a quatro fileiras de células de contorno ramoso.

12.10   Erva-cidreira Bastada

- Nome científico: *Lippia alba* (Mill) N.E Brown
- Família *Verbenaceae*
- Parte usada: folhas

A espécie *Lippia alba* (Mill) N.E Brown é originária da América do Sul, ocorrendo em todo o Brasil. Graças às suas propriedades medicinais, culinárias e aromáticas, corresponde à espécie mais estudada desse gênero botânico. Pertencente ao grupo das espécies aromáticas não domesticadas originárias da Mata Atlântica, destaca-se entre as espécies da flora da América do Sul como possuidora de potencial para exploração agroindustrial, Figura 12.9.

Todo esse potencial relaciona-se com a presença de óleo essencial em sua composição rico em citral, o que lhe confere propriedades tranquilizante e antiespasmódica. É conhecida também pelos os nomes vulgares de "cidrão", "cidreira crespa", "cidreira brasileira", "cidreira falsa" e "erva-cidreira arbustiva do Brasil".

Participam de sua composição saponinas, iredoides, flavonoides, alcaloides e, principalmente, um óleo essencial ao qual se atribui a maioria de suas qualidades medicinais e aromáticas. Nesse óleo essencial foi constatada a presença de citral, piperitona, geranial, neral, cariofileno, cânfora, eucaliptol, limoneno, carvona, germacreno, alfaguaieno, beta eucaliptol, linalol e mirceno.

Essa composição confere à espécie vegetal propriedades analgésica, antitérmica, ansiolítica, antiemética, calmante, carminativa, estomáquica, relaxante do sistema nervoso, hipnótica e sedativa.

Com suas folhas elabora-se um chá de sabor agradabilíssimo, muito utilizado pela sua ação calmante e confortante, que ajuda a facilitar o bom relacionamento em reuniões de trabalho e de convívio social. É ele ainda bastante empregado na busca de sono reparador.

A parte usada do vegetal para a elaboração de chá são as folhas e, com menor frequência, a ponta de ramos floridos. As folhas têm disposição dística oposta cruzada nos vegetais. São inteiras, de forma ovalada, de bordas serreadas, ápice agudo e base cuneada. São quase sésseis e de nervação penada, com nervuras impressas na face adaxial e salientes na abaxial.

Apresenta cor verde argêntea na face ventral e um pouco mais clara na face dorsal. O sabor é ligeiramente amargo e o odor é aromático, *sui generis* e muito agradável. Mede cerca de 8 cm de comprimento, por 3,5 a 4 cm de largura.

12.10.1   Caracterização Microscópica

A epiderme em secção paradérmica é constituída por células de paredes espessas e sinuosas. Os estômatos anomocíticos ocorrem especialmente na face dorsal. Apresentam estrias nas células paraestomatais.

Tricomas tectores unicelulares de base alargada e ápice afunilado e tricomas glandulares sésseis, com glândula unicelular e com pedicelo unicelular, e tricomas de pedicelo unicelular e glândula bicelular ocorrem preferencialmente na epiderme inferior. A seção transversal do limbo foliar mostra estrutura dorsiventral.

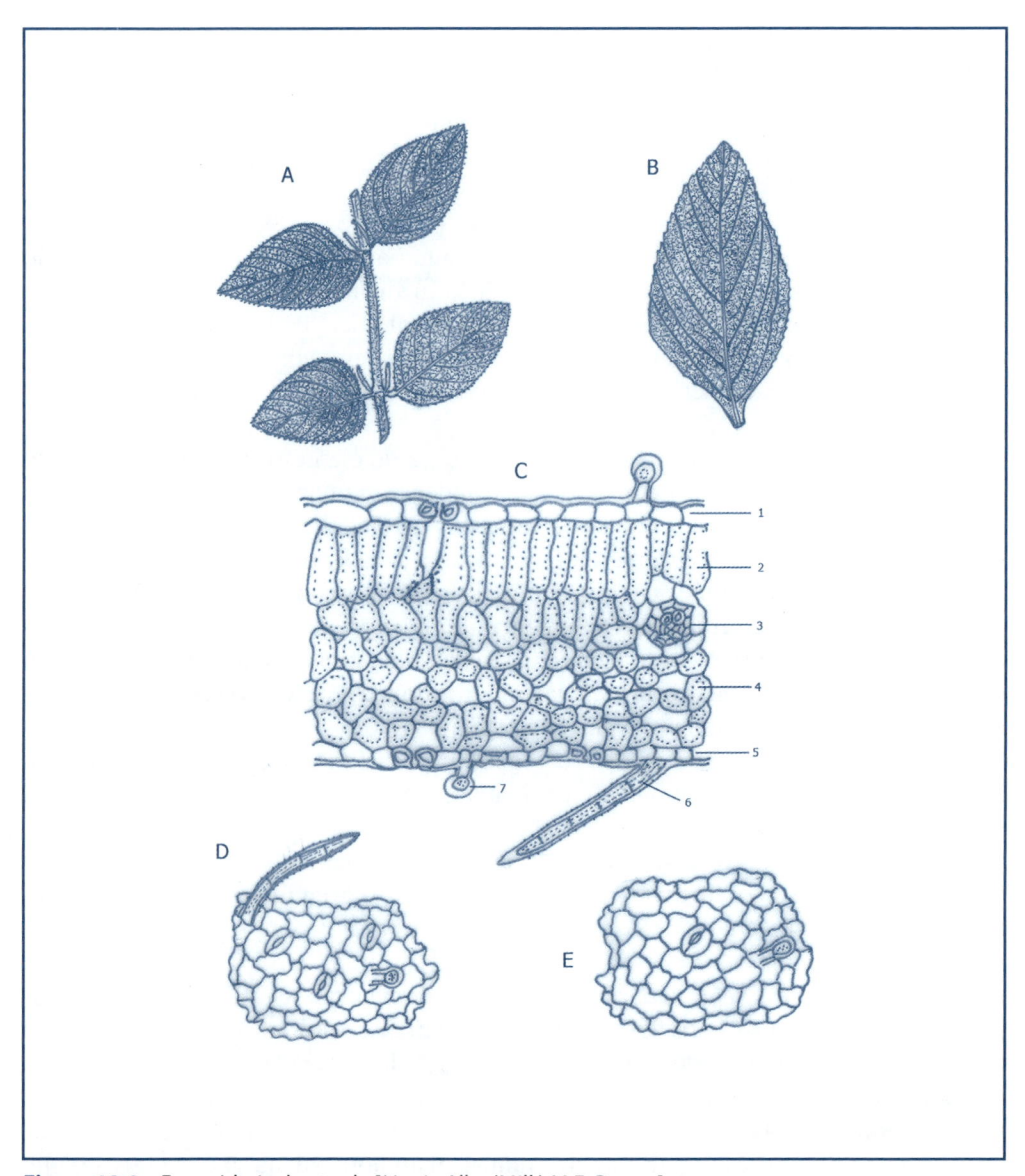

Figura 12.9 – Erva-cidreira bastarda [*Lippia Alba* (Mill.) M.E. Brown].
(A) Fragmento de ramo, mostrando folhas opostas cruzadas.
(B) Folha.
(C) Seção transversal da folha: (1) epiderme adaxial, (2) parênquima paliçádico, (3) feixe vascular, (4) parênquima lacunoso, (5) epiderme abaxia, (6) pelo tector pluricelular unisseriado, (7) pelo glandular pedicelo unicelular e glândula capitada unicelular.
(D) Fragmento de epiderme abaxial.
(E) Fragmento de epiderme adaxial.

As células epidérmicas apresentam contorno aproximadamente retangular e alongado no sentido periclinal. O tamanho das células epidérmicas é menor na face inferior. O mesofilo é bem desenvolvido e nele pode-se observar a presença de drusas de oxalato de cálcio, bem como na região do parênquima fundamental.

Os feixes vasculares, tanto na região do limbo como da nervura mediana, são do tipo colateral aberto.

12.11 Hortelã Comum

- Nome científico: *Mentha spicata* L.
- Família *Lamiaceae* (= *Labiatae*)
- Parte usada: folha

A hortelã, originária da Índia, de países asiáticos e da região mediterrânea da Europa, é conhecida desde a Antiguidade longínqua. Egípcios, gregos, romanos e hebreus faziam uso dela desde a Antiguidade. Conta uma narrativa mitológica que a ninfa Minthe foi transformada em planta para fugir da ira da mulher ciumenta de um deus do Olimpo, do qual era ela amante. A planta assim originada manteve as características da ninfa, sendo aromática, afável, agradável e estimulante. A hortelã é considerada a erva da amizade e do amor. Corresponde a um símbolo de hospitalidade. A hortelã comum, *Mentha spicata L.*, é também conhecida pelas designações populares de "hortelã", "hortelã verde" e "hortelã das cozinhas", Figura 12.10.

A maioria de suas propriedades é atribuída à presença de um óleo essencial em sua composição, no qual ocorre uma variedade grande de substâncias, entre as quais a carvona, a mentona, o mentafurano, a pulegona, o acetato de mentila e o mentol.

Integram ainda sua composição: flavonoides (rutosidio, apigenol), ácidos fenólicos, taninos e tripertenos.

Graças a essa composição, possui propriedades antiespasmódica, carminativa, eupéptica, digestiva, estomáquica, estimulante, tônica e vermífuga. Em culinária, é empregada no tempero de carnes, sopas e pratos árabes, como na elaboração do quibe cru e do quibe frito. É empregada ainda como aromatizante e na elaboração de chás de odor e sabor muito agradáveis, satisfazendo o paladar das mais diversas pessoas.

As folhas da hortelã comum são inteiras, membranosas, rugosas, de disposição dística oposta sobre o caule abtuso quadrangular; de coloração verde escura brilhante; providas de nervação penada cujas nervuras secundárias emergem da nervura principal num ângulo de 45°, curvando-se junto à margem para o ápice e anastomosando-se com as seguintes.

Apresentam contorno ovalado, ápice de abtuso a levemente agudo, base de arredondada a subcordada; simétricas; margens serreadas; nervuras impressas na face adaxial e salientes na face abaxial. São curtamente pecioladas.

12.11.1 Caracterização Microscópica

As seções transversais de folha, no nível do terço médio inferior, exibem estruturas heterogênea e assimétrica.

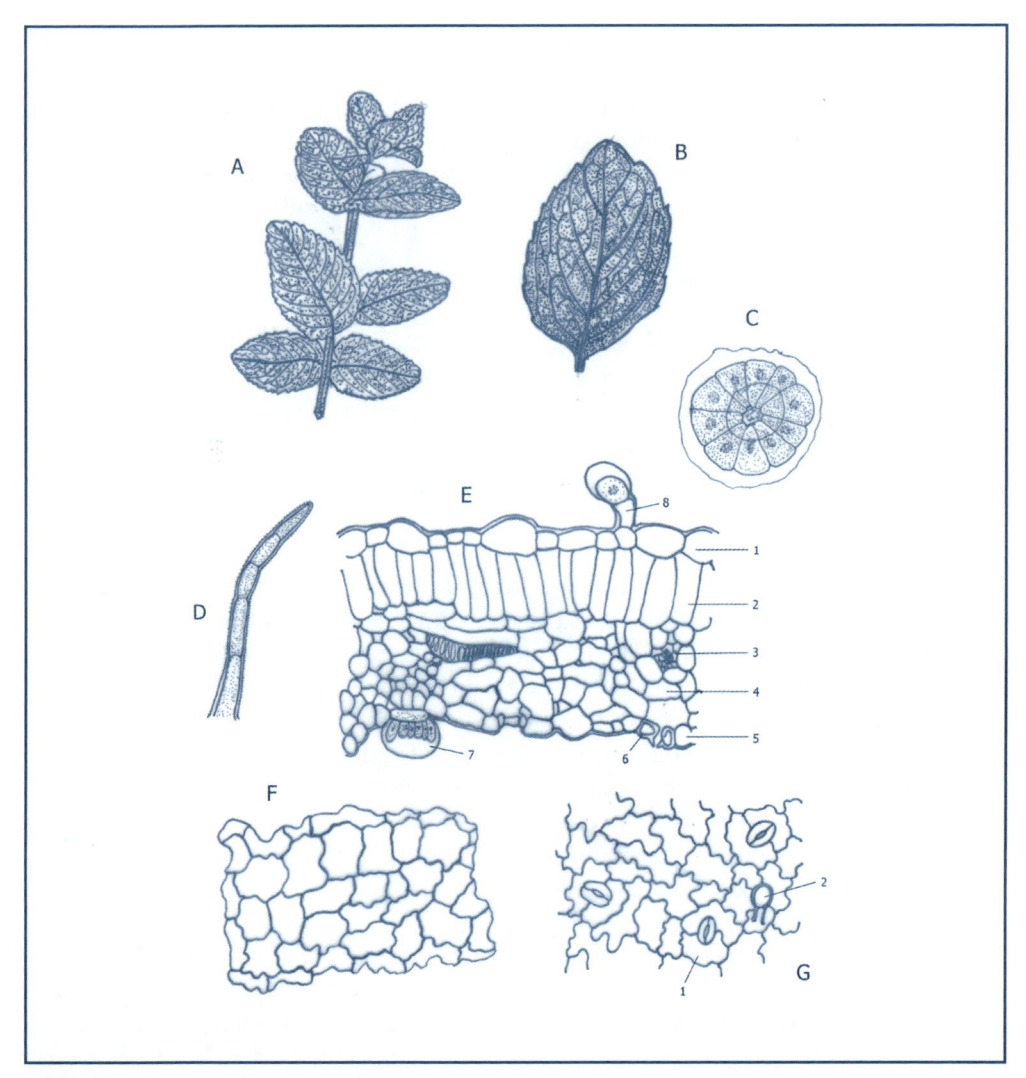

Figura 12.10 – Hortelã (*Mentha spicata* L.).
(A) Pedaço de ramo, mostrando caule obtuso quadrangular e folhas opostas cruzadas.
(B) Folha.
(C) Pelo glandular típico das labiadas, visto de face.
(D) Pelo tector pentacelular unisseriado.
(E) Seção transversal da folha: (1) epiderme adaxial, (2) parênquima paliçádico, (3) feixe vascular, (4) parênquima lacunoso, (5) epiderme abaxial, (6) estômato, (7) pelo glandular típico das labiadas, (8) pelo glandular de pedicelo unicelular e glândula capitada unicelular.
(F) Epiderme adaxial.
(G) Epiderme abaxial: (1) estômato diacítico, (2) pelo glandular pedicelo unicelular e glândula capitada unicelular.

A epiderme é unisseriada e constituída de células irregulares na forma e no tamanho, recobertas por cutícula fina e lisa. São providas de tricomas glandulares de dois tipos: tricomas capitados e tricomas peltados. Os tricomas glandulares capitados são providos de células basais, células pedunculares e glândula capitada subglobosa. Os tricomas peltados, por sua vez, possuem célula basal, célula peduncular curta e glândula provida geralmente de doze células dispostas em dois círculos, a saber, oito células externas e quatro células centrais ou internas.

As células de face abaxial apresentam tamanho um tanto menor que o das da face adaxial.

As epidermes, quando vistas de face, apresentam células de contorno sinuoso, sendo a sinuosidade mais acentuada na face abaxial. Estômatos do tipo diacítico podem ser observados nas duas epidermes, sendo mais frequentes na epiderme abaxial. Pelos tectores cônicos constituídos de duas a seis células podem ser observados.

O mesofilo é bifacial. O parênquima paliçádico é constituído por uma fileira de células cujo comprimento corresponde aproximadamente à metade da largura do mesofilo. O parênquima lacunoso é formado de três a cinco camadas celulares irregulares na forma e no tamanho, braciformes e que deixam lacunas e câmaras entre si.

Capítulo 13

Hortaliças

13.1 Introdução

Os povos civilizados de todo o mundo, desde épocas remotas, vêm se preocupando com a relação entre a alimentação e a saúde.

Na atualidade, essa preocupação é mais evidentc do que nunca. A busca de uma alimentação saudável e, com isso, o afastamento de uma série de doenças relacionadas com a nutrição tem sido objeto da maioria dos povos.

Nesse enfoque, as hortaliças têm se mostrado um importante componente da dieta saudável. Elas fornecem, além de uma variedade de cor e textura, nutrientes indispensáveis à uma boa alimentação.

Por meio da palavra "hortaliça", os dicionários designam plantas geralmente herbáceas ou suas partes usadas na alimentação humana. São alimentos ricos em vitaminas e sais minerais, nutrientes esses indispensáveis à saúde. São também alimentos, de modo geral, pobres em calorias e ricos em fibras, que estimulam o peristaltismo intestinal. Ingeridas de forma correta, ajudam no equilíbrio da nutrição, assegurando saúde. Agronomicamente, as hortaliças são objeto da olericultura, palavra derivada do latim *olus*, que significa "hortaliça", e *colere*, que quer dizer "cultura". Representa parte da ciência agronômica, que tem por objetivo o cultivo de certas plantas herbáceas, geralmente de ciclo curto e tratos culturais intensivos cujas partes comestíveis são diretamente empregadas na alimentação, dispensando, na maior parte dos casos, a industrialização prévia.

A palavra "horta", por sua vez, é derivada do latim medieval *horta*, ou *horto*, terreno onde se cultivam hortaliças, ou seja, plantas comestíveis herbáceas, produzidas em hortas.

As hortaliças costumam ser classificadas de acordo com o órgão vegetal comestível da planta. Assim temos hortaliças constituídas por:

- Folhas – alface, couve, agrião, escarola etc.
- Flores – couve-flor, brócolis etc.
- Frutos – pimentão, quiabo, tomate, jiló, berinjela, ervilha, vagem, abóbora, abobrinha, melancia.

- Órgãos subterrâneos – raízes: cenoura, mandioquinha, batata-doce, beterraba; rizomas: gengibre; bulbos: cebola, alho.
- Sementes – ervilhas, tremoços.

As hortaliças, com frequência, são consumidas cruas (sob a forma de saladas), cozidas em ensopados, guisados e refogados.

Menos frequentemente, são objeto de processos de industrialização, tais como cremes, alimentos infantis, bolos, doces, pães e biscoitos.

13.2 Abóbora

- Nome científico: *Cucurbita pepo* L.
- Família *Cucurbitaceae*
- Parte usada: fruto

A abóbora é uma hortaliça bastante versátil e consumida sob diversas formas. Originária das Américas, especialmente das Américas Central e do Sul, graças às suas propriedades alimentícias, teve seu uso disseminado por todo o continente e depois pelo mundo. Fez parte da alimentação de astecas, incas e maias; sementes dessa planta, datadas de 5500 a.C., foram encontradas em sítios arqueológicos ligados à história desses povos primitivos, Figura 13.1.

Três são as espécies de abóbora cultivadas no Brasil, onde esse cultivo é bastante expandido: *Cucurbita pepo* L., originária da América Central; *Cucurbita máxima* Duchesne, originária especialmente do Brasil; e *Cucurbita moschata* Duchesne, originária das Américas Central e do Sul. Das três espécies, a primeira, *Cucurbita pepo* L., tem merecido destaque especial.

A abóbora é um alimento que possui índice baixo de caloria. Mais de 90% de sua composição corresponde à água. É rica em minerais, como ferro, cálcio, potássio, magnésio, zinco e silício, além de fósforo e cloro. Possui também vitaminas diversas, tais como as vitaminas A, B_1, B_2 e C.

Graças ao seu sabor agradável e à sua composição, a abóbora é uma hortaliça versátil que combina bem com uma série de ingredientes, participando de saladas, pratos quentes, refogados, sopas, pães, bolos, biscoitos e doces diversos. Ela é usada ainda como adulterante de alimentos, especialmente de extrato de tomate e de doces de outras frutas. As sementes de abóbora torradas e salgadas servem como petisco antes de aperitivos.

A abóbora possui propriedades digestivas, sendo ligeiramente laxativa e diurética. O mesocarpo cozido e amassado serve como emoliente e estimulante da cicatrização. As sementes são vermicidas, sendo ainda usadas como antieméticas.

Os frutos das três espécies citadas são muito parecidos entre si; são polimorfos e apresentam tamanhos diversos, geralmente grandes. Existem variedades deles, bem como cultivares diversos, podendo eles ser consumidos na plenitude e maduros ou, com menor frequência, ainda verdes e tenros (aboborinha).

São geralmente esféricos, ovoides, piriformes, cilíndricos, piriformes basalmente e providos de extremidade mais afilada, em forma de pescoço.

Pertencem a um tipo especial de baga, denominado peponídeo, caracterizado por epicarpo rígido, mesocarpo carnoso e endocarpo provido de placenta bem desenvolvida.

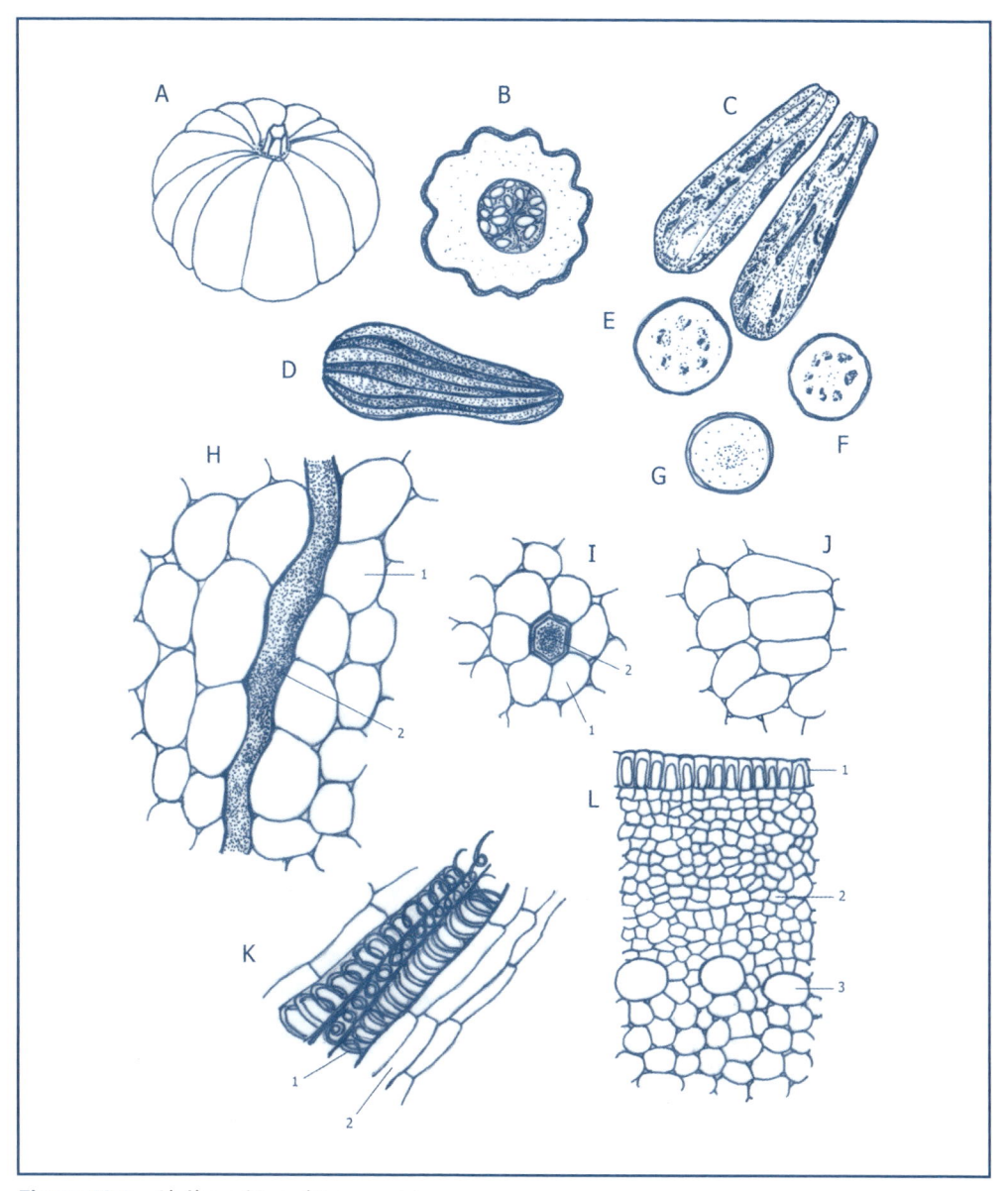

Figura 13.1 – Abóbora (*Cucurbita pepo* L.).
(A) Fruto inteiro – moranga.
(B) Seção transversal do fruto – moranga.
(C) Fruto inteiro – abobrinha.
(D) Fruto inteiro – abóbora de pescoço.
(E, F e G) Seção transversal do fruto – abobrinha.
(H) Seção transversal do mesocarpo, mostrando laticífero: (1) parênquima do mesocarpo, (2) laticífero.
 (I) Seção transversal do mesocarpo: (1) parênquima do mesocarpo, (2) laticífero.
 (J) Células do mesocarpo.
 (K) Fragmento de feixe vascular, em vista longitudinal: (1) vaso xilemático espiralado, (2) tubo crivado.
 (L) Seção transversal do fruto – abobrinha: (1) epicarpo, (2) mesocarpo, (3) células mucilaginosas.

A coloração do fruto pode ser verde, com manchas verdes pálidas; amarela; alaranjada; vermelha; e alaranjada provida de listras claras. A superfície do fruto pode ser lisa, rugosa ou sulcada, lembrando a forma de uma pitanga e, por que não, a forma da conhecida moranga. A placenta apresenta-se filamentosa e contém sementes múltiplas contidas num único lóculo ovariano.

A abobrinha, *Cucurbita pepo* L. var. oblonga (Ser.) Link, é um fruto coletado antes do amadurecimento, um fruto imaturo; verde, portanto. Apresenta formato cilíndrico. Sua seção transversal é circular e mede de 5 a 7 cm de diâmetro e seu comprimento é de aproximadamente 20 cm. A superfície é de coloração verde-clara, com manchas verde-escuras dispostas em feixes alinhados longitudinalmente. O epicarpo mede cerca de 2 mm de espessura. O mesocarpo é carnudo e bem desenvolvido, bem como o tecido placentário, que ocupa a parte central da estrutura; mede de 3 a 4 cm de diâmetro e abriga grande quantidade de sementes.

13.2.1 Caracterização Microscópica

Seções transversais do pericarpo da abóbora apresentam as seguintes características: epicarpo formado por fileiras de células de paredes externas e radiais espessadas, dispostas em paliçada. Quatro a seis camadas de células de contorno, variando do poligonal ao subisodiamétrico, integrantes do exocarpo. Mesocarpo constituído de múltiplas camadas celulares, quase isodiamétricas, cujo tamanho aumenta da periferia para o centro.

Feixes vasculares bicolaterais podem ser observados nessa região. Esses feixes apresentam tamanho variado e vasos envoltos por parênquima do xilema e floema onde podem ser observadas placas crivadas.

As células do parênquima do mesocarpo apresentam-se repletas de amido e envolvem tubos laticíferos. O endocarpo é delicado e o tecido placentário é bem desenvolvido, sendo formado por células parenquimáticas grandes, de paredes finas e repletas de amido, e outras de forma alongada. Inúmeras sementes características ocorrem nessa região.

O epicarpo, visto de face, mostra células de contorno poligonal e com paredes espessas.

13.2.2 Abobrinha

▪ Nome científico: *Cucurbita pepo* L. var. oblonga (Ser.) Link

Seções transversais do pericarpo mostram epicarpo com células em disposição de paliçada e providas de paredes espessadas. Abaixo dessa camada celular aparecem quatro a seis outras, constituídas de células menores de contorno aproximadamente poligonal e de paredes espessas. Seguem-se dez a 12 camadas de células parenquimáticas, de tamanho um pouco maior que as anteriores e que envolvem, na região mais internas, grandes células isodiamétricas de parede finas e conteúdo mucilaginoso. O mesocarpo parenquimático envolve feixes vasculares do tipo colateral e tubos laticíferos.

A região placentária é bem desenvolvida e contém numerosas sementes. O epicarpo, visto de face, é constituído por células de contorno poligonal e de tamanho menor que as células paraestomatais e oclusivas.

Os estômatos são do tipo anomocítico e geralmente envoltos por seis células paraestomatais.

Hortaliças ▪ **337**

13.3 Berinjela

- Nome científico: *Solanum melongena* L.
- Família *Solanaceae*
- Parte usada: fruto

Provavelmente, foi na Índia que o cultivo da berinjela teve início. Há mais de quatro mil anos, esse procedimento começou a ocorrer, valorizando especialmente as propriedades ornamentais da planta. Foram os árabes, entretanto, os introdutores desse fruto na Europa, espalhando-se daí para o mundo, Figura 13.2.

A berinjela é muito apreciada na culinária, sendo preparada de múltiplas formas no Brasil. É recoberta por casca fina, lisa, brilhante e de cor variável, predominando no Brasil a cor roxa escura, quase negra.

Integram a sua composição vitaminas diversas, tais como: A, B_1, B_2, B_5 e C e niacinamida. Contém outras substâncias como a trigonelina, ácido cafeico, ácido clorogênico, colina, açúcares, proteínas, glicoalcoloides diversos (solamargina, solanina, alcaloide esteroidal – salasodina). Possui flavonoides, como a nesunina e a delfinina.

Atribui-se à berinjela propriedades anticolesterêmica, anti-hipertensiva, antidiabética, digestiva e laxante.

A berinjela pode ser usada no preparo de pratos como o cuscuz de berinjela, suflês, tortas, saladas e recheadas.

O fruto de berinjela é uma baga geralmente de formato oval oblongo, afilado numa das extremidades. Sua superfície é lisa, brilhante e de coloração roxa azulada, quase negra; na maioria dos casos, pode possuir coloração avermelhada e mesmo branca.

O mesocarpo é tenro, macio; de coloração brancacenta, esverdeada ou pardacenta; firme e com numerosas sementes pequenas, igualmente macias, comestíveis. A placenta ou o tecido placentário é bem desenvolvido.

13.3.1 Caracterização Microscópica

Secções transversais do pericarpo apresentam as seguintes características: epicarpo formado por células de contorno retangular, alongadas no sentido periclinal e providas de paredes celulares um pouco espessadas e providas de pontuações. Essas células, quando vistas paradermicamente, são de contorno poligonal e de tamanho relativamente pequeno. São providas de coloração arroxeada, quase negra.

Abaixo do epicarpo, ocorrem duas ou três camadas celulares de contorno e tamanho semelhantes aos das anteriormente descritas, e de conteúdo semelhante. O mesocarpo é constituído por tecido parenquimático frouxo, com espaços intercelulares com células alongadas compridas, ovaladas ou elípticas, e de paredes finas. Feixes vasculares pequenos bicolaterais podem ser observados nessa região, providos de xilema com vasos espiralados.

O endocarpo e o tecido placentário apresentam características semelhantes às do mesocarpo.

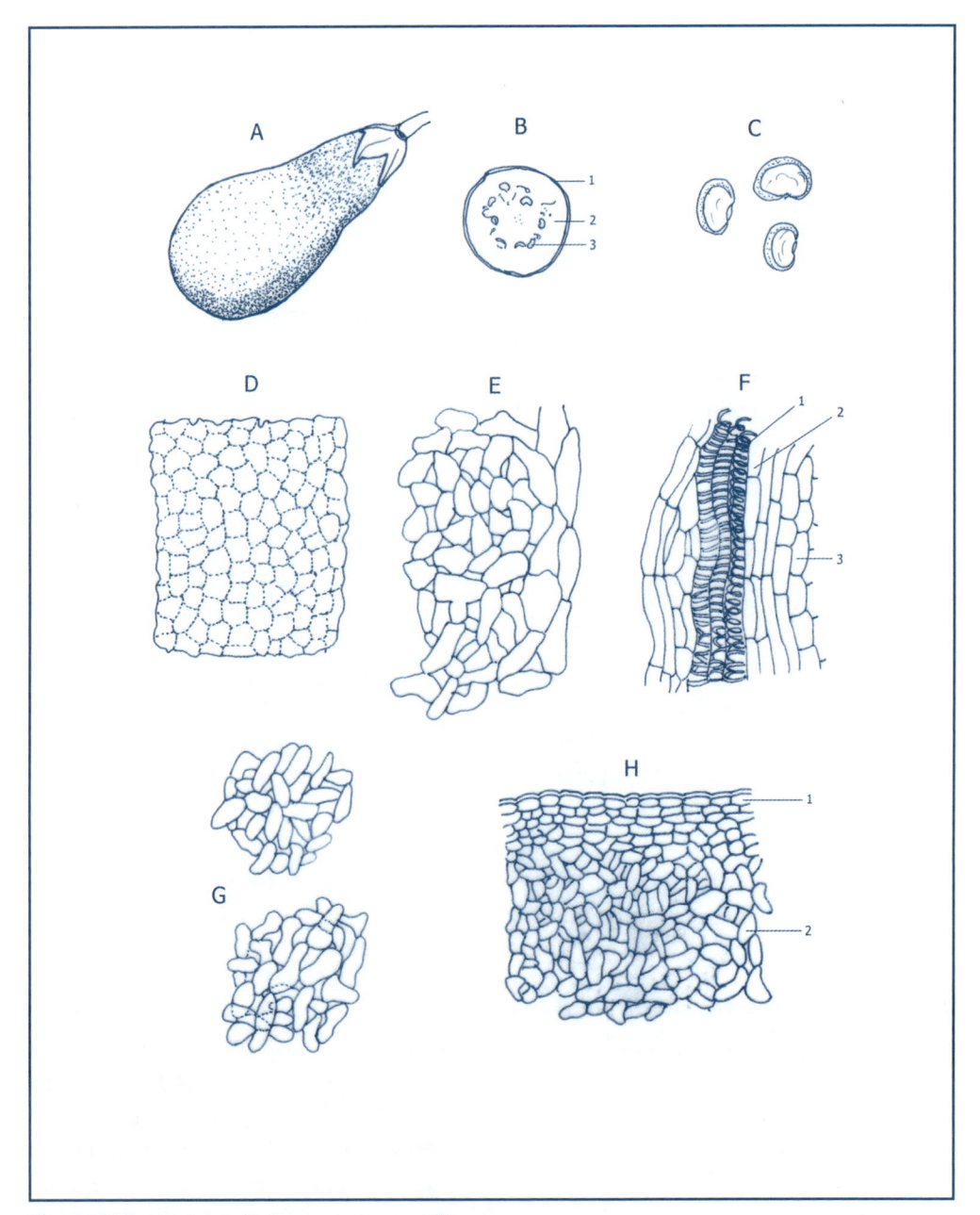

Figura 13.2 – Berinjela (*Solanum melongena* L.).
(A) Fruto inteiro.
(B) Seção transversal do fruto: (1) epicarpo, (2) mesocarpo, (3) semente.
(C) Sementes.
(D) Epicarpo, visto de face.
(E) Mesocarpo esponjoso.
(F) Seção longitudinal de feixe vascular: (1) vaso xilemático, (2) tubo crivado, (3) parênquima.
(G) Parênquima do mesocarpo.
(H) Seção transversal do fruto: (1) epicarpo, (2) mesocarpo.

13.4 Cenoura

- Nome científico: *Daucus carota* L.
- Família *Apiceae* (= *Umbelliferae*)
- Parte usada: raiz tuberosa

A cenoura é originária da Ásia (Índia, Afeganistão e Rússia). Conhecida pelos romanos e gregos desde cerca de há dois mil anos. De sua região originária, espalhou-se pelas regiões temperadas da Europa e daí para o mundo inteiro. Tanto sua forma silvestre como a domesticada apresentam grande variedade fenotípica e ampla capacidade de intercruzamento. Existem cenouras de raízes amareladas e roxas, mas, entretanto, atualmente sua coloração dominante é alaranjada ou cor de cenoura, como algumas vezes se denomina essa cor, Figura 13.3.

Em sua composição química, integram ácidos graxos, ácido málico, açúcares, proteínas, albuminas e flavonoides, como apigenina, kampiferol, quercetina, luteolina. Contém ainda provitaminas, como a provitamina A (betacaroteno); as vitaminas B_2, B_3, C e K; e minerais como potássio, sódio, cálcio e ferro, além de fósforo, enxofre e cloro.

Graças à sua composição química, as raízes da cenoura são virtuosas como alimento, bem como pelos seus usos medicinais. Nesse mister, possui propriedades adstringente, antibacteriana, anti-helmíntica, carminativa, diurética, emenagoga e litolítica. Pode ser comida crua ou cozida, em forma de salada, sopas, suflês, refogados, bolos, tortas, pães, biscoitos e sucos. Alimentos infantis à base de cenoura gozam de prestígio, sendo seu uso incentivado. A cenoura participa com frequência de rações animais.

As cenouras possuem raízes tuberosas, que apresentam forma cilíndrica ou subcônica; possuem consistência firme, coloração alaranjada e sabor adocicado. Sua periderme é firme, permeável à água, e sua superfície apresenta linhas claras dispostas transversalmente, quase anelares. Cicatrizes elípticas, achatadas e pequenas, deixadas pela queda de raízes secundárias, são frequentes. Sua região, de natureza caulinar, é circular e de tonalidade esverdeada, indicativa do local onde as folhas se inseriam. Sua extremidade basal é afilada, quase oblonga, algumas vezes dotada de um filamento reduzido.

Sua seção transversal é circular e mostra três regiões bem evidentes: a mais externa é anelar, fina e de tonalidade um pouco escura, e corresponde à região da periderme; a central, em forma de círculo, corresponde a cerca de dois terço da largura do círculo da seção, apresentando, quando recém-seccionada, linhas claras de disposição radiada; e a região compreendida entre as duas seções referidas tem num tom alaranjado, um pouco mais claro do que o da região central.

13.4.1 Caracterização Microscópica

As raízes tuberosas da cenoura são revestidas externamente por uma periderme fina, constituída por três a cinco camadas de células suberosas de contorno retangular e alongadas ao sentido periclinal. Essa camada celular, quando vista peridermicamente, é constituída por células alongadas no sentido do eixo maior do órgão.

A região cortical é bem desenvolvida, sendo rica em cromatoplastos amarelos. Grupos de células, com paredes espessadas, podem ser vistos.

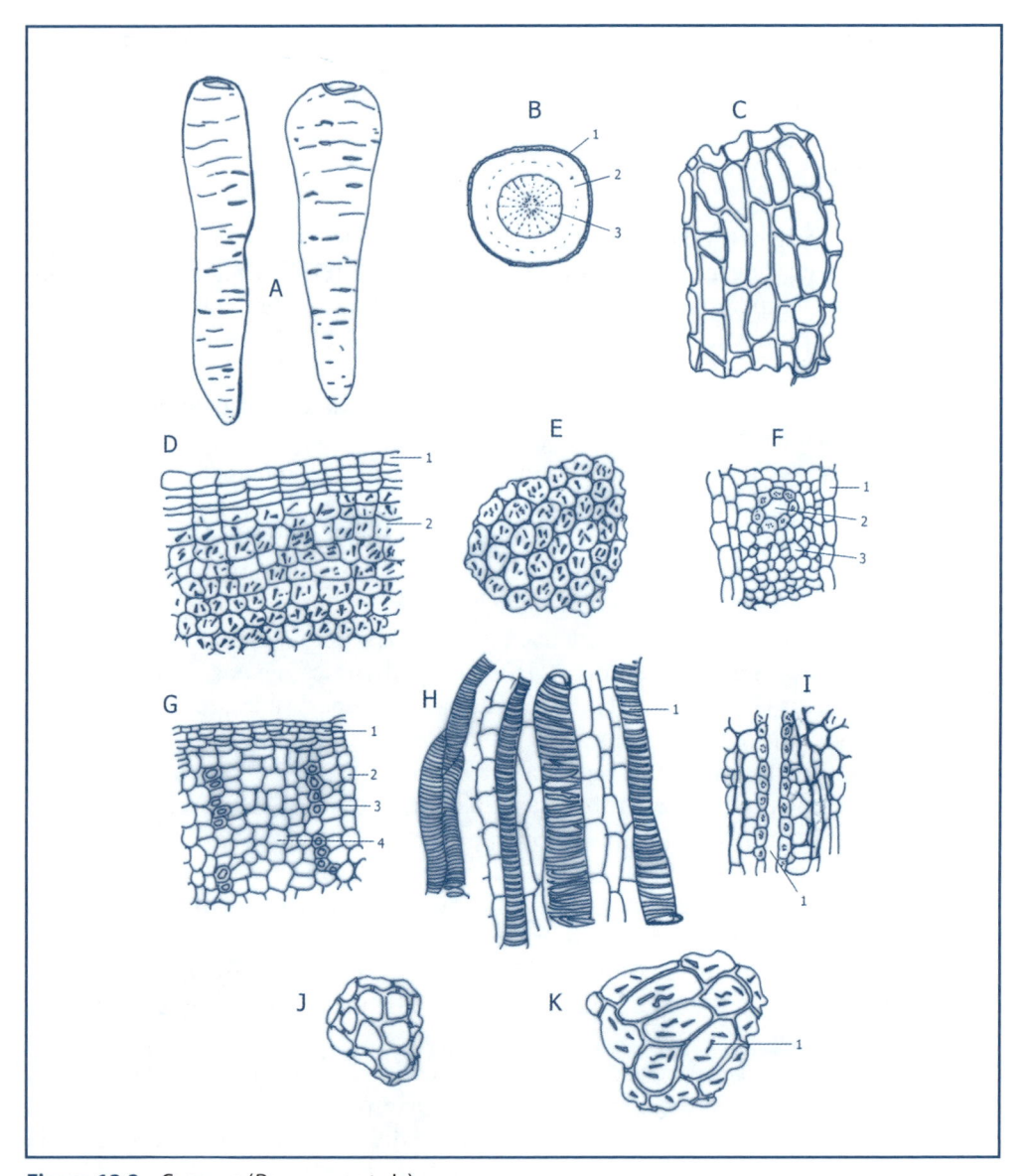

Figura 13.3 – Cenoura (*Daucus carota* L.).
(A) Raiz tuberosa.
(B) Seção transversal: (1) periderme, (2) região cortical, (3) cilindro central.
(C) Súber, visto de face.
(D) Seção transversal da região externa: (1) região suberosa, (2) parênquima cortical, rico em cromatoplastos.
(E) Parênquima cortical com cromatoplastos.
(F) Fragmento da região floemática, mostrando: (1) raios vasculares, (2) canal secretor, (3) floema.
(G) Seção transversal da região xilemática: (1) região cambial, (2) raio vascular, (3) vasos xilemáticos, (4) parênquima.
(H) Região xilemática, em corte longitudinal; (1) vaso xilemático.
(I) Fragmento da região floemática, em visão longitudinal: (1) canal secretor.
(J e K) Fragmentos da região cortical, deixando ver cromatoplastos: (1) cromatoplasto.

Tanto a região floemática como a xilemática são predominantemente parenquimáticas. Os vasos xilemáticos são do tipo espirilados. Canais secretores podem ser observados na região do cilindro central.

13.5 Chuchu

- Nome científico: *Secchium edule* (Jacq.) Swartz
- Família *Cucurbitaceae*
- Parte usada: fruto

Conhecido pelos astecas, o chuchu já era cultivado antes do descobrimento das Américas. Atribui-se sua origem à América Central (Costa Rica, Panamá e México) e a algumas ilhas do Caribe. No Brasil, é uma planta bastante cultivada graças ao sabor delicado de seus frutos quando bem preparados. O chuchu tem sido mencionado como planta invasora, especialmente no Estado de Santa Catarina, em região de Mata Atlântica, Figura 13.4.

Pobre em calorias, é usado em regimes de emagrecimento. Possui 0,9% de proteína, 0,2% de lipídios, 7,7% de glicídios e 0,6% de fibras em seus frutos. Possui ainda certa quantidade de cálcio e ferro, além de fósforo e as vitaminas A, B_1, B_2, C e niacinamida. Cita-se ainda a presença de glicósidos flavonoides cujas geninas são a apigenina e a luteolina. Tem sido usado como alimento benéfico para o tratamento de diabetes e cálculos renais. Atribuem-se também atividades diuréticas.

O chuchu pode ser comido sob diversas formas: cozido, refogado e em forma de cremes, sopas, suflês, saladas, bolos e doces.

Os frutos do chuchu apresentam exocarpo liso ou enrugado, provido de acúleos ou não. Sua cor é variável, podendo ser branca, creme, verde-clara ou verde-escura. São mais frequentes os frutos de cor verde.

Os frutos são percorridos longitudinalmente por sulcos pouco profundos e que terminam na extremidade mais afilada, numa pequena cavidade onde se localiza o pedúnculo. A outra extremidade termina quase sempre em uma espécie de ranhura.

O comprimento dos frutos verdes, com desenvolvimento adequado ao uso culinário, varia de 8 a 20 cm. O corte transversal do fruto mostra um exocarpo de tonalidade um pouco mais escura que a do mesocarpo, provido algumas vezes de acúleos. O mesocarpo é suculento, firme, uniforme e bem desenvolvido, incluindo no centro da estrutura um endocarpo delicado e uma única semente aderida ao tecido placentário. A semente é lenticular, provida de dois cotilédones planos convexos e de eixo radículo-caulicular.

13.5.1 Caracterização Microscópica

Os frutos do chuchu caracterizam-se por apresentar epicarpo com estômatos ciclocíticos e cutícula estriada característica. Possuem tricomas glandulares e acúleos cônicos cilíndricos de até 5 mm de comprimento. As células, em corte transversal, apresentam contorno retangular e são alongadas no sentido periclinal.

Em estado avançado de amadurecimento, forma-se um tecido suberoso de cor acastanhada clara, que se desprende em forma de lâminas.

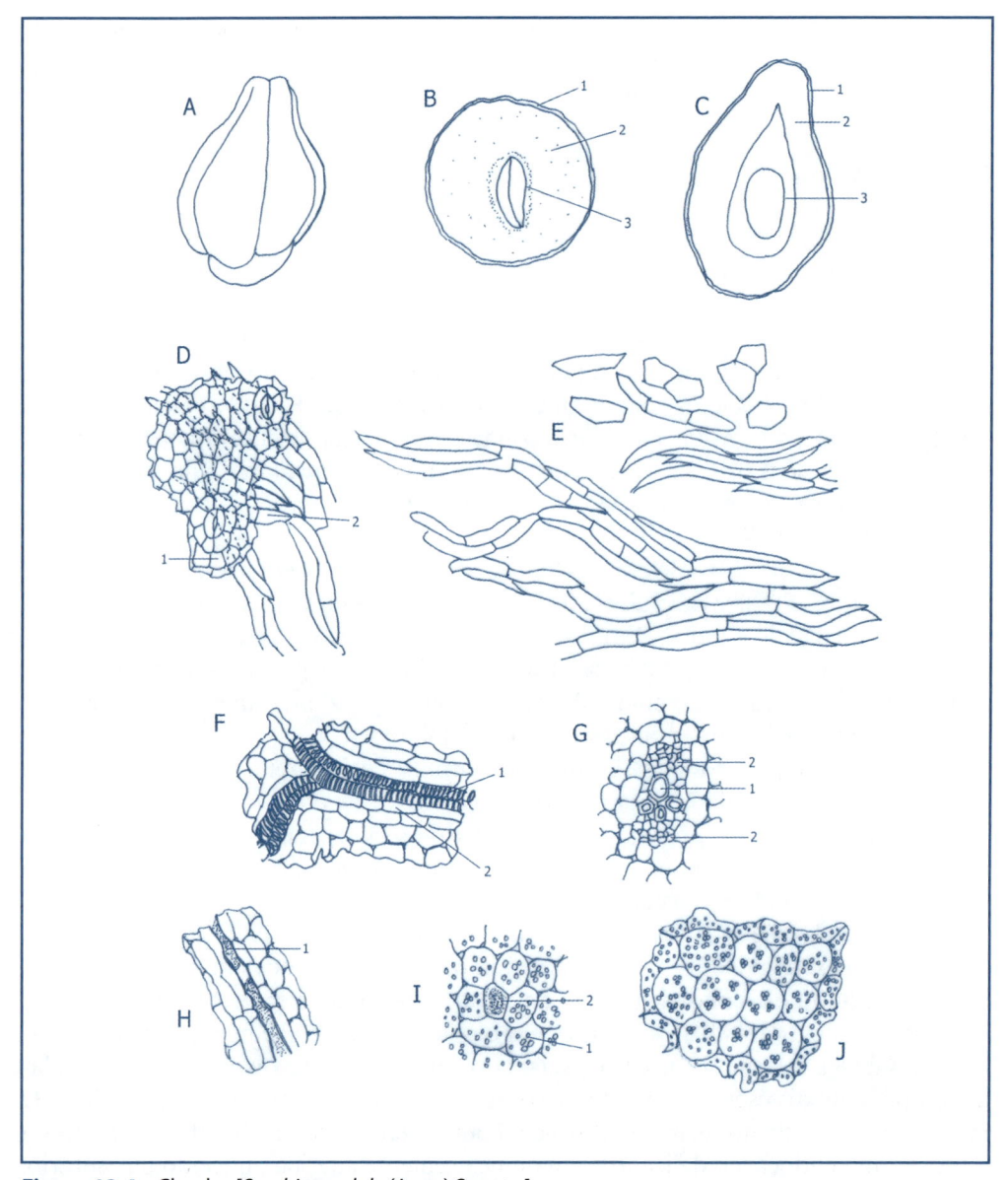

Figura 13.4 – Chuchu [*Secchium edule* (Jacq.) Swartz.].
(A) Fruto inteiro.
(B) Fruto cortado transversalmente: (1) epicarpo, (2) mesocarpo, (3) semente.
(C) Fruto cortado longitudinalmente: (1) epicarpo, (2) mesocarpo, (3) semente.
(D) Fragmento do epicarpo, mostrando por transparência, fibras: (1) epicarpo, (2) fibras.
(E) Células do mesocarpo.
(F) Fragmento do epicarpo, deixando ver por transparência, vasos xilemáticos: (1) vasos xilemáticos, (2) tubo crivado.
(G) Feixe vascular bicolateral do mesocarpo, visto em seção transversal: (1) xilema, (2) floema.
(H) Seção transversal do mesocarpo, mostrando laticífero: (1) laticífero.
(I) Seção transversal, mostrando: (1) parênquima amilífero, (2) laticífero.
(J) Parênquima amilífero.

O mesocarpo externo caracteriza-se por ser formado por parênquima amiláceo, provido de grãos de amido compostos, e por ser portador de tubos laticíferos e de grupo de fibras alongadas tangencialmente.

O mesocarpo interno é provido de grandes células poligonais e de tubos laticíferos. Feixes vasculares bicolaterais encontram-se espalhados por essa região.

O endocarpo é parenquimático; suas células são menores e estão contíguas ao tecido placentário e à parede seminal.

13.6 Jiló

- Nome científico: *Solanum gilo* Raddi
- Família *Solanaceae*
- Parte usada: fruto imaturo

O jiló, segundo alguns autores, é um fruto originário da África Ocidental. Discute-se também sua origem como proveniente da América Meridional ou das Antilhas. Nos dois casos, faltam ainda provas convincentes quanto à origem. É consumido ainda imaturo, sendo muito apreciado pelo seu sabor amargo. Embora diferente na cor e no tamanho, o fruto do jiló assemelha-se ao da berinjela por possuir grande volume intercelular e características morfológicas e anatômicas semelhantes, Figura 13.5.

O jiló é rico em fibras; possui geralmente de 3% a 6% de proteínas; possui glicídios, contendo ainda cálcio, ferro, fósforo e vitaminas A, C e do complexo B. Além disso, cita-se a presença de flavonoides, alcaloides esteroides, glicoalcaloides e glicosil sitosterol. Possui baixo valor calórico, pois 100 g correspondem a aproximadamente 78 calorias.

Graças à sua composição, é empregado por propriedades eupépticas e anticolesterêmicas, sendo um bom alimento para pessoas diabéticas e com hipercolesterêmicas.

O jiló é um fruto que merece ser mais bem estudado. O seu consumo em culinária vem aumentando. Come-se jiló refogado, cozido, frito, assado, em conserva e até em forma de doce.

Os frutos do jiló são do tipo baga. Possuem forma que varia de globoide, quase esférica, à oblonga alongada, lembrando algumas vezes a forma piriforme. Os frutos no estágio de consumo apresentam cor verde e são providos de casca fina. Geralmente, apresentam diâmetro de 4 a 6 cm e comprimento de 5 a 7 cm.

A polpa do jiló é macia e porosa, sendo provida de sementes brancacentas. O mesocarpo é estreito e o tecido placentário, onde as sementes estão inseridas, é bem desenvolvido. Os dois carpelos originam quatro lóculos em função do desenvolvimento do tecido placentário, lóculos esses visíveis nos frutos verdes.

O cálice é persistente, pentapartido, com lacínias quase triangulares. O sabor é amargo.

13.6.1 Caracterização Microscópica

As secções transversais do pericarpo *Solanum gilo* Raddi apresentam a seguinte estrutura: epicarpo constituído por uma camada celular de contorno aproximadamente retangular, alongada no sentido periclinal e provida de células de paredes espessadas.

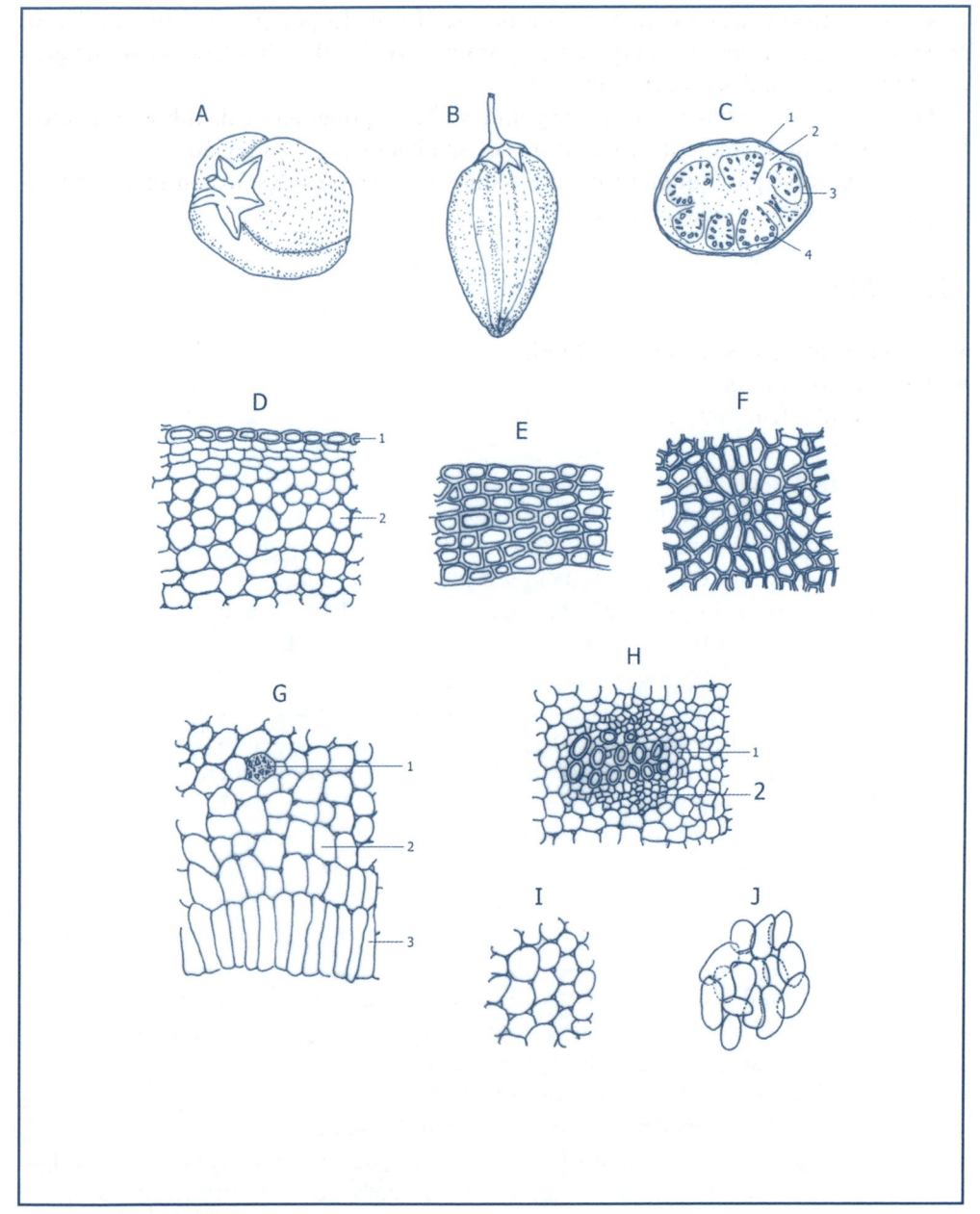

Figura 13.5 – Jiló (*Solanum gilo* Raddi).
(A e B) Frutos inteiros.
(C) Seção transversal do fruto: (1) epicarpo, (2) mesocarpo, (3) endocarpo-placente, (4) semente.
(D) Seção transversal do fruto: (1) epicarpo, (2) mesocarpo.
(E e F) Epicarpo, visto de face.
(G) Seção transversal do fruto: (1) bolsa de areia cristalina, (2) mesocarpo, (3) endocarpo.
(H) Feixe vascular: (1) xilema, (2) floema.
 (I) Fragmento de tecido placentário.
 (J) Fragmento de mesocarpo, mostrando parênquima frouxo.

Essa camada celular, quando vista de face, exibe células de contorno poligonal, com paredes espessadas, dando ao conjunto um aspecto faveolado. O mesocarpo é constituído por diversas camadas celulares cujo tamanho das células aumenta da periferia para o centro da estrutura. As células apresentam paredes finas celulósicas e a região parenquimática, por elas constituída, apresenta consistência frouxa que engloba quantidade significativa de ar, o que lhe confere características especiais à pressão. Essa região, em sua porção mediana, inclui numerosos feixes vasculares do tipo bicolateral e alguns idioblastos contendo areia cristalina.

O endocarpo é constituído por uma fileira de células de paredes finas, dispostas em paliçada. O tecido placentário é bem desenvolvido, sendo constituído por células com características semelhantes às do mesocarpo. Essa região contém inúmeras sementes de contorno reniforme, providas de tegumento delicado e de embrião bicotiledonar curvo.

13.7 Mandioquinha

- Nome científico: *Arracacia xanthorrhiza* Bancroft
- Família *Apiaceae* (= *Umbelliferae*)
- Parte usada: raiz tuberosa

A mandioquinha é uma raiz tuberosa de origem andina, mais precisamente da Bolívia, Colômbia, Equador, Peru e Venezuela. Talvez tenha sido a primeira planta sul-americana a ser cultivada pelos nativos da região, Figura 13.6.

Rica em carboidratos, que variam de 23% a 30% em peso, contém matéria seca em proporção semelhante, além de cerca de 1% de proteínas. Possui ainda vitaminas A, C e do complexo B. É um alimento essencialmente energético e que, graças à sua boa digestibilidade, é aconselhado para fazer parte da alimentação infantil e da alimentação de pessoas idosas.

É pouco considerado como medicamento, sendo lembrado por sua ação diurética, bem como tônica. Como alimento, é utilizado de diversas formas, dentre elas cozida, frita, desidratada ou ainda como amido e farinha. Com a mandioquinha se elaboram purês, sopas, nhoques, pães, bolos, bolachas, refogados, bolinhos, flocos e *chips*. Preparam-se com ela diversos tipos de alimentos infantis.

As raízes tuberosas são coletadas quando atingem o diâmetro de 3 a 4 cm, ainda não totalmente desenvolvidas. Elas são ovoides, cônicas, fusiformes, de coloração amarelada e com 25 cm de comprimento por, geralmente, 3 a 5 cm de diâmetro, podendo, entretanto, alcançar 8 cm.

A seção transversal da raiz tuberosa mostra, à vista desarmada, três regiões: um estreito anel externo peridérmico, uma faixa córtex-floemática e m cilindro lenhoso central.

13.7.1 Caracterização Microscópica

As raízes tuberosas da mandioquinha são recobertas externamente por uma periderme formada externamente por inúmeras camadas celulares suberosas e, internamente, por uma região felodérmica pouco desenvolvida. A região cortical, de natureza

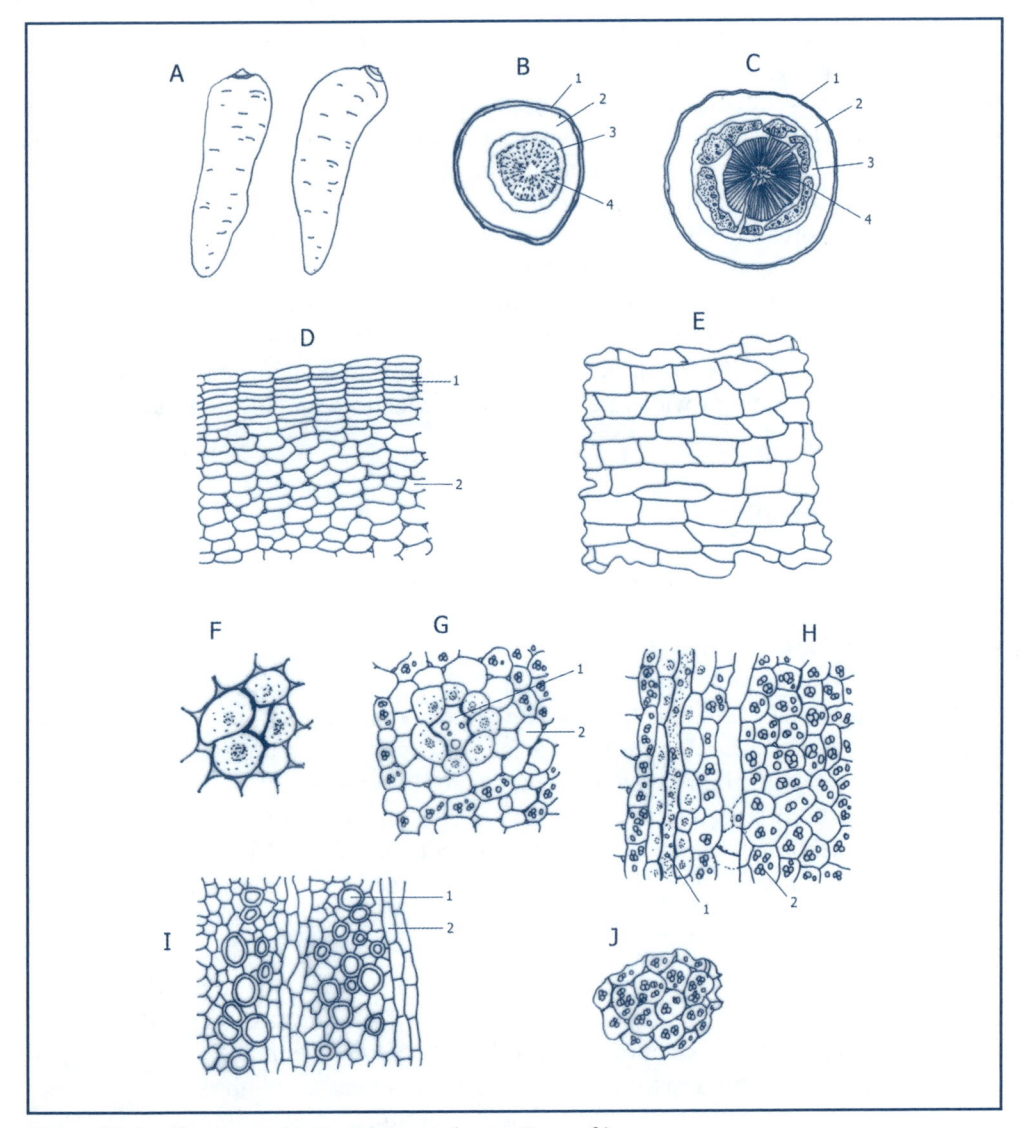

Figura 13.6 – Mandioquinha (*Arracacia xanthorriza* Bancroft).
(A) Raízes tuberosas.
(B) Seção transversal da raiz: (1) periderme, (2) região cortical, (3) região floemática, (4) cilindro lenhoso.
(C) Seção transversal da raiz bem desenvolvida: (1) periderme, (2) região cortical, (3) região floemática, (4) cilindro lenhoso.
(D) Seção transversal da região externa da raiz: (1) periderme, (2) região cortical.
(E) Súber, visto de face.
(F) Ducto esquizógeno oleífero em formação.
(G) Ducto esquizógeno bem desenvolvido, mostrando gotículas de óleo essencial em seu interior: (1) ducto, (2) parênquima.
(H) Seção longitudinal, mostrando região do ducto esquizógeno: (1) ducto oleífero, (2) parênquima de reserva.
(I) Seção transversal da região xilemática: (1) vasos xilemáticos, (2) raios vasculares.
(J) Parênquima amilífero.

parenquimática, é rica em grãos de amido simples e compostos de forma arredondada. Ductos esquizógenos, produtores de óleo essencial, podem ser observados com diversas células envolvendo o ducto. Tanto a região floemática como a região xilemática são predominantemente parenquimáticas de reserva, com grãos de amido com forma semelhante à dos já descritos.

13.8 Tomate

- Nome científico: *Solanum lycopersicum* L.
- Família *Solanaceae*
- Parte usada: fruto

O tomate é um fruto de origem americana. A maioria dos autores acredita que seja originário do Peru, portanto, da América do Sul; isso em função da grande variedade de tomates selvagens. Outros acreditam que o tomate tenha se originado na região do México e, de lá, levado ao Peru onde foi encontrado amplamente cultivado. Sul-americano ou da América, o fato é que hoje o tomate é cultivado no mundo inteiro. Inúmeras são as suas variedades cultivadas no Brasil. Consumido fresco, em forma de saladas e temperos, ou industrializado, em forma de sucos, molhos, *ketchups*, massas, extratos e concentrados, o tomate tem ganhado a apreciação da maioria das pessoas, Figura 13.7.

O tomate é um fruto que tem o seu valor nutricional reconhecido. É rico em licopeno, que lhe confere sua característica cor vermelha. Contém ainda vitaminas A e do complexo B, e elementos químicos importantes, como potássio, cálcio e fósforo. Contém ainda ácido fólico e frutose. É um fruto que deve ser consumido preferencialmente quando maduro.

O fruto do tomateiro é do tipo baga, variando sua coloração do vermelho vivo ao amarelo. Sua forma também é variável, dependendo da variedade considerada, bem como seu tamanho.

Apresenta quase sempre forma globosa, medindo de 8 a 9 cm de comprimento, por 5 a 6 cm de diâmetro.

Sua seção transversal mostra três regiões distintas: epicarpo formado por película fina de alguns milímetros de espessura, extremamente lisa, brilhante e glabra. Possui, na parte inferior, uma pequena cicatriz genérica e, na superior, em depressão, a cicatriz peduncular; mesocarpo medindo de 0,5 a 1 cm de espessura, de tonalidade um pouco mais clara que a do epicarpo; endocarpo fino, provido de placenta bem desenvolvida, de coloração bem mais clara que a do resto do fruto. O fruto é derivado de ovário bicarpelar bilocular, mas, quando plenamente desenvolvido, pode passar a tetralocular, por desenvolvimento de tabique placentário. O fruto é polispérmico e as sementes são brancas, pequenas, reniformes e providas de embrião curvo.

13.8.1 Caracterização Microscópica

A seção transversal do epicarpo é formada por células de contorno retangular, alongadas no sentido transversal. Abaixo da epiderme, integrando o episperma, nota-se a presença de diversas camadas celulares de tamanho maior que o da anteriormente

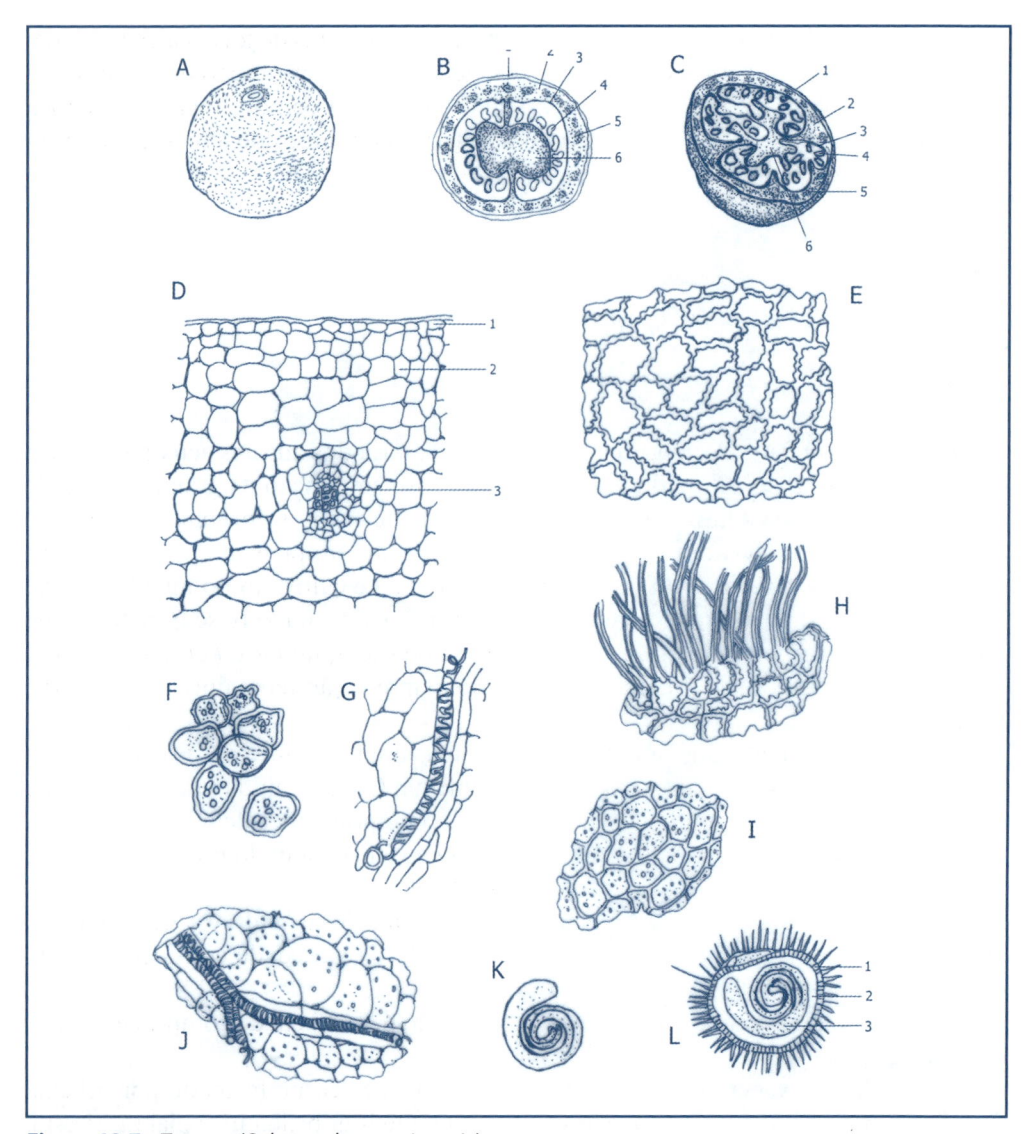

Figura 13.7 – Tomate (*Solanum lycopersicum* L.).
(A) Fruto inteiro.
(B) Fruto, seção longitudinal: (1) epicarpo, (2) mesocarpo, (3) endocarpo, (4) semente, (5) feixe vascular, (6) placenta.
(C) Fruto semente transversal: (1) epicarpo, 2) mesocarpo, 3) endocarpo, 4) semente, 5) feixe vascular, (6) placenta.
(D) Seção transversal do fruto: (1) epicarpo, (2) mesocarpo, (3) feixe vascular.
(E) Epicarpo, visto de face.
(F) Células do mesocarpo.
(G) Fragmento mostrando feixe vascular, em visão longitudinal.
(H) Episperma mostrando: (1) células, (2) pelos.
(I) Endosperma.
(J) Fragmento de feixe vascular da semente.
(K) Embrião.
(L) Semente aberta longitudinalmente: (1) espermoderma com pelos, (2) endosperma, (3) embrião.

citada. O epicarpo, quando observado de face, mostra-se constituído por células de contorno poligonal, ricas em pigmentos de cor vermelha alaranjada. A membrana celular dessas células é bastante espessa, de cor amarela brilhante, e apresenta o aspecto de rosário ou de fileira de contas devido à presença de pontuações. As células do hipoderma, localizadas abaixo da epiderme, apresentam estrutura semelhante à desta, porém de tamanho maior.

O mesocarpo é constituído de grandes células arredondadas e alongadas que, quando vistas de face, apresentam contorno piriforme ou elipsoide; são revestidas por membranas geleificadas e com citoplasma provido de cromoplastos amarelos avermelhados, ricos em carotenoides e licopeno.

Grãos de amido simples e elípticos podem ser observados em tomates não plenamente desenvolvidos.

Feixes vasculares delicados providos de xilema, com vasos espiralados, podem ser observados nessa região. O endocarpo é fino e constituído por uma camada de células arredondadas e de paredes finas, semelhantes às da camada anteriormente descrita, somente menos pigmentada.

O tecido placentário é do tipo parenquimático, provido de células de paredes finas.

As sementes múltiplas apresentam episperma provido de tricomas tectores cônicos simples. As células do episperma, quando vistas de face, apresentam contorno sinuoso típico e paredes espessadas. Abaixo dessa camada celular, nota-se a presença de células que, quando vistas de face, apresentam contorno poligonal e paredes um pouco menos espessadas que as da anterior. O embrião é curvo, provido de dois cotilédones, lembrando um aspecto vermiforme ao microscópio.

Capítulo 14

Legislação de Alimentos: Contextualização e Premissas

A microscopia alimentar é uma área do controle da qualidade que pesquisa a presença de elementos histológicos característicos de cada produto e outras matérias estranhas que possam estar presentes no alimento.

Ampliando o conceito acima, adotamos o termo "Bromatognosia" (do grego βρῶμα, "broma", "alimento", e γνώσης, "gnosis", "conhecimento"), empregado nesta publicação para designar a parte da ciência que aplica os conhecimentos morfológicos e anatômicos na avaliação macroscópica e microscópica dos alimentos.

São premissas dessa área do conhecimento:

- Determinar a origem sistemática: identificar a espécie vegetal de proveniência do alimento;
- Estabelecer características morfoanatômicas: tanto macroscópicas, organolépticas e microscópicas, que permitem a caracterização da matéria-prima ou do insumo alimentício;
- Avaliação da presença de Sujidades e de Materiais Estranhos ao alimento: avaliar as matérias estranhas macroscópicas e microscópicas, indicativas de riscos à saúde humana e de fraudes ou de falhas na aplicação das Boas Práticas na cadeia produtiva de alimentos e bebidas, dentro dos limites de tolerância.
- Monitorar a qualidade e a avaliação da Segurança Alimentar: buscar métodos adequados para comprovar a identidade, avaliar a presença de materiais inorgânicos, detritos, insetos, penas, aracnídeos, pelos ou quaisquer materiais indesejados, inteiros ou fragmentados, assegurando os limites permitidos e/ou a ausência de sujidades de interesse sanitário, e prevenindo adulterações e falsificações.

Matéria estranha está definida como qualquer material não constituinte do produto, associado a condições ou práticas inadequadas na produção, manipulação, armazenamento ou distribuição, podendo ser subdividida em:

- Matérias estranhas macroscópicas: são aquelas detectadas por observação direta (olho nu), sem auxílio de instrumentos ópticos;
- Matérias estranhas microscópicas: são aquelas detectadas com auxílio de instrumentos ópticos;

- Matérias estranhas inevitáveis: são aquelas que ocorrem no alimento, mesmo com a aplicação das Boas Práticas.

1. Matérias estranhas indicativas de riscos à saúde humana: são aquelas detectadas macroscopicamente e/ou microscopicamente, capazes de veicular para os alimentos agentes patogênicos ou de causar danos ao consumidor, abrangendo:
   a) insetos: baratas, formigas, moscas que se reproduzem ou que tem por hábito manter contato com fezes, cadáveres e lixo, bem como barbeiros e outros reconhecidos como vetores em qualquer fase de desenvolvimento, vivos ou mortos, inteiros ou em partes;
   b) roedores: rato, ratazana e camundongo, inteiros ou em partes;
   c) outros animais: morcego e pombo, inteiros ou em partes;
   d) excrementos de animais, exceto os de artrópodes considerados próprios da cultura e do armazenamento;
   e) parasitos: helmintos e protozoários, em qualquer fase de desenvolvimento, associados a agravos à saúde humana;
   f) objetos rígidos, pontiagudos e/ou cortantes, iguais ou maiores do que 2 mm (medido na maior dimensão), que possam causar lesões ao consumidor, tais como: pedras, dentes, fragmentos de osso, de caroço ou de metal, dentre outros;
   g) fragmentos de vidro de qualquer tamanho ou formato;
   h) filmes plásticos que possam causar danos à saúde do consumidor.

2. Matérias estranhas indicativas de falhas das Boas Práticas: são aquelas detectadas macroscopicamente e/ou microscopicamente, abrangendo:
   a) artrópodes considerados próprios da cultura e do armazenamento, em qualquer fase de desenvolvimento, vivos ou mortos, inteiros ou em partes, exúvias, teias e excrementos;
   b) partes indesejáveis da matéria-prima não contempladas nos regulamentos técnicos específicos;
   c) pelos humanos e de outros animais;
   d) areia, terra e outras partículas;
   e) contaminações incidentais: animais vertebrados ou invertebrados não citados acima, e outros materiais não relacionados ao processo produtivo.

3. Partes indesejáveis ou impurezas: são partes de vegetais ou de animais que interferem na qualidade do produto, como cascas, pedúnculos, pecíolos, cartilagens, aponeuroses, ossos, penas e pelos de animais e partículas carbonizadas do alimento advindas do processamento ou não removidas pelo mesmo;

4. Vetores: são animais que veiculam patógenos provenientes de um hospedeiro, de uma origem ou lugar carreando-os para os alimentos, podendo causar agravos à saúde humana pela ingestão do alimento contaminado, sendo os artrópodes considerados aqueles que utilizam o alimento e são capazes de causar dano extensivo ao mesmo.

A Bromatognosia tem relevante papel na avaliação e quantificação dos riscos e contaminantes encontrados em alimentos, principalmente na identificação do agente, no qual os fragmentos presentes contribuem para a identificação da espécie da qual se originaram, sendo a chave para o diagnóstico da etiologia da contaminação, e auxilia no diagnóstico de em qual etapa da produção o alimento foi contaminado.

As fraudes em alimentos são alterações, adulterações e falsificações realizadas com a finalidade de obtenção de maiores lucros. Essas operações procuram ocultar ou mascarar as más condições estruturais e sanitárias dos produtos e atribuir-lhes requisitos que não possuem.

O problema das fraudes é bem antigo e, como acontece na maioria dos crimes, as fraudes podem ser explicadas pela coexistência de fatores como a existência de golpistas (fraudadores), a disponibilidade de vítimas vulneráveis (consumidores) e a ausência de um controle rigoroso e eficaz (poder público).

Considera-se fraude os artifícios usados sem o consentimento oficial, resultante da modificação de um produto, visando o lucro ilícito e que não é uma prática universalmente aceita.

As fraudes comprometem características sensoriais e, muitas vezes, o valor nutritivo dos alimentos e são práticas prejudiciais aos interesses dos consumidores.

Quase todos os alimentos possuem uma Norma Técnica Especial para Alimentos (NTA), na qual constam as especificações-padrão que devem ser seguidas e respeitadas. Sendo assim, qualquer alimento que apresente características fora das especificações legais deve ser considerado fraudado.

As fraudes em alimentos são praticadas em diversas modalidades, desde a mais grosseira, que nos leva a uma imediata percepção, até aquela mais difícil de ser identificada, cujas particularidades podem ser enquadradas em diferentes tipos, a saber:

- Fraudes por alteração;
- Fraudes por adulteração;
- Fraudes por falsificação;
- Fraudes por sofisticação.

14.1 Fraudes por Alteração

Segundo Evangelista (1989), entende-se por alteração em alimentos todas as modificações que neles se operam, destruindo parcial ou totalmente suas características essenciais, por comprometimento de suas qualidades físicas e químicas, estado de higidez e capacidade nutritiva.

É um tipo de fraude que ocorre sem a interferência de indivíduos. Ocorre pela ação de agentes físicos, químicos, microbianos e enzimáticos. Essas alterações podem ser produzidas por negligência, ignorância, desleixo ou desobediência às normas estabelecidas durante as etapas de processamento, de conservação e de armazenamento do produto.

14.2 Fraudes por Adulteração

O alimento adulterado pode ser entendido como "aquele que foi privado, em forma parcial ou total, de seus elementos úteis ou característicos, substituídos ou não por outros inertes ou estranhos; que tenha sido adicionado de aditivos não autorizados ou submetido a tratamento de qualquer natureza, para dissimular ou ocultar alterações, deficiente qualidade de matéria-prima ou defeitos de elaboração".

As fraudes por adulteração de alimentos são realizadas intencionalmente e, por afetarem pouco as características sensoriais dos alimentos, esse tipo de fraude se torna difícil para o consumidor visualizar, sendo geralmente necessárias análises específicas para sua detecção.

As fraudes por adulteração podem ocorrer por:

a) Adição de elementos estranhos aos produtos cuja finalidade é aumentar o peso do alimento ou o seu volume;

b) Adição, em produtos alimentícios, de aditivos não permitidos ou, quando autorizados, em quantidade além dos limites ou em acréscimos não revelados;

c) Ausência de um ou mais constituintes do produto, para utilização na produção de outros alimentos, ou para sua venda em separado, não declarado ou informado em rotulagem;

d) Problemas de substituição, quando um ou mais constituintes do alimento são trocados por outros que comprometem o valor nutritivo do alimento; ou substituição da matéria-prima ou ingrediente anunciado na embalagem por outra com aspecto parecido e de menor valor, de forma integral ou parcial. Citando alguns exemplos: usar pó de caroço de açaí para fraudar o café; pimenta-do-reino parcialmente substituída por *pink pepper* (fruto da aroeira); guaraná em pó, por noz-de-cola moída; doce de goiaba fraudado com abóbora; cereja ao marasquino, por mamão verde; pimenta-do-reino, por sementes de mamão; e outros.

e) Substituição do produto declarado no rótulo por outro artificial e, por falsificação, quando ocorre falsa alegação da natureza do produto;

f) Ausência no produto de um ou mais componentes constantes da fórmula registrada de fabricação;

g) Fraude que simula a quantidade de alimento existente, diferente da especificada e impressa no rótulo;

h) Aproveitamento de alimentos degenerados;

i) Recuperação fraudulenta de alimentos desfigurados em suas qualidades sensoriais e, às vezes, sanitariamente.

14.3 Fraudes por Falsificação

A falsificação é a modalidade de fraude levada a efeito na ocasião da venda do produto e consiste em enganar o consumidor, induzindo-o a adquirir um alimento de nível inferior que ele julga ser de categoria superior. Podem ser:

- Quanto à qualidade;
- Quanto ao peso;
- Quanto à apresentação;
- Quanto à procedência;
- Quanto á rotulagem;
- Quanto à propaganda.

14.4 Fraudes por Sofisticação

Os falsificadores desta modalidade fazem o aproveitamento de rótulos, etiquetas, garrafas, latas e outros tipos de embalagens, geralmente de origem estrangeira, para a utilização em produtos falsificados.

As principais Legislações Sanitárias no âmbito federal para análises microscópicas de alimentos, em relação à identidade, qualidade e matérias estranhas surgiram a partir de 1978, com Resolução CNNPA nº 12, de 1978.

Por meio dessa Resolução, a Comissão Nacional de Normas e Padrões Para Alimentos (CNNPA), resolveu adotar, para efeito em todo o território nacional, as NORMAS TÉCNICAS ESPECIAIS, relativas a alimentos (e bebidas), do Estado de São Paulo, revistas pela CNNPA, adotando a subdivisão por classes de alimentos.

Portarias e Resoluções complementares foram editadas em anos posteriores, alterando certos limites máximos, no nível microscópico; tolerando um grau de fragmento de insetos por uma determinada tomada amostral; e permitindo algumas misturas de espécies, principalmente na elaboração de pães, massas e biscoitos, e de suas fortificações com vitaminas e minerais, dentre outros.

São elas: Portaria nº 1, de 4 de abril de 1986; Portaria Interministerial nº 224, de 5 de abril de 1989; Portaria nº 74, de 4 de agosto de 1994; Portaria nº 354, de 18 de julho de 1996; Portaria nº 559, de 4 de novembro de 1996; Portaria nº 132, de 19 de fevereiro de 1999; Resolução de Diretoria Colegiada nº 14, de 21 de fevereiro de 2000; Resolução de Diretoria Colegiada nº 15, de 21 de fevereiro de 2000; Resolução de Diretoria Colegiada nº 90, de 18 de outubro de 2000; Resolução de Diretoria Colegiada nº 93, de 31 de outubro de 2000; Resolução de Diretoria Colegiada nº 344, de 13 de dezembro de 2002; Resolução de Diretoria Colegiada nº 175, de 8 de julho de 2003; Resolução de Diretoria Colegiada nº 262 de 22 de novembro de 2005; Consulta Pública (C.P.) nº 11, de 2 de março de 2011, publicada no *Diário Oficial da União*, de 9 de março de 2011.

Esta consulta pública foi alvo de extensivos debates entre o governo, a academia e os setores produtivos, pois buscava-se alinhar a legislação brasileira ao praticado em outros países, como Estados Unidos, México, Canadá, países europeus e outros.

Em 31 de março de 2014 foi publicado no Diário Oficial da União (DOU) pela Agência Nacional da Vigilância Sanitário (Anvisa), a Resolução – RDC nº 14, a mais recente norma vigente.

Esta norma dispõe sobre matérias estranhas macroscópicas e microscópicas em alimentos e bebidas, seus limites de tolerância e sobre outras providências, cuja objetivo é estabelecer critérios indicativos de riscos à saúde humana ou de falhas na aplicação das Boas Práticas na cadeia produtiva de alimentos e bebidas, bem como fixar os seus limites de tolerância.

Nesse mister, para os órgãos da vigilância sanitária, será suficiente um plano de Análise de Perigos e Definição de Pontos Críticos de Controle (APPCC) que garanta a qualidade sanitária do alimento, ou seja, que elimine ou reduza os riscos de ordem biológica (protozoários, fungos, bactérias e suas toxinas), riscos químicos (resíduos de defensivos agropecuários, metais tóxicos etc.) e riscos físicos (materiais estranhos, insetos e seus fragmentos e pelos de roedores, entre outros indesejáveis).

Para ilustrarmos os efeitos cronológicos e comparativos, selecionamos três regulamentações de períodos distintos que definem e abordam os requisitos para a qualidade de alimentos. No Quadro 14.1, dispusemos os critérios estabelecidos em 1978 (Resolução CNNPA nº 12 e Decreto 12.486, de 20 de outubro de 1978), em 2005 (Resolução de Diretoria Colegiada nº 262, de 22 de novembro de 2005) e em 2014 (RDC nº 14 de 31 de março de 2014), conforme pode ser estudado a seguir:

Quadro 14.1 Efeito cronológico e comparativo de normas aplicadas à avaliação de matérias estranhas.	
Categoria	**Definição** **(Resolução CNNPA nº 12, de 1978)**
Bitter	É o produto obtido da maceração ou infusão hidroalcoólica ou da destilação de infusões vegetais apropriados, em mistura ou não, e posteriormente, filtrado.
Açúcar	É a sacarose obtida da *Saccharum officinarum*, ou de *Beta alba* L., por processos industriais adequados.
Açúcar refinado	É a sacarose obtida de açúcar de cana purificado por processo tecnológico adequado.
Afiambrados	São produtos elaborados com carne bovina e/ou suína, triturada convenientemente, podendo ser adicionados gorduras, condimentos e queijo em cubos, sendo processados por cozimento em água ou assados em forno.
Águas de consumo alimentar	São consideradas águas potáveis as águas próprias para a alimentação (excluídas as minerais).
Alimentos dietéticos	
Alimentos enriquecidos	Todo alimento ao qual for adicionada uma substância nutriente, com o objeto de reforçar seu valor nutritivo, seja repondo quantitativamente os nutrientes destruídos durante o processamento do alimento, seja suplementando-o com nutrientes em nível superior ao seu conteúdo normal.
Alimentos infantis	
Alimentos perecíveis	
Alimentos rapidamente congelados / supercongelados	São os que foram submetidos a processo de congelamento a uma velocidade apropriada, com equipamento adequado, de modo que o centro térmico do produto esteja a 18°C ou inferior.
Amargos	São produtos obtidos das macerações ou infusões hidroalcoólicas ou da destilação de infusões de vegetais apropriados, em mistura ou não, e posteriormente filtrados.
Amidos (RDC 265/05)	São os produtos amiláceos extraídos de partes comestíveis de cereais, tubérculos, raízes ou rizomas.
Amidos e féculas (RDC 265/05)	É o produto amiláceo extraído das partes aéreas comestíveis dos vegetais (sementes etc.). Fécula é o produto amiláceo extraído das partes subterrâneas dos vegetais (tubérculos, raízes e rizomas).

Decreto 12.486 (20/10/1978)	RDC n. 263 (22/09/2005)	RDC n. 14 (31/03/2014)	
Ausência de sujidades, parasitos e larvas.	NON	NON	NON
Ausência de sujidades, parasitos e larvas.	NON	NON	NON
Ausência de sujidades, parasitos e larvas.	NON	NON	NON
Ausência de sujidades, parasitos e larvas	NON	NON	NON
Não mencionado.	NON	NON	NON
Ausência de sujidades, parasitos e larvas.	NON	NON	NON
Ausência de sujidades, parasitos e larvas.	NON	NON	NON
Ausência de sujidades, parasitos e larvas.	NON	NON	NON
Ausência de sujidades, parasitos e larvas.	NON	NON	NON
Ausência de sujidades, parasitos e larvas.	NON	NON	NON
Ausência de sujidades, parasitos e larvas.	NON	NON	NON
NON	NON	NON	NON
Ausência de sujidades, parasitos e larvas.	NON	NON	NON

continua >>

>> *continuação*

Quadro 14.1 Efeito cronológico e comparativo de normas aplicadas à avaliação de matérias estranhas.	
Categoria	**Definição** **(Resolução CNNPA nº 12, de 1978)**
Balas, caramelos e similares	Denominam-se balas e caramelos as preparações à base de pasta de açúcar fundido, de formatos variados e de consistência dura ou semidura, com ou sem adição de outras substâncias permitidas.
Biscoitos e bolachas	É o produto obtido pelo amassamento e cozimento conveniente de massa preparada com farinhas, amidos, féculas fermentadas ou não, e de outras substâncias alimentícias.
Biscoitos e bolachas (RDC 265/05)	Biscoitos ou bolachas são os produtos obtidos pela mistura de farinha(s), amido(s) e/ ou fécula(s), com outros ingredientes, submetidos a processos de amassamento e cocção, fermentados ou não. Podem apresentar cobertura e recheio, e formatos e texturas diversos.
Bombons e similares	É o produto constituído por uma massa de chocolate ou por um núcleo formado de recheios diversos, elaborados com frutas, pedaços de frutas e sementes oleaginosas alimentícias, recobertos por uma camada de chocolate ou glacê de açúcar.
Cacau	É a semente do cacaueiro (*Theobrama cacao* e suas variedades) liberta por fermentação do invólucro, dissecada e tostada.
	Cacau em pó ou massa (CP11/2011)
Café cru	Café cru ou café em grão é a semente beneficiada do fruto maduro de várias espécies do gênero *Coffea*, principalmente, *Coffea arabica*, *Coffea liberica*, *Hiena* e *Coffea robusta*.
Café solúvel	Café solúvel ou extrato de café desidratado é o produto resultante da desidratação do extrato aquoso de café (*Coffea arabica* e outras espécies do gênero *Coffea*) torrado e moído.
Café torrado	Café torrado é o grão do fruto maduro de várias espécies do gênero *Coffea*, principalmente de *Coffea arabica*, *Coffea liberica*, *Hiena* e *Coffea robusta*, submetido a tratamento térmico adequado.
Carnes	Denomina-se "carne de açougue" a parte muscular comestível dos mamíferos e aves, com os respectivos ossos, manipulada em condições higiênicas e proveniente de animais em boas condições de saúde, abatidos sob inspeção veterinária.
Carnes preparadas embutidas	O produto embutido será designado pelo seu nome, seguido da classe a que corresponde, ou tipo, ou espécie animal da qual provém, podendo ser seguido ainda de complementações elucidativas quanto às características peculiares.

Decreto 12.486 (20/10/1978)	RDC n. 263 (22/09/2005)	RDC n. 14 (31/03/2014)	
Ausência de sujidades, parasitos e larvas.	NON	NON	NON
Ausência de sujidades, parasitos e larvas.	NON	Fragmentos de insetos não são considerados indicativos de risco	225 em 225 g
NON	NON		225 em 225 g
Ausência de sujidades, parasitos e larvas.	NON	NON	NON
Ausência de sujidades, parasitos e larvas.	NON	Fragmentos de insetos não conside rados indica tivos de risco	25 em 50 g
NON		Pelos de roedor	2 em 50 g
Ausência de sujidades, parasitos e larvas.	NON	NON	NON
Ausência de sujidades, parasitos e larvas.	NON	NON	NON
Ausência de parasitos, larvas e substâncias estranhas.	NON	Fragmentos de insetos não conside rados indica tivos de risco	60 em 25 g
Ausência de sujidades, parasitos e larvas.	NON	NON	NON
Ausência de sujidades, parasitos e larvas.	NON	NON	NON

continua >>

>> *continuação*

Quadro 14.1	Efeito cronológico e comparativo de normas aplicadas à avaliação de matérias estranhas.
Categoria	**Definição** **(Resolução CNNPA nº 12, de 1978)**
Carnes preparadas envasadas	São produtos preparados com carnes, ou outros tecidos animais comestíveis, cozidos, curados ou não, defumados ou não, condimentados e conservados em recipientes hermeticamente fechados e esterilizados tecnologicamente.
Cereais e derivados	Cereais são as sementes ou grãos comestíveis das gramíneas, tais como: trigo, arroz, centeio e aveia.
Cereais processados (RDC 265/05)	São os produtos obtidos a partir de cereais laminados, cilindrados, rolados, inflados, flocados, extrudados, pré-cozidos e/ou por outros processos tecnológicos considerados seguros para produção de alimentos, podendo conter outros ingredientes, desde que não descaracterizem os produtos. Podem apresentar cobertura, formato e textura diversos.
Cervejas	É o produto obtido da fermentação alcoólica, pelo *Saccharomyces cerevisae*, e mosto preparado com cerveja maltada, adicionado ou não de outros cereais maltados, lúpulo e água.
Chá	É o produto constituído pelas folhas novas e brotos de várias espécies do gênero *Thea* (*Thea sinensis* e outras).
Chá	Chá-preto, chá-verde ou chá branco (*) Fragmentos de insetos não considerados indicativos de risco
Chá	Chá de camomila (*) Fragmentos de insetos não considerados indicativos de risco
Chá	Chá de erva-doce ou funcho
Chá	Chá de menta ou hortelã (*) Fragmentos de insetos não considerados indicativos de risco
Chá	Chá de carqueja (*)Fragmentos de insetos não considerados indicativos de risco
Chá	Chá de cidreira (*)Fragmentos de insetos não considerados indicativos de risco
Chá	Chá de boldo (*)Fragmentos de insetos não considerados indicativos de risco

Decreto 12.486 (20/10/1978)	RDC n. 263 (22/09/2005)	RDC n. 14 (31/03/2014)	
Ausência de sujidades, parasitos e larvas.	NON	NON	NON
Ausência de sujidades, parasitos e larvas.	NON	NON	NON
NON	NON	NON	NON
Ausência de sujidades, parasitos e larvas.	NON	NON	NON
Ausência de sujidades, parasitos e larvas.	NON	NON	NON
NON	NON	(*) - Insetos	20 em 10 g
NON	NON	(*) Insetos	100 em 25 g
		Ácaros	5 em 25 g
NON	NON		120 em 25 g
NON	NON	(*) Insetos	350 em 25g
		Ácaros	15 em 25g
		Pelo de roedor	5 em 25g
NON	NON	(*) Insetos	165 em 25 g
		Ácaros	10 em 25 g
		Pelo de roedor	1 em 25 g
NON	NON	(*) Insetos	165 em 25 g
NON	NON	(*)Insetos	75 em 25 g
		Pelo de roedor	2 em 25 g

continua >>

>> *continuação*

Quadro 14.1 Efeito cronológico e comparativo de normas aplicadas à avaliação de matérias estranhas.	
Categoria	**Definição** **(Resolução CNNPA nº 12, de 1978)**
Chá	Chás simples não listados acima (*)Fragmentos de insetos não considerados indicativos de risco
Chá	Chás compostos (*)Fragmentos de insetos não considerados indicativos de risco (exceto nos chás compostos que contenham menta e hortelã, em que são tolerados 200 em 25 g)
	Chás compostos que contenham boldo, menta, hortelã e carqueja
Chocolate	É o produto preparado com cacau obtido por processo tecnológico adequado e açúcar, podendo conter outras substâncias alimentares.
	Chocolate e produtos achocolatados
Coco ralado	É o produto obtido do endosperma do fruto do coqueiro (*Cocos nucifera*), por processo tecnológico adequado e separado parcialmente da emulsão óleo/água (leite de coco) por processos mecânicos.
Cogumelos comestíveis ou champignon	São fungos pertencentes às classes dos ascomicetes e dos basidiomicetes. A espécie cultivada mais comum é o *Agaricus campestris* (basidiomicetes).
Colorífico	Colorífico é o produto constituído pela mistura de fubá ou farinha de mandioca com urucu em pó (*Bixa orellana*) ou extrato oleoso de urucu, adicionado ou não de sal e óleos comestíveis.
Compota ou fruta em calda	É o produto obtido de frutas inteiras ou em pedaços, com ou sem sementes e caroços, com ou sem casca, e submetidas a cozimento incipiente, enlatadas ou envidradas, praticamente cruas, cobertas com calda de açúcar. Depois de fechado em recipientes, o produto é submetido a um tratamento térmico adequado.
Condimentos ou temperos	São produtos constituídos de uma ou diversas substâncias sápidas de origem natural, com ou sem valor nutritivo, empregadas nos alimentos com o fim de modificar ou exaltar o seu sabor.
Especiarias (CP11/2011)	Especiarias (*) Fragmentos de insetos não considerados indicativos de risco

Decreto 12.486 (20/10/1978)	RDC n. 263 (22/09/2005)	RDC n. 14 (31/03/2014)	
NON	NON	(*) Insetos	75 em 25 g
NON	NON	(*) Insetos	100 em 25 g
		Pelo de roedor*	1 em 25 g
		Bárbula, excetde pombo	50 em 25 g nos chás que contenham boldo
Ausência de sujidades, parasitos e larvas.	NON	(*) Insetos	10 em 100 g
	NON	Pelo de roedor*	1 em 100 g
Ausência de sujidades, parasitos e larvas.	NON	NON	NON
Ausência de sujidades, parasitos e larvas.	NON	Ácaros	75 na alíquota analisada, de acordo com as recomendações das metodologias
Ausência de sujidades, parasitos e larvas.	NON	NON	NON
Ausência de sujidades, parasitos e larvas.	NON	NON	NON
Ausência de sujidades, parasitos e larvas.	NON	NON	NON
		Insetos (*)	80 na alíquota preconizada pela metodologia para cada vegetal

continua >>

>> *continuação*

Quadro 14.1	Efeito cronológico e comparativo de normas aplicadas à avaliação de matérias estranhas.
Categoria	**Definição** **(Resolução CNNPA nº 12, de 1978)**
Especiarias (CP11/2011)	Páprica (*) Fragmentos de insetos não considerados indicativos de risco (**) Fungos – contagem de filamentos micelianos pelo método de Howard
Especiarias	Canela em pó (*) Fragmentos de insetos não considerados indicativo de risco
Especiarias	Canela
Especiarias	Orégano
Especiarias	Pimenta-do-reino (*) Fragmentos de insetos não considerados indicativos de risco
Especiarias (CP11/2011)	Mangerona
Conserva de pescado	É o produto preparado com pescado limpo, cozido ou curado, adicionado de outras substâncias alimentícias e submetido a processos físicos e químicos apropriados a cada espécie.
Conservas de origem animal	É o produto preparado com carnes ou outros tecidos animais comestíveis, crus ou cozidos, depois de submetidos a processos tecnológicos adequados.
Doce de fruta em calda	É o produto obtido de frutas inteiras ou em pedaços, com ou sem sementes e caroços, com ou sem casca, cozido em água e açúcar, enlatado ou envidrado, e submetido a tratamento térmico adequado.
Doce de leite	É o produto resultante da cocção de leite com açúcar, podendo ser adicionado de outras substâncias alimentícias permitidas, até a concentração conveniente e parcial caramelização.

Decreto 12.486 (20/10/1978)	RDC n. 263 (22/09/2005)	RDC n. 14 (31/03/2014)	
NON	NON	Insetos (*)	80 em 25 g
		Pelos de roedor*	11 em 25 g
		Fungos (**)	20% de campos positivos
NON	NON	Insetos (*)	100 em 50 g
		Pelos de roedor*	1 em 50 g
NON	NON	Insetos (*)	20 em 10 g
NON	NON	Insetos inteiros mortos, pró prios da cultura	20 em 10 g
		Pelo de roedor*	1 em 10 g
		Areia	Máximo 3% de cinzas insolúveis em ácido
NON	NON	Insetos - (*)	60 em 50 g
		Pelo de roedor*	1 em 50 g (preta)
NON	NON	Areia	Máximo 3,5 % de cinzas insolúveis em ácido
Ausência de sujidades, parasitos e larvas.	NON	NON	NON
Ausência de sujidades, parasitos e larvas.	NON	NON	NON
Ausência de sujidades, parasitos e larvas.	NON	NON	NON
Ausência de sujidades, parasitos e larvas.	NON	NON	NON

continua >>

>> *continuação*

Quadro 14.1 Efeito cronológico e comparativo de normas aplicadas à avaliação de matérias estranhas.

Categoria	Definição (Resolução CNNPA nº 12, de 1978)
Doce em pasta	É o produto resultante do processamento adequado das partes comestíveis desintegradas de vegetais com açúcares, com ou sem a adição de água, pectina, ajustador de pH e outros ingredientes e aditivos permitidos por esses padrões, até uma consistência apropriada, sendo finalmente acondicionado de forma a assegurar sua perfeita conservação.
Extrato de soja	É o produto obtido a partir da emulsão aquosa resultante da hidratação dos grãos de soja, convenientemente limpos, seguida de processamento tecnológico adequado, adicionado ou não de ingredientes opcionais permitidos, podendo ser submetido à desidratação total ou parcial.
Extrato de tomate (*ver* frutos)	É o produto resultante da concentração da polpa de frutos maduros e sãos do tomateiro *Solanum lycopersicum*, por processo tecnológico adequado. (***) Será tolerado na contagem pelo método de HOWARD, apresentar no máximo, 40% de campos positivos com filamentos de cogumelos.
Farinha de trigo	É o produto obtido pela moagem, exclusivamente, do grão de trigo *Triticum vulgare*, beneficiado. (*) Fragmentos de insetos não considerados indicativos de risco
Farinha desengordurada de soja	É o produto obtido a partir dos grãos de soja convenientemente processados até a obtenção da farinha desengordurada.
Farinhas	Farinha é o produto obtido pela moagem da parte comestível de vegetais, podendo sofrer previamente processos tecnológicos adequados.
Farinhas (RDC 265/05)	São os produtos obtidos de partes comestíveis de uma ou mais espécies de cereais, leguminosas, frutos, sementes, tubérculos e rizomas, por moagem e/ou outros processos tecnológicos considerados seguros para produção de alimentos.
Farinhas, massas, produtos de panificação e outros produtos derivados de cereais	Farinha de trigo (*) Fragmentos de insetos não considerados indicativos de risco
	Farinha de milho e fubá
	Alimentos derivados de farinhas, tais como massas alimentícias, biscoitos, produtos de panificação e de confeitaria.

Decreto 12.486 (20/10/1978)	RDC n. 263 (22/09/2005)	RDC n. 14 (31/03/2014)	
Isento de sujidades, partes de insetos, fungos, leveduras, detritos orgânicos e outras substâncias estranhas, em quantidade que indique a utilização de ingredientes em condições insatisfatórias ou tecnologia de processamento inadequada.	NON	NON	NON
O produto não pode apresentar fragmentos de insetos, pelos e outras matérias estranhas em 100 g de amostras, devendo também ser isento de aromas e sabores estranhos.	NON	NON	NON
Ausência de sujidades, parasitos e larvas (***).	NON	NON	NON
Não informado.	NON	(*) Insetos	75 em 50 g
Ausência de fragmentos de insetos, pelos e outras matérias estranhas em 100 g, e isento de aromas e sabores estranhos.	NON	NON	NON
Ausência de sujidades, parasitos e larvas.	NON	NON	NON
NON	NON	NON	NON
NON	NON	(*) Insetos	75 em 50 g
		(*) Insetos	50 em 50 g
		(*)-Insetos	225 em 225 g

continua >>

>> *continuação*

Quadro 14.1 Efeito cronológico e comparativo de normas aplicadas à avaliação de matérias estranhas.	
Categoria	**Definição** **(Resolução CNNPA nº 12, de 1978)**
Farelos (RDC 265/05)	São os produtos resultantes do processamento de grãos de cereais e ou leguminosas, constituídos principalmente de casca e/ou gérmen, podendo conter partes do endosperma.
Fernet	É o produto obtido pela maceração ou infusão hidroalcoólica ou destilação de infusões vegetais apropriados, em mistura ou não, e posteriormente filtrado.
Fruta cristalizada e glaceada	É o produto preparado com frutas, atendendo as definições destes padrões, nas quais se substitui parte da água da sua constituição por açúcares, por meio de tecnologia adequada, recobrindo-as ou não com uma camada de sacarose.
Frutas	Fruta é o produto procedente da frutificação de uma planta sã, destinada ao consumo *in natura*.
Frutas, produtos de frutas e similares	Produtos de tomate (molhos, purê, polpa, extrato, tomate seco, tomate inteiro enlatado, *ketchup* e outros derivados. (*) Fragmentos de insetos não considerados indicativos de risco
	Frutas desidratadas, exceto uva-passa.
	Uva-passa
	Doce em pasta e geleias de frutas
Frutas liofilizadas	É o produto obtido pela desidratação quase completa da fruta madura, inteira ou em pedaços, pelo processo tecnológico denominado "liofilização".
Frutas secas ou dessecadas	É o produto obtido pela perda parcial da água da fruta madura, inteira ou em pedaços, por processos tecnológicos adequados.
Geleia de frutas	É o produto obtido pela cocção de frutas, inteiras ou em pedaços, com polpa ou suco de frutas, com açúcar e água, e concentrado e com consistência gelatinosa.
Gelo	Chama-se "gelo" o produto resultante do congelamento de água potável.

Decreto 12.486 (20/10/1978)	RDC n. 263 (22/09/2005)	RDC n. 14 (31/03/2014)	
NON	NON	NON	NON
Ausência de sujidades, parasitos e larvas.	NON	NON	NON
Isentos de sujidades, parasitas, partes de insetos, fungos, fermentação, leveduras, detritos de animais ou vegetais e outras substâncias estranhas que indiquem o uso de ingredientes em condições impróprias e/ou manipulação ou emprego de tecnologia de elaboração inadequada.	NON	NON	NON
Ausência de sujidades, parasitos e larvas.	NON	NON	NON
NON	NON	(*) Insetos	10 em 100 g
		Pelos de roedor*	1 em 100 g
		(*) Insetos	25 em 225 g
		(*) Insetos	25 em 225 g
		Pelos de roedor*	1 em 225 g
		(*)-Insetos	25 em 100 g
Ausência de sujidades, parasitos e larvas.	NON	NON	NON
Ausência de sujidades, parasitos e larvas.	NON	NON	NON
Ausência de sujidades, parasitos e larvas.	NON	Ácaros	15 em 100 g
Ausência de sujidades, parasitos e larvas.	NON	NON	NON

continua >>

>> *continuação*

Quadro 14.1 Efeito cronológico e comparativo de normas aplicadas à avaliação de matérias estranhas.	
Categoria	**Definição** **(Resolução CNNPA nº 12, de 1978)**
Gomas de mascar	São massas elásticas, mastigáveis, porém não deglutíveis, constituídas por açúcares, substâncias de uso alimentar, corante e aromas permitidos e uma base gomosa, podendo apresentar-se sob várias formas, drageadas ou não.
Guaraná	É o produto constituído pelas sementes da *Paullinia cupana* ou *Paullinia sorbilis*.
Hortaliça	É a planta herbácea, da qual uma ou mais partes é utilizada como alimento, na sua forma natural.
Hortaliçasem conserva	É o produto preparado com as partes comestíveis de hortaliças, como tal definidas nestes padrões, envasadas praticamente cruas, reidratadas ou pré-cozidas, imersas ou não em líquido de cobertura apropriado, submetidas a adequado processamento tecnológico antes ou depois de fechadas hermeticamente nos recipientes utilizados, a fim de evitar sua alteração.
Legumes	É o fruto ou a semente de diferentes espécies de plantas, principalmente das leguminosas utilizadas como alimentos.
Leite de coco	É a emulsão aquosa extraída do endosperma do fruto do coqueiro (*Cocos nucifera*) por processos mecânicos adequados.
Licores	É a bebida alcoólica preparada por misturas, ou destilação, de álcool retificado ou aguardente, com partes ou extratos de vegetais e adicionados de açúcar ou mel, podendo ainda conter outras substâncias alimentícias.
Malte e derivados	É o produto resultante da germinação e posterior dissecação do grão de cevada (*Hordeum sativum*) ou de outros cereais
Manteiga de cacau	É o produto obtido, por processo tecnológico adequado, da massa ou pasta de cacau *Theobroma cacao* L. ou do cacau triturado, podendo ser filtrada centrifugada e desodorizada.
Massas alimentícias (RDC263/05)	1) São os produtos obtidos da farinha de trigo (*Triticum aestivum* L. e/ou de outras espécies do gênero *Triticum*) e/ou derivados de trigo *durum* (*Triticum durum* L.), e/ou derivados de outros cereais, leguminosas, raízes e/ou tubérculos, resultantes do processo de empasto e amassamento mecânico, sem fermentação. 2) As massas alimentícias podem ser adicionadas de outros ingredientes, acompanhadas de complementos isolados ou misturados à massa, desde que não descaracterizem o produto. Os produtos podem ser apresentados secos, frescos, pré-cozidos, instantâneos ou prontos para o consumo, em diferentes formatos e recheios.

Decreto 12.486 (20/10/1978)	RDC n. 263 (22/09/2005)	RDC n. 14 (31/03/2014)	
Ausência de sujidades, parasitos e larvas.	NON	NON	NON
Ausência de sujidades, parasitos e larvas.	NON	NON	NON
Ausência de sujidades, parasitos e larvas.	NON	NON	NON
Isenta de sujidades, parasitas, partes de insetos, fungos, leveduras, detritos de animais ou vegetais e de outras substâncias estranhas em quantidade que indique a utilização de ingredientes em condições insatisfatórias ou tecnologia de processamento inadequada.	NON	NON	NON
Ausência de sujidades, parasitos e larvas.	NON	NON	NON
Ausência de sujidades, parasitos e larvas.	NON	NON	NON
Ausência de sujidades, parasitos e larvas.	NON	NON	NON
Ausência de sujidades, parasitos e larvas.	NON	NON	NON
Ausência de sujidades, parasitos e larvas.		NON	NON
NON	Devem estar em consonância com os níveis toleráveis nas matérias-primas empregadas, estabelecidos em legislação específica.	Fragmentos de insetos não considerados indicativos de risco	225 em 225 g

continua >>

>> *continuação*

Quadro 14.1 Efeito cronológico e comparativo de normas aplicadas à avaliação de matérias estranhas.	
Categoria	**Definição** **(Resolução CNNPA nº 12, de 1978)**
Massas Alimentícias Ou Macarrão (RDC 265/05)	É o produto não fermentado obtido pelo amassamento da farinha de trigo, da semolina ou da sêmola do trigo com água, adicionado ou não de outras substâncias permitidas. (*) Fragmentos de insetos não considerados indicativos de risco
Mate	A erva-mate, ou simplesmente "mate", é o produto constituído pelas folhas, hastes, pecíolos e pedúnculos das variedades do *Ilex brasiliensis* ou *paraguyensis*.
Mel	É o produto natural elaborado por abelhas a partir de néctar de flores e/ou exsudatos sacarínicos de plantas. (****) Grãos de pólen de forma variável, redondos, triangulares, ovoides, cúbicos, alongados e outros. O grão de pólen é limitado externamente por uma membrana diferenciada em duas camadas: a externa, cutinizada, e a interna, incolor e constituída por matéria péctica. O tamanho do grão de pólen varia de 20 a 200 *micra*. Poderá conter cristais de glicose, com a forma de lâminas largas, irregulares ou alongadas. O mel não purificado poderá apresentar partículas de cera.
Melaço	Melaço é o líquido que se obtém como resíduo de fabricação do açúcar cristalizado, do melado ou da refinação do açúcar bruto.
Melado	Melado é o líquido xaroposo obtido pela evaporação do caldo de cana (*Saccharum officinarum*) ou a partir da rapadura, por processos tecnológicos adequados.
Néctar de frutas	É o produto obtido pela mistura de 50%, no mínimo, de suco de polpa integral de frutas maduras, finamente divididas e tamizadas, água potável, sacarose, ácidos orgânicos e outras substâncias permitidas.
Óleos e gorduras comestíveis	Entende-se por óleos e gorduras comestíveis os produtos constituídos de glicerídeos de ácidos gordurosos de origem vegetal ou animal, podendo conter pequenas quantidades de outros lipídeos como os fosfatídeos, elementos insaponificáveis e ácidos gordurosos livres, naturalmente presentes no óleo ou gordura.
Pães (RDC 265/05)	São os produtos obtidos da farinha de trigo e/ou outras farinhas, adicionados de líquido, resultantes do processo de fermentação ou não e de cocção, podendo conter outros ingredientes, desde que não descaracterizem os produtos. Podem apresentar cobertura, recheio, formato e textura diversos.
Pão (RDC 265/05)	É o produto obtido pela cocção, em condições técnicas adequadas, de massa preparada com farinha de trigo, fermento biológico, água e sal, podendo conter outras substâncias alimentícias. (*) Fragmentos de insetos não considerados indicativos de risco

Decreto 12.486 (20/10/1978)	RDC n. 263 (22/09/2005)	RDC n. 14 (31/03/2014)	
Ausência de sujidades, parasitos e larvas.	NON	(*) Insetos	225 em 225 g
Ausência de sujidades, parasitos e larvas.	NON	NON	NON
Ausência de sujidades, parasitos e larvas. Presença de grãos de pólen (****).	NON	NON	NON
Ausência de sujidades, parasitos e larvas.	NON	NON	NON
Ausência de sujidades, parasitos e larvas.	NON	NON	NON
Ausência de sujidades, parasitos e larvas.	NON	NON	NON
Não especificado.	NON	NON	NON
NON	NON	(*) Insetos	225 em 225 g
Ausência de sujidades, parasitos e larvas.	NON	(*) Insetos	225 em 225 g

continua >>

>> *continuação*

Quadro 14.1 Efeito cronológico e comparativo de normas aplicadas à avaliação de matérias estranhas.

Categoria	Definição (Resolução CNNPA nº 12, de 1978)
Pescado	É todo animal que vive normalmente em água doce ou salgada, e que serve para alimentação. Pescado fresco é aquele que não sofreu qualquer processo de conservação, exceto pelo resfriamento, e que mantém seus caracteres organolépticos essenciais inalterados.
Picles	
Polpa de frutas	A polpa de fruta é obtida por esmagamento das partes comestíveis de frutas carnosas, por processos tecnológicos adequados.
Pós para preparo de alimentos	São produtos constituídos por misturas de pós de vários ingredientes, destinados a preparar alimentos diversos pela complementação com água, leite ou outro produto alimentício, submetido ou não a posterior cozimento.
Presunto	É o produto preparado com pernil, com ou sem osso, ou carnes de outras partes do suíno, curado a seco ou em salmoura, condimentado ou não, defumado ou não, cru ou cozido.
Produtos de confeitaria	São os obtidos por cocção adequada da massa preparada com farinhas, amidos, féculas e outras substâncias alimentícias, doces ou salgadas, recheadas ou não. (*) Fragmentos de insetos não considerados indicativos de risco
Proteína concentrada de soja	É o produto proteico, concentrado por processo tecnológico adequado a partir da farinha de soja.
Proteína hidrolisada vegetal	É o produto obtido a partir de fontes proteicas vegetais, tais como milho, amendoim, soja e trigo, isoladas ou combinadas, por hidrólise total ou parcial, com ácido clorídrico e subsequente neutralização com hidróxido de sódio ou carbonato de sódio.
Proteína isolada de soja	É a fração proteica da soja por processo tecnológico adequado.
Proteína texturizada de soja	É o produto proteico dotado de integridade integral e textura identificável, de modo que cada unidade suporte hidratação e cozimento, obtidos por fiação e extrusão termoplástica, a partir de uma ou mais das seguintes matérias-primas: proteína isolada de soja, proteína concentrada de soja e farinha desengordurada de soja.
Queijo	É o produto fresco ou maturado, obtido pela separação do soro após a coagulação natural ou artificial de leite integral, de leite parcial ou totalmente desengordurado, por processos tecnológicos adequados, enriquecido ou não com creme de leite e outras substâncias permitidas. Incluem-se as ricotas.
	Queijos curados

Decreto 12.486 (20/10/1978)	RDC n. 263 (22/09/2005)	RDC n. 14 (31/03/2014)	
Ausência de sujidades, parasitos e larvas.	NON	NON	NON
	NON	NON	NON
Ausência de sujidades, parasitos e larvas.	NON	NON	NON
Ausência de sujidades, parasitos e larvas.	NON	NON	NON
Ausência de sujidades, parasitos e larvas.	NON	NON	NON
Ausência de sujidades, parasitos e larvas.	NON	(*) - Insetos	225 em 225g
O produto não pode apresentar fragmentos de insetos, pelos e outras matérias estranhas em 100 g, e deve estar isento de aromas e sabores estranhos.	NON	NON	NON
O produto não pode apresentar fragmentos de insetos, pelos e outras matérias estranhas em 100 g, e deve estar isento de aromas e sabores estranhos.	NON	NON	NON
	NON	NON	NON
O produto não pode apresentar fragmentos de insetos, pelos e outras matérias estranhas em 100 g, e deve estar isento de aromas e sabores estranhos.	NON	NON	NON
Ausência de sujidades, parasitos e larvas.	NON	NON	NON
NON	NON	Ácaros	34 em 225 g

continua >>

>> *continuação*

Quadro 14.1 Efeito cronológico e comparativo de normas aplicadas à avaliação de matérias estranhas.

Categoria	Definição (Resolução CNNPA nº 12, de 1978)
Raízes, tubérculos e rizomas	É a parte subterrânea desenvolvida de determinadas plantas, utilizada como alimento.
Rapadura	É o produto obtido pela concentração, a quente, do caldo de cana (*Saccharum officinarum*).
Refrigerantes e refrescos	São bebidas não alcoólicas, obtidas pela dissolução, em água potável, de açúcares, sucos de frutas, extratos de sementes e de outras partes de vegetais inócuos e de outras substâncias permitidas. A bebida gaseificada com dióxido de carbono é denominada "refrigerante". O refresco é habitualmente de consumo imediato.
Sal	É o cloreto de sódio cristalizado, extraído de fontes naturais.
Sopa desidratada	É o produto obtido pela mistura de ingredientes, tais como: cereais e vegetais desidratados, farinha de cereais, leite em pó, condimentos, massas alimentícias, extrato de carne e outros.
Suco de frutas	É o líquido obtido, por compressão ou extração de frutas maduras, por processos tecnológicos adequados.
Suco de frutas cítricas	É o líquido obtido, por compressão ou extração de frutas cítricas, por processos tecnológicos adequados.
Vinagre	Vinagre ou vinagre de vinho é o produto resultante da fermentação acética do vinho. Os vinagres podem ser oriundos da fermentação acética de outros líquidos alcoólicos.
Vinagre de alcool	É o produto proveniente da fermentação acética de uma mistura constituída de álcool etílico, convenientemente diluído e adicionado de elementos nutritivos para os fermentos acéticos.
Xarope	É o produto denso, obtido por dissolução de açúcar em água potável, podendo conter sucos ou extratos de plantas permitidas, aromatizantes e outras substâncias alimentícias.
Todos os tipos de alimentos	Alimentos em geral
	Funcho e gengibre

Decreto 12.486 (20/10/1978)	RDC n. 263 (22/09/2005)	RDC n. 14 (31/03/2014)	
Ausência de sujidades, parasitos e larvas.	NON	NON	NON
Ausência de sujidades, parasitos e larvas.	NON	NON	NON
Ausência de sujidades, parasitos e larvas.	NON	NON	NON
Ausência de sujidades, parasitos e larvas.	NON	NON	NON
Ausência de sujidades, parasitos e larvas.	NON	NON	NON
Ausência de sujidades, parasitos e larvas.	NON	NON	NON
Ausência de sujidades, parasitos e larvas.	NON	NON	NON
Ausência de sujidades, parasitos e larvas.	NON	NON	NON
Ausência de sujidades, parasitos e larvas.	NON	NON	NON
Ausência de sujidades, parasitos e larvas.	NON	NON	NON
NON	NON	Areia	1,5% de cinzas insolúveis em ácido
		Ácaros	Máximo de 5 na alíquota analisada de acordo com as metodologias.
		Areia	2% de cinzas insolúveis em ácido.

Como pode ser verificado, existe cada vez mais a tendência de abrandamento nos critérios que permitem a presença de sujidades e seus limites de tolerância nos alimentos, o que vem acarretando um aumento no risco à saúde populacional. Cabem aos profissionais farmacêuticos, nutricionistas, agrônomos, engenheiros de alimentos, biólogos e outros o aprimoramento e qualificação nessa importante área, ainda carecendo de profissionais atuantes nas diversas etapas da cadeia do processamento de alimentos, para monitorar, avaliar e intervir responsavelmente.

Um perigo é algum fator ou agente, quando presente no produto, causar dano ao consumidor, provocando uma injúria ou uma doença. A Codex Alimentarius Commission, estabelecida em 1963 pela FAO/WHO (Food and Agriculture Organization of the United Nations / World Health Organization) define perigo como uma condição ou uma propriedade biológica, química ou física do alimento com potencial para causar efeito adverso à saúde.

Convém observar que a legislação alimentar é bastante dispersa, mas é marcada pelo propósito de proteger a saúde e a segurança do consumidor. Assim, a produção, fabricação, distribuição e comercialização dos alimentos são orientadas por uma pluralidade normativa, que também orienta e não ignora a boa fé nas relações comerciais.

Insetos e seus fragmentos, pelos de roedores e penas de aves, quando presentes em alimentos, podem não constituir riscos direto à saúde do consumidor (reservadas as exceções), mas indubitavelmente são repugnantes.

Diante desses fatos, torna-se cada vez mais imperativo estabelecer critérios que regulamentem os fabricantes de alimentos tecnologicamente processados a primar pela qualidade em toda a sua cadeia. O papel do Estado na regulamentação desse mercado, em estabelecer critérios para a avaliação de matérias estranhas macroscópicas e microscópicas indicativas de riscos à saúde humana ou de falhas na aplicação das Boas Práticas, deve assegurar o mercado interno (nosso consumo) e ser equiparado aos produtos destinados à exportação, pois "reservar os produtos alimentícios de melhor classificação em qualidade para exportação e os NÃO CLASSIFICADOS para o mercado interno" é prática mercadológica que necessita ser adequadamente regulamentada.

Adulterações, fraudes e falsificações ocorrem com frequência no Brasil e no mundo em geral. Cabem às autoridades governamentais a tomada de providências no sentido de inibir ou dificultar esses procedimentos anômalos.

Sempre que ocorre abrandamento dos limites estabelecidos para contaminações, as possibilidades de substituições são ampliadas; sempre que a energia da fiscalização é diminuída, o aumento das fraudes, das adulterações e das falsificações sofre incremento. Esses fatos são comuns, ocorrem com frequência tanto no Velho Mundo como no Novo Mundo.

As autoridades europeias, na atualidade, estão muito preocupadas com o aumento desses acontecimentos indesejáveis, a ponto de mobilizar diversas instituições no seu combate.

Nos Estados Unidos, mesmo com leis mais rigorosas que as nossas, todo cuidado tem sido tomado para que essas atitudes sejam contidas.

Os responsáveis por esse controle no mundo inteiro precisam manter-se alertas, coibindo adulterações, fraudes e falsificações indesejáveis que prejudicam os consumidores. Empregar matéria-prima impura ou alterada, elaborar produtos em condições que contrariem as especificações e determinações fixadas e empregar substâncias diferentes da composição normal do produto, sem autorização das autoridades competentes, são procedimentos que, por certo, prejudicam os consumidores.

Por outro lado, são comuns fraudes por modificação total ou parcial de um ou mais elementos normais dos produtos, bem como pela supressão de um ou mais elementos e pela substituição de outros. Nesse mister, é preciso que o controle fiscal seja mais efetivo, que órgãos governamentais responsáveis pela qualidade dos alimentos fiscalizem mais, com maior frequência no número e periodicidade de análises fiscais, além da contínua capacitação técnica e ampliação dos quadros de profissionais especializados.

A microscopia alimentar corresponde a uma das maneiras mais fáceis e precisas para identificar e detectar fraudes e adulterações em alimentos.

A microscopia alimentar, como parte da Bromatognosia, tem papel relevante no controle da qualidade dos alimentos. A identificação microscópica dos materiais alimentícios é fundamental e não menos importante que a avaliação e quantificação química, físico-química e microbiológica dos contaminantes na verificação da qualidade, constituindo, nesse mister, uma chave para o diagnóstico em qual etapa de produção o alimento foi contaminado.

O termo "Bromatognosia" parece ser adequado para designar a ciência que estuda matérias de origem natural empregadas como alimentos. O conhecimento dos alimentos é muito amplo e pode ser enfocado sob diversos ângulos. Essa parte da ciência aplica conhecimentos morfológicos e anatômicos na avaliação macroscópica e microscópica, principalmente de alimentos de origem vegetal e também de origem animal, permitindo estabelecer juízos sobre sua qualidade.

Capítulo 15

Microscopia de Rações e Farinhas de Origem Mista: Vegetal e Animal

O problema das adulterações, fraudes e falsificações, tão frequentes em alimentos destinados à alimentação humana, está igualmente presente nos produtos destinados à alimentação de animais.

Diferenças entre a composição indicada na embalagem e a composição real do produto ocorrem com certa frequência. Substituição de componentes das rações, diminuição ou aumento em percentuais de componentes das misturas e uso de componentes com qualidade comprometida muitas vezes são constatados.

Na alimentação de animais, os erros nas formulações de dietas ou o emprego de ingredientes de má qualidade ou inadequados acarretarão inevitavelmente prejuízos indesejáveis.

A microscopia de alimentos na análise laboratorial constitui um suporte técnico indispensável para a garantia da qualidade dos alimentos, porém quando produzida por laboratórios que forneçam resultados confiáveis e adequados aos objetivos pretendidos.

A microscopia de alimentos para animais preenche boa parte dessa lacuna e constitui excelente ferramenta auxiliar na análise laboratorial.

Ao fornecer dados que não seriam possíveis através da análise química, a microscopia de alimentos torna-se um método rápido, barato e que dispensa equipamentos de alto custo; deve ser considerada o instrumento número um nos casos em que determinadas análises químicas mostram-se limitadas.

A identificação e a avaliação microscópica de ingredientes ou de misturas que os contenham são efetuadas principalmente por meio de dois métodos distintos: a observação das características morfológicas externas e a observação das características morfológicas internas ou celulares.

O primeiro método é o mais usado, requerendo pouca preparação da amostra, e depende basicamente da habilidade do analista em identificar os constituintes pela sua forma, cor, tamanho da partícula, textura, dureza, brilho, odor, sabor etc.

O outro método depende do conhecimento da estrutura microscópica, ou seja, da estrutura celular de tecidos animais e vegetais.

Ambos os métodos podem ser usados independentemente, embora os melhores resultados sejam obtidos com a sua combinação.

A metodologia empregada para a análise de rações animais é, em tudo, semelhante à empregada para alimentos usados na alimentação humana.

15.1 Características Relevantes a Serem Consideradas

O exame macroscópico é efetuado ao mesmo tempo em que a amostra é preparada para o exame microscópico. Essa fase pode revelar a presença de contaminações, materiais estranhos, homogeneização inadequada e particularidades, tais como sabor, odor e aparência típica do produto.

A presença de grumos nos ingredientes ou em suas misturas pode ser um indicativo de fungos ou ácaros, devendo esse material ser cuidadosamente separado para a investigação microscópica. Quando não ocorre a detecção, as possíveis causas podem ser: excesso de umidade, que normalmente reduz a estabilidade do produto durante a estocagem; e presença de gordura ou de ingredientes viscosos, como o melaço.

A cor pode ser um indicativo do excesso ou da falta de aquecimento durante o processamento industrial; existindo esse tipo de suspeita, por exemplo, na soja ou em seus subprodutos, recomendam-se as análises de atividade ureática e solubilidade proteica em KOH, a 0,2%. A coloração marrom-escura e a presença de partículas carbonizadas são encontradas na maioria dos produtos submetidos a sistemas de secagem direta, podendo, às vezes, ser visualizadas sem o auxílio do microscópio.

Os odores mais encontrados e suas indicações são os seguintes: ranço ou sabão – degradação de gordura; amônia, sulfeto de hidrogênio – degradação de proteína; mofo – presença abundante de fungos; queimado – superaquecimento.

Os odores indicativos de deterioração podem tornar-se mais pronunciados quando uma pequena quantidade do material suspeito é ligeiramente aquecido (30-40°C) em recipiente fechado ou é misturado com água (40-50°C), de maneira a formar uma pasta; cobre-se com vidro de relógio, aguarda-se algum tempo e faz-se a avaliação.

A avaliação de grãos atacados por pragas deve ser criteriosa, pois a perda da proteção natural da semente predispõe ao desenvolvimento de fungos, às vezes produtores de micotoxinas. Ácaros e insetos, ou fragmentos que indiquem a sua presença nos alimentos, devem constituir objeto de alerta, pois, em função de sua rápida multiplicação, acarretam prejuízos econômicos e do valor nutricional em curto espaço de tempo. Dejeções de aves, morcegos e ratos são mais facilmente detectadas à microscopia e, normalmente, são carreadores de patógenos.

15.2 Características de Alguns Ingredientes

15.2.1 Características Macroscópicas e Microscópicas

A cor varia do marrom-claro ao marrom-escuro, dependendo do percentual de ossos, gordura, contaminações e processamento. A textura, uniformidade e tamanho das partículas (< 2,5 mm) também são variáveis. O produto é gorduroso e o odor deve ser de carne e gordura cozidas, sem ranço. À observação microscópica, com pequeno aumento, verifica-se que a parte mais fina é granular e as maiores têm a superfície rugosa, ligeiramente engordurada e com quantidades variáveis de grãos finos aderidos.

Frequentemente, a mesma amostra pode conter partículas de cores variáveis. Os fragmentos de ossos são brancos, acinzentados ou marrons, e diferenciam-se dos ossos de aves porque estes se fragmentam em lascas com bordas angulares. A separação da parte orgânica e inorgânica (flotação) facilita a visualização.

15.2.2 Contaminações, Adulterações e Processamento

A presença de sangue, pelo, casco, chifre, couro e conteúdo ruminal é admissível nas quantidades inevitáveis aos bons métodos de processamento. Partículas superaquecidas, couro oriundo de curtumes (tratado com óxido crômico ou ácido tânico), farinha de penas, farinha de ostras, areia, terra e excesso de "admissíveis" são normalmente encontrados A qualidade da farinha de carne e ossos deve ser avaliada principalmente pela quantidade e tipos de contaminações e adulterações. A análise de solubilidade em pepsina a 0,2% constitui um dos principais parâmetros de avaliação de subprodutos de origem animal; esse percentual de diluição da pepsina não é sensível para a distinção entre farinhas de boa e má qualidade.

■ Soja
Contaminações/adulterações/processamento: excesso de cascas, partículas superaquecidas, areia, terra, resíduos de cultura etc.
■ Trigo, farelo
Contaminações/adulterações/processamento: excesso de cascas, resíduos da cultura, terra, areia, trigo-mourisco, triguilho etc.
■ Milho e subprodutos
Contaminações/adulterações/processamento: excesso de sabugo, palha, sementes de gramíneas e leguminosas, sementes tóxicas, milho tratado para plantio (corado vermelho) e presença de fungos, ácaros, insetos etc.
Alguns subprodutos do milho perdem as características do grão, como é o caso dos farelos de glúten 21 e glúten 60, oriundos da produção de amido. O primeiro é obtido após a extração da maior parte do amido, do glúten e do germe, e tem como características principais películas em forma retangular, vítreas e, em alguns casos, translúcidas. O glúten 60 é obtido após a remoção da maior parte do amido, do germe e do pericarpo, tendo como característica principal grânulos esféricos de cor amarela a alaranjada. A presença de partículas superaquecidas é um ponto importante a ser pesquisado nesses ingredientes.
Os farelos de germe, o germe desengordurado e o milho degerminado constituem outros subprodutos do milho, disponíveis no mercado, e são facilmente identificados quando se conhece as características básicas do milho em grão.
■ Arroz, farelo
Contaminações/adulterações/processamento: excesso de cascas, terra, areia, sementes de gramíneas e leguminosas, resíduos da cultura etc.
■ Aves: São especificados três subprodutos de aves no Brasil: farinhas de resíduo de abatedouro, de vísceras e de penas. A farinha de resíduo de abatedouro é resultante da prévia hidrólise de penas limpas, sobre as quais, em fase posterior do processamento, são adicionadas vísceras e demais resíduos do abate de aves e submetidos à cocção; a farinha de vísceras é o resultante da cocção de vísceras de aves, sendo permitida a inclusão de cabeças e pés; a farinha de penas é o resultante da cocção, sob pressão, de penas limpas e não decompostas, obtidas no abate de aves.

Contaminações/adulterações/processamento: partículas superaquecidas, areia, terra, presença de constituintes não especificados para o produto (por exemplo, farinha de penas, com vísceras).

- Peixe: A farinha de peixe é o produto seco e moído, obtido por cocção do peixe integral ou de seus cortes, ou de ambos, com ou sem extração de parte do óleo. Não existem dados disponíveis sobre o consumo.

Características macroscópicas/microscópicas: a cor pode variar do amarelo-claro ao marrom. A maioria das amostras é ligeiramente untuosa, com odor intenso a peixe, o que auxilia a identificação nas misturas, mesmo em pequenas quantidades. As partículas mais finas são granulares e as maiores são rugosas, conservando parcialmente a estrutura fibrosa. Os ossos têm aparência perolada; alguns são finos e pontiagudos e outros têm o formato de vértebra; podem ser opacos ou translúcidos, encontrando-se também fragmentos na cor âmbar. As escamas são chatas ou curvas, translúcidas e com anéis concêntricos. Os ossos e as escamas são constituintes ímpares que indicam a presença do produto.

Bibliografia

AGUIAR, J. P. L.; MARINHO, H. A.; REBELO, Y. S.; SHRIMPTON, R.; Aspectos nutritivos de alguns frutos da Amazônia. *Acta Amazônica*, v. 10, n. 4, p. 755-778, 1980.

AGUILEIRA, J. M.; STANLEY, D. W. *Microstructural Principles of Food & Engineering*. Cambridge: Elsevier Applied Science, 1990. 343 p.

ALBERTON, J. R.; RIBEIRO, A.: SACRAMENTO, L. V. S.; FRANCO, S.; Caracterização farmacognóstica do jambolão – *Syzygium cumini* L. (L.) Skeels. *Rev. Bras. Farmacogn.*, v. 11, n. 1, p. 37-41, 2001.

AMBONI, R.D. de M. C.; DE FRANCISCO, A.; TEIXEIRA E.; Utilização de microscopia eletrônica de varredura para detecção de fraudes em café torrado e moído. *Rev. Ciênc. Tecnol. Aliment.*, v. 19, n. 3, p. 311-313, 1999

ANTONIO, G. C. *Influência da estrutura celular e da geometria da amostra na taxa de transferência de massa do processo de desidratação osmótica de Banana Nanica* (Musa cavendish) e de Mamão Formosa (Carica papaya L.). 2002. Dissertação (Mestre em Engenharia de Alimentos) Faculdade de Engenharia de Alimentos, Universidade Estadual de Campinas, Campinas, 2002.

A.O.A.C. (Association of Official Analytical Chemists). *Official Methods of Analysis of the Association of Official Analytical Chemists*. Washington: Association of Official Analytical Chemists, 17th ed. Washington, DC, EUA, 1997.

A.O.A.C. (Association of Official Analytical Chemists). *Official Methods of Analysis of the Association of Official Analytical Chemists*. Washington: Association of Official Analytical Chemists, 15th ed., p. 369-406, 1990.

BARBIERI, M. K. *Microscopia em alimentos: identificação histológica, isolamento e detecção de material estranho em alimentos: manual técnico*. Campinas: ITAL, 1990.

BARBIERI, M. K., SERRANO, A. M. Princípios gerais para isolamento e identificação de matérias estranhas em alimentos. *Coletânea ITAL*, Campinas, v. 25, n. 2, p. 123-132, jul./dez. 1995.

BASTOS, M. do S. R. *Processamentos mínimo de melão Cantaloupe "Hy Mark": qualidade e segurança.* Tese (Doutorado em Ciência e Tecnologia de Alimentos) – Universidade Federal de Viçosa, Viçosa. 2004. 155 p.

BEAUX, M.R. *Atlas de microscopia alimentar*. São Paulo: Varela, 1998. 80 p.

BHEEMA RAO, M.; VITTAL RAO, A. S. ABRAHAM, K. O.; SHANKARANARAYANA, M. L. Estimation of chicory in coffee-chicory mixture. *Indian Coffee*, v. 50, n. 12, p. 13-19, 1986.

BOBBIO, P.A; BOBBIO, F.O. *Química do processamento de alimentos*. São Paulo: Varela, 1992. p. 11-24.

BONIFACCIA, G., CUBADDA, R., GALLI, V.; PASQUI, L.A. Indagine sulle impurità solide (filth test) in paste di semola di grano duro di produzione nazionale. Nota 1. *Técnica Molitora*, v. 38, n. 3, p. 180-201, 1987.

BRASIL. Instrução Normativa n° 1, de janeiro de 2000. Regulamento Técnico geral para a fixação dos padrões de identidade e qualidade para polpa de fruta. *Diário Oficial da União* n° 6, Brasília, 7 de janeiro de 2000. Seção 1, p. 54-58.

BRASIL. Ministério da Saúde. Agência Nacional de Vigilância Sanitária (Anvisa). Resolução RDC n° 14, de 28 de março de 2014. Dispõe sobre matérias estranhas macroscópicas e microscópicas em alimentos e bebidas, seus limites de tolerância e dá outras providências. *Diário Oficial da União*, Brasília, n. 61, de 31/3/2014, seção 1, p. 58, 2014.

BRASIL. Ministério da Saúde. Agência Nacional de Vigilância Sanitária (Anvisa). Resolução RDC n° 276, de 22 de Setembro de 2005. Aprova o "Regulamento Técnico Para Especiarias, Temperos E Molhos". *Diário Oficial da União*, Brasília, de 23/11/2014, seção 1.2013.

BRASIL. Ministério da Saúde. Divisão Nacional de Vigilância Sanitária de Alimentos. Portaria n° 74, de 4 de agosto de 1994. *Diário Oficial [da República Federativa do Brasil]*, Brasília, 5 de agosto de 1994. Seção I, p. 11809.

BRASIL. Portaria n° 1.428, de 26.11.1993. Aprova na forma dos textos anexos, o Regulamento Técnico para Inspeção Sanitária de Alimentos. *Diário Oficial da União*. Brasília, 2 dez. 1993. Seção I, p. 18.

BULLER SOUTO, A.; GODOY, O. Investigações sobre produtos de tomate. *Rev. Inst. Adolfo Lutz*, v. 2, n. 1, p. 100-180, 1942.

CORREIA, M.; RONCADA, M. J. Ocorrência de filamentos micelianos e de matérias estranhas em frutas em calda comercializadas em São Paulo SP. *Boletim do Centro de Pesquisa e Processamento de Alimentos*, Curitiba, v. 20, n. 1, p. 89-102 jan./jun. 2003.

EVANGELISTA, José. *Tecnologia de Alimentos*. Rio de Janeiro: Atheneu, 1989. p. 577-584.

FARMACOPÉIA brasileira. 4. ed. São Paulo: Atheneu, 1988.

FARMACOPÉIA brasileira. 5. ed. São Paulo: Atheneu, 2010.

FERREIRA, Márcia de Aguiar. *Controle de Qualidade Físico-Químico em Leite Fluido*. Centro de Apoio ao Desenvolvimento Tecnológico da Universidade de Brasília – CDT/ UnB. 2007.

FERRO, V. O.; OLIVEIRA, I.; JORGE, L. I.; Diagnose comparativa de três espécies vegetais comercializadas como "ervas cidreiras": *Lippia alba* (Mill) N. E. Br. ex Britt & Wilson, *Cymbopogon citratus* (D. C.) Stapf e *Melissa officinalis* L. – *LECTA*, v. 14, n. 2, p. 53-63, 1996.

FORSYTHE, S.J. *Microbiologia da Segurança Alimentar*. Porto Alegre: Artmed, 2002. 424 p.

GAVA, A. J. *Princípios de Tecnologia de Alimentos*. São Paulo: Nobel, 1984.

GECAN, J.S.; ATKINSON, J.C. Microanalytical quality of macaroni and noodles. *J Food Protec*, v. 48, n. 5, p. 400-402, 1985.

GERMANO, M. I. S.; Treinamento de manipuladores de alimentos: fator de segurança alimentar e promoção da saúde, São Paulo: Varela, 2003. *Informe Técnico*. Disponível em: <http://www.anvisa.gov.br/ alimentos/informes/34 311007. htm>. Acesso em: 10 maio 2013.

GORHAM, J. R. Filth in food implications for health. *J. Milk Food TechnoI*, v. 38, n. 7, p. 409-418, 1975.

GORHAM, J. R. The significance for human heath of insects in food. *Ann Rev EntomoI*, v. 24, p. 209-224, 1979.

GORHAM, J. R. *Training manual for analytical entomologuy in food industry*. Washington, Food and Drug Administration, Assoc Anal Chem, 134 p. 1977.

HARRIS, K. L. Identification of insect contaminants of food by the micromorphology of the insects fragments. *J Assoc Agric Chem*, v. 33, n. 3, p. 898-933, 1950.

HEALTH PROTECTION BRANCH. *Guidelines for extraneous material in food*. Canadá: Health and Welfare, 1984. 5 p.

HEUERMANN, R. F.; KURTZ, O. L.; Identification of stored products insects by the micromorphology of the exoskeleton. *J Assoc Orf Agric Chem*, v. 38, n. 3, p. 766-780, 1955.

INSTITUTO ADOLFO LUTZ. Normas analíticas do Instituto Adolfo Lutz. 3 ed. São Paulo, v. 1, p. 21-22; 27-28; 42-43. 1985.

JACKSON, M. M.; RATAY, A. F.; WOZNICKI, E. J. Identification of stored products insects by micromorphology of the exoskeleton. II. Adult antennal characters. *Assoc Orf Agric Chem*, v. 39, n. 3, p. 766-780, 1956.

JACKSON, M. M.; RATAY, A. F.; WOZNICKI, E. J. Identification of stored products insects by micromorphology of the exoskeleton. VI. Adult and larval beetle mandibles. *J Assoc Off Anal Chem*, v. 41, n. 2, p. 466-471, 1958.

JOSLYN, M.A. *Methods in Food Analysis*. 2 ed. 1970. 845 p.

KOLICHESKI, M. B.; Fraudes em Alimentos. *Boletim do Centro de Pesquisa de Processamento de Alimentos*, v. 12, n. 1. Curitiba. 1994

KURTZ, O. L.; Identification of stored products insects by the micromorphology of the exoskeleton. III. Identification of larval fragments and their significance in sanitation analysis. *J Assoc Orf Agic Chem*, v. 39, n. 4, p. 990-1014, 1956.

LANDIM, M. A. *Levantamento das condições higiênicas da farinha de trigo e de massas alimentícias tipo espaguete*. Viçosa, 1990. 57 p. Dissertação (Mestrado) – Universidade Federal de Viçosa, 1990.

LOCATELLI, D. P.; CODOVILLI, F. Considerazioni da un'indagine su fragmmenti di insetti in farine di tipo e provenienza differenti. *Técnica Molitora*, v. 7, n. 3, p. 180-201, 1986.

LOPEZ, F. C. Determinação quantitativa das principais substâncias utilizadas para fraudar o café torrado e moído. *Rev. Inst. Adolfo Lutz*, v. 43, n. 1/2, p. 3-8, 1983.

MAIA, G. A., et al. *Processamento de frutas tropicais*. Nutrição, produtos e controle de qualidade. Edições UFC: Fortaleza, 2009. 277 p.

MENEZES JR., J. B. F. Fraudes no café. *Rev. Inst. Adolfo Lutz*, v. 12, n. único, p. 111-144, 1952.

MENEZES JR., J. B. F. Investigações o exame microscópico de algumas substâncias alimentícias. *Rev. Inst. Adolfo Lutz*, v. 9, p. 18-77, 1949.

MICROSCOPIA eletrônica de varredura. Disponível em: <http://www. degeo.ufop.br/laboratorios/ microlab/mev.htm>. Acesso em: 20 jun. 2009.

OLIVEIRA, F.; AKISUE, G.; AKISUE, M. K. Contribuição à microscopia de alimentos para *Anacardium occidentale* L., *Carica papaya* L. e *Myrciaria cauliflora* (Martius) Berg. *Rev. Farm. Bioquím. Univ. S. Paulo*, v. 13, n. 2, p. 257- 266, 1975.

RODRIGUES, R. M. M. S.; ATUI, M. B.; CORREIA, M. (Coord.) – *Métodos de Análise Microscópica de Alimentos*. São Paulo: Letras & Letras, 1999.

SANO, E. E.; ASSAD, E. D.; CUNHA, S. A. R. da; CORRÊA, T. B. S.; RODRIGUES, H. da R. Na tela, as fraudes do café. *Ciência Hoje*, v. 31, n. 186, p. 63-65, set. 2002.

SILVEIRA, N. V. V.; ZAMBONI, C. Q.; TAKAHASHI, M. Y. Fraudes da pimenta do reino preta (*Piper nigrum*) moída. *Rev. Inst. Adolfo Lutz*, v. 43, n.1/2 (1983) p. 69-79, 1983.

SOCIEDADE BRASILEIRA DE CIÊNCIA E TECNOLOGIA DE ALIMENTOS (SBCTA). *Manual de boas práticas de fabricação para a indústria de alimentos*. Campinas, SP, 1990. (Publicações avulsas, n°1).

TOLENTINO, R. V.; GOMES, A. *Processamento de Vegetais* – Frutas e Polpa Congelada. Manual Técnico n° 12. Programa Rio Rural, abril de 2009.

VALENZUELA, V. C. T.; MOREIRA, W. A.; *Utilização de espécies vegetais como fraudes em café torrado e moído*. In: XVI Encontro Nacional e II Congresso Latino-Americano de Analistas de Alimentos, 2009, Belo Horizonte, 2009 ENAAL, 2009.

VARGAS, C. H. B.; ALMEIDA, A. A.; Identificação dos Insetos infestantes de alimentos através da micromorfologia de seus fragmentos. *Rev. Bras. de Zootecnia*, v. 13, n. 3, p. 737-746, 1996.

WOODBURY, J. E. 1983. Reliability analyses for indigenous insect fragments in ground paprika. *J Assoc Off Anal Chem*, v. 66, n. 1, p. 79-80, 1983.

ZAMBONI, C. Q.; ATUI, M. B. Comparação entre métodos para pesquisa de sujidades e verificação das condições de higiene das massas alimentícias por microscopia. *Rev. Inst. Adolfo Lutz*, v. 49, n. 1, p. 11-17, 1989.

Índice Remissivo